4.5.1 杯子的制作

4.6 制作烟灰缸

4.7 制作桌椅组合

5.2.1 洗手盆的制作

5.3.1 制作镜前灯

5.4.1 大头显示器的制作

5.5 盆栽的制作

5.6 制作休闲坐墩

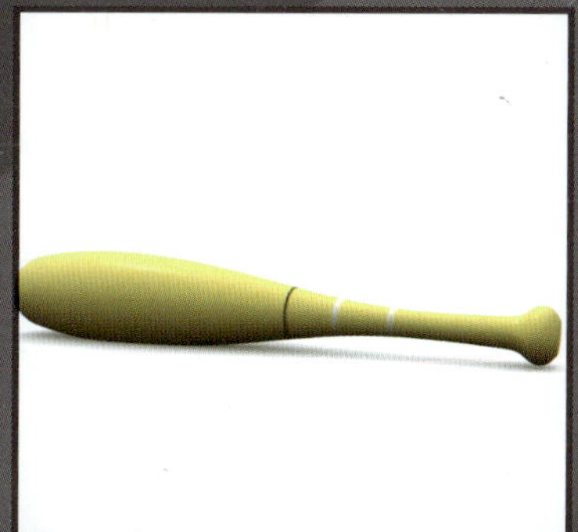
6.1.2 制作棒球棒

6.2.1 遮阳帽的制作

6.3 制作金元宝

7.2.1 制作热带鱼

7.3.1 骰子

7.4.1 装饰画的制作

7.5 设置冰块材质

7.6 包装盒材质

8.1.1 室内场景布光

8.2.1 Web 灯光的应用

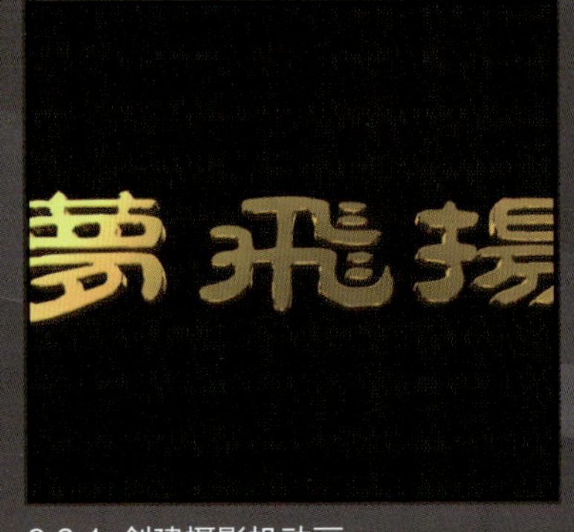

8.3.1 创建摄影机动画

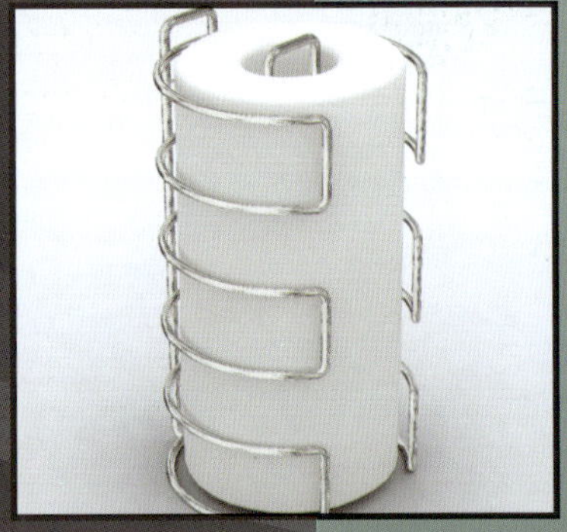
8.4 天光的创建

8.5 创建静物灯光

9.1.1 下雨

9.1.3 火焰拖尾

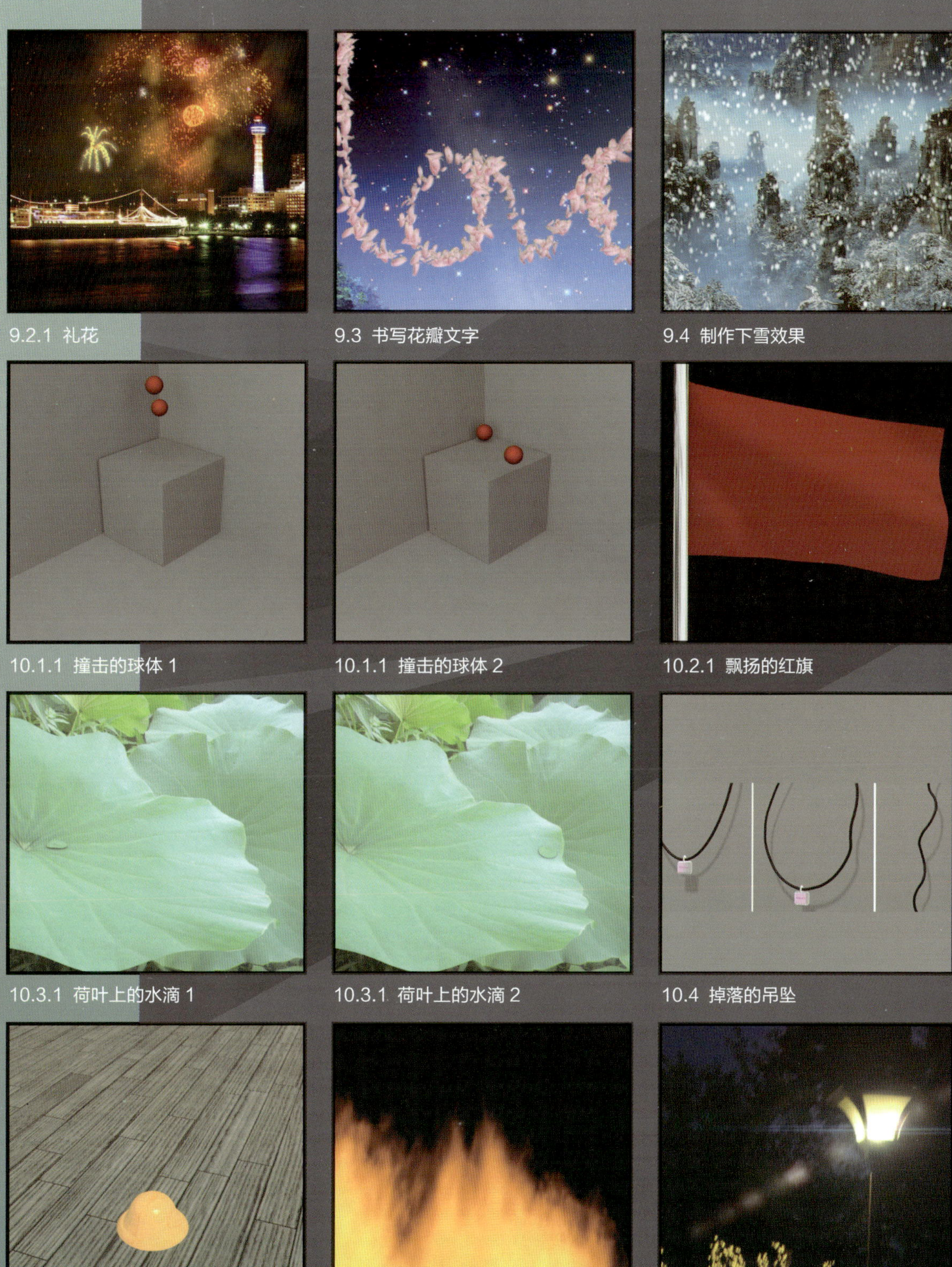

9.2.1 礼花

9.3 书写花瓣文字

9.4 制作下雪效果

10.1.1 撞击的球体 1

10.1.1 撞击的球体 2

10.2.1 飘扬的红旗

10.3.1 荷叶上的水滴 1

10.3.1 荷叶上的水滴 2

10.4 掉落的吊坠

10.5 果冻效果

11.2.1 燃烧的火苗

11.4.1 路灯耀斑

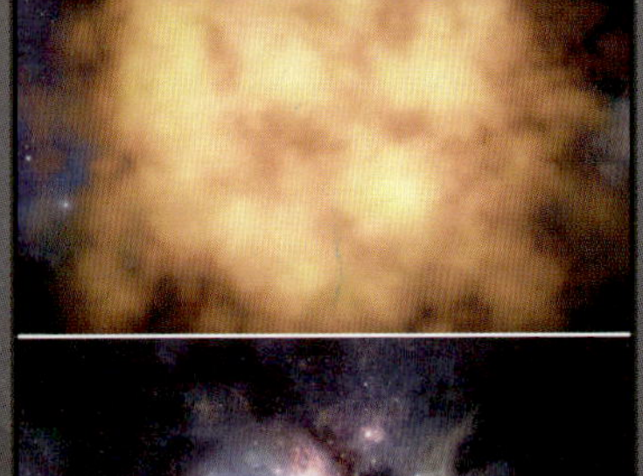

11.5 爆炸效果

11.6 炙热文字

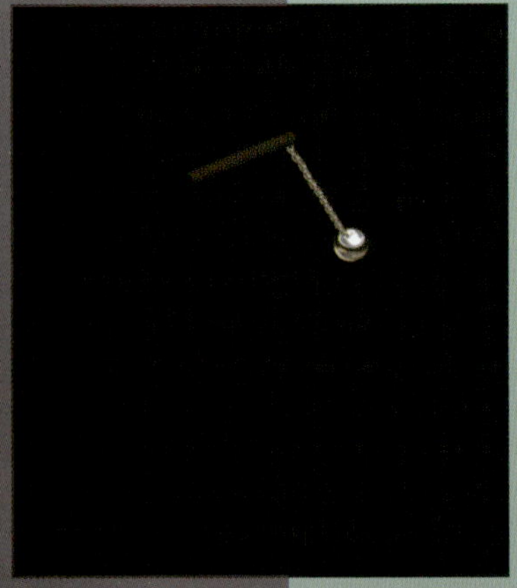

12.2.1 挥舞的链子球 1

12.2.1 挥舞的链子球 2

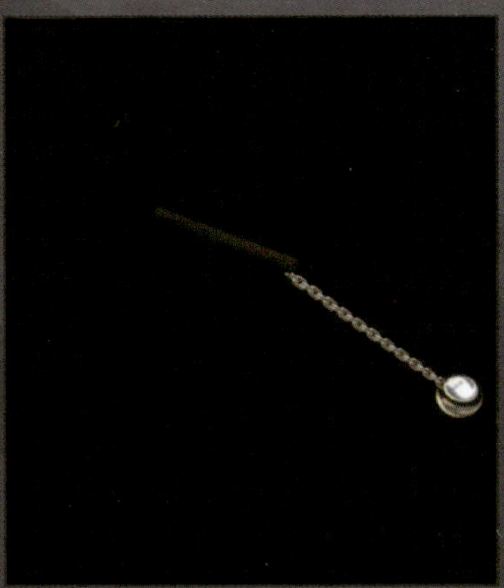

12.2.1 挥舞的链子球 3

12.3 望远镜

12.4 蜻蜓

13.1.1 创建城墙

13.2 室内效果图

3ds Max三维设计制作标准教程（2010版）

21世纪高等院校数字艺术类规划教材

程静　主编

刘伯华　武青海　副主编

人民邮电出版社

北京

图书在版编目（CIP）数据

3ds Max三维设计制作标准教程 : 2010版 / 程静主编. -- 北京 : 人民邮电出版社, 2011.12 (2015.3 重印)
21世纪高等院校数字艺术类规划教材
ISBN 978-7-115-26560-9

Ⅰ. ①3… Ⅱ. ①程… Ⅲ. ①三维动画软件，3DS MAX－高等学校－教材 Ⅳ. ①TP391.41

中国版本图书馆CIP数据核字(2011)第215117号

内 容 提 要

本书全面系统地介绍 3ds Max 2010 的各项功能和三维图形的创建技巧，包括初识 3ds Max 2010、基本物体建模、三维图形的创建、三维模型的创建、复合对象的创建、NURBS 和面片建模、材质和纹理贴图、灯光与摄影机、粒子系统与空间扭曲、动力学系统、环境特效动画、高级动画设置、综合实训案例等内容。

本书具有完善的知识结构体系，力求通过对软件基础知识的讲解，使学生深入学习软件功能；在学习了基础知识和基本操作后，精心设计了课堂案例，力求通过课堂案例演练，使学生快速掌握软件的应用技巧；最后通过每章的课后习题实践，拓展学生的实际应用能力。在本书的最后一章，精心安排了专业设计公司的多个商业案例，力求通过这些案例的制作，使学生提高三维图形和动画的设计创作能力。

本书适合作为本科院校数字媒体艺术类专业“3ds Max”课程的教材，也可供相关人员自学参考。

21 世纪高等院校数字艺术类规划教材

3ds Max 三维设计制作标准教程（2010 版）

◆ 主　　编　程　静
　副 主 编　刘伯华　武青海
　责任编辑　蒋　亮

◆ 人民邮电出版社出版发行　　北京市丰台区成寿寺路 11 号
　邮编　100164　　电子邮件　315@ptpress.com.cn
　网址　http://www.ptpress.com.cn
　北京鑫正大印刷有限公司印刷

◆ 开本：787 × 1092　1/16　　彩插：2
　印张：20.25　　2011 年 12 月第 1 版
　字数：584 千字　　2015 年 3 月北京第 4 次印刷

ISBN 978-7-115-26560-9

定价：48.00 元（附光盘）

读者服务热线：(010) 81055256　印装质量热线：(010) 81055316

反盗版热线：(010) 81055315

广告经营许可证：京崇工商广字第 0021 号

前言

3ds Max 2010 是由 Autodesk 公司开发的三维设计软件。它功能强大、易学易用，深受国内外建筑工程设计和动画制作人员的喜爱，已经成为这些领域最流行的软件之一。目前，我国很多本科院校的数字媒体艺术类专业，都将 3ds Max 作为一门重要的专业课程。为了帮助本科院校的教师全面、系统地讲授这门课程，使学生能够熟练地使用 3ds Max 来进行三维设计制作，我们几位长期在本科院校从事 3ds Max 教学的教师和专业设计公司的设计师合作，共同编写了本书。

我们对本书的编写体系做了精心的设计，按照“课堂案例－软件功能解析－课堂练习－课后习题”这一思路进行编排，力求通过课堂案例演练，使学生快速熟悉软件功能和室内设计制作思路；通过软件功能解析使学生深入学习软件功能和制作特色；通过课堂练习和课后习题，拓展学生的实际应用能力。在内容编写方面，力求细致全面、重点突出；在文字叙述方面，注意言简意赅、通俗易懂；在案例选取方面，强调案例的针对性和实用性。

本书配套光盘中包含了书中所有案例的素材及效果文件。另外，为方便教师教学，本书配备了详尽的课后习题的操作步骤以及 PPT 课件、教学大纲等丰富的教学资源，任课教师可到人民邮电出版社教学服务与资源网（www.ptpedu.com.cn）免费下载使用。本书的参考学时为 65 学时，其中实训环节为 27 学时，各章的参考学时参见下面的学时分配表。

章　节	课 程 内 容	学 时 分 配	
		讲　授	实　训
第 1 章	初识 3ds Max 2010	1	
第 2 章	基本物体建模	2	
第 3 章	三维图形的创建	4	3
第 4 章	三维模型的创建	4	2
第 5 章	复合对象的创建	4	3
第 6 章	NURBS 和面片建模	3	2
第 7 章	材质和纹理贴图	4	3
第 8 章	灯光与摄影机	4	3
第 9 章	粒子系统与空间扭曲	4	3
第 10 章	动力学系统	2	2
第 11 章	环境特效动画	2	2
第 12 章	高级动画设置	2	2
第 13 章	综合实训案例	2	2
课 时 总 计		38	27

本书由程静任主编，刘伯华、武青海任副主编。参加本书编写工作的还有周建国、马丹、王世宏、谢立群、葛润平、张敏娜、张文达、张丽丽、张旭、吕娜、程静、贾楠、房婷婷、黄小龙、周亚宁、崔桂青等。

由于时间仓促，加之编者水平有限，书中难免存在错误和不妥之处，敬请广大读者批评指正。

编　者

2011 年 9 月

3ds Max三维设计制作标准教程(2010版)

目录

第1章 初识3ds Max 2010

1.1 3ds Max概述……2
1.2 3ds Max的启动与退出……2
1.2.1 3ds Max 2010的启动……2
1.2.2 3ds Max 2010的退出……2
1.3 3ds Max 2010的操作界面……3
1.3.1 3ds Max 2010操作界面简介……3
1.3.2 菜单栏……4
1.3.3 工具栏……5
1.3.4 命令面板……5
1.3.5 视图区域……6
1.3.6 视图控制区……7
1.3.7 动画控制区……8
1.3.8 提示行……8
1.3.9 状态栏……8
1.4 3ds Max 2010的坐标系统……9
1.5 对象的选择方式……9
1.5.1 选择对象的基本方法……9
1.5.2 区域选择……9
1.5.3 名称选择……10
1.5.4 编辑菜单选择……11
1.5.5 过滤选择集……11
1.5.6 对象编辑成组……11
1.6 对象的变换……13
1.6.1 移动对象……13
1.6.2 旋转对象……13
1.6.3 缩放对象……14
1.7 对象的复制……14
1.7.1 直接复制对象……14
1.7.2 利用镜像复制对象……15
1.7.3 利用间距复制对象……15
1.7.4 利用阵列复制对象……16
1.8 捕捉工具……17
1.8.1 3种捕捉工具……18
1.8.2 角度捕捉……18
1.8.3 百分比捕捉……18
1.9 对齐工具……18
1.10 撤销和重做命令……19
1.11 对象的轴心控制……19
1.11.1 使用轴心点控制……19
1.11.2 使用选择中心控制……20
1.11.3 使用变换坐标中心控制……20

第2章 基本物体建模

2.1 标准基本体的创建……22
2.1.1 课堂案例——储物柜的制作……22
2.1.2 长方体……24
2.1.3 圆锥体……25
2.1.4 球体……26
2.1.5 圆柱体……27
2.1.6 几何球体……28
2.1.7 圆环……29
2.1.8 管状体……30
2.1.9 四棱锥……30
2.1.10 茶壶……31
2.1.11 平面……32
2.2 扩展基本体的创建……33
2.2.1 课堂案例——沙发的制作……33
2.2.2 切角长方体和切角圆柱体……34
2.2.3 异面体……35
2.2.4 环形节……36
2.2.5 油罐、胶囊和纺锤……37
2.2.6 L-Ext和C-Ext……38
2.2.7 软管……40
2.2.8 球棱柱……41
2.2.9 棱柱……42
2.2.10 环形波……43
2.3 创建建筑模型……45
2.3.1 课堂案例——螺旋楼梯的制作……45
2.3.2 楼梯……45
2.3.3 门和窗……47
2.3.4 墙……50
2.3.5 栏杆……52
2.3.6 植物……53
2.4 课堂练习——制作铅笔……54

2.5 课后习题——创建圆桌 ……54

第 3 章 三维图形的创建

3.1 创建二维线形……56
3.1.1 课堂案例——地灯……56
3.1.2 线……57
3.2 创建二维图形……63
3.2.1 课堂案例——五星……63
3.2.2 矩形……63
3.2.3 圆和椭圆……64
3.2.4 文本……65
3.2.5 弧……66
3.2.6 圆环……66
3.2.7 星形……67
3.3 课堂练习——制作倒角文字……68
3.4 课后习题——制作果盘……68

第 4 章 三维模型的创建

4.1 修改命令面板功能简介……70
4.2 二维模型转换为三维模型的方法…70
4.2.1 课堂案例——休闲椅的制作……71
4.2.2 车削修改器……73
4.2.3 倒角修改器……74
4.2.4 挤出修改器……75
4.3 三维变形修改器……76
4.3.1 课堂案例——冰激凌的制作…76
4.3.2 噪波修改器……78
4.3.3 融化修改器……79
4.3.4 拉伸修改器……80
4.3.5 自由式变形……81
4.3.6 弯曲修改器……82
4.4 编辑样条线命令……82
4.4.1 课堂案例——铁艺笔筒的制作……82
4.4.2 编辑样条线命令介绍……84
4.5 编辑多边形……85
4.5.1 课堂案例——杯子的制作……85
4.5.2 子物体层级……89
4.5.3 “公共参数”卷展栏……90
4.5.4 “子物体层级”卷展栏……95
4.6 课堂练习——制作烟灰缸……100
4.7 课后习题——制作桌椅组合……100

第 5 章 复合对象的创建

5.1 复合对象创建工具简介……102
5.2 布尔运算建模……104
5.2.1 课堂案例——洗手盆的制作…104
5.2.2 布尔工具……108
5.3 ProBoolean 运算建模……109
5.3.1 课堂案例——制作镜前灯……110
5.3.2 ProBoolean……111
5.4 放样命令建模……113
5.4.1 课堂案例——大头显示器的制作……113
5.4.2 放样工具……118
5.5 课堂练习——盆栽的制作……120
5.6 课后习题——制作休闲坐墩……120

第 6 章 NURBS 和面片建模

6.1 NURBS 建模……122
6.1.1 NURBS 简介……122
6.1.2 课堂案例——制作棒球棒……122
6.1.3 创建 NURBS 曲线和 NURBS 曲面……124
6.1.4 NURBS 命令面板和工具箱…126
6.2 面片建模……130
6.2.1 课堂案例——遮阳帽的制作……130
6.2.2 认识面片……132
6.2.3 子物体层级……133
6.2.4 “公共”卷展栏……134
6.2.5 曲面修改器……136
6.3 课堂练习——制作金元宝……137
6.4 课后习题——制作苹果效果……137

第 7 章 材质和纹理贴图

7.1 材质编辑器……139
7.1.1 材质示例窗……139
7.1.2 材质编辑器工具栏……141
7.2 材质类型……143
7.2.1 课堂案例——制作热带鱼……143
7.2.2 明暗方式……145
7.2.3 基本参数面板……147
7.2.4 “贴图”卷展栏……148
7.2.5 “扩展参数”卷展栏……149
7.3 常用材质简介……150
7.3.1 课堂案例——骰子……150
7.3.2 多维/子对象材质……153
7.3.3 混合材质……153

7.3.4 光线跟踪材质 ……154
7.3.5 无光/投影材质……155
7.3.6 双面材质 ……156
7.4 常用贴图……156
7.4.1 课堂案例——装饰画的制作 ··157
7.4.2 位图贴图 ……159
7.4.3 合成贴图 ……159
7.4.4 渐变贴图 ……160
7.4.5 噪波贴图 ……161
7.5 课堂练习——设置冰块材质 ……162
7.6 课后习题——包装盒材质 ……162

第 8 章 灯光与摄影机

8.1 灯光的使用和特效……164
8.1.1 课堂案例——室内场景布光 ……164
8.1.2 标准灯光参数 ……169
8.1.3 标准灯光 ……174
8.2 光度学灯光……176
8.2.1 课堂案例——Web 灯光的应用……176
8.2.2 目标灯光 ……177
8.2.3 自由灯光 ……180
8.2.4 mr Sky 门户……181
8.3 摄影机的使用及特效……181
8.3.1 课堂案例——创建摄影机动画……181
8.3.2 摄影机创建……185
8.3.3 摄影机的参数 ……186
8.4 课堂练习——天光的创建 ……188
8.5 课后习题——创建静物灯光 ……188

第 9 章 粒子系统与空间扭曲

9.1 粒子系统……190
9.1.1 课堂案例——下雨……190
9.1.2 基本粒子系统 ……192
9.1.3 课堂案例——火焰拖尾……198
9.1.4 高级粒子系统……204
9.2 常用的空间扭曲……206
9.2.1 课堂案例——礼花……207
9.2.2 波浪空间扭曲 ……215
9.2.3 风空间扭曲……215
9.2.4 重力空间扭曲 ……216
9.2.5 爆炸空间扭曲 ……216
9.3 课堂练习——书写花瓣文字 ……217
9.4 课后习题——制作下雪效果 ……217

第 10 章 动力学系统

10.1 动力学程序……219
10.1.1 课堂案例——撞击的球体……219
10.1.2 动力学程序设置 ……224
10.2 柔体修改器 ……227
10.2.1 课堂案例——飘扬的红旗……228
10.2.2 柔体变形修改器 ……232
10.3 reactor 系统 ……234
10.3.1 课堂案例——荷叶上的水滴 ……234
10.3.2 reactor 系统参数设置……240
10.4 课堂练习——掉落的吊坠 ……250
10.5 课后习题——果冻效果 ……250

第 11 章 环境特效动画

11.1 环境编辑器简介 ……252
11.1.1 “公用参数”卷展栏……252
11.1.2 “曝光控制”卷展栏……253
11.2 大气效果 ……255
11.2.1 课堂案例——燃烧的火苗……255
11.2.2 火效果参数设置 ……257
11.2.3 体积雾参数设置 ……258
11.2.4 体积光参数设置 ……260
11.3 效果 ……262
11.4 Video Post 后期合成 ……266
11.4.1 课堂案例——路灯耀斑 ……268
11.4.2 镜头效果光斑……271
11.4.3 镜头效果光晕……277
11.4.4 镜头效果高光……279
11.4.5 镜头效果焦点……280
11.5 课堂练习——爆炸效果 ……281
11.6 课后习题——炙热文字 ……281

第 12 章 高级动画设置

12.1 正向动力学 ……283
12.1.1 课堂案例——蝴蝶 ……283
12.1.2 对象的链接 ……287
12.1.3 锁定和继承 ……287
12.1.4 图解视图……287
12.2 反向运动 ……291
12.2.1 课堂案例——挥舞的链子球……291
12.2.2 反向运动的层级关系和设置……294
12.2.3 编辑对象的 IK 参数 ……295

12.3 课堂练习——望远镜……298
12.4 课后习题——蜻蜓……298

第 13 章 综合实训案例

13.1 打造战后城门……300
13.1.1 创建城墙……300
13.1.2 制作破损的城门……306
13.1.3 制作装饰模型……308
13.1.4 创建地面……310
13.1.5 创建灯光……311
13.1.6 制作战后氛围……313
13.2 课后习题——室内效果图……315

第1章 初识 3ds Max 2010

本章简要介绍 3ds Max 2010 的基本概况和软件在动画设计中的应用特色，同时还将介绍 3ds Max 2010 的基本操作方法，读者通过本章的学习可初步认识和了解这款三维创作软件。

【教学目标】

- 3ds Max 2010 的操作界面。
- 对象的选择。
- 对象的变换。
- 对象的复制。
- 捕捉和对齐工具。
- 撤销和重做命令。
- 对象的轴心控制。

1.1 3ds Max 概述

3ds Max 系列是 Autodesk 公司推出的一个效果图设计和三维动画设计的软件，其前身是 3D Studio 系列版本的设计软件。3D Studio 是一个基于 DOS 操作系统下的软件，其最低配置要求是 386DX，不附加处理器，这样低的硬件要求使得 3D Studio 这个软件迅速风靡全球，成为效果图设计和三维动画设计的领头羊。3D Studio 采用内部模块化设计，命令简单明了，易于掌握，可存储 24 位真彩图像。它的出现使得 PC 上的图形功能接近于图形工作站的性能，因此在设计领域得到了广泛的运用。

3ds Max 系列软件是 3D Studio 的超强升级版本，它运用于 Windows NT 环境下，采用 32 位操作方式，对硬件的要求比较高。3ds Max 的功能强大，内置工具十分丰富，外置接口也很多。它的内部采用按钮化设计，一切命令都可以通过按钮来实现。3ds Max 的算法很先进，所带来的质感和图形工作站几乎没有差异；它以 64 位进行运算，可存储 32 位真彩图像。3ds Max 一经推出，其强大功能立即使它成为制作 PC 效果图和三维动画的首选软件，它是通用性极强的三维造型、动画制作软件，该软件功能非常全面，可以完成从建模、渲染到动画的全部制作任务，因而被广泛运用于各个领域。

1.2 3ds Max 的启动与退出

本节主要学习 3ds Max 2010 软件的启动与退出。如果已经安装了 3ds Max 2010 软件，并且对软件的启动与退出知识了如指掌的话，此节可以略过。

1.2.1 3ds Max 2010 的启动

在 3ds Max 2010 安装完成后，它会自动在系统的“开始”菜单中创建程序组，执行“开始 > 程序 > Autodesk > Autodesk 3ds Max 2010 32-bit > Autodesk 3ds Max 2010 32 位”命令，即可启动 3ds Max 2010 软件；也可以双击桌面上的快捷方式图标，启动 3ds Max 2010 软件，如图 1-1 所示。

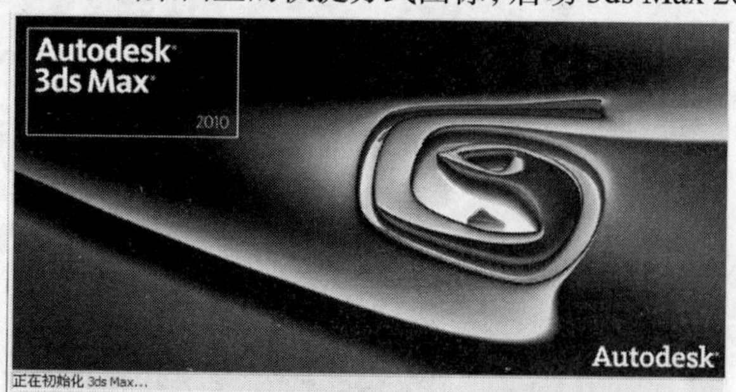

图 1-1

1.2.2 3ds Max 2010 的退出

在完成工作后，应退出 3ds Max 2010 软件。选择菜单“文件 > 退出”命令，即可退出软件。如果此时场景中文件未保存，会出现一个对话框询问是否保存更改，如图 1-2 所示。如需要将场景保存就单击 是(Y) 按钮，不保存则单击 否(N) 按钮。

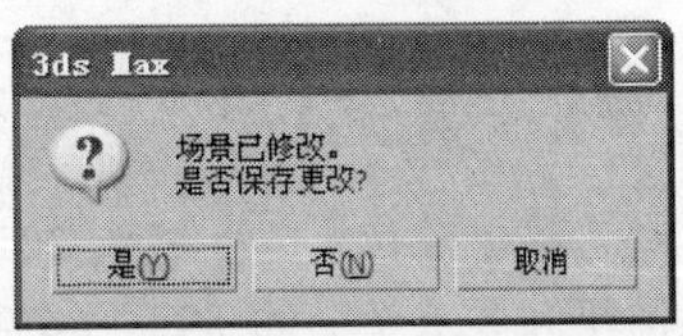

图 1-2

退出 3ds Max 2010 软件还有以下两种方法。

⊙ 确认 3ds Max 2010 软件为当前激活窗口，按 Alt+F4 组合键即可。

⊙ 直接单击 3ds Max 2010 窗口右上角的☒按钮，这和关闭其他的 Windows 程序相同。

1.3 3ds Max 2010的操作界面

在学习 3ds Max 2010 之前，首先要认识它的操作界面，并熟悉各控制区的用途和使用方法，这样才能在建模操作过程中得心应手地使用各种工具和命令，并可以节省大量的工作时间。下面就对 3ds Max 2010 的操作界面进行介绍。

1.3.1　3ds Max 2010 操作界面简介

运行 3ds Max 2010，进入操作界面。在 3ds Max 2010 的操作界面中，界面的外框尺寸是可以改变的，但功能区的尺寸不能改变，只有 4 个视图区的尺寸可以改变。工具栏和命令面板不能全部显示出来，只能通过拖动滑动条才能显示出来。

3ds Max 2010 操作界面主要由 8 个区域组成，如图 1-3 所示。

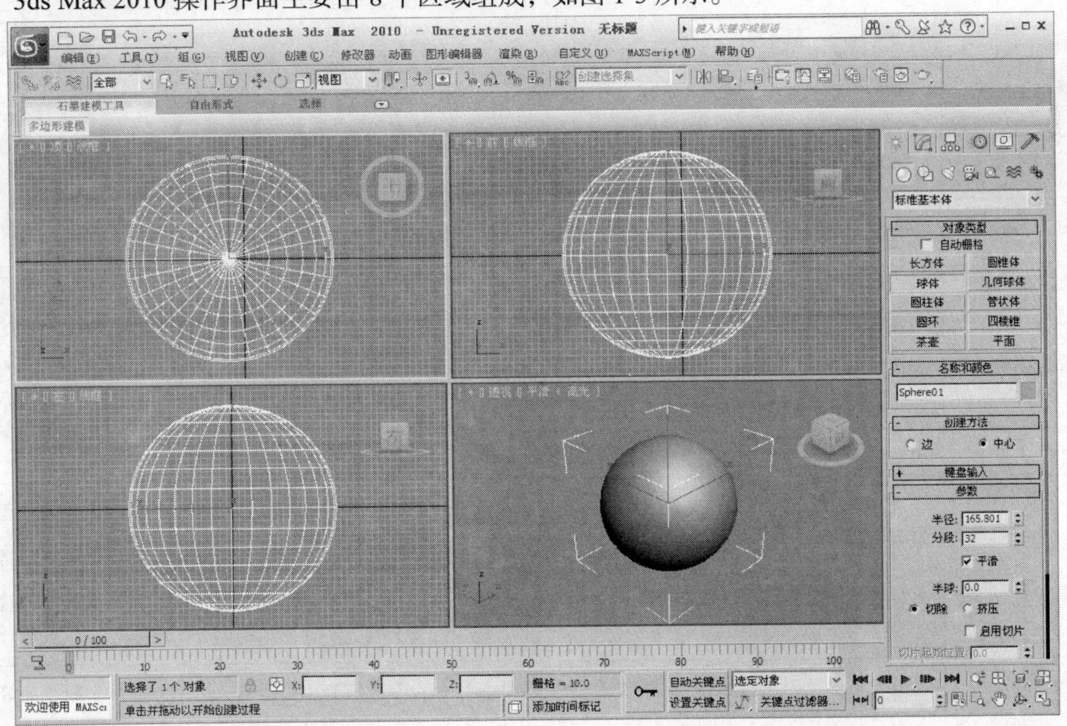

图 1-3

1.3.2 菜单栏

菜单栏位于 3ds Max 2010 操作界面的左上方，为用户提供了一个用于文件管理、编辑修改、渲染和寻求帮助的接口，包括文件、编辑、工具、组、视图、创建、修改器等 14 个菜单，如图 1-4 所示。用鼠标单击其中任意一个菜单，都会弹出该菜单相应的下拉菜单，用户可以直接选择所要执行的命令。表 1-1 所示为各个菜单的功能。

图 1-4

表 1-1

名 称	功 能
菜单	该菜单用于对 max 文件的管理，包括新建、重置、打开、保存、另存为、合并、导入、导出等常用操作命令。另外，利用“导入”命令可以从其他场景中导入已有的模型，在工作中能节省大量时间
编辑菜单	该菜单用于对文件的编辑，包括撤销、暂存、复制、删除等命令
工具菜单	该菜单中提供了各种常用工具，这些工具由于在建模时经常用到，所以在工具栏中设置了相应的快捷按钮
组菜单	该菜单包含一些将多个对象编辑成组或者将组分解成独立对象的命令，编辑组是在场景中组织对象的常用方法
视图菜单	该菜单包含视图最新导航控制命令的撤销和重复、网格控制选项等命令，并允许显示适用于特定命令的一些功能，如视图的配置、单位的设置、设置背景图案等
创建菜单和修改器菜单	这两个菜单中包括创建和修改的所有命令，这些命令能在命令面板中直接找到
动画菜单	该菜单包含设置反向运动学求解方案、设置动画约束和动画控制器，给对象的参数之间增加配线参数以及动画预览等命令
图形编辑器菜单	该菜单是场景元素间关系的图形化视图，包括曲线编辑器、摄影表编辑器、图解视图和 Particle 粒子视图、运动混合器等
渲染菜单	该菜单是 3ds Max 2010 的重要工具，包括渲染、环境设置、效果设定等命令。模型建立后，材质/贴图、灯光、摄像这些特殊效果在视图区域是看不到的，只能经过渲染后，才能在渲染窗口中观察效果
自定义菜单	该菜单允许用户根据个人习惯创建自己的工具和工具面板，设置习惯的快捷键，使操作更具个性化
MAX Script 菜单	该菜单是 3ds Max 2010 支持的一个称之为脚本的程序设计语言。用户可以书写一些脚本语言的短程序控制动画的制作。在“MAX Script”菜单中包括创建、测试、运行脚本等命令，使用该脚本语言可以通过编写脚本来实现对 3ds Max 2010 的控制，同时还可以和外部的文本文件、表格文件等链接起来
帮助菜单	该菜单提供了对用户的帮助功能，包括提供脚本参考、用户指南、快捷键、第三方插件、新产品等信息

1.3.3　工具栏

工具栏位于菜单栏的下方，包括各种常用工具的快捷按钮，使用起来非常方便。通常在 1280 × 1024 像素的显示分辨率下，工具按钮才能完全显示在工具栏中。工具栏中的所有快捷按钮如图 1-5 所示。

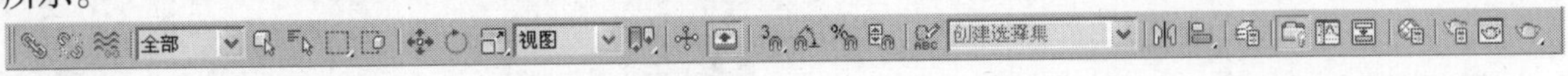

图 1-5

显示器分辨率低于 1280 × 1024 像素的（通常设定的分辨率是 1024 × 768 像素或 800 × 600 像素），可以通过如下两种方法解决工具栏的显示问题。

⊙ 将光标移到工具栏空白处，当光标变成小手标志时，按住鼠标左键不放并拖曳光标，工具栏会跟随光标滚动显示。

⊙ 如果配备的鼠标带有滚轮，可在工具栏任意位置按住鼠标滚轮不放，这时光标变为小手标志，拖曳光标也能显示其他工具按钮。

工具栏中各按钮的功能，将在后续章节中详细介绍。

在 3ds Max 2010 系统中，有一些快捷按钮的右下角有一个“小三角”标记，这表示该按钮下有隐藏按钮。单击该按钮并按住鼠标左键不放，会展开一组新的按钮，向下移动光标到相应的按钮上，即可选择该按钮，如图 1-6 所示。

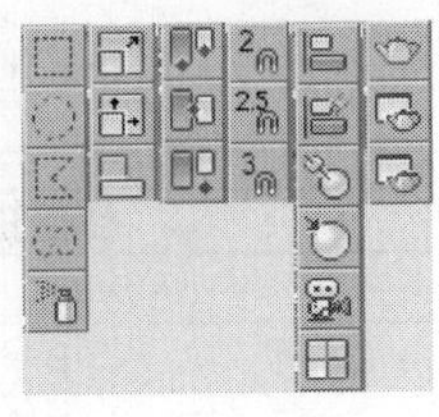

图 1-6

还有一些按钮在浮动工具栏中，要选择这些按钮，可在工具栏的空白处单击鼠标右键，如图 1-7 所示，在弹出的菜单中选择相应的命令，系统会弹出该命令的浮动工具栏，如图 1-8 所示。

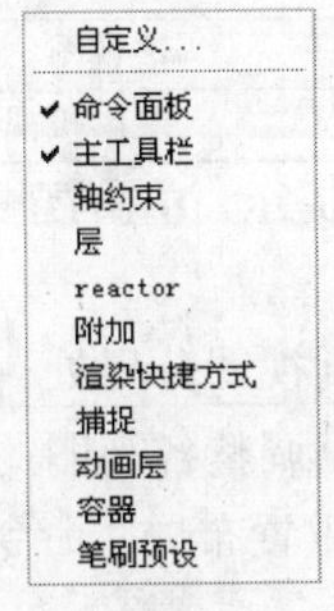

图 1-7

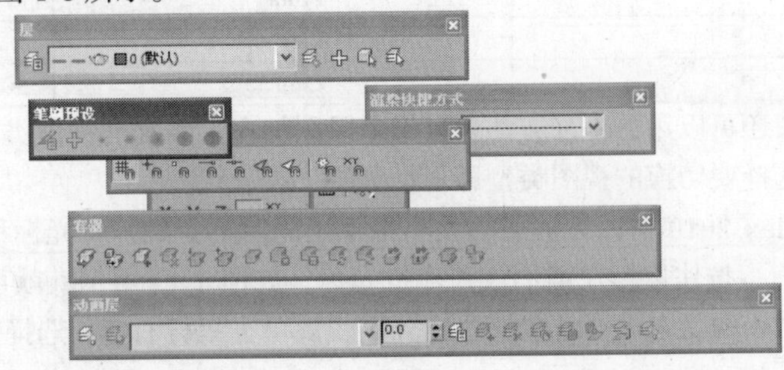

图 1-8

1.3.4　命令面板

命令面板位于 3ds Max 2010 操作界面的右侧，结构较为复杂。命令面板提供了丰富的工具，用于完成模型的建立与编辑、动画轨迹的设置、灯光和摄影机的控制等操作，外部插件的窗口也位于这里。

要显示其他面板，只需单击命令面板顶部的选项卡即可切换至不同的命令面板，从左至右依次为（创建）、（修改）、（层级）、（运动）、（显示）和（工具）选项卡，如图 1-9 所示。

面板上标有 +（加号）或 –（减号）按钮的即是卷展栏。卷展栏的标题左侧带有 + 号表示卷展栏卷起，有 – 号表示卷展栏展开，通过单击 + 号或 – 号可以在卷起和展开卷展栏之间切换。

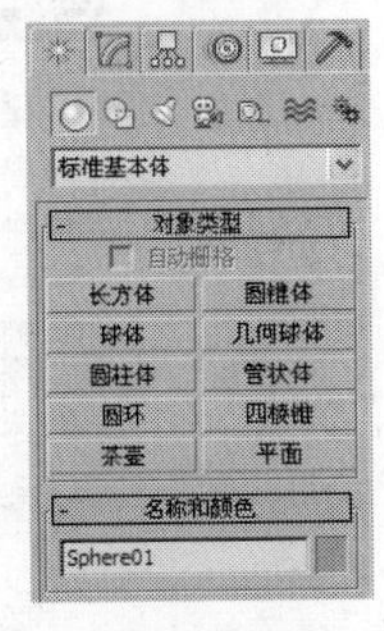

图 1-9

1.3.5 视图区域

视图区域是3ds Max 2010操作界面中最大的区域，位于操作界面的中部，它是主要的工作区。在视图区域中，3ds Max 2010 系统本身默认为 4 个基本视图，如图 1-10 所示。

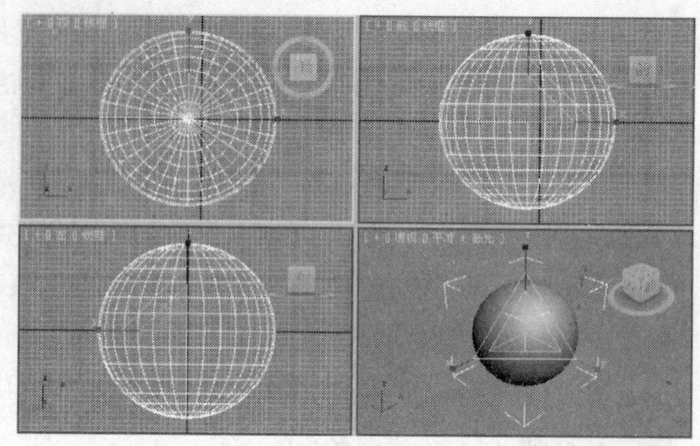

图 1-10

- 顶视图：从场景正上方向下垂直观察对象。
- 前视图：从场景正前方观察对象。
- 左视图：从场景正左方观察对象。
- 透视图：能从任何角度观察对象的整体效果，可以变换角度进行观察。透视图是以三维立体方式对场景进行显示观察的，其他 3 个视图都是以平面形式对场景进行显示观察的。

4 个视图的类型是可以改变的，激活视图后，按下相应的快捷键，就可以实现视图之间的切换。快捷键如表 1-2 所示。

表 1-2

快捷键	英文名称	中文名称
T	Top	顶视图
B	Bottom	底视图
L	Left	左视图
U	Use	用户视图
F	Front	前视图
P	Perspective	透视图
C	Camera	摄影机视图

切换视图还可以用另一种方法。在每个视图的左上角都有视图类型提示，单击视图名称，在弹出的菜单中选择要切换的视图类型即可，如图 1-11 所示。

在 3ds Max 2010 中，各视图的大小也不是固定不变的，将光标移到视图分界处，鼠标光标变为十字形状✥，按住鼠标左键不放并拖曳光标，如图 1-12 所示，就可以调整各视图的大小。如果想恢复均匀分布的状态，可以在视图的分界线处单击鼠标右键，选择“重置布局”命令，即可复位视图，如图 1-13、图 1-14 所示。

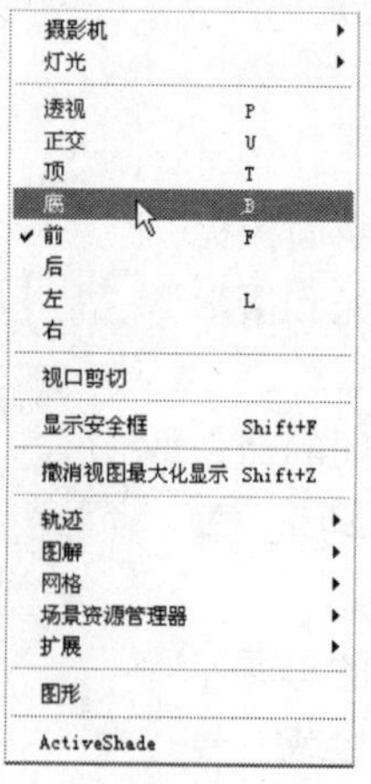

图 1-11

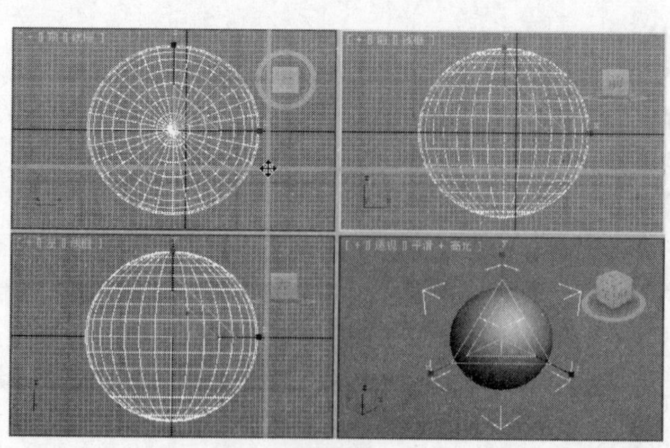

图 1-12

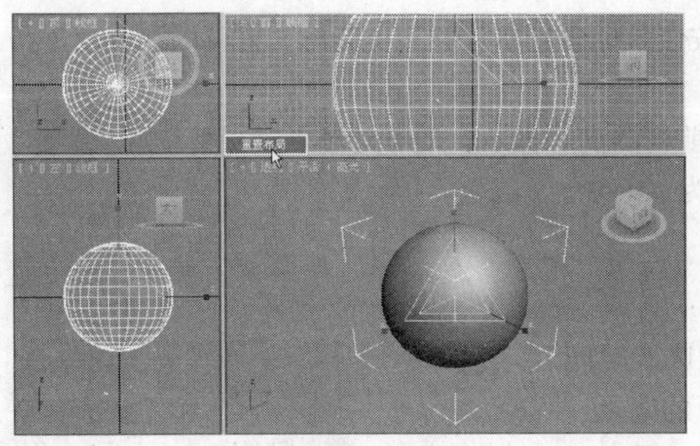

图 1-13

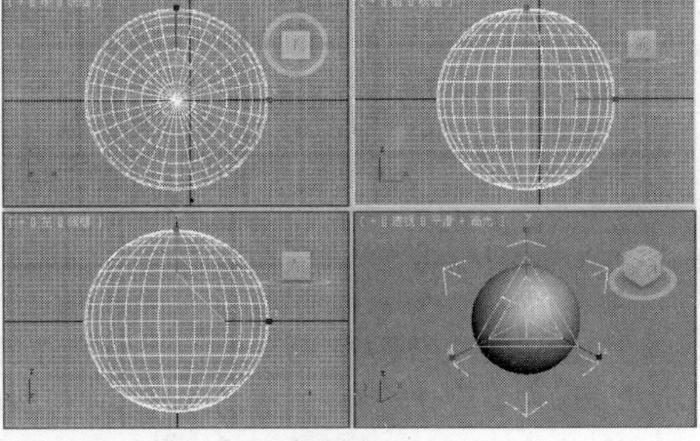

图 1-14

1.3.6 视图控制区

视图控制区位于 3ds Max 2010 操作界面的右下角，该控制区内的功能按钮主要用于控制各视图的显示状态，部分按钮内还有隐藏按钮，如图 1-15 所示。

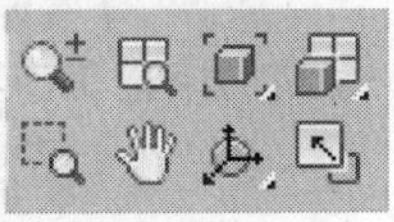

图 1-15

熟练运用这些按钮，可以大大提高工作效率。下面介绍这些按钮的功能。

⊙ （缩放）。单击该按钮后，视图中光标变为 形状，按住鼠标左键不放并拖曳光标，可以拉近或推远场景。该按钮只作用于当前被激活的视图窗口。

⊙ （缩放所有视图）。单击该按钮后，在视图中光标变为 形状，按住鼠标左键不放并拖曳光标，所有可见视图都会同步拉近或推远场景。

⊙ （最大化显示）。单击该按钮后，会缩放被激活的视图，以显示视图中的所有对象。

⊙ （最大化显示选定对象）。该按钮是 （最大化显示）按钮的隐藏按钮，单击该按钮后，在视图中被选择的对象将以最大化方式显示。如果没有对象处于被选择状态，单击该按钮，视图中会显示所有对象。这个按钮可以帮助用户在建造复杂场景中编辑单个对象。

⊙ （所有视图最大化显示）。单击该按钮后，缩放所有可见视图，以显示视图中的所有对象。

⊙ （全部视图中最大化显示选定对象）。单击该按钮后，被选择的对象在所有可见视图中都以最大化方式显示。

⊙ （缩放区域）。单击该按钮后可以在任意视图中进行框选，视图将放大成被框选的场景。

⊙ （视野）。该按钮只能在透视图或摄影机视图中使用。单击该按钮，按住鼠标左键不放并拖曳光标，视图中相对视野及视角会发生远近的变化。

⊙ （平移视图）。单击该按钮，视图中光标变为 形状，按住鼠标左键不放并拖曳光标，可以移动视图位置。如果配备的鼠标有滚轮，在视图中直接按住滚轮不放并拖曳光标即可。

⊙ （环绕）。将视图中心用做旋转中心。如果对象靠近视口的边缘，它们可能会旋出视图范围。

⊙ （选定的环绕）。将当前选择的中心用做旋转的中心。当视图围绕其中心旋转时，选定对象将保持在视口中的同一位置上。

⊙ （环绕子对象）。将当前选定子对象的中心用做旋转的中心。当视图围绕其中心旋转时，当前选择将保持在视口中的同一位置上。

在透视图或用户视图中，按住 Alt 键，同时按住鼠标滚轮不放并拖曳光标，也可以对对象进行视角的旋转。

⊙ （最大化视口切换）。单击此按钮，当前视图满屏显示，便于对场景进行精细编辑操作。再次单击此按钮，可恢复原来的状态，其快捷键为 Alt+W。

1.3.7 动画控制区

动画控制区位于屏幕的下方，包括动画控制区、时间滑块和轨迹条，主要用于制作动画时，进行动画的记录、动画帧的选择、动画的播放、动画时间的控制等。图 1-16 所示为动画控制区。

自动关键点
选定对象
设置关键点
关键点过滤器...
0

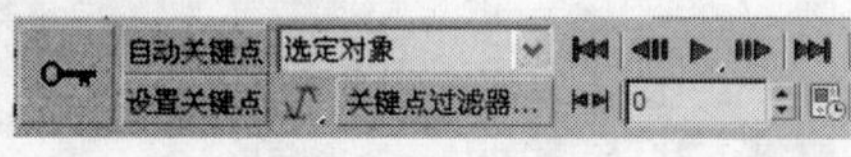

图 1-16

⊙ 自动关键点。启用自动关键点后，对对象位置、旋转和缩放所做的更改都会自动设置成关键帧（记录）。

⊙ 设置关键帧。其模式使用户能够自己控制什么时间创建什么类型的关键帧，在需要设置关键帧的位置单击（设置关键点）按钮，创建关键点。

⊙ （新建关键点的默认入/出切线）：该弹出按钮可为新的动画关键点提供快速设置默认切线类型的方法，这些新的关键点是用设置关键点模式或者自动关键点模式创建的。

⊙ 设置关键点过滤器。显示设置关键点过滤器对话框，在该对话框中可以定义哪些类型的轨迹可以设置关键点，哪些类型不可以。

⊙ （转到开头）：单击该按钮可以将时间滑块移动到活动时间段的第一帧。

⊙ （上一帧）：将时间滑块向后移动一帧。

⊙ （播放动画）：播放按钮用于在活动视口中播放动画。

⊙ （下一帧）：可将时间滑快向前移动一帧。

⊙ （转至结尾）：将时间滑块移动到活动时间段的最后一个帧。

⊙ （关键点模式切换）：使用关键点模式可以在动画中的关键帧之间直接跳转。

⊙ （时间配置）：单击该按钮，打开时间配置对话框，其中提供了帧速率、时间显示、播放和动画的设置。

1.3.8 提示行

主要用于建模时对造型空间位置的提示，如图 1-17 所示。

X:
Y:
Z:

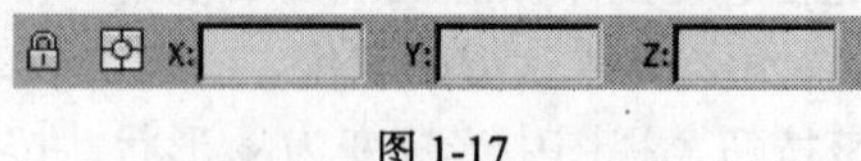

图 1-17

1.3.9 状态栏

主要用于建模时对造型的操作说明，如图 1-18 所示。

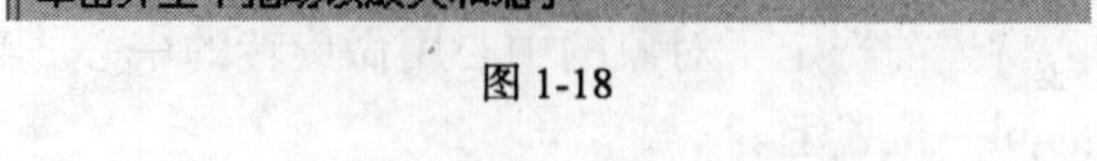

选择了 1 个 摄影机
单击并上下拖动以放大和缩小

图 1-18

1.4 3ds Max 2010的坐标系统

3ds Max 2010 提供了多种坐标系统，这些坐标系统可以直接在工具栏中进行选择，如图 1-19 所示。下面对坐标系统进行介绍。

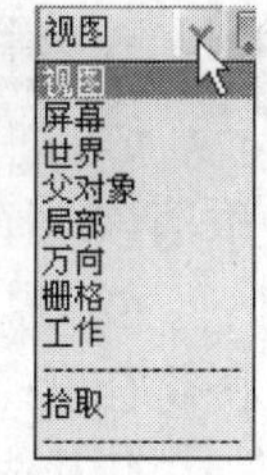

图 1-19

⊙ 视图坐标系统。这是 3ds Max 2010 默认的坐标系统，也是使用最普遍的坐标系统。它是屏幕坐标系统与世界坐标系统的结合。视图坐标系统在正视图中使用屏幕坐标系统，在透视图和用户视图中使用世界坐标系统。

⊙ 屏幕坐标系统。在所有视图中都使用同样的坐标轴向，即 x 轴为水平方向，y 轴为垂直方向，z 轴为景深方向，这是用户习惯的坐标方向。该坐标系统把计算机屏幕作为 x、y 轴向，向屏幕内部延伸为 z 轴向。

⊙ 世界坐标系统。在 3ds Max 2010 操作界面中，从前方看，x 轴为水平方向，y 轴为垂直方向，z 轴为景深方向。这个坐标轴向在任意视图中都固定不变，选择该坐标系统后，可以使任何视图中都有相同的坐标轴显示。

⊙ 父对象坐标系统。使用父对象坐标系统，可以使子对象与父对象之间保持依附关系，使子对象以父对象的轴向为基础发生改变。

⊙ 局部坐标系统。使用选定对象的坐标系。对象的局部坐标系由其轴点支撑。使用“层次”命令面板上的选项，可以以相对于对象的方式调整局部坐标系的位置和方向。

⊙ 万向坐标系统为每个对象使用单独的坐标系。

⊙ 栅格坐标系统以栅格对象的自身坐标轴为坐标系统，栅格对象主要用于辅助制作。

⊙ 拾取坐标系统拾取屏幕中的任意一个对象，以被拾取对象的自身坐标系统为拾取对象的坐标系统。

1.5 对象的选择方式

对象的选择是 3ds Max 2010 的基本操作。无论对场景中的任何对象做何种操作和编辑，首先要做的就是选择该对象。为了方便用户，3ds Max 2010 提供了多种选择对象的方式。

1.5.1 选择对象的基本方法

选择对象最基本的方法就是直接单击要选择的对象，当光标移动到对象上时光标会变成形状，单击鼠标左键即可选择该对象。

如果要同时选择多个对象，可以按住 Ctrl 键，用鼠标左键连续单击或框选要选择的对象，如果想取消其中个别对象的选择，可以按住 Alt 键，单击或框选要取消选择的对象。

1.5.2 区域选择

3ds Max 2010 提供了多种区域选择方式，使操作更为灵活、简单。矩形选择方式是系统默认的选择方式，其他选择方式都是矩形选择方式的隐藏选项。

⊙ （矩形选择区域）。在视口中拖动，然后释放鼠标。单击的第一个位置是矩形的一个角，释放鼠标的位置是相对的角。

⊙ （圆形选择区域）。在视口中拖动，然后释放鼠标。首先单击的位置是圆形的圆心，释放鼠标的位置定义了圆的半径。

⊙ （围栏选择区域）。拖动绘制多边形，创建多边形选择区。

⊙ （套索选择区域）。围绕应该选择的对象拖动鼠标以绘制图形，然后释放鼠标按钮。要取消该选择，请在释放鼠标前右键单击。

⊙ （绘制选择区域）。将鼠标拖至对象之上，然后释放鼠标按钮。在进行拖放时，鼠标周围将会出现一个以画刷大小为半径的圆圈。根据绘制创建选区。

几种选择方式的效果如图 1-20 所示。

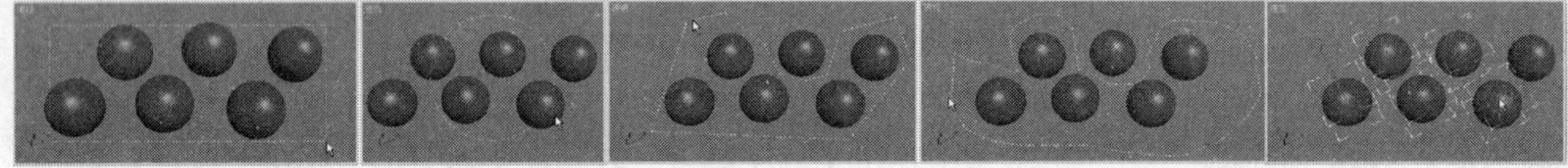

图 1-20

以上几种选择方式都可以与（窗口/交叉）配合使用。（窗口/交叉）的两种方式为（交叉模式）和（窗口模式）。

⊙ 在交叉模式中，可以选择区域内的所有对象或子对象，以及与区域边界相交的任何对象或子对象。

⊙ 在窗口模式中，只能选择所选内容内的对象或子对象。

1.5.3 名称选择

在复杂建模时，场景中通常会有很多的对象，用鼠标进行选择很容易造成误选。3ds Max 2010 提供了一个可以通过名称选择对象的功能。该功能不仅可以通过对象的名称选择，还能通过颜色或材质选择具有该属性的所有对象。

通过名称选择对象的操作步骤如下。

Step 01 单击工具栏中的（按名称选择）按钮，弹出“从场景选择”对话框，如图 1-21 所示。

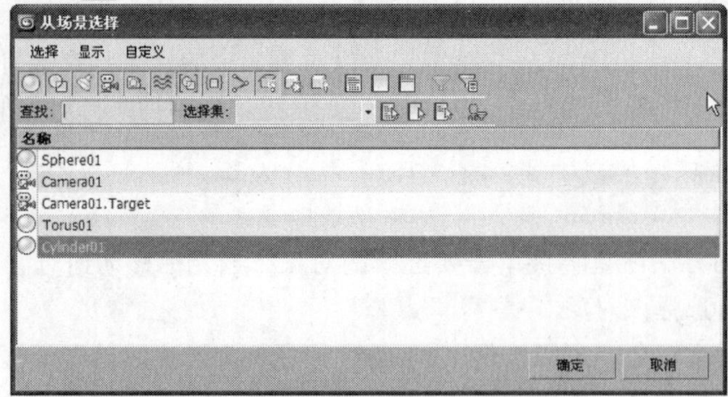

图 1-21

Step 02 选择列表中的对象名称后单击 确定 按钮，或直接双击列表中的对象名称，该对象即被选择。

在该对话框中按住 Ctrl 键选择多个对象，按住 Shift 键单击并选择连续范围。在对话框的右侧可以设置对象以什么形式进行排序，在对象列表中列出的类型包括几何体、图形、灯光、摄影机、辅助对象、空间扭曲、组/集合、外部参考和骨骼类型，这些均在工具栏中以按钮方式显示，单击工具栏中的按钮类型，在列表中将隐藏该类型。

1.5.4 编辑菜单选择

在菜单栏中选择 Edit（编辑）菜单，弹出如图 1-22 所示的几项命令。

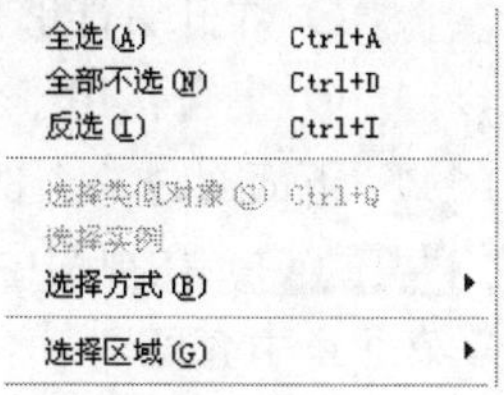

图 1-22

编辑菜单中选择命令的含义如下。

- ⊙ 全选：选择场景中的全部对象。
- ⊙ 全部不选：取消所有选择。
- ⊙ 反选：此命令可反选当前选择集。
- ⊙ 选择类似对象：自动选择与当前选择类似对象的所有项。通常，这意味着这些对象必须位于同一层中，并且应用了相同的材质（或不应用材质）。
- ⊙ 选择实例：选择选定对象的所有实例。
- ⊙ 选择方式：从中定义以名称、层和颜色选择方式选择对象。
- ⊙ 选择区域：这里参考 1.5.2 小节中的介绍。

1.5.5 过滤选择集

“选择过滤器”工具用于设置场景中能够选择的对象类型，这样可以避免在复杂场景中选错对象。

在“选择过滤器”工具的下拉列表框 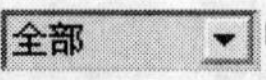 全部 中，包括几何体、图形、灯光、摄影机等对象类型，如图 1-23 所示。

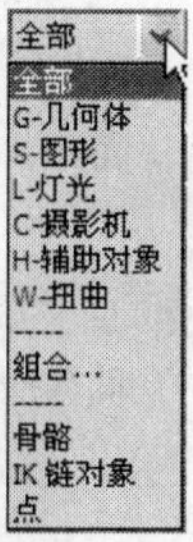

图 1-23

- ⊙ 全部：表示可以选择场景中的任何对象。
- ⊙ G–几何体：表示只能选择场景中的几何形体（标准几何体、扩展几何体）。
- ⊙ S–图形：表示只能选择场景中的图形。
- ⊙ L-灯光：表示只能选择场景中的灯光。
- ⊙ C-摄影机：表示只能选择场景中的摄影机。
- ⊙ H-辅助对象：表示只能选择场景中的辅助对象。
- ⊙ W-扭曲：表示只能选择场景中的空间扭曲对象。
- ⊙ 组合：可以将两个或多个类别组合为一个过滤器类别。
- ⊙ 骨骼：表示只能选择场景中的骨骼。
- ⊙ IK 链对象：表示只能选择场景中的 IK 连接对象。
- ⊙ 点：表示只能选择场景中的点。

1.5.6 对象编辑成组

对象编辑成组是将多个对象编辑为一个组的命令，选择要编辑成组的对象后单击“组”命令，会弹出下拉菜单，如图 1-24 所示，下拉菜单中的命令用于对组的编辑。

图 1-24

- ⊙ 成组：用于把场景中选定的对象编辑为一个组。

⊙ 解组：用于把选中的组解散。

⊙ 打开：用于暂时打开一个选中的组，可以对组中的对象单独编辑。

⊙ 关闭：用于把暂时打开的组关闭。

⊙ 附加：用于把一个对象增加到一个组中。先选中一个对象，执行附加命令，再单击组中任意一个对象即可。

⊙ 分离：用于把对象从组中分离出来。

⊙ 炸开：能够使组以及组内所嵌套的组都彻底解散。

⊙ 集合：用于将多个对象组合并至单个组。

下面通过一个例子来介绍“组”命令，操作步骤如下。

Step 01 在视图中任意创建几个几何体，框选将它们选中，如图 1-25 所示。几何体的创建将在第 2 章中介绍。

Step 02 选择“组 > 成组”命令，弹出“组”对话框，在“组名”文本框中可以编辑组的名称，如图 1-26 所示。单击“确定”按钮，被选择的几何体成为一个组，如图 1-27 所示。任意选择其中的一个对象，整个组都会被选择。

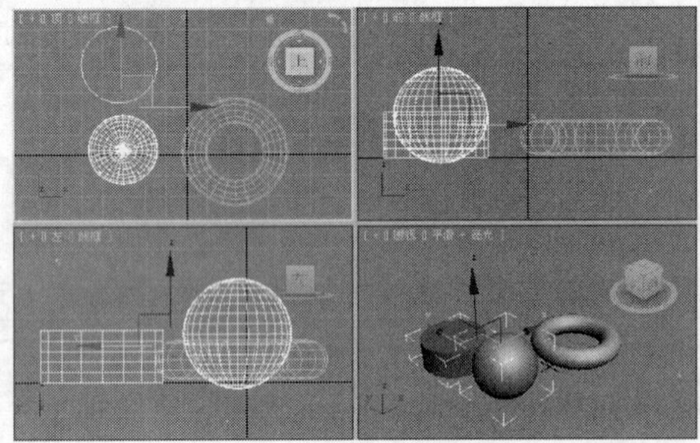

图 1-25

图 1-26

Step 03 选择“组 > 打开”命令，该组会被暂时打开，选择其中一个对象，可以对该对象进行单独编辑，如图 1-28 所示。

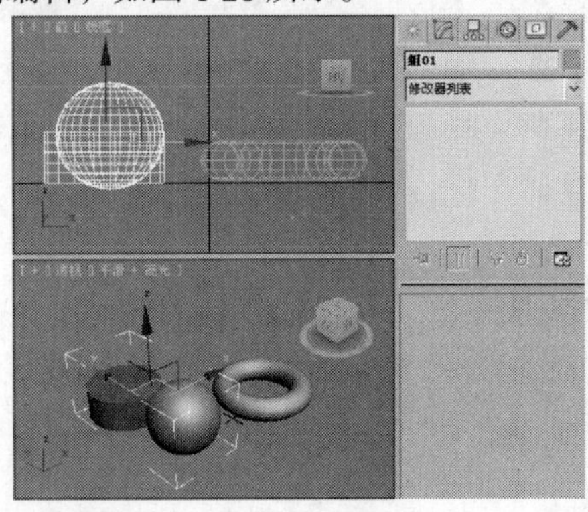

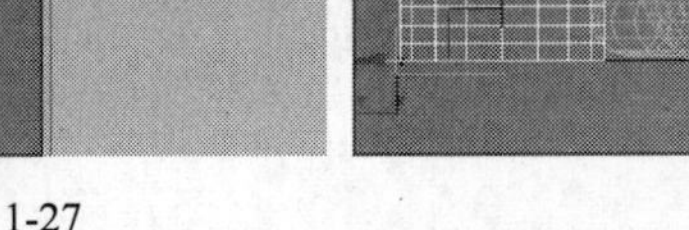

图 1-27

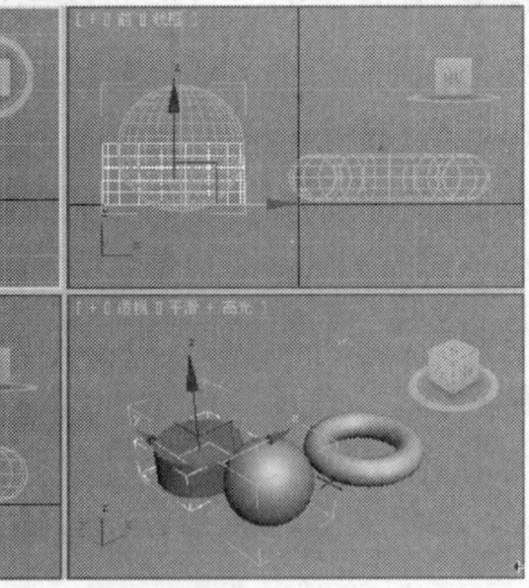

图 1-28

Step 04 选择“组 > 关闭”命令，可以使打开的组闭合。选择“组 > 炸开”命令，可以使这个组彻底解散。

将对象编辑成组在建模中会经常用到，对于较为复杂的场景，应该在创建组的同时给所创建的组命名，以便于后期选择修改。

1.6 对象的变换

对象的变换包括对象的移动、旋转和缩放，这 3 项操作几乎在每一次建模中都会用到，也是建模操作的基础。

1.6.1　移动对象

启用移动工具，有以下几种方法。

⊙ 单击工具栏中的 （选择并移动）工具按钮。

⊙ 按 W 键。

⊙ 选择对象后单击鼠标右键，在弹出的菜单中选择“移动”命令。

使用移动命令的操作方法如下。

选择对象并启用移动工具，当鼠标光标移动到对象坐标轴上时（比如 *x* 轴），光标会变成 形状，并且坐标轴（*x* 轴）会变成亮黄色，表示可以移动，如图 1-29 所示。此时按住鼠标左键不放并拖曳光标，对象就会跟随光标一起移动。

利用移动工具可以使对象沿两个轴向同时移动，观察对象的坐标轴，会发现每两个坐标轴之间都有共同区域，当鼠标光标移动到此处区域时，该区域会变黄，如图 1-30 所示。按住鼠标左键不放并拖曳光标，对象就会跟随光标一起沿两个轴向移动。

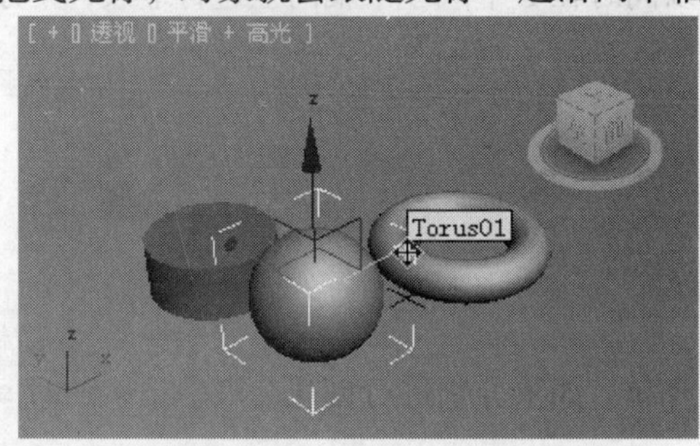

图 1-29

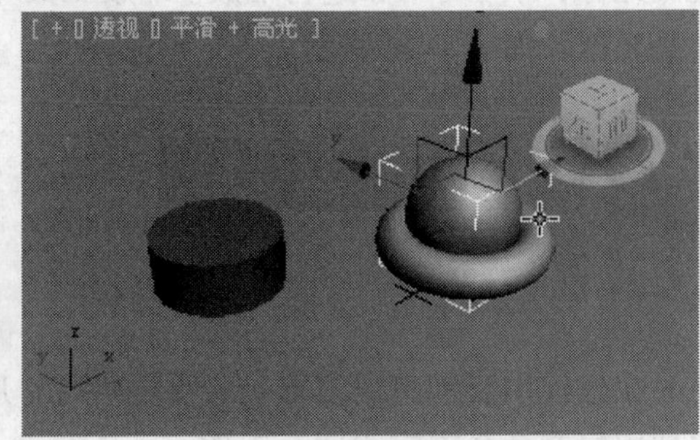

图 1-30

1.6.2　旋转对象

启用旋转命令，有以下几种方法。

⊙ 单击工具栏中的 （选择并旋转）工具。

⊙ 按 E 键。

⊙ 选择对象后单击鼠标右键，在弹出的菜单中选择“旋转”命令。

使用旋转命令的操作方法如下。

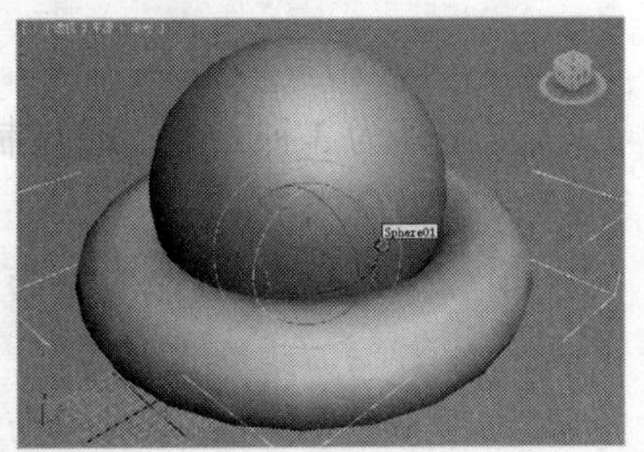

图 1-31

选择对象并启用旋转工具，当鼠标光标移动到对象的旋转轴上时，光标会变为 形状，旋转轴的颜色会变成亮黄色，如图 1-31 所示。按住鼠标左键不放并拖曳光标，对象会随光标的移动而旋转。旋转对象只能用于坐标轴方向的旋转。

旋转工具可以通过旋转来改变对象在视图中的方向，因此熟悉各旋转轴的方向很重要。

1.6.3 缩放对象

启用缩放命令，有以下几种方法。

⊙ 单击工具栏中的（选择并均匀缩放）工具。

⊙ 按 R 键。

⊙ 选择对象后单击鼠标右键，在弹出的菜单中选择“缩放”命令。

对对象进行缩放，3ds Max 2010 提供了 3 种方式，包括（选择并均匀缩放）、（选择并非均匀缩放）、（选择并挤压）。在系统默认设置下工具栏中显示的是选择并均匀缩放，选择并非均匀缩放按钮和选择并挤压按钮是隐藏按钮。

⊙ （选择并均匀缩放）：只改变对象的体积，不改变形状，因此坐标轴向对它不起作用。

⊙ （选择并非均匀缩放）：对对象在制定的轴向上进行二维缩放（不等比例缩放），对象的体积和形状都发生变化。

⊙ （选择并挤压）：在制定的轴向上使对象发生缩放变形，对象体积保持不变，但形状会发生改变。

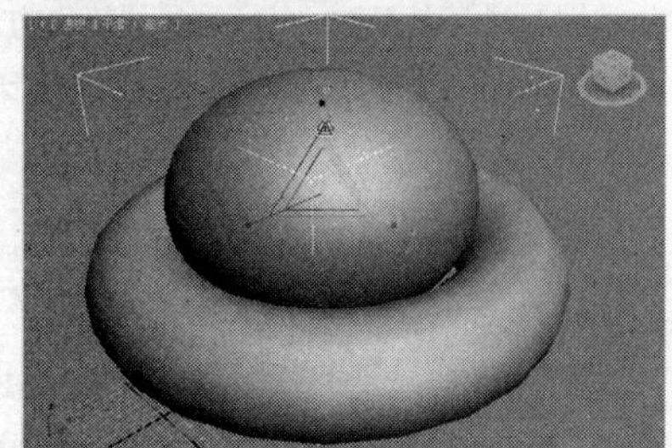

图 1-32

选择对象并启用缩放工具，当光标移动到缩放轴上时，光标会变成形状，按住鼠标左键不放并拖曳光标，即可对对象进行缩放。缩放工具可以同时在 2 个或 3 个轴向上进行缩放，其方法和移动工具相似。如图 1-32 所示。

1.7 对象的复制

有时在建模中要创建很多形状、性质相同的几何体，如果分别进行创建会浪费很多的时间，这时就要使用复制命令来完成这个工作。

1.7.1 直接复制对象

1．复制对象的方式

复制分为 3 种方式，即复制、实例、参考，这 3 种方式主要是根据复制后原对象与复制对象的相互关系来分类的。

⊙ 复制：复制后原对象与复制对象之间没有任何关系，是完全独立的对象。相互间没有任何影响。

⊙ 实例：复制后原对象与复制对象相互关联，对其中任何一个对象进行编辑都会影响到复制的其他对象。

⊙ 参考：复制后原对象与复制对象有一种参考的关系，对原对象进行修改器编辑时，复制对象会受到同样的影响，但对复制对象进行修改器编辑时不会影响原对象。

2. 复制对象的操作

直接复制对象操作最常用，运用移动工具、旋转工具、缩放工具都可以对对象进行复制。下面以移动工具为例对直接复制进行介绍，操作步骤如下。

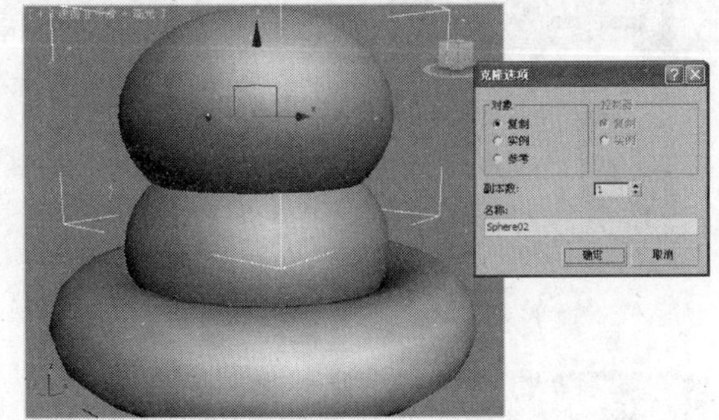

图 1-33

Step 01 将对象选中，按住 Shift 键，然后移动对象，完成移动后，释放鼠标左键，会弹出“克隆选项”对话框，如图 1-33 所示。用户可选择复制的类型以及要复制的个数。

Step 02 单击 确定 按钮完成复制。如果单击 取消 按钮则取消复制。运用旋转工具、缩放工具也能对对象进行复制，其复制方法与移动工具相似。

1.7.2 利用镜像复制对象

当建模中需要创建两个对称的对象时，如果使用直接复制，对象间的距离很难控制，而且要使两对象相互对称直接复制是办不到的，使用“镜像”工具就能很简单地解决这个问题。

选择对象后，单击“镜像”工具按钮，弹出“镜像：世界坐标”对话框，如图 1-34 所示。

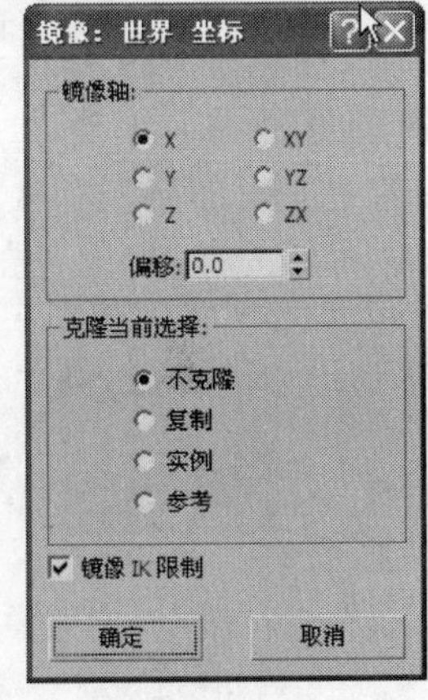

图 1-34

- 镜像轴：用于设置镜像的轴向，系统提供了 6 种镜像轴向。
- 偏移：用于设置镜像对象和原始对象轴心点之间的距离。
- 克隆当前选择：用于确定镜像对象的复制类型。
- 不克隆：表示仅把原始对象镜像到新位置而不复制对象。
- 复制：把选定对象镜像复制到指定位置。
- 实例：把选定对象关联镜像复制到指定位置。
- 参考：把选定对象参考镜像复制到指定位置。

使用“镜像”工具进行复制操作，首先应该熟悉轴向的设置，选择对象后单击“镜像”工具，可以依次选择镜像轴，视图中的复制对象是随镜像对话框中镜像轴的改变实时显示的，选择合适的轴向后单击“确定”按钮完成镜像，单击“取消”按钮则取消镜像。

1.7.3 利用间距复制对象

利用间距复制对象是一种快速而且比较随意的对象复制方法，它可以指定一条路径，使复制对象排列在指定的路径上，操作步骤如下。

Step 01 在视图中创建一个球体和圆，如图 1-35 所示。

Step 02 选择“工具 > 间隔工具”命令，弹出“间隔工具”对话框，如图 1-36 所示。

Step 03 单击球体将其选中，在“间隔工具”对话框中单击“拾取路径”按钮，然后在视图中单击螺旋线，在“计数”数值框中设置复制的数量，如图 1-37 右图所示。

Step 04 单击“应用”按钮，复制完成，如图 1-37 右图所示。

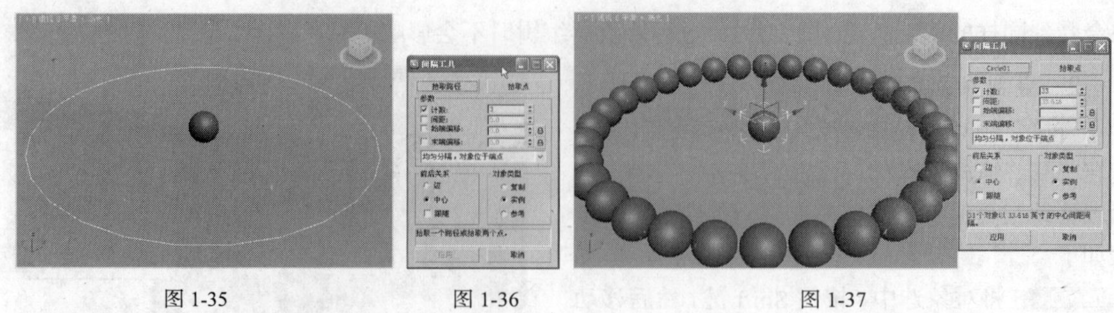

图 1-35　　图 1-36　　图 1-37

1.7.4 利用阵列复制对象

有时需要创建出多个相同的几何体，而且这些几何体要按照一定的规律进行排列，这时就要用到阵列工具。

1. 选择阵列工具

阵列工具位于浮动工具栏中。在工具栏的空白处单击鼠标右键，在弹出的菜单中选择“附加”命令，弹出“附加”浮动工具栏，如图 1-38 所示。

下面通过一个例子来介绍阵列复制，操作步骤如下。

Step 01 在视图中创建一个球体，效果如图 1-39 所示。

Step 02 激活顶视图，然后单击球体将其选中，切换到（层级）面板，选择“轴 > 仅影响轴”按钮，如图 1-40 所示。使用（选择并移动）工具将球体的坐标中心移到球体以外，如图 1-41 所示。

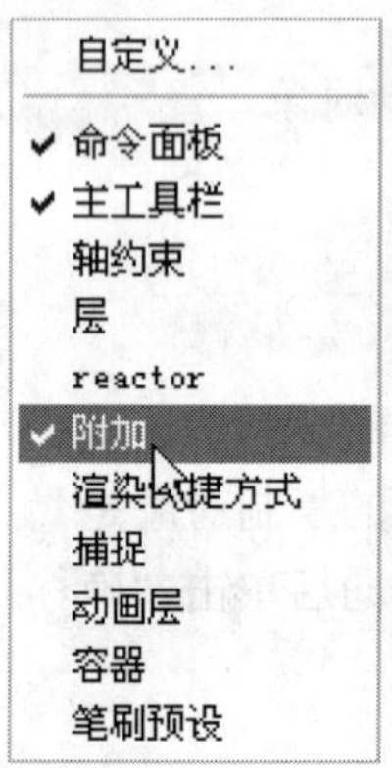

图 1-38

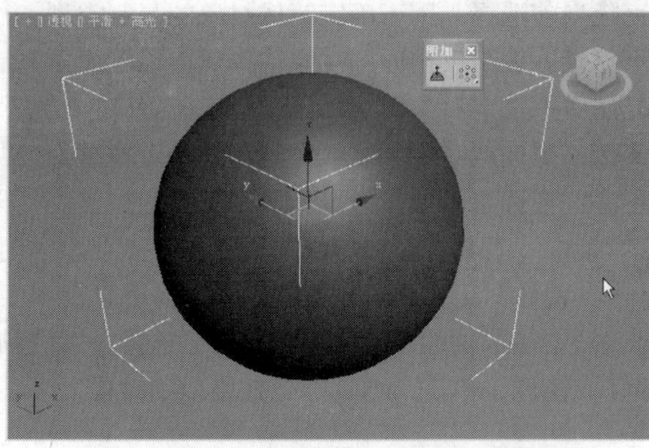

图 1-39

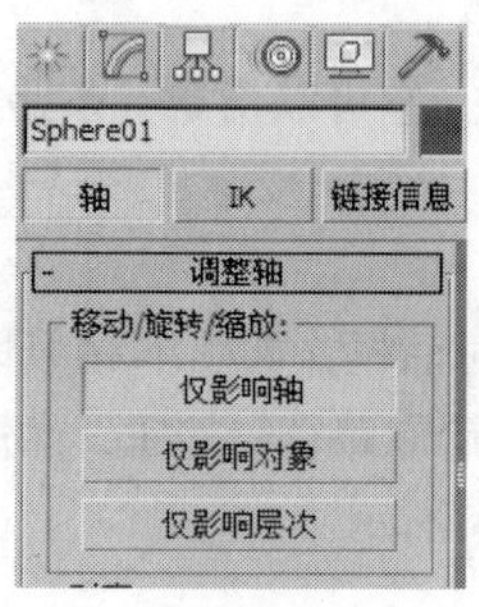

图 1-40

图 1-41

⊙ 仅影响轴：只对被选择对象的轴心点进行修改，这时使用移动和旋转工具能够改变对象轴心点的位置和方向。

Step 03 在浮动工具栏中单击 (阵列)按钮，弹出“阵列”对话框，如图 1-42 所示。

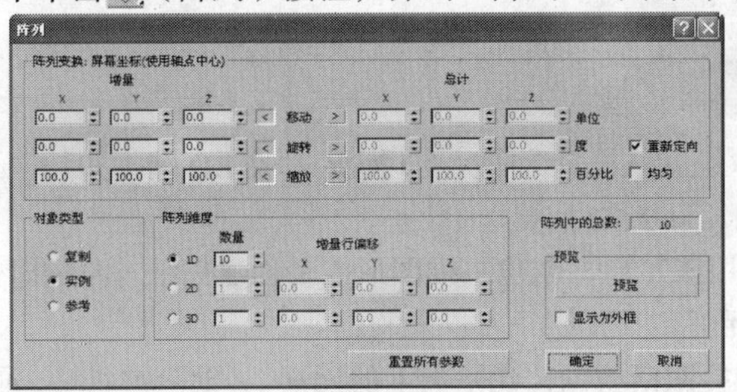

图 1-42

Step 04 在“阵列”对话框中设置参数，然后单击“确定”按钮，可以阵列出有规律的对象，如图 1-43 所示。

Step 05 完成阵列后的模型效果，如图 1-44 所示。

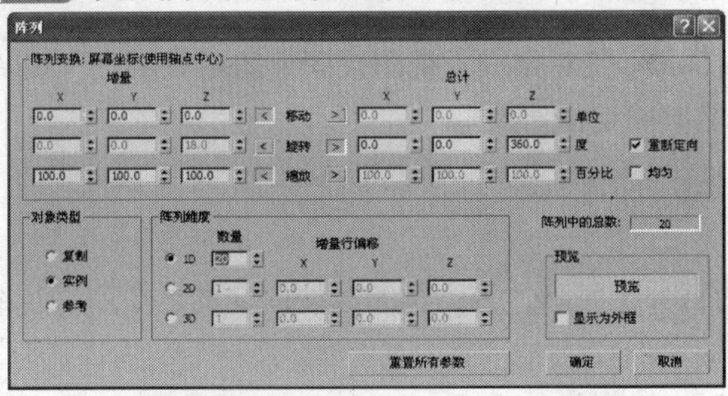

图 1-43

图 1-44

2. 阵列工具的参数

阵列对话框中包括阵列变换、对象类型、阵列维度等选项组。

⊙ 阵列变换选项组用于指定如何应用 3 种方式来进行阵列复制。

增量：分别用于设置 *X*、*Y*、*Z* 3 个轴向上的阵列对象之间的距离大小、旋转角度和缩放程度的增量。

总计：分别用于设置 *X*、*Y*、*Z* 3 个轴向上的阵列对象自身距离大小、旋转角度和缩放程度的增量。

⊙ 对象类型选项组用于确定复制的方式。

⊙ 阵列维度选项组用于确定阵列变换的维数。

1D、2D、3D：根据阵列变换选项组的参数设置创建一维阵列、二维阵列、三维阵列。

阵列中的总数：表示阵列复制对象的总数。

重置所有参数：该按钮能把所有参数恢复到默认设置。

1.8 捕捉工具

在建模过程中为了精确定位，使建模更精准，经常会用到捕捉控制器。捕捉控制器由 4 个捕捉工具组成，即（捕捉开关）、（角度捕捉切换）、（百分比捕捉切换）和（微调器捕捉切换），如图 1-43 所示。

1.8.1　3 种捕捉工具

捕捉工具有 3 种，系统默认设置为（3D 捕捉），在 3D 捕捉按钮中还隐藏着另外 2 种捕捉方式，即（2D 捕捉）和（2.5D 捕捉）。

（3D 捕捉）：启用该工具，创建二维图形或者创建三维对象的时候，鼠标光标可以在三维空间的任何地方进行捕捉。

（2D 捕捉）：只捕捉激活视图构建平面上的元素，*Z* 轴向被忽略，通常用于平面图形的捕捉。

（2.5D 捕捉）：是二维捕捉和三维捕捉的结合。2.5D 捕捉能捕捉三维空间中的二维图形和激活视图构建平面上的投影点。

1.8.2　角度捕捉工具

角度捕捉用于捕捉进行旋转操作时的角度间隔，使对象或者视图按固定的增量值进行旋转，系统默认值为 5°。角度捕捉配合旋转工具使用能准确定位对象。

1.8.3　百分比捕捉工具

百分比捕捉用于捕捉缩放或挤压操作时的百分比间隔，使比例缩放按固定的增量值进行缩放，用于准确控制缩放的大小，系统默认值为 10%。

1.9 对齐工具

使用对齐工具可以将物体进行设置、方向和比例的对齐，还可以进行法线对齐、放置高光、对齐摄影机、对齐视图等操作。对齐工具有实时调节、实时显示效果的功能。

（对齐）工具用于使当前选定的对象按指定的坐标方向和方式与目标对象对齐。对齐工具中有 5 种对齐方式，即一般（对齐）、（法线对齐）、（放置高光）、（对齐摄影机）、（对齐到视图），其中一般（对齐）是最常用的。

一般（对齐）是用于进行轴向上的对齐，操作步骤如下。

Step 01 在视图中创建一个长方体和一个茶壶，如图 1-45 所示。

Step 02 选择茶壶，然后单击一般（对齐）工具按钮，这时鼠标光标会变为形状，将鼠标光标移到球体上，光标会变为形状。

Step 03 单击长方体，弹出“对齐当前选择”对话框，如图 1-46 所示。

X 位置、*Y* 位置、*Z* 位置表示要对齐的轴向。视图中对象的对齐状态是与对话框中对齐轴向的选择实时显示的，用户可以选择对齐轴向后观察视图，然后选择合适的对齐轴向。

对齐方向（局部）选项组中的 *X* 轴、*Y* 轴、*Z* 轴表示方向上的对齐。

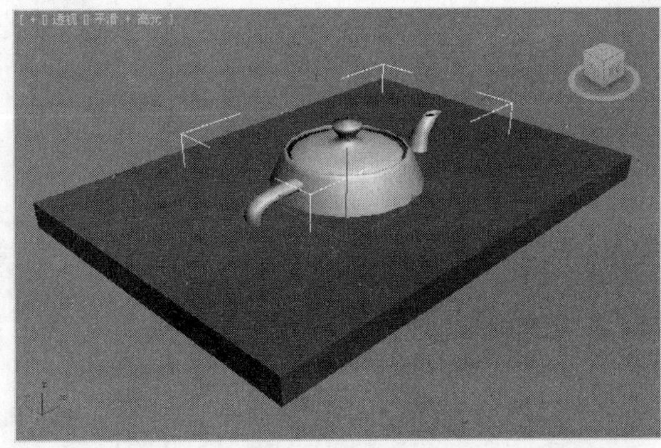

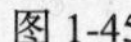
图 1-45

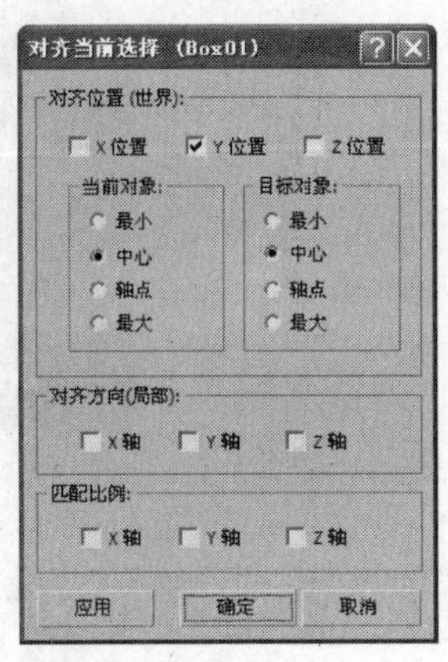

图 1-46

1.10 撤销和重做命令

在建模中，操作步骤会非常多，如果当前某一步操作出现错误，重新进行操作是不现实的，3ds Max 2010 中提供了撤销和重复命令，可以使操作回到之前的某一步，这在建模过程中是非常有用的。这两个命令在工具栏中都有相应的快捷按钮。

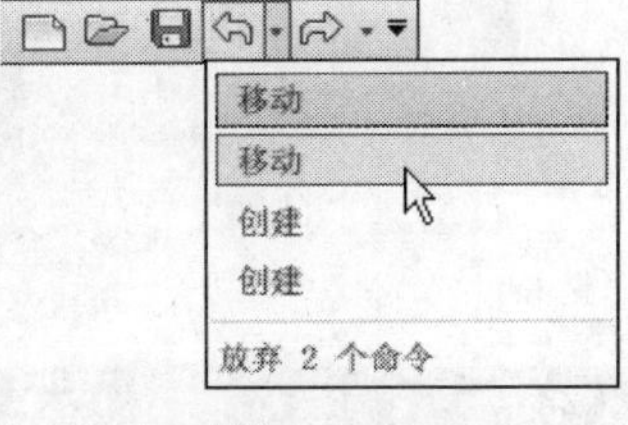

图 1-47

（撤销场景操作）：用于撤销最近一次操作的命令，可以连续使用，快捷键为 Ctrl + Z。在（撤销场景操作）按钮上单击鼠标右键，会显示当前所执行过的一些步骤，可以从中选择要撤销的步骤，如图 1-47 所示。

（重做场景操作）：用于恢复撤销的命令，可以连续使用，快捷键为 Ctrl + Y。重复功能也有重复步骤的列表，使用方法与撤销命令相同。

1.11 对象的轴心控制

轴心控制是对象发生变换时的中心，只影响对象的旋转和缩放。对象的轴心控制包括 3 种方式：（使用轴点中心）、（使用选择中心）和（使用变换坐标中心）。

1.11.1 使用轴心点控制

把被选择对象自身的轴心点作为旋转、缩放操作的中心。如果选择了多个对象，则以每个对象各自的轴心点进行变换操作。图 1-48 所示为 3 个圆柱体按照自身的坐标中心旋转。

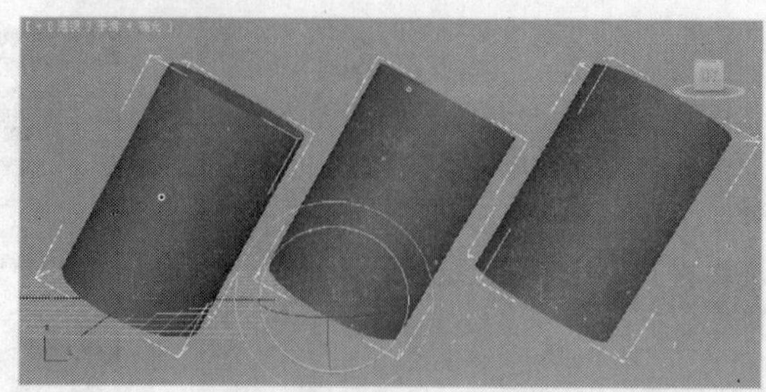

图 1-48

1.11.2 使用选择中心控制

把选择对象的公共轴心点作为对象旋转和缩放的中心。图 1-49 所示为 3 个圆柱体围绕一个共同的轴心点旋转。

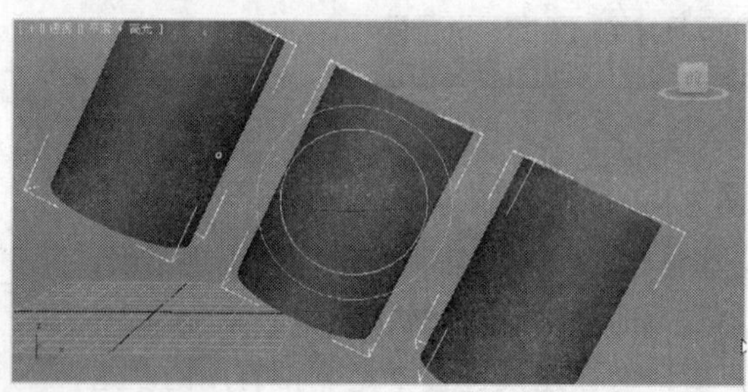

图 1-49

1.11.3 使用变换坐标中心控制

把选择的对象所使用当前坐标系的中心点作为被选择对象旋转和缩放的中心。例如，可以通过拾取坐标系统进行拾取，把被拾取对象的坐标中心作为选择对象的旋转和缩放中心。

下面仍以 3 个圆柱体为例来进行介绍，操作步骤如下。

Step 01 框选右侧的两个圆柱体，然后选择坐标系统下拉列表中的“拾取”选项，如图 1-50 所示。

Step 02 单击另一个圆柱体，将两个圆柱体的坐标中心拾取在一个圆柱体上。

Step 03 对这两个圆柱体进行旋转，会发现这两个圆柱体的旋转中心是被拾取圆柱体的坐标中心，如图 1-51 所示。

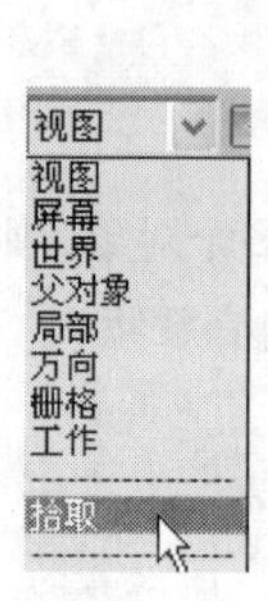

图 1-50

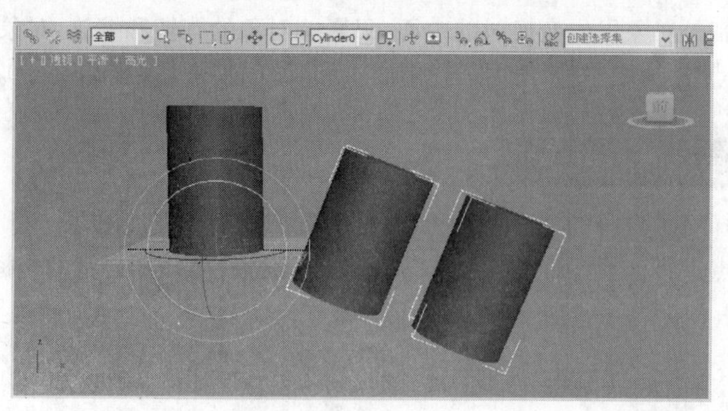

图 1-51

第2章 基本物体建模

在 3ds Max 中进行场景建模首先掌握的是基本模型的创建，通过一些简单模型的拼凑就可以制作一些比较复杂的三维模型，本章介绍如何创建基本三维模型。

【教学目标】

- 标准基本体的创建。
- 扩展基本体的创建。
- 创建建筑模型。

2.1 标准基本体的创建

学习 3ds Max 2010 内置的基础模型是制作模型和场景的基础。我们平时见到的规模宏大的电影场景，绚丽的动画，都是由一些简单的几何体修改后得到的，只需通过对基本模型的节点、线、面的编辑修改就能制作出想要的模型。认识和学习这些基础模型是以后学习复杂建模的前提和基础。

2.1.1 课堂案例——储物柜的制作

案例学习目标：学习使用标准基本体搭建模型。

案例知识要点：创建长方体，复制并调整长方体的位置，创建圆柱体作为支架，并对圆柱体进行复制，如图 2-1 所示。

效果所在位置：光盘/cha02/效果/储物柜的制作.max。

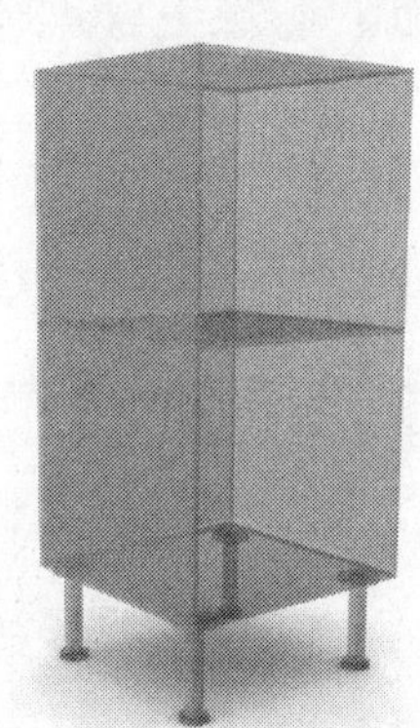

图 2-1

Step 01 单击“（创建）>（几何体）> 长方体”按钮，在“顶”视图中创建长方体，在“参数”卷展栏中设置“长度”和“宽度”为 140、“高度”为 3，如图 2-2 所示。

Step 02 在“顶”视图中使用（选择并旋转）工具，（角度捕捉切换）工具，按住 Shift 键，旋转复制模型，如图 2-3 所示。

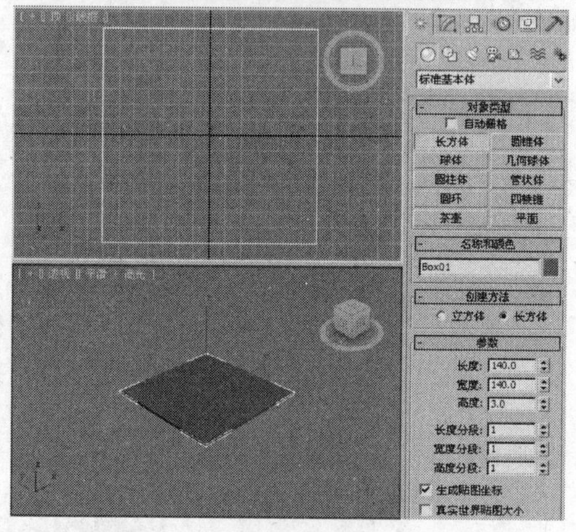

图 2-2

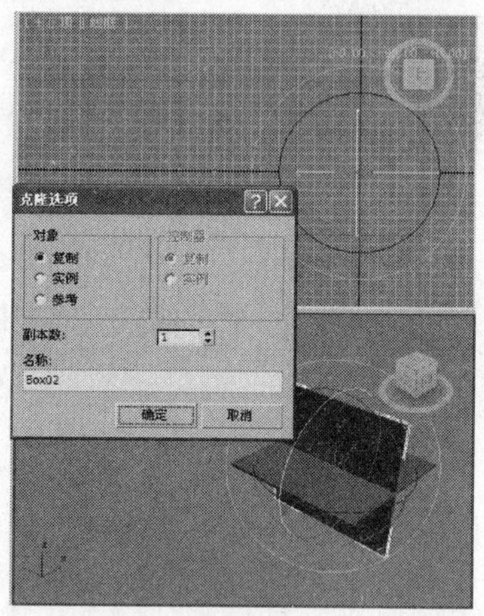

图 2-3

Step 03 使用（选择并移动）工具，在场景中按住 Shift 键移动复制模型，再使用移动工具调整模型的位置，如图 2-4 所示。

Step 04 在场景中复制模型并调整模型的位置，如图 2-5 所示。

Step 05 单击“（创建）>（几何体）> 圆柱体”按钮，在“顶”视图中创建圆柱体，在“参数”卷展栏中设置“半径”为 12、“高度”为-3、“高度分段”为 1，效果如图 2-6 所示。

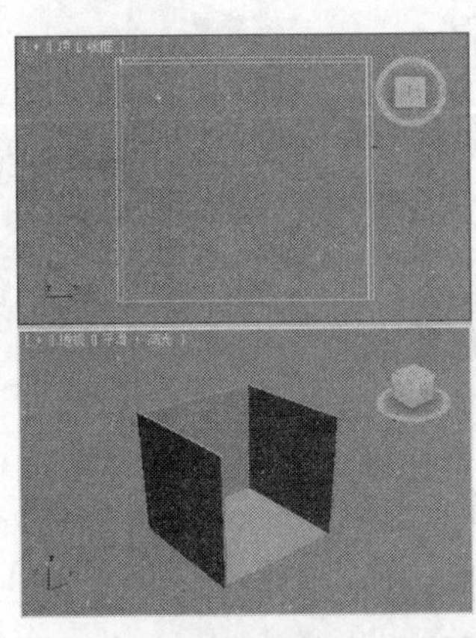
图 2-4

图 2-5

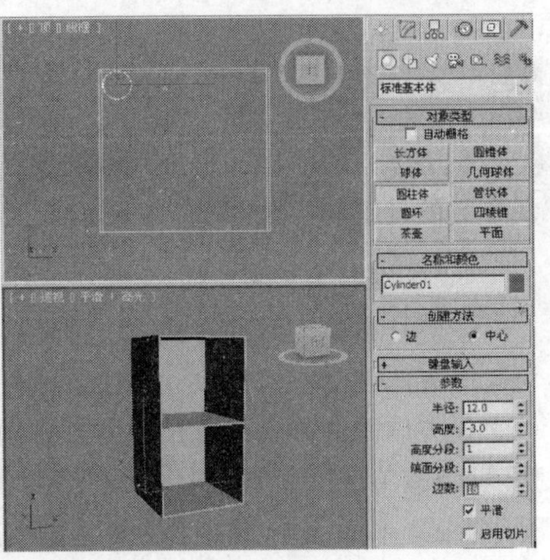

图 2-6

Step 06 在场景中选择圆柱体，按 Ctrl+V 组合键，在弹出的对话框中选择“复制”选项，单击“确定”按钮，如图 2-7 所示。

Step 07 在“参数”卷展栏中设置复制的模型的“半径”为 5、“高度”为-50，如图 2-8 所示。

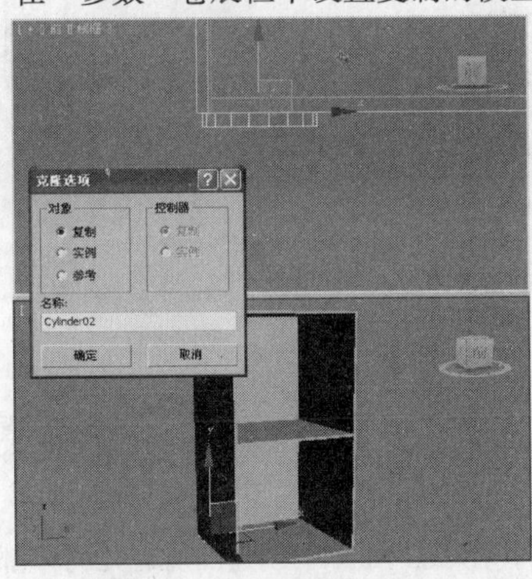

图 2-7

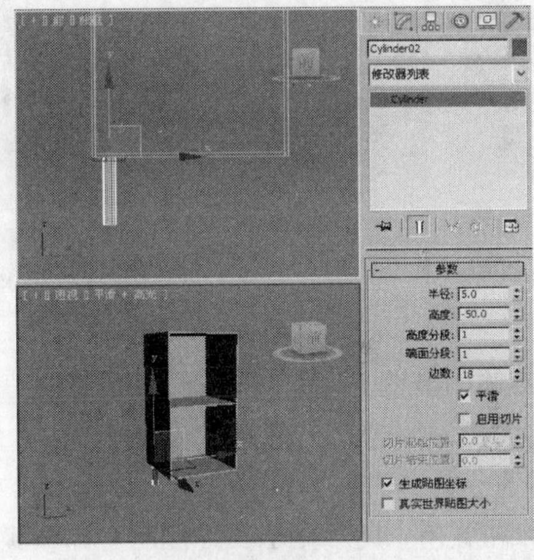

图 2-8

Step 08 复制圆柱体，在“参数”卷展栏中设置“半径”为 8、“高度”为-3，如图 2-9 所示。

Step 09 在场景中对支架模型进行复制，如图 2-10 所示。

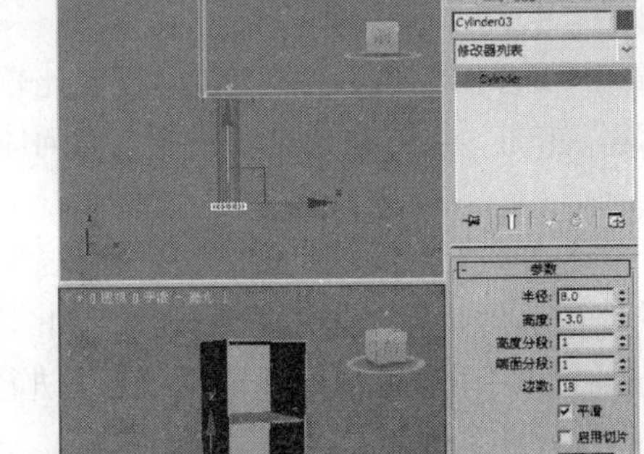

图 2-9

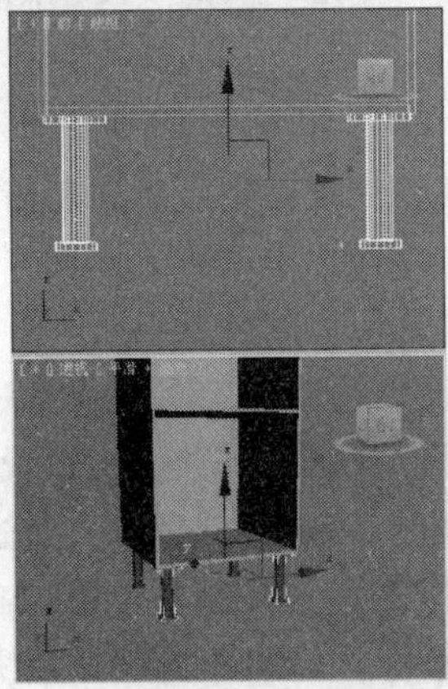
图 2-10

2.1.2 长方体

长方体是最基础的标准几何对象，用于制作正六面体或长方体。下面介绍长方体的创建方法以及参数的设置和修改。

1．创建长方体

创建长方体有两种方式，一种是立方体创建方式，另一种是长方体创建方式，如图 2-11 所示。

立方体创建方式：以立方体方式创建，操作简单，但只限于创建立方体。

长方体创建方式：以长方体方式创建，是系统默认的创建方式，用法比较灵活。

Step 01 单击“（创建）>（几何体）> 长方体”按钮。

Step 02 移动光标到适当的位置按住鼠标左键不放并拖曳光标，视图中生成一个长方形平面，如图 2-12 所示。释放鼠标左键并上下移动光标，长方体的高度会跟随光标的移动而增减，在合适的位置单击鼠标左键，长方体创建完成，如图 2-13 所示。

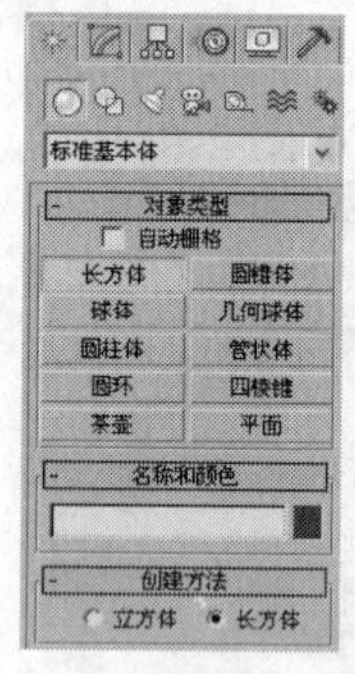

图 2-11

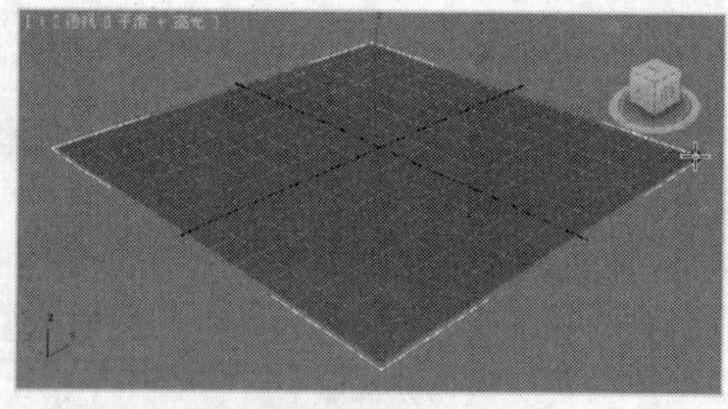

图 2-12

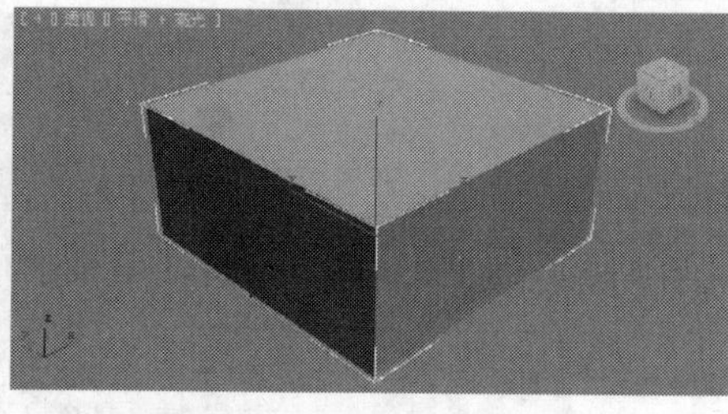

图 2-13

2．长方体的参数

创建完成长方体后，在场景中选择长方体，然后单击（修改）按钮，在修改命令面板中会显示长方体的参数，如图 2-14 所示。

⊙ 名称和颜色。用于显示长方体的名称和颜色。在 3ds Max 中创建的所有几何体都有此项参数，用于给对象指定名称和颜色便于以后选取和修改。单击右边的颜色框，弹出“对象颜色”对话框，如图 2-15 所示。此窗口用于设置几何体的颜色，单击颜色块选择合适的颜色后，单击“确定”按钮完成设置，单击“取消”按钮则取消颜色设置。单击“添加自定义颜色”按钮，可以自定义颜色。

⊙ 键盘建模方式。如图 2-16 所示，对于简单的基本建模使用键盘创建方式比较方便，直接在面板中输入几何体的创建参数，然后单击“创建”按钮，视图中会自动生成该几何体。如果创建较为复杂的模型，建议使用手动方式建模。

以上各参数是几何体的公共参数。

⊙ 基本参数设置卷展栏。用于调整对象的体积、形状以及表面的光滑度，如图 2-17 所示。在参数的数值框中可以直接输入数值进行设置，也可以利用数值框旁边的微调器进行调整。

长度/宽度/高度：确定长、宽、高三边的长度。

长度/宽度/高度分段：控制长、宽、高三边上的段数，段数越多表面就越细腻。

⊙ 生成贴图坐标：勾选此选项，系统自动指定贴图坐标。

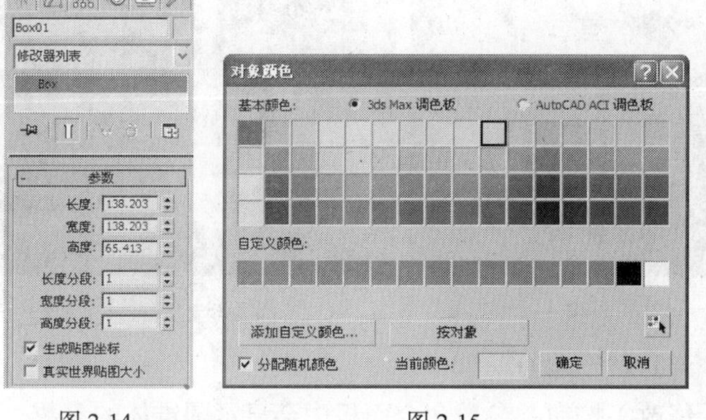

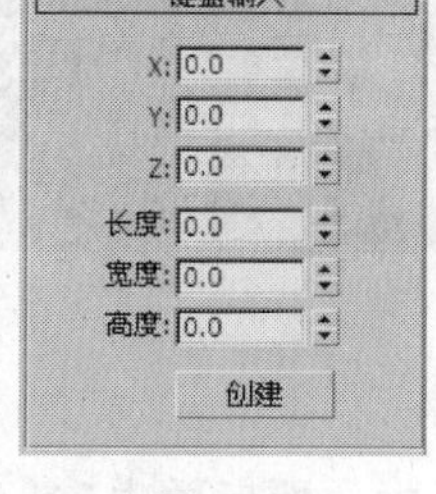

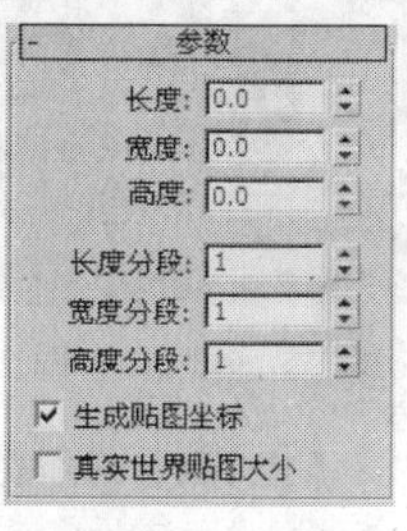

图 2-14　　图 2-15　　图 2-16　　图 2-17

3．参数的修改

长方体的参数比较简单，修改的参数也比较少，在设置好修改参数后，按 Enter 键确认，即可得到修改后的效果，如图 2-18、图 2-19 所示。

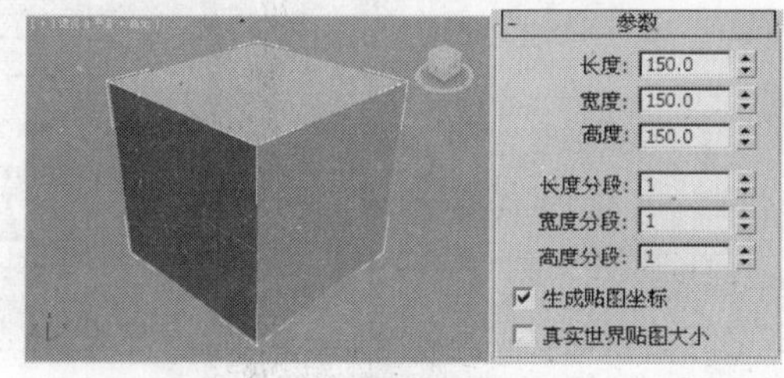

图 2-18

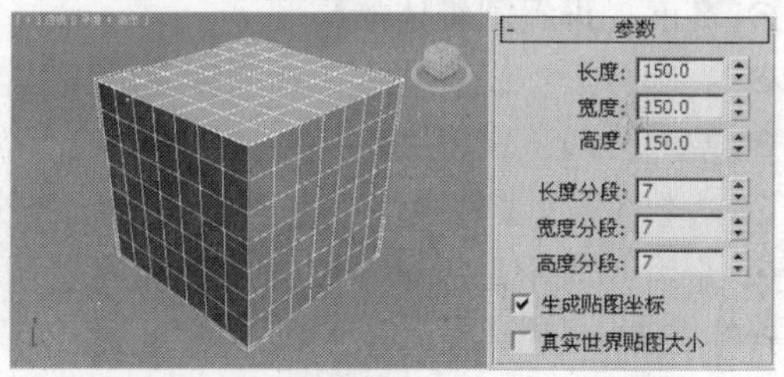

图 2-19

几何体的段数是控制几何体表面光滑程度的参数，段数越多，表面就越光滑。但要注意的是，并不是段数越多越好，应该在不影响几何体形体的前提下将段数降到最低。在进行复杂建模时，如果对象不必要的段数过多，会影响建模和后期渲染的速度。

2.1.3　圆锥体

圆锥体用于制作圆锥、圆台、四棱锥和棱台以及它们的局部。下面介绍圆锥体的创建方法及其参数的设置和修改。

1．创建圆锥体

创建圆锥体同样有两种方式，一种是边创建方式，另一种是中心创建方式，如图 2-20 所示。

⊙ 边创建方式：以边界为起点创建圆锥体，在视图中单击鼠标左键形成的点即为圆锥体底面的边界起点，随着光标的拖曳始终以该点作为锥体的边界。

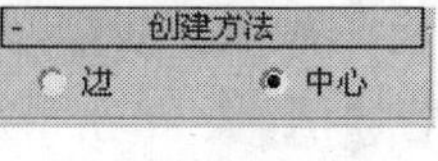

图 2-20

⊙ 中心创建方式：以中心为起点创建圆锥体，系统将采用在视图中第一次单击鼠标左键形成的点作为圆锥体底面的中心点，是系统默认的创建方式。

创建圆锥体的方法比长方体多一个步骤，操作步骤如下。

Step 01 单击“（创建）>（几何体）> 圆锥体”按钮。

Step 02 移动光标到适当的位置，按住鼠标左键不放并拖曳光标，视图中生成一个圆形平面，如图 2-21 所示。释放鼠标左键并上下移动光标，锥体的高度会跟随光标的移动而增减，如图 2-22 所示，在合适的位置单击鼠标左键，再次移动光标，调节顶端面的大小，单击鼠标左键完成创建，如图 2-23 所示。

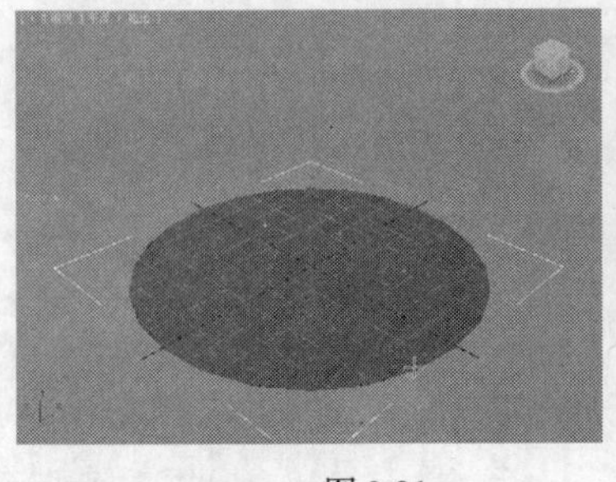

图 2-21

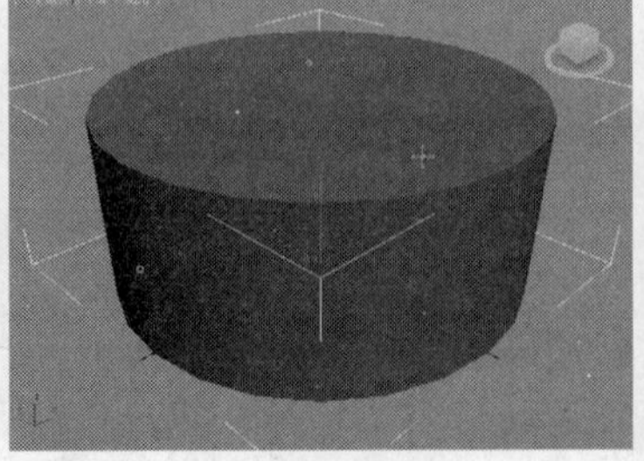

图 2-22

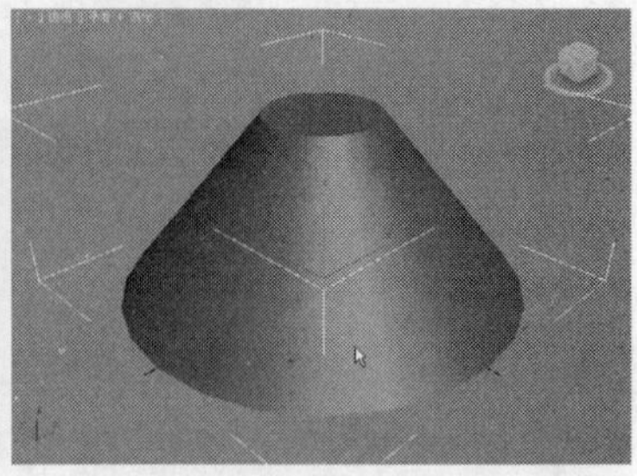

图 2-23

2．圆锥体的参数

单击圆锥体将其选中，然后单击（修改）按钮，参数命令面板中会显示圆锥体的参数，如图 2-24 所示。

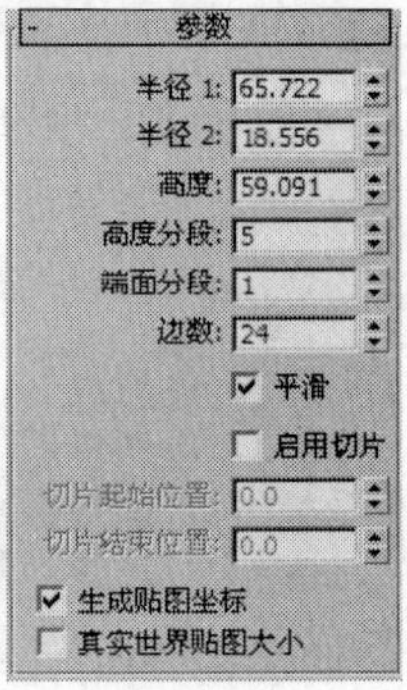

- ⊙ 半径 1：设置圆锥体底面的半径。
- ⊙ 半径 2：设置圆锥体两个端面的半径。
- ⊙ 高度：设置圆锥体的高度。
- ⊙ 高度分段：设置圆锥体在高度上的段数。
- ⊙ 端面分段：设置圆锥体在两端平面上沿半径方向上的段数。
- ⊙ 边数：设置圆锥体端面圆周上的片段划分数。值越高，圆锥体越光滑。
- ⊙ 平滑：表示是否进行表面光滑处理。开启时，产生圆锥、圆台，关闭时，产生棱锥、棱台。
- ⊙ 切片启用：表示是否进行局部切片处理。
- ⊙ 切片开始位置：确定切除部分的起始幅度。
- ⊙ 切片结束位置：确定切除部分的结束幅度。

图 2-24

2.1.4 球体

球体用于制作面状或光滑的球体，也可以制作局部球体。下面介绍球体的创建方法及其参数的设置和修改。

1．创建球体

创建球体的方式也有两种，与锥体相同，这里就不再介绍了。

球体的创建方法非常简单，操作步骤如下。

Step 01 单击"（创建）>（几何体）> 球体"按钮。

Step 02 移动光标到适当的位置，按住鼠标左键不放并拖曳光标，在视图中生成一个球体，移动光标可以调整球体的大小，在适当位置释放鼠标左键，球体创建完成，如图 2-25 所示。

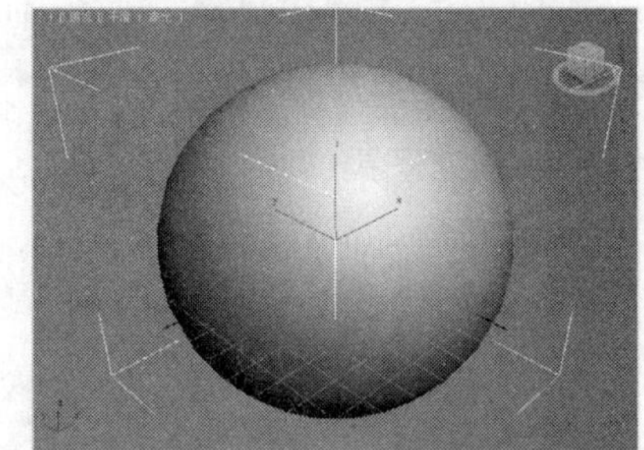

图 2-25

2．球体的参数

单击球体将其选中，然后单击（修改）按钮，在修改命令面板中会显示球体的参数，如图 2-26 所示。

- ⊙ 半径：设置球体的半径大小。

⊙ 分段：设置表面的段数，值越高，表面越光滑，造型也越复杂。

⊙ 平滑：是否对球体表面自动光滑处理（系统默认是开启的）。

⊙ 半球：用于创建半球或球体的一部分。值由 0 到 1 可调。默认为 0.0，表示建立完整的球体，增加数值，球体被逐渐减去。值为 0.5 时，制作出半球体，值为 1.0 时，球体全部消失。

⊙ 切除/挤压：在进行半球系数调整时发挥作用。用于确定球体被切除后，原来的网格划分也随之切除或者仍保留但被挤入剩余的球体中。

其他参数请参见前面章节的参数说明。

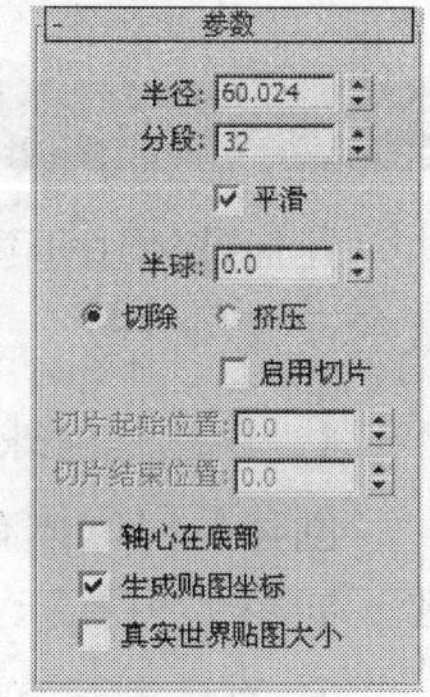

图 2-26

2.1.5 圆柱体

圆柱体用于制作棱柱体、圆柱体、局部圆柱体，下面介绍圆柱体的创建方法及其参数的设置和修改。

1. 创建圆柱体

圆柱体的创建方法与长方体基本相同，操作步骤如下。

Step 01 单击“（创建）>（几何体）> 圆柱体”按钮。

Step 02 将鼠标光标移到视图中，按住鼠标左键不放并拖曳光标，视图中出现一个圆形平面，在适当的位置释放鼠标左键并上下移动，圆柱体高度会跟随光标的移动而增减，在适当的位置单击鼠标左键，圆柱体创建完成，如图 2-27 所示。

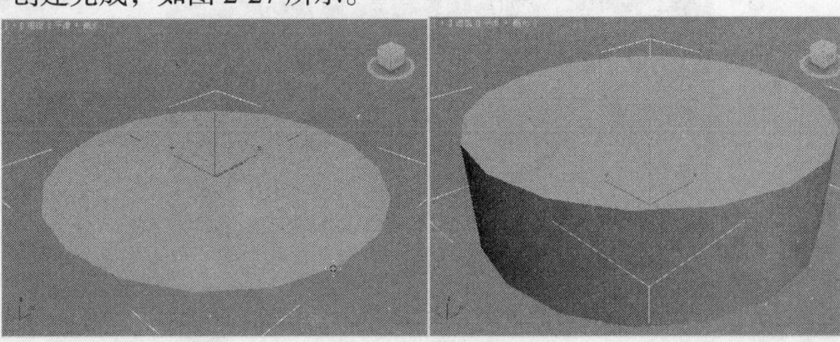

图 2-27

2. 圆柱体的参数

单击圆柱体将其选中，然后单击（修改）按钮，在修改命令面板中会显示圆柱体的参数，如图 2-28 所示。

⊙ 半径：设置底面和顶面的半径。

⊙ 高度：确定圆柱体的高度。

⊙ 高度分段：确定圆柱体在高度上的段数。如果要弯曲圆柱体，高度段数可以产生光滑的弯曲效果。

⊙ 端面分段：确定在圆柱体两个端面上沿半径方向的段数。

⊙ 边数：确定圆周上的片段划分数（即棱柱的边数），对于圆柱体，边数越多越光滑。其最小值为 3，此时圆柱体的截面为三角形。

其他参数请参见前面章节的参数说明。

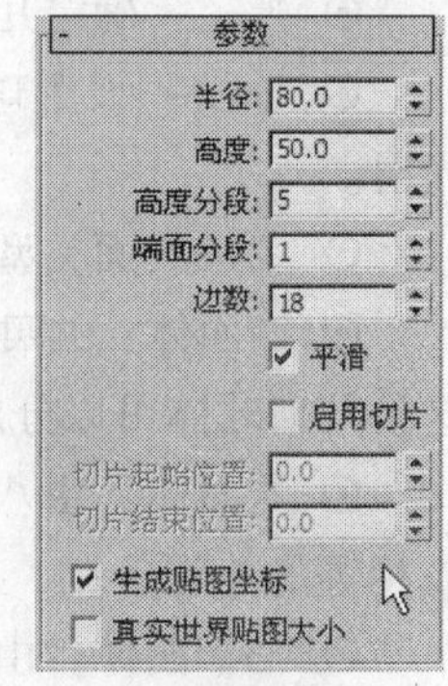

图 2-28

2.1.6 几何球体

几何球体用于建立以三角面相拼接而成的球体或半球体，下面介绍几何球体的创建方法及其参数的设置和修改。

1．创建几何球体

创建几何球体有两种方式，一种是直径创建方式，另一种是中心创建方式，如图 2-29 所示。

图 2-29

⊙ 直径创建方式：以直径方式拉出几何球体。在视图中以第一次单击鼠标左键形成的点为起点，把光标的拖曳方向作为所创建几何球体的直径方向。

⊙ 中心创建方式：以中心方式拉出几何球体。在视图中第一次单击鼠标左键形成的点作为要创建的几何球体的圆心，拖曳鼠标的位移大小作为所要创建球体的半径，是系统默认的创建方式。

几何球体的创建方法与球体相同，操作步骤如下。

Step 01 单击“（创建）>（几何体）> 几何球体”按钮。

Step 02 将鼠标光标移到视图中，按住鼠标左键不放并拖曳光标，视图中生成一个几何球体，移动光标可以调整几何球体的大小，在适当位置释放鼠标左键，几何球体创建完成，如图 2-30 所示。

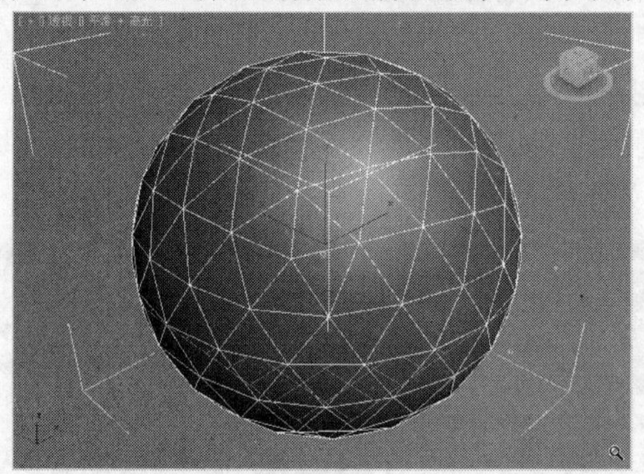

图 2-30

2．几何球体的参数

单击几何球体将其选中，然后单击（修改）按钮，修改命令面板中会显示几何球体的参数，如图 2-31 所示。

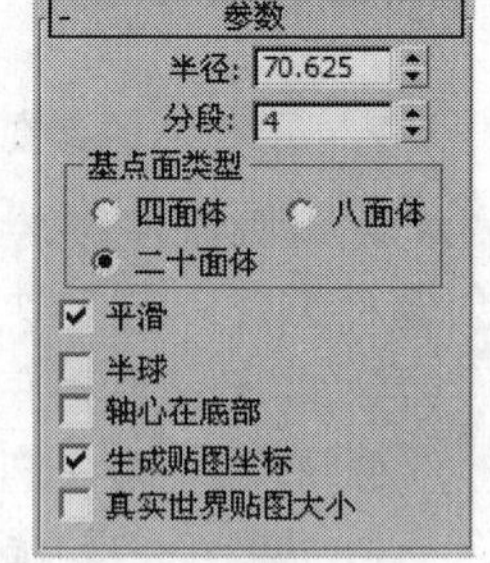

图 2-31

⊙ 半径：确定几何球体的半径大小。

⊙ 分段：设置球体表面的复杂度，值越大，三角面越多，球体也越光滑。

⊙ “基点面类型”组：确定是由哪种规则的异面体组合成球体。

⊙ 四面体：由四面体构成几何球体。三角形的面可以改变形状和大小，这种几何球体可以分成相等的 4 部分。

⊙ 八面体：由八面体构成几何球体。三角形的面可以改变形状和大小，这种几何球体可以分成相等的 8 部分。

⊙ 二十面体：由二十面体构成几何球体。三角形的面可以改变形状和大小，这种几何球体可以分成相等的任意多部分。

其他参数请参见前面章节的参数说明。

2.1.7　圆环

圆环用来制作立体的圆环圈，截面为正多边形，通过对正多边形的边数、光滑度、旋转等控制来产生不同的圆环效果，切片参数可以制作局部的一段圆环。下面介绍圆环的创建方法及其参数的设置和修改。

1. 创建圆环

创建圆环的操作步骤如下。

Step 01 单击“（创建）>（几何体）> 圆环”按钮。

Step 02 将鼠标光标移到视图中，按住鼠标左键不放并拖曳光标，在视图中生成一个圆环，如图 2-32 所示。在适当的位置释放鼠标左键并上下移动光标，调整圆环的粗细，单击鼠标左键，圆环创建完成。

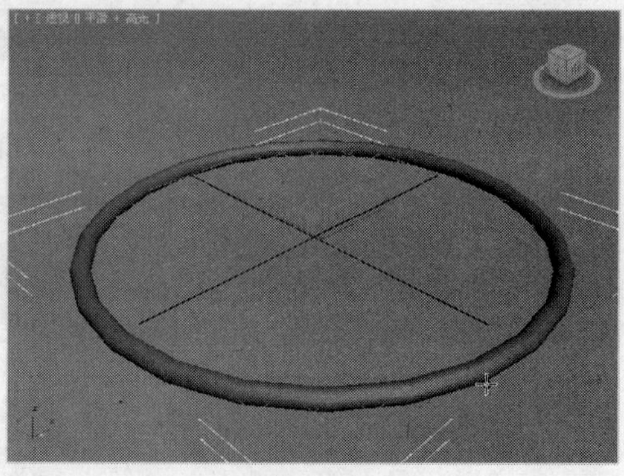

图 2-32

2. 圆环的参数

单击圆环将其选中，然后单击（修改）按钮，在修改命令面板中会显示圆环的参数，如图 2-33 所示。

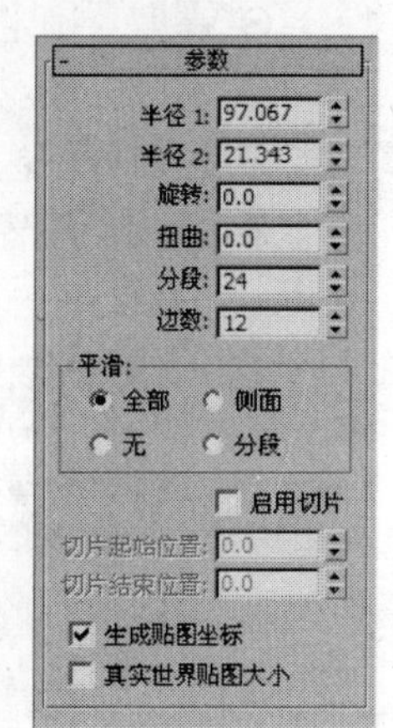

图 2-33

⊙ 半径 1：设置圆环中心与截面正多边形的中心距离。

⊙ 半径 2：设置截面正多边形的内径。

⊙ 旋转：设置片段截面沿圆环轴旋转的角度，如果进行扭曲设置或以不光滑表面着色，则可以看到它的效果。

⊙ 扭曲：设置每个截面扭曲的角度，产生扭曲的表面。

⊙ 分段：确定沿圆周方向上片段被划分的数目。值越大，得到的圆环越光滑（最小值为 3）。

⊙ 边数：确定圆环的侧边数。

⊙ “平滑”组：用于设置光滑属性。

⊙ 全部：对所有表面进行光滑处理。

⊙ 侧面：对侧边进行光滑处理。

⊙ 无：不进行光滑处理。

⊙ 分段：光滑每一个独立的面。

其他参数请参见前面章节的参数说明。

2.1.8 管状体

管状体用于建立各种空心管状体对象，包括管状体、棱管以及局部管状体。下面介绍管状体的创建方法及其参数的设置和修改。

1. 创建管状体

管状体的创建方法与其他几何体不同，操作步骤如下。

Step 01 单击“（创建）>（几何体）> 管状体”按钮。

Step 02 将鼠标光标移到视图中，按住鼠标左键不放并拖曳光标，视图中出现一个圆，在适当的位置释放鼠标左键并上下移动光标，会生成一个圆环形面片，单击鼠标左键然后上下移动光标，管状体的高度会随之增减，在合适的位置单击鼠标左键，管状体创建完成，如图 2-34 所示。

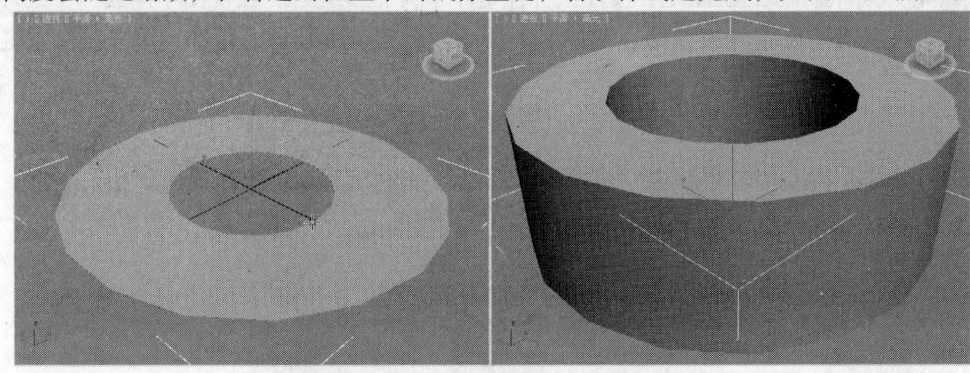

图 2-34

2. 管状体的参数

单击管状体将其选中，然后单击（修改）按钮，在修改命令面板中会显示管状体的参数，如图 2-35 所示。

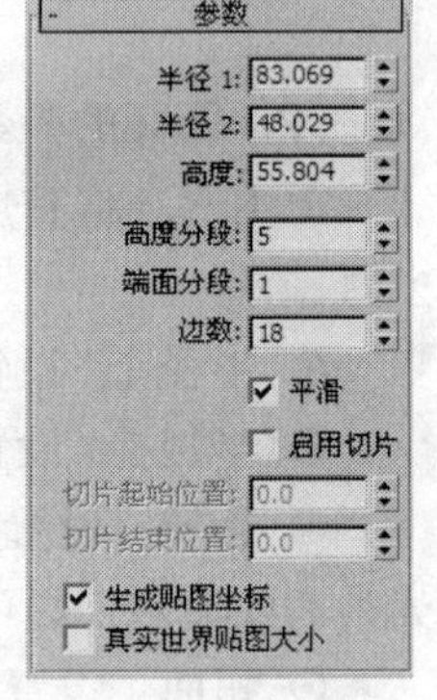

图 2-35

⊙ 半径 1：确定管状体的内径大小。

⊙ 半径 2：确定管状体的外径大小。

⊙ 高度：确定管状体的高度。

⊙ 高度分段：确定管状体高度方向的段数。

⊙ 端面分段：确定管状体上下底面的段数。

⊙ 边数：设置管状体侧边数的多少。值越大，管状体越光滑。对棱管来说，边数值决定其属于几棱管。

其他参数请参见前面章节的参数说明。

2.1.9 四棱锥

四棱锥用于建立椎体模型，是锥体的一种特殊形式。下面介绍四棱锥的创建方法及其参数的设置和修改。

1. 创建四棱锥

四棱锥的创建方式有两种，一种是基点/顶点创建方式，另一种是中心创建方式。

⊙ 基点/顶点创建方式：系统把第一次单击鼠标形成的点作为四棱锥底面点或顶点，是系统默认的创建方式。

⊙ 中心创建方式：系统把第一次单击鼠标形成的点作为四棱锥底面的中心点。

四棱锥的创建比较简单，和圆柱体比较相似，操作步骤如下。

Step 01 单击“ （创建）> （几何体）> 四棱锥”按钮。

Step 02 将鼠标光标移到视图中，按住鼠标左键不放并拖曳光标，视图中生成一个正方形平面，在适当的位置释放鼠标左键并上下移动光标，调整四棱锥的高度，然后单击鼠标左键，四棱锥创建完成，如图 2-36 所示。

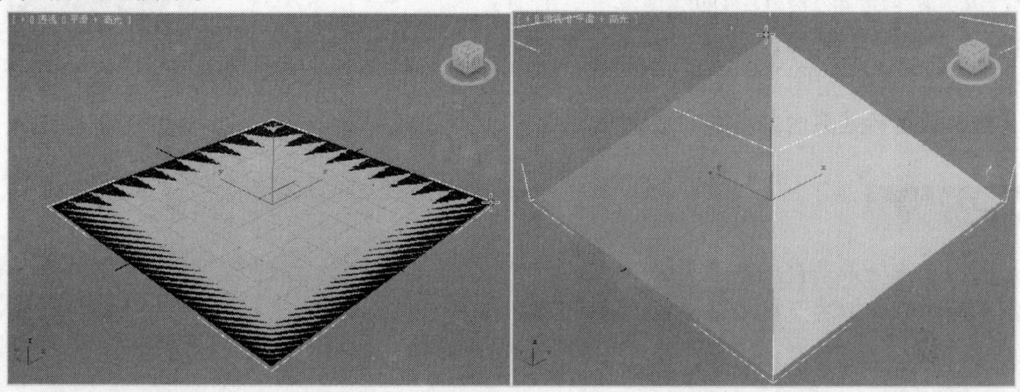

图 2-36

2．四棱锥的参数

单击四棱锥将其选中，然后单击 （修改）按钮，在修改命令面板中会显示四棱锥的参数，如图 2-37 所示。四棱锥的参数比较简单，与前面章节讲到的参数大部分都相似。

⊙ 宽度、深度：确定底面矩形的长和宽。

⊙ 高度：确定锥体的高。

⊙ 宽度分段：确定沿底面宽度方向的分段数。

⊙ 深度分段：确定沿底面深度方向的分段数。

⊙ 高度分段：确定沿四棱锥高度方向的分段数。

其他参数请参见前面章节的参数说明。

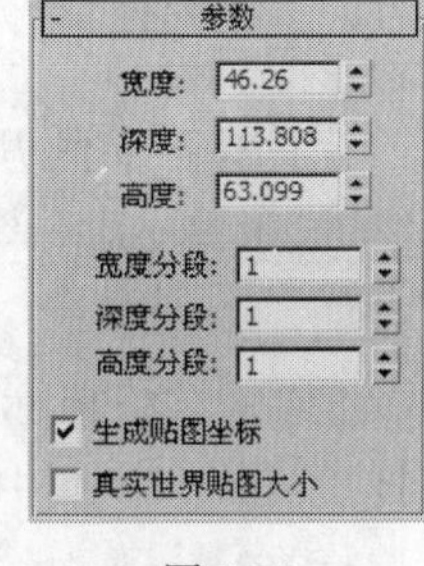

图 2-37

2.1.10　茶壶

茶壶用于建立标准的茶壶造型或者茶壶的一部分。下面介绍茶壶的创建方法及其参数的设置和修改。

1．创建茶壶

茶壶的创建方法与球体相似，操作步骤如下。

Step 01 单击“ （创建）> （几何体）> 茶壶”按钮。

Step 02 将鼠标光标移到视图中，按住鼠标左键不放并拖曳光标，视图中生成一个茶壶，上下移动光标调整茶壶的大小，在适当的位置释放鼠标左键，茶壶创建完成，如图 2-38 所示。

图 2-38

2．茶壶的参数

单击茶壶将其选中，然后单击（修改）按钮，在修改命令面板中会显示茶壶的参数，如图 2-39 所示。茶壶的参数比较简单，利用参数的调整，可以把茶壶拆分成不同的部分。

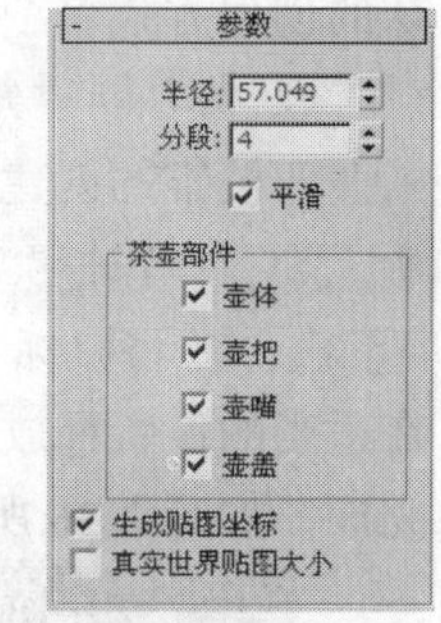

图 2-39

⊙ 半径：确定茶壶的大小。

⊙ 分段：确定茶壶表面的划分精度，值越大，表面越细腻。

⊙ 平滑：是否自动进行表面光滑处理。

⊙ 茶壶部件：设置各部分的取舍，分为壶体、壶把、壶嘴、壶盖 4 部分。

其他参数请参见前面章节的参数说明。

2.1.11 平面

平面用于在场景中直接创建平面对象，可以用于建立如地面，场地等，使用起来非常方便。下面介绍平面的创建方法及其参数设置。

1．创建平面

创建平面有两种方式，一种是矩形创建方式，另一种是正方形创建方式。

⊙ 矩形创建方式：分别确定两条边的长度，创建矩形平面。

⊙ 正方形创建方式：只需给出一条边的长度，创建正方形平面。

创建平面的方法和球体相似，操作步骤如下。

Step 01 单击“（创建）>（几何体）> 平面”按钮。

Step 02 将鼠标光标移到视图中，按住鼠标左键不放并拖曳光标，视图中生成一个平面，调整适当的大小后释放鼠标左键，平面创建完成，如图 2-40 所示。

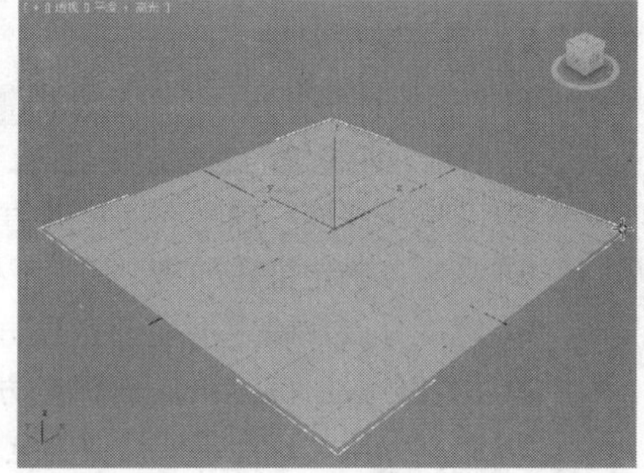

图 2-40

2．平面的参数

单击平面将其选中，然后单击（修改）按钮，在修改命令面板中会显示平面的参数，如图 2-41 所示。

图 2-41

⊙ 长度、宽度：确定平面的长、宽，以决定平面的大小。

⊙ 长度分段：确定沿平面长度方向的分段数，系统默认值为 4。

⊙ 宽度分段：确定沿平面宽度方向的分段数，系统默认值为 4。

⊙ “渲染倍增”组：只在渲染时起作用，可进行如下 2 项设置。

⊙ 缩放：渲染时平面的长和宽均以该尺寸比例倍数扩大。

⊙ 密度：渲染时平面的长和宽方向上的分段数均以该密度比例倍数扩大。

⊙ 总面数：显示平面对象全部的面片数。

2.2 扩展基本体的创建

扩展基本体要比标准基本体更复杂。这些几何体通过其他建模工具也可以创建，不过要花费一定的时间。有了现成的工具，就能够节省大量制作时间。

2.2.1 课堂案例——沙发的制作

案例学习目标：学习使用扩展基本体搭建模型。

案例知识要点：创建切角长方体，并对切角长方体进行复制，完成沙发模型的制作，如图 2-42 所示。

效果所在位置：光盘/cha02/效果/沙发.max。

图 2-42

Step 01 首先单击"（创建）> （几何体）> 扩展基本体 > 切角长方体"按钮，如图 2-43 所示。

Step 02 在"顶"视图中单击并拖动鼠标创建"切角长方体"的长度和宽度，松开并移动鼠标设置"切角长方体"的高度，单击鼠标完成高度的创建，移动鼠标设置"切角长方体"的切角，再次单击鼠标完成创建。

Step 03 在"参数"卷展栏中设置"长度"为 200、"宽度"为 400、"高度"为 40、"圆角"为 3，如图 2-44 所示。将该模型命名为"沙发垫-下"。

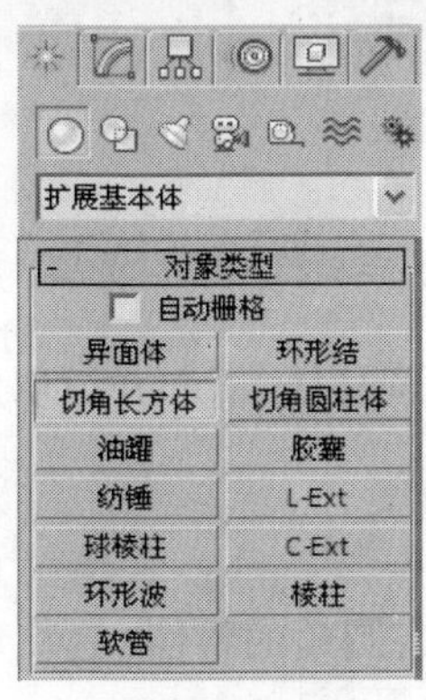

图 2-43

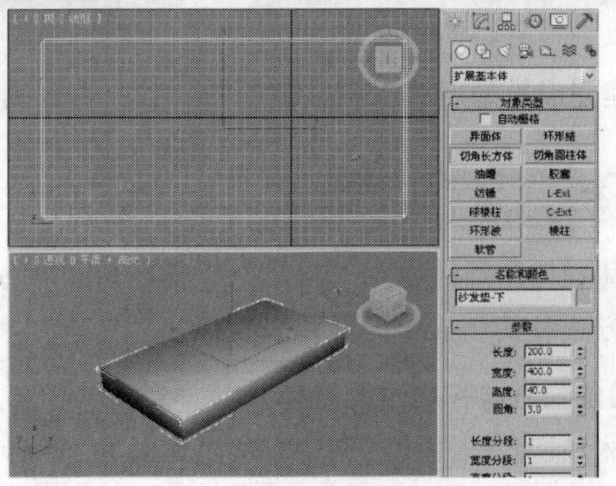

图 2-44

Step 04 在场景中选择模型，按 Ctrl+V 组合键复制模型。切换到（修改）命令面板，修改其“长度”为 160、“宽度”为 199、“高度”为 50、“圆角”为 10、“长度分段”为 5、“宽度分段”为 5、“高度分段”为 2、“圆角分段”为 3，并在场景中调整模型的位置。将其命名为“沙发垫 001”，如图 2-45 所示。

Step 05 通过复制并修改模型的参数，制作出沙发的扶手和沙发靠背后模型，如图 2-46 所示。

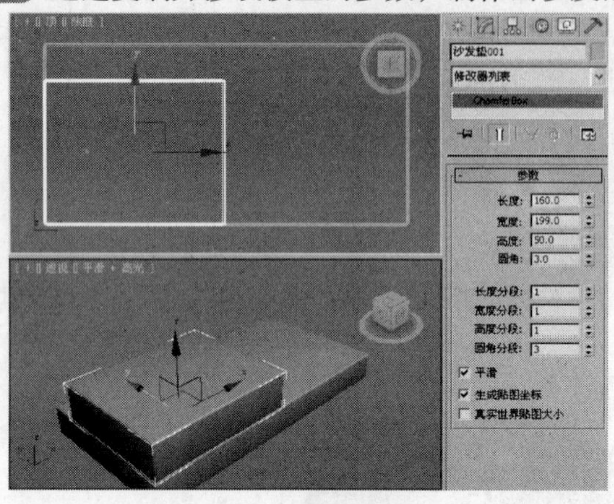

图 2-45

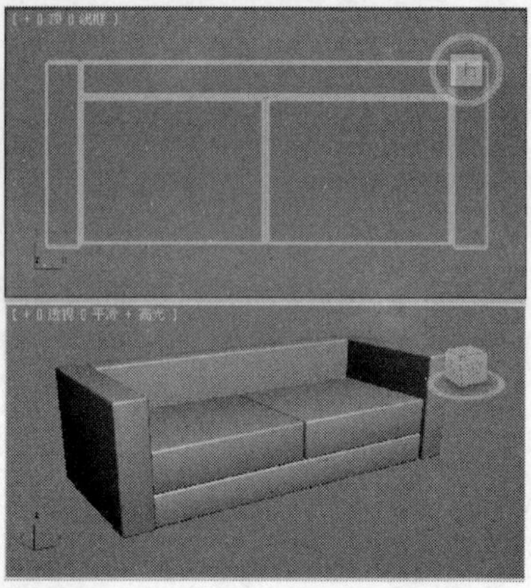

图 2-46

Step 06 复制并调整靠背模型，如图 2-47 所示。

Step 07 创建“切角长方体”作为沙发腿，将其转换为“编辑多边形”，缩放顶点制作出沙发腿。完成的沙发模型如图 2-48 所示。

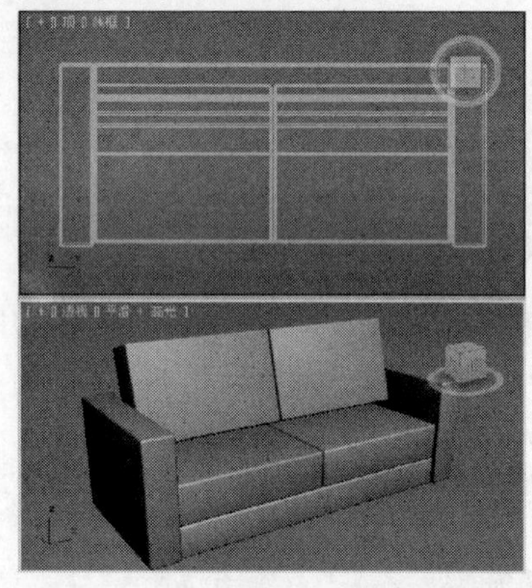

图 2-47

图 2-48

Step 08 创建完成模型后可以调整模型的参数，直到满意为止。

2.2.2 切角长方体和切角圆柱体

切角长方体和切角圆柱体用于直接产生带切角的立方体和圆柱体，下面介绍切角长方体和切角圆柱体的创建方法及其参数的设置和修改。

1．创建切角长方体和切角圆柱体

切角长方体和切角圆柱体的创建方法是相同的，两者都具有圆角的特性，这里以切角长方体为例对创建方法进行介绍，操作步骤如下。

Step 01 单击“ （创建）> （几何体）> 扩展基本体 > 切角长方体”按钮。

Step 02 将鼠标光标移到视图中，单击并按住鼠标左键不放拖曳光标，视图中生成一个长方形平面，如图 2-49 所示。在适当的位置松开鼠标左键并上下移动光标，调整其高度，如图 2-50 所示。单击鼠标左键后再次上下移动光标，调整其圆角的系数，再次单击鼠标左键，切角长方体创建完成，如图 2-51 所示。

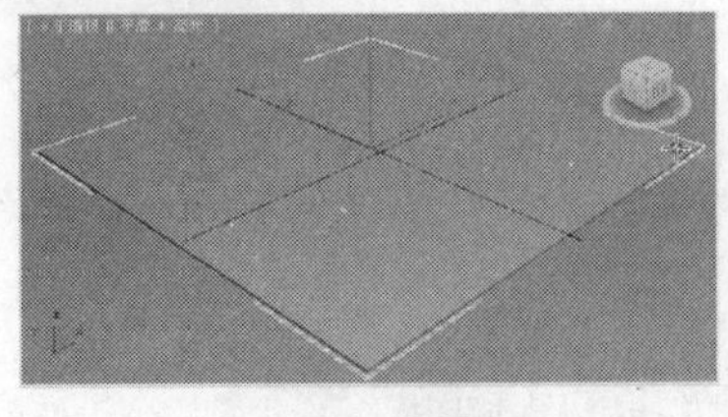
图 2-49

图 2-50

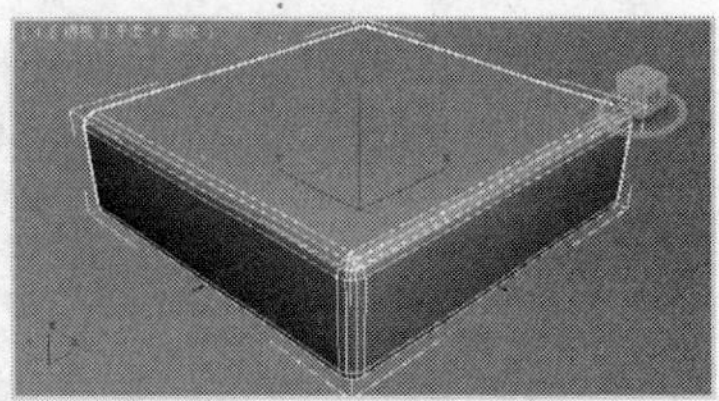
图 2-51

2．切角长方体和切角圆柱体的参数

单击切角长方体或切角圆柱体将其选中，然后单击 （修改）按钮，在修改命令面板中会显示切角长方体或切角圆柱体的参数。图 2-52 所示为切角长方体参数，图 2-53 所示为切角圆柱体参数，切角长方体和切角圆柱体的参数大部分都是相同的。

⊙ 圆角：设置切角长方体（切角圆柱体）的圆角半径，确定圆角的大小。

⊙ 圆角分段：设置圆角的分段数，值越高，圆角越圆滑。

其他参数请参见前面章节的参数说明。

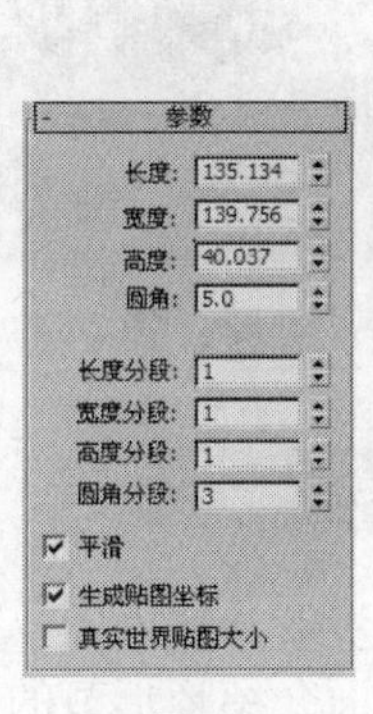

图 2-52

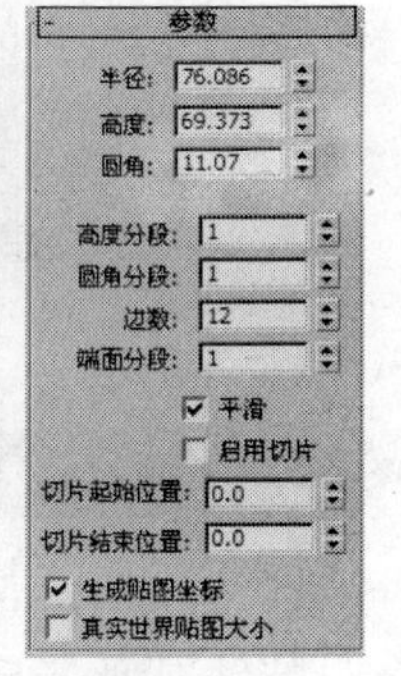

图 2-53

2.2.3 异面体

异面体用于创建各种具备奇特表面的异面体，下面介绍异面体的创建方法及其参数的设置和修改。

1．创建异面体

异面体的创建方法和球体相似，操作步骤如下。

Step 01 单击“ （创建）> （几何体）> 扩展基本体 > 异面体”按钮。

Step 02 将鼠标光标移到视图中，单击并按住鼠标左键不放拖曳光标，视图中生成一个异面体，上下移动光标调整异面体的大小，在适当的位置松开鼠标左键，异面体创建完成，如图 2-54 所示。

2．异面体的参数

单击异面体将其选中，然后单击 （修改）按钮，在修改命令面板中会显示异面体的参数，如图 2-55 所示。

⊙ 系列：该组参数中提供了 5 种基本形体方式供选择，它们都是常见的异面体，其他许多复杂的异面体都可以由它们通过修改参数变形而得到。

⊙ 系列参数：利用 P、Q 选项，可以通过两种途径分别对异面体的顶点和面进行双向调整，从而产生不同的造型。

⊙ 轴向比率：异面体的表面都是由 3 种类型的平面图形拼接而成的，包括三角形、矩形和五边形。这里的 3 个调节器（P、Q、R）是分别调节各自比例的。 重置 按钮可使数值回复到默认值（系统默认值为 100）。

⊙ 顶点：用于确定异面体内部顶点的创建方式，其作用是决定异面体的内部结构，其中“基点”参数确定使用基点的方式，使用“中心”或“中心和边”方式则产生较少的顶点，且得到的异面体也比较简单。

⊙ 半径：用于设置异面体的大小。

其他参数请参见前面章节的参数说明。

图 2-54

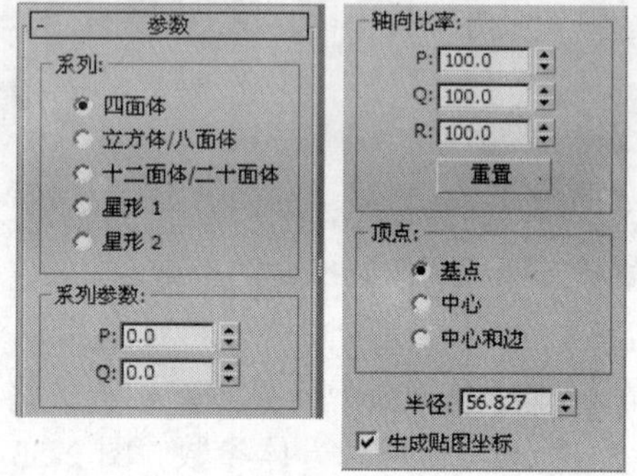

图 2-55

2.2.4 环形节

环形节是扩展几何体中较为复杂的一个几何形体，通过调节它的参数，可以制作出种类繁多的特殊造型。下面介绍环形节的创建方法及其参数的设置和修改。

1．创建环形节

环形节的创建方法和前面讲过的圆环比较相似，操作步骤如下。

Step 01 单击“（创建）>（几何体）> 扩展基本体 > 环形节”按钮。

Step 02 将鼠标光标移到视图中，单击并按住鼠标左键不放拖曳光标，视图中生成一个环形节，在适当的位置松开鼠标左键并上下移动光标，调整环形节的粗细，然后单击鼠标左键，环形节创建完成，如图 2-56 所示。

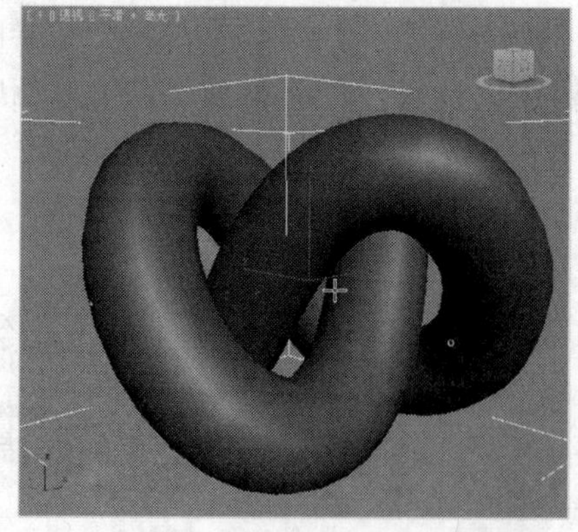

图 2-56

2．环形节的参数

单击环形节将其选中，然后单击（修改）按钮，在修改命令面板中会显示环形节的参数。

环形节与其他几何体相比参数较多，主要分为基础曲线参数、横截面参数、光滑参数以及贴图坐标参数几大类。

基础曲线参数用于控制有关环绕曲线的参数，如图 2-57 所示。

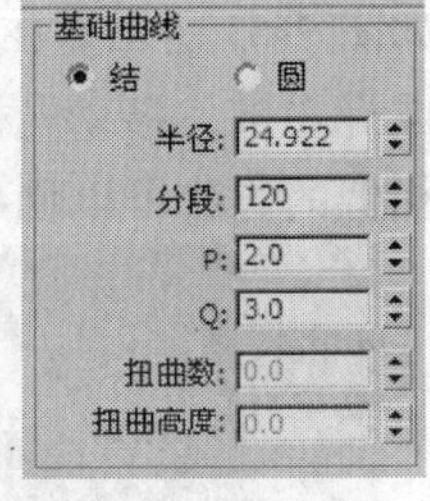

图 2-57

- 结、圆：用于设置创建环形节或标准圆环。
- 半径：设置曲线半径的大小。
- 分段：确定在曲线路径上分段数。
- P、Q：仅对结状方式有效，控制曲线路径蜿蜒缠绕的圈数。其中 P 值控制 z 轴方向上的缠绕圈数，Q 值控制路径轴上的缠绕圈数。当 P、Q 值相同时，产生标准圆环。
- 扭曲数：仅对圆状方式有效，控制在曲线路径上产生弯曲的数目。
- 扭曲高度：仅对圆状方式有效，控制在曲线路径上产生弯曲的高度。

横截面参数用于通过截面图形的参数控制来产生形态各异的造型，如图 2-58 所示。

图 2-58

- 半径：设置截面图形的半径大小。
- 边数：设置截面图形的边数，确定圆滑度。
- 偏心率：设置截面压扁的程度，当其值为 1 时截面为圆，其值不为 1 时截面为椭圆。
- 扭曲：设置截面围绕曲线路径扭曲循环的次数。
- 块：设置在路径上所产生的块状突起的数目。只有当块高度大于 0 时才能显示出效果。
- 块高度：设置块隆起的高度。
- 块偏移：在路径上移动块改变其位置。

平滑参数用于控制造型表面的光滑属性，如图 2-59 所示。

图 2-59

- 全部：对整个造型进行光滑处理。
- 侧面：只对纵向（路径方向）的面进行光滑处理，即只光滑环形节的侧边。
- 无：不进行表面光滑处理。

贴图坐标参数用于指定环形节的贴图坐标，如图 2-60 所示。

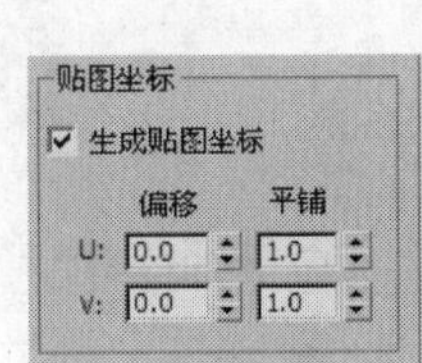

图 2-60

- 生成贴图坐标：根据环形节的曲线路径来指定贴图坐标，需要指定贴图在路径上的重复次数和偏移值。
- 偏移：设置在 U、V 方向上贴图的偏移值。
- 平铺：设置在 U、V 方向上贴图的重复次数。

其他参数请参见前面章节的参数说明。

2.2.5　油罐、胶囊和纺锤

油罐、胶囊和纺锤这 3 个几何体都具有圆滑的特性，创建方法和参数也有相似之处。下面介绍油罐、胶囊和纺锤的创建方法及其参数的设置和修改。

1．创建油罐、胶囊和纺锤

油罐、胶囊和纺锤的创建方法相似，下面以油罐为例来介绍这 3 个几何体的创建方法，操作步骤如下。

Step 01 单击“（创建）>（几何体）> 扩展基本体 > 油罐”按钮。

Step 02 将鼠标光标移到视图中，单击并按住鼠标左键不放拖曳光标，视图中生成油罐的底部，如图 2-61 所示。在适当的位置松开鼠标左键并移动光标，调整油罐的高度，如图 2-62 所示。单击鼠标左键，移动光标调整切角的系数，再次单击鼠标左键，油罐创建完成，如图 2-63 所示。使用相似的方法可以创建出胶囊和纺锤。

图 2-61

图 2-62

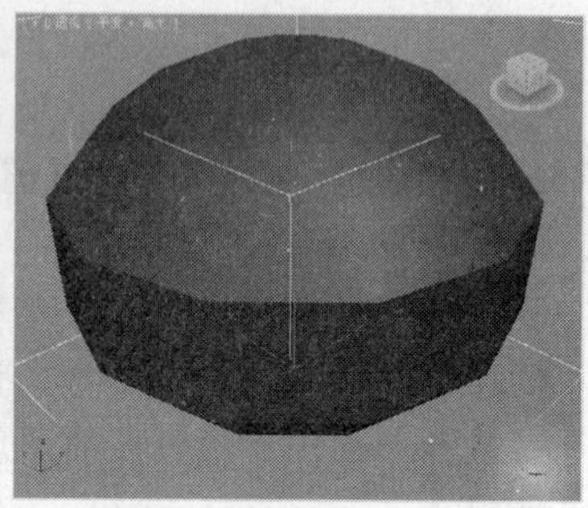

图 2-63

2．油罐、胶囊和纺锤的参数

单击油罐（胶囊或纺锤）将其选中，然后单击（修改）按钮，在修改命令面板中会显示其参数。图 2-64 所示为油罐的参数面板，图 2-65 所示为胶囊的参数面板，图 2-66 所示为纺锤的参数面板，这 3 个几何体的参数大部分都很相似。

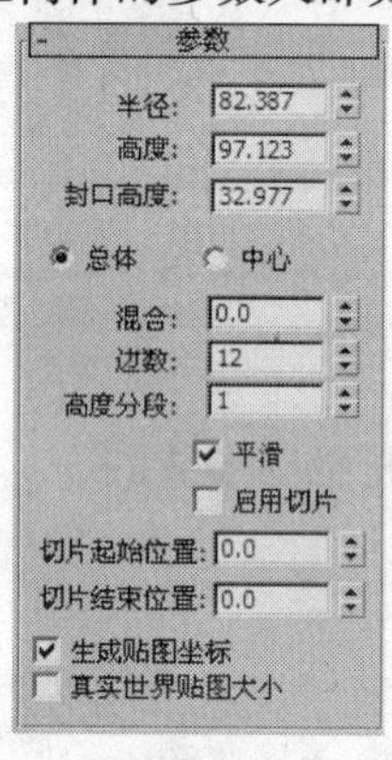

图 2-64

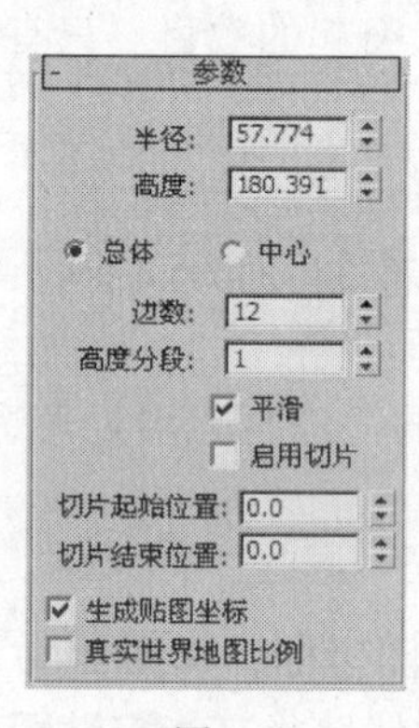

图 2-65

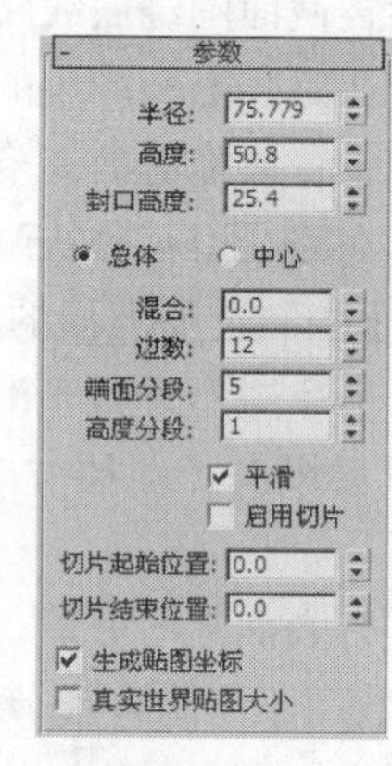

图 2-66

- 封口高度：设置两端凸面顶盖的高度。
- 总体：测量几何体的全部高度。
- 中心：只测量柱体部分的高度，不包括顶盖高度。
- 混合：设置顶盖与柱体边界产生的圆角大小，圆滑顶盖的柱体边缘。
- 顶盖分：设置圆锥顶盖的段数。

其他参数请参见前面章节的参数说明。

2.2.6 L-Ext 和 C-Ext

L-Ext 和 C-Ext 主要用于建筑快速建模，结构比较相似。下面介绍 L-Ext 和 C-Ext 的创建方法及其参数的设置和修改。

1．创建 L-EXT 和 C-Ext

L-Ext 和 C-Ext 的创建方法基本相同，在此以 L-Ext 为例介绍创建方法，操作步骤如下。

Step 01 单击“ > > L-Ext ”按钮。

Step 02 将鼠标光标移到视图中，单击并按住鼠标左键不放拖曳光标，视图中生成一个 L 形平面，如图 2-67 所示。在适当的位置松开鼠标左键并上下移动光标，调整墙体的高度，如图 2-68 所示。单击鼠标左键，再次移动光标，可以调整墙体的厚度，再次单击鼠标左键，L-Ext 创建完成，如图 2-69 所示。使用相同的方法可以创建出 C-Ext。

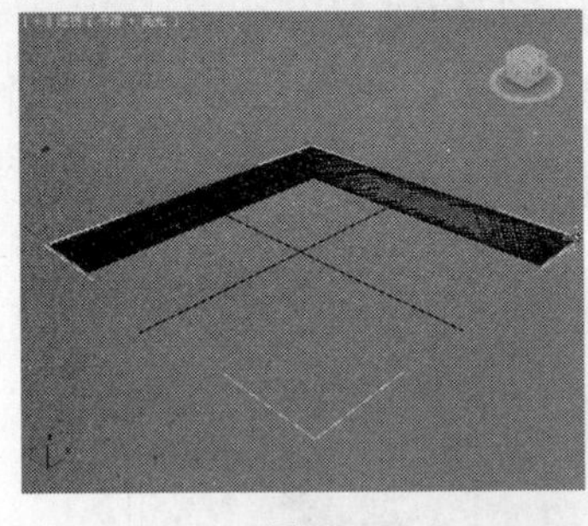

图 2-67

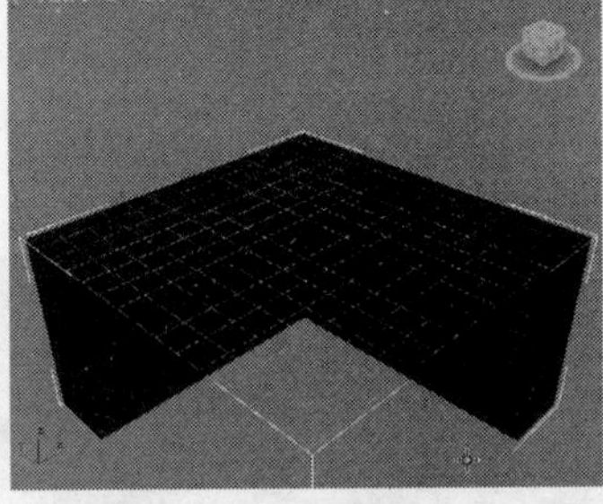

图 2-68

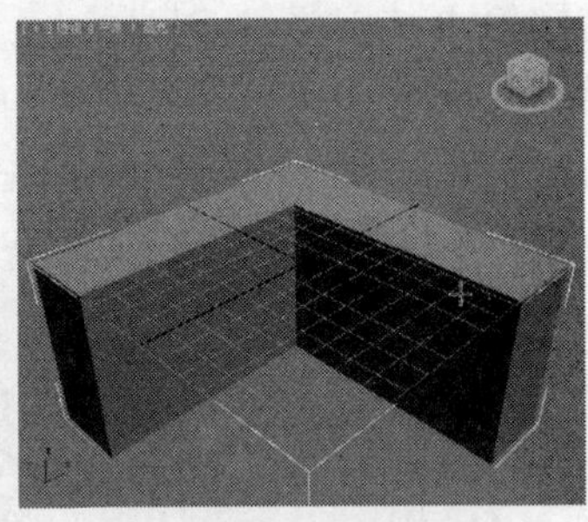

图 2-69

2．L-Ext 和 C-Ext 的参数

L-Ext 和 C-Ext 的参数比较相似，但 C-Ext 比 L-Ext 参数要多，单击 L-Ext 或 C-Ext 将其选中，然后单击（修改）按钮，在修改命令面板中会显示 L-Ext 或 C-Ext 的参数面板。图 2-70 所示为 L-Ext 的参数面板，图 2-71 所示为 C-Ext 的参数面板。下面介绍 C-Ext 的参数面板。

图 2-70

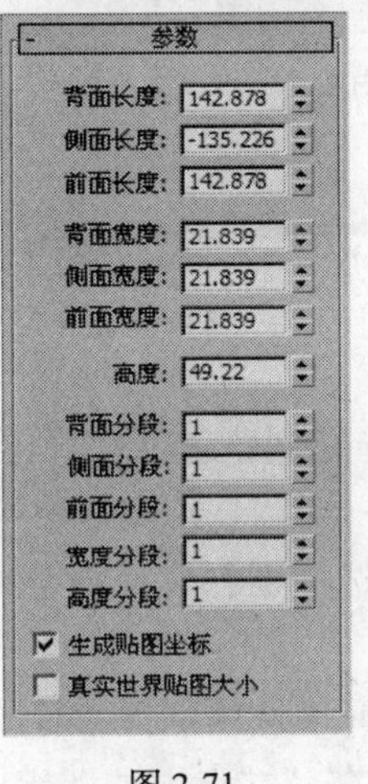

图 2-71

- 背面长度、侧面长度、前面长度：设置 C-Ext 3 边的长度，以确定底面的大小、形状。
- 背面宽度、侧面宽面、前面宽度：设置 C-Ext 3 边的宽度。
- 高度：设置 C-Ext 的高度。
- 背面分段、侧面分段、前面分段：分别设置 C-Ext 背面、侧面和前面在长度方向上的段数。
- 宽度分段：设置 C-Ext 在宽度方向上的段数。
- 高度分段：设置 C-Ext 在高度方向上的段数。

其他参数请参见前面章节的参数说明。L-Ext 和 C-Ext 的参数修改比较简单，在此就不作介绍了。

2.2.7 软管

软管是一个柔性几何体，其两端可以连接到两个不同的对象上，并能反映出这些对象的移动。下面介绍软管的创建方法及其参数的设置和修改。

1．创建软管

软管的创建方法与方体基本相同，操作步骤如下。

Step 01 单击“（创建）>（几何体）> 扩展基本体 > 软管”按钮。

Step 02 将鼠标光标移到视图中，单击并按住鼠标左键不放拖曳光标，视图中生成一个多边形平面，在适当的位置再次单击鼠标左键并上下移动光标，调整软管的高度，单击鼠标左键，软管创建完成，如图 2-72、图 2-73 所示。

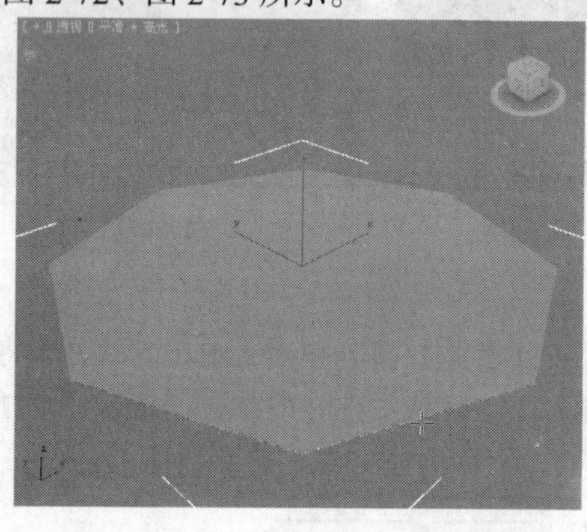

图 2-72

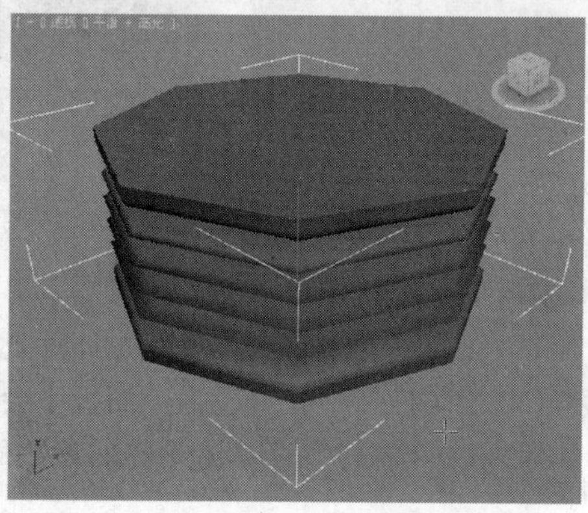

图 2-73

2．软管的参数

单击软管将其选中，然后单击（修改）按钮，在修改命令面板中会显示软管的参数。软管的参数较多，主要分为端点方法、绑定对象、自由软管参数、公用软管参数和软管形状 5 个选项组。

“端点方法”参数用于选择创建自由软管还是创建连接到两个对象上的软管，如图 2-74 所示。

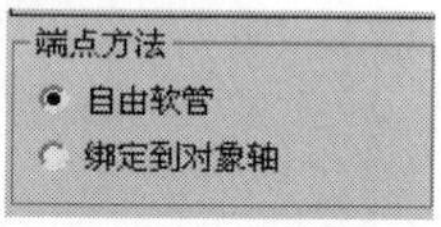

端点方法
自由软管
绑定到对象轴

图 2-74

⊙ 自由软管：选择该选项则创建不绑定到任何其他物体上的软管，同时激活自由软管参数选项组。

⊙ 绑定到对象轴：选择该选项则把软管绑定到两个对象上，同时激活绑定对象选项组。

“绑定对象”参数只有在“端点方法”组中选中“绑定到对象轴”选项时才可用，如图 2-75 所示。可利用它来拾取两个捆绑对象，拾取完成后，软管将自动连接两个物体。

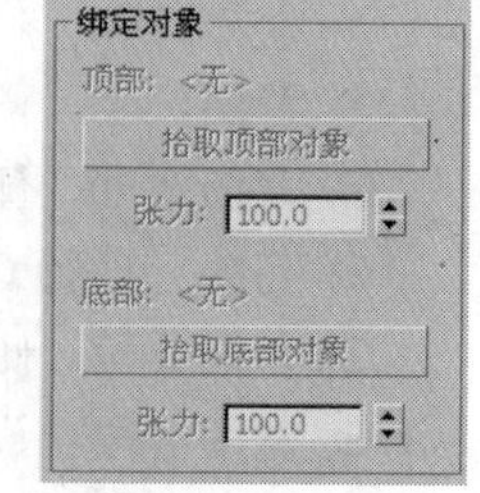

图 2-75

⊙ 拾取顶部对象：单击该按钮后，顶对象呈黄色表示处于激活状态，此时可在场景中单击顶对象进行拾取。

⊙ 拾取底部对象：单击该按钮后，底对象呈黄色处于激活状态，此时可在场景中单击底对象进行拾取。

⊙ 张力：确定延伸到顶（底）对象的软管曲线在（顶）底对象附近的张力大小。张力越小，弯曲部分离底（顶）对象越近；张力越大，弯曲部分离底（顶）对象越远。其默认值为 100。

“自由软管参数”只有在“端点方法”组中选中“自由软管”选项时才可用，如图 2-76 所示。

图 2-76

⊙ 高度：用于调节软管的高度。

“公用软管参数”用于设置软管的形状、光滑属性等常用参数，如图 2-77 所示。

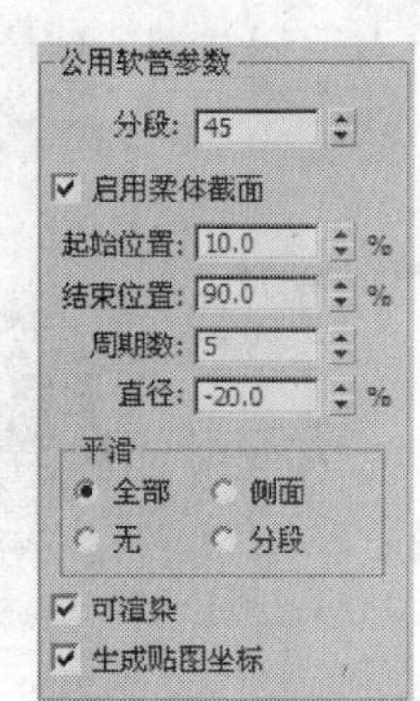

图 2-77

⊙ 分段：设置软管在长度上总的段数。当软管是曲线的时候，增加其值将光滑软管的外形。

⊙ 起始位置：设置从软管的起始点到弯曲开始部位这一部分所占整个软管的百分比。

⊙ 结束位置：设置从软管的终止点到弯曲结束部位这一部分所占整个软管的百分比。

⊙ 周期数：设置柔体截面中的起伏数目。

⊙ 直径：设置皱状部分的直径相对于整个软管直径的百分比大小。

⊙ “平滑”组：用于调整软管的光滑类型。

⊙ 全部：平滑整个软管（系统默认设置）。

⊙ 侧面：仅平滑软管长度方向上的侧边。

⊙ 无：不进行平滑处理。

⊙ 分段：仅平滑软管的内部分段。

⊙ 可渲染：选中该复选框将无法渲染软管。

“软管形状”参数用于设置软管的横截面形状，如图 2-78 所示。

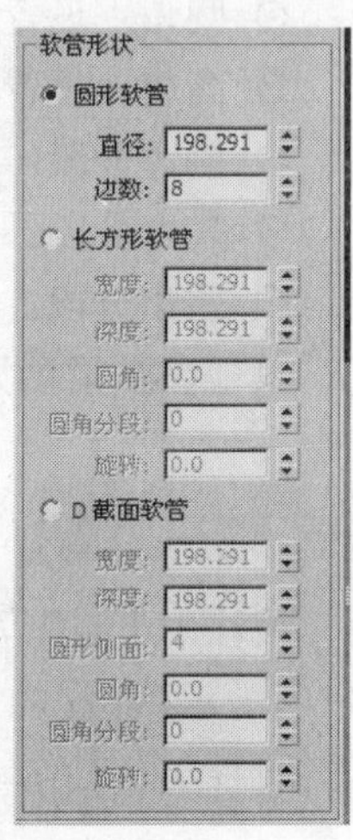

图 2-78

⊙ 圆形软管：设置圆形横截面。

⊙ 直径：设置圆形横截面的直径，以确定软管的大小。

⊙ 边数：设置软管的侧边数。其最小值为 3，此时为三角形横截面。

⊙ 长方形软管：可以指定不同的宽度和深度，设置长方形横截面。

⊙ 宽度：设置软管长方形横截面的宽度。

⊙ 深度：设置软管长方形横截面的深度。

⊙ 圆角：设置长方形横截面 4 个拐角处的圆角大小。

⊙ 圆角分段：设置每个长方形横截面拐角处的圆角分段数。

⊙ 旋转：设置长方形软管绕其自身高度方向上的轴旋转的角度大小。

⊙ D 截面软管：与长方形横截面软管相似，只是其横截面呈 D 形。

⊙ 圆形侧面：设置圆形侧边上的片段划分数。值越大，则 D 形截面越光滑。

其他参数请参见前面章节的参数说明。

2.2.8　球棱柱

球棱柱用于制作带有导角的柱体，能直接在柱体的边缘上产生光滑的导角，可以说是圆柱体的一种特殊形式。下面就来介绍球棱柱的创建方法及其参数的设置和修改。

1．创建球棱柱

球棱柱可以直接在柱体的边缘产生光滑的导角，创建球棱柱的操作步骤如下。

Step 01 单击“（创建）> （几何体）> 扩展基本体 > 球棱柱”按钮。

Step 02 将鼠标光标移到视图中，单击并按住鼠标左键不放拖曳光标，视图中生成一个五边形平面（系统默认设置为五边），如图 2-79 所示。在适当的位置松开鼠标左键并上下移动光标，调整球棱柱到合适的高度，如图 2-80 所示。单击鼠标左键，再次上下移动光标，调整球棱柱边缘的导角，单击鼠标左键，球棱柱创建完成，如图 2-81 所示。

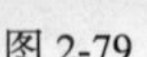

图 2-79

图 2-80

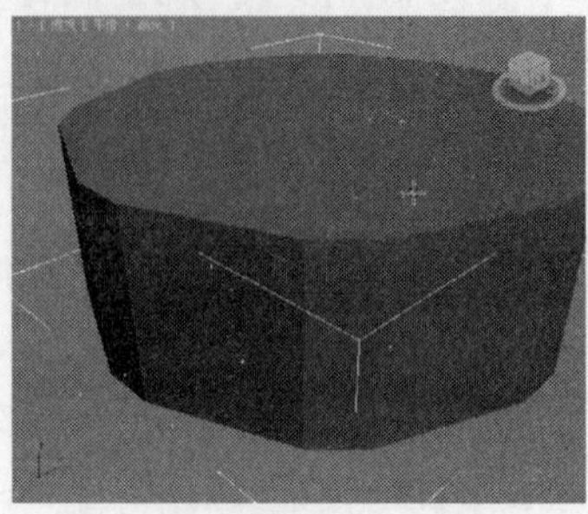

图 2-81

2．球棱柱的参数

单击球棱柱将其选中，然后单击（修改）按钮，在修改命令面板中会显示球棱柱的参数，如图 2-82 所示。

- ⊙ 边数：设置棱柱体的侧边数。
- ⊙ 半径：设置底面圆形的半径。
- ⊙ 圆角：设置棱上圆角的大小。
- ⊙ 高度：设置球棱柱的高度。
- ⊙ 侧边分段：设置棱柱圆周方向上的分段数。
- ⊙ 高度分段：设置棱柱高度上的分段数。
- ⊙ 圆角分段：设置圆角的分段数，值越高，角就越圆滑。

其他参数请参见前面章节的参数说明。

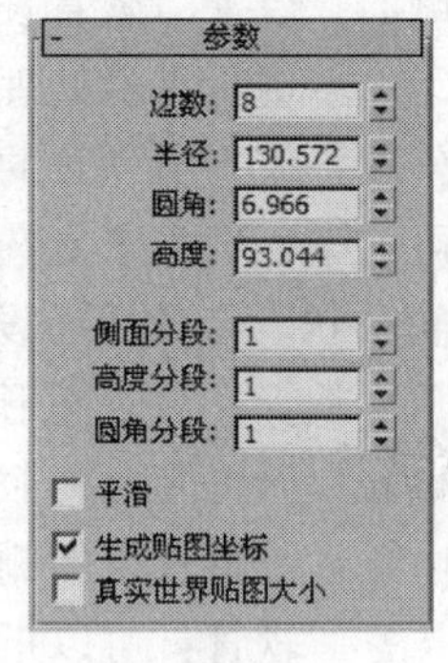

图 2-82

2.2.9 棱柱

棱柱用于制作等腰和不等边三棱柱体，下面介绍三棱柱的创建方法及其参数的设置和修改。

1．创建棱柱

棱柱有两种创建方法，一种是二等边创建方法，另一种是基点/顶点创建方法，如图 2-83 所示。

- ⊙ 二等边创建方法：建立等腰三棱柱，创建时按住 Ctrl 键可以生成底面为等边三角形的三棱柱。
- ⊙ 基点/顶点创建方法：用于建立底面为非等边三角形的三棱柱。

创建方法
二等边　基点/顶点

图 2-83

本书使用系统默认的基点/顶点方式创建，操作步骤如下。

Step 01 单击“（创建）>（几何体）> 扩展基本体 > 棱柱”按钮。

Step 02 将鼠标光标移到视图中，单击并按住鼠标左键不放拖曳光标，视图中生成棱柱的底面，这时移动鼠标光标，可以调整底面的大小，松开鼠标左键后移动光标可以调整底面顶点的位置，生成不同形状的底面，如图 2-84 所示。单击鼠标左键，上下移动光标，调整棱柱的高度，在适当的位置再次单击鼠标左键，棱柱创建完成，如图 2-85 所示。

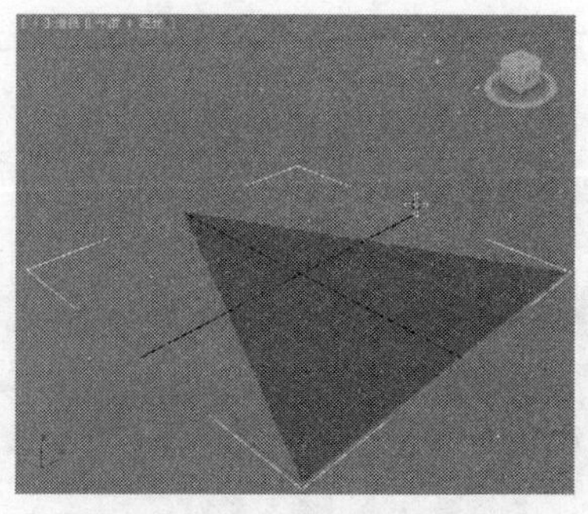

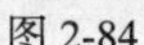
图 2-84

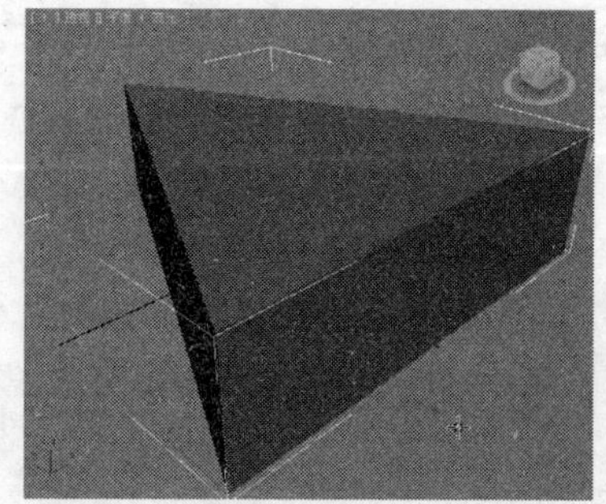
图 2-85

2．棱柱的参数

单击棱柱将其选中，然后单击（修改）按钮，在修改命令面板中会显示棱柱的参数，如图 2-86 所示。

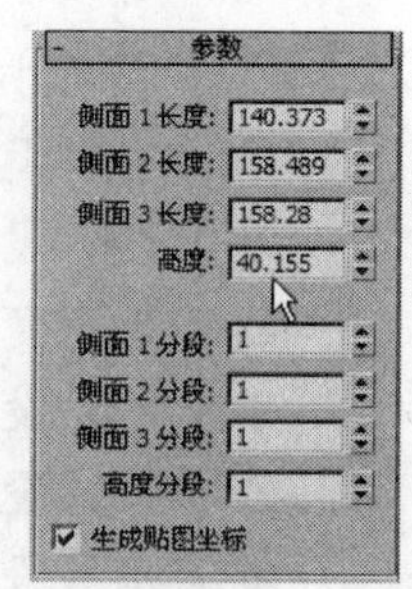

图 2-86

⊙侧面 1 长度、侧面 2 长度、侧面 3 长度：分别设置棱柱底面三角形 3 边的长度，确定三角形的形状。

⊙高度：设置三棱柱的高度。

⊙侧面 1 段数、侧面 2 段数、侧面 3 段数：分别设置棱柱在 3 边方向上的分段数。

⊙高度分段：设置棱柱沿主轴方向上高度的片段划分数。

其他参数请参见前面章节的参数说明。棱柱参数的修改比较简单，在此不作介绍了。

2.2.10　环形波

环形波是一种类似于平面造型的几何体，可以创建出与环形节的某些三维效果相似的平面造型，多用于动画的制作。下面介绍环形波的创建方法及其参数的设置和修改。

1．创建环形波

环形波是一个比较特殊的几何体，多用于制作动画效果。创建环形波的操作步骤如下。

Step 01 单击“（创建）>（几何体）> 扩展基本体 > 环形波”按钮。

Step 02 将鼠标光标移到视图中，单击并按住鼠标左键不放拖曳光标，视图中生成一个圆，如图 2-87 所示。在适当的位置松开鼠标左键并上下移动光标，调整内圈的大小，单击鼠标左键，环形波创建完成，如图 2-88 所示。在默认情况下，环形波是没有高度的，在参数命令面板中的“高度”属性可以调整其高度。

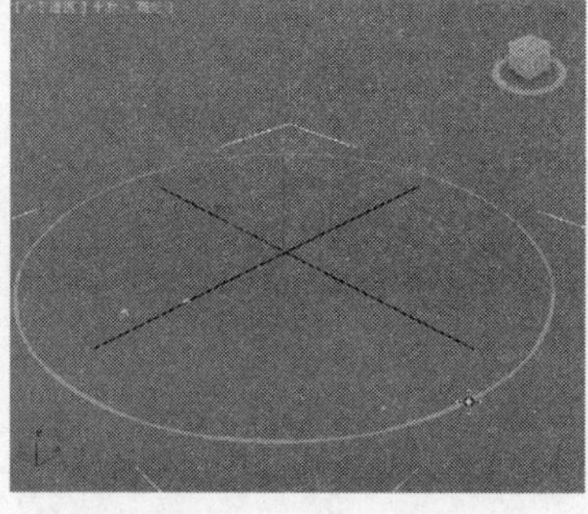
图 2-87

图 2-88

2. 环形波的参数

单击环形波将其选中，然后单击（修改）按钮，在修改命令面板中会显示环形波的参数，如图 2-89 所示。环形波的参数比较复杂，主要分为环形波大小、环形波计时、外边波折和内边波折，这些参数多用于制作动画。

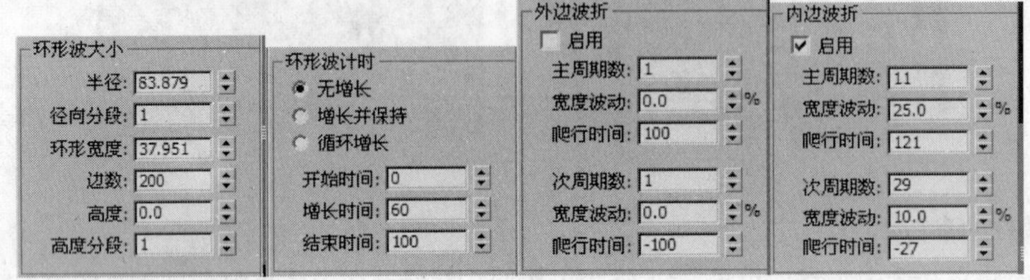

图 2-89

“环形波大小”参数用于控制场景中环形波的具体尺寸大小。

⊙ 半径：设置环形波的外径大小。如果数值增加，其内、外径随之同步增加。

⊙ 径向分段：设置环形波沿半径方向上的分段数。

⊙ 环形宽度：设置环形波内、外径之间的距离。如果数值增加，则内径减少，外径不变。

⊙ 边数：设置环形波沿圆周方向上的片段划分数。

⊙ 高度：设置环形波沿其主轴方向上的高度。

⊙ 高度分段：设置环形波沿主轴方向上高度的分段数。

“环形波计时”参数在环形波从零增加到其最大尺寸时，使用这些环形波动画的设置。

⊙ 无增长：设置一个静态环形波，它在“开始时间”显示，在“结束时间”消失。

⊙ 循环增长并保持：设置单个增长周期。环形波在 Start Time（开始时间）开始增长，并在“开始时间”以及“增长时间”处达到最大尺寸。

⊙ 循环增长：环形波从“开始时间”到“结束时间”以及“增长时间”重复增长。

⊙ 开始时间：如果选择“循环增长并保持”或“循环增长”，则环形波出现帧数并开始增长。

⊙ 增长时间：从“开始时间”后环形波达到其最大尺寸所需帧数。“增长时间”仅在选中“循环增长并保持”或“循环增长”时可用。

⊙ 结束时间：环形波消失的帧数。

“外边波折”参数用于设置环形波的外边缘。该区域未被激活时，环形波的外边缘是平滑的圆形，激活后，用户可以把环形波的外边缘也同样设置成波动形状，并可以设置动画。

⊙ 主周期数：设置环形波外边缘沿圆周方向上的主波数。

⊙ 宽度波动：设置主波的大小，以百分数表示。

⊙ 爬行时间：设置每个主波沿环形波外边缘蠕动一周的时间。

⊙ 次周期数：设置环形波外边缘沿圆周方向上的次波数。

⊙ 宽度波动：设置次波的大小，以百分数表示。

⊙ 爬行时间：设置每个次波沿其各自主波外边缘蠕动一周的时间。

“内边波折”参数用于设置环形波的内边缘。参数说明请参见外边波折。

2.3 创建建筑模型

3ds Max 提供了几种常用的快速建筑模型，在一些简单场景中使用可以提高效率，包括一些楼梯、窗户、门等建筑物体。

2.3.1 课堂案例——螺旋楼梯的制作

案例学习目标：学习使用建筑模型创建楼梯模型。

案例知识要点：使用螺旋楼梯工具创建楼梯，如图 2-90 所示。

效果所在位置：光盘/cha02/效果/螺旋楼梯.max。

图 2-90

Step 01 首先单击“（创建）>（几何体）> 楼梯 > 螺旋楼梯”按钮，在场景中拖动鼠标创建螺旋楼梯，如图 2-91 所示。

Step 02 在“参数”卷展栏中选择“类型”为“开放式”，在“生成几何体”卷展栏中勾选“侧弦”、“支撑梁”、“中柱”，选择“扶手”的“内表面”和“外表面”；在“布局”组中设置“半径”为 54.6、“旋转”为 0.75、“宽度”为 39，在“梯级”组中设置“高度”为 120、“竖板高”为 6、“竖板数”为 20，在“台阶”组中设置“厚度”为 3。

在“侧弦”卷展栏中设置“深度”为 6、“宽度”为 2、“偏移”为 1.

在“中柱”卷展栏中设置“半径”为 5、“分段”为 16、“高度”为 135.6。

在“栏杆”卷展栏中设置“高度”为 15、“偏移”为 0、“分段”为 15、“半径”为 2。

在“支撑梁”卷展栏中设置“深度”为 5、“宽度”为 3，如图 2-92 所示。

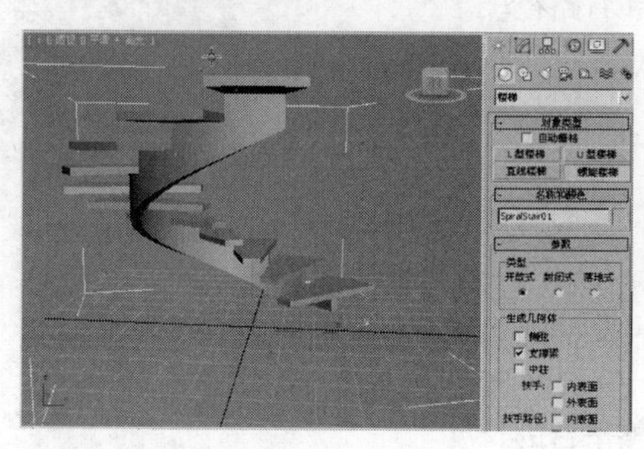

图 2-91

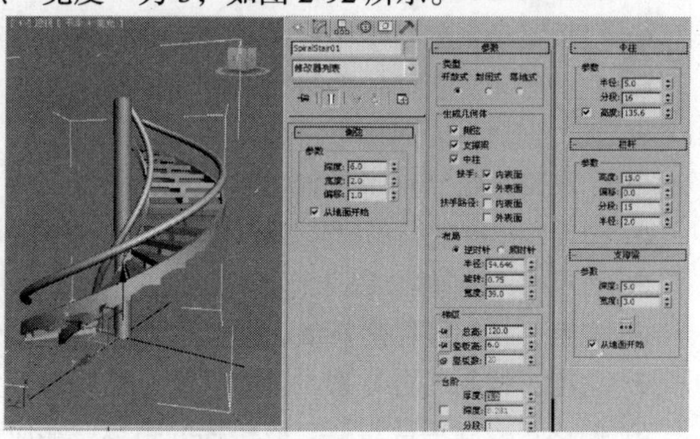

图 2-92

2.3.2 楼梯

3ds Max 2010 提供了 4 种楼梯形式可供选择，如图 2-93 所示。

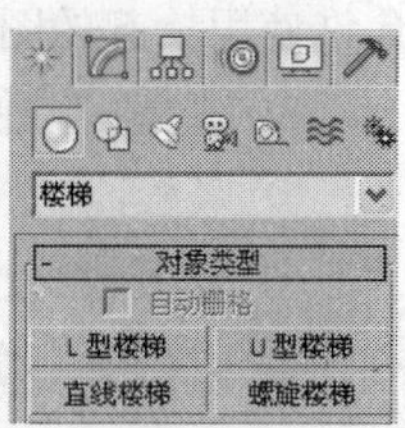

图 2-93

1. L 型楼梯

L 型楼梯用于创建 L 型的楼梯物体，效果如图 2-94 所示。

图 2-94

L 型楼梯的“参数”卷展栏如图 2-95 所示，其选项功能介绍如下。

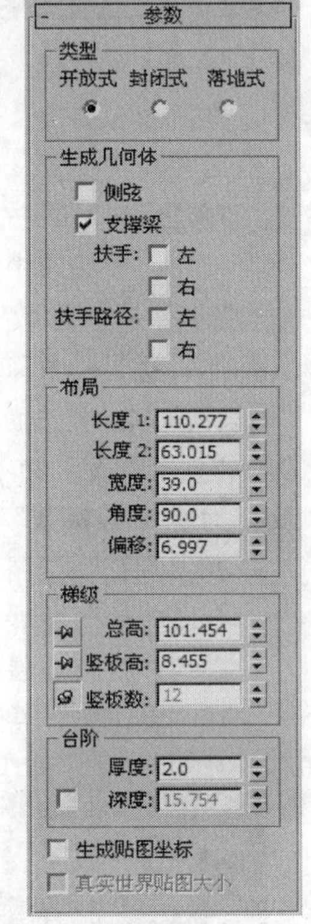

图 2-95

⊙ “类型”组：用于设置楼梯的类型。

⊙ 开放式：创建一个开放式的梯级竖板楼梯。图 2-94 所示左侧为开放式楼梯。

⊙ 封闭式：创建一个封闭式的梯级竖板楼梯。图 2-94 所示中间为封闭式楼梯。

⊙ 落地式：创建一个带有封闭式梯级竖板和两侧有封闭式侧弦的楼梯。图 2-94 所示右侧为落地式楼梯。

⊙ “生成几何体”组：用于设置楼梯的生成模型。

⊙ 侧弦：沿着楼梯梯级的端点创建侧弦。

⊙ 支撑梁：在梯级下创建一个倾斜的切口梁，该梁支撑台阶或添加楼梯侧弦之间的支撑。

⊙ 扶手：创建左扶手和右扶手。

⊙ 左：创建左表面扶手。

⊙ 右：创建右表面扶手。

⊙ 扶手路径：创建楼梯上用于安装栏杆的左路径和右路径。

⊙ 左：创建左表面扶手路径。

⊙ 右：创建右表面扶手路径。

⊙ “布局”组：用于设置 L 型楼梯的效果。

⊙ 长度 1：控制第一段楼梯的长度。

⊙ 长度 2：控制第二段楼梯的长度。

⊙ 宽度：控制楼梯的宽度，包括台阶和平台。

⊙ 角度：控制平台与第二段楼梯的角度，范围为-90 度至 90 度。

⊙ 偏移：控制平台与第二段楼梯的距离，相应调整平台的长度。

⊙ “梯级”组：3ds Max 当调整其他两个选项时保持梯级选项锁定。要锁定一个选项，单击图钉。要解除锁定选项，单击抬起的图钉。3ds Max 使用按下去的图钉，锁定参数的微调器值，并允许使用抬起的图钉更改参数的微调器值。

⊙ 总高：控制楼梯段的高度。

⊙ 竖板高：控制梯级竖板的高度。

⊙ 竖板数：控制梯级竖板数。梯级竖板总是比台阶多一个。

⊙ “台阶”组：用于设置台阶的参数。

⊙ 厚度：控制台阶的厚度。

⊙ 深度：控制台阶的深度。

“支撑梁”卷展栏如图 2-96 所示，其选项功能介绍如下。

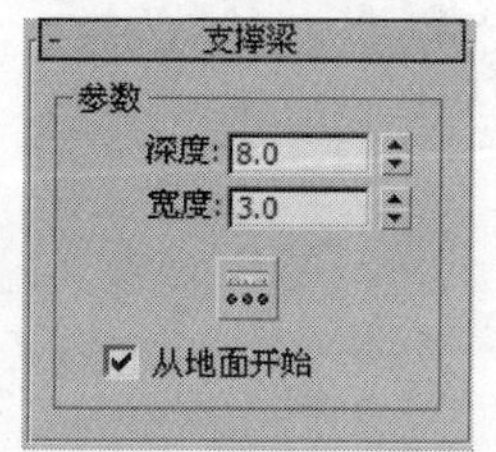

图 2-96

⊙ 深度：控制支撑梁离地面的深度。

⊙ 宽度：控制支撑梁的宽度。

⊙ 支撑梁间距：设置支撑梁的间距。单击该按钮时，将会显示支撑梁间距对话框。使用计数选项指定所需的支撑梁数。

⊙ 从地面开始：控制支撑梁是从地面开始，还是与第一个梯级竖板的开始平齐，或是否支撑梁延伸到地面以下。

“栏杆”卷展栏如图 2-97 所示，其选项功能介绍如下。

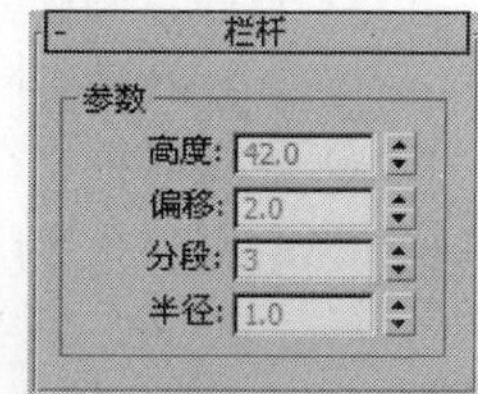

图 2-97

⊙ 高度：控制栏杆离台阶的高度。

⊙ 偏移：控制栏杆离台阶端点的偏移。

⊙ 分段：指定栏杆中的分段数目。值越高，栏杆显示得越平滑。

⊙ 半径：控制栏杆的厚度。

“侧弦”卷展栏如图 2-98 所示，其选项功能介绍如下。

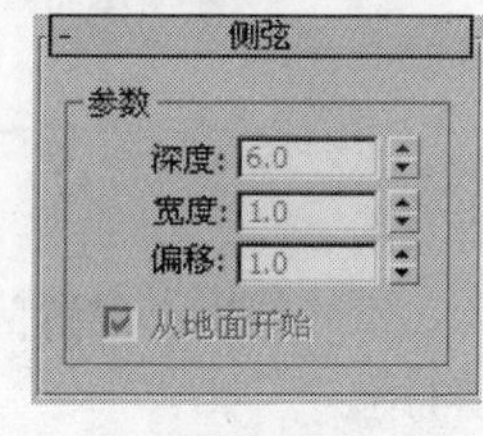

图 2-98

⊙ 深度：控制侧弦离地板的深度。

⊙ 宽度：控制侧弦的宽度。

⊙ 偏移：控制地板与侧弦的垂直距离。

⊙ 从地面开始：控制侧弦是从地面开始，还是与第一个梯级竖板的开始平齐，或是否侧弦延伸到地面以下。

2．U 型楼梯

U 型楼梯用于创建 U 型楼梯物体，U 型楼梯是日常生活中比较常见的楼梯形式，其效果如图 2-99 所示。

> **提示：** 楼梯的模型参数基本相同，具体可以参照 L 型楼梯。

图 2-99

2.3.3 门和窗

3ds Max 提供了直接创建门窗物体的工具，可以快速地产生各种型号的门窗模型，这里提供了 3 种样式的门。窗户是非常有用的建筑模型，这里提供了 4 种样式。

1．枢轴门

枢轴门可以是单扇枢轴门，也可以是双扇枢轴门；可以向内开，也可以向外开。门的木格可以设置，门上的玻璃厚度可以指定，还可以产生倒角的框边，其效果如图 2-100 所示。

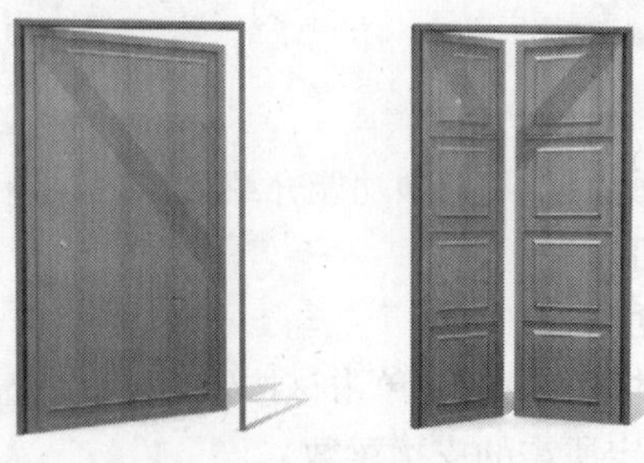

图 2-100

"参数"卷展栏如图 2-101 所示，其选项功能介绍如下。

参数
高度: 77.333
宽度: 181.779
深度: 110.452
双门
翻转转动方向
翻转转枢
打开: 0.0 度数
门框:
创建门框
宽度: 2.0
深度: 1.0
门偏移: 0.0
生成贴图坐标
真实世界贴图大小

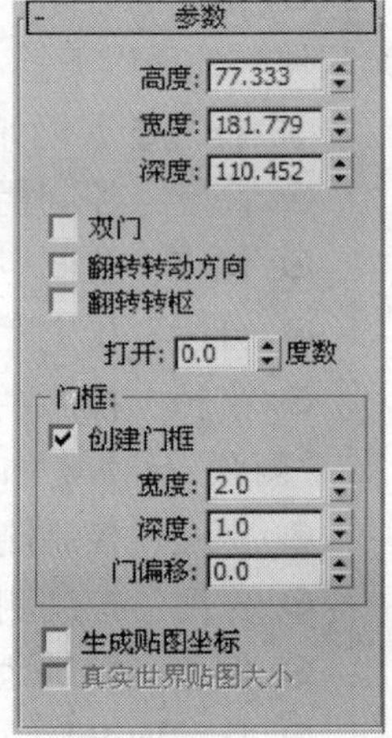

图 2-101

⊙ 双门：制作一个双门。

⊙ 翻转转动方向：更改门转动的方向。

⊙ 翻转转枢：在门面相对的位置上放置转枢。此项不可用于双门。

⊙ 打开：指定门打开的百分比。

⊙ "门框"组：用于门侧柱门框的控件。虽然门框只是门对象的一部分，但它的行为就像是墙的一部分。打开或关闭门时，门框不会移动。

⊙ 创建门框：这是默认启用的，以显示门框。禁用此选项可以禁用门框的显示。

⊙ 宽度：设置门框与墙平行的宽度。仅当勾选了"创建门框"选项时可用。

⊙ 深度：设置门框从墙投影的深度。仅当勾选了"创建门框"选项时可用。

⊙ 门偏移：设置门相对于门框的位置。

"创建方法"卷展栏如图 2-102 所示，其选项功能介绍如下。

创建方法
宽度/深度/高度
宽度/高度/深度
允许侧柱倾斜

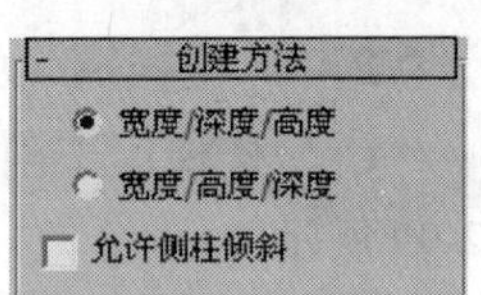

图 2-102

⊙ 宽度/深度/高度：前两个点定义门的宽度和门脚的角度。通过在视口中拖动来设置这些点。第一个点（在拖动之前单击并按住的点）定义单枢轴门（两个侧柱在双门上都有铰链，而推拉门没有铰链）的铰链上的点。第二个点（在拖动后在其上释放鼠标按键的点）定义门的宽度以及从一个侧柱到另一个侧柱的方向。这样，就可以在放置门时使其与墙或开口对齐。第三个点（移动鼠标后单击的点）指定门的深度，第四个点（再次移动鼠标后单击的点）指定高度。

⊙ 宽度/高度/深度：与宽度/深度/高度选项的作用方式相似，只是最后两个点首先创建高度，然后创建深度。

⊙ 允许侧柱倾斜：允许创建倾斜门。

"页扇参数"卷展栏如图 2-103 所示，其选项功能介绍如下。

页扇参数
厚度: 2.0
门挺/顶梁: 4.0
底梁: 12.0
水平窗格数: 1
垂直窗格数: 1
镶板间距: 2.0
镶板:
无
玻璃
厚度: 0.25
有倒角
倒角角度: 45.0
厚度 1: 0.25
厚度 2: 0.5
中间厚度: 0.25
宽度 1: 1.0
宽度 2: 0.5

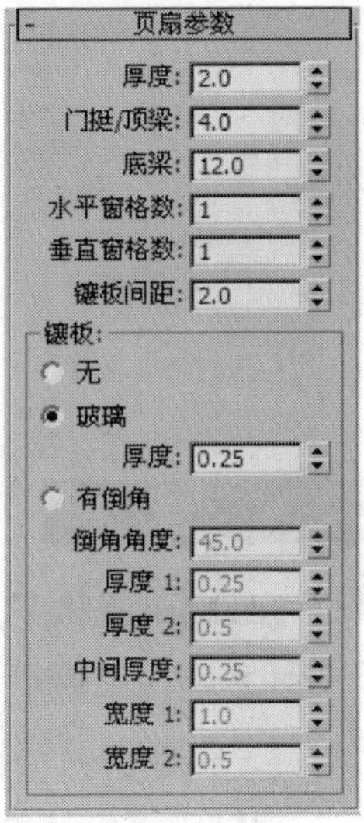

图 2-103

⊙ 厚度：设置门的厚度。

⊙ 门挺/顶梁：设置顶部和两侧的面板框的宽度。仅当门是面板类型时，才会显示此设置。

⊙ 底梁：设置门脚处的面板框的宽度。仅当门是面板类型时，才会显示此设置。

⊙ 水平窗格数：设置面板沿水平轴划分的数量。

⊙ 垂直窗格数：设置面板沿垂直轴划分的数量。

⊙ 镶板间距：设置面板之间的间隔宽度。

⊙ 镶板组：用于确定在门中创建面板的方式。

⊙ 无：门没有面板。

⊙ 玻璃：创建不带倒角的玻璃面板。

⊙ 厚度：设置玻璃面板的厚度。

⊙ 倒角厚度：选择此选项可以具有倒角面板。

⊙ 厚度 1：设置面板的外部厚度。

⊙ 厚度 2：设置倒角从该处开始的厚度。

⊙ 中间厚度：设置面板内面部分的厚度。

⊙ 宽度 1：设置倒角从该处开始的宽度。

⊙ 宽度 2：设置面板的内面部分的宽度。

图 2-104

2. 推拉门

使用推拉门可以将门进行滑动，就像在轨道上一样。该门有两个门元素，一个保持固定，而另一个可以移动。其效果如图 2-104 所示。

具体参数可以参照枢轴门。

图 2-105

3. 折叠门

折叠门在中间转枢也在侧面转枢。该门有 2 个门元素，也可以将该门制作成有 4 个门元素的双门。其效果如图 2-105 所示。

4. 遮篷式窗

遮篷式窗具有一个或多个可在顶部转枢的窗框，其效果如图 2-106 所示。

图 2-106

“参数”卷展栏如图 2-107 所示，其选项功能介绍如下。

⊙ “窗框”组：用于设置窗框属性。

⊙ 水平宽度：设置窗口框架水平部分的宽度（顶部和底部）。该设置也会影响窗宽度的玻璃部分。

⊙ 垂直宽度：设置窗口框架垂直部分的宽度（两侧）。该设置也会影响窗高度的玻璃部分。

⊙ 厚度：设置框架的厚度。

⊙ “玻璃”组：用于设置玻璃属性。

⊙ 厚度：设置玻璃的厚度。

⊙ “窗格”组：用于设置窗格属性。

⊙ 宽度：设置窗框中窗格的宽度（深度）。

⊙ 窗格数：设置窗中的窗框数。

⊙ “开窗”组：用于设置开窗属性。

⊙ 打开：指定窗打开的百分比。此控件可设置动画。

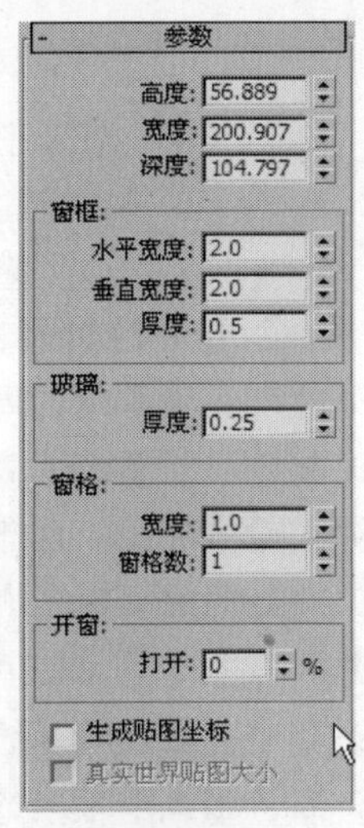

图 2-107

5. 平开窗

平开窗有一个或两个可在侧面转枢的窗框（像门一样），其效果如图 2-108 所示。具体参数可以参照遮篷式窗。

6. 固定窗

固定窗不能打开，其效果如图 2-109 所示。

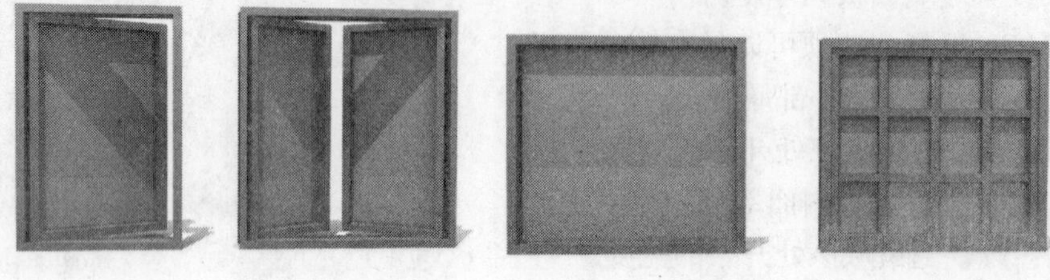

图 2-108　　图 2-109

7. 旋开窗

旋开窗只具有一个窗框，中间通过窗框面用铰链接合起来，可以垂直或水平旋转打开，其效果如图 2-110 所示。

图 2-110

2.3.4 墙

墙对象由 3 个子对象类型构成，这些对象类型可以在（修改）面板中进行修改。与编辑样条线的方式类似，同样也可以编辑墙对象、顶点、分段以及轮廓。创建的墙体如图 2-111 所示。

图 2-111

“参数”卷展栏如图 2-112 所示，其选项功能介绍如下。

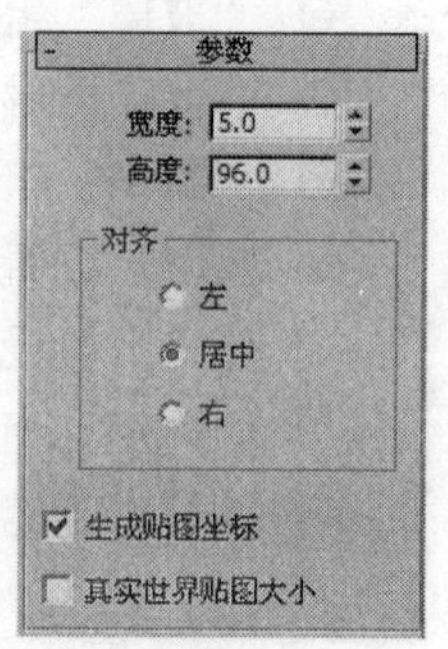

图 2-112

⊙ 宽度：设置墙的厚度。

⊙ 高度：设置墙的高度。

⊙ “对齐”组：用于设置基墙的对齐属性。

⊙ 左：根据墙基线（墙的前边与后边之间的线，即墙的厚度）的左侧边对齐墙。

⊙ 居中：根据墙基线的中心对齐。

⊙ 右：根据墙基线的右侧边对齐。

墙修改器面板如图 2-113 所示，其选择集功能介绍如下。

⊙ 顶点：可以通过顶点调整墙体的形状。

⊙ 分段：可以通过分段选择集对墙体进行编辑。

⊙ 剖面：可以以剖面的方式对墙体进行编辑。

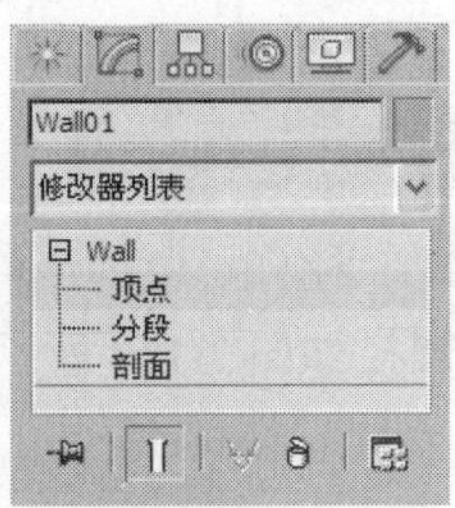

图 2-113

“编辑顶点”卷展栏如图 2-114 所示，其选项功能介绍如下。

⊙ 连接：用于连接任意两个顶点，在这两个顶点之间创建新的样条线线段。

⊙ 断开：用于在共享顶点断开线段的连接。

⊙ 优化：向沿着单击的墙线段的位置添加顶点。

⊙ 插入：插入一个或多个顶点，以创建其他线段。

⊙ 删除：删除当前选定的一个或多个顶点，包括这些顶点之间的任何线段。

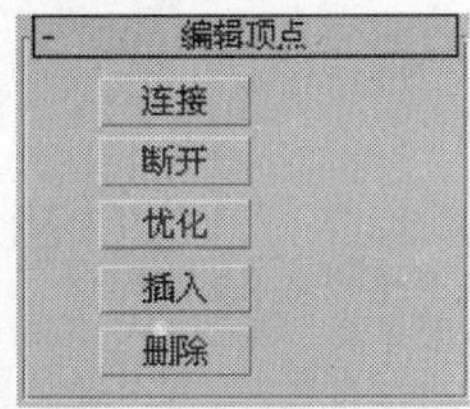

图 2-114

“编辑分段”卷展栏如图 2-115 所示，其选项功能介绍如下。

⊙ 断开：指定墙线段中的断开点。

⊙ 分离：分离选择的墙线段并利用它们创建一个新的墙对象。

⊙ 相同图形：分离墙对象，使它们不在同一个墙对象中。

⊙ 重新定位：分离墙线段，复制对象的局部坐标系，并放置线段，使其对象的局部坐标系与世界空间原点重合。

⊙ 复制：复制分离墙线段，而不是移动分离墙线段。

⊙ 拆分：根据拆分参数微调器中指定的顶点数细分每个线段。

⊙ 插入：提供与顶点选择集选择中的插入按钮相同的功能。

⊙ 删除：删除当前墙对象中任何选定的墙线段。

⊙ 优化：提供与顶点子对象层级中的优化按钮相同的功能。

⊙ 参数组用于更改选择线段的参数。

⊙ 宽度：更改所选线段的宽度。

⊙ 高度：更改所选线段的高度。

⊙ 底偏移：设置所选线段距离底面的距离。

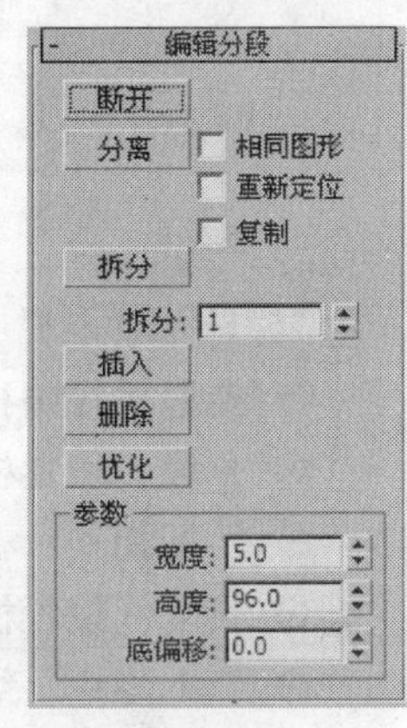

图 2-115

“编辑剖面”卷展栏如图 2-116 所示，其选项功能介绍如下。

⊙ 插入：插入顶点，以便调整所选墙线段的轮廓。

⊙ 删除：删除所选墙线段轮廓上的所选顶点。

⊙ 创建山墙：通过将所选墙线段的顶部轮廓的中心点移至指定的高度，来创建山墙。

⊙ 高度：指定山墙的高度。

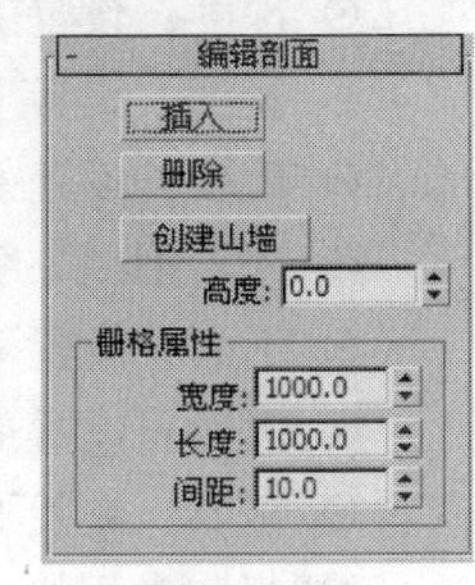

图 2-116

⊙ 栅格属性：栅格可以将轮廓点的插入和移动限制在墙平面以内，并允许将栅格点放置到墙平面中。

⊙ 宽度：设置活动栅格的宽度。

⊙ 长度：设置活动栅格的长度。

⊙ 间距：设置活动网格中最小方形的大小。

2.3.5　栏杆

栏杆对象的组件包括栏杆、立柱和栅栏。栏杆的效果如图 2-117 所示，栏杆、立柱和栅栏的卷展栏如图 2-118 所示。

图 2-117

图 2-118

“栏杆”卷展栏中的选项功能介绍如下。

⊙ 拾取栏杆路径：单击该按钮，然后单击视口中的样条线，将其用做栏杆路径。

⊙ 分段：设置栏杆对象的分段数。只有使用栏杆路径时，才能使用该选项。

⊙ 匹配拐角：在栏杆中放置拐角，以便与栏杆路径的拐角相符。

⊙ 长度：设置栏杆对象的长度。拖动鼠标光标时，长度将会显示在编辑框中。

⊙ “上围栏”组中的默认值可以生成上栏杆组件。

⊙ 剖面：设置上栏杆的横截面形状。

⊙ 深度：设置上栏杆的深度。

⊙ 宽度：设置上栏杆的宽度。

⊙ 高度：设置上栏杆的高度。

⊙ “下围栏”组用于控制下栏杆的剖面、深度和宽度以及其间的间隔。

⊙ 剖面：设置下栏杆的横截面形状。

⊙ 深度：设置下栏杆的深度。

⊙ 宽度：设置下栏杆的宽度。

“栅栏”卷展栏中的选项功能介绍如下。

⊙ 类型：设置立柱之间的栅栏类型，包括无、支柱或实体填充。

⊙ “支柱”组用于控制支柱的剖面、深度和宽度以及其间的间隔。

⊙ 剖面：设置支柱的横截面形状。

⊙ 深度：设置支柱的深度。

⊙ 宽度：设置支柱的宽度。

⊙ 延长：设置支柱在上栏杆底部的延长。

⊙ 底部偏移：设置支柱与栏杆对象底部的偏移量。

⊙ ：设置支柱的间距。单击该按钮，将显示支柱间距对话框，使用计数选项指定所需的支柱数。

⊙ “实体填充”组用于控制立柱之间实体填充的厚度和偏移量。只有将类型设置为实体填充时，才能使用该选项。

⊙ 厚度：设置实体填充的厚度。

⊙ 顶部偏移：设置实体填充与上栏杆底部的偏移量。

⊙ 底部偏移：设置实体填充与栏杆对象底部的偏移量。

⊙ 左偏移：设置实体填充与相邻左侧立柱之间的偏移量。

⊙ 右偏移：设置实体填充与相邻右侧立柱之间的偏移量。

“立柱”卷展栏中的选项功能介绍如下。

⊙ 剖面：设置立柱的横截面形状，包括无、方形或圆。

⊙ 深度：设置立柱的深度。

⊙ 宽度：设置立柱的宽度。

⊙ 延长：设置立柱在上栏杆底部的延长。

2.3.6　植物

植物可产生各种植物对象，如树种。3ds Max 将生成网格表示方法，以快速、有效地创建漂亮的植物，其效果如图 2-119 所示。

图 2-119

“收藏的植物”卷展栏如图 2-120 所示，其选项功能介绍如下。

⊙ 植物列表：调色板显示当前从植物库载入的植物。

⊙ 自动材质：为植物指定默认材质。

> **提示：**如果为场景中创建的植物修改材质，可以使用材质编辑器，为植物设置材质后并指定材质。在后面的章节中我们会对材质编辑器进行详细讲解，这里就不介绍了。按 I 键或反复按 Shift+I 组合键可以调出“吸管”工具。

⊙ 植物库：单击此按钮，弹出“配制调色板”对话框，如图 2-121 所示。使用此窗口无论植物是否处于调色板中，都可以查看可用植物的信息，包括其名称、学名、种类、说明和每个对象近似的面数量，还可以向调色板中添加植物以及从调色板中删除植物，清空植物色板。

图 2-120

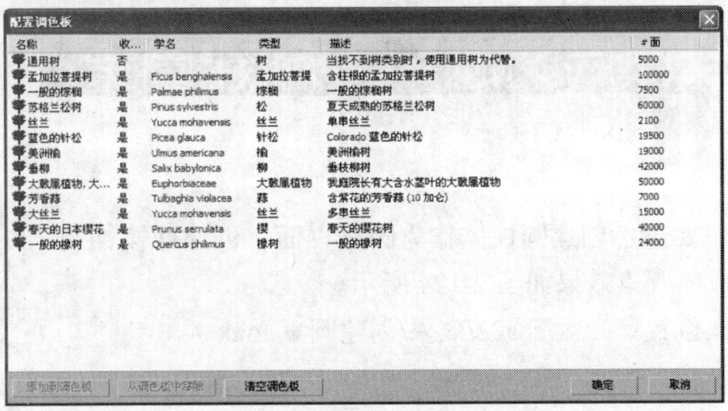

配置调色板

名称	收...	学名	类型	描述	#面
通用树	否		树	当找不到树类别时，使用通用树为代替。	5000
孟加拉菩提树	是	Ficus benghalensis	孟加拉菩提	含柱根的孟加拉菩提树	100000
一般的棕榈	是	Palmae philmus	棕榈	一般的棕榈树	7500
苏格兰松树	是	Pinus sylvestris	松	夏天成熟的苏格兰松树	60000
丝兰	是	Yucca mohavensis	丝兰	单串丝兰	2100
蓝色的针松	是	Picea glauca	针松	Colorado 蓝色的针松	19500
美洲榆	是	Ulmus americana	榆	美洲榆树	19000
垂柳	是	Salix babylonica	柳	垂枝柳树	42000
大戟属植物，大...	是	Euphorbiaceae	大戟属植物	我庭院长有大含水茎叶的大戟属植物	50000
芳香蒜	是	Tulbaghia violacea	蒜	含紫花的芳香蒜 (10 加仑)	7000
大丝兰	是	Yucca mohavensis	丝兰	多串丝兰	15000
春天的日本樱花	是	Prunus serrulata	樱	春天的樱花树	40000
一般的橡树	是	Quercus philmus	橡树	一般的橡树	24000

添加到调色板　从调色板中移除　清空调色板　确定　取消

图 2-121

"参数"卷展栏如图 2-122 所示，其选项功能介绍如下。

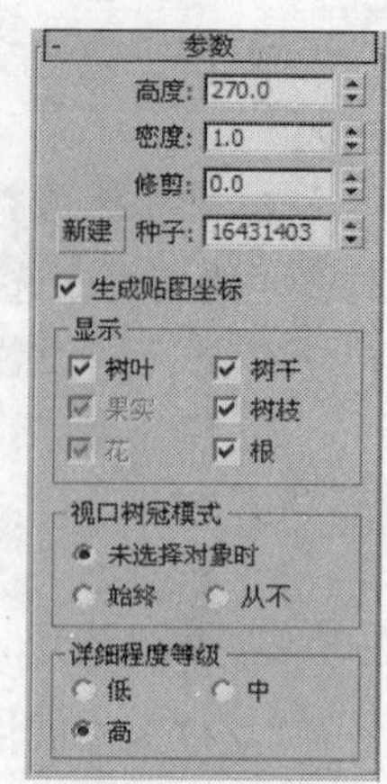

图 2-122

- 高度：控制植物的近似高度。
- 密度：控制植物上叶子和花朵的数量。值为 1 表示植物具有全部的叶子和花，值为 0.5 表示植物具有一半的叶子和花，值为 0 表示植物没有叶子和花。
- 修剪：只适用于具有树枝的植物。
- 种子：显示当前植物的随机变体。
- "显示"组：用于控制植物的树叶、果实、花、树干、树枝和根的显示。
- "视口树冠模式"组：用于在 3ds Max 中，植物的树冠是覆盖植物最远端（如叶子或树枝和树干的尖端）的一个壳。
- 未选择对象时：未选择植物时以树冠模式显示植物。
- 始终：始终以树冠模式显示植物。
- 从不：从不以树冠模式显示植物。3ds Max 将显示植物的所有特性。
- "详细程度等级"组：用于控制 3ds Max 渲染植物的方式。
- 低：以最低的细节级别渲染植物树冠。
- 中：对减少了面数的植物进行渲染。
- 高：以最高的细节级别渲染植物的所有面。

提示：可以在创建多个植物之前设置参数。这样不仅可以避免显示速度减慢，还可以减少必须对植物进行的编辑工作。

2.4 课堂练习——制作铅笔

案例知识要点：使用圆柱体创建铅笔，使用平面创建纸条，使用圆柱体和管状体制作笔筒，完成后的效果如图 2-123 所示。

效果所在位置：光盘/cha02/效果/制作铅笔.max。

图 2-123

2.5 课后习题——创建圆桌

习题知识要点：创建圆柱体作为圆桌桌面，创建球棱锥制作支架，完成的圆桌效果如图 2-124 所示。

效果所在位置：光盘/cha02/效果/创建圆桌.max。

图 2-124

第3章 二维图形的创建

本章将介绍二维图形的创建和参数的修改方法，对线的创建和修改方法会进行重点介绍。读者通过学习本章的内容，要掌握创建二维图形的方法和技巧，并能根据实际需要绘制出精美的二维图形。通过本章的学习，希望读者可以融会贯通，掌握二维图形的应用技巧，制作出具有想象力的模型。

【教学目标】

- 创建二维线形。
- 创建二维图形。

3.1 创建二维线形

3ds Max 提供了一些具有固定形态的二维图形，这些图形造型比较简单，但各具特点。通过对二维图形参数的设置能产生很多奇异的新图形。

3.1.1 课堂案例——地灯

案例学习目标：学习使用可渲染的样条线制作模型。

案例知识要点：创建可渲染的样条线和圆作为灯罩和电线，创建切角圆柱体作为底座和灯，完成的地灯如图 3-1 所示。

效果所在位置：光盘/cha03/效果/地灯.max。

Step 01 单击“（创建）>（图形）> 弧”按钮，在“前”视图中创建弧，在“参数”卷展栏中设置“半径”为 1585、“从”为 353、“到”为 8；在“渲染”卷展栏中勾选“在渲染中启用”和“在视口中启用”选项，设置“厚度”为 3，如图 3-2 所示。

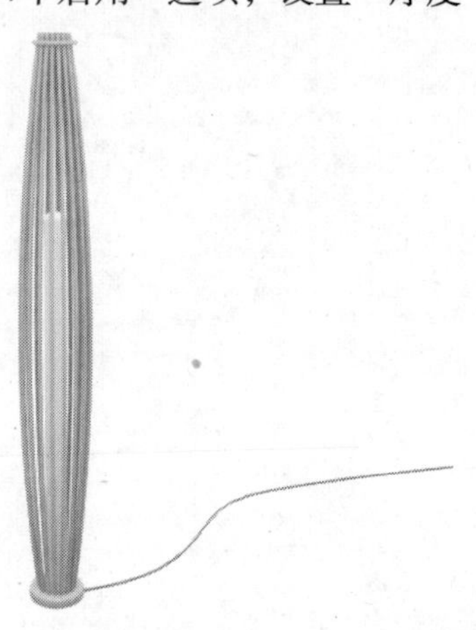

图 3-1

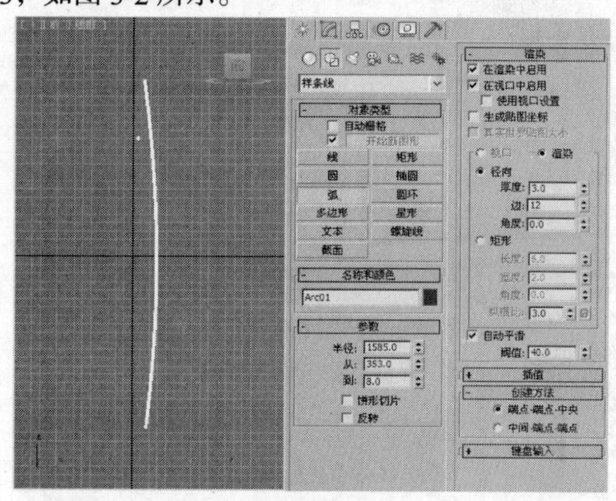

图 3-2

Step 02 切换到（层次）面板，单击“轴”按钮，选择“仅影响轴”按钮，在“顶”视图中调整轴，如图 3-3 所示。

Step 03 激活“顶”视图，在菜单栏中选择“工具 > 阵列”命令，在弹出的对话框中设置“Z”轴旋转为 360°、设置“数量”为 18，单击“确定”按钮，如图 3-4 所示。

Step 04 单击“（创建）>（图形）> 圆”按钮，在“顶”视图中创建圆，在场景中调整圆的位置，在“参数”卷展栏中设置“半径”为 13.5，在“渲染”卷展栏中勾选“在渲染中启用”和“在视口中启用”选项，设置“厚度”为 3，如图 3-5 所示。

Step 05 单击“（创建）>（几何体）> 扩展基本体 > 切角圆柱体”按钮，在“顶”视图中创建切角圆柱体，在“参数”卷展栏中设置“半径”为 21、“高度”为 8、“圆角”为 2、“边数”为 18，如图 3-6 所示。

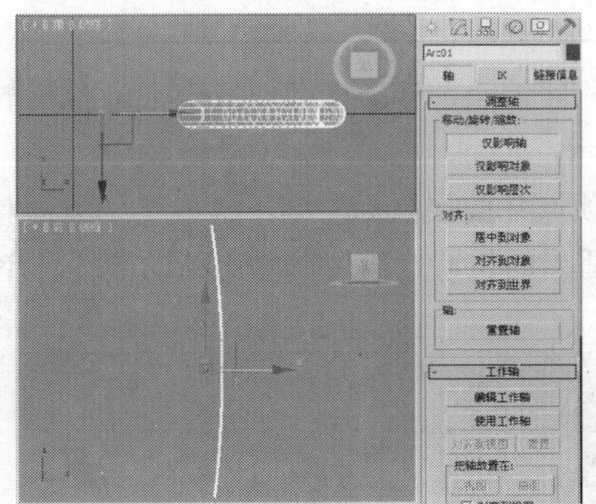

图 3-3

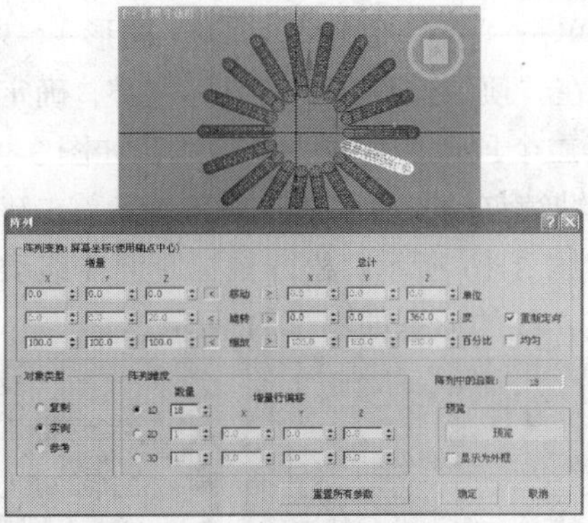

图 3-4

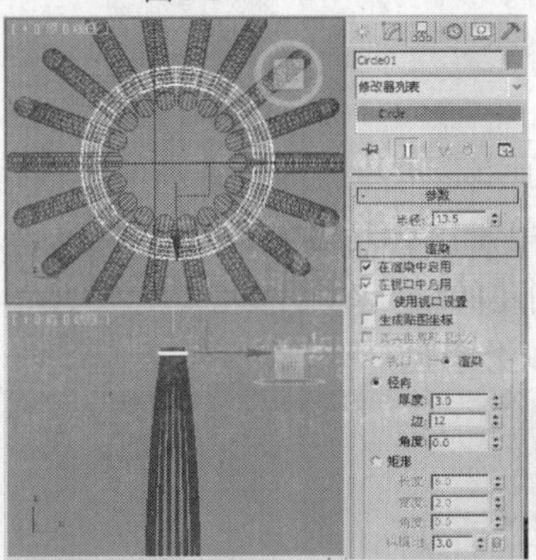

图 3-5

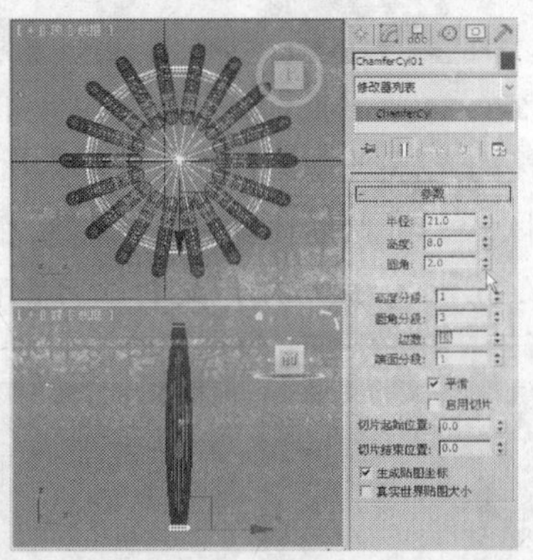

图 3-6

Step 06 在场景中旋转切角长方体，在“参数”卷展栏中修改参数“半径”为 8、“高度”为 300、“圆角”为 6，如图 3-7 所示。

Step 07 创建可渲染的样条线作为电线，如图 3-8 所示。

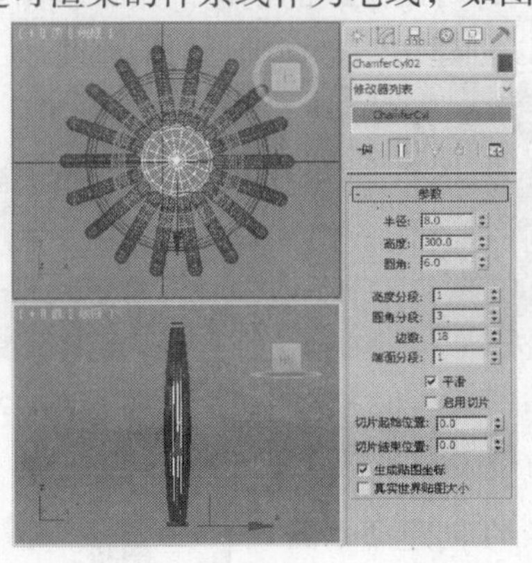

图 3-7

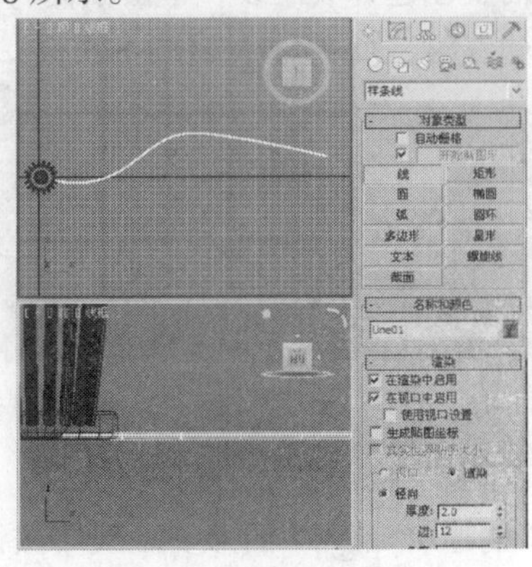

图 3-8

3.1.2 线

线用于创建出任何形状的图形，包括开放型或封闭型的样条线。创建完成后还可以通过调整顶点、线段和样条线来编辑线的形态。下面介绍线的创建方法以及其参数的设置和修改。

1. 创建线的方法

线的创建是学习创建其他二维图形的基础，创建线的操作步骤如下。

Step 01 单击“![创建图标]（创建）> ![图形图标]（图形）> 线”按钮。

Step 02 在“顶”视图中单击鼠标左键，确定线的起始点，移动光标到适当的位置并单击鼠标左键，创建第二个顶点，生成一条直线，如图 3-9 所示。

Step 03 继续移动光标到适当的位置，单击确定顶点并按住鼠标左键不放拖曳光标，生成一条弧状的线，如图 3-10 所示。松开鼠标左键并移动到适当的位置，可以调整出新的曲线，单击鼠标左键确定顶点，线的形态如图 3-11 所示。

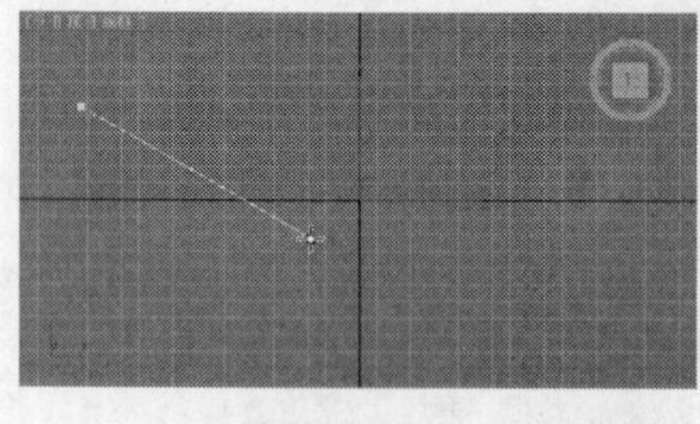

图 3-9

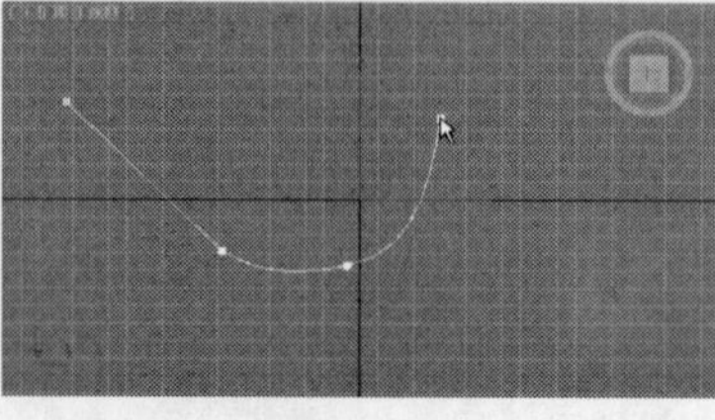

图 3-10

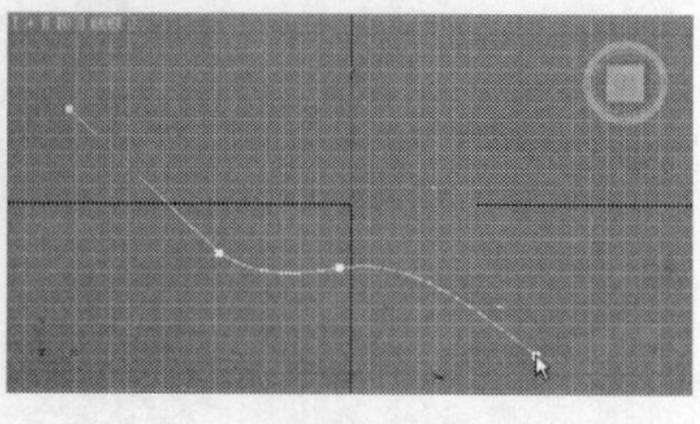

图 3-11

Step 04 继续移动光标到适当的位置并单击确定顶点，可以生成一条新的直线，如图 3-12 所示。如果需要创建封闭线，将光标移动到线的起始点上单击鼠标左键，如图 3-13 所示，弹出“样条线”对话框，如图 3-14 所示，提示用户是否闭合正在创建的线，单击“是（Y）”按钮即可闭合创建的线，如图 3-15 所示；单击“否（N）”按钮，则可以继续创建线。

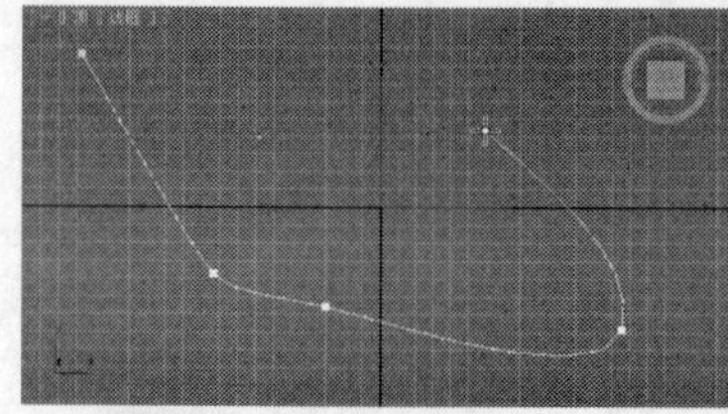

图 3-12

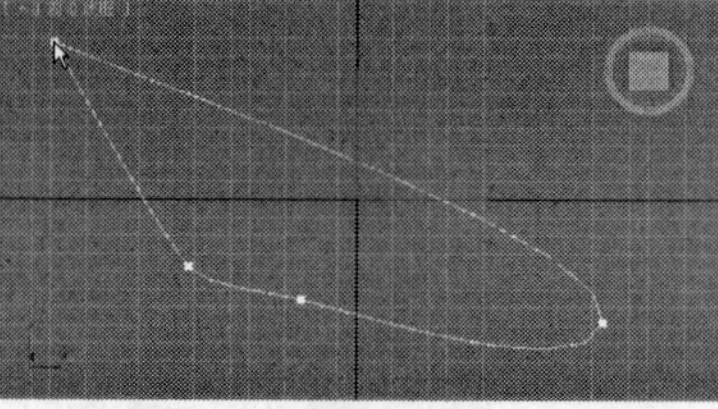

图 3-13

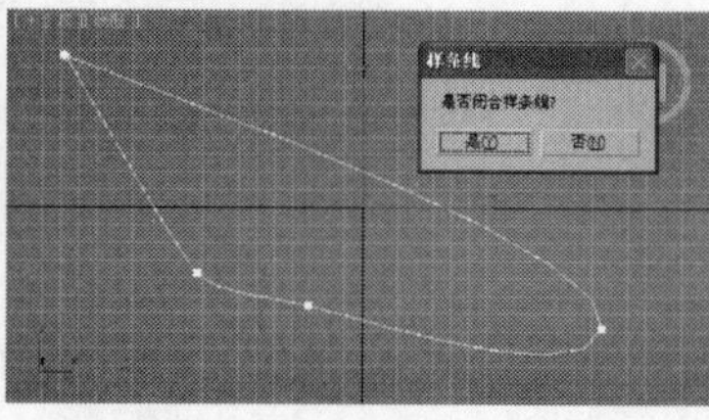

图 3-14

Step 05 如果需要创建开放的线，单击鼠标右键，即可结束线的创建，如图 3-16 所示。

Step 06 在创建线时，如果同时按住 Shift 键，可以创建出与坐标轴平行的直线，如图 3-17 所示。

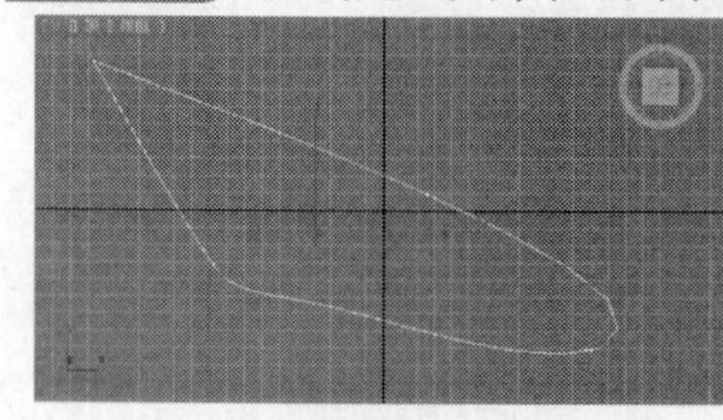

图 3-15

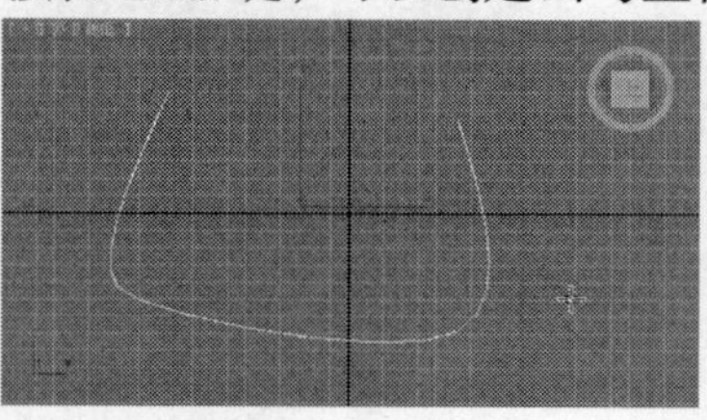

图 3-16

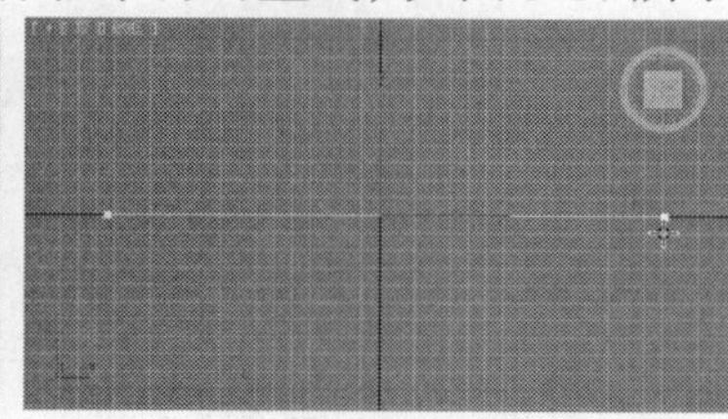

图 3-17

2．线的创建参数

单击“![创建图标]（创建）> ![图形图标]（图形）> 线”按钮，在创建命令面板下方会显示线的创建参数，如图 3-18 所示。

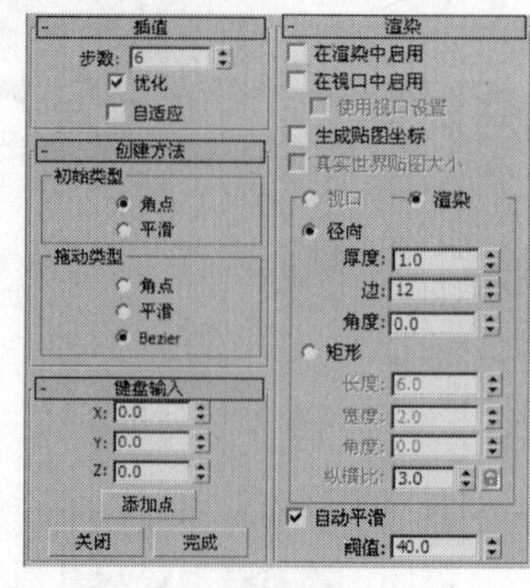

图 3-18

“渲染”卷展栏用于设置线的渲染特性，可以选择是否对线进行渲染，并设定线的厚度。

⊙ 在渲染中启用：启用该选项后，使用为渲染器设置的径向或矩形参数将图形渲染为 3D 网格。

⊙ 在视口中启用：启用该选项后，使用为渲染器设置的径向或矩形参数将图形作为 3D 网格显示在视口中。

⊙ 厚度：用于设置视口或渲染中线的直径大小。

⊙ 边：用于设置视口或渲染中线的侧边数。

⊙ 角度：用于调整视口或渲染中线的横截面旋转的角度。

“插值”卷展栏用于控制线的光滑程度。

⊙ 步数：设置程序在每个顶点之间使用的分段的数量。

⊙ 优化：启用此选项后，可以从样条线的直线线段中删除不需要的步数。

⊙ 自适应：系统自动根据线状调整分段数。

“创建方法”卷展栏用于确定所创建的线的类型。

⊙ 初始类型：用于设置单击鼠标左键建立线时所创建的端点类型。

⊙ 角点：用于建立折线，端点之间以直线连接（系统默认设置）。

⊙ 平滑：用于建立线，端点之间以线连接，且线的曲率由端点之间的距离决定。

⊙ 拖动类型：用于设置按压并拖曳光标建立线时所创建的曲线类型。

⊙ 角点：选择此方式，建立的线端点之间为直线。

⊙ 平滑：选择此方式，建立的线在端点处将产生圆滑的线。

⊙ Bezier：选择此方式，建立的线将在端点产生光滑的线。端点之间线的曲率及方向是通过端点处拖曳光标控制的（系统默认设置）。

提示：在创建线时，线的创建方法应该选择好。线创建完成后无法通过“创建方法”卷展栏调整线的类型。

3．线的形体修改

线创建完成后，总要对它进行一定程度的修改，以达到满意的效果，这就需要对顶点进行调整。顶点有 4 种类型，分别是 Bezier 角点、Bezier、角点和平滑。

下面介绍线的形体修改，操作步骤如下。

Step 01 单击“（创建）>（图形）> 弧”按钮，在“顶”视图创建样条线，如图 3-19 所示。

Step 02 单击（修改）按钮，在修改命令堆栈中单击“Line”命令前面的加号，展开子层级选项，如图 3-20 所示。其中，顶点开启后可以对顶点进行修改操作，线段开启后可以对线段进行操作修改，样条线开启后可以对整条线进行修改操作。

Step 03 单击“顶点”选项，表示将选择集定义为“顶点”，该选项变为黄色表示被开启，这时视图中的线会显示出顶点，如图 3-21 所示。

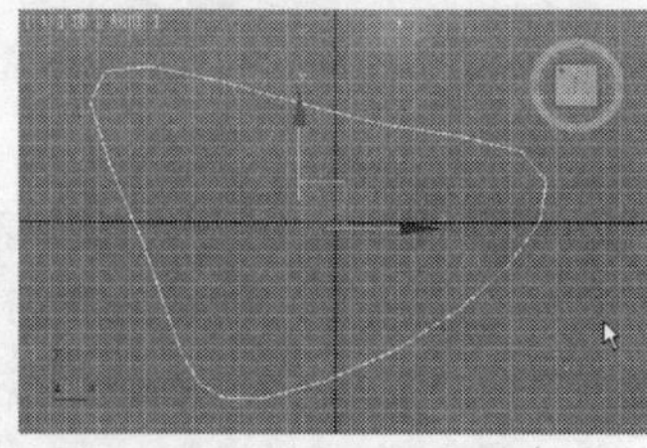

图 3-19

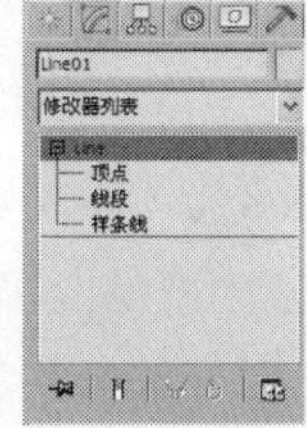

图 3-20

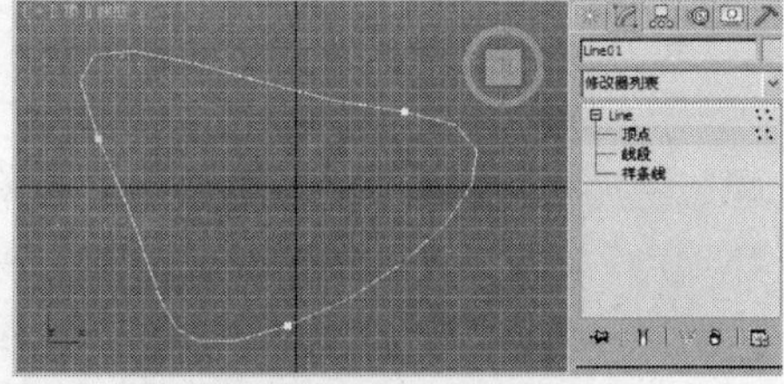

图 3-21

Step 04 单击要选择的顶点将其选中，使用（选择并移动）工具将选中的顶点沿 x 轴向下移动，调整顶点的位置，如图 3-22 所示，线的形体发生改变。还可以拖曳出选择框框选多个需要的顶点，松开鼠标左键，将框选的节点选中，再使用（选择并移动）工具进行调整，如图 3-23 所示。

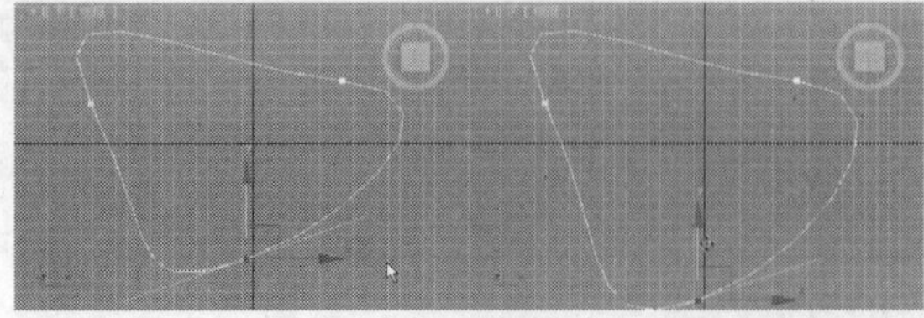
图 3-22

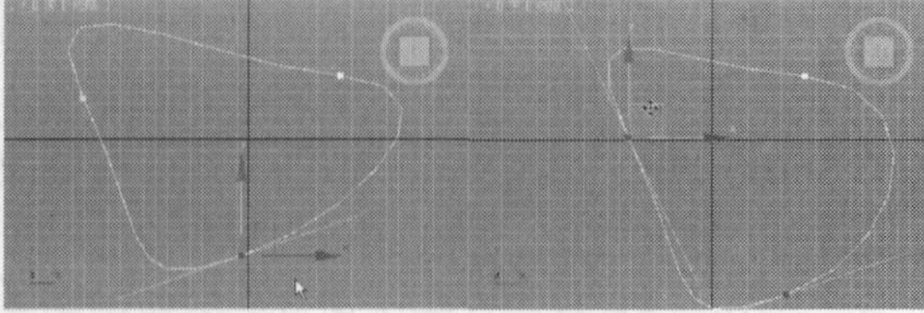
图 3-23

线的形体还可以通过调整顶点的类型来修改，操作步骤如下。

Step 01 单击“ （创建）> （图形）> 弧”按钮，在“顶”视图创建样条线，如图 3-24 所示。

Step 02 切换到 （修改）命令面板，将选择集定义为“顶点”，在视图中选择如图 3-25 所示的点，单击鼠标右键，在弹出的菜单中显示了所选择顶点的类型，如图 3-26 所示。在菜单中可以看出所选择的点为角点。在菜单中选择其他顶点类型命令，顶点的类型会随之改变。

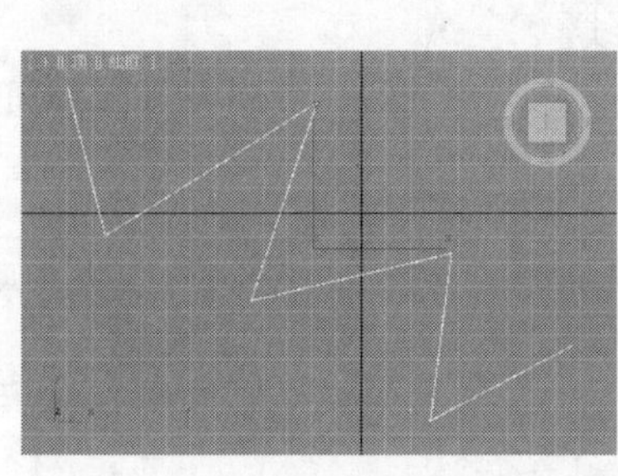
图 3-24

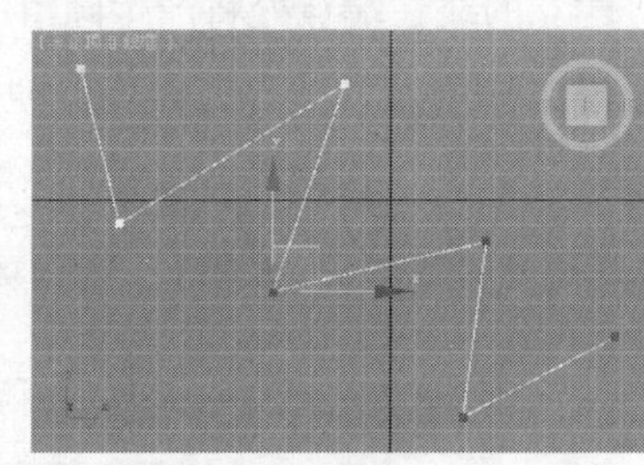
图 3-25

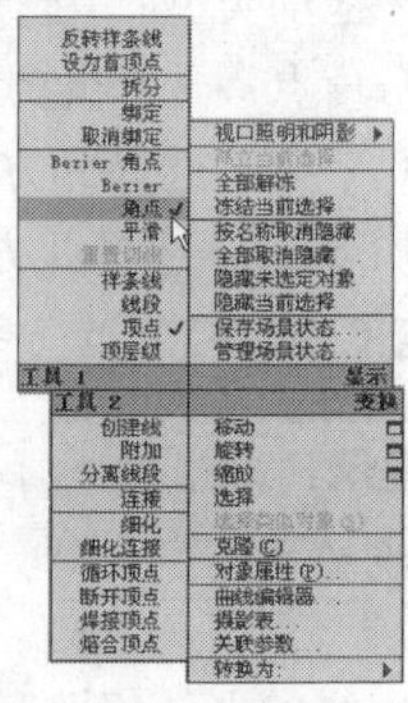

图 3-26

图 3-27 所示为 4 种顶点类型，自左向右分别为 Bezier 角点、Bezier、角点和平滑，前两种类型的顶点可以通过绿色的控制手柄进行调整，后两种类型的顶点可以直接使用 （选择并移动）工具进行位置调整。

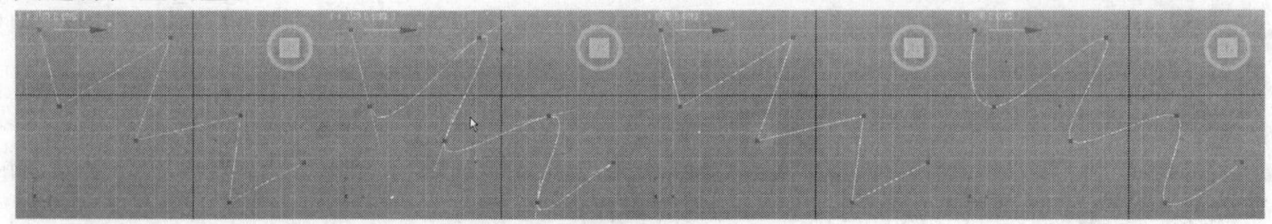
图 3-27

4．线的修改参数

线创建完成后单击 （修改）按钮，在修改命令面板中会显示线的修改参数，线的修改参数分为 5 个部分，如图 3-28 所示。

“选择”卷展栏主要用于控制顶点、线段和样条线 3 个次对象级别的选择，如图 3-29 所示。

- 顶点：顶点是样条线次对象的最低一级，因此修改顶点是编辑样条对象的最灵活的方法。
- 线段：线段是中间级别的样条次对象，对它的修改比较少。
- 样条线：样条线是对象选择集最高的级别，对它的修改比较多。

以上 3 个进入子层级的按钮与修改命令堆栈中的选项是相对应的，在使用上有相同的效果。

“几何体”卷展栏中提供了关于样条线大量的几何参数，在建模中对线的修改主要是对该面板的参数进行调节，如图 3-30 所示。下面介绍常用的几种工具命令。

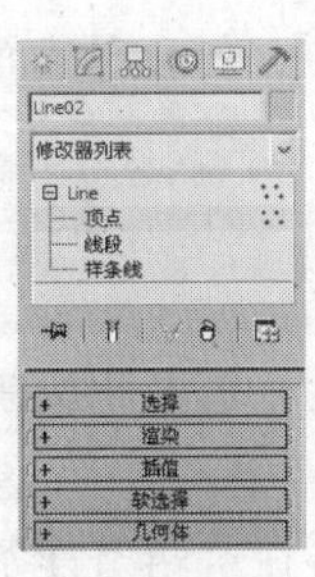

图 3-28

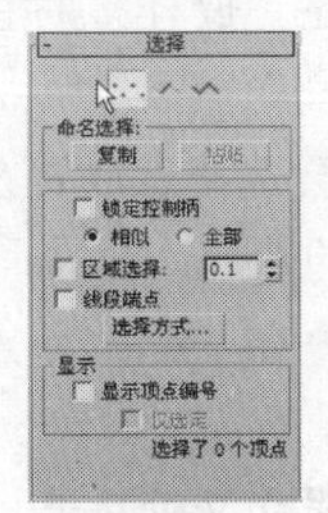

图 3-29

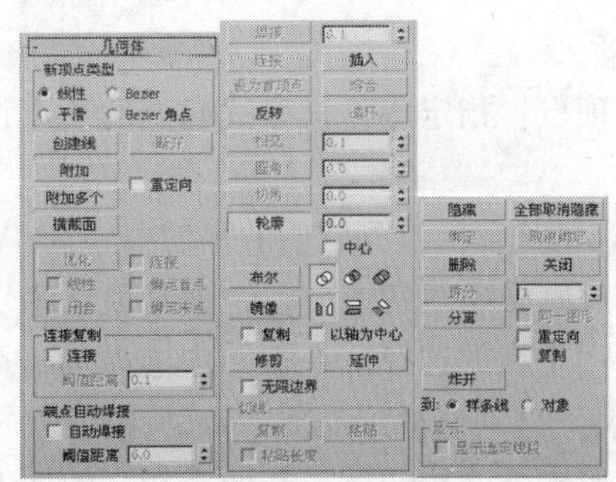

图 3-30

⊙ 线性：新顶点将具有线性切线。

⊙ 平滑：新顶点将具有平滑切线。选中此选项之后，会自动焊接覆盖的新顶点。

⊙ Bezier：新顶点将具有 Bezier 切线。

⊙ Bezier 角点：新顶点将具有 Bezier Conrner（Bezier 角点）切线。

⊙ 创建线：用于创建一条线并把它加入到当前线中，使新创建的线与当前线成为一个整体。

⊙ 断开：用于断开顶点和线段。

⊙ 附加：用于将场景中的二维图形与当前线结合，使它们变为一个整体。场景中存在两个以上的二维图形时才能使用附加功能。

⊙ 附加多个：原理与“附加”相同，区别在于单击该按钮后，将弹出“附加多个”对话框，对话框中会显示出场景中线的名称，如图 3-31 所示，用户可以在对话框中选择多条线，然后单击“附加”按钮，即可将选择的线与当前的线结合为一个整体。

⊙ 横截面：可创建图形之间横截面的外形框架，单击“横截面”按钮，选择一个形状，再选择另一个形状，则可以创建链接两个形状的样条线。

⊙ 优化：用于在不改变线的形态的前提下在线上插入顶点。使用方法为单击“优化”按钮，并在线上单击鼠标左键，线上被插入新的顶点，如图 3-32 所示。

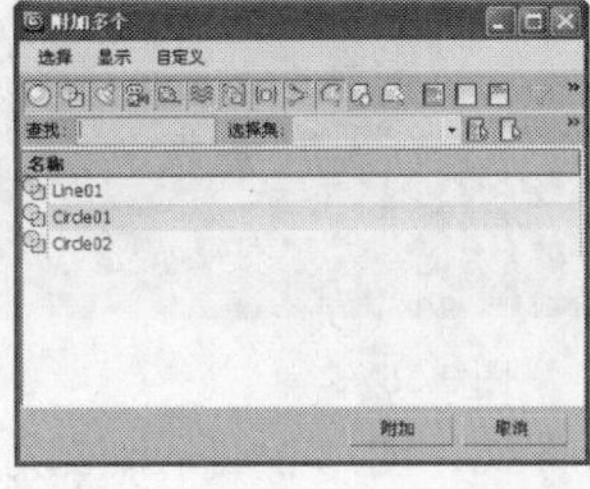

图 3-31

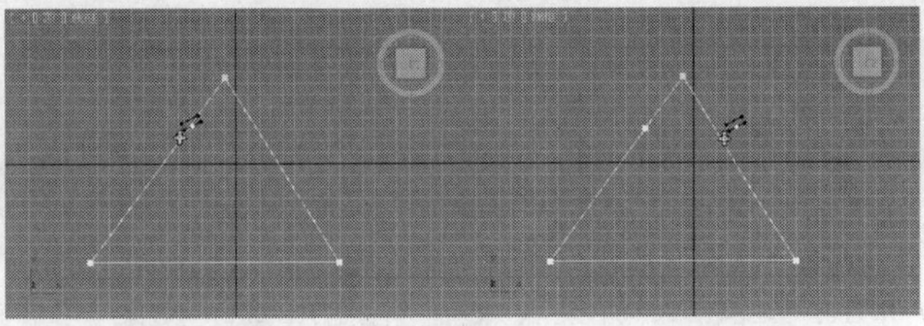

图 3-32

⊙ 连接：启用时，通过连接新顶点创建一个新的样条线子对象。使用优化添加顶点完成后，连接会为每个新顶点创建一个单独的副本，然后将所有副本与一个新样条线相连。

⊙ 阈值距离：用于指定连接复制的距离范围。

⊙ 自动焊接：勾选时，如果两端点属于同一曲线，并且在阈值范围内，将被自动焊接。

⊙ 焊接：焊接同一样条线的两端点或两相邻点为一个点，使用时先移动两端点或相邻点使彼此接近，然后同时选择这两点，单击“焊接”按钮后点会焊接到一起。如果这两个点没有被焊接到一起，可以增大焊接阈值重新焊接。

⊙ 连接：连接两个断开的点。

⊙ 插入：在选择点处单击鼠标，会引出新的点，不断单击鼠标左键可以不断加入新点，单击鼠标右键停止插入。

⊙ 设为首顶点：指定座位样条线起点的顶点，在“放样”时首顶点会确定截面图形之间的相对位置。

⊙ 熔合：移动选择的点到它们的平均中心。熔合会选择点放置在同一位置，不会产生点的连接。

⊙ 反转：颠倒样条线的方向，也就是顶点序号的顺序。

⊙ 循环：用于点的选择。在视图中选择一组重叠在一起的顶点后，单击此按钮，可以选择逐个顶点进行切换，直到选择到需要的点为止。

⊙ 相交：单击下次按钮后，在两条相交的样条线交叉处单击，将在这两条样条线上分别增加一个交叉顶。但这两条曲线必需属于同一曲线对象。

⊙ 圆角：用于在选择的顶点处创建圆角。

使用方法为在视图中单击要修改的顶点将其选中，然后单击“圆角”按钮，如图 3-33 所示。将光标移到被选择的顶点上，按住鼠标左键不放并拖曳光标，顶点会形成圆角，如图 3-34 所示。也可以在数值框中输入数值或调节微调器来设置圆角。

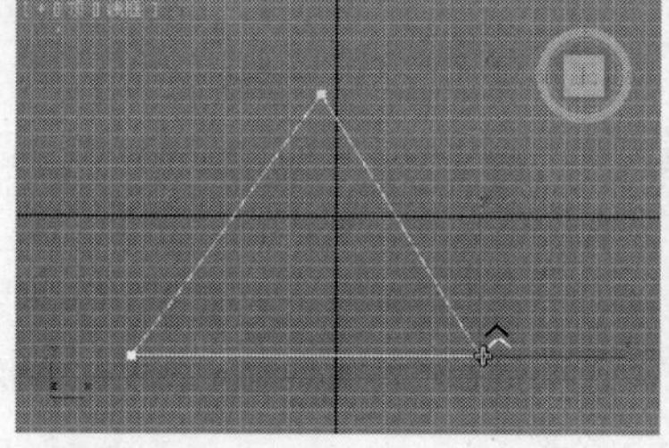

图 3-33　　图 3-34

⊙ 切角：其功能和操作方法与圆角相同，但创建的是切角，如图 3-35 所示。

⊙ 轮廓：用于给选择的线设置轮廓，用法和圆角相同，如图 3-36 所示。该命令仅在“样条线”选择集有效。

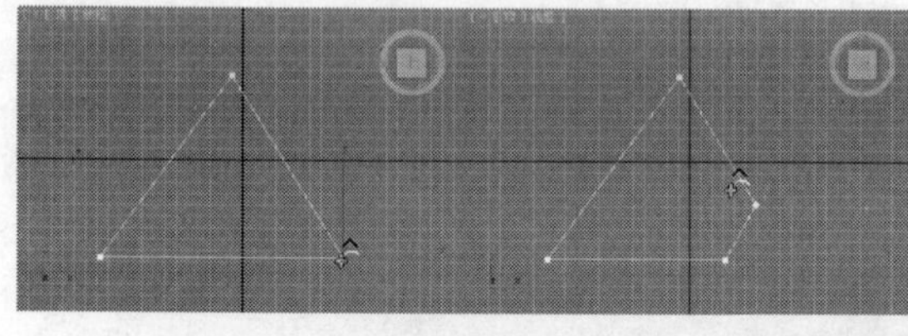

图 3-35

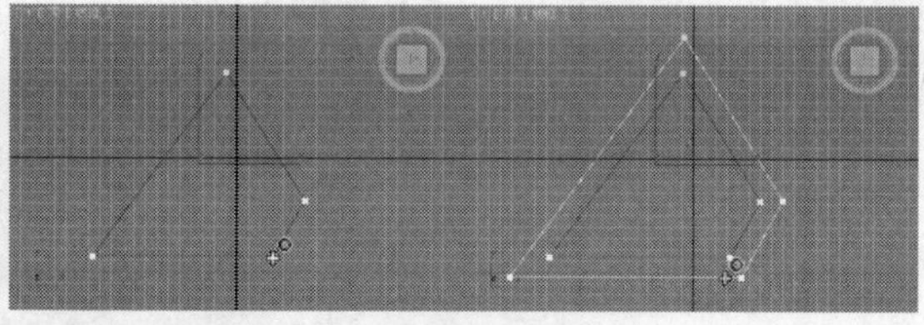

图 3-36

⊙ 布尔：提供（并集）、（差集）、（交集）3 种运算方式，图 3-37 所示依次为原始图形、并集后的图形、差集后的图形、交集后的图形。

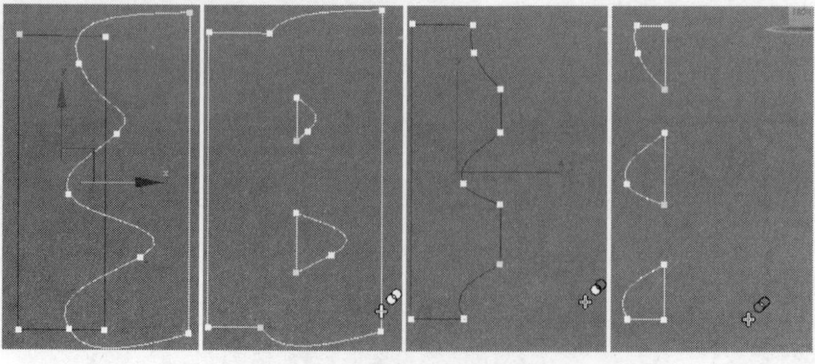

图 3-37

(并集)：将两个重叠样条线组合成一个样条线，在该样条线中，重叠的部分被删除，保留两个样条线不重叠的部分，构成一个样条线。

(差集)：从第一个样条线中减去与第二个样条线重叠的部分，并删除第二个样条线中剩余的部分。

(交集)：仅保留两个样条线的重叠部分，删除两者的不重叠部分。

⊙ 镜像：可以对曲线进行水平、垂直、对角镜像。

⊙ 修剪：单击“修剪”按钮可以清理形状中的重叠部分，使端点接合在一个点上。

3.2 创建二维图形

二维图形也是建模中常用的几何图形。

3.2.1 课堂案例——五星

案例学习目标：学习创建星形。

案例知识要点：创建星形并为其施加“倒角”修改器，完成五星的制作，其效果如图 3-38 所示。

图 3-38

效果所在位置：光盘/cha03/效果/五星.max。

Step 01 单击“(创建) > (图形) > 星形”按钮，在“前”视图中创建星形，在“参数”卷展栏中设置“半径 1”为 130、“半径 2”为 50、“点”为 5，如图 3-39 所示。

Step 02 切换到(修改)命令面板，在“倒角值”卷展栏中设置“级别 1”的“高度”为 20、勾选“级别 2”，设置其“高度”为 15、“轮廓”为-50，如图 3-40 所示，完成星形模型。

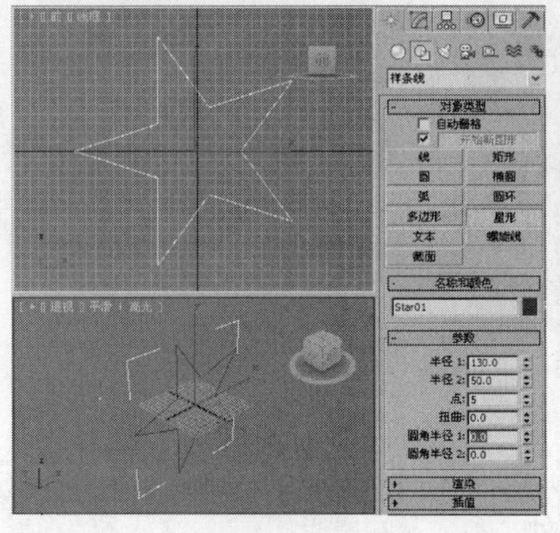

图 3-39

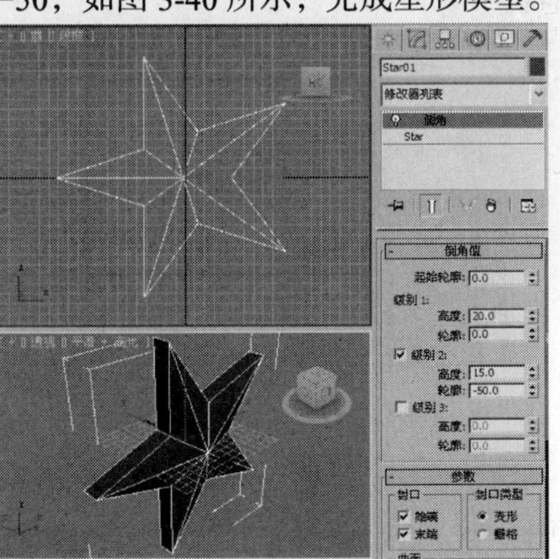

图 3-40

3.2.2 矩形

矩形用于创建矩形和正方形，下面介绍矩形的创建及其参数的设置和修改。

1．创建矩形

矩形的创建比较简单，操作步骤如下。

图 3-41

Step 01 单击“（创建）>（图形）> 矩形”按钮。

Step 02 将鼠标光标移到视图中，单击并按住鼠标左键不放拖曳光标，视图中生成一个矩形，移动光标调整矩形大小，在适当的位置松开鼠标左键，矩形创建完成，如图 3-41 所示。创建矩形时按住 Ctrl 键，可以创建出正方形。

2．矩形的参数

单击矩形将其选中，然后单击（修改）按钮，在参数命令面板中会显示矩形的“参数”卷展栏，如图 3-42 所示。

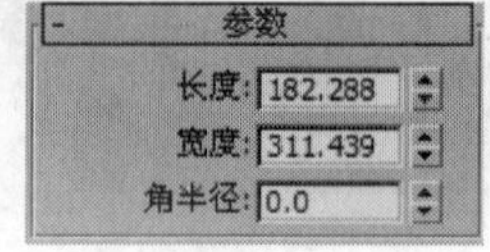

图 3-42

⊙ 长度：设置矩形的长度值。

⊙ 宽度：设置矩形的宽度值。

⊙ 角半径：设置矩形的四角是直角还是有弧度的圆角。若其值为 0，则矩形的 4 个角都为直角。

3.2.3 圆和椭圆

圆和椭圆的形态比较相似，创建方法基本相同。下面介绍圆和椭圆的创建方法及其参数的设置。

1．创建圆和椭圆

下面以圆形为例来介绍创建方法，操作步骤如下。

Step 01 单击“（创建）>（图形）> 圆”按钮。

Step 02 将鼠标光标移到视图中，单击并按住鼠标左键不放拖曳光标，视图中生成一个圆，移动光标调整圆的大小，在适当的位置松开鼠标左键，圆创建完成。使用相同方法可以创建出椭圆，如图 3-43 所示。

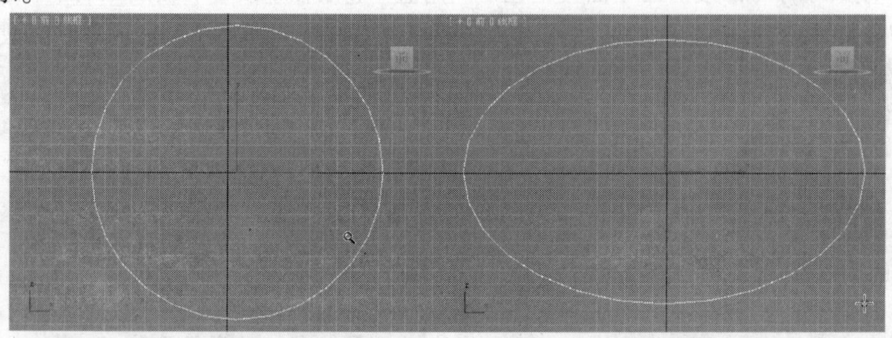
图 3-43

2．圆和椭圆的参数

单击圆或椭圆将其选中，然后单击（修改）按钮，在修改命令面板中会显示其参数。图 3-44 所示为圆的“参数”卷展栏，图 3-45 所示为椭圆的“参数”卷展栏。

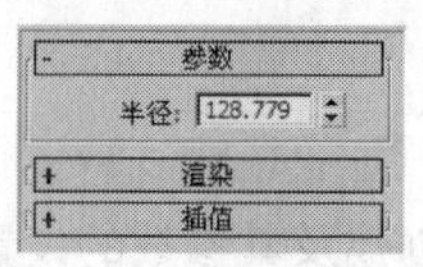

图 3-44

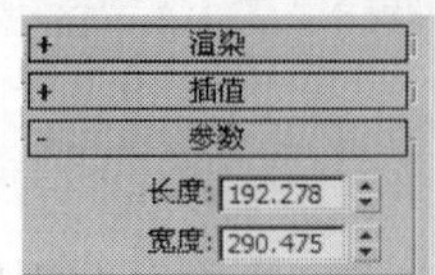

图 3-45

“参数”卷展栏的参数中，圆的参数只有“半径”，椭圆的参数有“长度”和“宽度”，用于调整椭圆的长轴和短轴。

3.2.4 文本

文本用于在场景中直接产生二维文字图形或创建三维的文字图形，下面介绍文本的创建方法及其参数的设置。

1. 创建文本

文本的创建方法很简单，操作步骤如下。

Step 01 单击“（创建）>（图形）> 圆”按钮，在“参数”面板中设置创建参数，在“文本”输入区输入要创建的文本内容，如图 3-46 所示。

Step 02 将光标移到视图中并单击鼠标左键，文本创建完成，如图 3-47 所示。

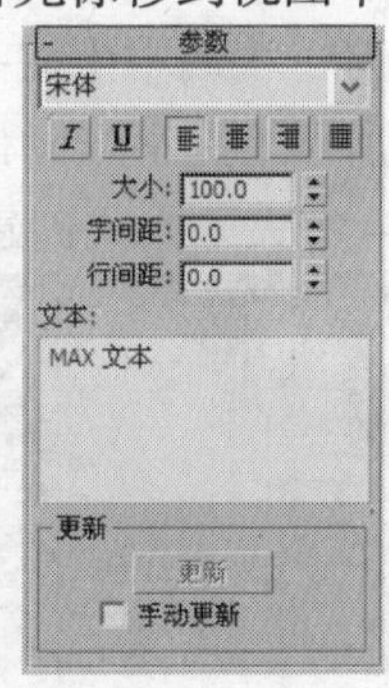

图 3-46

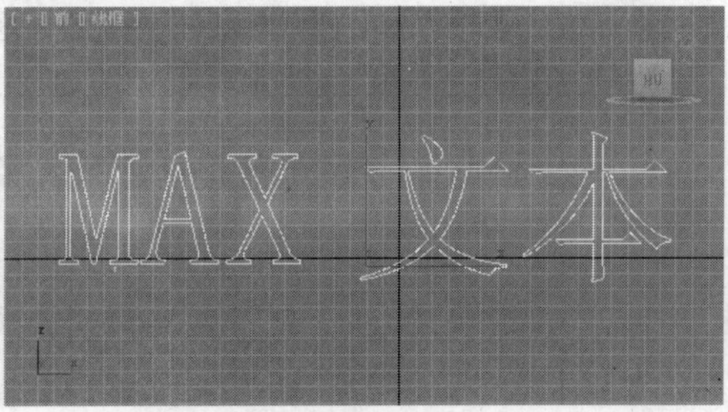

图 3-47

2. 文本的参数

单击文本将其选中，单击（修改）按钮，切换到修改命令面板，在修改命令面板中会显示文本的参数，如图 3-46 所示。

- 字体下拉列表框：用于选择文本的字体。
- I 按钮：设置斜体字体。
- U 按钮：设置下画线。
- 按钮：向左对齐。
- 按钮：居中对齐。
- 按钮：向右对齐。
- 按钮：两端对齐。
- 大小：设置文字的大小。
- 字间距：设置文字之间的间隔距离。
- 行间距：设置文字行与行之间的距离。
- 文本：用于输入文本内容，同时也可以进行改动。
- 更新组用于设置修改完文本内容后，视图是否立刻进行更新显示。当文本内容非常复杂时，系统可能很难完成自动更新，此时可选择“手动更新”方式。
- 手动更新：用于进行手动更新视图。勾选此选项，只有当单击“更新”按钮后，文本输入框中当前的内容才会显示在视图中。

3.2.5 弧

弧可用于建立弧线和扇形，下面介绍弧的创建方法及其参数的设置和修改。

1．创建弧

弧有两种创建方法：一种是“端点 – 端点 – 中央”创建方法（系统默认设置），另一种是“中间 – 端点 – 端点”创建方法，如图 3-48 所示。

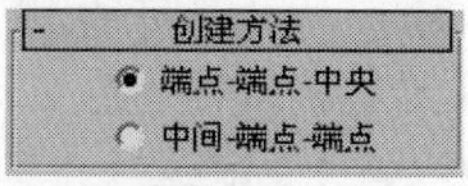

创建方法
端点-端点-中央
中间-端点-端点

图 3-48

⊙ 端点 – 端点 – 中央：建立弧时先引出一条直线，以直线的两端点作为弧的两个端点，然后移动鼠标光标确定弧的半径。

⊙ 中间 – 端点 – 端点：建立弧时先引出一条直线作为弧的半径，再移动鼠标光标确定弧长。

创建弧的操作步骤如下。

Step 01 单击“（创建）>（图形）> 弧”按钮。

Step 02 将鼠标光标移到视图中，单击并按住鼠标左键不放拖曳光标，视图中生成一条直线，如图 3-49 所示。松开鼠标左键并移动光标，调整弧的大小，如图 3-50 所示。在适当的位置单击鼠标左键，弧创建完成，如图 3-51 所示。图中显示的是以“端点 – 端点 – 中央”方式创建的弧。

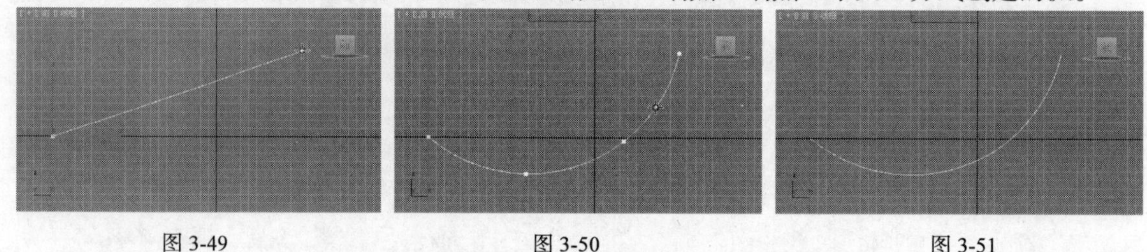

图 3-49　图 3-50　图 3-51

2．弧的参数

单击弧将其选中，单击（修改）按钮，在修改命令面板中会显示弧的参数，如图 3-52 所示。

⊙ 半径：设置弧的半径大小。

⊙ 从：设置建立的弧在其所在圆上的起始点角度。

⊙ 到：设置建立的弧在其所在圆上的结束点角度。

⊙ 饼形切片：选择该复选框，则分别把弧中心和弧的两个端点连接起来构成封闭的图形，如图 3-53 所示。

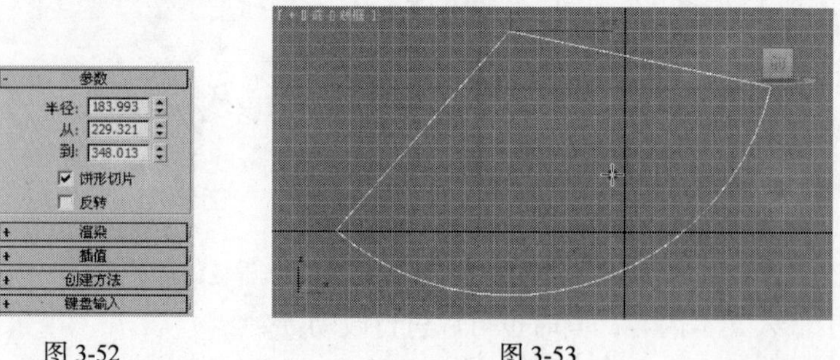

图 3-52　图 3-53

3.2.6 圆环

圆环用于制作由两个圆组成的圆环，下面介绍圆环的创建方法及其参数的设置。

1．创建圆环

圆环的创建方法比圆的创建多一个步骤，也比较简单，操作步骤如下。

Step 01 单击“（创建）>（图形）> 圆环”按钮。

Step 02 将鼠标光标移到视图中，单击并按住鼠标左键不放拖曳光标，视图中生成一个圆形，如图 3-54 所示。松开鼠标左键并移动光标，生成另一个圆，在适当的位置单击鼠标左键，圆环创建完成，如图 3-55 所示。

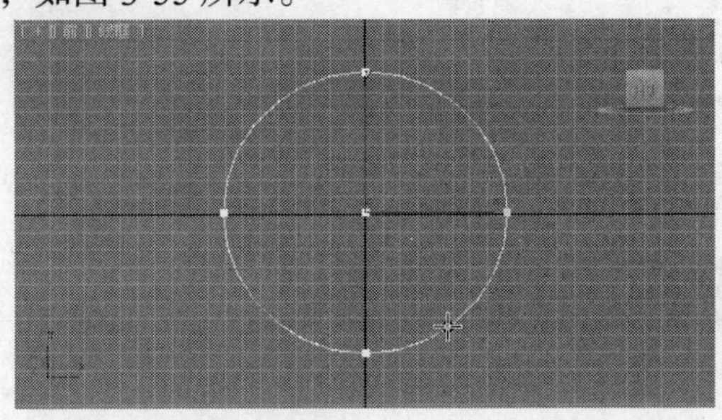

图 3-54

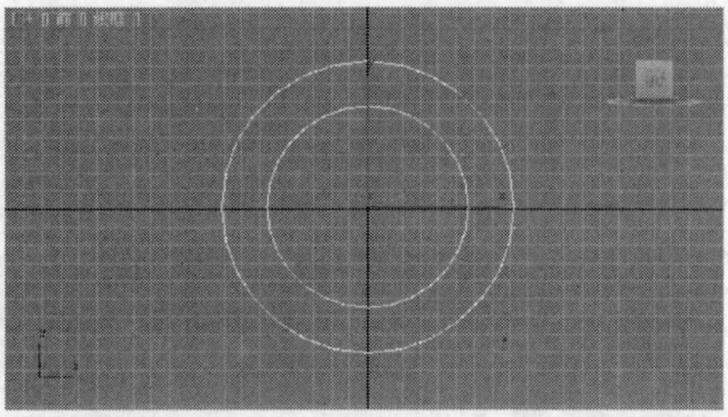

图 3-55

2．圆环的参数

单击圆环将其选中，单击（修改）按钮，在修改命令面板中会显示圆环的参数，如图 3-56 所示。

⊙ 半径 1：用于设置第一个圆形的半径大小。

⊙ 半径 2：用于设置第二个圆形的半径大小。

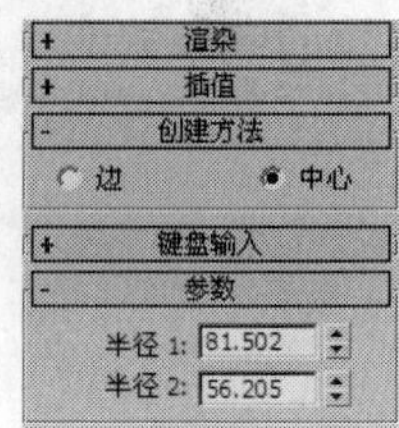

图 3-56

3.2.7　星形

星形用于创建多角星形，也可以创建齿轮图案。下面介绍星形的创建方法及其参数的设置和修改。

1．创建星形

星形的创建方法与同心圆相同，操作步骤如下。

Step 01 单击“（创建）>（图形）> 星形”按钮。

Step 02 将鼠标光标移到视图中，单击并按住鼠标左键不放拖曳光标，视图中生成一个星形，如图 3-57 所示。松开鼠标左键并移动光标，调整星形的形态，在适当的位置单击鼠标左键，星形创建完成，如图 3-58 所示。

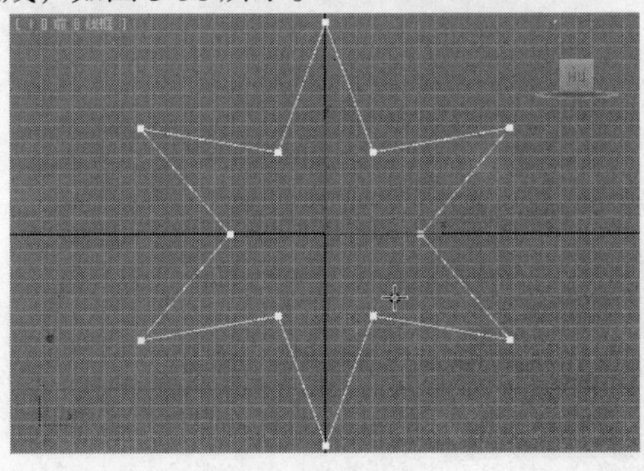

图 3-57

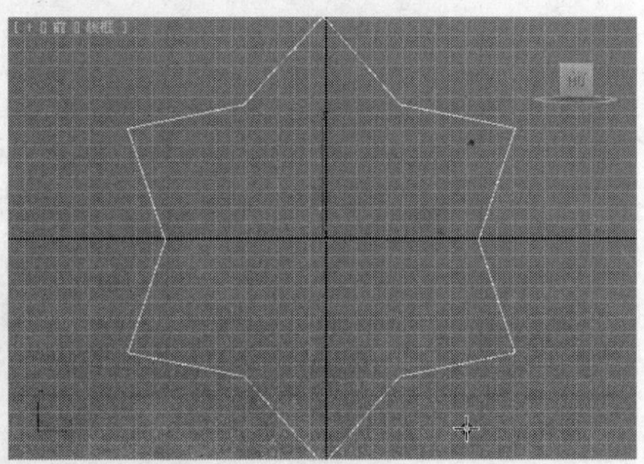

图 3-58

2. 星形的参数

单击星形将其选中，单击（修改）按钮，在修改命令面板中会显示星形的参数，如图 3-59 所示。

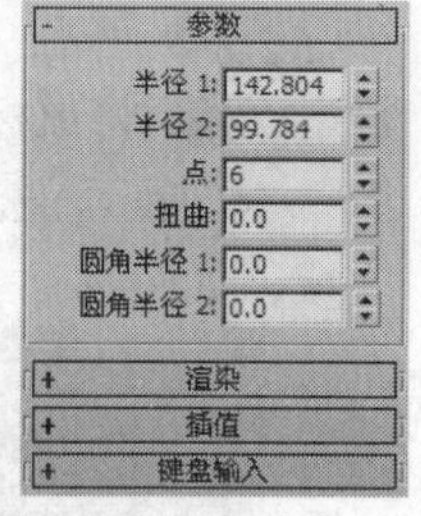

图 3-59

- 半径 1：设置星形的内顶点所在圆的半径大小。
- 半径 2：设置星形的外顶点所在圆的半径大小。
- 点：用于设置星形的顶点数。
- 扭曲：用于设置扭曲值，使星形的齿产生扭曲。
- 圆角半径 1：用于设置星形内顶点处的圆滑角的半径。
- 圆角半径 2：用于设置星形外顶点处的圆滑角的半径。

3.3 课堂练习——制作倒角文字

案例知识要点：本例介绍创建文本图形，通过设置文本图形的参数，并设置“倒角”修改器完成的效果如图 3-60 所示。

效果所在位置：光盘/cha03/效果/制作倒角文字.max。

图 3-60

3.4 课后习题——制作果盘

习题知识要点：创建可渲染的圆和样条线，调整样条线，对圆图形进行复制完成果盘的模型，如图 3-61 所示。

效果所在位置：光盘/cha03/效果/果盘.max。

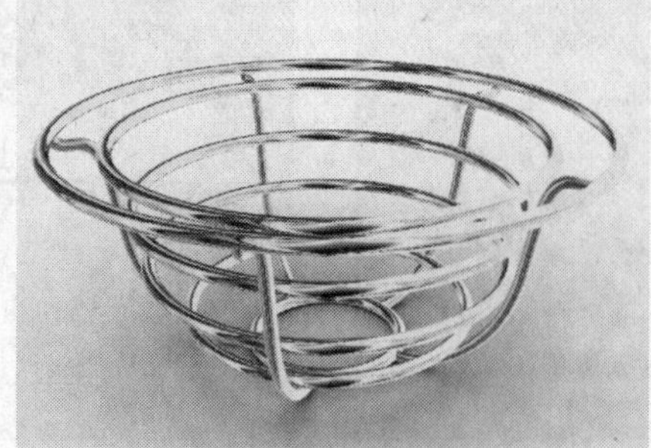
图 3-61

第4章 三维模型的创建

本章主要对各种常用的修改命令进行介绍，通过修改命令的编辑可以使几何体的形体发生改变。读者通过学习本章的内容，要掌握各种修改命令的属性和作用，通过修改命令的配合使用，制作出完整精美的模型。

【教学目标】

- 将二维图形转换为三维模型的方法。
- 三维变形修改器。
- 编辑样条线命令。
- 编辑多边形。

4.1 修改命令面板功能简介

对于修改命令面板，在前面章节中对几何体的修改过程中已经有过接触，通过修改命令面板可以直接对几何体进行修改，还能实现修改命令之间的切换。

创建几何体后，进入修改命令面板，面板中显示的是几何体的修改参数，当对几何体进行修改命令编辑后，修改命令堆栈中就会显示修改命令的参数，如图 4-1 所示。

图 4-1

⊙ 修改命令堆栈：用于显示使用的修改命令。

⊙ 修改器列表：用于选择修改命令，单击后会弹出下拉菜单，可以选择要使用的修改命令。

⊙ 修改命令开关 ：用于开启和关闭修改命令。单击后会变为 图标，表示该命令被关闭，被关闭的命令不再对物体产生影响，再次单击此图标，命令会重新开启。

⊙ 从堆栈中移除修改器 ：用于删除命令。在修改命令堆栈中选择修改命令，单击塌陷按钮，即可删除修改命令。修改命令对几何体进行过的编辑也会被撤销。

⊙ 配置修改器集 ：用于对修改命令的布局重新进行设置，可以将常用的命令以列表或按钮的形式表现出来。

⊙ 在修改命令堆栈中，有些命令左侧有一个 图标，表示该命令拥有子层级命令，单击此按钮，子层级就会打开，可以选择子层级命令，如图 4-2 所示。选择子层级命令后，该命令会变为黄色，表示已被启用，如图 4-3 所示。

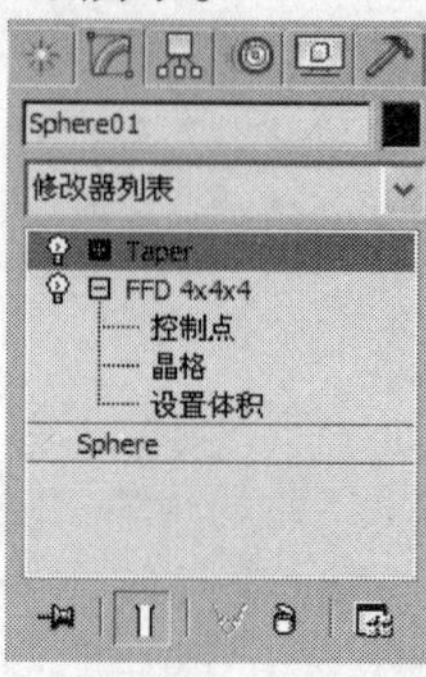

图 4-2

图 4-3

4.2 二维模型转换为三维模型的方法

第 3 章介绍了二维图形的创建，通过对二维图形基本参数的修改，可以创建出各种形状的图形，但如何把二维图形转化为立体的三维图形并应用到建模中呢？本节将介绍通过修改命令使二维图形转化为三维模型的建模方法。

4.2.1　课堂案例——休闲椅的制作

案例学习目标：掌握“倒角”命令的参数，并能够熟练运用。

案例知识要点：使用“倒角”命令对二维图形进行编辑来完成模型的制作，如图 4-4 所示。

效果所在位置：光盘/cha04/效果/休闲椅.max。

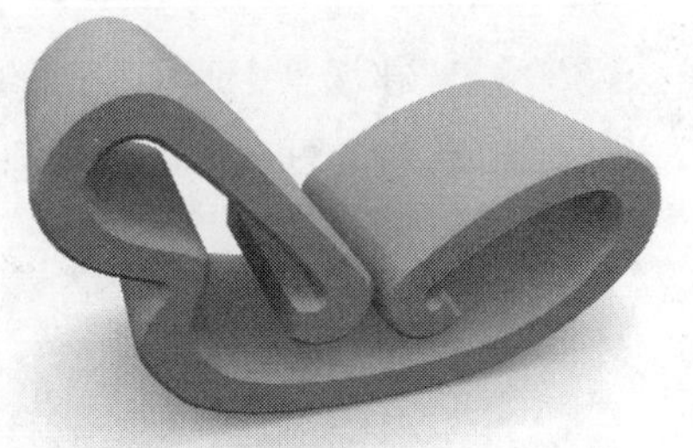

图 4-4

Step 01 激活“前”视图，单击“（创建）>（图形）> 线”按钮，在“前”视图中绘制一条线段，并将其命名为“休闲椅”，如图 4-5 所示。

Step 02 单击（修改）按钮，进入修改命令面板，将当前选择集定义为“顶点”，在场景中按 Ctrl+A 组合键全选顶点，鼠标右击，在弹出的快捷菜单中选择“平滑”，将顶点转换为平滑，如图 4-6 所示。

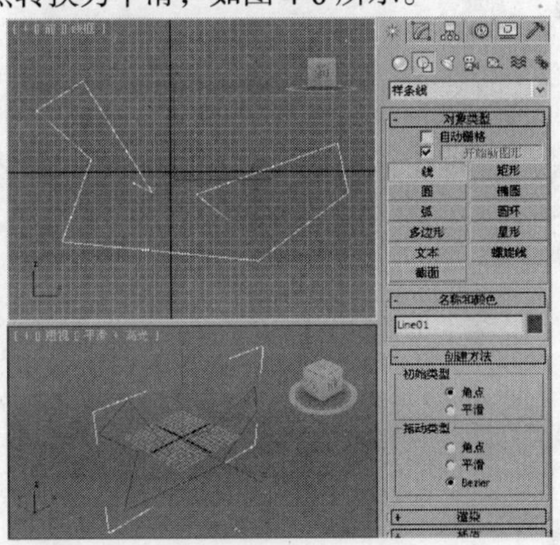

图 4-5

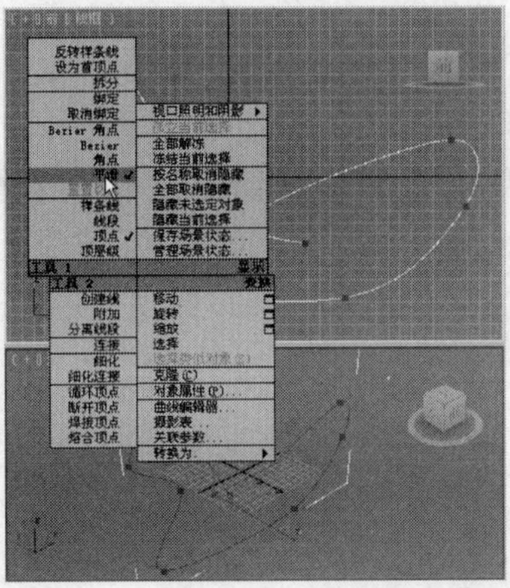

图 4-6

Step 03 将顶点转换为平滑后的样条线，如图 4-7 所示。

Step 04 全选顶点，再次鼠标右击，在弹出的快捷菜单中选择“Bezier 角点”，将顶点转换为 Bezier 角点，如图 4-8 所示。

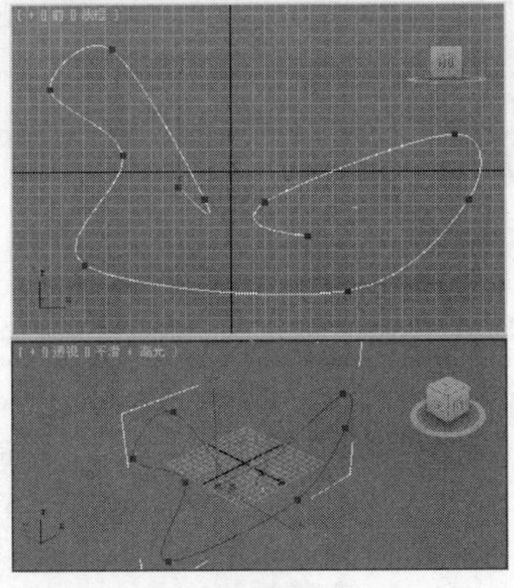

图 4-7

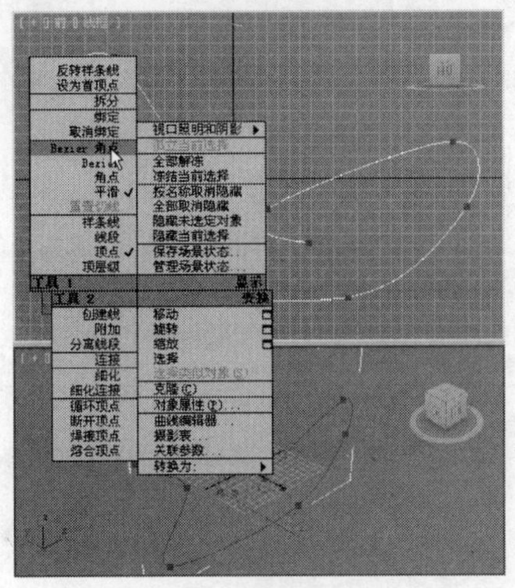

图 4-8

提示： 使用“线”工具绘制休闲椅模型时，绘制线段的长短不同对其编辑时设置的参数也不同，本例中的参数仅供参考，用户可根据实际情况进行设置。

Step 05 在场景中调整图形的形状，如图 4-9 所示。

Step 06 设置样条线的“插值>步数”为 15，将选择集定义为“样条线”，在场景中选择样条线，如图 4-10 所示。

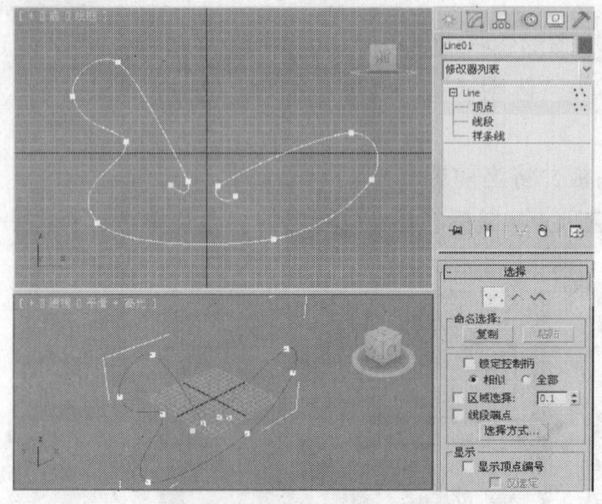

图 4-9

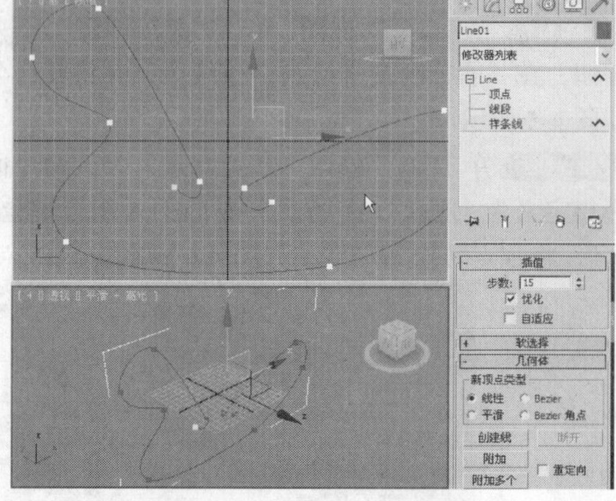

图 4-10

Step 07 在“几何体”卷展栏中单击“轮廓”按钮，在场景中设置样条线的轮廓，如图 4-11 所示。

Step 08 关闭选择集，在“修改器列表”中选择“倒角”修改器，在“倒角值”卷展栏中设置“级别 1”的“高度”为 5、“轮廓”为 5；勾选“级别 2”选项，设置其“高度”为 200；勾选“级别 3”选项，设置其“高度”为 5、“轮廓”为–5，如图 4-12 所示。

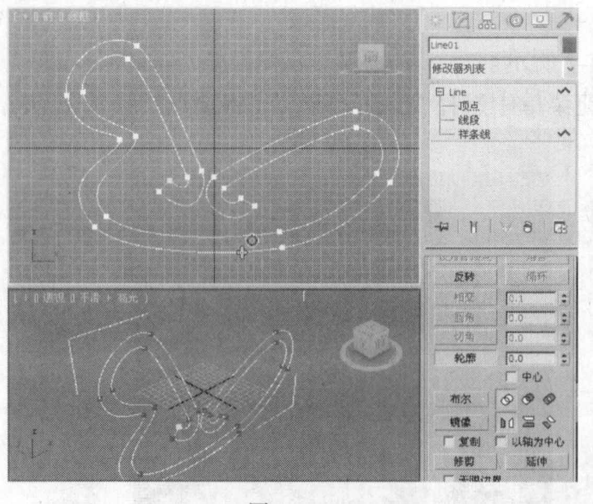

图 4-11

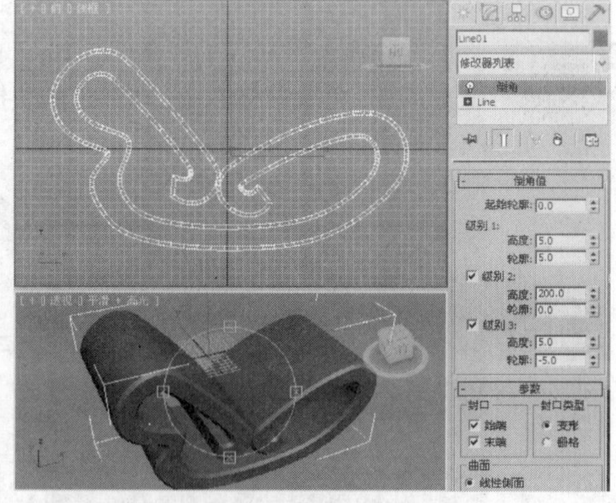

图 4-12

Step 09 在“参数”卷展栏中勾选“相交”组中的“避免线相交”选项，并勾选“曲面”组中的“线性侧面”选项，如图 4-13 所示。

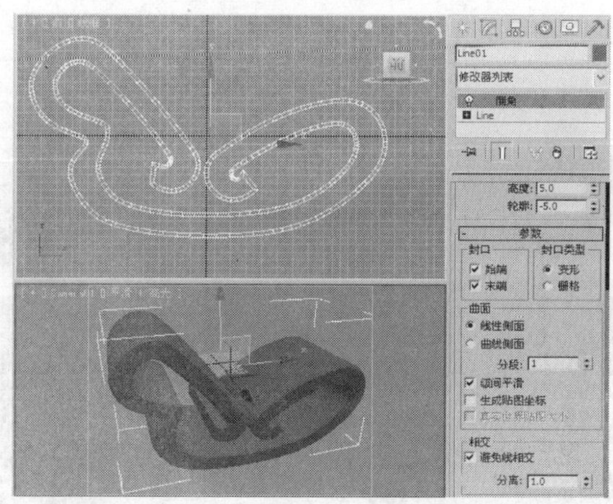

图 4-13

4.2.2　车削修改器

“车削”命令是对线进行旋转进而生成三维形体的命令，通过旋转命令能得到表面圆滑的物体。下面介绍“车削”命令的使用。

1．选择车削命令

对于所有修改命令来说，都必须在物体被选中时才能对命令进行选择。“车削”命令是用于对二维图形进行编辑的命令，所以只有选择二维形体后才能选择“车削”命令。

在视图中任意创建一个二维图形，如图 4-14 所示，单击 （修改）按钮，然后单击“修改器列表”，从中选择“车削”命令，如图 4-15 所示。

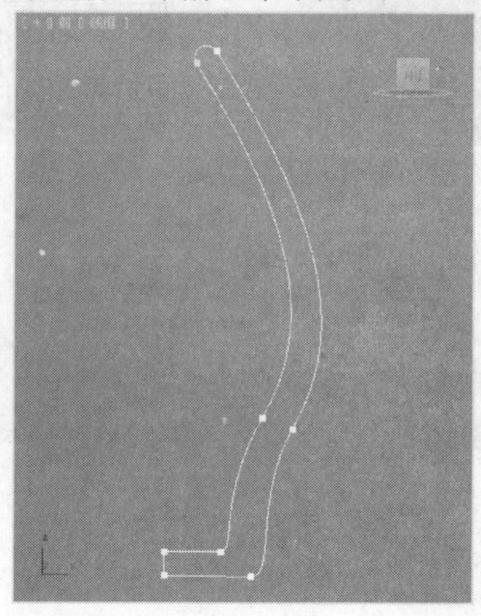
图 4-14

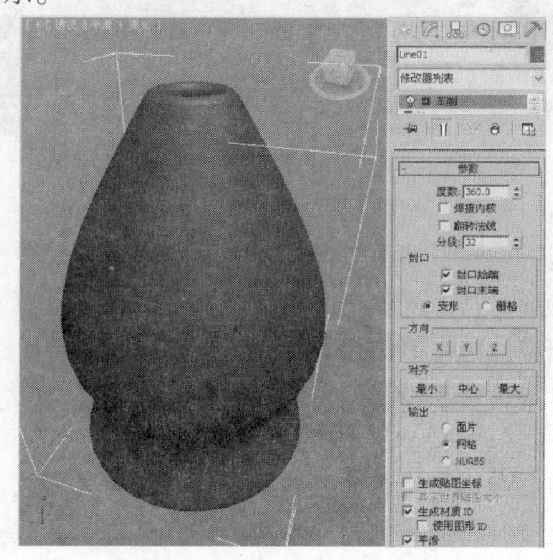

图 4-15

2．车削命令的参数

选择“车削”命令后，在修改命令面板中会显示“车削”命令的参数，如图 4-16 所示。

⊙ 度数：用于设置旋转的角度，如图 4-17、图 4-18 所示。

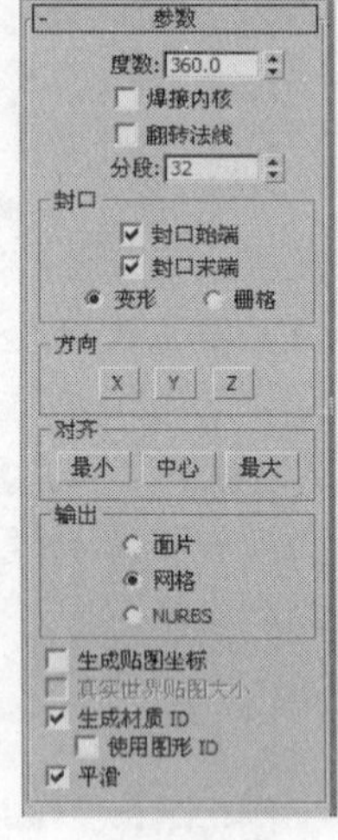

图 4-16

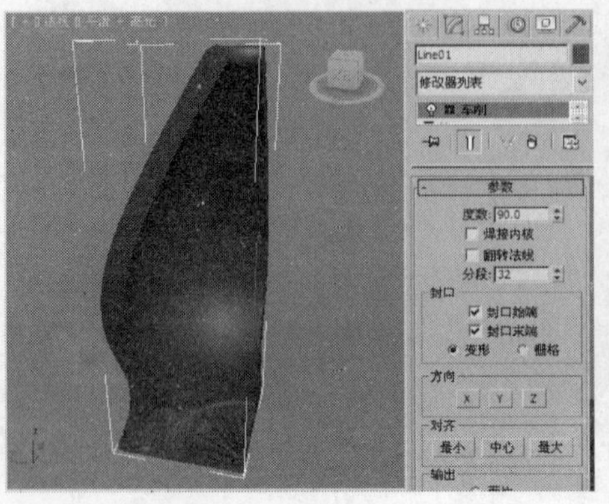

图 4-17

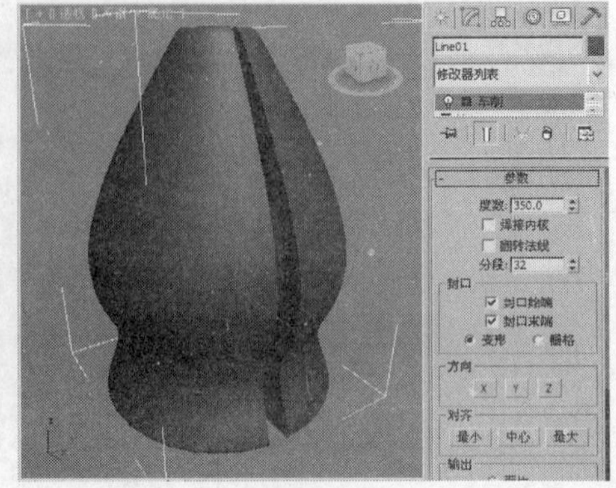

图 4-18

⊙ 焊接内核：将旋转轴上重合的点进行焊接精简，以得到结构相对简单的造型。图 4-19 所示为焊接内核的前后对比。

⊙ 翻转法线：勾选此选项，将会翻转造型表面的法线方向。如果出现如图 4-20 左图所示的效果，勾选“翻转法线”选项，出现如图 4-20 右图所示翻转法线后的效果。

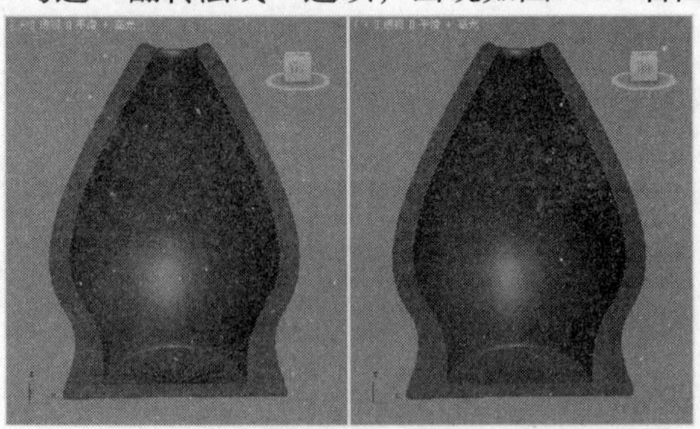

图 4-19

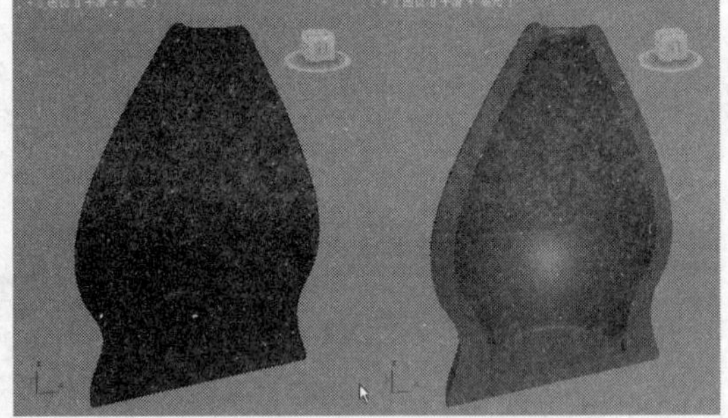

图 4-20

⊙ 封口始端：将挤出的对象顶端加面覆盖。

⊙ 封口末端：将挤出的对象底端加面覆盖。

⊙ 变形：选中该按钮，将不进行面的精简计算，以便用于变形动画的制作。

⊙ 栅格：选中该按钮，将进行面的精简计算，但不能用于变形动画的制作。

⊙ 方向组用于设置旋转中心轴的方向。X、Y、Z 按钮分别用于设置不同的轴向。系统默认 Y 轴为旋转中心轴。

⊙ 对齐组用于设置曲线与中心轴线的对齐方式。

⊙ 最小：将曲线内边界与中心轴线对齐。

⊙ 中心：将曲线中心与中心轴线对齐。

⊙ 最大：将曲线外边界与中心轴线对齐。

4.2.3 倒角修改器

“倒角”命令只用于二维图形的编辑，对二维形体进行挤出，还可以对形体边缘进行倒角。下面介绍“倒角”命令的参数和用法。

选择“倒角”命令的方法与“车削”命令相同，选择时应先在视图中创建二维图形，选中二维图形后再选择“倒角”命令，如图 4-21 所示。

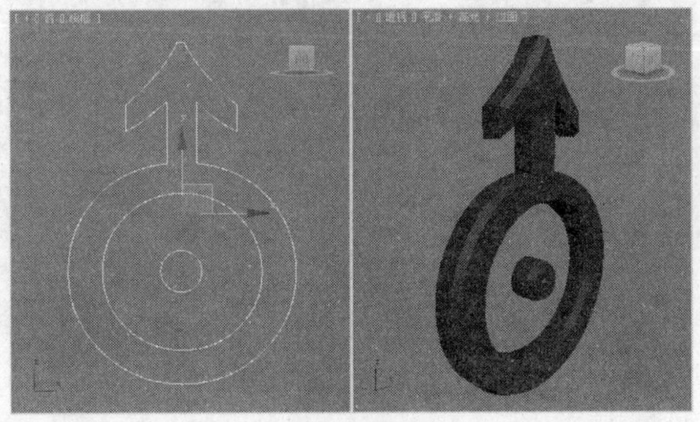

图 4-21

选择“倒角”命令后修改命令面板中会显示其参数，如图 4-22 所示。“倒角”命令的参数主要分为两部分。

“参数”卷展栏。

⊙ “封口”组：用于对造型两端进行加盖控制，如果对两端都进行加盖处理，则成为封闭实体。

⊙ 始端：将开始截面封顶加盖。

⊙ 末端：将结束截面封顶加盖。

⊙ “封口类型”组：用于设置封口表面的构成类型。

⊙ 变形：不处理表面，以便进行变形操作，制作变形动画。

⊙ 栅格：进行表面网格处理，它产生的渲染效果要优于 Morph 方式。

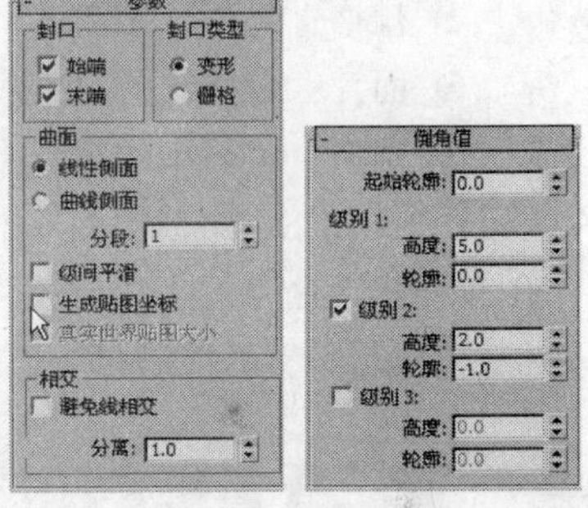

图 4-22

⊙ “曲面”组：用于控制侧面的曲率、光滑度并指定贴图坐标。

⊙ 线性侧面：设置倒角内部片段划分为直线方式。

⊙ 曲线侧面：设置倒角内部片段划分为弧形方式。

⊙ 分段：设置倒角内部的段数。其数值越大，倒角越圆滑。

⊙ 级间平滑：勾选此选项，将对倒角进行光滑处理，但总是保持顶盖不被光滑。

⊙ 生成贴图坐标：为造型指定贴图坐标。

⊙ 相交组用于在制作倒角时，改进因尖锐的折角而产生的突出变形。

⊙ 避免线相交：勾选此选项，可以防止尖锐折角产生的突出变形。

⊙ 分离：设置两个边界线之间保持的距离间隔，以防止越界交叉。

“倒角值”卷展栏用于设置不同倒角级别的高度和轮廓。

⊙ 起始轮廓：设置原始图形的外轮廓大小。

⊙ 级别 1/级别 2/级别 3：分别设置 3 个级别的高度和轮廓大小。

4.2.4　挤出修改器

“挤出”命令可以使二维图形增加厚度，转化成三维物体。下面介绍“挤出”命令的参数和使用方法。

在场景中选择需要施加“挤出”的图形，如图 4-23 所示。在“修改器列表”中选择“挤出”修改器，如图 4-24 所示。

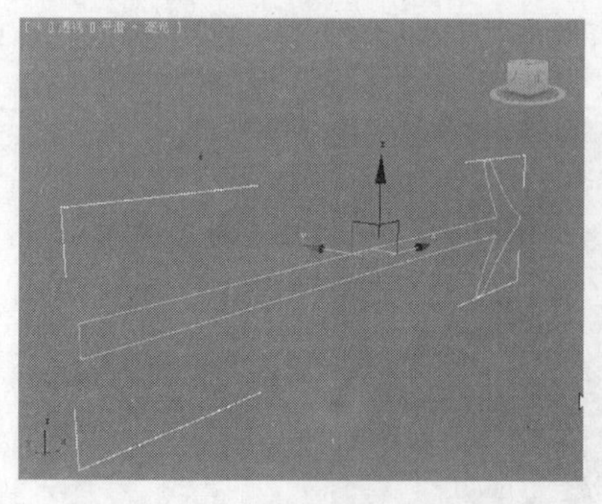

图 4-23

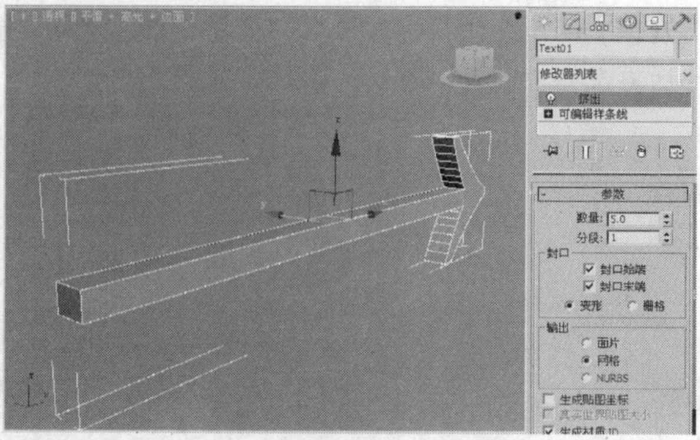

图 4-24

"挤出"命令的参数如下。

⊙ 数量：用于设置挤出的高度。

⊙ 分段：用于设置在挤出高度上的段数。

⊙ 封口始端：将挤出的对象顶端加面覆盖。

⊙ 封口末端：将挤出的对象底端加面覆盖。

⊙ 变形：选中该按钮，将不进行面的精简计算，以便用于变形动画的制作。

⊙ 栅格：选中该按钮，将进行面的精简计算，不能用于变形动画的制作。

⊙ 面片：将挤出的对象输出为面片造型。

⊙ 网格：将挤出的对象输出为网格造型。

⊙ NURBS：将挤出而成的对象输出为 NURBS 曲面造型。

"挤出"命令的用法比较简单，一般情况下大部分修改参数保持为默认设置即可，只对"数量"的数值进行设置就能满足一般建模的需要。

4.3 三维变形修改器

前面介绍了二维图形转换为三维模型的常用修改器，下面介绍将三维模型变形的修改器。

4.3.1 课堂案例——冰激凌的制作

案例学习目标：掌握"车削"、"噪波"、"网格平滑"、"融化"等修改器命令的参数，并能够熟练运用。

案例知识要点：使用三维变形中常用的"噪波"、"网格平滑"和"融化"修改器来完成冰激凌的制作，如图 4-25 所示。

效果所在位置：光盘/cha04/效果/冰激凌.max。

图 4-25

1. 冰激凌杯子的制作

Step 01 单击"（创建）>（图形）> 线"按钮，在"前"视图中创建样条线，如图 4-26 所示。

Step 02 切换到（修改）命令面板，将选择集定义为"顶点”，在“几何体”卷展栏中可以使用“优化”按钮在样条线上添加顶点，关闭“优化”按钮，如图 4-27 所示。

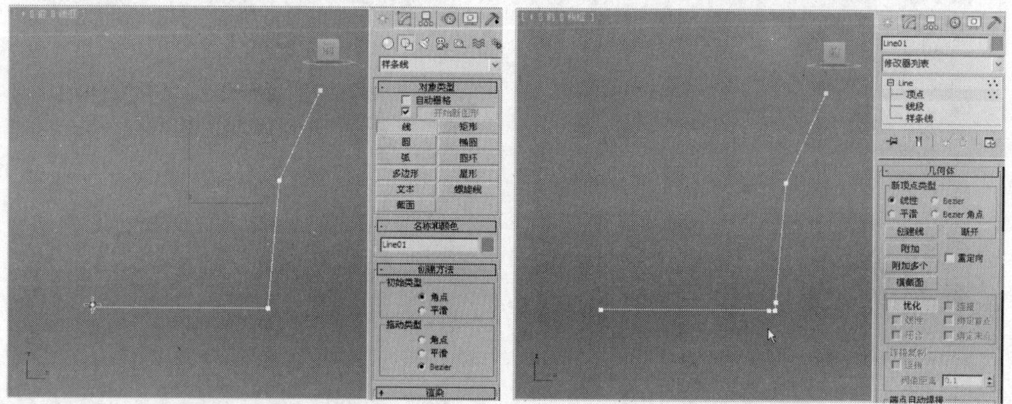

图 4-26　　图 4-27

Step 03 在场景中调整样条线的形状后，将选择集定义为“样条线”，在场景中选择样条线，在“几何体”卷展栏中单击“轮廓”按钮，在场景中设置样条线的轮廓，合适即可，关闭“轮廓”按钮，如图 4-28 所示。

Step 04 重新将选择集定义为“顶点”，在场景中调整图形的形状，如图 4-29 所示。

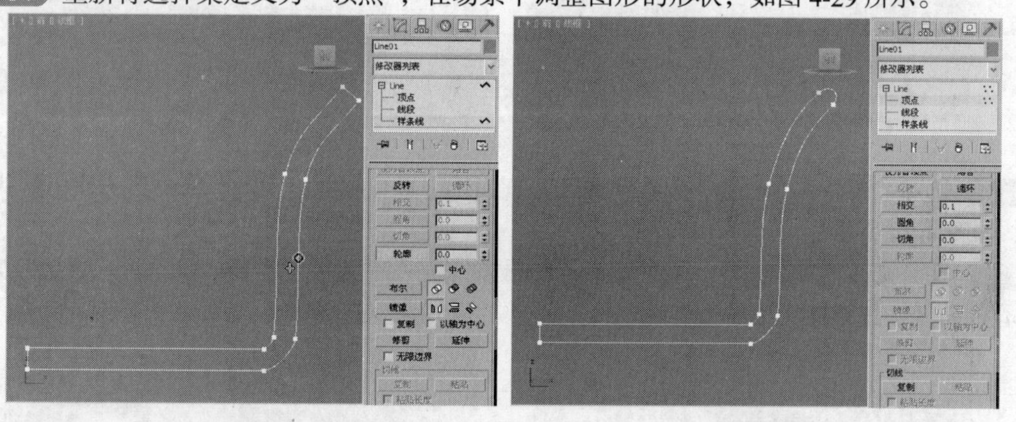

图 4-28　　图 4-29

Step 05 关闭选择集，在“修改器列表”中选择“车削”修改器，在“参数”卷展栏中勾选“焊接内核”，设置“分段”为 32，在“方向”组中选择“Y”，并单击“对齐”组中的“最小”，如图 4-30 所示。

2. 冰激凌的制作

Step 01 单击“（创建）>（几何体）> 球体”按钮，在“顶”视图中创建“球体”，设置合适的半径参数，设置“半球”参数为 0.4，如图 4-31 所示。

Step 02 切换到（修改）命令面板，在“修改器列表”中选择“澡波”修改器，在“参数”卷展栏中设置“种子”为 6，“比例”为 25，将“强度”组中的 X、Y、Z 参数均设为 25，如图 4-32 所示。

Step 03 返回到“球体”，在“参数”卷展栏中设置“分段”为 60，如图 4-33 所示。

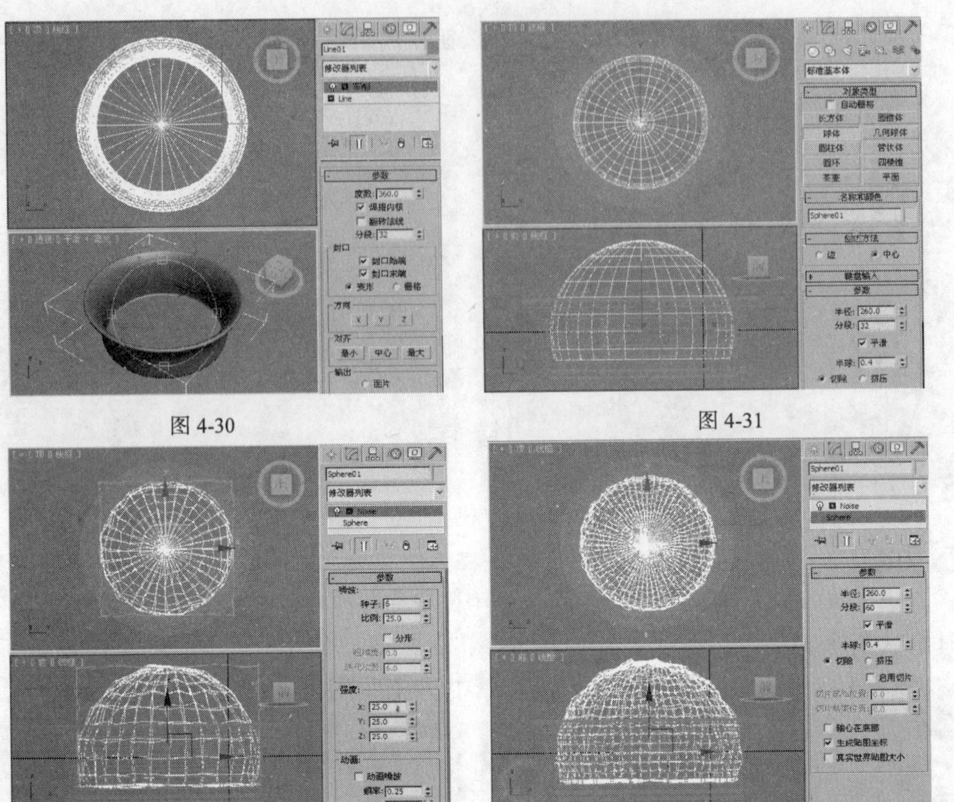

图 4-30

图 4-31

图 4-32

图 4-33

Step 04 选择“澡波”修改器，并在“修改器列表”中选择“网格平滑”修改器，使用默认参数即可，如图 4-34 所示。

Step 05 在“修改器列表”中选择“融化”修改器，并在“参数”卷展栏中设置“数量”为 75，如图 4-35 所示。这样冰激凌的模型就制作完成了。

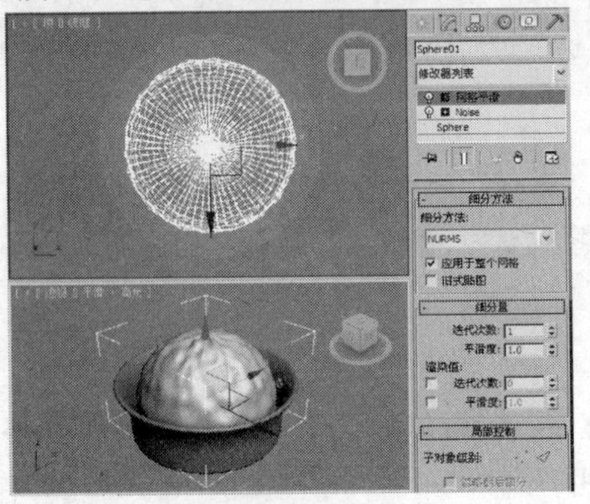

图 4-34

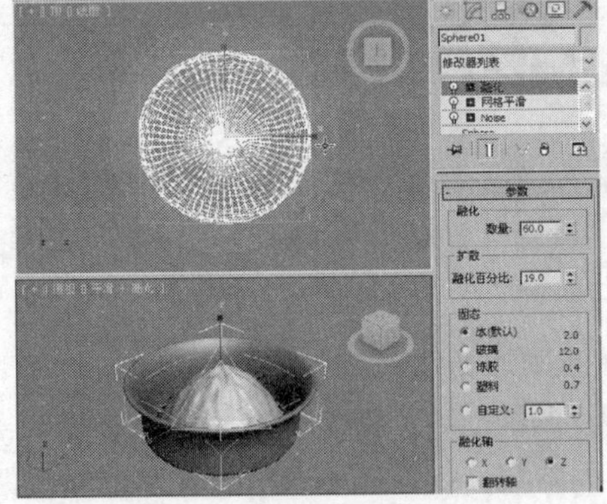

图 4-35

4.3.2 噪波修改器

“噪波”修改器是一种能使物体表面凸起、破碎的工具，一般用来创建地面、山石和水面的波纹等不平整的场景。

在场景中选择需要施加噪波修改器的模型，并在“修改器列表”中选择“噪波”修改器，如图 4-36 所示。

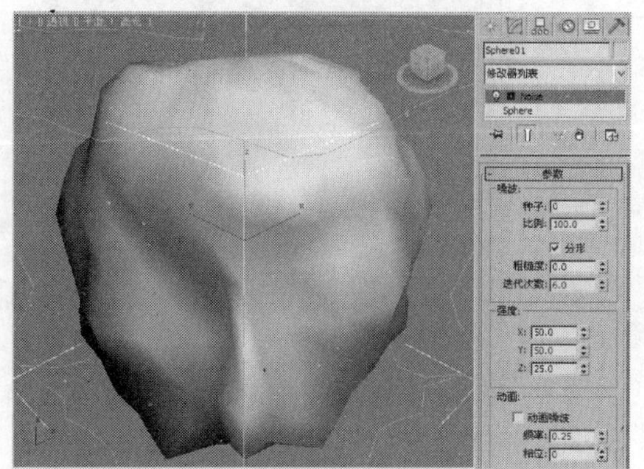

图 4-36

“参数”卷展栏中的选项功能介绍如下。

⊙ “澡波”组：用于控制噪波的出现，及其由此引起的在对象的物理变形上的影响。默认情况下，控制处于非活动状态直到更改设置。

⊙ 种子：从设置的数中生成一个随机起始点。在创建地形时尤其有用，因为每种设置都可以生成不同的配置。

⊙ 比例：设置噪波影响（不是强度）的大小。较大的值产生更为平滑的噪波，较小的值产生锯齿现象更严重的噪波。

⊙ 分形：根据当前设置产生分形效果，默认设置为禁用状态。

⊙ 粗糙度：决定分形变化的程度。

⊙ 迭代次数：控制分形功能所使用的迭代（或是八度音阶）的数目。较小的迭代次数使用较少的分形能量并生成更平滑的效果。

⊙ “强度”组：用于控制噪波效果的大小。

⊙ X、Y、Z：沿着 3 条轴的每一个轴设置噪波效果的强度。

⊙ “动画”组：通过为噪波图案叠加一个要遵循的正弦波形，来控制噪波效果的形状。这使得噪波位于边界内，并加上完全随机的阻尼值。勾选“动画澡波”选项后，这些参数影响整体噪波效果。但是，可以分别设置“澡波”和“强度”参数动画，这并不需要在设置动画或播放过程中启用“动画澡波”。

⊙ 动画澡波：调节“澡波”和“强度”参数的组合效果。

⊙ 频率：设置正弦波的周期，调节噪波效果的速度。较高的频率使得噪波振动得更快，较低的频率产生较为平滑和更温和的噪波。

⊙ 相位：移动基本波形的开始和结束点。

4.3.3　融化修改器

“融化”修改器可以将实际融化效果应用到所有类型的对象上，包括可编辑面片和 NURBS 对象，同样也包括传递到堆栈的子对象选择。选项包括边的下沉、融化时的扩张以及可自定义的物质集合，这些物质的范围包括从坚固的塑料表面到在其自身上塌陷的冻胶类型。

选择需要施加“融化”修改器的模型如图 4-37 所示，为模型施加“融化”修改器并设置参数后的效果，如图 4-38 所示。

“参数”卷展栏中的选项功能介绍如下。

⊙ 数量：指定衰退程度，或者应用于 Gizmo 上的融化效果，从而影响对象。范围为 0.0~1000.0。

⊙ 融化百分比：指定随着“数量”值增加多少对象和融化会扩展。该值基本上是沿着平面的凸起。

⊙ 固态：决定融化对象中心的相对高度。固态稍低的物质像冻胶在融化时中心会下陷的较多。该组为物质的不同类型提供多个预设值，同时也含有“自定义”微调器用于设置自己的固态。

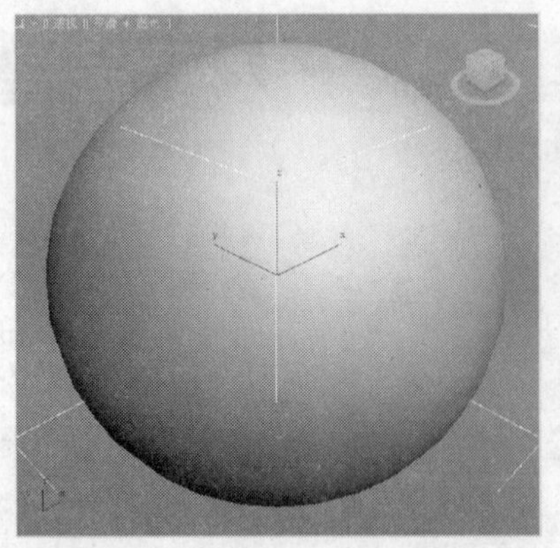

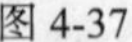
图 4-37

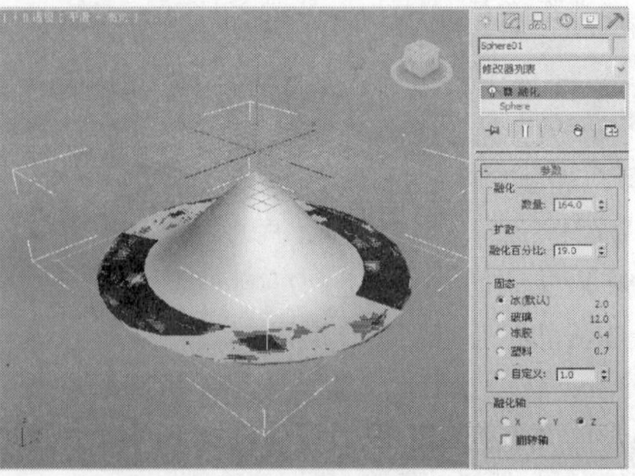

图 4-38

⊙ 冰（默认）：默认“固态”设置。

⊙ 玻璃：使用高固态设置来模拟玻璃。

⊙ 冻胶：产生在中心处显著的下垂效果。

⊙ 塑料：相对的固体，但是在融化时其中心稍微下垂。

⊙ 自定义：将固态设置为 0.2~30.0 的任何值。

⊙ 融化轴 X、Y、Z：选择会产生融化的轴（对象的局部轴）。

⊙ 翻转轴：通常，融化沿着给定的轴从正向朝着负向发生。勾选“翻转轴”选项来反转这一方向。

4.3.4 拉伸修改器

“拉伸”修改器可以模拟挤压和拉伸的传统动画效果，如图 4-39 所示。

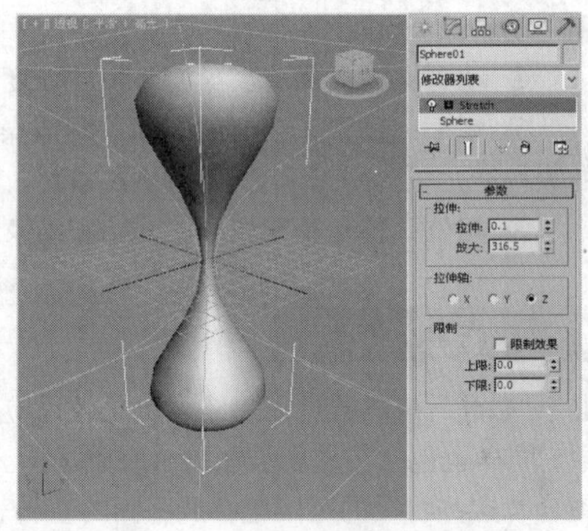

图 4-39

“参数”卷展栏中的选项功能介绍如下。

⊙ 拉伸：为所有的 3 个轴设置基本缩放因子。

⊙ 放大：更改应用到副轴上的缩放因子。

⊙ 拉伸轴 X、Y、Z：选择将哪个对象局部轴作为“拉伸轴”。

⊙ “限制”组：可以将拉伸效果应用到整个对象上，或将它限制到对象的一部分。限制从修改器的中心进行测量，以将拉伸效果沿着“拉伸轴”的正向和负向进行限制。

⊙ 限制效果：限制拉伸效果。

⊙ 上限：沿着“拉伸轴”的正向限制拉伸效果的边界。

⊙ 下限：沿着“拉伸轴”的负向限制拉伸效果的边界。

拉伸修改器堆栈中的子物体层级，如图 4-40 所示。

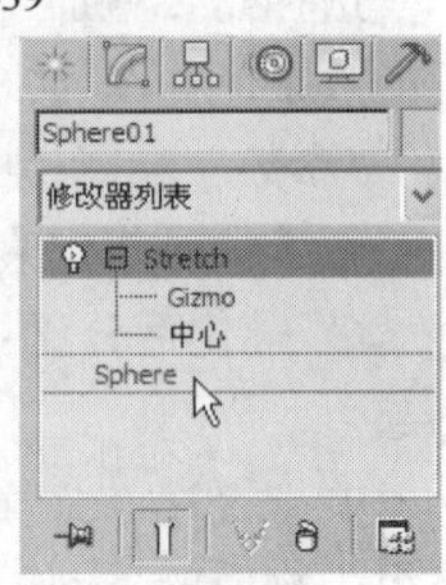

图 4-40

⊙ Gizmo：在该子对象层级，可以像其他任何对象那样变换 Gizmo 和设置 Gizmo 的动画，从而改变 Stretch（拉伸）修改器的效果。转换 Gizmo 将以相等的距离转换它的中心，根据中心转动和缩放 Gizmo。

⊙ 中心：在该子对象层级，可以平移中心和设置中心的动画，从而改变“拉伸”Gizmo 的形状，以此改变拉伸对象的形状。

4.3.5　自由式变形

自由式变形（FFD）提供了一种通过调整晶格的控制点使对象发生变形的方法。控制点相对原始晶格源体积的偏移位置会引起受影响对象的扭曲。

下面以 FFD4×4×4 修改器为例，介绍自由式变形修改器的应用。

首先在场景中选择需要变形的模型，如图 4-41 所示。

在“修改器列表”中为模型施加 FFD4×4×4 修改器，如图 4-42 所示。

图 4-41

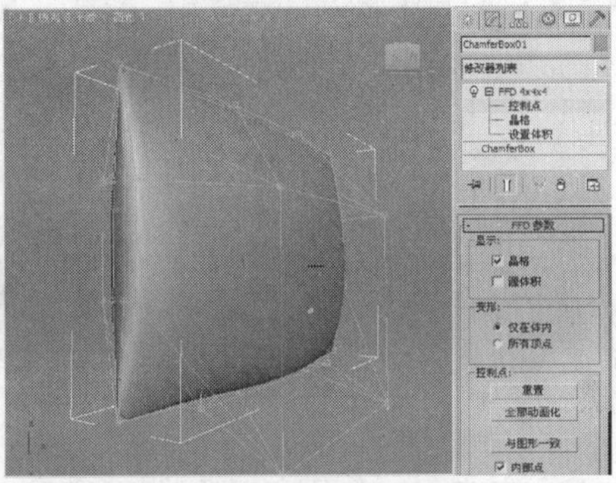

图 4-42

FFD4×4×4 修改器堆栈中的子物体层级的功能介绍如下。

⊙ 控制点：在此子对象层级，可以选择并操纵晶格的控制点，可以一次处理一个或以组为单位处理（使用标准方法选择多个对象）。操纵控制点将影响基本对象的形状，可以给控制点使用标准变形方法。当修改控制点时如果启用了自动关键点按钮，此点将变为动画。

⊙ 晶格：在此子对象层级，可从几何体中单独摆放、旋转或缩放晶格框。当首先应用 FFD 时，默认晶格是一个包围几何体的边界框。移动或缩放晶格时，仅位于体积内的顶点子集合可应用局部变形。

⊙ 设置体积：在此子对象层级，变形晶格控制点变为绿色，可以选择并操作控制点而不影响修改对象。这使晶格更精确的符合不规则图形对象，当变形时这将提供更好的控制。“设置体积”主要用于设置晶格原始状态。如果控制点已是动画或启用自动关键点按钮时，此时“设置体积”与子对象层级上的“控制点”使用一样，当操作点时改变对象形状。

“FDD 参数”卷展栏中的选项功能介绍如下。

⊙ “显示”组中的选项将影响 FFD 在视口中的显示。

⊙ 晶格：将绘制连接控制点的线条以形成栅格。

⊙ 源体积：控制点和晶格会以未修改的状态显示。

⊙ 仅在体内：只有位于源体积内的顶点会变形。默认设置为启用。

⊙ 所有顶点：将所有顶点变形，不管它们位于源体积的内部还是外部。

⊙ 重置：将所有控制点返回到它们的原始位置。

⊙ 全部动画化：将点 3 控制器指定给所有控制点，这样它们在轨迹视图中立即可见。

⊙ 与图形一致：在对象中心控制点位置之间沿直线延长线，将每一个 FFD 控制点移到修改对象的交叉点上，这将增加一个由补偿微调器指定的偏移距离。

⊙ 内部点：仅控制受“与图形一致”影响的对象内部点。

⊙ 外部点：仅控制受“与图形一致”影响的对象外部点。

⊙ 偏移：受“与图形一致”影响的控制点偏移对象曲面的距离。

⊙ 关于：显示版权和许可信息对话框。

4.3.6 弯曲修改器

“弯曲”命令是一个比较简单的命令，可以使物体产生弯曲效果。弯曲命令可以调节弯曲的角度和方向以及弯曲所依据的坐标轴向，还可以将弯曲修改限制在一定的区域之内。

图 4-43

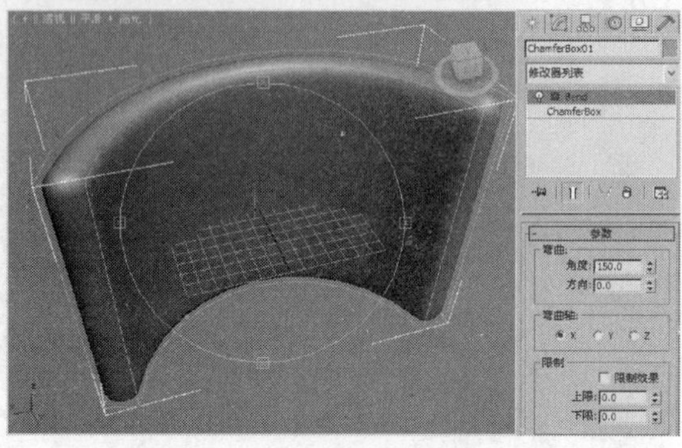

图 4-44

在场景中选择需要施加“弯曲”修改器的模型，如图 4-43 所示。为模型施加“弯曲”修改器并设置参数，如图 4-44 所示。

“弯曲”命令的参数如下。

⊙ 角度：用于设置沿垂直面弯曲的角度大小。

⊙ 方向：用于设置弯曲相对于水平面的方向。

⊙ X、Y、Z 用于指定将被弯曲的轴。

⊙ 限制效果：勾选此选项，将对对象指定限制影响的范围，其影响区域将由上限、下限的值确定。

⊙ 上限：设置弯曲的上限，在此限度以上的区域将不会受到弯曲影响。

⊙ 下限：设置弯曲的下限，在此限度与上限之间的区域都将受到弯曲影响。

4.4 编辑样条线命令

“编辑样条线”修改器为选定图形的不同层级提供显示的编辑工具：顶点、线段或者样条线。“编辑样条线”修改器匹配基础“可编辑样条线”对象的所有功能。

4.4.1 课堂案例——铁艺笔筒的制作

案例学习目标：掌握编辑样条线命令及参数设置。

案例知识要点：使用线、圆柱体、管状体和“编辑样条线”命令来完成模型的制作，如图 4-45 所示。

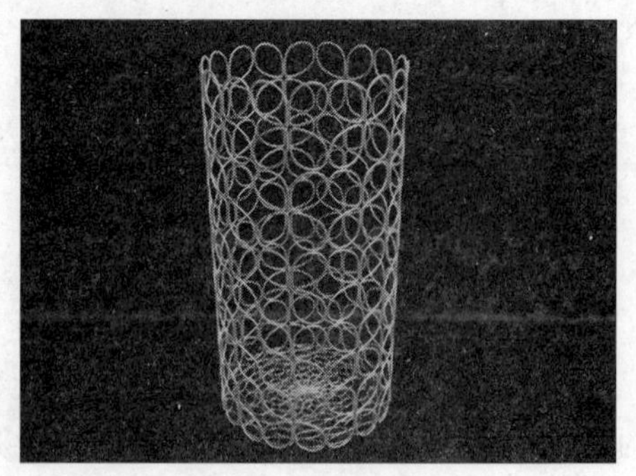

图 4-45

效果所在位置：光盘/cha04/效果/铁艺笔筒.max。

Step 01 单击“（创建）>（图形）> 椭圆”按钮，在“顶”视图中创建圆，在“参数”卷展栏中设置“长度”为 60、“宽度”为 80，如图 4-46 所示。

Step 02 在场景中调整椭圆的角度，如图 4-47 所示。

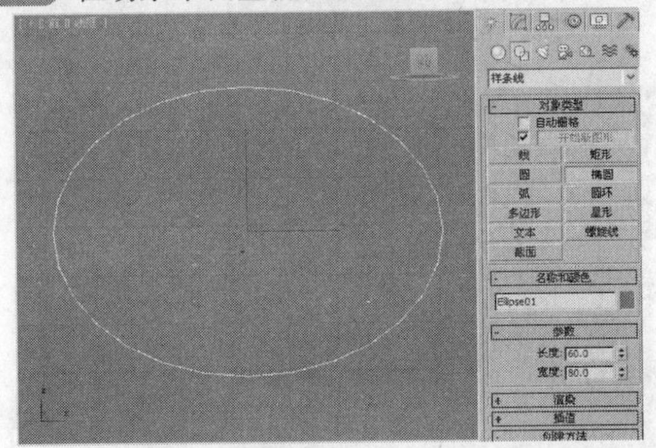

图 4-46

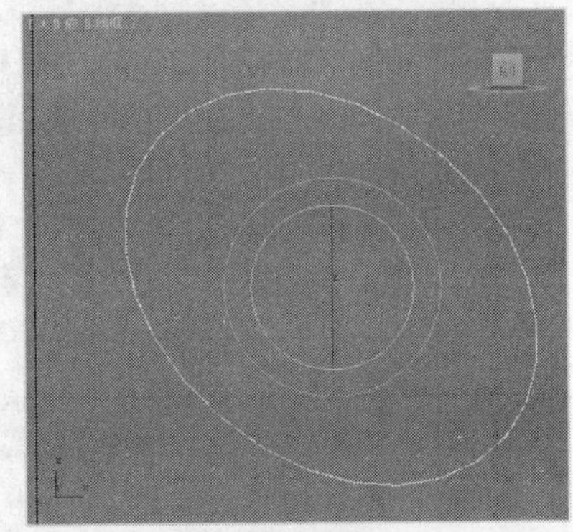

图 4-47

Step 03 在场景中选择椭圆，在“修改器列表”中选择“编辑样条线”修改器，将选择集定义为“顶点”，在场景中调整顶点，如图 4-48 所示。

Step 04 在修改器堆栈中选择“Ellipse”，在“渲染”卷展栏中勾选“在渲染中启用”和“在视口中启用”选项，设置“厚度”为 5，如图 4-49 所示。

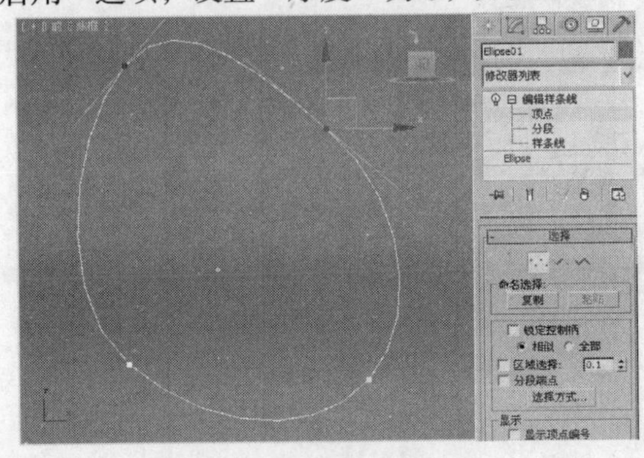

图 4-48

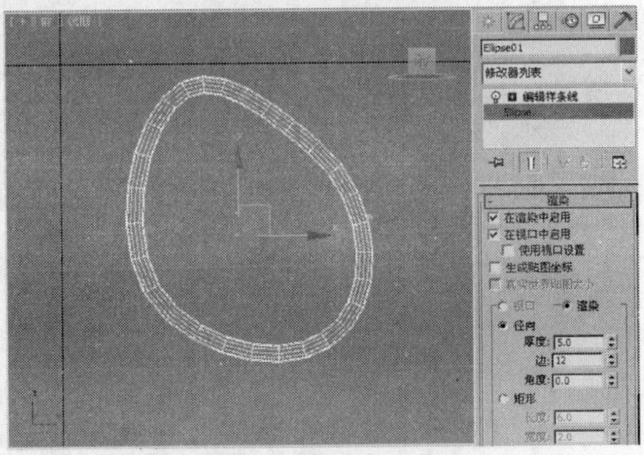

图 4-49

Step 05 在场景中复制并调整模型的角度，如图 4-50 所示。

Step 06 复制模型，如图 4-51、图 4-52 所示。

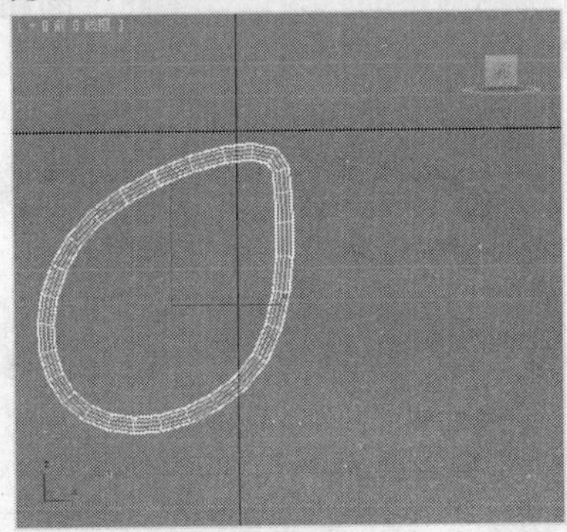

图 4-50

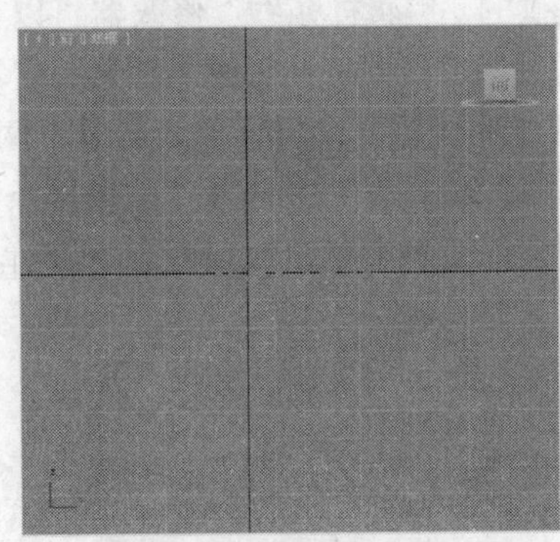

图 4-51

Step 07 在场景中选择所有的模型，在“修改器列表”中选择“弯曲”修改器，在“参数”卷展栏中设置“角度”为 360、“方向”为 90；在“弯曲轴”中选择 X，如图 4-53 所示。

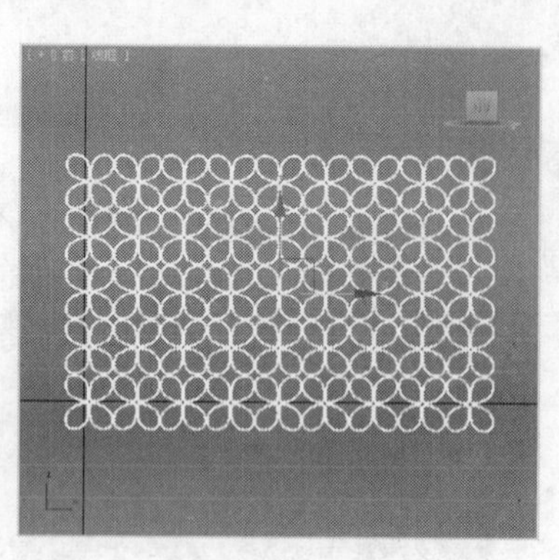

图 4-52

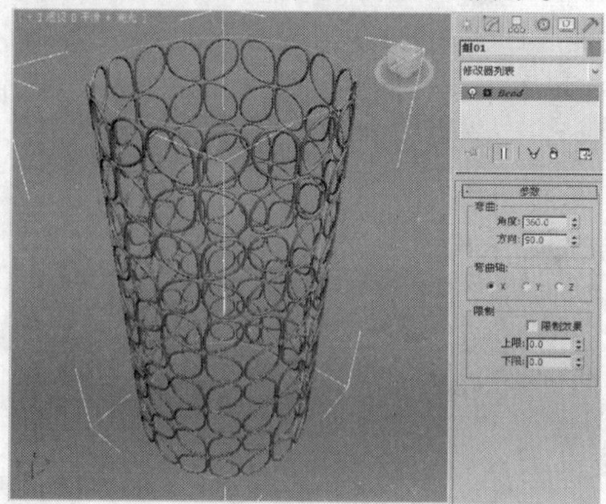

图 4-53

Step 08 复制模型，在修改器堆栈中设置“方向”为 0，如图 4-54 所示。

Step 09 在场景中缩放模型，如图 4-55 所示。

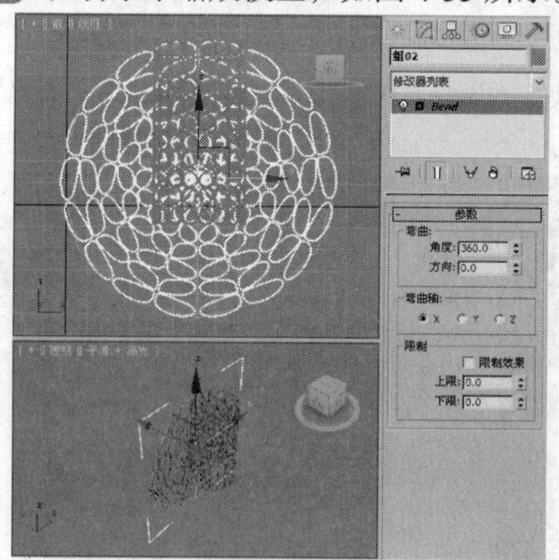

图 4-54

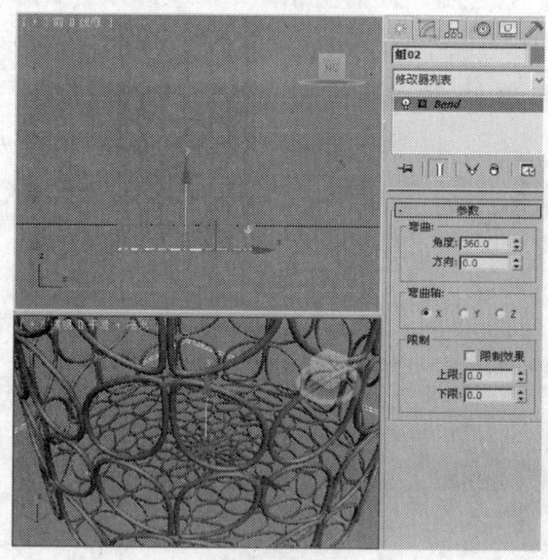

图 4-55

4.4.2 编辑样条线命令介绍

3ds Max 提供的“编辑样条线”修改器可以很方便地调整曲线，把一个简单的曲线变成复杂的样条曲线。通过使用“线”工具创建的图形，它本身就具有编辑样条线命令的所有功能，除了该按钮以外的所有二维曲线想要编辑样条线有以下两种方法。

Step 01 在“修改器列表”中选择“编辑样条线”修改器，如图 4-56 所示。

Step 02 在创建的图形上单击鼠标右键，在弹出的快捷菜单中选择“转换为” > “转换为可编辑样条线”命令，如图 4-57 所示。

“编辑样条线”命令可以对曲线的“顶点”、“分段”和“样条线” 3 个选择集进行编辑，在修改器的卷展栏中对图形进行编辑。

提示：“编辑样条线”的命令与“线”中的修改命令相同，这里就不再重复介绍了。

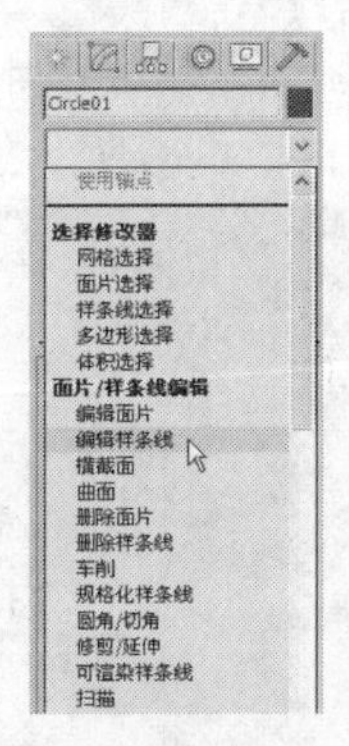

图 4-56

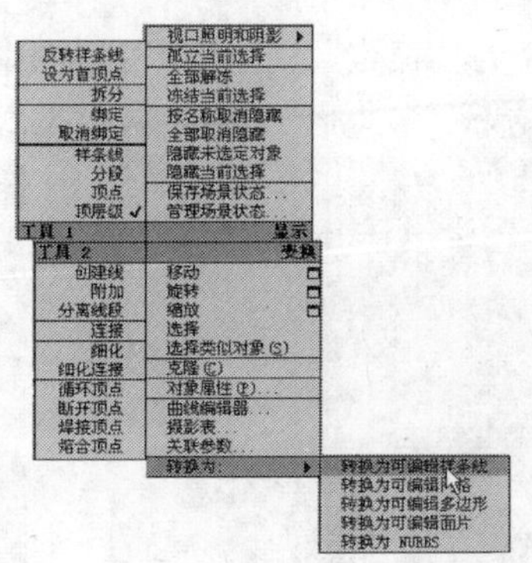

图 4-57

4.5 编辑多边形

“编辑多边形”对象也是一种网格对象，它在功能和使用上几乎和“编辑网格”是一致的。不同的是“编辑网格”是由三角形面构成的框架结构，而多边形对象既可以是三角网格模型，也可以是四边也可能是更多。其功能也比“编辑网格”强大。下面介绍“编辑多边形”修改器的应用。

4.5.1 课堂案例——杯子的制作

案例学习目标：掌握多边形建模。

案例知识要点：创建圆柱体，并将其转换为“可编辑多边形”，调整模型如图 4-58 所示。

效果所在位置：光盘/cha04/效果/杯子.max。

图 4-58

Step 01 单击“（创建）>（几何体）> 圆柱体”按钮，在“顶”视图中创建圆柱体，在“参数”卷展栏中设置“半径”为 100、“高度”为 260、“高度分段”为 5、“端面分段”为 2、“边数”为 20，如图 4-59 所示。

Step 02 选择圆柱体，鼠标右击，在弹出的快捷菜单中选择“转换为 > 转换为可编辑多边形”修改器，如图 4-60 所示。

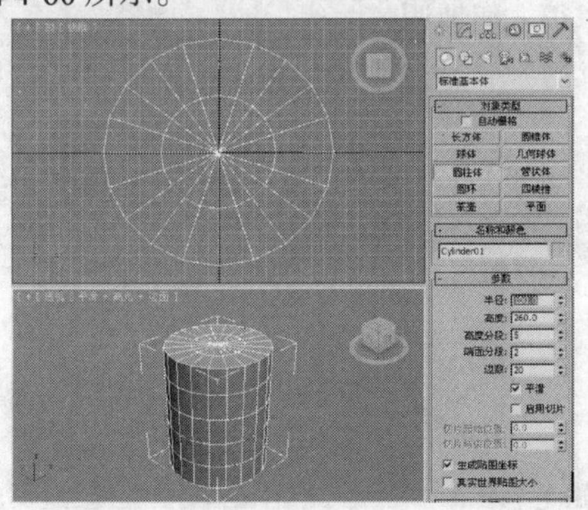

图 4-59

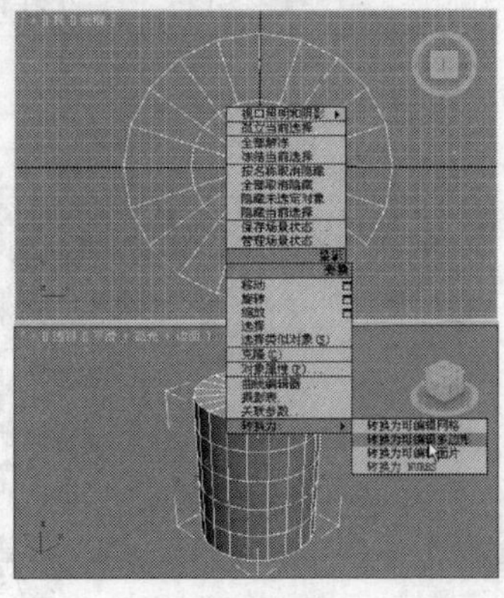

图 4-60

Step 03 将选择集定义为“顶点”，在“顶”视图中选择顶点，缩放顶点，如图 4-61 所示。

Step 04 将选择集定义为“多边形”，在场景中选择顶部如图 4-62 所示的多边形。

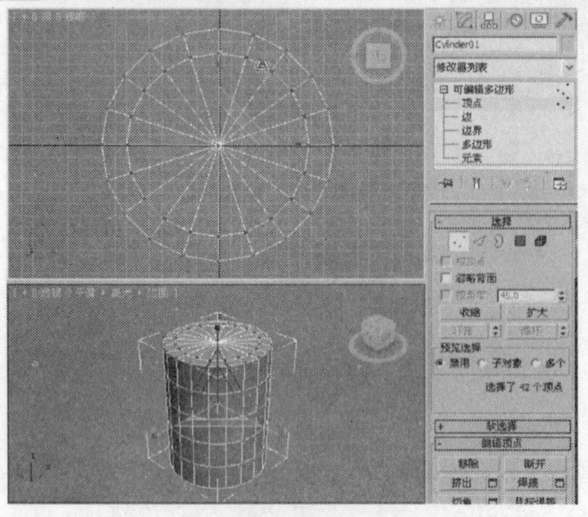

图 4-61

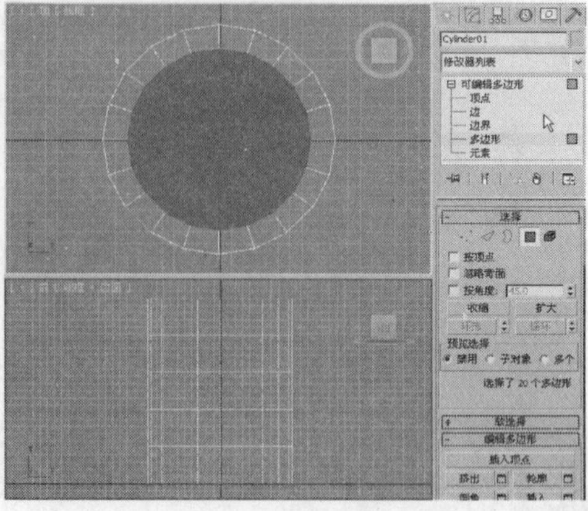

图 4-62

Step 05 在“编辑多边形”卷展栏中单击“挤出”后的□按钮，在弹出的对话框中设置“挤出高度”，如图 4-63 所示，单击“确定”按钮。

Step 06 将选择集定义为“边”，在场景中选择如图 4-64 所示的边。

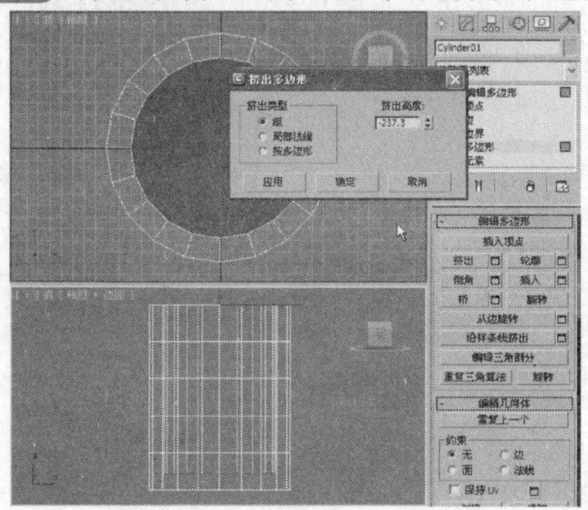

图 4-63

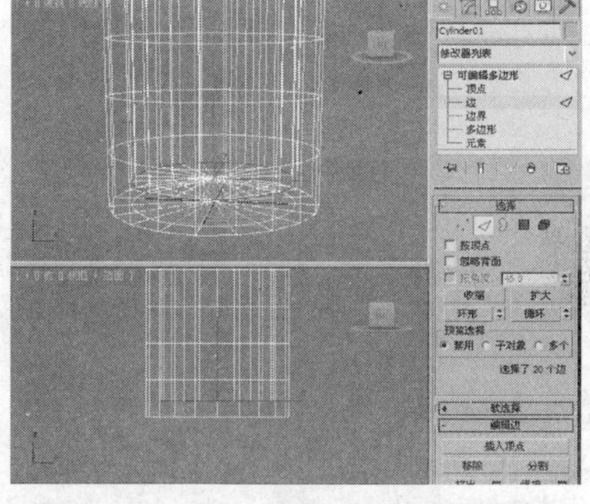

图 4-64

Step 07 单击“编辑边”卷展栏中“切角”后的□按钮，在弹出的对话框中设置切角，如图 4-65 所示，单击“确定”按钮。在场景中选择如图 4-66 所示的边。

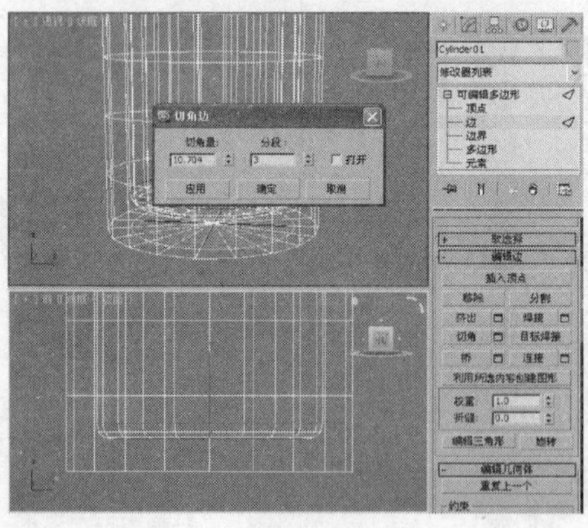

图 4-65

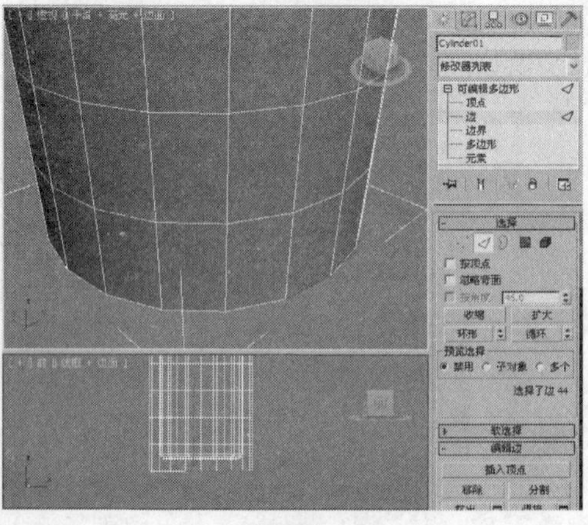

图 4-66

Step 08 在“选择”卷展栏中单击“循环”按钮，循环选择边，如图 4-67 所示。

Step 09 在“编辑边”卷展栏中单击“切角”后的□按钮，在弹出的对话框中设置“切角量”，如图 4-68 所示，单击“确定”按钮。

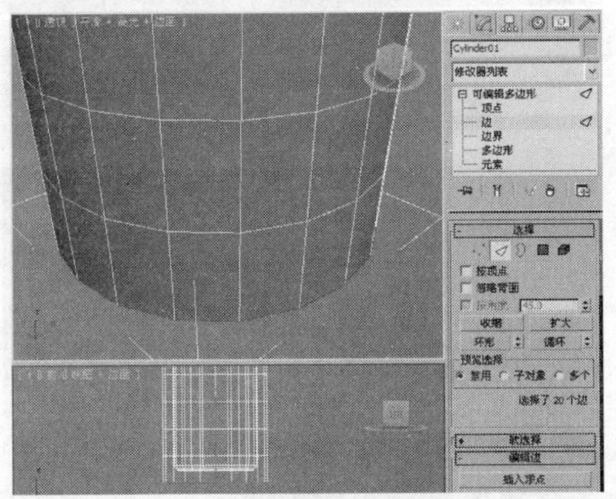

图 4-67

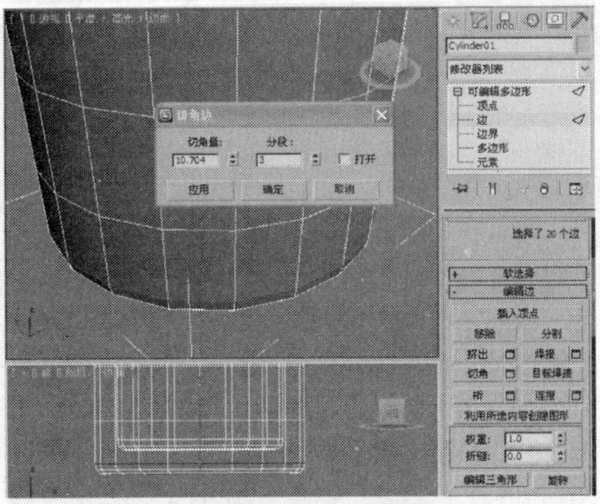

图 4-68

Step 10 选择杯子口处的边，并设置边的“切角量”，如图 4-69 所示。将选择集定义为“顶点”，在场景中调整顶点，如图 4-70 所示。

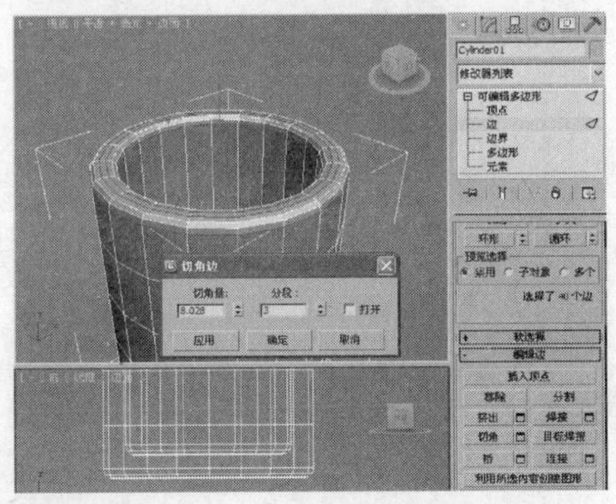

图 4-69

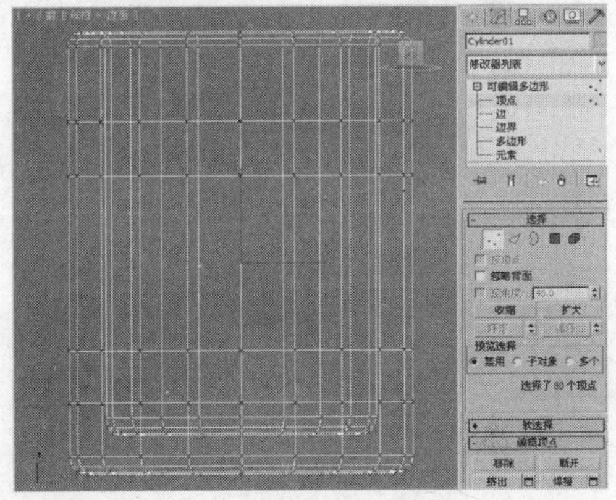

图 4-70

Step 11 将选择集定义为“多边形”，在场景中选择如图 4-71 所示的多边形。

Step 12 在“编辑多边形”卷展栏中单击“倒角”后的□按钮，在弹出的对话框中设置“高度”和“轮廓量”，如图 4-72 所示，单击“确定”按钮。

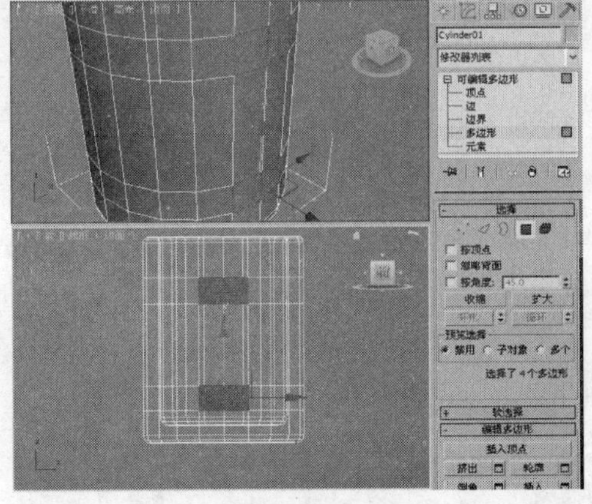

图 4-71

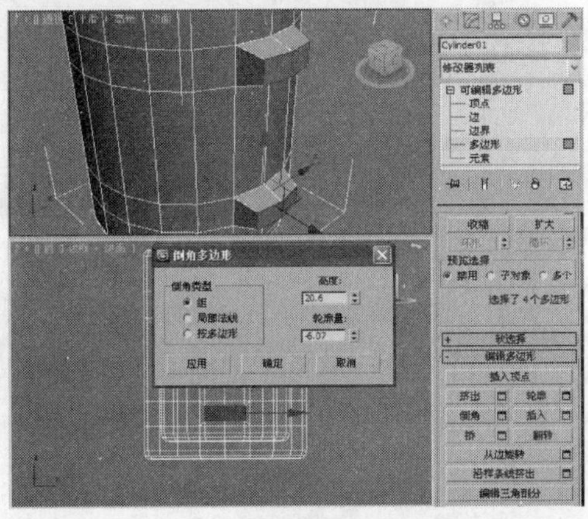

图 4-72

Step 13 继续设置多边形的“挤出”，如图 4-73、图 4-74 所示。

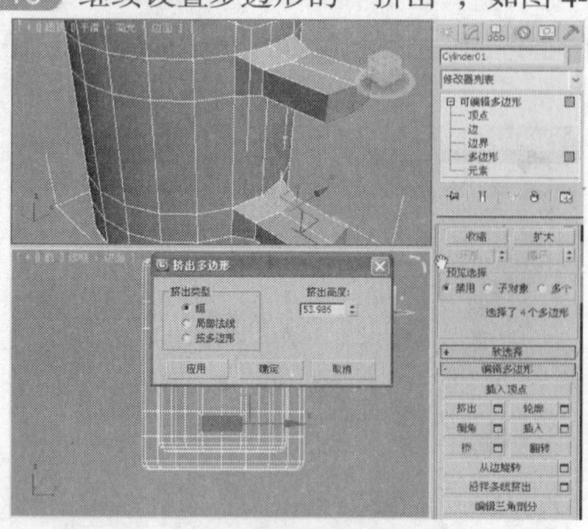

图 4-73

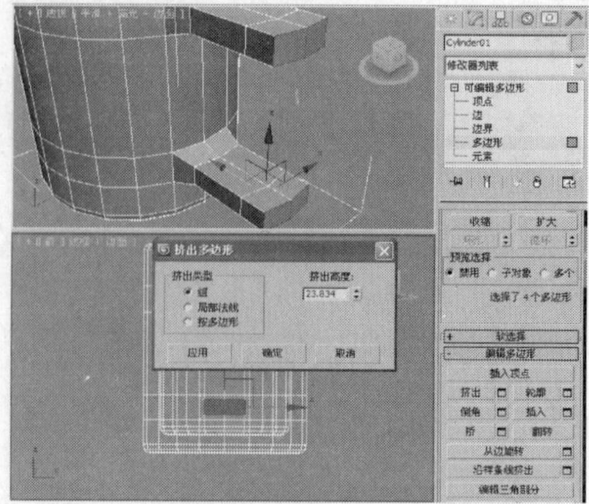

图 4-74

Step 14 将选择集定义为“多边形”，在场景中选择多边形，如图 4-75 所示。

Step 15 在“编辑多边形”卷展栏中单击“桥”后的□按钮，在弹出的对话框中设置桥“分段”为 2，如图 4-76 所示。

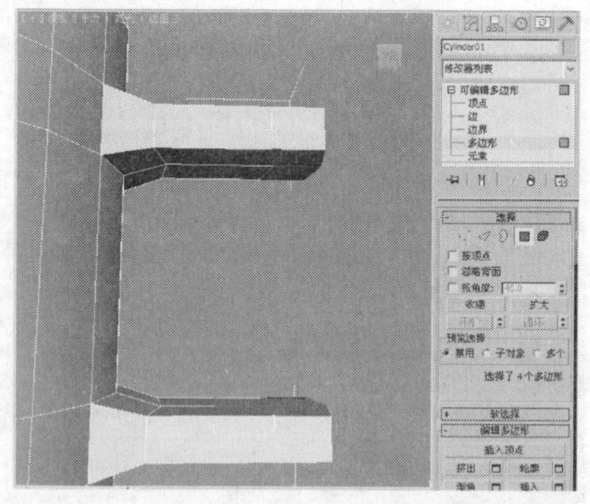

图 4-75

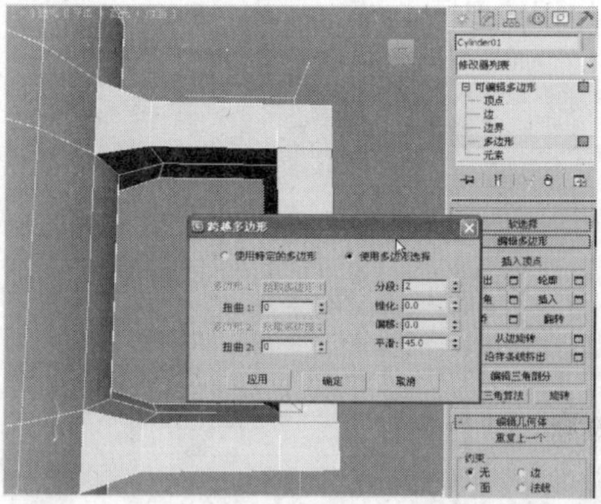

图 4-76

Step 16 将选择集定义为“顶点”，在场景中调整顶点，如图 4-77 所示。

Step 17 关闭选择集，在“细分曲面”卷展栏中勾选“使用 NURMS 细分”选项，设置“迭代次数”为 2，如图 4-78 所示。

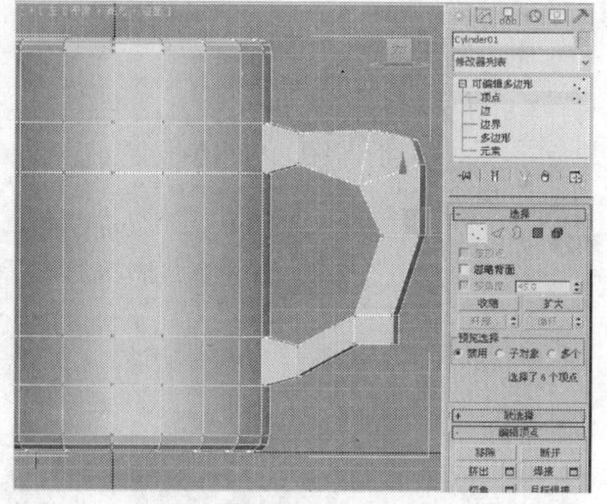

图 4-77

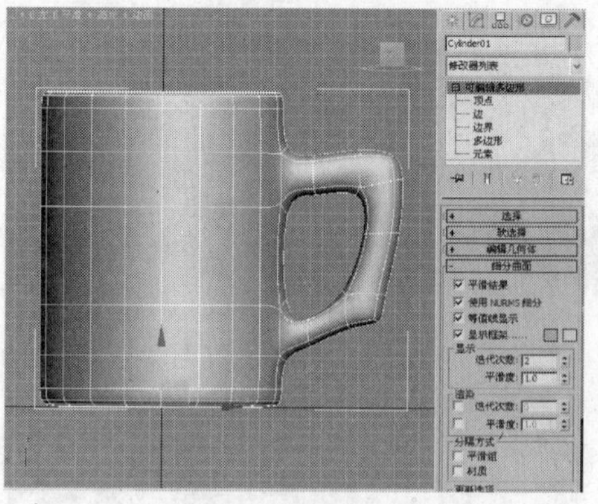

图 4-78

Step 18 定义选择集为“顶点”，在“软选择”卷展栏中勾选“使用软选择”选项，设置“衰减”为 150.在场景中缩放顶点，如图 4-79 所示。

“编辑多边形”修改器与“可编辑多边形”大部分功能相同，但“可编辑多边形”中的“细分曲面”、“细分置换”卷展栏以及一些具体的设置选项不同。此外，“编辑多边形”还具有“模型”和“动画”两种操作模式。在“模型”模式下，可以使用各种工具进行多边形编辑；在“动画”模式下可以结合“自动关键点”或“设置关键点”工具对多边形的参数更改设置动画，其中只有用于设置动画的功能可用。

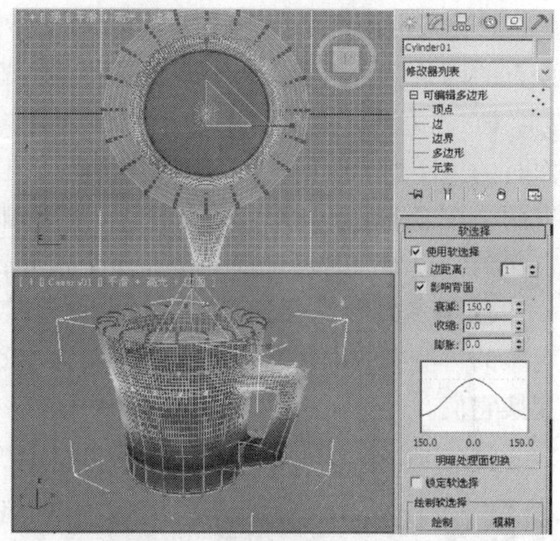

图 4-79

“编辑多边形”修改器与“可编辑多边形”之间的区别如下。

⊙ “编辑多边形”是一个修改器，具有修改器状态所说明的所有属性。其中包括在堆栈中将“编辑多边形”放到基础对象和其他修改器上方，在堆栈中将修改器移动到不同位置，以及对同一对象应用多个“编辑多边形”修改器（每个修改器包含不同的建模或动画操作）的功能。

⊙ “编辑多边形”有两个不同的操作模式：“模型”和“动画”。

⊙ “编辑多边形”中不再包括始终启用的“完全交互”开关功能。

⊙ “编辑多边形”提供了两种从堆栈下部获取现有选择的新方法：使用堆栈选择和获取堆栈选择。

⊙ “编辑多边形”中缺少“可编辑多边形”的“细分曲面”和“细分置换”卷展栏，如图 4-80 所示。

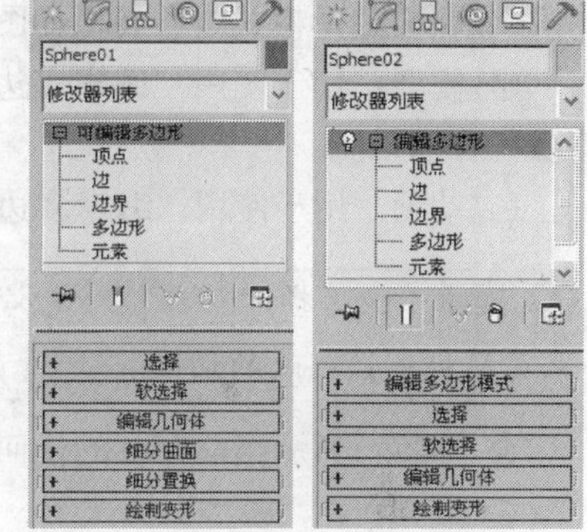

图 4-80

⊙ 在“动画”模式中，通过单击“切片”而不是“切片平面”来开始切片操作。也需要单击“切片平面”来移动平面。可以设置切片平面的动画。

4.5.2 子物体层级

为模型施加“编辑多边形”修改器后，在修改器堆栈中可以查看该修改器的子物体层级，如图 4-81 所示。

“编辑多边形”子物体层级介绍如下。

⊙ “顶点”：顶点是位于相应位置的点。它们定义构成多边形对象的其他子对象的结构。当移动或编辑顶点时，它们形成的几何体也会受影响。顶点也可以独立存在；这些孤立顶点可以用来构建其他几何体，但在渲染时，它们是不可见的。当定义为“顶点”时可以选择单个或多个顶点，并且使用标准方法移动它们。

⊙ “边”：边是连接两个顶点的直线，它可以形成多边形

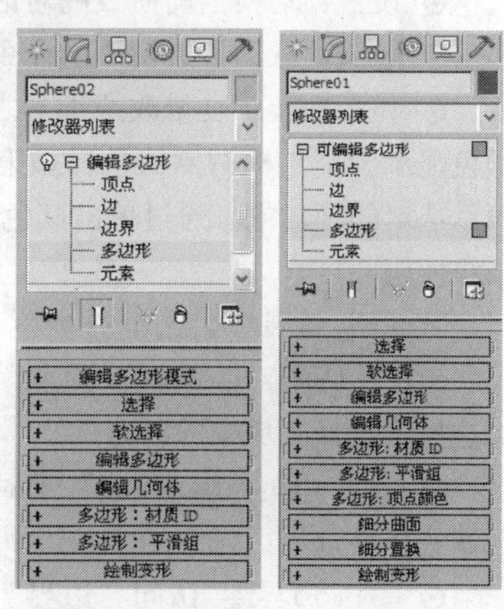

图 4-81

的边。边不能由两个以上多边形共享。另外，两个多边形的法线应相邻。如果不相邻，应卷起共享顶点的两条边。当定义为“边”选择集时选择一条和多条边，然后使用标准方法变换它们。

⊙ “边界”：边界是网格的线性部分，通常可以描述为孔洞的边缘。它通常是多边形仅位于一面时的边序列。例如，长方体没有边界，但茶壶对象有若干边界：壶盖、壶身和壶嘴上有边界，还有两个在壶把上。如果创建圆柱体，然后删除末端多边形，相邻的一行边会形成边界。当将选择集定义为“边界”时可选择一个和多个边界，然后使用标准方法变换它们。

⊙ “多边形”：多边形是通过曲面连接的 3 条或多条边的封闭序列。多边形提供“编辑多边形”对象的可渲染曲面。当将选择集定义为“多边形”时可选择单个或多个多边形，然后使用标准方法变换它们。

⊙ “元素”：元素是两个或两个以上可组合为一个更大对象的单个网格对象。

4.5.3 “公共参数”卷展栏

无论是当前处于何种选择集，它们都具有公共的卷展栏参数，下面介绍这些公共卷展栏中的各种命令和工具的应用。在“参数”卷展栏中选择子物体层级后，相应的命令就会被激活。

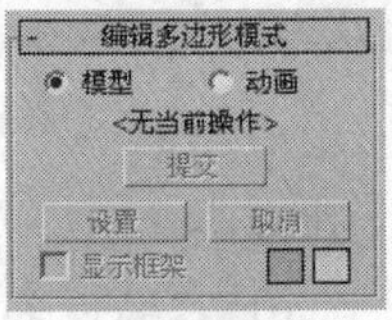

“编辑多边形模式”卷展栏如图 4-82 所示，其选项功能介绍如下。

图 4-82

⊙ 模型：用于使用“编辑多边形”功能建模。在“模型”模式下，不能设置操作的动画。

⊙ 动画：用于使用“编辑多边形”功能设置动画。

> **提示：** 除选择“动画”外，必须启用“自动关键点”或使用“设置关键点”，才能设置子对象变换和参数更改的动画。

⊙ 标签：显示当前存在的任何命令。否则，它显示<无当前操作>。

⊙ 提交：在“模型”模式下，使用对话框接受任何更改并关闭对话框（与对话框上的“确定”按钮相同）。在“动画”模式下，冻结已设置动画的选择在当前帧的状态，然后关闭对话框。使用“提交”，可将“动画”用作“建模”帮助手段。例如，可设置两个位置之间的顶点选择的动画，在二者之间移动以寻找适当的中间位置，然后使用“提交”在该点冻结模型。

⊙ 设置：切换当前命令的对话框。

⊙ 取消：取消最近使用的命令。

⊙ 显示框架：在修改或细分之前，切换显示可编辑多边形对象的两种颜色线框的显示。框架颜色显示为复选框右侧的色样。第一种颜色表示未选定的子对象，第二种颜色表示选定的子对象。通过单击其色样更改颜色。“显示框架”切换只能在子对象层级使用。

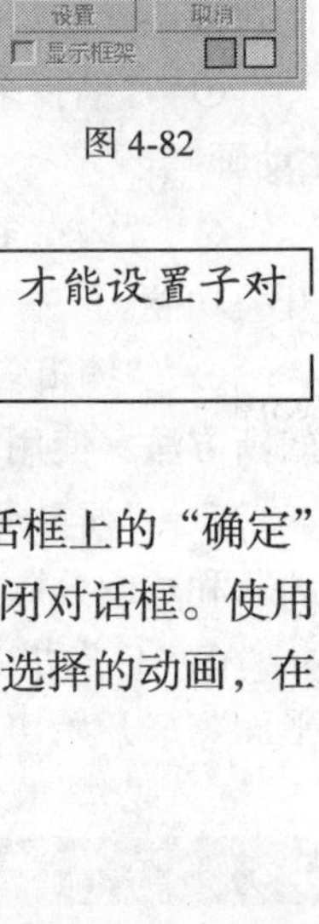

“选择”卷展栏如图 4-83 所示，其选项功能介绍如下。

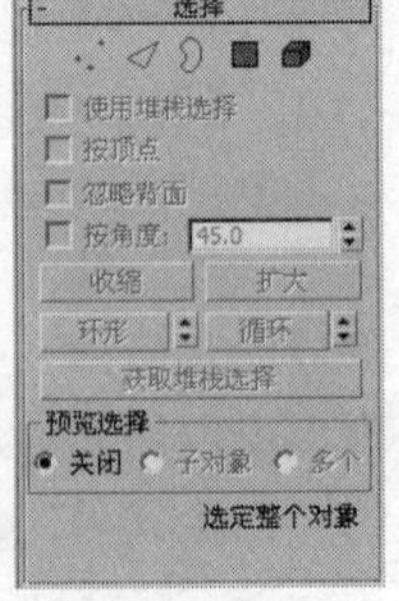

图 4-83

⊙ （顶点）：访问“顶点”子对象层级，可从中选择光标下的顶点；区域选择将选择区域中的顶点。

⊙ （边）：访问“边”子对象层级，可从中选择光标下的多边形的边；区域选择将选择区域中的多条边。

⊙ （边界）：访问“边界”子对象层级，可从中选择构成网格中孔洞边框的一系列边。

⊙ ■（多边形）：访问“多边形”子对象层级，可选择光标下的多边形；区域选择选中区域中的多个多边形。

⊙ ■（元素）：访问“元素”子对象层级，通过它可以选择对象中所有相邻的多边形；区域选择用于选择多个元素。

⊙ 获取堆栈选择：启用时，编辑多边形自动使用在堆栈中向上传递的任何现有子对象选择，并禁止手动更改选择。

⊙ 按顶点：启用时，只有通过选择所用的顶点，才能选择子对象。单击顶点时，将选择使用该选定顶点的所有子对象。该功能在 Vertex（顶点）子对象层级上不可用。

⊙ 忽略背面：启用后，选择子对象将只影响朝向您的那些对象。

⊙ 按角度：启用时，选择一个多边形会基于复选框右侧的角度设置同时选择相邻多边形。该值可以确定要选择的邻近多边形之间的最大角度。仅在多边形子对象层级可用。

⊙ 收缩：通过取消选择最外部的子对象缩小子对象的选择区域。如果不再减少选择大小，则可以取消选择其余的子对象，如图 4-84 所示。

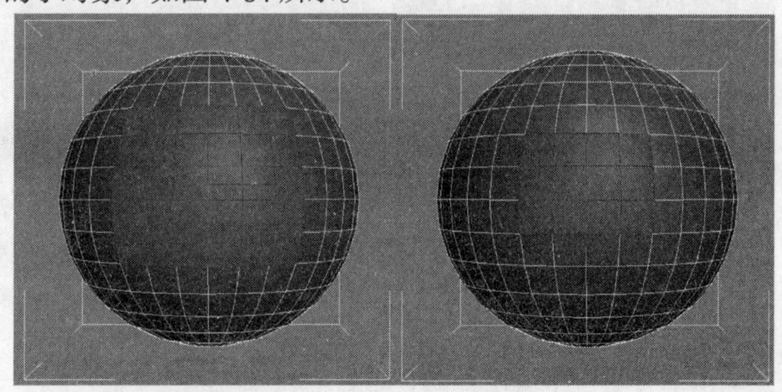

图 4-84

⊙ 扩大：朝所有可用方向外侧扩展选择区域，如图 4-85 所示。

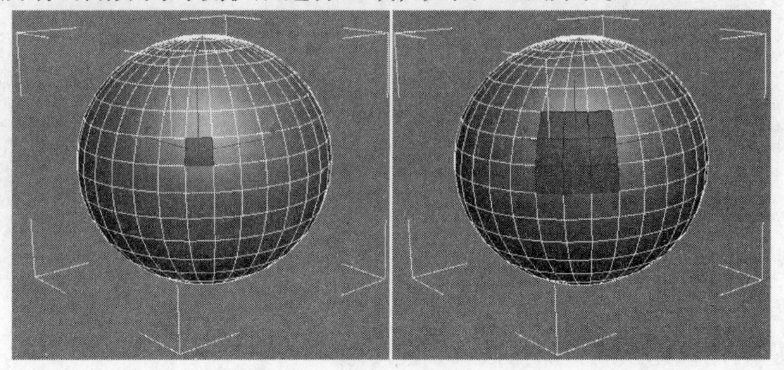

图 4-85

⊙ 环形：环形按钮旁边的微调器允许在任意方向将选择移动到相同环上的其他边，即相邻的平行边，如图 4-86 所示。如果选择了循环，则可以使用该功能选择相邻的循环。只适用于边和边界子对象层级。

⊙ 循环：在与所选边对齐的同时，尽可能远地扩展边选定范围。循环选择仅通过四向连接进行传播，如图 4-87 所示。

⊙ 获取堆栈选择：使用在堆栈中向上传递的子对象选择替换当前选择，然后可以使用标准方法修改此选择。

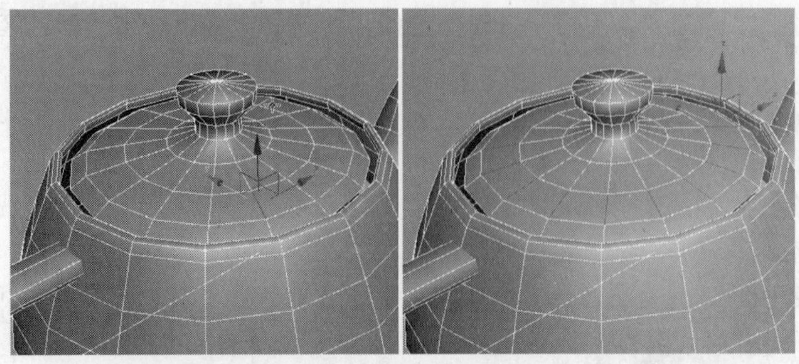

图 4-86

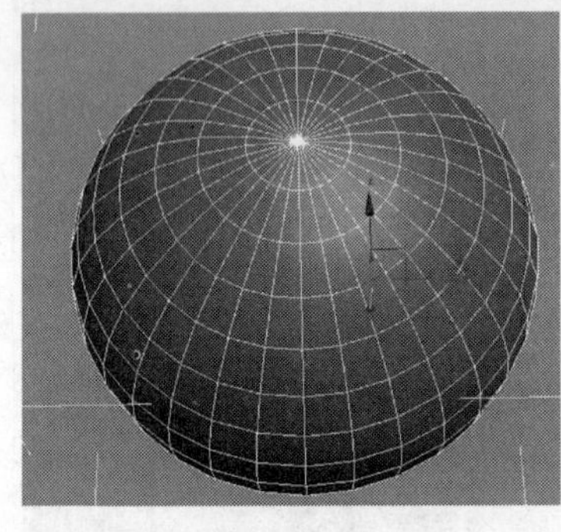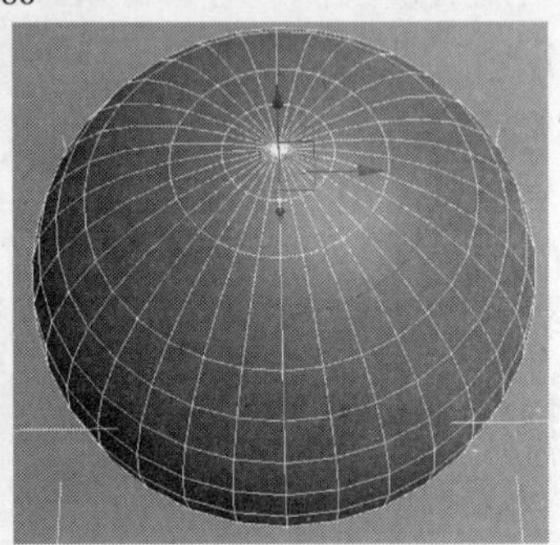

图 4-87

⊙ 预览选择：提交到子对象选择之前，该选项允许预览它。根据鼠标的位置，可以在当前子对象层级预览，或者自动切换子对象层级。

⊙ 关闭：预览不可用。

⊙ 子对象：仅在当前子对象层级启用预览，如图 4-88 所示。

⊙ 多个：像子对象一样起作用，但根据鼠标的位置，也在顶点、边和多边形子对象层级级别之间显示。

⊙ 定整个对象：选择卷展栏底部是一个文本显示，提供有关当前选择的信息。如果没有子对象选中，或者选中了多个子对象，那么该文本给出选择的数目和类型。

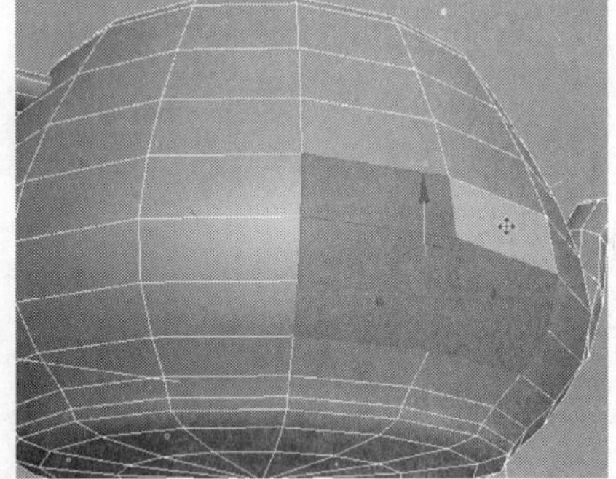

图 4-88

“软选择”卷展栏如图 4-89 所示，其选项功能介绍如下。

⊙ 使用软选择：勾选该选项应用软选择属性。

⊙ 边距离：勾选该选项后，将软选择限制到指定的面数，该选择在进行选择的区域和软选择的最大范围之间。

⊙ 影响背面：启用该选项后，那些法线方向与选定子对象平均法线方向相反的、取消选择的面就会受到软选择的影响。

⊙ 衰减：用以定义影响区域的距离，它是用当前单位表示的从中心到球体的边的距离。使用越高的衰减设置，就可以实现更平缓的斜坡，具体情况取决于几何体的比例。

⊙ 收缩：沿着垂直轴提高并降低曲线的顶点，设置区域的相对“突出度”。设置为负数时，将生成凹陷而不是点。设置为 0 时，收缩将跨越该轴生成平滑变换。

⊙ 膨胀：沿着垂直轴展开和收缩曲线。

⊙ 明暗处理面切换：显示颜色渐变，它与软选择权重相适应。

⊙ 锁定软选择：勾选该选项将禁用标准软选择选项，通过锁定标准软选择的一些调节数值选项，避免程序选择对它进行更改。

⊙ 绘制软选择组可以通过鼠标在视图上指定软选择，可以通过绘制不同权重的不规则形状来表达想要的选择效果。与标准软选择相比，绘制软选择可以更灵活地控制软选择图形的范围，不再受固定衰减曲线的限制。

⊙ 绘制：单击该按钮，在视图中拖动鼠标，可在当前对象上绘制软选择。

⊙ 模糊：单击该按钮，在视图中拖动鼠标，可复原当前的软选择。

⊙ 复原：单击该按钮，在视图中拖动鼠标，可复原当前的软选择。

⊙ 选择值：绘制或复原软选择的最大权重，最大值为 1。

⊙ 笔刷大小：绘制软选择的笔刷大小。

⊙ 笔刷强度：绘制软选择的笔刷强度，强度越高。达到完全值的速度越快。

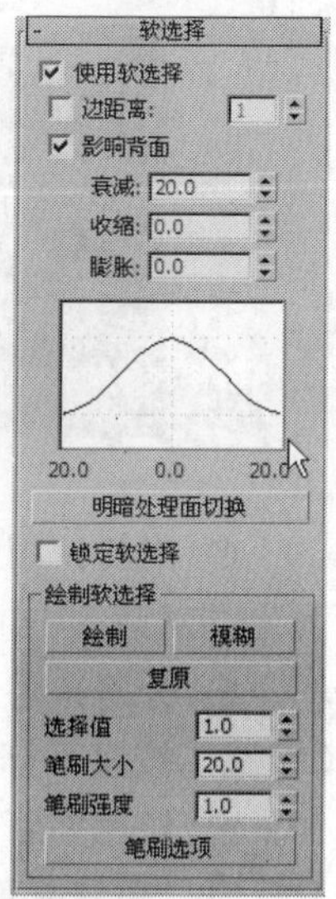

图 4-89

提示：通过 Ctrl+Shift+鼠标左键可快速调整笔刷大小。通过 Alt+Shift+鼠标左键可快速调整笔刷强度。绘制时按住 Ctrl 键可暂时启用复原工具。

⊙ 笔刷选项：可打开绘制笔刷对话框来自定义笔刷的形状、镜像、敏压设置等相关属性，如图 4-90 所示。

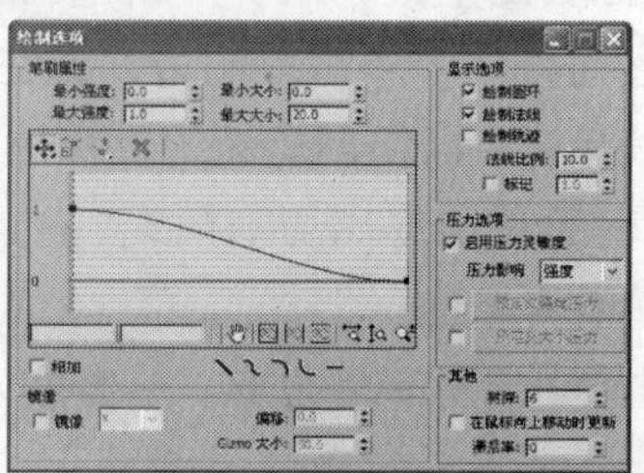
图 4-90

“编辑几何体”卷展栏如图 4-91 所示，其选项功能介绍如下。

⊙ 重复上一个：重复最近使用的命令。

⊙ 约束：可以使用现有的几何体约束子对象的变换。

⊙ 无：没有约束。这是默认选项。

⊙ 边：约束子对象到边界的变换。

⊙ 面：约束子对象到单个面曲面的变换。

⊙ 法线：约束每个子对象到其法线（或法线平均）的变换。

⊙ 保持 UV：勾选此选项后，可以编辑子对象，而不影响对象的 UV 贴图。

⊙ 创建：创建新的几何体。

⊙ 塌陷：通过将其顶点与选择中心的顶点焊接，使连续选定子对象的组产生塌陷，如图 4-92 所示。

图 4-91

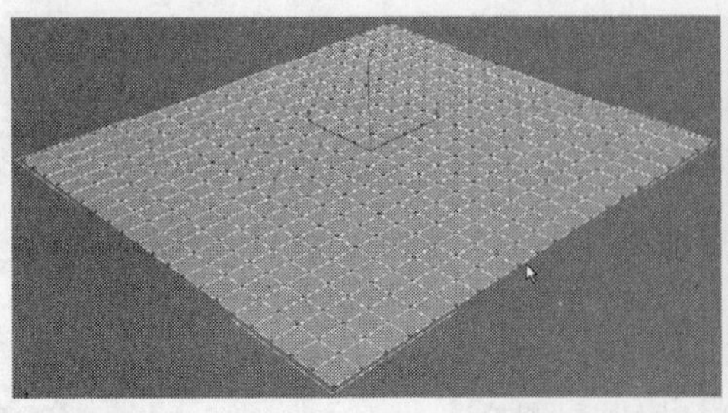
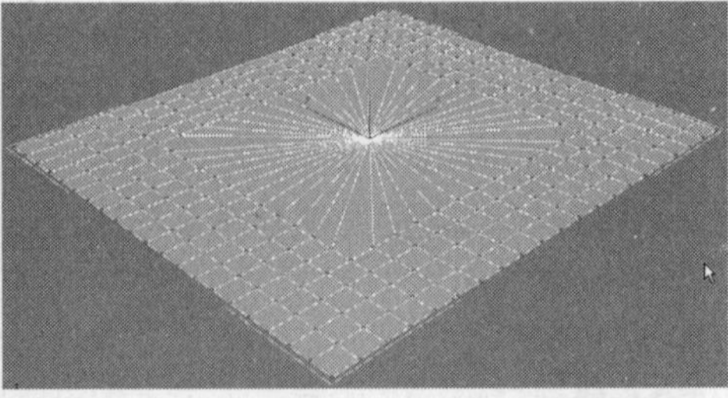

图 4-92

⊙ 附加：用于将场景中的其他对象附加到选定的多边形对象。单击▣（附加列表）按钮，在弹出的对话框中可以选择一个或多个对象进行附加。

⊙ 分离：将选定的子对象和附加到子对象的多边形作为单独的对象或元素进行分离。单击▣（设置）按钮，打开分离对话框，使用该对话框可设置多个选项。

⊙ 切片平面：为切片平面创建 Gizmo，可以定位和旋转它，来指定切片位置。同时，启用“切片”和“重置平面”按钮；单击“切片”按钮，可在平面与几何体相交的位置创建新边。

⊙ 分割：启用时，通过快速切片和分割操作，可以在划分边的位置处的点创建两个顶点集。

⊙ 切片：在切片平面位置处执行切片操作。只有启用切片平面时，才能使用该选项。

⊙ 重置平面：将切片平面恢复到其默认位置和方向。只有启用切片平面时，才能使用该选项。

⊙ 快速切片：可以将对象快速切片，而不操纵 Gizmo。进行选择，并单击快速切片，然后在切片的起点处单击一次，再在其终点处单击一次。激活命令时，可以继续对选定内容执行切片操作。要停止切片操作，请在视口中用鼠标右键单击，或者重新单击快速切片将其关闭。

⊙ 切割：用于创建一个多边形到另一个多边形的边，或在多边形内创建边。单击起点，并移动鼠标光标，然后再单击，再移动和单击，以便创建新的连接边。右键单击一次退出当前切割操作，然后可以开始新的切割，或者再次右键单击退出切割模式。

⊙ 网格平滑：使用当前设置平滑对象。

⊙ 细化：根据细化设置细分对象中的所有多边形。单击▣（设置）按钮，在弹出的对话框中指定平滑的应用方式。

⊙ 平面化：强制所有选定的子对象成为共面。该平面的法线是选择的平均曲面法线。

⊙ X、Y、Z：平面化选定的所有子对象，并使该平面与对象的局部坐标系中的相应平面对齐。例如，使用的平面是与按钮轴相垂直的平面，因此，单击“X”按钮时，可以使该对象与局部 *YZ* 轴对齐。

⊙ 视图对齐：使对象中的所有顶点与活动视口所在的平面对齐。在子对象层级，此功能只会影响选定顶点或属于选定子对象的那些顶点。

⊙ 栅格对齐：使选定对象中的所有顶点与活动视图所在的平面对齐。在子对象层级，只能对齐选定的子对象。

⊙ 松弛：使用当前的松弛设置将松弛功能应用于当前选择。松弛可以规格化网格空间，方法是朝着邻近对象的平均位置移动每个顶点。单击▣（设置）按钮，在弹出的对话框中指定松弛功能的应用方式。

⊙ 隐藏选定对象：隐藏选定的子对象。

⊙ 全部取消隐藏：将隐藏的子对象恢复为可见。

⊙ 隐藏未选定对象：隐藏未选定的子对象。

⊙ 命令选择组用于复制和粘贴对象之间的子对象的命名选择集。

⊙ 复制：打开一个对话框，使用该对话框，可以指定要放置在复制缓冲区中的命名选择集。

⊙ 粘贴：从复制缓冲区中粘贴命名选择。

⊙ 删除孤立顶点：启用时，在删除连续子对象的选择时删除孤立顶点。禁用时，删除子对象会保留所有顶点。默认设置为启用。

“绘制变形”卷展栏如图 4-93 所示，其选项功能介绍如下。

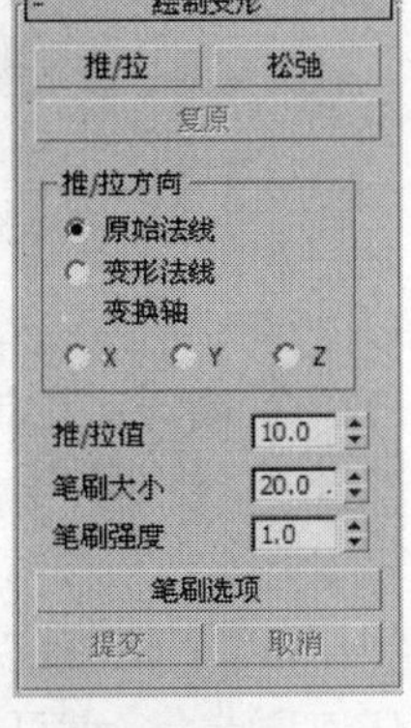

图 4-93

⊙ 推/拉：将顶点移入对象曲面内（推）或移出曲面外（拉）。推拉的方向和范围由推/拉值设置所确定。

⊙ 松弛：将每个顶点移到由它的邻近顶点平均位置所计算出来的位置上，来规格化顶点之间的距离。松弛使用与松弛修改器相同的方法。

⊙ 复原：通过绘制可以逐渐擦除或反转推/拉或松弛的效果。仅影响从最近的提交操作开始变形的顶点。如果没有顶点可以复原，复原按钮就不可用。

⊙ 推/拉方向组用以指定对顶点的推或拉是根据曲面法线、原始法线、或变形法线进行，还是沿着指定轴进行。

⊙ 原始法线：选择此选项后，对顶点的推或拉会使顶点以它变形之前的法线方向进行移动。重复应用绘制变形总是将每个顶点以它最初移动时的相同方向进行移动。

⊙ 变形法线：选择此选项后，对顶点的推或拉会使顶点以它现在的法线方向进行移动，也就是在变形之后的法线。

⊙ 变换轴 X、Y、Z：选择此选项后，对顶点的推或拉会使顶点沿着指定的轴进行移动。

⊙ 推/拉值：确定单个推/拉操作应用的方向和最大范围。正值将顶点拉出对象曲面，而负值将顶点推入曲面。

⊙ 笔刷大小：设置圆形笔刷的半径。

⊙ 笔刷强度：设置笔刷应用推/拉值的速率。低的强度值应用效果的速率要比高的强度值来得慢。

⊙ 笔刷选项：单击此按钮以打开绘制选项对话框，在该对话框中可以设置各种笔刷相关的参数。

⊙ 提交：使变形的更改永久化，将它们“烘焙”到对象几何体中。在使用提交后，就不可以将复原应用到更改上。

⊙ 取消：取消自最初应用绘制变形以来的所有更改，或取消最近的提交操作。

4.5.4　“子物体层级”卷展栏

在编辑多边形中有许多参数卷展栏是根据子物体层级相关联的，选择子物体层级时，相应的卷展栏将出现。下面对这些卷展栏进行详细的介绍。

首先介绍当选择“顶点”选择集时在修改器列表中出现的卷展栏。

“编辑顶点”卷展栏如图 4-94 所示，其选项功能介绍如下。

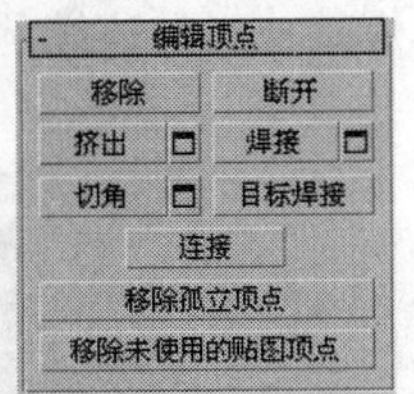

图 4-94

⊙ 移除：删除选中的顶点，并接合起使用它们的多边形。

提示：要删除顶点，请选中它们，然后按 Delete 键，这会在网格中创建一个或多个洞。要删除顶点而不创建孔洞，请使用“移除”，如图 4-95 所示。

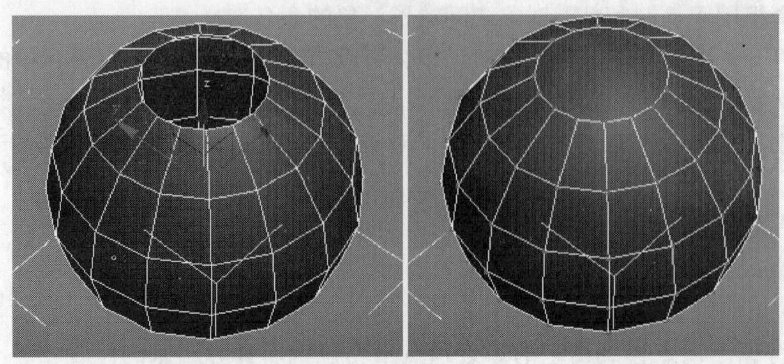

图 4-95

⊙ 断开：在与选定顶点相连的每个多边形上，都创建一个新顶点，这可以使多边形的转角相互分开，使它们不再相连于原来的顶点上。如果顶点是孤立的或者只有一个多边形使用，则顶点将不受影响。

⊙ 挤出：可以手动挤出顶点，方法是在视口中直接操作。单击此按钮，然后垂直拖动顶点到任何顶点上，就可以挤出此顶点。挤出顶点时，它会沿法线方向移动，并且创建新的多边形，形成挤出的面，将顶点与对象相连。挤出对象的面的数目，与原来使用挤出顶点的多边形数目一样。单击□（设置）按钮，打开“挤出顶点”对话框，通过交互式操纵执行挤出。

⊙ 焊接：对焊接助手中指定的公差范围内选定的连续顶点进行合并。所有边都会与产生的单个顶点连接。单击□（设置）按钮，打开“焊接顶点”对话框，以便指定焊接阈值。

⊙ 切角：单击此按钮，然后在活动对象中拖动顶点。要用数字切角顶点，请单击□（设置）按钮，然后设置“切角量”值，如图 4-96 所示。如果切角多个选定顶点，那么它们都会被同样地切角。

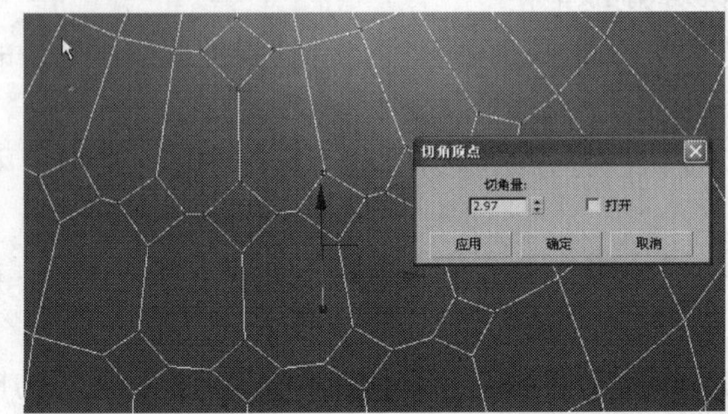

图 4-96

⊙ 目标焊接：可以选择一个顶点，并将它焊接到相邻目标顶点，如图 4-97 所示。目标焊接只焊接成对的连续顶点，也就是说，顶点有一个边相连。

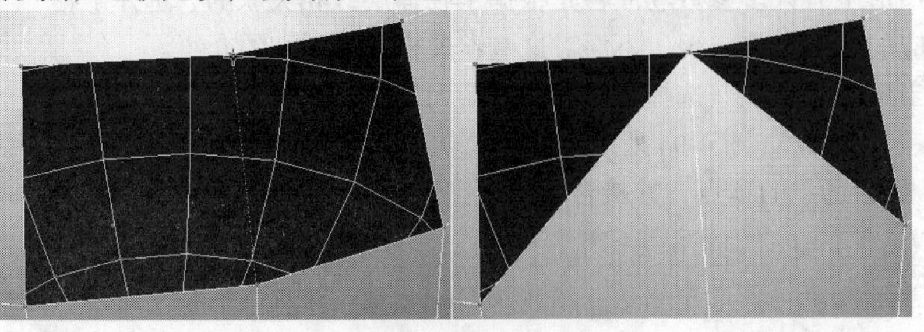

图 4-97

⊙ 连接：在选中的顶点对之间创建新的边，如图 4-98 所示。

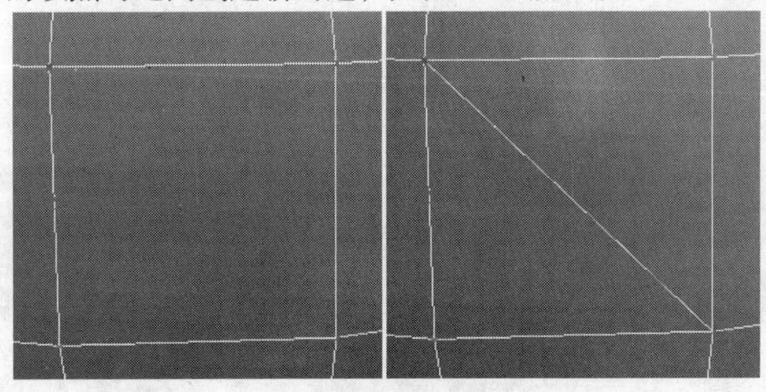

图 4-98

⊙ 移除孤立顶点：将不属于任何多边形的所有顶点删除。

⊙ 移除未使用的贴图顶点：某些建模操作会留下未使用的（孤立）贴图顶点，它们会显示在展开 UVW 编辑器中，但是不能用于贴图。可以使用这一按钮，来自动删除这些贴图顶点。

下面介绍当选择“边”选择集时在修改器列表中出现的卷展栏。

“编辑边”卷展栏如图 4-99 所示，其选项功能介绍如下。

⊙ 插入顶点：用于手动细分可视的边。启用插入顶点后，单击某边即可在该位置处添加顶点。

⊙ 移除：删除选定边并组合使用这些边的多边形。

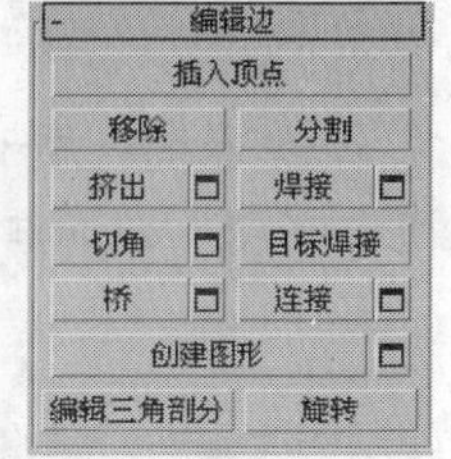

图 4-99

⊙ 分割：沿着选定边分割网格。对网格中心的单条边应用时，不会起任何作用。影响边末端的顶点必须是单独的，以便能使用该选项。例如，因为边界顶点可以一分为二，所以，可以在与现有的边界相交的单条边上使用该选项。另外，因为共享顶点可以进行分割，所以，可以在栅格或球体的中心处分割两个相邻的边。

⊙ 桥：使用多边形的桥连接对象的边。桥只连接边界边，也就是只在一侧有多边形的边。创建边循环或剖面时，该工具特别有用。单击（设置）按钮，打开“桥边”对话框，通过交互式操纵在边对之间添加多边形，如图 4-100 所示。

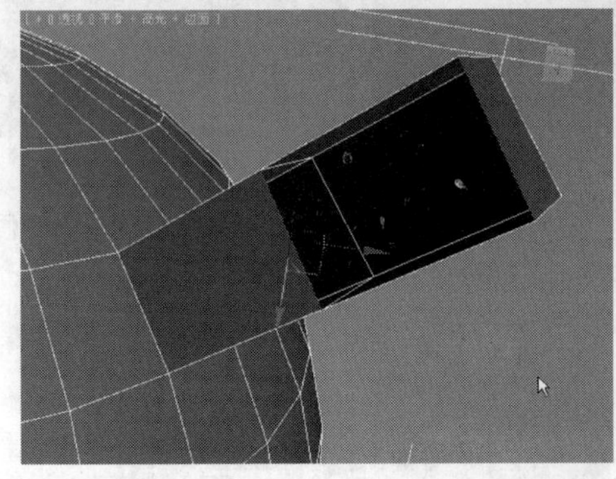

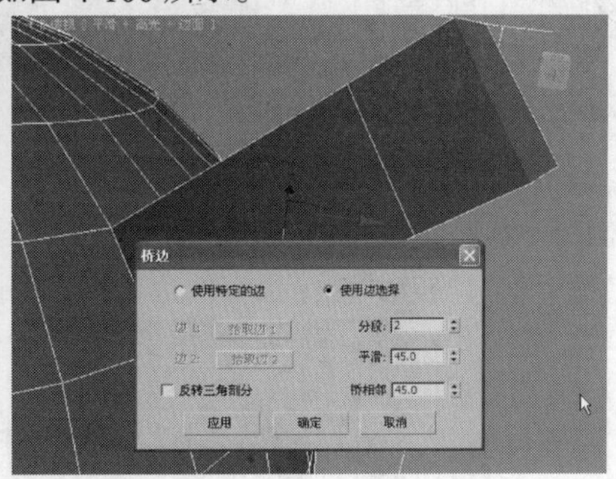

图 4-100

⊙ 创建图形：选择一条或多条边后，单击此按钮可使用选定边。单击（设置）按钮，创建一个或多个样条线形状。

⊙ 编辑三角剖分：用于修改绘制内边或对角线时多边形细分为三角形的方式。

⊙ 旋转：用于通过单击对角线修改多边形细分为三角形的方式。激活旋转时，对角线可以在线框和边面视图中显示为虚线。在旋转模式下，单击对角线可更改其位置。要退出旋转模式，请在视口中右键单击或再次单击旋转按钮。

下面介绍当选择“边界”选择集时在修改器列表中出现的卷展栏。

“编辑边界”卷展栏如图 4-101 所示，其选项功能介绍如下。

⊙ 封口：使用单个多边形封住整个边界环，如图 4-102 所示。

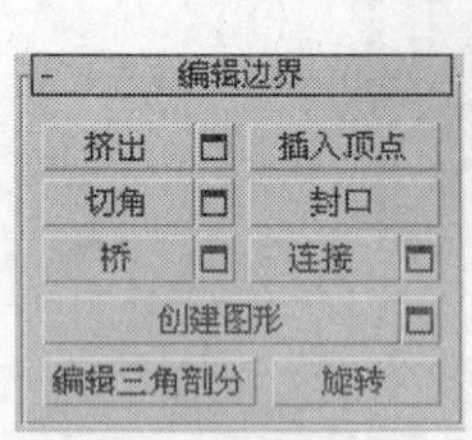

图 4-101

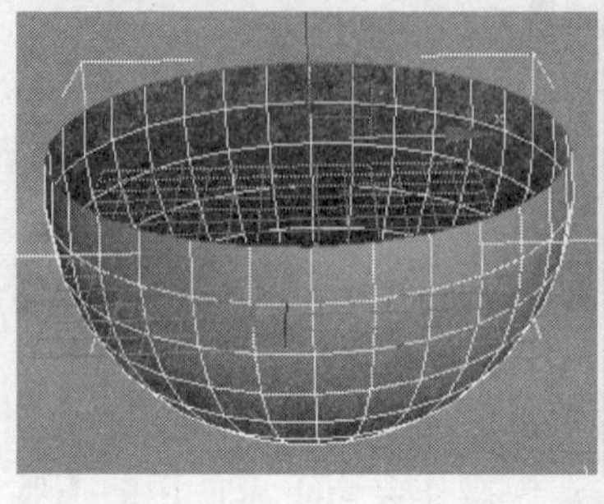

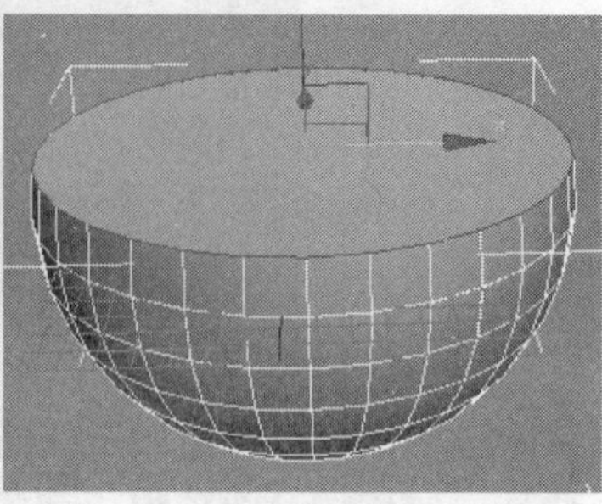

图 4-102

⊙ 创建图形：可以预览创建图形功能、命名图形以及将其设置为权重或折缝。

⊙ 编辑三角剖分：用于修改绘制内边或对角线时多边形细分为三角形的方式。

⊙ 旋转：用于通过单击对角线修改多边形细分为三角形的方式。

下面介绍当选择“多边形”选择集时在修改器列表中出现的卷展栏。

“编辑多边形”卷展栏如图 4-103 所示，其选项功能介绍如下。

⊙ 轮廓：用于增加或减少每组连续的选定多边形的外边。单击（设置）按钮，打开“多边形加轮廓”对话框，通过数值设置执行加轮廓操作，如图 4-104 所示。

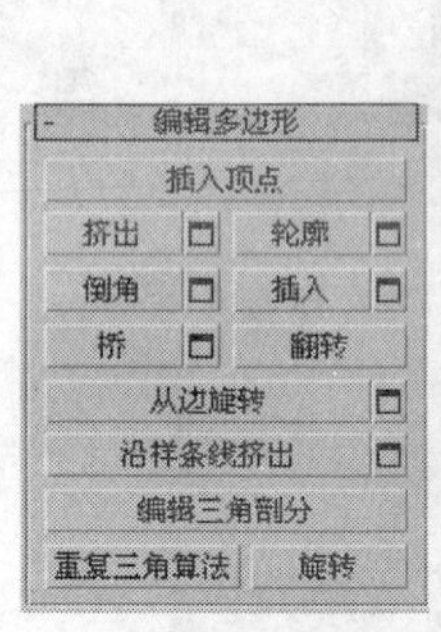

图 4-103

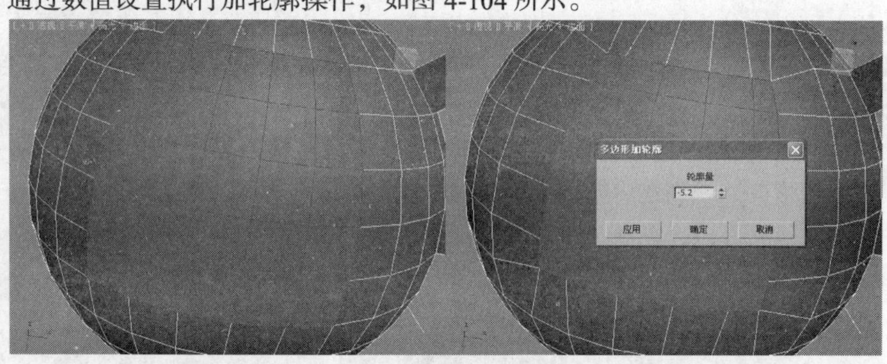

图 4-104

⊙ 倒角：通过直接在视口中操纵执行手动倒角操作。单击（设置）按钮，打开“倒角多边形”对话框，通过交互式操纵执行倒角处理，如图 4-105 所示。

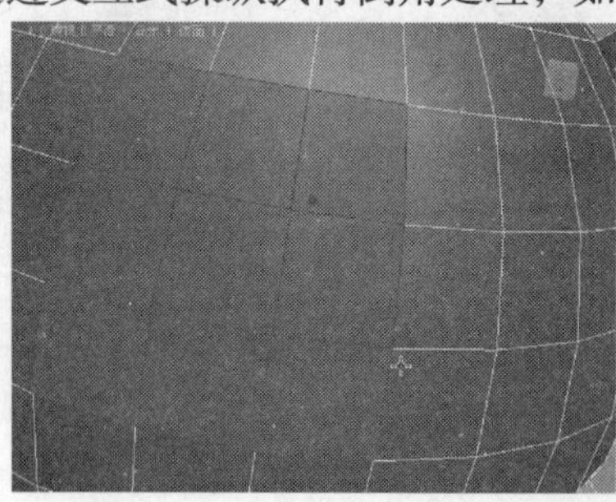

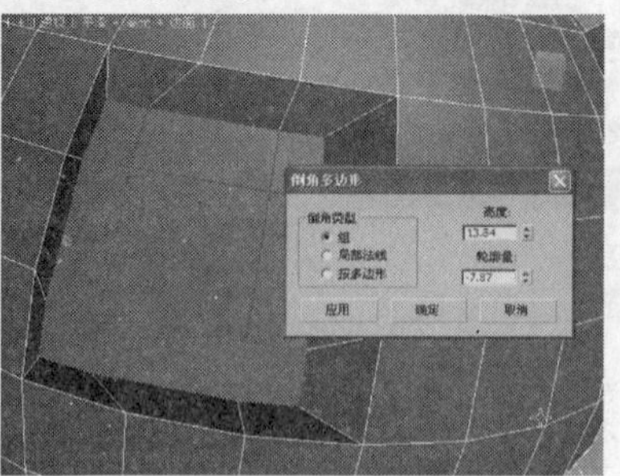

图 4-105

⊙ 插入：执行没有高度的倒角操作，图 4-106 所示即在选定多边形的平面内执行该操作。单击此按钮，然后垂直拖动任何多边形，以便将其插入。单击▣（设置）按钮，打开“插入多边形”对话框，通过交互式操纵插入多边形。

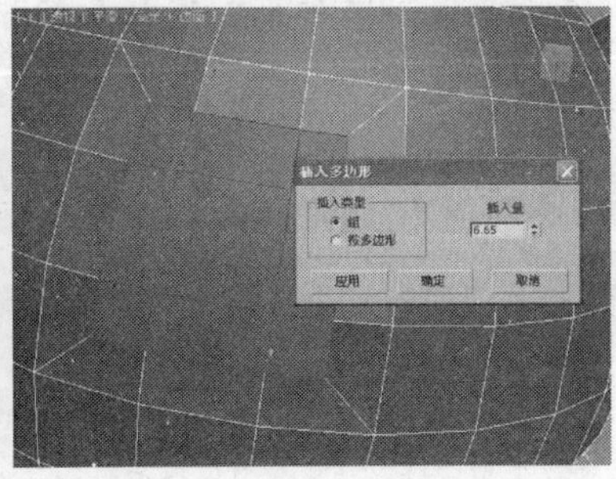

图 4-106

⊙ 翻转：反转选定多边形的法线方向。

⊙ 从边旋转：通过在视口中直接操纵执行手动旋转操作。单击▣（设置）按钮，打开“从边旋转”对话框，通过交互式操纵旋转多边形。

⊙ 沿样条线挤出：沿样条线挤出当前的选定内容。单击▣（设置）按钮，打开“沿样条线挤出”对话框，通过交互式操纵沿样条线挤出。

⊙ 编辑三角剖分：可以通过绘制内边修改多边形细分为三角形的方式，如图 4-107 所示。

图 4-107

⊙ 重复三角算法：允许 3ds Max 对多边形或当前选定的多边形自动执行最佳的三角剖分操作。

⊙ 旋转：用于通过单击对角线修改多边形细分为三角形的方式。

“多边形：材质 ID”卷展栏如图 4-108 所示，其选项功能介绍如下。

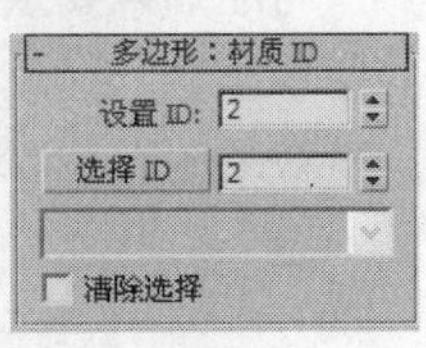

图 4-108

⊙ 设置 ID：用于向选定的面片分配特殊的材质 ID 编号，以供多维/子对象材质和其他应用使用。

⊙ 选择 ID：选择与相邻 ID 字段中指定的材质 ID 对应的子对象。键入或使用该微调器指定 ID，然后单击“选择 ID”按钮。

⊙ 清除选择：启用时，选择新 ID 或材质名称会取消选择以前选定的所有子对象。

“多边形：平滑组”卷展栏如图 4-109 所示，其选项功能介绍如下。

图 4-109

⊙ 按平滑组选择：显示说明当前平滑组的对话框。

⊙ 清除全部：从选定片中删除所有的平滑组分配多边形。

⊙ 自动平滑：基于多边形之间的角度设置平滑组。如果任何两个相邻多边形的法线之间的角度小于阈值角度（由该按钮右侧的微调器设置），它们会包含在同一平滑组中。

提示：Element（元素）选择集的卷展栏中的相关命令与编辑多边形功能相同，这里就不重复介绍了，具体命令参见“多边形”选择集的相关卷展栏中功能的介绍。

4.6 课堂练习——制作烟灰缸

案例知识要点：创建圆柱体并将其转换为“可编辑多边形”，设置多边形的“挤出”和“倒角”，最后设置模型“使用 NURMS 细分”，完成烟灰缸的效果如图 4-110 所示。

效果所在位置：光盘/cha04/效果/烟灰缸.max。

图 4-110

4.7 课后习题——制作桌椅组合

习题知识要点：使用几何体和图形创建圆桌和座椅，座椅的座使用创建图形施加“挤出”和“弯曲”修改器，完成餐桌椅的效果如图 4-111 所示。

效果所在位置：光盘/cha04/效果/桌椅组合.max。

图 4-111

第5章 复合对象的创建

本章将介绍复合对象的创建方法，对布尔运算和放样变形命令的使用进行详细的讲解。读者通过学习本章内容，要了解并掌握使用两种复合对象创建工具制作模型的方法和技巧。通过本章的学习，希望读者可以融会贯通，掌握复合对象的创建技巧，制作出具有想象力的图像效果。

【教学目标】

- 布尔运算建模。
- ProBoolean 运算建模。
- 放样命令建模。

5.1 复合对象创建工具简介

复合对象是将两个以上的物体通过特定的合成方式结合为一个物体，在合成过程中还可以对物体的形体进行调节。在某些复杂建模中复合对象是快速建模方法的首选，尤其是“布尔”和“放样”工具，这两种复合对象创建工具在3ds Max 较早的版本中就被使用。

在创建命令面板中单击下拉列表框，从中选择“复合对象”选项，如图 5-1 所示，进入复合对象的创建面板，3ds Max 2010 提供了 12 种复合对象的创建工具，如图 5-2 所示。

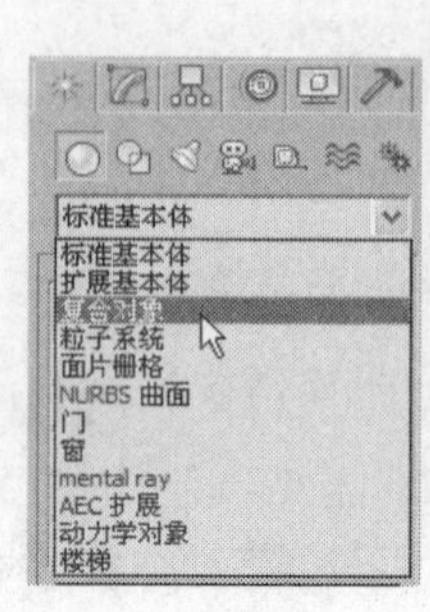

图 5-1

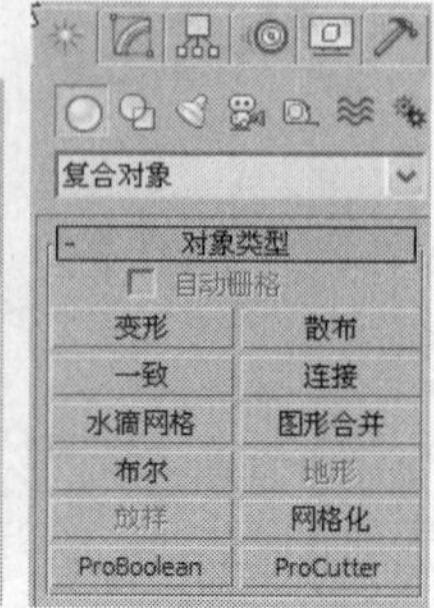

图 5-2

⊙ 变形：变形是一种与 2D 动画中的中间动画类似的动画技术。变形对象可以合并两个或多个对象，方法是插补第一个对象的顶点，使其与另外一个对象的顶点位置相符。如果随时执行这项插补操作，将会生成变形动画。图 5-3 所示为一个鲸鱼完成的跃起摆尾效果。

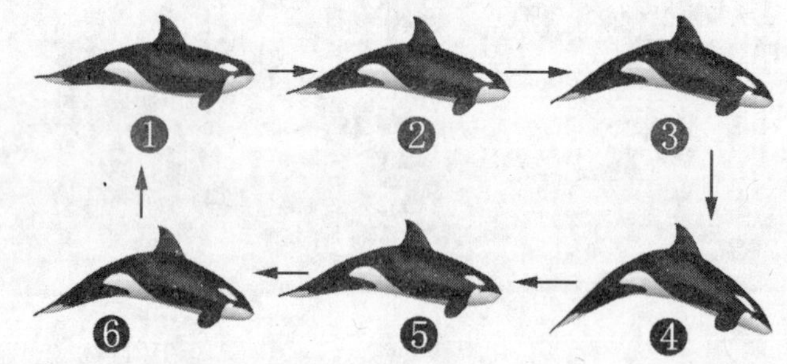

图 5-3

⊙ 散布：可以将某一物体无序的散布在另一物体上，通过它可以制作头发、胡须、草地等物体，如图 5-4 所示。

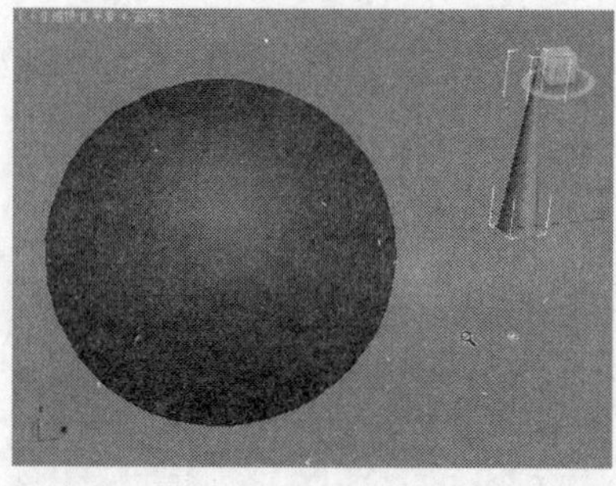
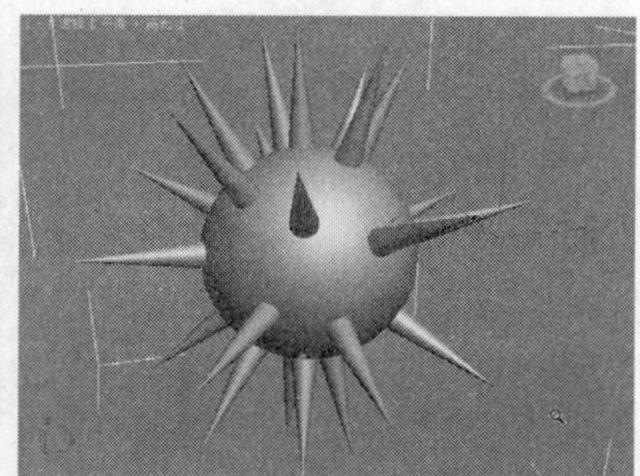
图 5-4

⊙ 一致：一致对象是一种复合对象，通过将包裹器的顶点投影至另一个对象包裹器对象的表面而创建，其效果如图 5-5 所示。

⊙ 连接：使用连接复合对象，可通过对象表面的“洞”连接两个或多个对象。要执行此操作，请删除每个对象的面，在其表面创建一个或多个洞，并确定洞的位置，以使洞与洞之间面对面，然后应用连接，如图 5-6 所示。

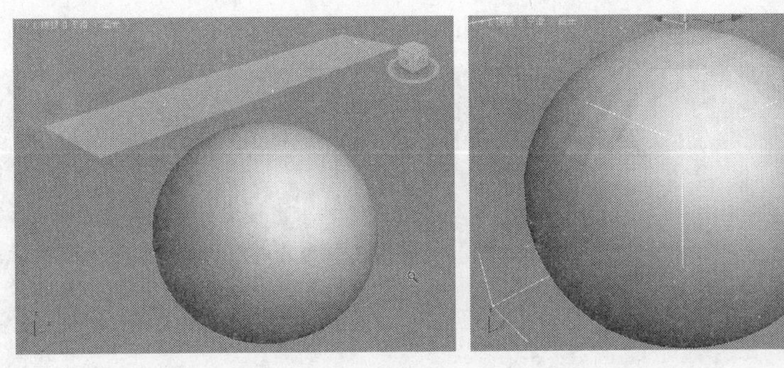

图 5-5

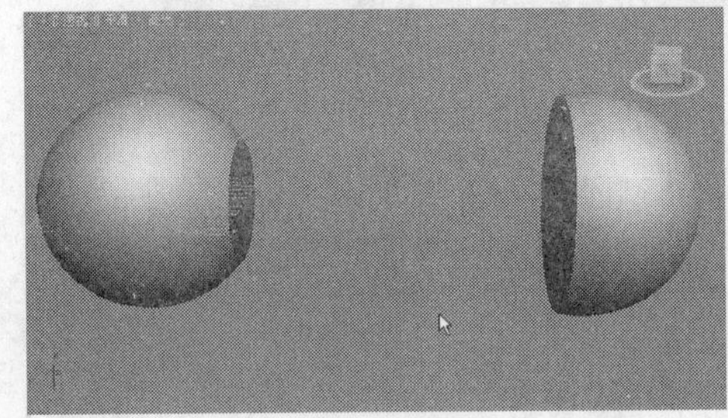
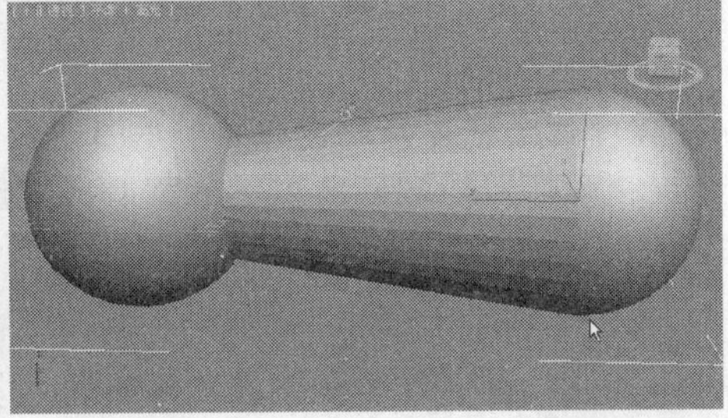

图 5-6

⊙ 水滴网格：水滴网格复合对象可以通过几何体或粒子创建一组球体，还可以将球体连接起来，就好像这些球体是由柔软的液态物质构成的一样。如果球体在离另外一个球体的一定范围内移动，它们就会连接在一起。如果这些球体相互移开，将会重新显示球体的形状。图 5-7 所示为使用水滴网格制作的水滴动画文字。

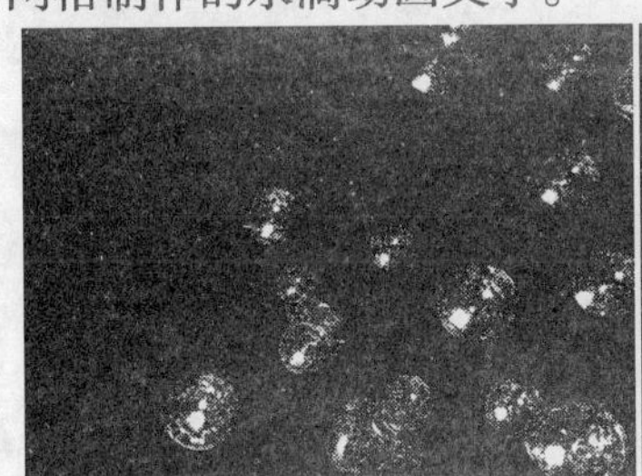
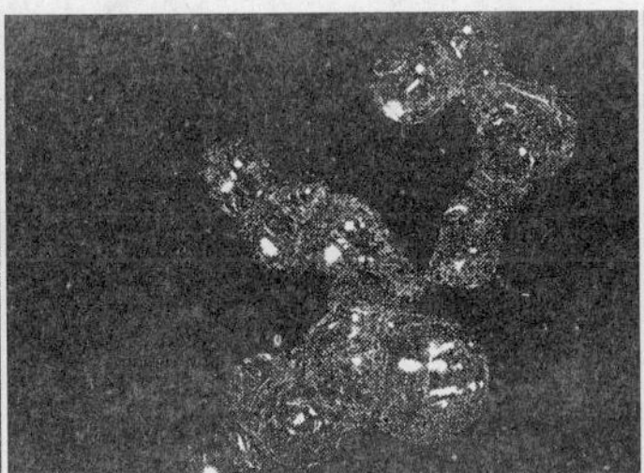
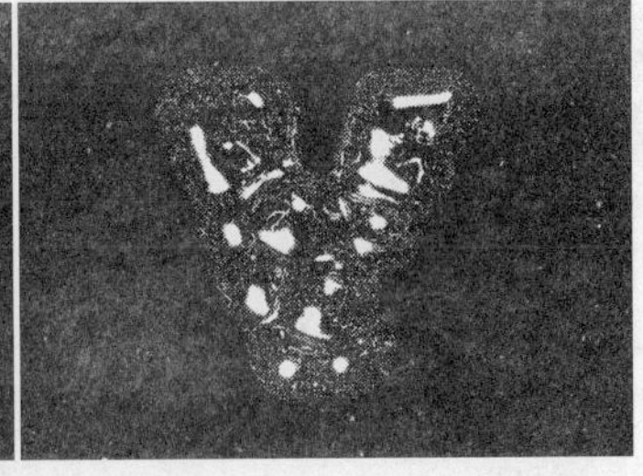

图 5-7

⊙ 图形合并：可使用图形合并来创建包含网格对象和一个或多个图形的复合对象。这些图形嵌入在网格中（将更改边与面的模式），或从网格中消失，如图 5-8 所示。

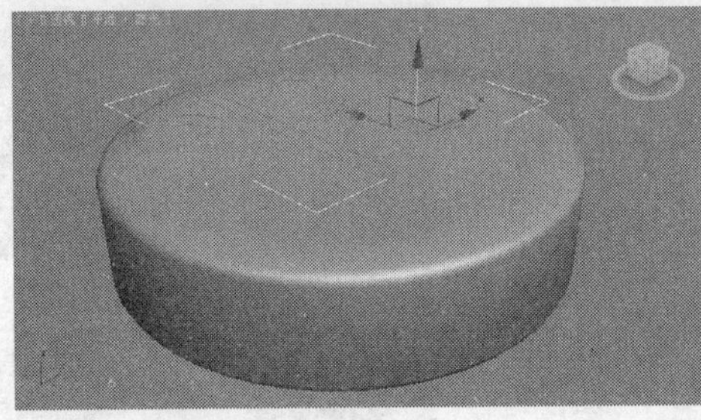

图 5-8

⊙ 布尔：通过对两个以上的物体进行并集、差集、交集的运算，从而得到新的物体形态（后面将详细介绍布尔工具）。

⊙ 地形：用于建立地形物体。要创建地形，可以选择表示海拔轮廓的可编辑样条线，如图 5-9

所示。

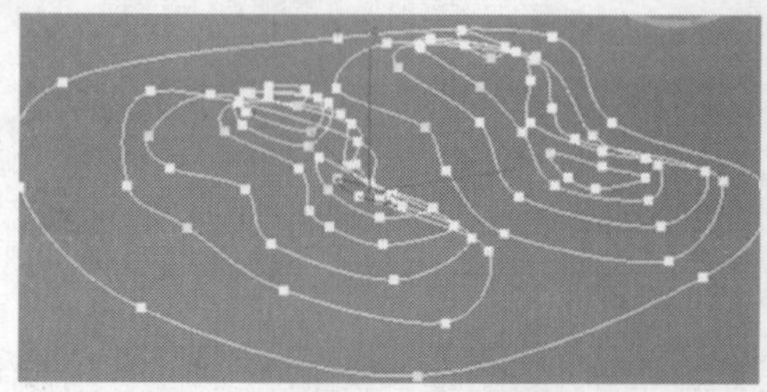
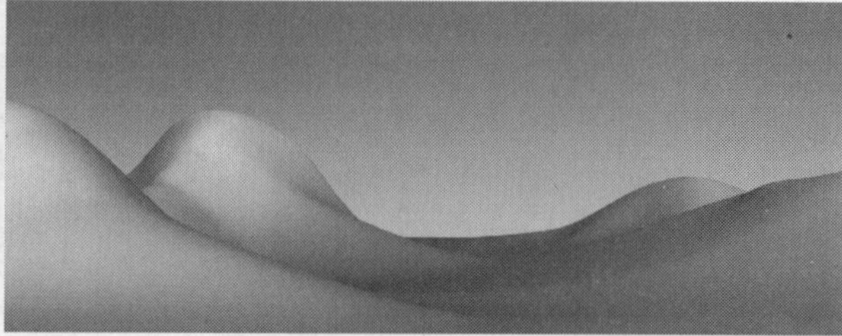

图 5-9

⊙ 放样：用于将两个或两个以上的二维图形组合成三维图形（后面将详细介绍放样工具）。

⊙ 网格化：网格化复合对象以每帧为基准将程序对象转化为网格对象，这样可以应用修改器，如弯曲或 UVW 贴图。它可用于任何类型的对象，但主要为使用粒子系统而设计。网格化对于复杂修改器堆栈的低空的实例化对象同样有用。

⊙ ProBoolean：将大量功能添加到传统的 3ds Max 2010 布尔对象中，如拥有每次使用不同的布尔运算，立刻组合多个对象的功能（后面将详细介绍 ProBoolean 的使用方法）。

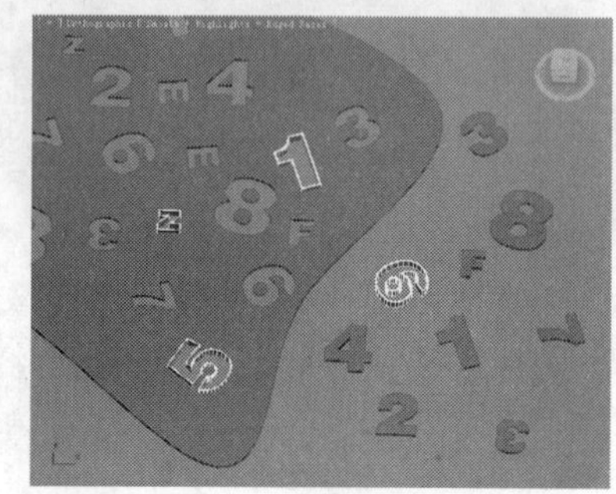

图 5-10

⊙ ProCutter：用于爆炸、断开、装配、建立截面或将对象（如 3D 拼图）拟合在一起的工具，如图 5-10 所示。

5.2 布尔运算建模

Boolean（布尔）对象通过对两个对象执行布尔运算将它们组合起来。在 3ds Max 中，布尔型对象是由两个重叠对象生成的。原始的两个对象是操作对象（A 和 B），而布尔型对象自身是运算的结果。

5.2.1 课堂案例——洗手盆的制作

案例学习目标：学习使用“布尔”工具。

案例知识要点：使用切角长方体作为洗手盆的背板和底板，使用布尔命令制作洗手盆和水龙头，并结合使用“编辑多边形”修改器制作水平头、开关和漏水塞，如图 5-11 所示。

图 5-11

效果所在位置：光盘\cha05\效果\洗手盆. max。

Step 01 单击“（创建）>（几何体）> 扩展基本体 > 切角长方体”按钮，在“前”视图中创建模型。在“参数”卷展栏中设置“长度”为 240、“宽度”为 250、“高度”为 15、“圆角”为 1、“圆角分段”为 2，并将其命名为“洗手盆模型 01”，如图 5-12 所示。

Step 02 在场景中选择并复制模型，如图 5-13 所示。

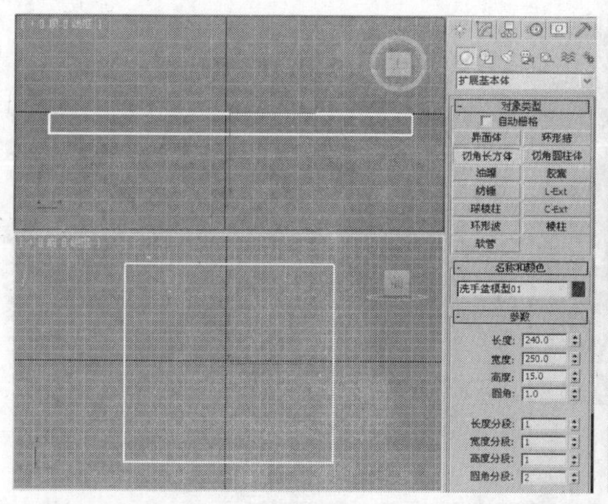

图 5-12

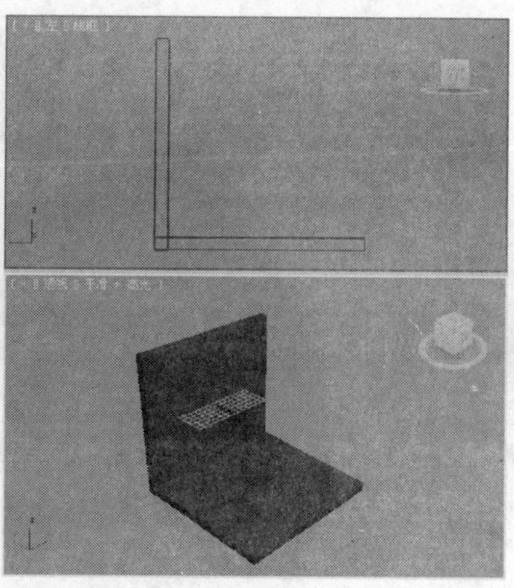

图 5-13

Step 03 单击“（创建）>（几何体）> 标准基本体 > 圆柱体”按钮，在“顶”视图中创建模型。在“参数”卷展栏中设置“半径”为 100、“高度”为 90、“高度分段”为 1、“边数”为 30，将其命名为“洗手盆 01”，如图 5-14 所示。

Step 04 选择“球体”工具，在“顶”视图中创建球体。在“参数”卷展栏中设置“半径”为 80，如图 5-15 所示，在场景中调整球体的位置。

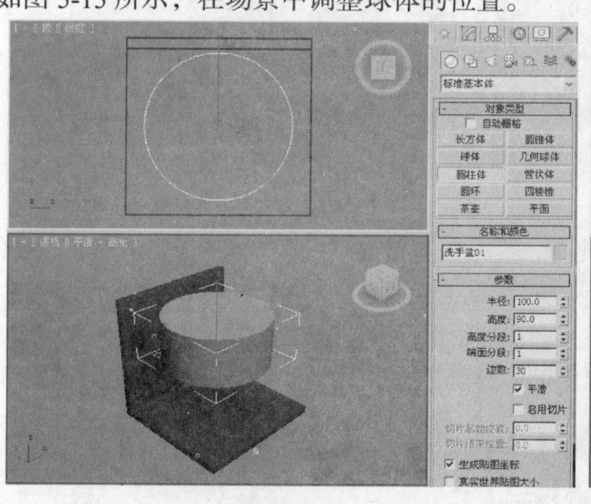

图 5-14

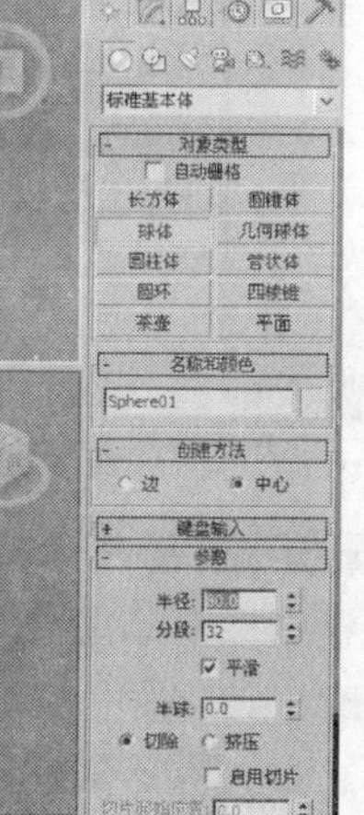

图 5-15

Step 05 在场景中选择“洗手盆 01”，单击“（创建）>（几何体）> 复合对象 > 布尔”按钮，在“拾取布尔”卷展栏中单击“拾取操作对象 B”按钮，在场景中拾取球体，如图 5-16 所示。

Step 06 选择“（创建）>（几何体）> 扩展基本体 > 切角圆柱体”工具，在“顶”视图中创建切角圆柱体。在“参数”卷展栏中设置“半径”为 11、“高度”为 6、“圆角”为 2、“圆角分段”为 2、“边数”为 20，并将其命名为“模型 01”，如图 5-17 所示。

Step 07 在模型上用鼠标右击，在弹出的快捷菜单中选择“转换为 > 转换为可编辑多边形”命令，切换到（修改）命令面板，将当前选择集定义为“多边形”，在“选择”卷展栏中勾选“忽略背面”选项，在场景中选择如图 5-18 所示的多边形。

Step 08 在“编辑多边形”卷展栏中单击“倒角”后的（设置）按钮，在弹出的“倒角多边形”对话框中设置“高度”为-1.4、“轮廓量”为-1.25，单击“确定”按钮，如图 5-19 所示。

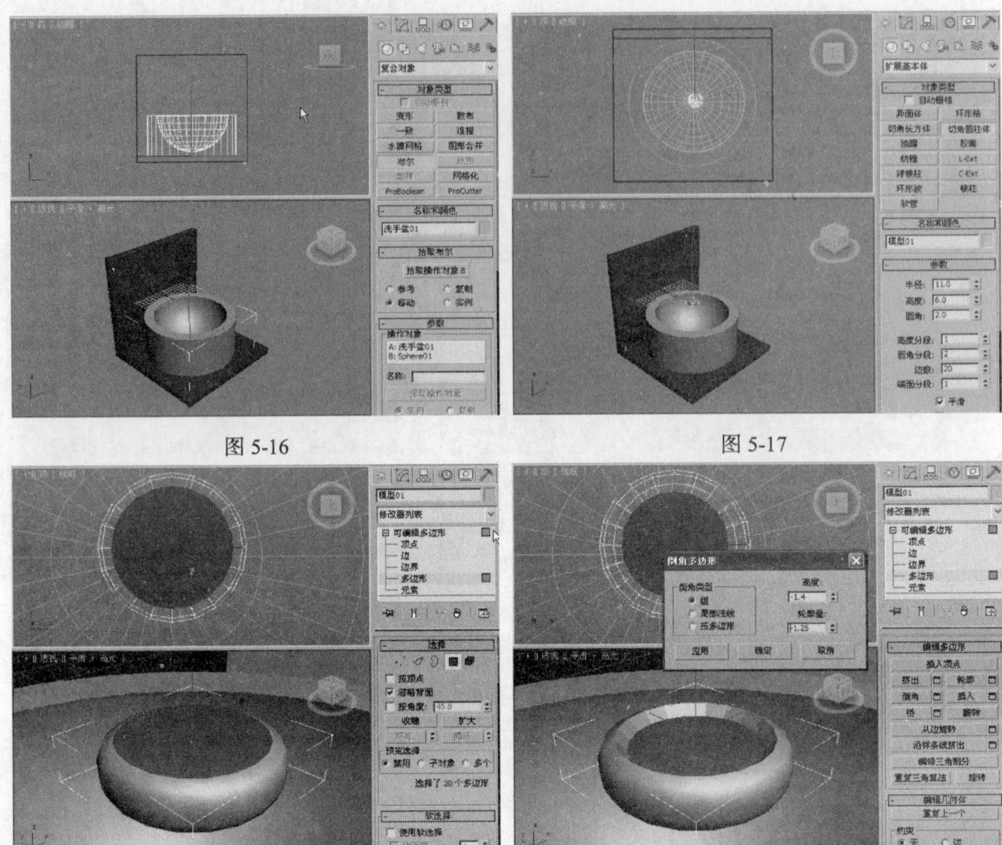

图 5-16　　图 5-17

图 5-18　　图 5-19

Step 09 将选择集定义为“顶点”，在“编辑顶点”卷展栏中单击“切角”按钮，在“顶”视图中单击中间的顶点，用鼠标拖动设置切角，如图 5-20 所示。

Step 10 将选择集定义为“多边形”，在场景中选择如图 5-21 所示的多边形，在“编辑多边形”卷展栏中单击“倒角”后的□（设置）按钮，在弹出的“倒角多边形”对话框中设置“高度”和“轮廓量”，单击“确定”按钮，如图 5-11 所示。

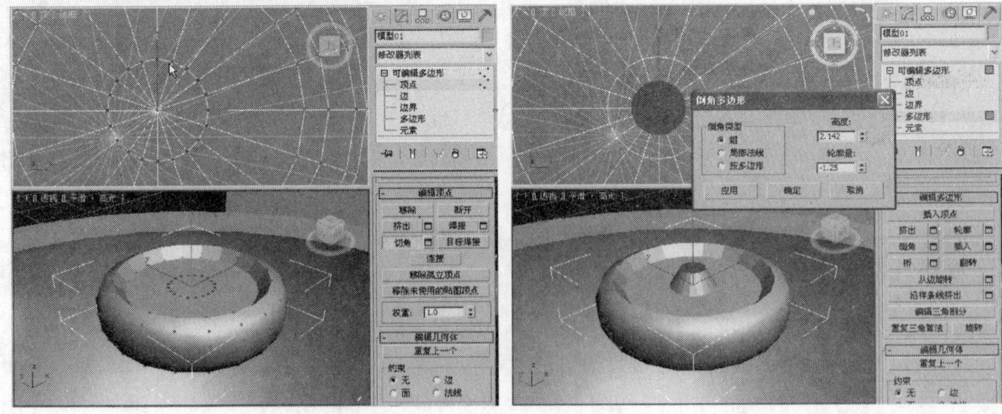

图 5-20　　图 5-21

Step 11 按 Ctrl+A 组合键全选多边形，在“多边形：平滑组”卷展栏中选择“3”按钮，如图 5-22 所示。

Step 12 选择“（创建）>（图形）> 线”工具，在“左”视图中创建样条线，并设置样条线的渲染，将其命名为“水龙头”，勾选“渲染”卷展栏中的“在渲染中启用”和“在视口中启用”选项，设置“厚度”为 10，如图 5-23 所示。

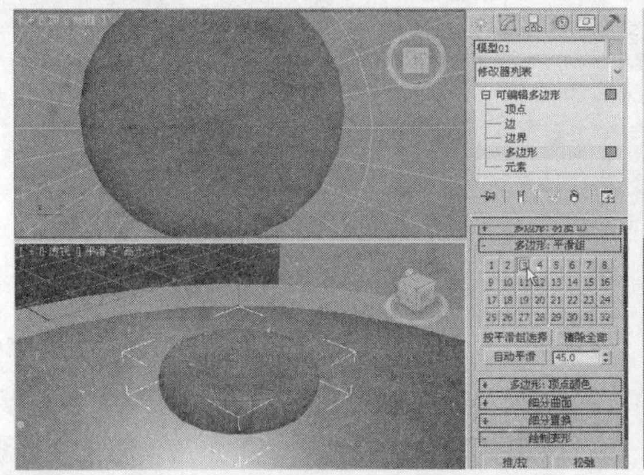

图 5-22

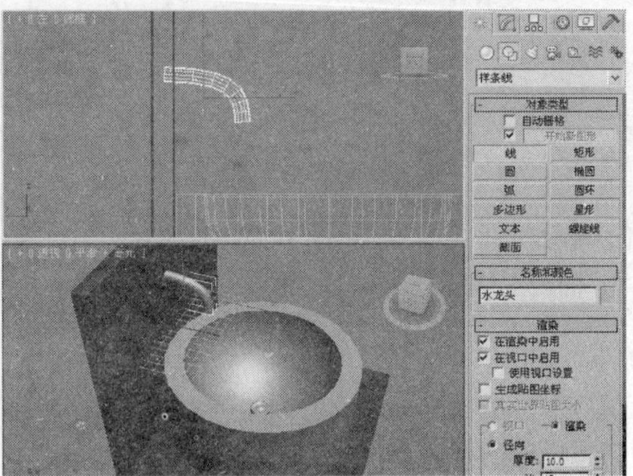

图 5-23

Step 13 在场景中选择“水龙头”，按 Ctrl+V 组合键，复制模型，调整模型的渲染参数和形状，如图 5-24 所示。

Step 14 在场景中选择“水龙头”，用鼠标右击模型，在弹出的快捷菜单中选择“转换为 > 转换为可编辑多边形”命令。将当前选择集定义为“顶点”，在场景中选择底端的顶点，并将其放大，如图 5-25 所示。

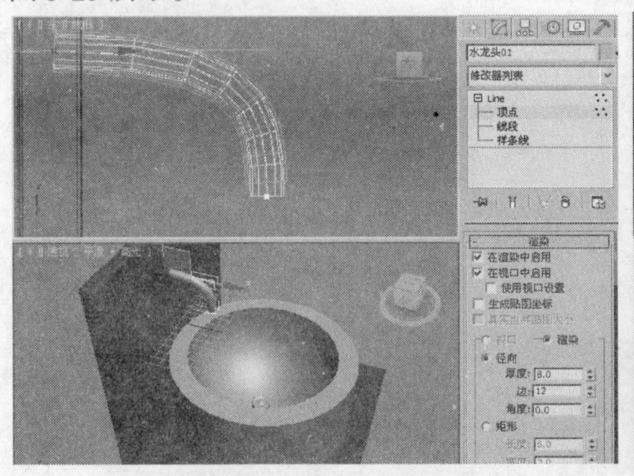

图 5-24

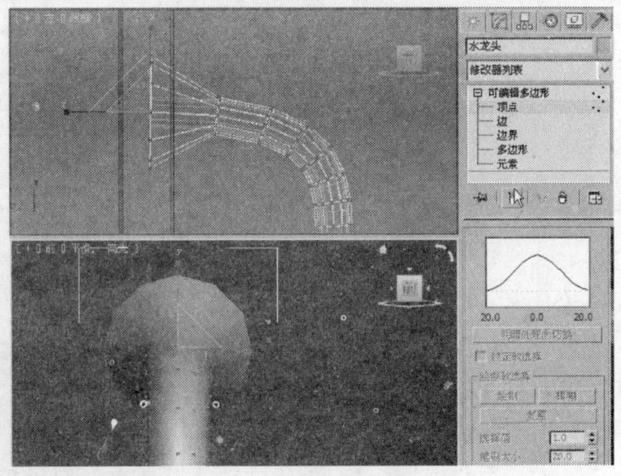

图 5-25

Step 15 将复制出的“水龙头 01”转换为“可编辑多边形”。在场景中选择“水龙头”，选择“（创建）>（几何体）> 复合对象 > 布尔”工具，在“拾取布尔”卷展栏中单击“拾取操作对象 B”按钮，在场景中拾取“水龙头 01”，如图 5-26 所示。

Step 16 选择“（创建）>（几何体）> 扩展基本提 > 切角圆柱体”工具，在“前”视图中创建切角圆柱体，在“参数”卷展栏中设置“半径”为 6、“高度”为 25、“圆角”为 1、“高度分段”为 3、“圆角分段”为 2、“边数”为 20，将其命名为“开关 01”，如图 5-27 所示。

Step 17 在场景中选择“开关 01”，用鼠标右击模型，在弹出的快捷菜单中选择“转换为 > 转换为可编辑多边形”命令。将当前选择集定义为“顶点”，在场景中选择底端的顶点，并将其放大。

Step 18 在场景中调整顶点的位置，并将当前选择集定义为“多边形”，在场景中选择如图 5-28 所示。

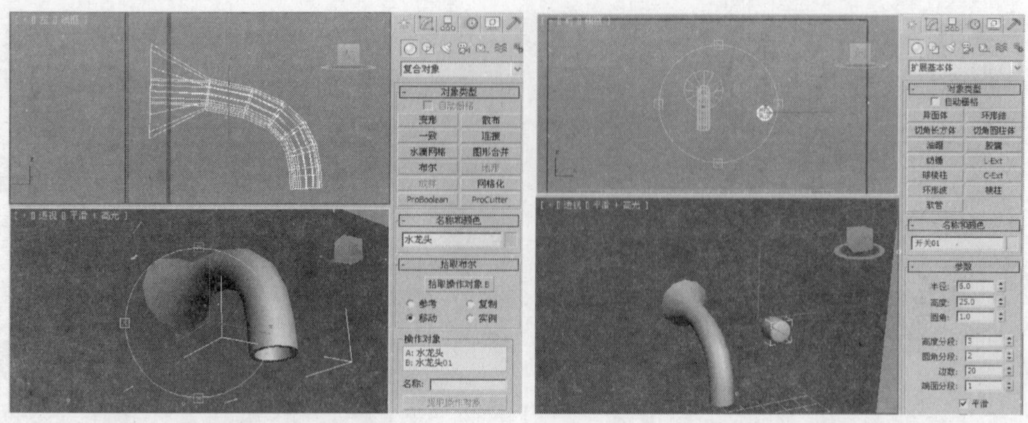

图 5-26　　　　图 5-27

Step 19 在“编辑多边形”卷展栏中单击“倒角”后的（设置）按钮，在弹出的“倒角多边形”对话框中设置“高度”为 0.2、“轮廓量”为-0.5，在“倒角类型”组中选择“按多边形”选项，单击“确定”按钮，如图 5-19 所示。

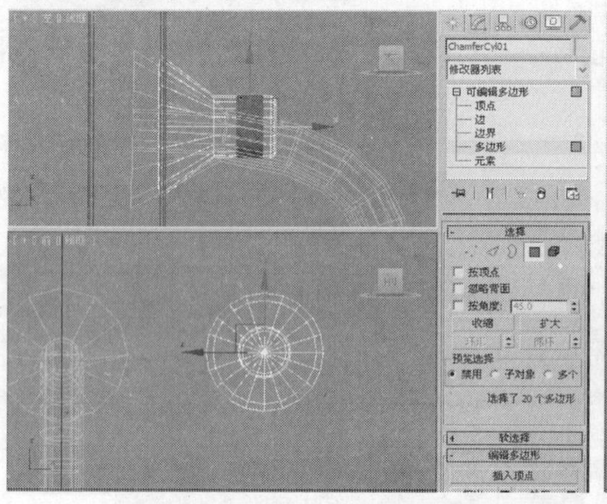

图 5-28　　　　图 5-29

Step20 完成的场景模型如图 5-30 所示。

图 5-30

5.2.2 布尔工具

在场景中选择需要布尔的模型，选择“（创建）>（几何体）> 复合对象 > 布尔”工具，在“拾取布尔”卷展栏中单击“拾取操作对象 B”按钮，在场景中拾取操作对象。

下面简单介绍布尔的常用工具及选项。

下面介绍“拾取布尔”卷展栏，如图 5-31 所示。

◎ 拾取操作对象 B：此按钮用于选择用以完成布尔操作的第二个对象。

◎ 复制：将原始对象复制一个作为操作对象 B，不破坏原始对象。

◎ 移动：将原始对象直接作为操作对象 B，它本身不存在。

◎ 实例：将原始对象以实例复制的方式复制一个作为操作对象 B，以后对两者之一进行修改时都会同时影响另一个。

◎ 参考：将原始对象的参考复制作为操作对象 B，改变原始对象，也会同时改变布尔对象中的操作对象 B，但改变操作对象 B 不会改变原始对象。

◎ 操作对象组显示当前的操作对象。

◎ 名称：编辑此字段更改操作对象的名称。在操作对象列表中选择一个操作对象，该操作对象的名称同时也将显示在名称框中。

◎ 提取操作对象：提取选中操作对象的副本或实例。在列表框中选择一个操作对象即可启用此按钮。

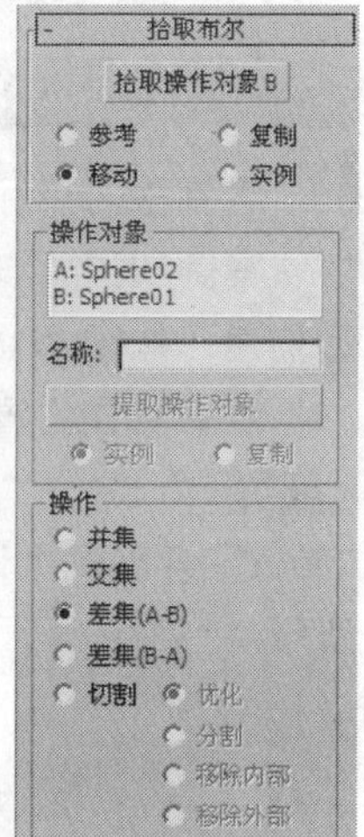

图 5-31

提示：“提取操作对象”按钮仅在修改面板中可用。如果当前为创建面板，则无法提取操作对象。

◎ 操作组用于选择运算方式。

◎ 并集：布尔对象包含两个原始对象的体积，将移除几何体的相交部分或重叠部分。

◎ 交集：布尔对象只包含两个原始对象公用的体积（即重叠的位置）。

◎ 差集(A-B)：从操作对象 A 中减去相交的操作对象 B 的体积。布尔对象包含从中减去相交体积的操作对象 A 的体积。

◎ 差集(B-A)：从操作对象 B 中减去相交的操作对象 A 的体积。布尔对象包含从中减去相交体积的操作对象 B 的体积。

◎ 切割：使用操作对象 B 切割操作对象 A，但不给操作对象 B 的网格添加任何东西。

◎ 优化：在操作对象 B 与操作对象 A 面的相交之处，在操作对象 A 上添加新的顶点和边。

◎ 分割：类似于优化，不过此种剪切还沿着操作对象 B 剪切操作对象 A 的边界添加第二组顶点和边或两组顶点和边。

◎ 移除内部：删除位于操作对象 B 内部的操作对象 A 的所有面。

◎ 移除外部：删除位于操作对象 B 外部的操作对象 A 的所有面。

5.3 ProBoolean 运算建模

ProBoolean 复合对象在执行布尔运算之前，它采用了 3ds Max 网格并增加了额外的智能。首先它组合了拓扑，确定共面三角形并移除附带的边，然后不是在这些三角形上而是在 *N* 多边形上执行布尔运算。完成布尔运算之后，对结果执行重复三角算法，然后在共面的边隐藏的情况下将结果发送回 3ds Max 中。这样额外工作的结果有双重意义：布尔对象的可靠性非常高，因为有更少的小边和三角形，因此结果输出更清晰。

5.3.1 课堂案例——制作镜前灯

案例学习目标：学习使用“ProBoolean”工具。

案例知识要点：创建管状体并为其使用 ProBoolean 工具布尔长方体。创建圆柱体作为其他模型构建，如图 5-32 所示。

效果所在位置：光盘/cha05/效果/镜前灯.max。

Step 01 单击“（创建）>（几何体）> 管状体”按钮，在“左”视图中创建管状体，在“参数”卷展栏中设置“半径 1”为 30、“半径 2”为 27、“高度”为 500、“边数”为 30，如图 5-33 所示。

图 5-32

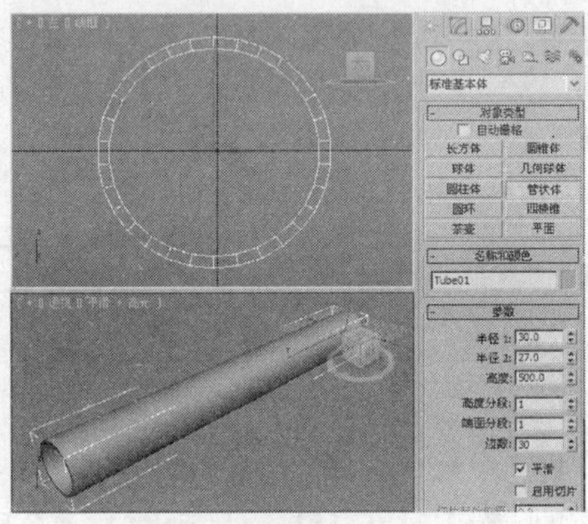

图 5-33

Step 02 创建“长方体”，在“参数”卷展栏中设置“长度”为 56、“宽度”为 447、“高度”为 41，如图 5-34 所示。

Step 03 在场景中调整长方体的位置，如图 5-35 所示。

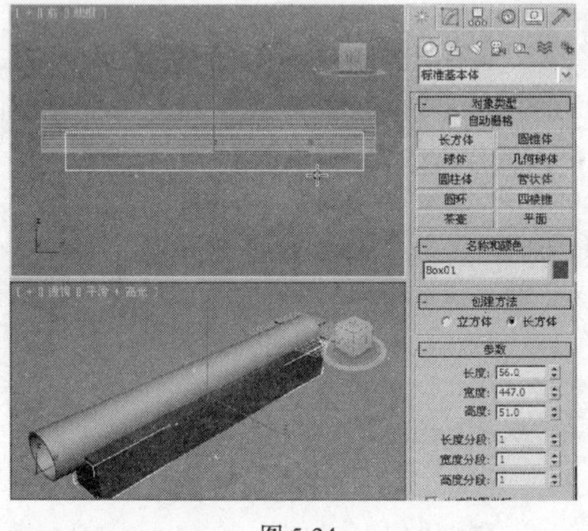

图 5-34

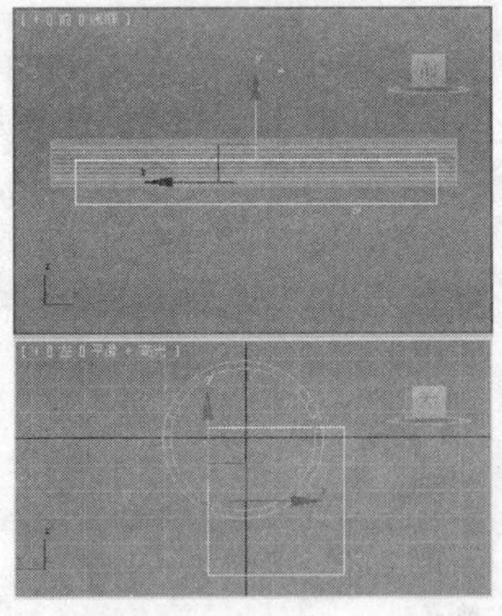

图 5-35

Step 04 在场景中选择管状体，单击“（创建）>（几何体）> 复合对象 > ProBoolean”按钮，在“拾取布尔对象”卷展栏中单击“开始拾取”按钮，在场景中拾取长方体，如图 5-36 所示。

Step 05 单击“（创建）>（几何体）> 标准基本体 > 圆柱体”按钮，创建圆柱体，设置圆柱体的参数，并在场景中调整模型的位置，如图 5-37 所示。

Step 06 在场景中复制圆柱体，如图 5-38 所示。

Step 07 复制圆柱体，在“参数”卷展栏中设置“半径”为 20、“高度”为 500，如图 5-39 所示。

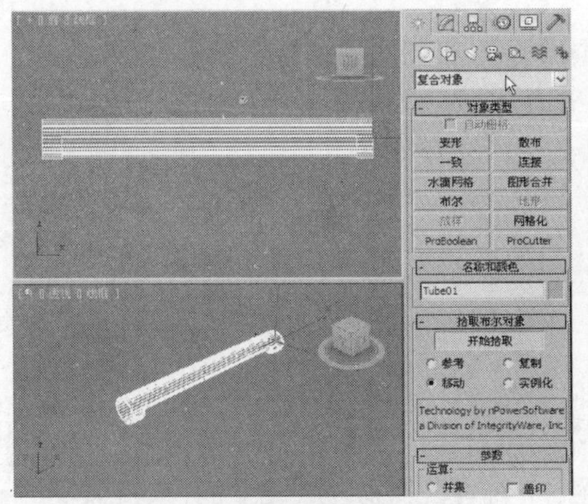

图 5-36

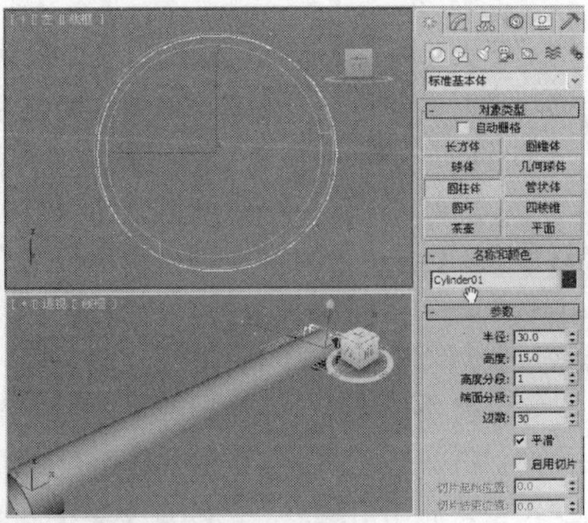

图 5-37

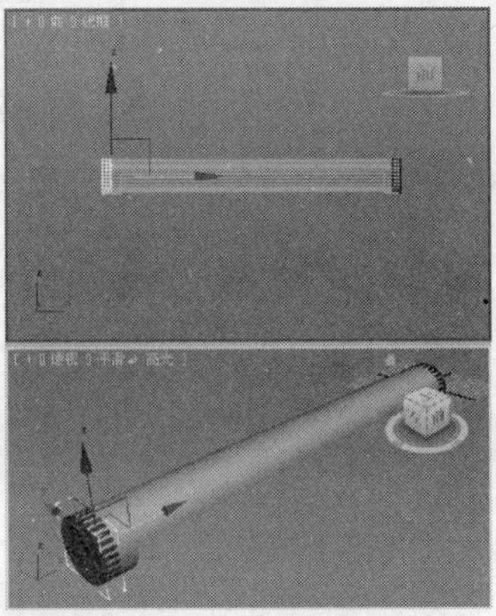

图 5-38

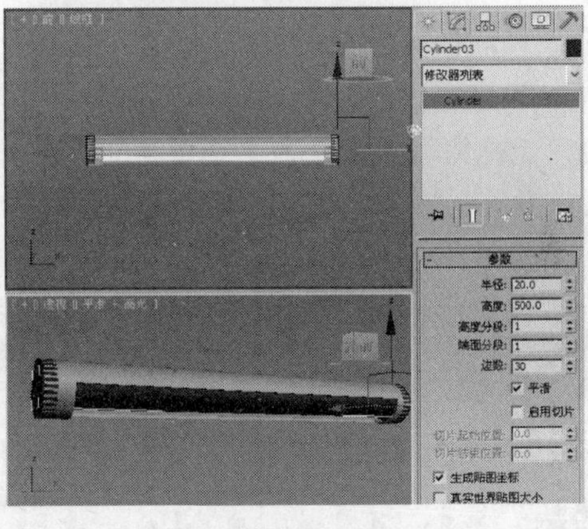

图 5-39

5.3.2 ProBoolean

"高级选项"卷展栏如图 5-40 所示。

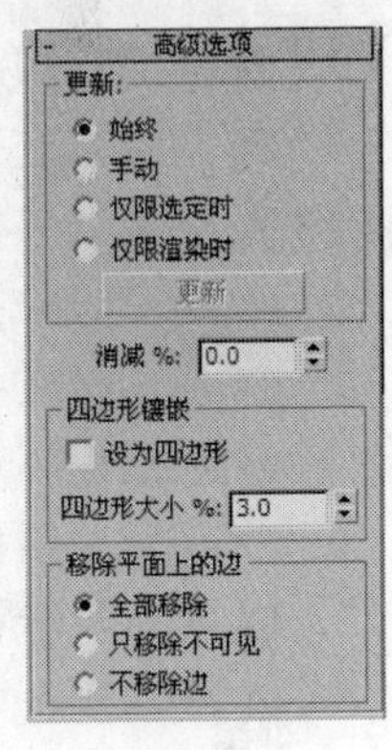

图 5-40

⊙ 更新组中的选项确定在进行更改后，何时在布尔对象上执行更新。

⊙ 始终：只要更改了布尔对象，系统就会进行更新。

⊙ 手动：仅在单击"更新"按钮后进行更新。

⊙ 仅限选定时：不论何时，只要选定了布尔对象，就会进行更新。

⊙ 仅限渲染时：仅在渲染或单击"更新"按钮时才将更新应用于布尔对象。

⊙ 更新：对布尔对象应用更改。

⊙ 消减%：从布尔对象中的多边形上移除边，从而减少多边形数目的边百分比。

⊙ 四边形镶嵌组中的选项启用布尔对象的四边形镶嵌。

⊙ 设为四边形：启用时，会将布尔对象的镶嵌从三角形改为四边形。

提示： 当启用"设为四边形"之后，对"消减%"设置没有影响。"设为四边形"可以使用四边形网格算法重设平面曲面的网格。将该能力与"网格平滑"、"涡轮平滑"和"可编辑多边形"中的细分曲面工具结合使用可以产生动态效果。

⊙ 四边形大小%：确定四边形的大小作为总体布尔对象长度的百分比。

⊙ 移除平面上的边组中的选项确定如何处理平面上的多边形。

⊙ 全部移除：移除一个面上的所有其他共面的边，这样该面本身将定义多边形。

⊙ 只移除不可见：移除每个面上的不可见边。

⊙ 不移除边：不移除任何边。

“参数”卷展栏如图 5-41 所示。

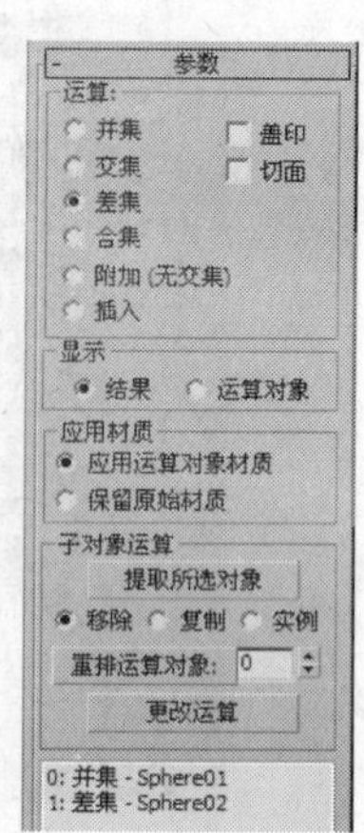

图 5-41

⊙ 运算：这些设置确定布尔运算对象实际如何交互。

⊙ 并集：将两个或多个单独的实体组合到单个布尔对象中。

⊙ 交集：从原始对象之间的物理交集中创建一个新对象；移除未相交的体积。

⊙ 差集：从原始对象中移除选定对象的体积。

⊙ 合集：将对象组合到单个对象中，而不移除任何几何体。在相交对象的位置创建新边。

⊙ 附加（无交集）：将两个或多个单独的实体合并成单个布尔型对象，而不更改各实体的拓扑。实质上，操作对象在整个合并成的对象内仍为单独的元素。

⊙ 插入：先从第一个操作对象减去第二个操作对象的边界体积，然后再组合这两个对象。

⊙ 盖印：将图形轮廓（或相交边）打印到原始网格对象上，如图 5-42 所示。

图 5-42

⊙ 切面：切割原始网格图形的面，只影响这些面。选定运算对象的面未添加到布尔结果中。

⊙ 显示：选择下面一个显示模式。

⊙ 结果：只显示布尔运算而非单个运算对象的结果。

⊙ 运算对象：显示定义布尔结果的运算对象。使用该模式编辑运算对象并修改结果。

⊙ 应用材质：选择下面一个材质应用模式。

⊙ 应用运算对象材质：布尔运算产生的新面获取运算对象的材质。

⊙ 保留原始材质：布尔运算产生的新面保留原始对象的材质。

⊙ 子对象运算：这些函数对在层次视图列表中高亮显示的运算对象进行运算。

⊙ 提取所选对象：对在层次视图列表中高亮显示的运算对象应用运算。

⊙ 移除：从布尔结果中移除在层次视图列表中高亮显示的运算对象。它本质上撤销了加到布尔对象中的高亮显示的运算对象。提取的每个运算对象都再次成为顶层对象。

⊙ 复制：提取在层次视图列表中高亮显示的一个或多个运算对象的副本。原始的运算对象仍然是布尔运算结果的一部分。

⊙ 实例：提取在层次视图列表中高亮显示的一个或多个运算对象的一个实例。对提取的这个运算对象的后续修改也会修改原始的运算对象，因此会影响布尔对象。

⊙ 重排运算对象：在层次视图列表中更改高亮显示的运算对象的顺序。将重排的运算对象移动到“重排运算对象”按钮旁边的文本字段中列出的位置。

⊙ 更改运算：为高亮显示的运算对象更改运算类型。

⊙ 层次视图：显示定义选定网格的所有布尔运算的列表。

5.4 放样命令建模

放样对象是沿着第三个轴挤出的二维图形。从两个或多个现有样条线对象中创建放样对象。这些样条线之一会作为路径，其余的样条线会作为放样对象的横截面或图形。

5.4.1 课堂案例——大头显示器的制作

案例学习目标：学习使用“放样”、“布尔”工具。

案例知识要点：创建几何体，通过“放样”创建基本模型，将制作出的模型作为布尔对象，通过布尔完成模型的制作，如图 5-43 所示。

效果所在位置：光盘/cha05/效果/显示器.max。

图 5-43

Step 01 单击“（创建）>（图形）> 矩形”按钮，在“前”视图中创建矩形，在“参数”卷展栏中设置“长度”为 16.5、“宽度”为 18.5、“角半径”为 0.4，该矩形为放样图形，如图 5-44 所示。

Step 02 在“左”视图中创建如图 5-45 所示的图形，作为拟合图形 1。

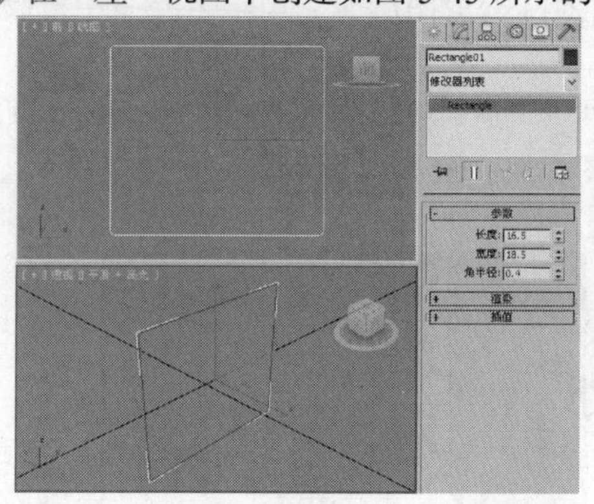

图 5-44

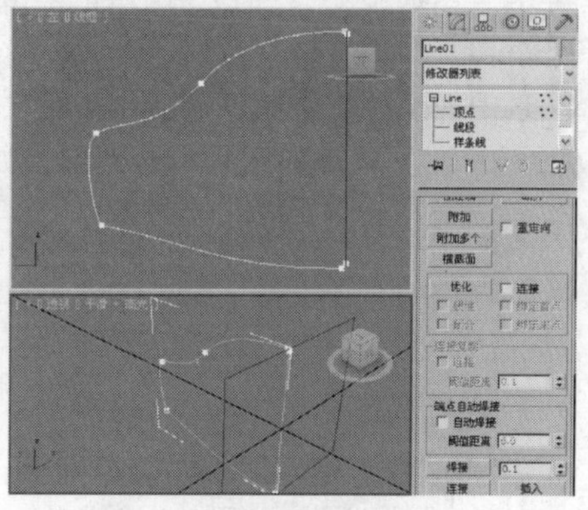

图 5-45

Step 03 在“左”视图中创建线，作为放样路径，如图 5-46 所示。

Step 04 在“顶”视图中创建如图 5-47 所示的图形作为拟合图形 2。

Step 05 在场景中选择作为放样图形的图形，选择“（创建）>（几何体）> 复合对象 > 放样”工具，在“创建方法”卷展栏中单击“获取路径”按钮，在场景中拾取作为路径的直线，如图 5-48 所示。

Step 06 切换到（修改）命令面板，在“变形”卷展栏中单击“拟合”按钮，在弹出的对话框中单击取消“（均衡）”的锁定，单击“（显示 *X* 轴）”按钮，单击“（获取图形）”按钮，在场景中拾取“顶”视图的拟合图形，如图 5-49 所示。

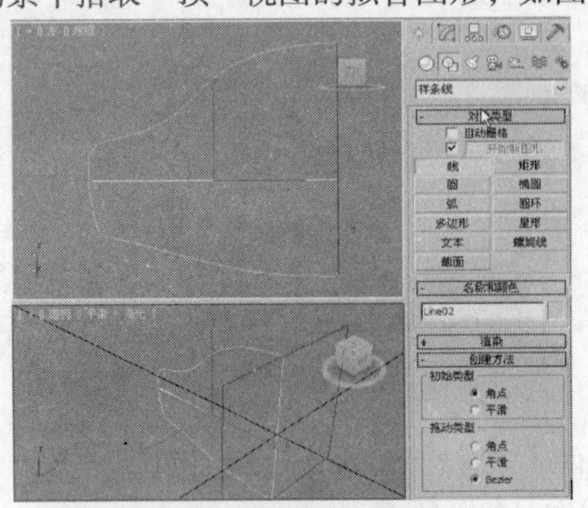

图 5-46

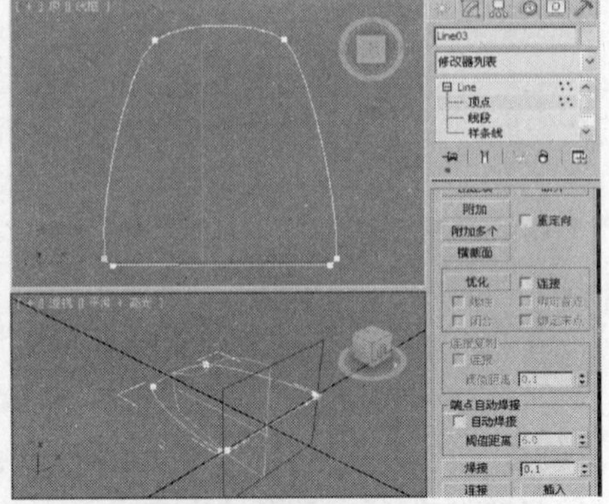

图 5-47

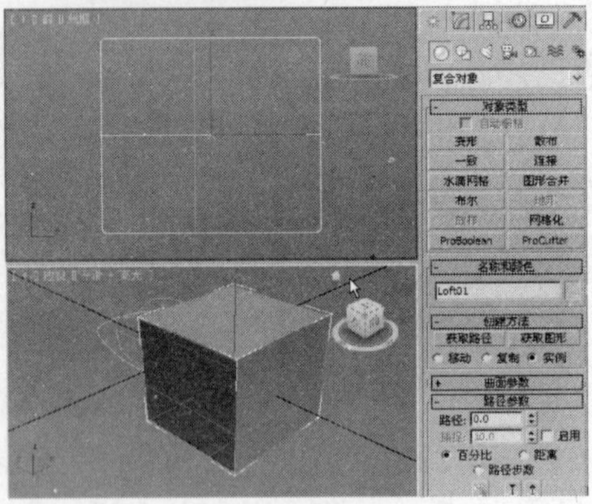

图 5-48

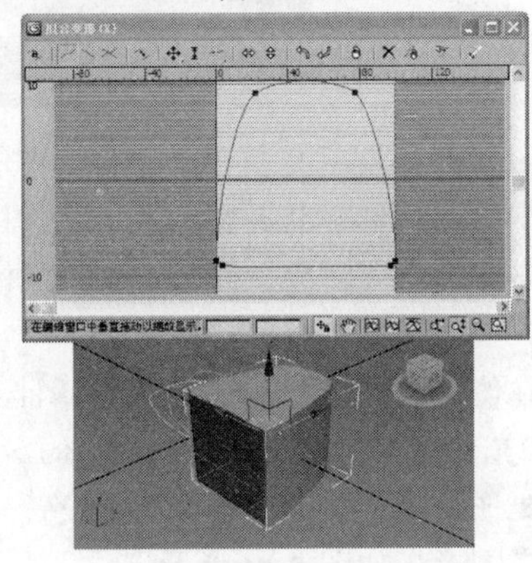

图 5-49

Step 07 单击“（显示 Y 轴）”按钮，单击“（获取图形）”按钮，在场景中拾取“左”视图的拟合图形，如图 5-50 所示。

Step 08 场景中的模型发生错误时，可以使用“（逆时针旋转 90°）”和“（顺时针旋转 90°）”按钮，旋转 X、Y 轴向上的拟合图形，如图 5-51、图 5-52 所示。

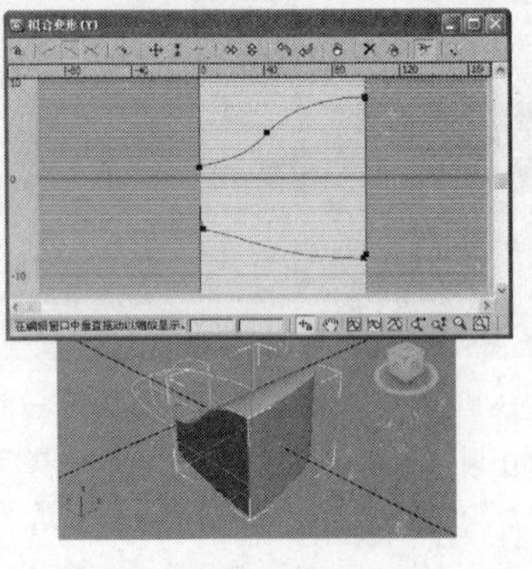

图 5-50

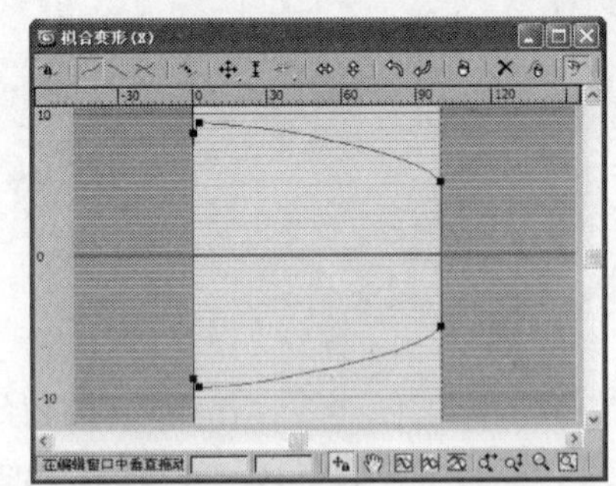

图 5-51

Step 09 直至模型到正确位置，如图 5-53 所示。

Step 10 翻转一下模型的角度，如图 5-54 所示。

Step 11 接下来创建显示器的其他构件。选择“（创建）> （几何体）> 扩展基本体 > 切角长方体”工具，在“前”视图中创建切角长方体，在“参数”卷展栏中设置“长度”为 1.6、“宽度”为 18.5、“高度”为 1.3、“圆角”为 0.3、“圆角分段”为 3，如图 5-55 所示，在场景中调整模型的位置。

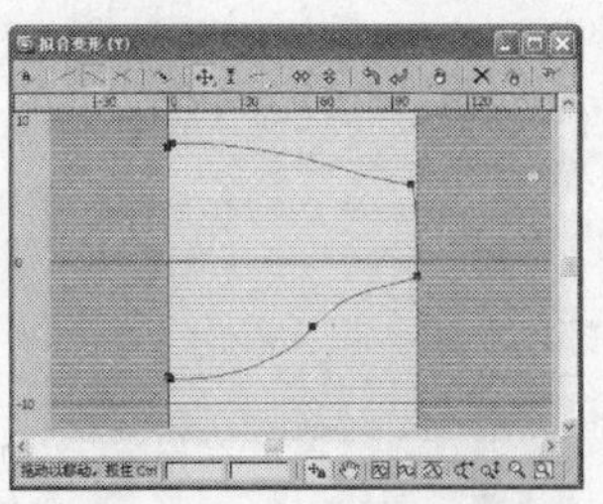

图 5-52

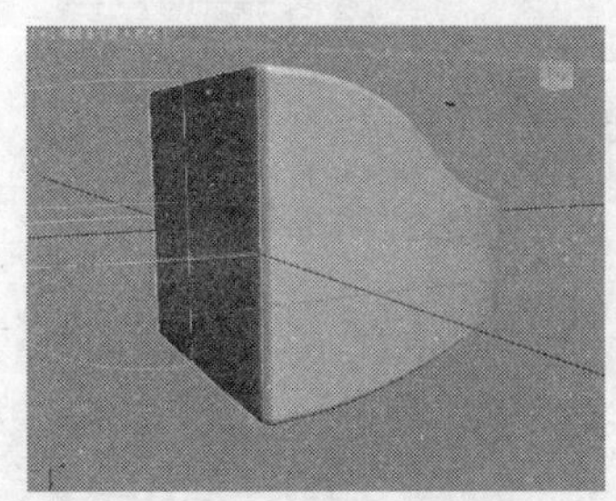

图 5-53

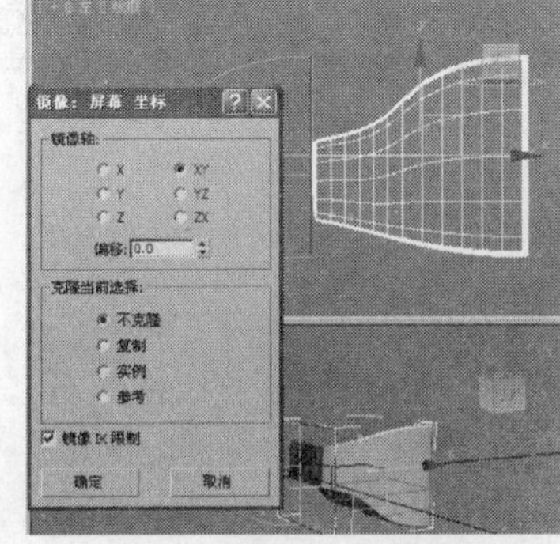

图 5-54

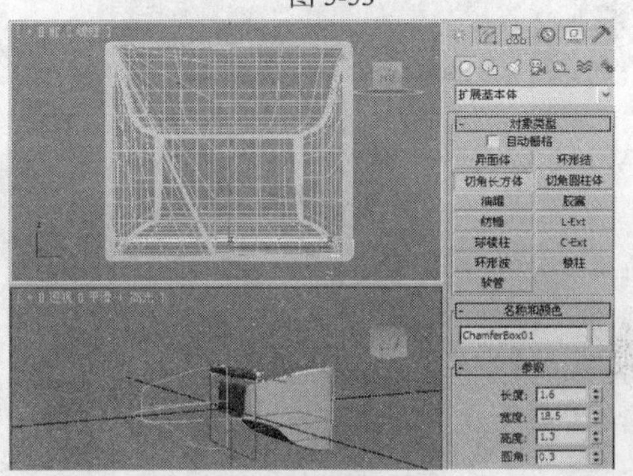

图 5-55

Step 12 切换到 （修改）命令面板，在修改器列表中选择“FFD4×4×4”修改器，将选择集定义为“控制点”，在场景中调整控制点，调整模型，如图 5-56 所示。

Step 13 在“前”视图中创建切角长方体，在“参数”卷展栏中设置“长度”为 15、“宽度”为 18.6、“高度”为 0.7、“圆角”为 0.03，如图 5-57 所示，在场景中调整模型的位置。

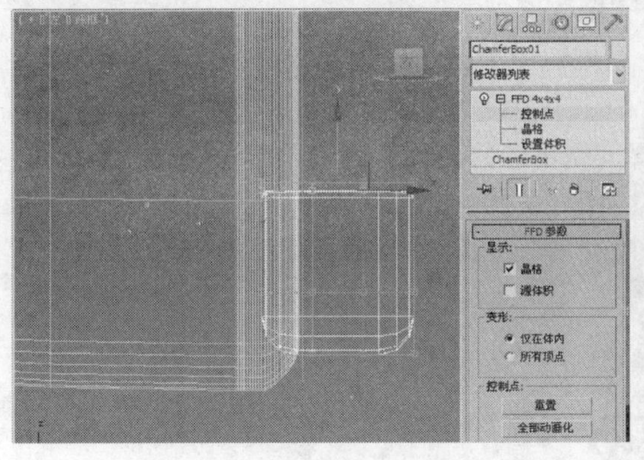

图 5-56

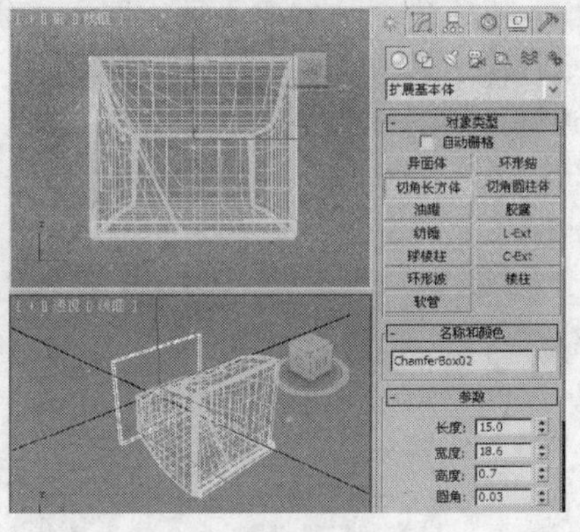

图 5-57

Step 14 复制切角长方体，修改其“长度”为 12、“宽度”为 16、“高度”为 0.98、“圆角”为 0.05，并在场景中调整模型的位置，将其作为屏幕模型的布尔对象，如图 5-58 所示。

Step 15 在场景中选择鼠标右击复制出的模型，在弹出的快捷菜单中选择“转换为>转换为可编辑多边形”，将选择集定义为“顶点”，在场景中缩放如图 5-59 所示的顶点。

Step 16 在场景中选择作为屏幕的切角长方体，选择“ （创建）> （几何体）> 复合对象 > ProBoolean”工具，在“拾取布尔对象”卷展栏中单击“开始拾取”按钮，在场景中拾取作为布尔的切角长方体，如图 5-60 所示。

Step 17 选择“（创建）>（图形）> 弧”工具，在“前”视图中创建弧，如图 5-61 所示。

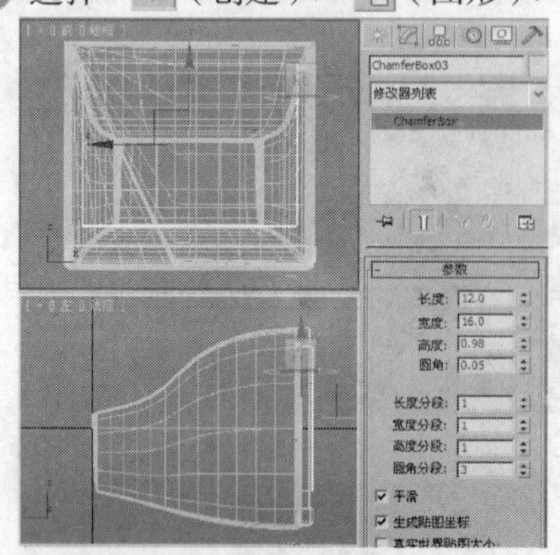

图 5-58

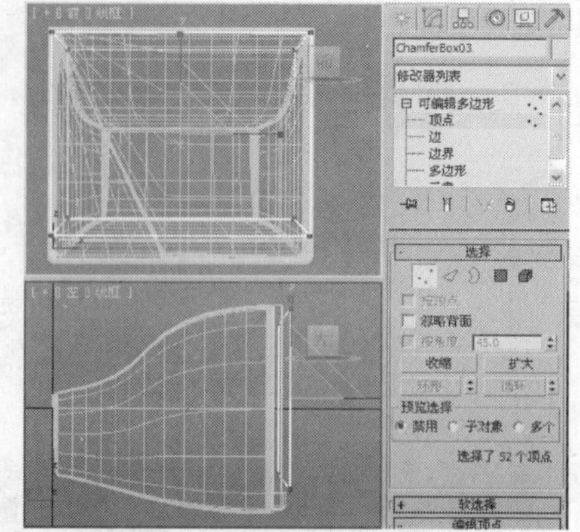

图 5-59

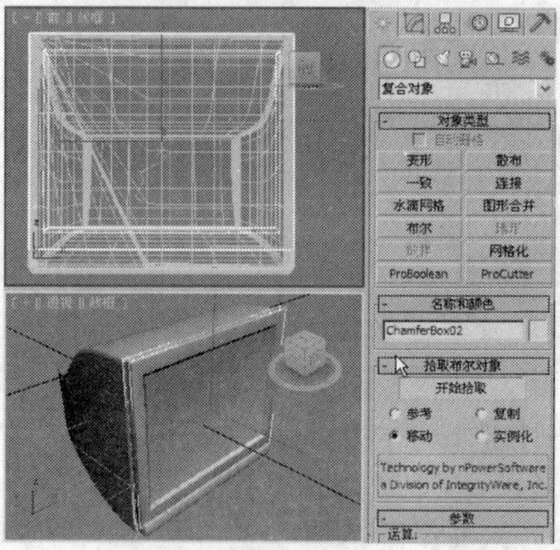

图 5-60

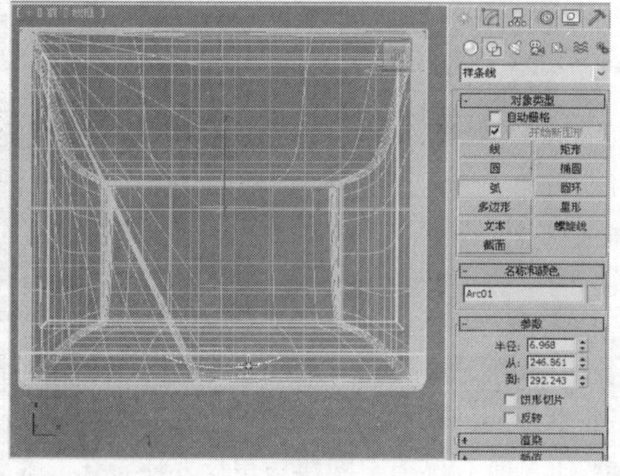

图 5-61

Step 18 切换到（修改）命令面板，在“修改器列表”中为其施加“编辑样条线”修改器，将当前选择集定义为“顶点”，在“几何体”卷展栏中单击“连接”按钮，在场景中将弧两端的顶点进行连接，如图 5-62 所示。

Step 19 关闭选择集，在修改器列表中选择“挤出”修改器，在“参数”卷展栏中设置“数量”为 1，如图 5-63 所示。

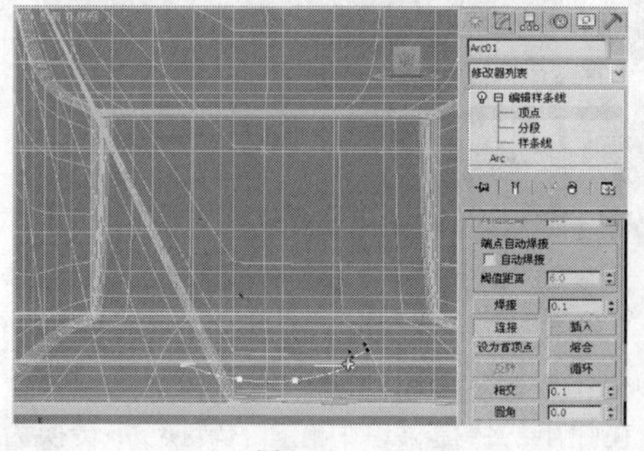

图 5-62

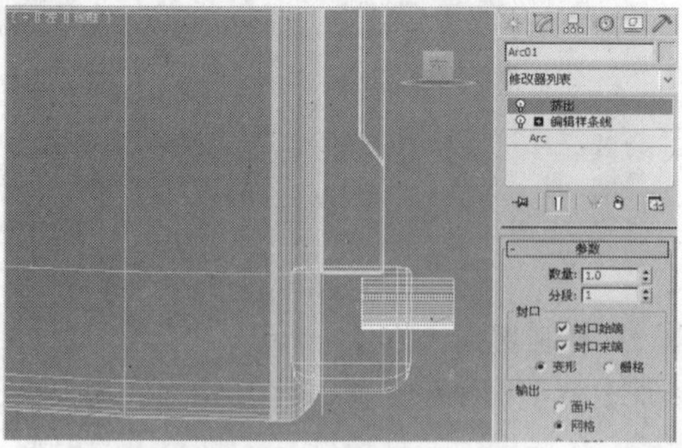

图 5-63

Step 20 在修改器列表中选择“编辑网格”修改器，将当前选择集定义为“顶点”，在场景中缩放顶点，如图 5-64 所示。

Step 21 在场景中选择底端的切角圆柱体，选择“（创建）>（几何体） > 复合对象 >

ProBoolean”工具，在“拾取布尔对象”卷展栏中单击“开始拾取”按钮，在场景中拾取作为布尔的弧挤出的对象，如图 5-65 所示。

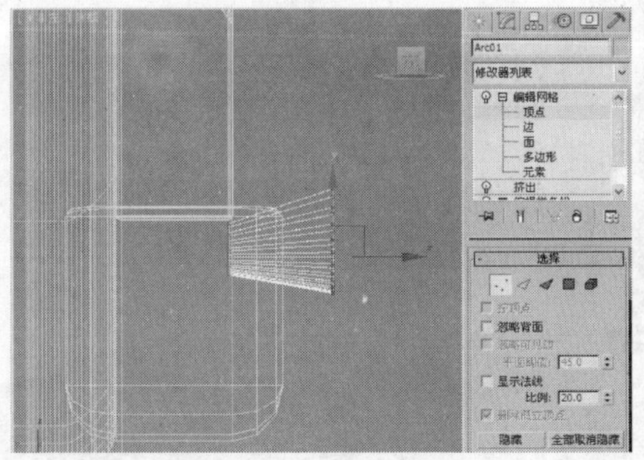

图 5-64

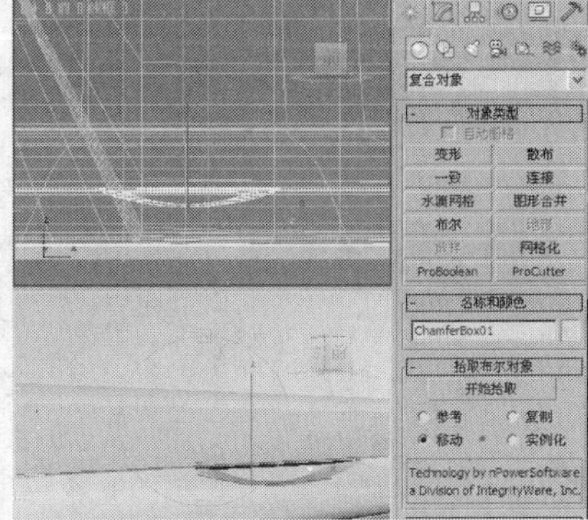

图 5-65

Step22 在“前”视图中创建长方体作为屏幕显示的屏，设置合适的参数即可，如图 5-66 所示。

Step23 在“前”视图中创建切角长方体，在“参数”卷展栏中设置“长度”为 6、“宽度”为 12、“高度”为 11、“圆角”为 0.2，并在场景中调整模型的位置，如图 5-67 所示。

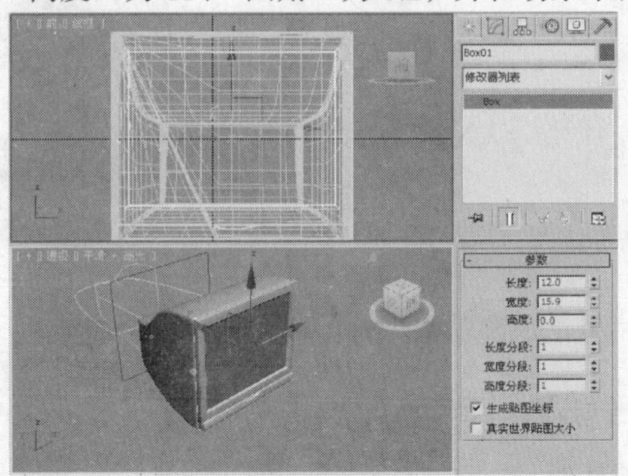

图 5-66

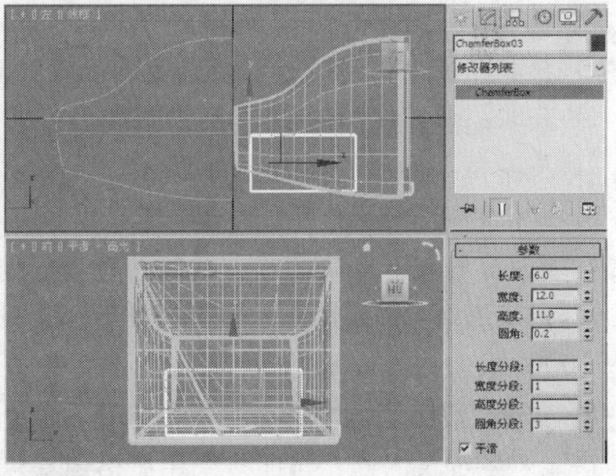

图 5-67

Step24 选择“（创建）>（几何体）> 标准基本体 > 圆柱体”工具，在“顶”视图中创建圆柱体，在“参数”卷展栏中设置“半径”为 5、“高度”为 7、“高度分段”为 3，如图 5-68 所示。

Step25 切换到（修改）命令面板，在修改器列表中选择“编辑多边形”，将当前选择集定义为“顶点”，在场景中调整顶点，如图 5-69 所示。

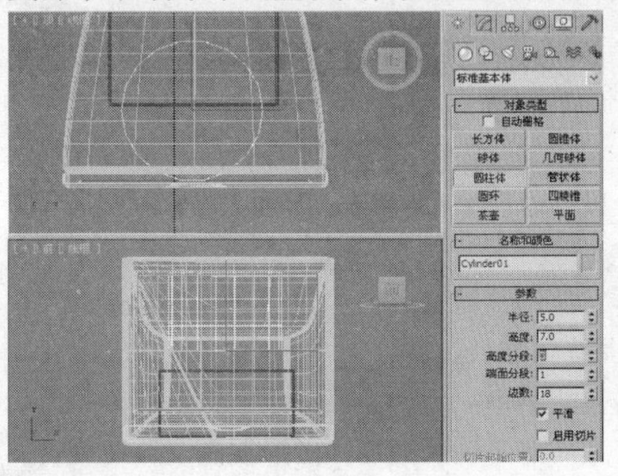

图 5-68

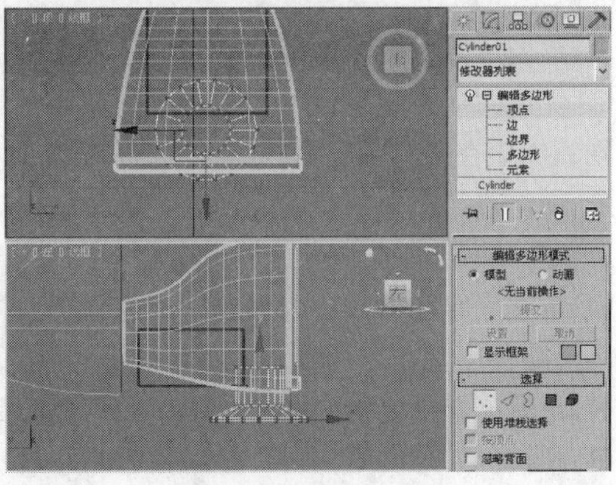

图 5-69

Step26 在场景中创建文本，并为其施加“挤出”修改器，如图 5-70 所示，在场景中调整模型。

Step27 检查场景模型，并调整模型，如图 5-71 所示。

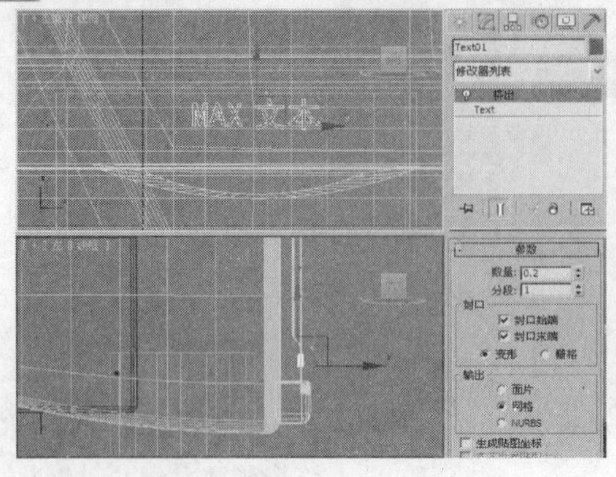

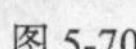

图 5-70

图 5-71

5.4.2 放样工具

“创建方法”卷展栏如图 5-72 所示。

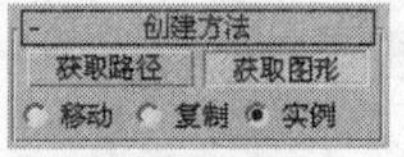

图 5-72

⊙ 获取路径：将路径指定给选定图形或更改当前指定的路径。

⊙ 获取图形：将图形指定给选定路径或更改当前指定的图形。

“蒙皮参数”卷展栏如图 5-73 所示。

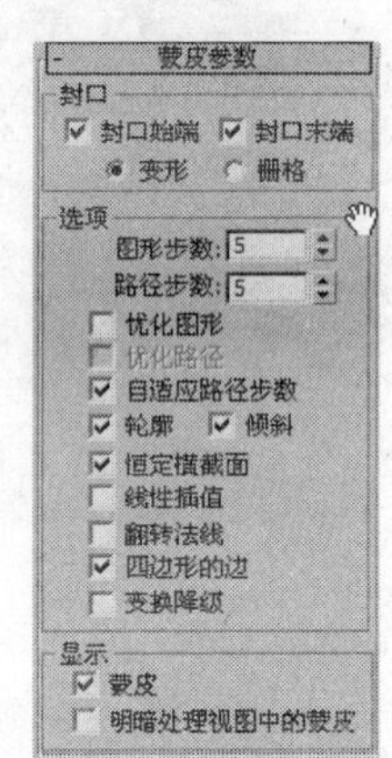

图 5-73

⊙ 封口始端：如果启用，则路径第一个顶点处的放样端被封口。如果禁用，则放样端为打开或不封口状态。默认设置为启用。

⊙ 封口末端：如果启用，则路径最后一个顶点处的放样端被封口。如果禁用，则放样端为打开或不封口状态。

⊙ 变形：按照创建变形目标所需的可预见且可重复的模式排列封口面。变形封口能产生细长的面，与那些采用栅格封口创建的面一样，这些面也不进行渲染或变形。

⊙ 栅格：在图形边界处修剪的矩形栅格中排列封口面。此方法将产生一个由大小均等的面构成的表面，这些面可以被其他修改器很容易地变形。

⊙ 图形步数：设置横截面图形的每个顶点之间的步数。该值会影响围绕放样周界的边的数目。

⊙ 路径步数：设置路径的每个主分段之间的步数。

⊙ 优化图形：如果启用，则对于横截面图形的直分段，忽略图形步数。如果路径上有多个图形，则只优化在所有图形上都匹配的直分段。

⊙ 优化路径：如果启用，则对于路径的直分段，忽略路径步数。路径步数设置仅适用于弯曲截面。仅在路径步数模式下才可用。

⊙ 自适应路径步数：如果启用，则分析放样，并调整路径分段的数目，以生成最佳蒙皮。主分段将沿路径出现在路径顶点、图形位置和变形曲线顶点处。

⊙ 轮廓：如果启用，则每个图形都将遵循路径的曲率。

⊙ 倾斜：如果启用，则只要路径弯曲并改变其局部 Z 轴的高度，图形便围绕路径旋转。

⊙ 恒定横截面：如果启用，则在路径中的角处缩放横截面，以保持路径宽度一致。

⊙ 线性插值：如果启用，则使用每个图形之间的直边生成放样蒙皮。

⊙ 翻转法线：如果启用，则将法线翻转 180° 。可使用此选项来修正内部外翻的对象。

⊙ 四边形的边：如果启用该选项，且放样对象的两部分具有相同数目的边，则将两部分缝合到一起的面将显示为四方形。具有不同边数的两部分之间的边将不受影响，仍与三角形连接。

⊙ 变换降级：使放样蒙皮在子对象图形/路径变换过程中消失。

⊙ 蒙皮：如果启用，则使用任意着色层在所有视图中显示放样的蒙皮，并忽略明暗处理视图中的蒙皮设置。

⊙ 明暗处理视图中的蒙皮：如果启用，则忽略蒙皮设置，在着色视图中显示放样的蒙皮。

在“变形”卷展栏中有想用修改模型形状的按钮，单击按钮，将出现对应的窗口，下面我们将以“变形”对话框为例进行介绍，如图 5-74 所示。

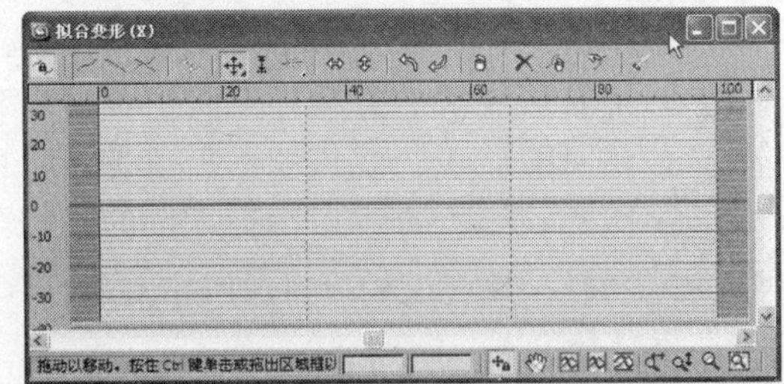

图 5-74

⊙ （均衡）：均衡是一个动作按钮，也是一种曲线编辑模式，可以用于对轴和形状应用相同的变形。

⊙ （显示 *X* 轴）：仅显示红色的 *X* 轴变形曲线。

⊙ （显示 *Y* 轴）：仅显示绿色的 *Y* 轴变形曲线。

⊙ （显示 *XY* 轴）：同时显示 *X* 轴和 *Y* 轴变形曲线，各条曲线使用各自的颜色。

⊙ （变换变形曲线）：在 *X* 轴和 *Y* 轴之间复制曲线。此按钮在启用（均衡）时是禁用的。

⊙ （移动控制点）：更改变形的量（垂直移动）和变形的位置（水平移动）。

⊙ （缩放控制顶点）：更改变形的量，而不更改位置。

⊙ （插入角点）：单击变形曲线上的任意某处可以在该位置插入角点控制点。

⊙ （删除控制点）：删除所选的控制点。也可以通过按 Delete 键来删除所选的点。

⊙ （重置曲线）：删除所有控制点（但两端的控制点除外）并恢复曲线的默认值。

⊙ 数值字段：仅当选择了一个控制点时，才能访问这两个字段。第一个字段提供了点的水平位置，第二个字段提供了点的垂直位置（或值）。可以使用键盘编辑这些字段。

⊙ （平移）：在视图中拖动，向任意方向移动。

⊙ （最大化显示）：更改视图放大值，使整个变形曲线可见。

⊙ （水平方向最大化显示）：更改沿路径长度进行的视图放大值，使得整个路径区域在对话框中可见。

⊙ （垂直方向最大化显示）：更改沿变形值进行的视图放大值，使得整个变形区域在对话框中显示。

⊙ （水平缩放）：更改沿路径长度进行的放大值。

⊙ （垂直缩放）：更改沿变形值进行的放大值。

⊙ （缩放）：更改沿路径长度和变形值进行的放大值，保持曲线纵横比。

⊙ （缩放区域）：在变形栅格中拖动区域。区域会相应放大，以填充变形对话框。

“曲面参数”卷展栏如图 7-75 所示。

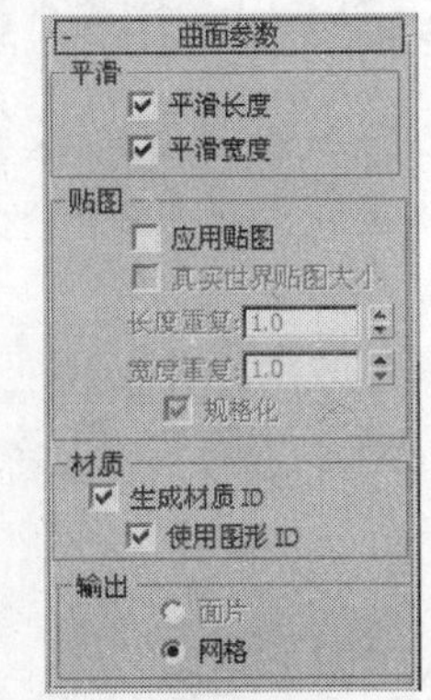

图 5-75

⊙ 平滑长度：沿着路径的长度提供平滑曲面。当路径曲线或路径上的图形更改大小时，这类平滑非常有用。

⊙ 平滑宽度：围绕横截面图形的周界提供平滑曲面。当图形更改顶点数或更改外形时，这类平滑非常有用。

⊙ 应用贴图：启用和禁用放样贴图坐标。必须启用应用贴图才能访问其余的项目。

⊙ 真实世界贴图大小：控制应用于该对象的纹理贴图材质所使用的缩放方法。

⊙ 长度重复：设置沿着路径的长度重复贴图的次数。贴图的底部放置在路径的第一个顶点处。

⊙ 宽度重复：设置围绕横截面图形的周界重复贴图的次数。贴图的左边缘将与每个图形的第一个顶点对齐。

⊙ 规格化：决定沿着路径长度和图形宽度路径顶点间距如何影响贴图。

⊙ 生成材质 ID：在放样期间生成材质 ID。

⊙ 使用图形 ID：提供使用样条线材质 ID 来定义材质 ID 的选择。

⊙ 面片：放样过程可生成面片对象。

⊙ 网格：放样过程可生成网格对象。

5.5 课堂练习——盆栽的制作

案例知识要点：使用“放样”来完成模型的制作，如图 5-76 所示。

效果所在位置：光盘/cha05/效果/盆栽.max。

图 5-76

5.6 课后习题——制作休闲坐墩

习题知识要点：墩身是利用“球体”和“圆柱体”进行“布尔运算”而完成的，坐垫则是创建的切角长方体来完成的，如图 5-77 所示。

效果所在位置：光盘/cha05/效果/桌椅组合.max。

图 5-77

第6章 NURBS 和面片建模

在 3ds Max 学习过程中，NURBS 和面片建模属于高级建模，但相对于 NURBS 面片建模，学习 Patch 面片建模要简单得多。因为 Patch 面片建模中没有太多的命令，经常用到的有添加三角形面片、添加矩形面片和焊接命令。但这种建模方式对设计者的空间感要求较高，而且要求设计者对模型的形体结构有最充分的认识，最好可以参照实物模型。这种建模方式是偏中设计者艺术修养的一种建模方式。在 Patch 面片建模学习过程中，设计者艺术修养是一方面，而设计者的耐心是决定模型精细程度的另一方面。

【教学目标】

- NURBS 建模。
- 面片建模。

6.1 NURBS建模

NURBS 曲面建模方式是最为复杂、最难以掌握的，但它的优势是能够创建和表现较为复杂、精细、光滑、准确的曲面模型，本节将介绍 NURBS 建模。

6.1.1 NURBS 简介

NURBS 是 Non-Uniform Rational B-Spline 的英文缩写，是非统一有理 B 样条曲线的意思，在大多数高级三维软件当中都支持这种建模方式。NURBS 建模方式能够完美地表现出曲面模型，并且易于修改和调整，能够比传统的网格建模方式更好地控制物体表面的曲线度，从而创建出更逼真、生动的造型，最适于表现有光滑外表的曲面造型。

也可以使用多边形网格或面片来建模曲面。与 NURBS 曲面作比较，网格和面片具有以下缺点。

⊙ 使用多边形可使其很难确定创建复杂的弯曲曲面。

⊙ 由于网格为面状效果，因此面状出现在渲染对象的边上，必须有大量的小面来渲染平滑的弯曲面。

NURBS 建模的弱点在于它通常只适用于制作较为复杂的模型。如果模型比较简单，使用它反而要比其他的方法需要更多的拟合，另外，它不适合用来创建带有尖锐拐角的模型。

NURBS 造型系统由点、曲线和曲面 3 种元素构成，曲线和曲面又分为标准和 CV 型，创建它们既可以在创建命令面板内完成，也可以在一个 NURBS 造型内部完成。

> **提示：** 可以将任何模型转换为 NURBS。

6.1.2 课堂案例——制作棒球棒

案例学习目标：学习使用“NURMS”工具。

案例知识要点：创建图形，其中将使用到（创建 U 向放样曲面）、（创建封口曲面）工具，使大家对 NURBS 建模有更深的了解，如图 6-1 所示。

效果所在位置：光盘\cha06\效果\棒球棒. max。

图 6-1

Step 01 单击“（创建）>（图形）> 圆”按钮，在“前”视图中创建圆，在“参数”卷展栏中设置“半径”为 50，如图 6-2 所示。

Step 02 在场景中移动复制圆，并在场景中修改圆形的大小，如图 6-3 所示。

Step 03 在场景中选择 Circle001，并用鼠标右击图形，在弹出的快捷菜单中选择“转换为>转换为 NURBS”命令，如图 6-4 所示。

Step 04 切换到 （修改）命令面板，在“常规”参数卷展栏中单击“附加多个”按钮，在弹出的“附加多个”对话框中全选图形，单击“附加”按钮将其附加，如图 6-5 所示。

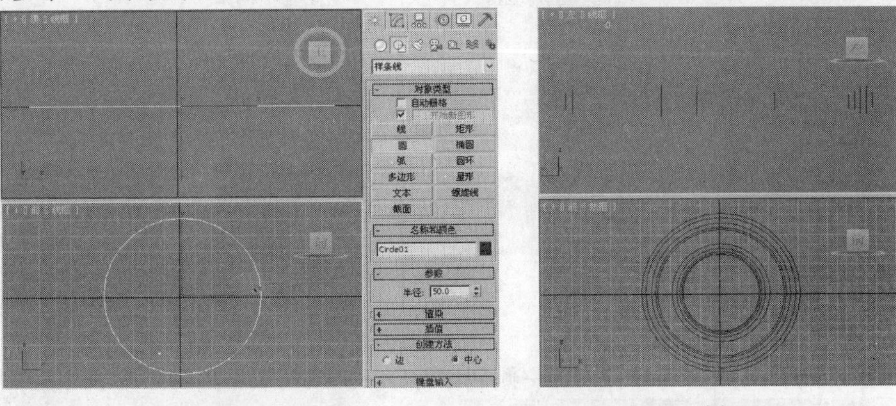

图 6-2　　　　图 6-3

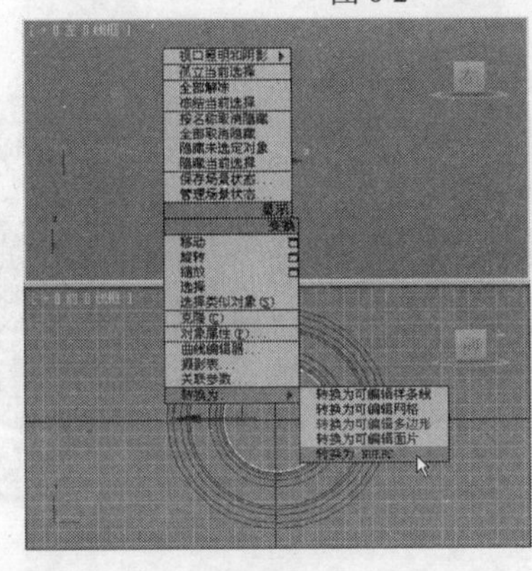

图 6-4

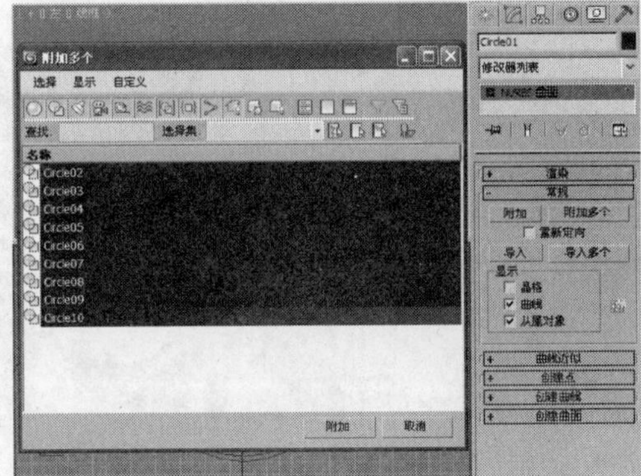

图 6-5

Step 05 在 NURBS 工具箱中选择 （创建 U 向放样曲面）工具，在场景中一次单击圆形，如图 6-6 所示。

Step 06 放样完成的曲面，如图 6-7 所示。

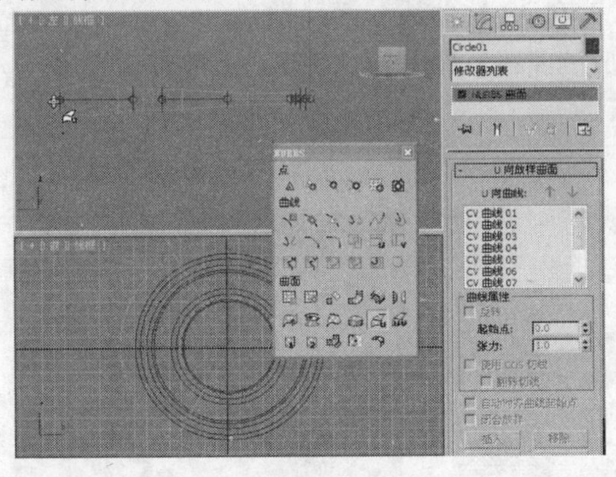

图 6-6

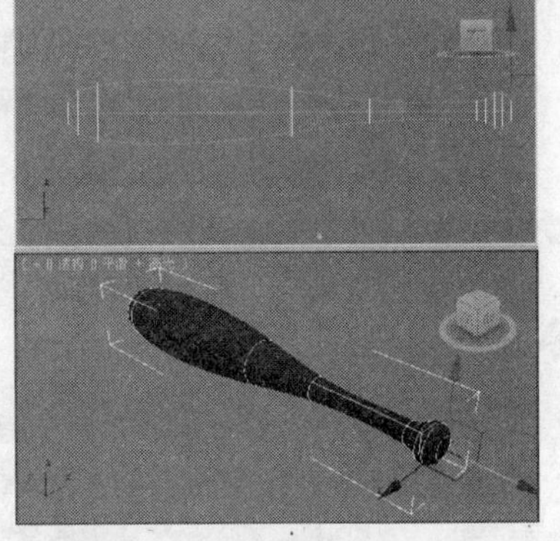

图 6-7

Step 07 在修改器堆栈中定义选择集为“曲线”，并在场景中调整“曲线”的位置，如图 6-8 所示。

Step 08 在 NURBS 工具箱中选择 （创建封口曲面）工具，在底端的曲线上单击创建封口，如果出现如图 6-9 所示的效果，在修改器堆栈中出现“封口曲面”卷展栏，勾选“翻转法线”选项，如图 6-10 所示。

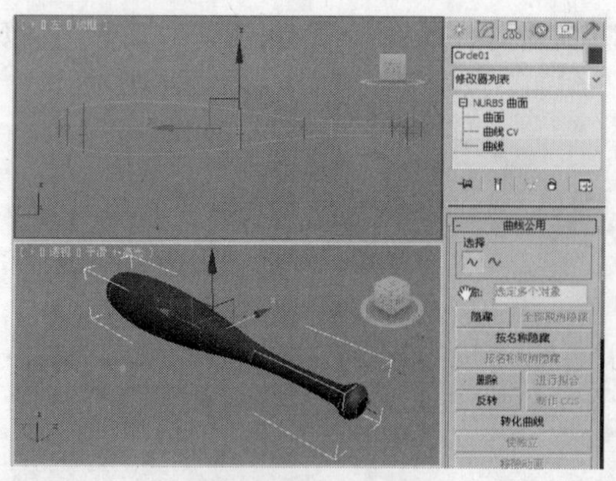

图 6-8

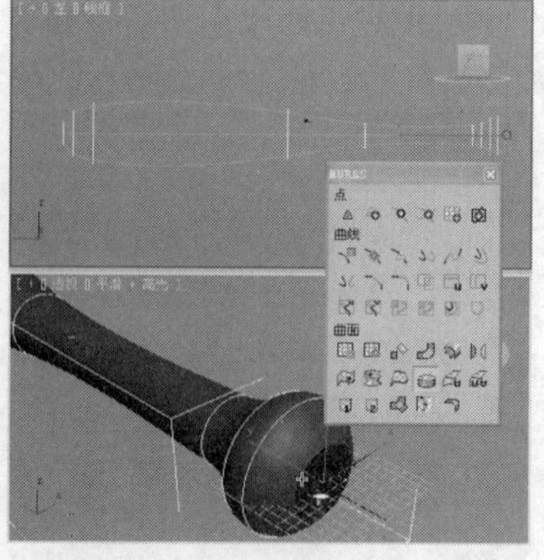

图 6-9

Step 09 使用同样的方法在棒球棒的另一侧创建封口，完成的模型如图 6-11 所示。

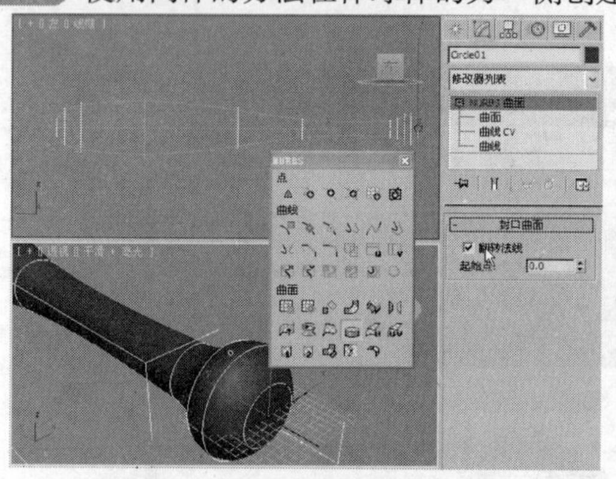

图 6-10

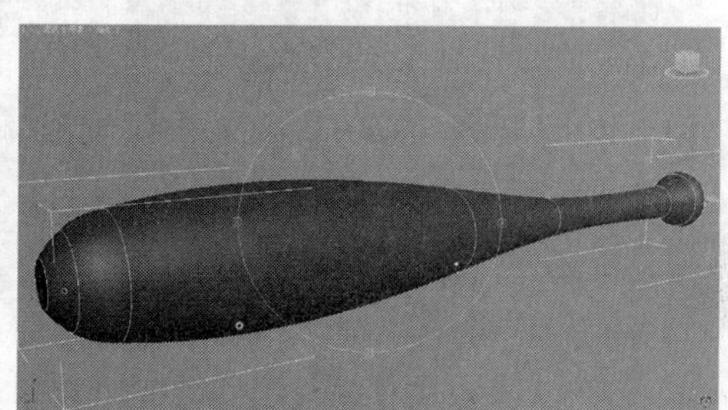

图 6-11

6.1.3 创建 NURBS 曲线和 NURBS 曲面

选择“（创建）>（图形）> NURBS 曲线”工具，打开 NURBS 曲线面板，如图 6-12 所示。其中包括“点曲线”和“CV 曲线”两种类型。

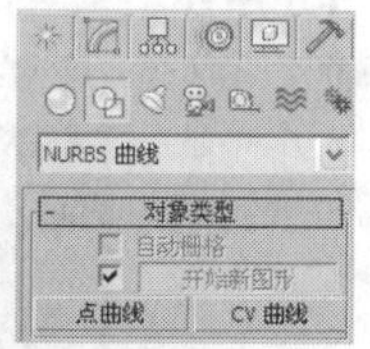

图 6-12

点曲线：点曲线是由一系列点弯曲而构成的曲线，如图 6-13 所示，与线工具相同，鼠标右击完成创建，如图 6-14 所示。

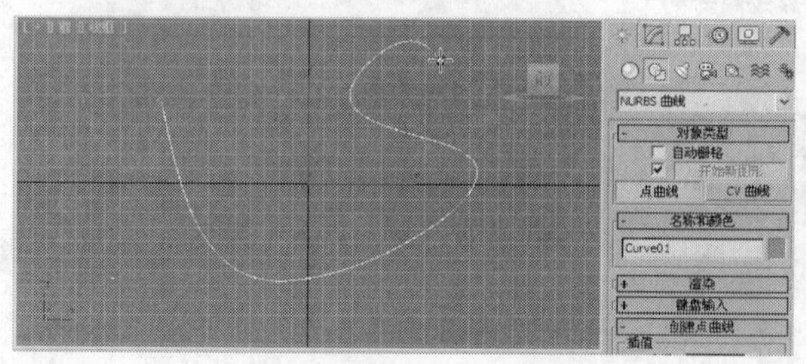

图 6-13

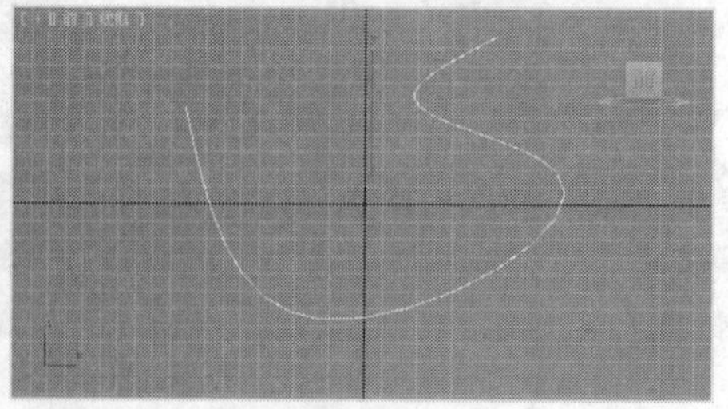

图 6-14

“创建点曲线”卷展栏如图 6-15 所示，其选项功能介绍如下。

⊙ 步数：设置两点之间的片段数目。值越高，曲线越圆滑。

⊙ 优化：对两点之间的片段数进行优化处理。

⊙ 自适应：由系统自动指定片段数，以产生光滑的曲线。

⊙ 在所有视口中绘制：勾选该选项，可以在所有的视图中绘制曲线。

CV 曲线：CV 曲线的参数设置与点曲线完全相同，这里就不再作介绍。图 6-16 所示为创建的 CV 曲线。

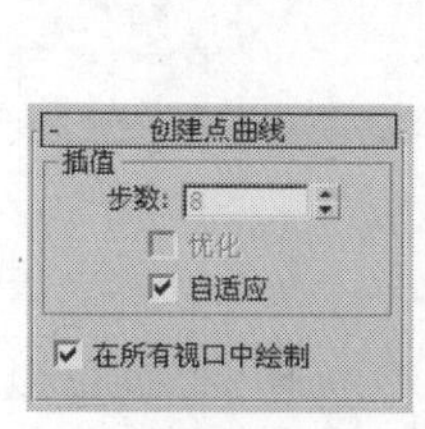

图 6-15

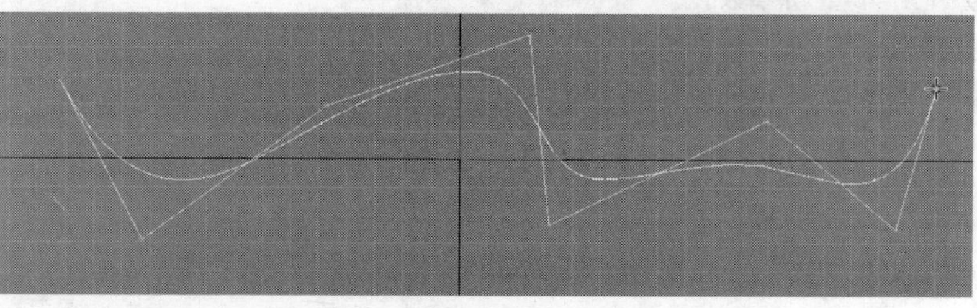

图 6-16

选择“（创建）>（几何体）> NURBS 曲面”工具，打开 NURBS 曲面面板，NURBS 曲面中包括“点曲面”和“CV 曲面”两种，如图 6-17 所示。

点曲面：点曲面是由矩形点的阵列构成的曲面，如图 6-18 所示。点存在于曲面上，创建时可以修改它的长度、宽度，以及各边上的点。

创建点曲面后，可以在“创建参数”卷展栏中进行调整，如图 6-19 所示。

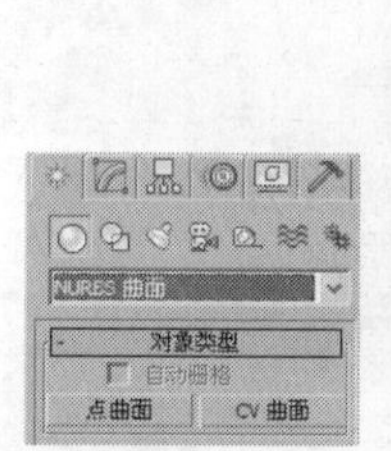

图 6-17

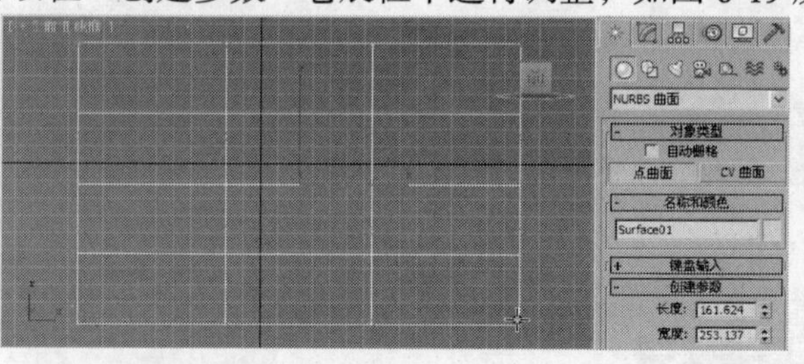

图 6-18

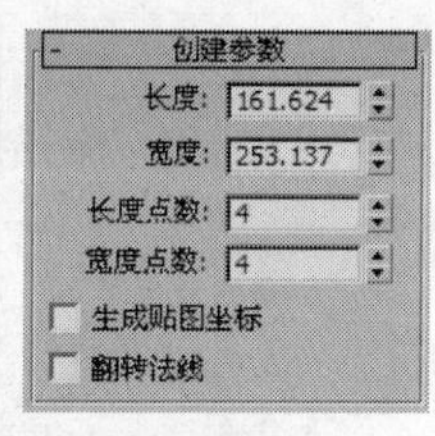

图 6-19

“创建参数”卷展栏如图 6-20 所示，其选项功能介绍如下。

⊙ 长度和宽度：用来设置曲面的长度和宽度。

⊙ 长度点数：设置长度上点的数量。

⊙ 宽度点数：设置宽度上点的数量。

⊙ 生成贴图坐标：生成贴图坐标，以便可以将设置贴图的材质应用于曲面。

⊙ 翻转法线：勾选该选项可以反转曲面法线的方向。

CV 曲面：CV 曲面是由可以控制的点组成的曲面，这些点不存在于曲面上，而是对曲面起到控制作用，每一个控制点都有权重值可以调节，以改变曲面的形状，如图 6-20 所示。

创建点曲面后，可以在“创建参数”卷展栏中进行调整，如图 6-21 所示。

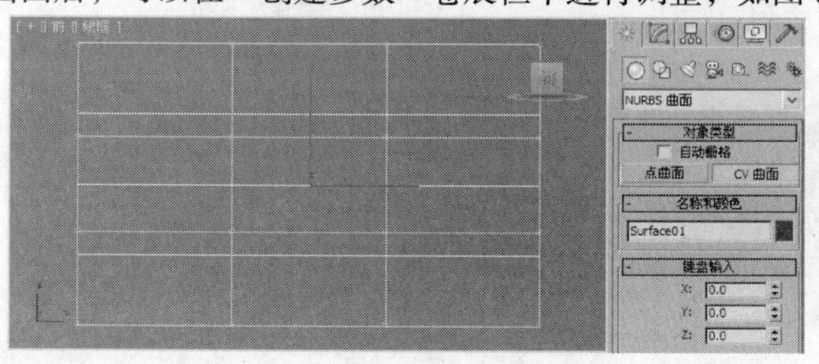

图 6-20

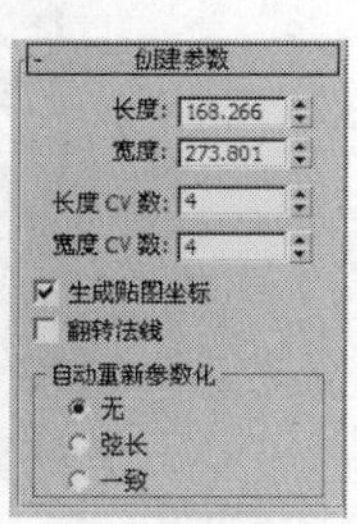

图 6-21

“创建参数”卷展栏中的选项功能介绍如下。

⊙ 长度 CV 数：曲面长度沿线的 CV 数。

⊙ 宽度 CV 数：曲面宽度沿线的 CV 线。

⊙ 无：不重新参数化。

⊙ 弦长：选择要重新参数化的弦长算法。

⊙ 一致：按一致的原则分配控制点。

6.1.4 NURBS 命令面板和工具箱

除了使用“ （创建）”面板中的“NURBS 曲线”和“NURBS 曲面”外，还可以通过以下几种方法创建 NURBS 模型。

Step 01 在视图中创建一个标准基本体，然后选择基本体并单击鼠标右键，在弹出的快捷菜单中选择“转换为 > 转换为 NURBS”命令，如图 6-22 所示。

Step 02 创建标准基本体后，在 （修改）命令面板中的基本体名称上单击鼠标右键，在弹出的快捷菜单中选择“NURBS”命令，如图 6-23 所示。

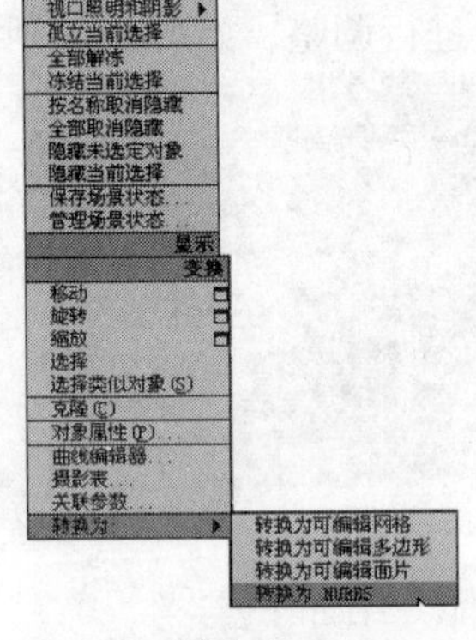

图 6-22

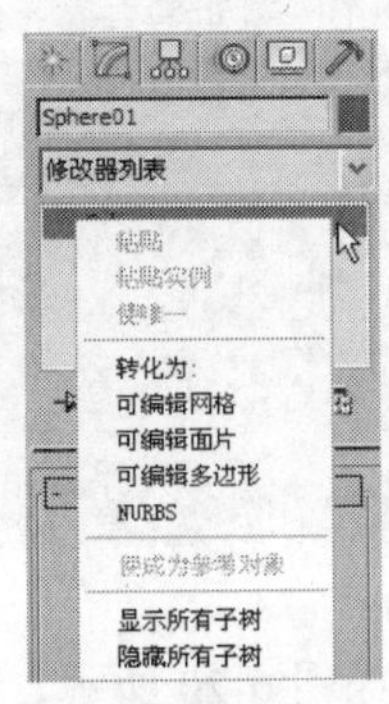

图 6-23

同样，样条线也可以转换为 NURBS。创建 NURBS 对象后，在 （修改）命令面板中可以通过如图 6-24 所示卷展栏中的工具进行编辑。

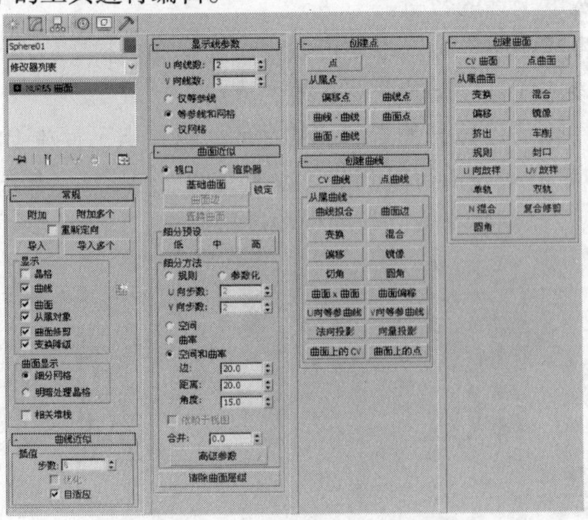

图 6-24

“常规”卷展栏中的选项功能介绍如下。

⊙ 附加：将另一个对象附加到 NURBS 对象上。

⊙ 附加多个：将多个对象附加到 NURBS 曲面上。

⊙ 重新定向：移动并重新定向正在附加或导入的对象，这样其局部坐标系的创建就与 NURBS 对象局部坐标系的创建相对齐。

⊙ 导入：将另一个对象导入到 NURBS 对象上。与附加操作类似，但是导入对象保留其参数和修改器。

⊙ 导入多个：导入多个对象。与附加多个操作类似，但是导入对象保留其参数和修改器。

⊙ 显示组用于控制对象在视口中的显示方式。

⊙ 晶格：启用此选项后，以黄色线条显示控制晶格，如图 6-25 所示。

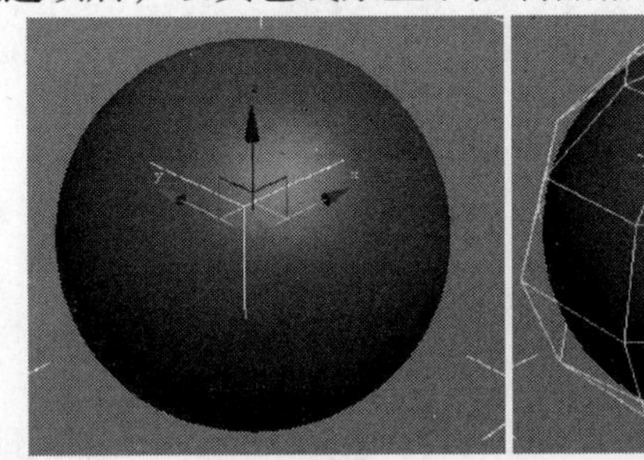
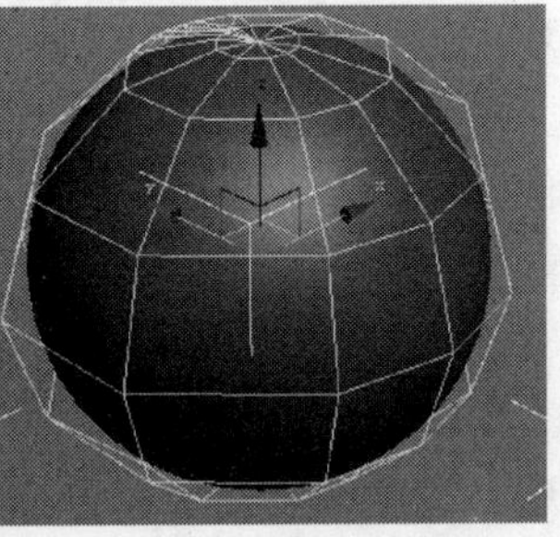

图 6-25

⊙ 曲线：启用此选项后，显示曲线。

⊙ 曲面：启用此选项后，显示曲面。

⊙ 从属对象：启用此选项后，显示从属子对象。

⊙ 曲面修剪：启用此选项后，显示曲面修剪。禁用此选项后，显示整个曲面，即便它被修剪过。

⊙ 变换降级：启用此选项后，变换 NURBS 曲面可以降级其着色视口中的显示以保存时间。这与用于播放动画的降级覆盖按钮相似。可以禁用此切换以便在变换曲面时总保持对曲面着色，但这样做的结果是使变换花费更长时间。

⊙ 曲面显示：该对话框只对曲面有效，用于选择在视口中曲面的显示方式。

⊙ 细分网格：选择此选项后，NURBS 曲面在着色视口中显示为细分非常精确的网格。

⊙ 明暗处理晶格：选择此选项后，NURBS 曲面在着色视口中显示为着色晶格。线框视口在不进行着色的情况下显示曲面晶格。着色晶格对 NURBS 曲面的 CV 控制晶格进行染色。

“显示线参数”卷展栏中的选项功能介绍如下。

⊙ U 向线数、V 向线数：是视口中用于近似 NURBS 曲面的线条树，分别沿着曲面的局部 U 向维度和 V 向维度。减少这些值会加快曲面的显示速度，但是却能够降低显示的精确性。增加这些值会提高精确性，但是却以时间为代价。

⊙ 仅等参线：选中此选项后，所有视口将显示曲面的等参线表示。

⊙ 等参线和网格：选中此选项后，线框视口将显示曲面的等参线表示，而着色视口将显示着色曲面。

⊙ 仅网格：选中此选项后，线框视口将曲面显示为线框网格，而着色视口将显示着色曲面。

“曲线近似”卷展栏中的选项功能介绍如下。

⊙步数：用于近似每个曲线段的最大线段数。

⊙优化：启用此选项以优化曲线。启用此选项后，除非两条线段位于同一条直线上（这种情况下这些线段将转化为一条线段），否则插值将使用特定的步数值。当自适应处于启用状态时，此控

件不可用

⊙ 自适应：线段处曲率最大时曲线指定的线段更多，而线段处曲率更小时曲线指定的线段更少。

“曲面近似”卷展栏中的选项功能介绍如下。

⊙ 视口：选中该选项后，该卷展栏会影响 NURBS 对象中的曲面在视口中交互显示的方式（包括着色视口），并且还会影响通过预览渲染器显示这些曲面的方式。

⊙ 渲染器：选择后，卷展栏会影响渲染器显示 NURBS 对象中曲面的方式。

⊙ 基础曲面：设置会影响整个曲面。这是默认设置。

⊙ 曲面边：启用时，可以设置近似值，以供细化修剪曲线定义的曲面边时使用。禁用锁定时，曲面和边的细化值彼此无关。

⊙ 置换曲面：启用时，可以为已应用位移贴图的曲面设置第三个独立的近似设置。只有选中渲染器，才能使用该选项。

⊙ “细分预设”组：用于选择低、中、高质量的预设曲面近似值。

⊙ 低：选择低质量（相对）曲面近似。

⊙ 中：（视口和渲染的默认值。）选择质量中等的曲面近似。

⊙ 高：选择质量高的曲面近似。

⊙ 细分方法：如果已经选择上述视口，该组中的控件会影响 NURBS 曲面在视口中的显示；如果已经选择上述渲染器，这些控件还会影响该渲染器显示曲面的方式。

⊙ 规则：根据 U 向步数、V 向步数通过曲面生成固定的细化。增加这些参数时，可以提高准确性，但会降低速度，反之亦然。

⊙ 参数化：根据 U 向步数、V 向步数生成自适应细化。使用参数化方法时，如果 U 向步数和 V 向步数的值不高，通常可以得到理想的结果。

⊙ 空间：生成由三角形面组成的统一细化。

⊙ 曲率（默认设置）：根据曲面的曲率生成可变的细化。如果使曲面更加弯曲，则细化的纹理将更加精致。动态更改曲面曲率时，将会更改曲率的细化。

⊙ 空间和曲率：通过所有 3 个值使空间（边长）方法和曲率（距离和角度）方法完美结合。

⊙ 边：该参数可以在细化时指定三角形的最大长度。

⊙ 距离：该参数可以指定近似值偏离实际 NURBS 曲面的远近程度。

⊙ 角度：该参数可以在计算近似值时指定各面之间的最大角度。

⊙ 依赖于视图：（仅限渲染器）启用时，要在计算细化期间考虑对象到摄影机的距离。从而可以通过对渲染场景距离范围内的对象不生成纹理细密的细化来缩短渲染时间。只有渲染摄影机或透视视口时，才能使用依赖于视图的效果。该效果不适用于正交视图。激活“视口”时，将会禁用该控件。

⊙ 合并：控制对边处于连接或近乎连接状态的曲面子对象的细化。

⊙ 高级参数：单击此按钮时，可以显示高级曲面近似对话框。

⊙ 清除曲面层级：（仅限顶级曲面）清除分配给各个曲面子对象的所有曲面近似设置。

提示：其中卷展栏中的创建点、创建曲线和创建曲面卷展栏与 NURBS 工具箱中的命令相同，下面将在 NURBS 中介绍该卷展栏中的相同命令。

除了这些卷展栏工具外，3ds Max 还提供了大量的快捷键工具，单击“常规”卷展栏中的（NURBS 创建工具箱）按钮，可以打开如图 6-26 所示的面板工具。

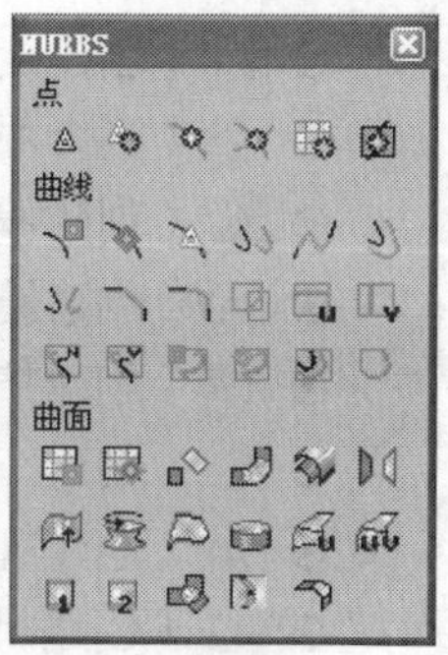

图 6-26

工具箱中包含用于创建 NURBS 子对象的按钮。单击（NURBS 创建工具箱）按钮后，只要选择 NURBS 对象或子对象，并切换到修改命令面板中，就可以看到工具箱。只要取消选择 NURBS 对象或使其他的面板处于活动状态，工具箱就会消失。当返回到修改命令面板，并选择 NURBS 对象之后，工具箱又会再次出现。

下面着重介绍一下 NURBS 工具箱。

NURBS 创建工具箱中的选项功能介绍如下。

点：

⊙ （创建点）：创建单独的点。
⊙ （创建偏移点）：创建从属偏移点。
⊙ （创建曲线点）：创建从属的曲线点。
⊙ （创建曲线-曲线点）：创建从属曲线-曲线相交点。
⊙ （创建曲面点）：创建从属曲面点。
⊙ （创建曲面-曲线点）：创建从属曲面-曲线相交点。

曲线：

⊙ （创建 CV 曲线）：创建一个独立 CV 曲线子对象。
⊙ （创建点曲线）：创建一个独立点曲线子对象。
⊙ （创建模拟曲线）：创建一个从属拟合曲线（与曲线拟合按钮相同）。
⊙ （创建变换曲线）：创建一个从属变换曲线。
⊙ （创建混合曲线）：创建一个从属混合曲线。
⊙ （创建偏移曲线）：创建一个从属偏移曲线。
⊙ （创建镜像曲线）：创建一个从属镜像曲线。
⊙ （创建切角曲线）：创建一个从属切角曲线。
⊙ （创建圆角曲线）：创建一个从属圆角曲线。
⊙ （创建曲面-曲面相交曲线）：创建一个从属曲面-曲面相交曲线。
⊙ （创建 U 向等参曲线）：创建一个从属 U 向等参曲线。
⊙ （创建 V 向等参曲线）：创建一个从属 V 向等参曲线。
⊙ （创建法相投影曲线）：创建一个从属法相投影曲线。
⊙ （创建向量投影曲线）：创建一个从属矢量投影曲线。
⊙ （创建曲面上的 CV 曲线）：创建一个从属曲面上的 CV 曲线。
⊙ （创建曲面上的点曲线）：创建一个从属曲面上的点曲线。
⊙ （创建曲面偏移曲线）：创建一个从属曲面偏移曲线。
⊙ （创建曲面边曲线）：创建一个从属曲面边曲线。

曲面：

⊙ （创建 CV 曲面）：创建独立的 CV 曲面子对象。
⊙ （创建点曲面）：创建独立的点曲面子对象。

- （创建变换曲面）：创建从属变换曲面。
- （混合曲面）：创建从属混合曲面。
- （创建偏移曲面）：创建从属偏移曲面。
- （创建镜像曲面）：创建从属镜像曲面。
- （创建挤出曲面）：创建从属挤出曲面。
- （创建车削曲面）：创建从属车削曲面。
- （创建规则曲面）：创建从属规则曲面。
- （创建封口曲面）：创建从属封口曲面。
- （创建 U 向放样曲面）：创建从属 U 向放样曲面。
- （创建 UV 放样曲面）：创建从属 UV 放样曲面。
- （创建单轨扫描）：创建从属单轨扫描曲面。
- （创建双轨扫描）：创建从属双轨扫描曲面。
- （创建多边混合曲面）：创建从属多边混合曲面。
- （创建多重曲线修剪曲面）：创建从属多重曲线修剪曲面。
- （创建圆角曲面）：创建从属圆角曲面。

6.2 面片建模

面片建模是一种表面建模方式，即通过面片栅格制作表面并对其进行任意修改而完成模型的创建工作。在 3ds Max 2010 中创建面片的种类有两种：四边形面片和三角形面片。这两种面片的不同之处是它们的组成单元不同，前者为四边形，后者为三角形。

6.2.1 课堂案例——遮阳帽的制作

案例学习目标：学习使用“曲面”修改器。

案例知识要点：创建并调整图形，并为图形施加“曲面”修改器，如图 6-27 所示。

图 6-27

效果所在位置：光盘\cha06\效果\遮阳帽. max。

Step 01 单击“（创建）>（图形）> 圆”按钮，在“顶”视图中创建圆，在“参数”卷展栏中设置“半径”为 100，如图 6-28 所示。

Step 02 切换到（修改）命令面板，在“修改器列表”中选择“编辑样条线”，将选择集定义为“样条线”，在“几何体”卷展栏中勾选“链接复制”组中的“连接”选项，在“前”视图中按住 Shift 键，移动复制样条线，如图 6-29 所示。

Step 03 取消“连接”选项，勾选“软选择”卷展栏中的“使用软选择”，并设置“衰减”为 0，在场景中缩放样条线，如图 6-30 所示。

Step 04 取消“使用软选择”的勾选，勾选“连接”选项，复制样条线，如图 6-31 所示。

Step 05 缩放复制样条线，如图 6-32 所示。

Step 06 取消“连接”的勾选，勾选“使用软选择”选项，并在场景中调整样条线，如图 6-33 所示。

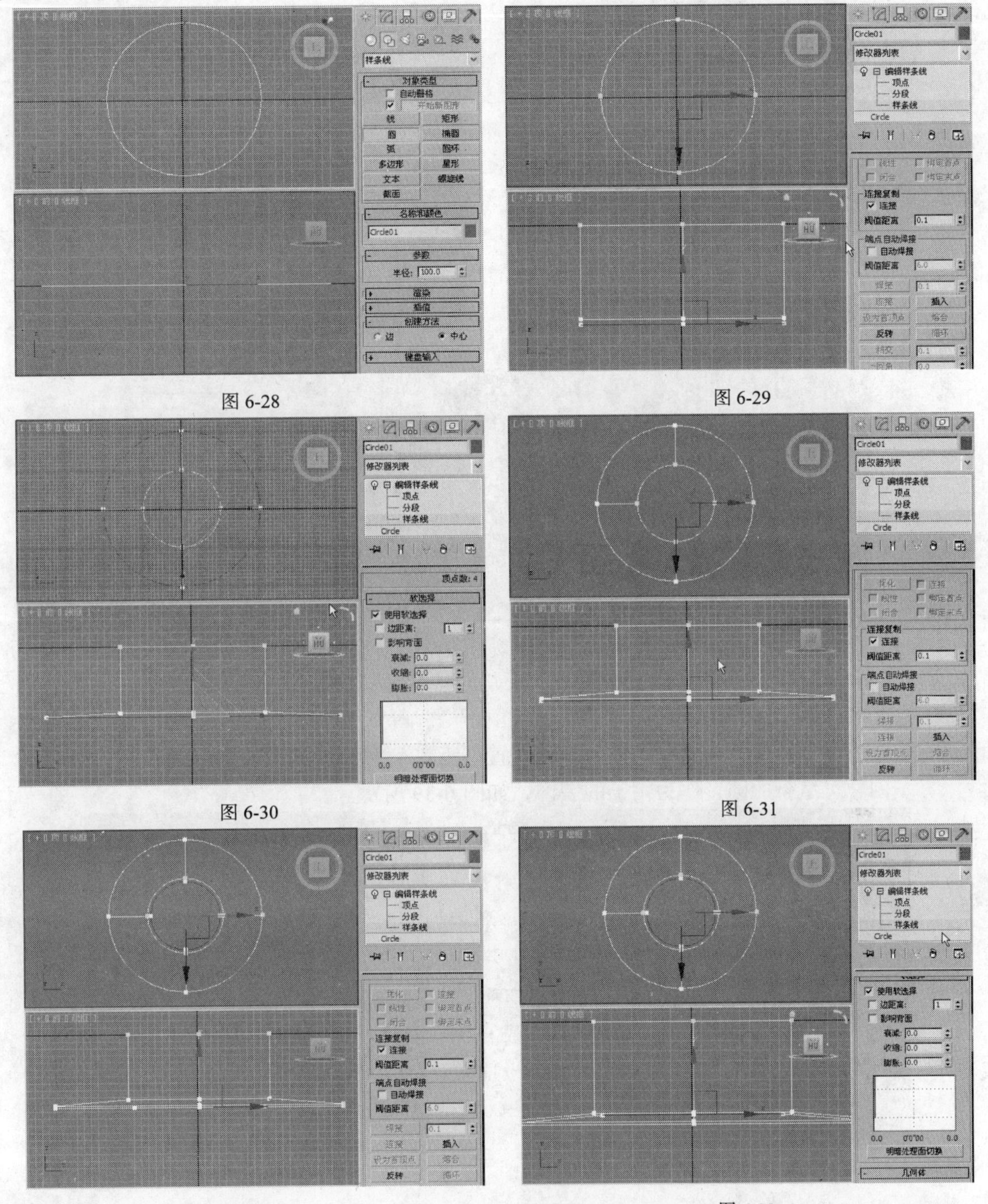

图 6-28

图 6-29

图 6-30

图 6-31

图 6-32

图 6-33

Step 07 取消“使用软选择”选项，勾选“连接”选项，在场景中移动复制样条线，如图 6-34 所示。

Step 08 取消勾选的选择，将选择集定义为“顶点”，在场景中全选顶点，鼠标右击，在弹出的快捷菜单中选择“平滑”命令，如图 6-35 所示。

Step 09 再次将顶点转换为“Bezier”，如图 6-36 所示。

Step 10 在场景中调整顶点，为图形施加“曲面”修改器，如图 6-37 所示。

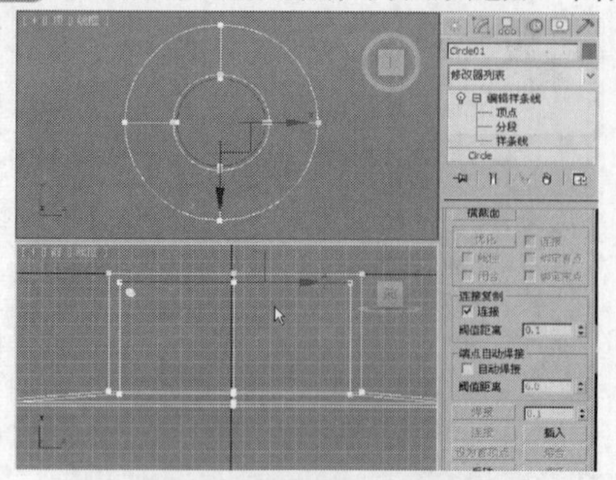

图 6-34

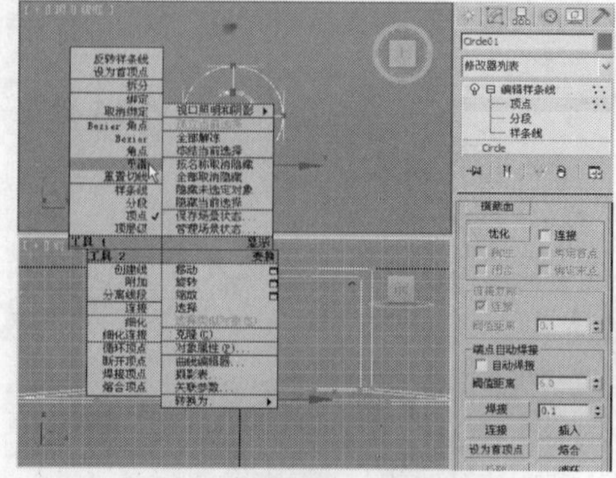

图 6-35

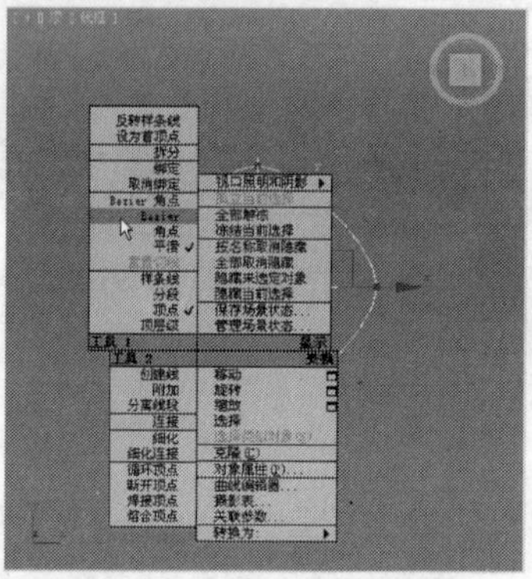

图 6-36

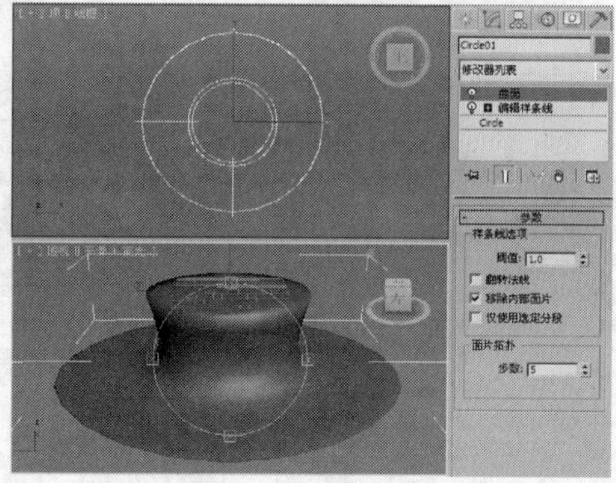

图 6-37

Step 11 调整图形直接影响模型的效果，并设置“步数”为 14，如图 6-38 所示。

Step 12 创建可渲染的圆，作为帽子的装饰，如图 6-39 所示。

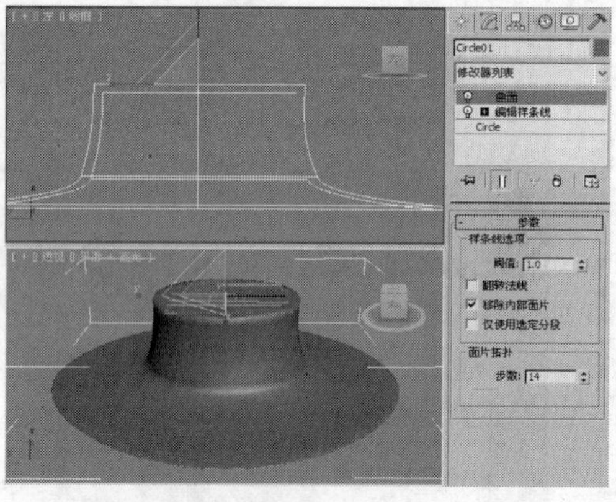

图 6-38

图 6-39

6.2.2 认识面片

3ds Max 2010 提供了两种创建面片的途径，一种是在创建面板中“面片栅”子面板中的“对象类型”卷展栏中选择面片的类型，如图 6-40 所示。选择面片类型，在场景中创建面片，如图 6-41 所示。

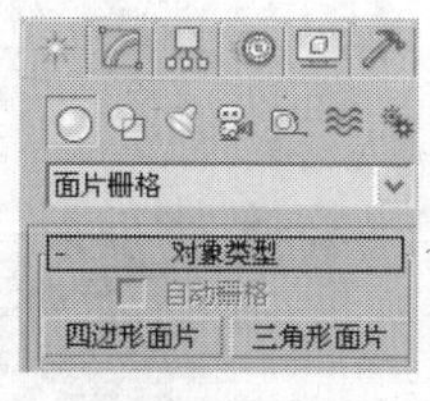

图 6-40

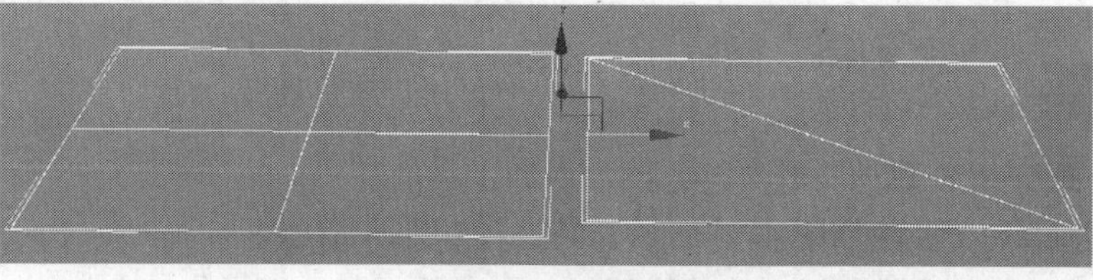

图 6-41

创建面片后切换到 （修改）命令面板，在“修改器列表”中选择“编辑面片”，如图 6-42 所示。对面片进行修改，或使用鼠标右击面片，在弹出的快捷菜单中选择“转换为>转化为可编辑面片”命令，如图 6-43 所示。

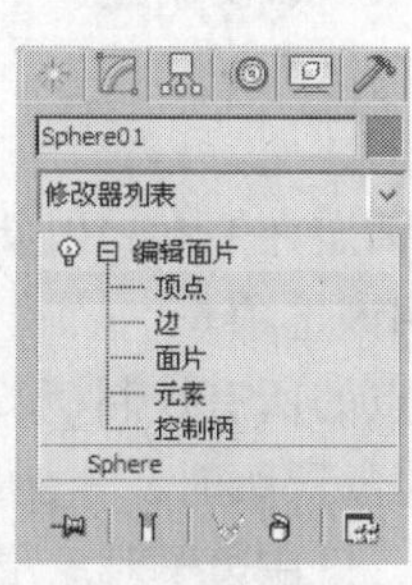

图 6-42

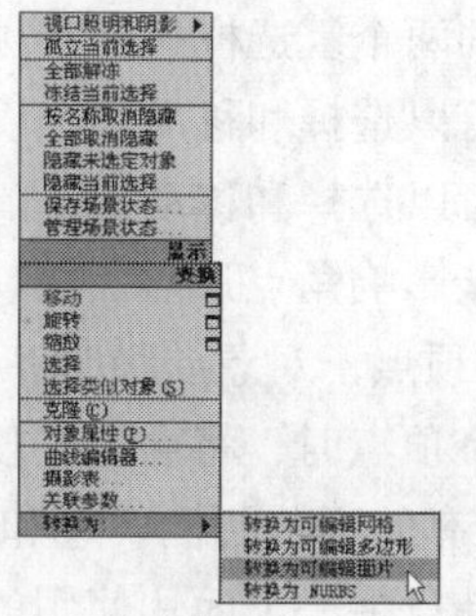

图 6-43

6.2.3　子物体层级

“编辑面片”提供了各种控件，不仅可以将对象作为面片对象进行操纵，而且可以在下面 5 个子对象层级进行操纵：“顶点”、“边”、“面片”、“元素”、“控制柄”，如图 6-42 所示。

“编辑面片”子物体层级的介绍如下。

⊙ 顶点：用于选择面片对象中的顶点控制点及其向量控制柄。向量控制柄显示为围绕选定顶点的小型绿色方框。

⊙ 边：选择面片对象的边界边。

⊙ 面片：选择整个面片。

⊙ 元素：选择和编辑整个元素，元素的面是连续的。

⊙ 控制柄：用于选择与每个顶点关联的向量控制柄。位于该层级时，可以对控制柄进行操纵，而无须对顶点进行处理，如图 6-44 所示。

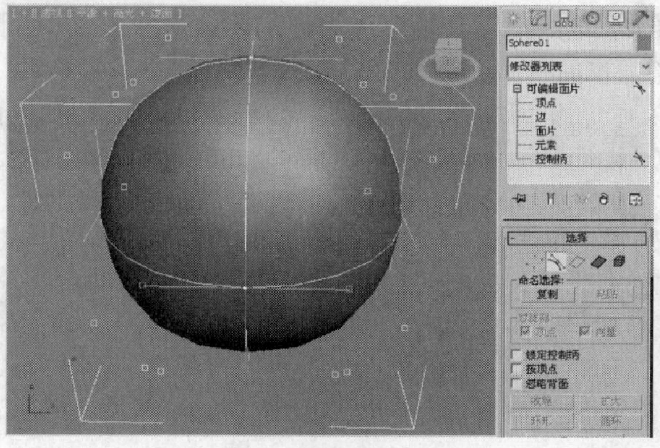

图 6-44

6.2.4 公共卷展栏

下面介绍公共卷展栏中的各种命令和工具的应用。

“选择”卷展栏如图 6-45 所示，其选项功能介绍如下。

⊙ “命名选择”组中的功能可以与命名的子对象选择集结合使用。

⊙ 复制：将命名子对象选择置于复制缓冲区。单击该按钮之后，从显示的复制命名选择对话框中选择命名的子对象选择。

⊙ 粘贴：从复制缓冲区中粘贴命名的子对象选择。

⊙ “过滤器”组中的两个复选框只能在顶点子对象层级使用。

⊙ 顶点：启用时，可以选择和移动顶点。

⊙ 向量：启用时，可以选择和移动向量。

图 6-45

⊙ 锁定控制柄：只能影响角点顶点。将切线向量锁定在一起，以便于移动一个向量时，其他向量会随之移动。只有在顶点子对象层级时，才能使用该选项。

⊙ 按顶点：单击某个顶点时，将会选中使用该顶点的所有控制柄、边或面片，具体情况视当前的子对象层级而定。只有处于控制柄、边和面片子对象层级时，才能使用该选项。

⊙ 选择开放边：选择只由一个面片使用的所有边。只在边子对象层级下才可以使用。

“几何体”卷展栏如图 6-46 所示，其选项功能介绍如下。

⊙ “细分”组：仅限于顶点、边、面片和元素层级。

⊙ 细分：细分所选子对象。

⊙ 传播：启用时，将细分伸展到相邻面片。如果沿着所有连续的面片传播细分，连接面片时，可以防止面片断裂。

⊙ 绑定：用于在两个顶点数不同的面片之间创建无缝、无间距的连接。这两个面片必须属于同一个对象，因此，不需要先选中该顶点。单击“绑定”按钮，然后拖动一条从基于边的顶点（不是角顶点）到要绑定的边的直线，此时，如果光标在合法的边上，将会转变成白色的十字形状。

⊙ 取消绑定：断开通过绑定连接到面片的顶点。选择该顶点，然后单击取消绑定。

图 6-46

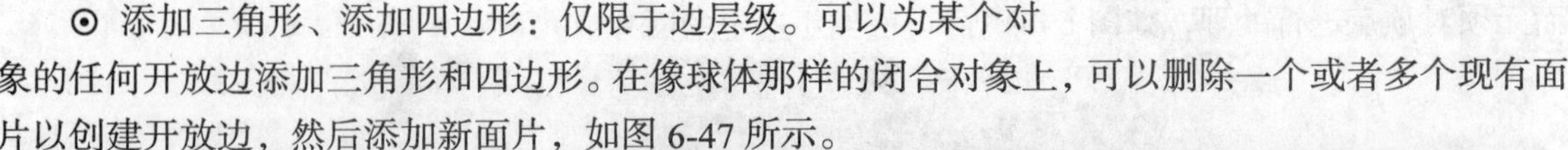

⊙ 添加三角形、添加四边形：仅限于边层级。可以为某个对象的任何开放边添加三角形和四边形。在像球体那样的闭合对象上，可以删除一个或者多个现有面片以创建开放边，然后添加新面片，如图 6-47 所示。

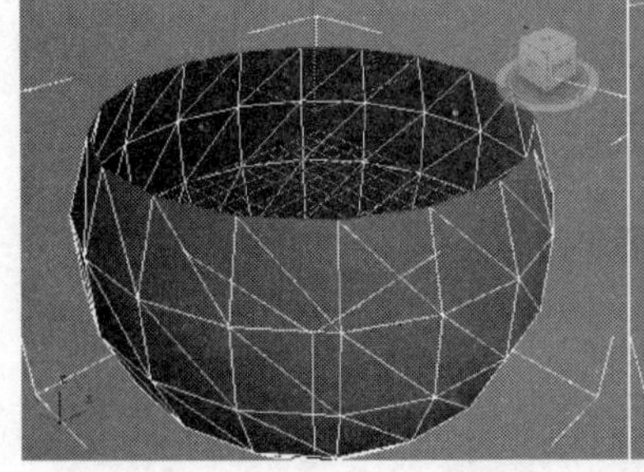
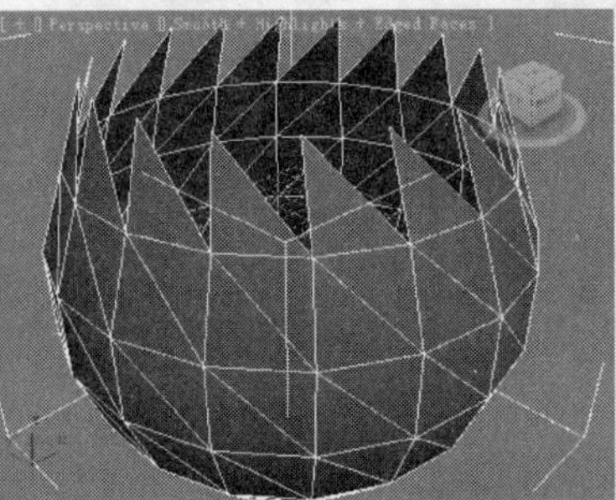
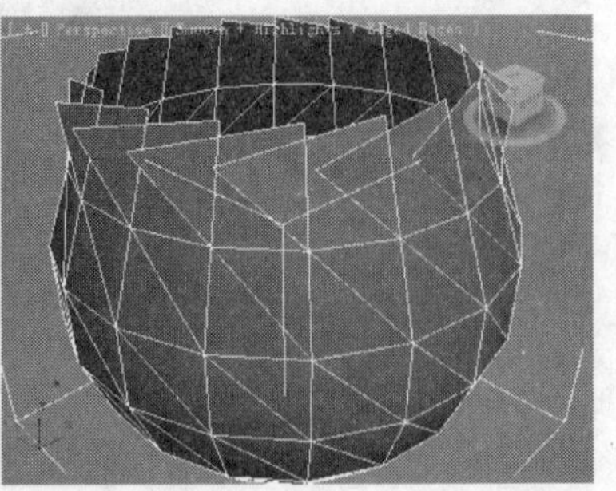

图 6-47

⊙ 创建：在现有的几何体或自由空间中创建三边或四边面片。仅限于顶点、面片和元素子对象层级可用。

⊙ 分离：用于选择当前对象内的一个或多个面片，然后使其分离（或复制面片）形成单独的面片对象。

⊙ 重定向：启用时，分离的面片或元素复制源对象的创建局部坐标系的位置和方向（当创建源对象时）。

⊙ 复制：启用时，分离的面片将会复制到新的面片对象，从而使原来的面片保持完好。

⊙ 附加：用于将对象附加到当前选定的面片对象。

⊙ 重定向：启用时，重定向附加元素，使每个面片的创建局部坐标系与选定面片的创建局部坐标系对齐。

⊙ 删除：删除所选子对象。

提示：删除顶点和边时要谨慎。删除顶点和边的同时也删除了共享顶点和边的面片。例如，如果删除球体面片顶部的单个顶点，还会删除顶部的 4 个面片。

⊙ 断开：对于顶点来说，将一个顶点分裂成多个顶点。

⊙ 隐藏：隐藏所选子对象。

⊙ 全部取消隐藏：还原任何隐藏子对象使之可见。

⊙ 焊接：仅限于顶点和边层级。

⊙ 选定：焊接焊接阈值微调器（位移焊接按钮的右侧）指定的公差范围内的选定顶点。选择要在两个不同面片之间焊接的顶点，然后将该微调器设置有足够的距离，并单击选定。

⊙ 目标：启用后，从一个顶点拖动到另外一个顶点，以便将这些顶点焊接在一起。

⊙ 挤出和倒角：使用这些控件，可以对边、面片或元素执行挤出和倒角操作。

⊙ 挤出：单击此按钮，然后拖动任何边、面片或元素，以便对其进行交互式地挤出操作。

提示：执行挤出操作时按住 Shift 键，以便创建新的元素。

⊙ 倒角：单击该按钮，然后拖动任意一个面片或元素，对其执行交互式的挤出操作，再单击并释放鼠标按钮，然后重新拖动，对挤出元素执行倒角操作。

⊙ 挤出：使用该微调器，可以向内或向外设置挤出。

⊙ 轮廓：使用该微调器，可以放大或缩小选定的面片或元素。

⊙ 法线：如果法线设置为局部，沿选定元素中的边、面片或单独面片的各个法线执行挤出。如果法线设置为组，沿着选定的连续组的平均法线执行挤出。

⊙ 倒角平滑：使用这些设置，可以在通过倒角创建的曲面和邻近面片之间设置相交的形状。这些形状是由相交时顶点的控制柄配置决定的。开始是指边和倒角面片周围的面片的相交。结束是指边和倒角面片或面片的相交。

⊙ 平滑：对顶点控制柄进行设置，使新面片和邻近面片之间的角度相对小一些。

⊙ 线性：对顶点控制柄进行设置，以便创建线性变换。

⊙ 无：不修改顶点控制柄。

⊙ 切线：使用这些控件，可以在同一个对象的控制柄之间，或在应用相同“编辑面片”修改器距离的不同对象上复制方向或有选择地复制长度。该工具不支持将一个面片对象的控制柄复制到另外一个面片对象，也不支持在样条线和面片对象之间进行复制。

⊙ 复制：将面片控制柄的变换设置复制到复制缓冲区。

⊙ 粘贴：将方向信息从复制缓冲区粘贴到顶点控制柄。

⊙ 粘贴长度：如果勾选该选项，并且使用复制功能，则控制柄的长度也将被复制。如果勾选该选项，并且使用粘贴功能，则将复制最初复制的控制柄的长度及其方向。

⊙ 视图步数：控制面片模型曲面的栅格分辨率，如视口中所述。

⊙ 渲染步数：渲染时控制面片模型曲面的栅格分辨率。

⊙ 显示内部边：使面片对象的内部边可以在线框视图内显示。

⊙ 使用真面片法线：决定 3ds Max 平滑面片之间的边的方式。默认设置为禁用状态。

⊙ 创建图形：创建基于选定边的样条线，仅限于边层级。

⊙ 面片平滑：在子对象层级，调整所选子对象顶点的切线控制柄，以便对面片对象的曲面执行平滑操作。

“曲面属性”卷展栏如图 6-48 所示，其选项功能介绍如下。

⊙ “松弛网格”组：用于设置松弛参数，其中的选项与松弛修改器相类似。

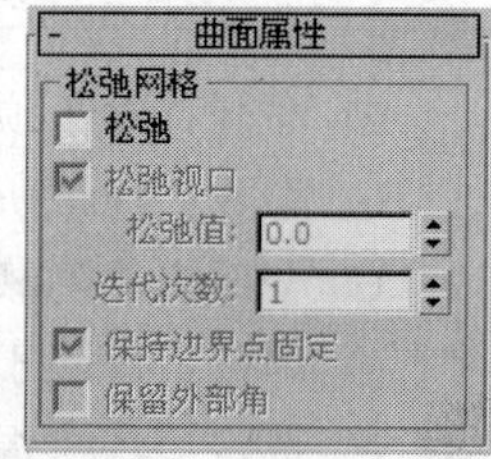

图 6-48

⊙ 松弛：勾选该选项，启用松弛。

⊙ 松弛视口：勾选该选项，可以在视口中显示松弛效果。

⊙ 松弛值：控制移动每个迭代次数的顶点程度。

⊙ 迭代次数：设置重复此过程的次数。对每次迭代来说，需要重新计算平均位置，重新将松弛值应用到每一个顶点。

⊙ 保持边界点固定：控制是否移动打开网格边上的顶点。默认设置为启用。

⊙ 保留外部角：将顶点的原始位置保持为距对象中心的最远距离。

> **提示：** 选择子对象层级后，相应的面板和命令按钮将被激活，这些命令和面板与前面介绍的命令相同，下面就不重复介绍了。

6.2.5 曲面修改器

“曲面”修改器基于样条线网络的轮廓生成面片曲面，可在三面体或四面体的交织样条线分段的任何地方创建面片，如图 6-49 所示。

使用“曲面”工具进行建模所做的大量工作主要是在“可编辑样条线”修改器或“编辑样条线”修改器中创建和编辑样条线。使用样条线和“曲面”修改器来建模的其中一个好处就是易于编辑模型。

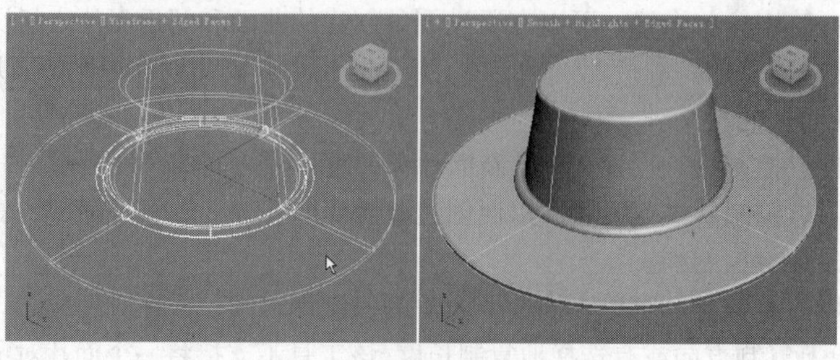
图 6-49

6.3 课堂练习——制作金元宝

案例知识要点：创建球体，将球体转换为“NURBS 曲面”，然后通过“曲面 CV”调整模型的形状，如图 6-50 所示。

效果所在位置：光盘/cha06/效果/金元宝.max。

图 6-50

6.4 课后习题——制作苹果效果

习题知识要点：创建图形，并设置图形的形状，为图形施加“曲面”修改器，完成苹果效果，如图 6-51 所示。

效果所在位置：光盘/cha06/效果/苹果.max。

图 6-51

第7章 材质和纹理贴图

本章将重点介绍 3ds Max 的材质编辑器，对各种常用的材质类型进行详细的讲解。通过本章的学习，希望读者可以融会贯通，对材质类型的特性要有较深入的认识和了解，制作出具有想象力的图像效果。

【教学目标】

- 材质编辑器。
- 材质类型。
- 常用材质简介。
- 常用贴图。

7.1 材质编辑器

真实世界中的物体都有自身的表面特征，如透明的玻璃，不同的金属具有不同的光泽度，石材和木材有不同的颜色、纹理等。

在 3ds Max 中创建好模型后，如何准确、逼真地表现物体不同的颜色、光泽和质感特性，可以使用材质编辑器来实现。

贴图的主要材质是位图，在实际应用中主要用到下面几种位图形式。

⊙ BMP 位图格式：它有 Windows 和 OS/2 两种格式，这种文件几乎不压缩，占用磁盘空间较大，它的颜色存储格式有 1 位、4 位、8 位及 24 位，是当今应用比较广泛的一种文件格式。

⊙ GIF 格式：Compuseve 提供的 GIF 是一种图形变换格式(Graphics Interchange Format)，这是一种经过压缩的格式，它使用 LZW(Lempel-ZIV And Welch)压缩方式，该格式在 Internet 上被广泛地应用，其原因主要是 256 种颜色已经能满足主页图形的需要，且文件较小，适合网络环境下的传输和浏览。

⊙ JPEG 格式：JPEG 格式是由 Joint Photographic Experts Group 发展出来的标准，可以用不同的压缩比例对这种文件进行压缩，且压缩技术十分先进，对图像质量影响较小，因此可以用最少的磁盘空间得到较好的图像质量。由于它性能优异，所以应用非常广泛，是目前 Internet 上主流的图形格式，但 JPEG 格式是一种有损压缩。

⊙ PSD 格式：PSD 是 Adobe Photoshop 的专用格式，在该软件所支持的各种格式中，PSD 格式存取速度比其他格式快很多。由于 Photoshop 软件的应用越来越广泛，所以 PSD 格式也逐步流行起来。用 PSD 格式存档时会将文件压缩，以节省空间，但不会影响图像质量。

⊙ TIFF 格式：这是由 Commode Amga 电脑所采用的文件格式，它是 Tagged Image File Format 缩写，有许多绘图或图像处理软件使用 TIFF 格式来进行文件交换。TIFF 格式具有图形格式复杂、存储信息多的特点。3DS、3ds Max 中的大量贴图就是 TIFF 格式的。TIFF 最大色深为 32bit，可采用 LZW 无损压缩方案存储。

⊙ PNG 格式：PNG(Portable Network Graphics)是一种新兴的网络图形格式，它结合了 GIF 和 JPEG 的优点，具有存储形式丰富的特点。PNG 最大色深为 48bit，采用无损压缩方案存储。著名的 Macromedia 公司的 Fireworks 的默认格式就是 PNG。

7.1.1 材质示例窗

材质示例窗是用于显示材质效果的窗口，每个方格中的材质球都代表一个材质。对材质设置的颜色、反光、透明效果都会在材质示例窗口中显示出来，编辑好的材质必须赋予物体才能有效。单击工具栏中的（材质编辑器）按钮或按 M 键，都会弹出“材质编辑器”窗口，如图 7-1 所示。

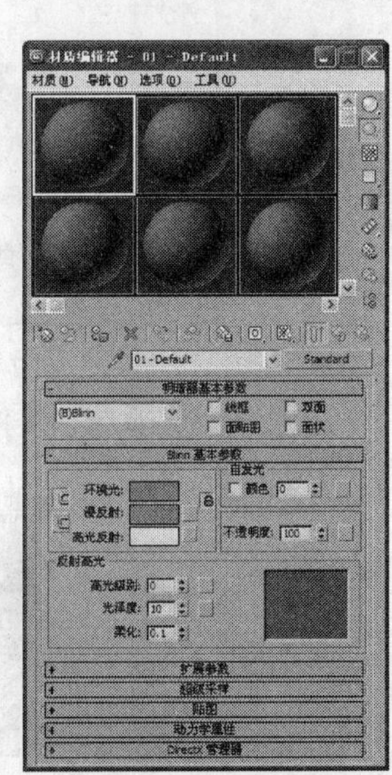

图 7-1

材质示例窗共有 24 个，3ds Max 2010 提供了 3 种显示模式。在示例窗中单击鼠标右键，在弹出的菜单中选择其他显示模式，即可显示为相对应的窗口模式，如图 7-2 所示。

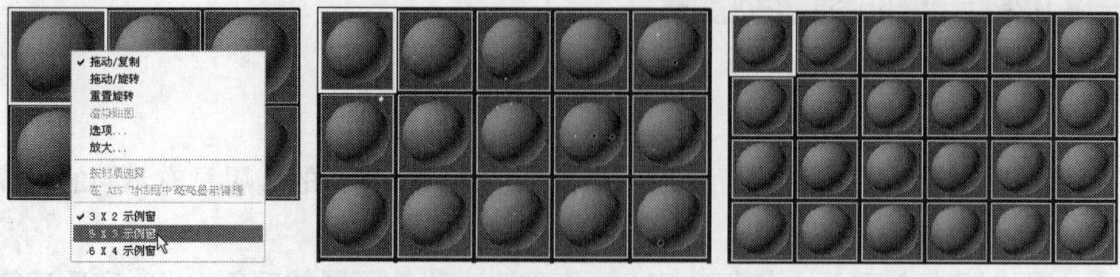

图 7-2

在材质示例窗中按住鼠标滚轮不放并拖曳鼠标，材质球会旋转，用于观察效果，旋转材质球后的效果不会影响被赋予该材质的物体，如图 7-3 所示。

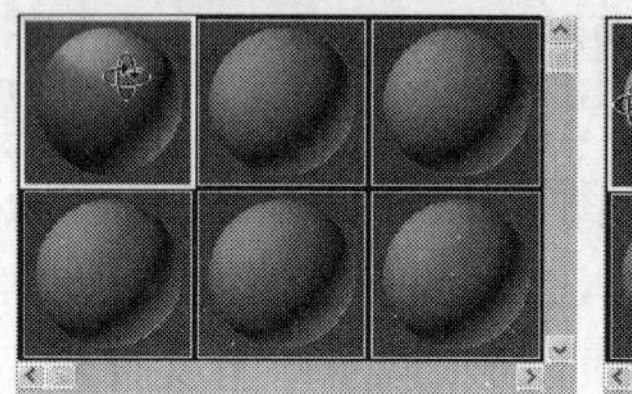
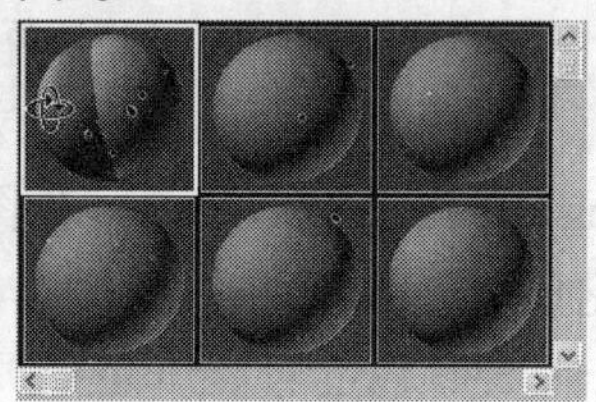

图 7-3

如果旋转后效果不满意或者想恢复到材质球的初始状态，可以在材质编辑器的菜单栏中选择“材质 > 重置示例窗旋转”命令，如图 7-4 所示，材质球即可回到初始状态，如图 7-5 所示。

如果觉得材质球显示得太小，可以双击材质球，弹出一个浮动窗口用于显示材质球的效果，如图 7-6 所示，拖曳浮动窗口的边框，可以放大或缩小浮动窗口。

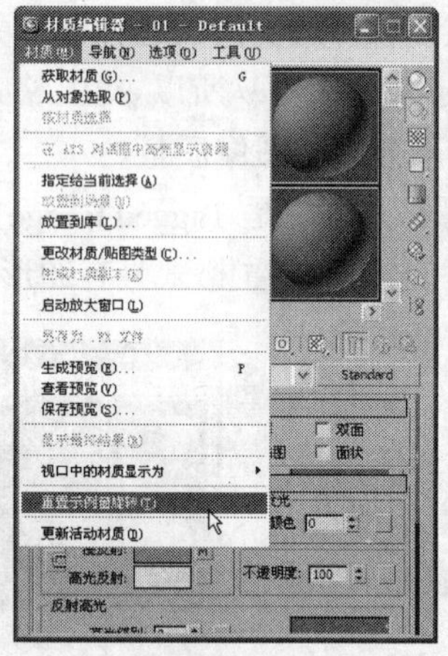

图 7-4

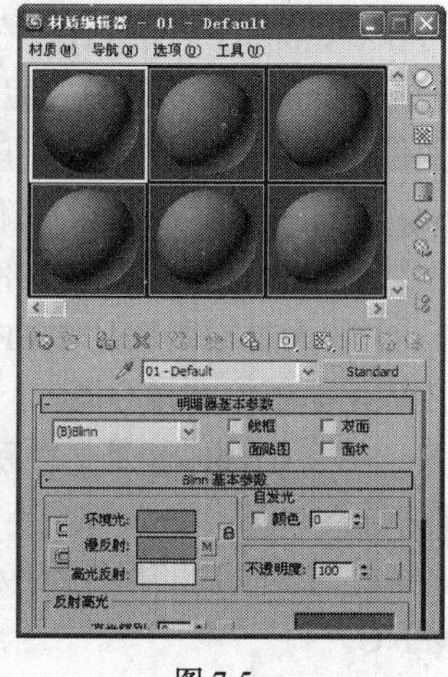

图 7-5

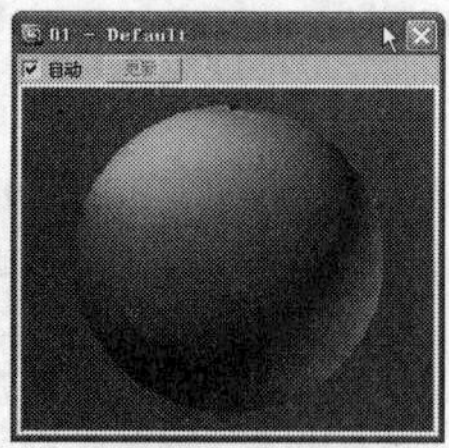

图 7-6

选中一个材质球，按住鼠标左键不放向其他材质球中拖曳，可以得到一个相同的材质形态，如图 7-7 所示。

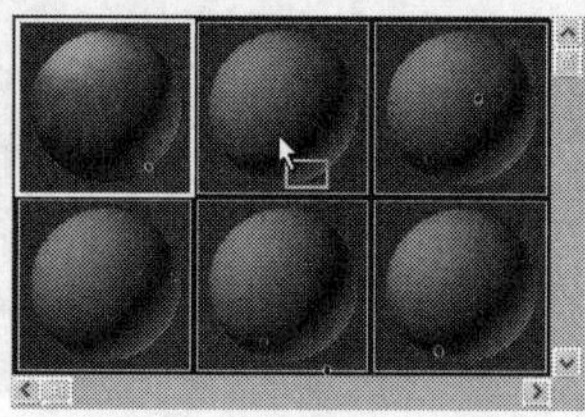
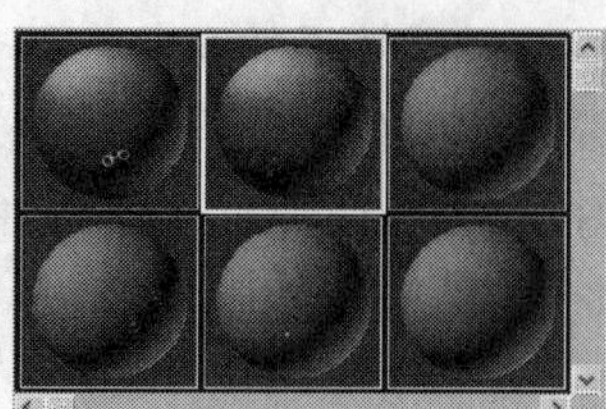

图 7-7

7.1.2　材质编辑器工具栏

材质编辑器的工具栏可分为水平工具栏和垂直工具栏两部分，工具栏中包含了进行材质处理的快捷按钮，如图 7-8 所示。

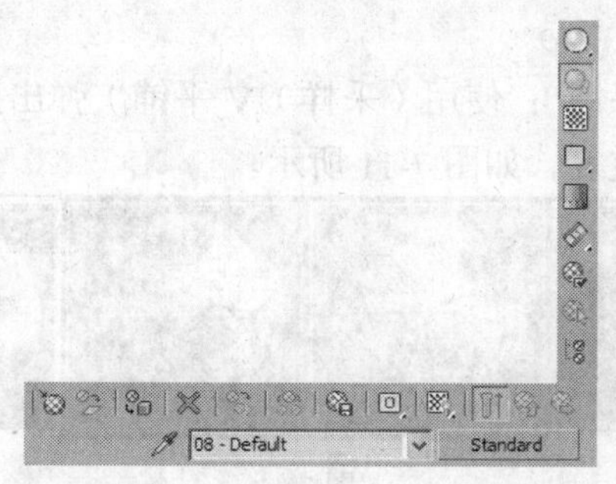

图 7-8

⊙ （获取材质）：单击该按钮，会弹出“材质/贴图浏览器”窗口，可以从中选择材质和贴图。

⊙ （将材质放入场景）：单击该按钮，在编辑材质之后更新场景中的材质。

提示： （将材质放入场景）仅在下列情况可用：在活动示例窗中的材质与场景中的材质具有相同的名称；活动示例窗中的材质不是热材质。

⊙ （将材质指定给选定对象）：将示例窗中的材质赋予被选择的物体，赋予后该材质会变为同步材质。

⊙ （重置贴图）：材质为默认设置：将当前编辑的材质恢复到初始状态。

⊙ （生成材质副本）：通过复制自身的材质，生成材质副本冷却当前热示例窗。

⊙ （使唯一）：使唯一可以使贴图实例成为唯一的副本。

⊙ （放入库）：使用（放入库）可以将选定的材质添加到当前库中。

⊙ （材质 ID 通道）：材质 ID 通道弹出按钮上的按钮将材质标记为 Video Post 效果或渲染效果，或存储以 RLA 或 RPF 文件格式保存的渲染图像的目标（以便通道值可以在后期处理应用程序中使用）。材质 ID 值等同于对象的 G 缓冲区值，范围为 1~15，表示将使用此通道 ID 的 Video Post 或渲染效果应用于该材质。

⊙ （在视图中显示贴图）：单击该按钮，可在场景中显示该材质的贴图效果。

⊙ （显示最终结果）：当此按钮处于启用状态时，示例窗将显示 Show End Result（显示最终结果）：材质树中所有贴图和明暗器的组合。当此按钮处于禁用状态时，示例窗只显示材质的当前层级。

⊙ （转到父对象）：使用（转到父对象）可以在当前材质中向上移动一个层级。

⊙ （转到下一个同级项）：使用（转到下一个同级项）将移动到当前材质中相同层级的下一个贴图或材质。

⊙ （采样类型）：使用（采样类型）弹出按钮可以选择要显示在活动示例中的几何体，如图 7-9 所示。

⊙ （背光）：启用（背光）将背光添加到活动示例窗中。默认情况下，此按钮处于启用状态。图 7-10 左图所示为启用，右图为未启用。

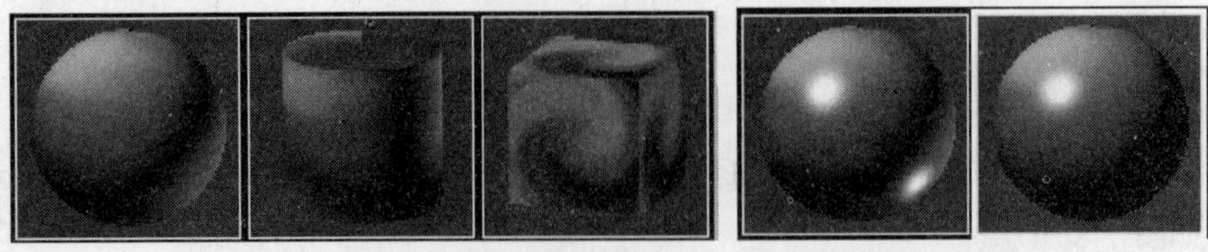

图 7-9　　　　图 7-10

⊙ （采样 UV 平铺）：使用（采样 UV 平铺）弹出按钮上的按钮可以在活动示例窗中调整采样对象上的贴图图案重复，如图 7-11 所示。

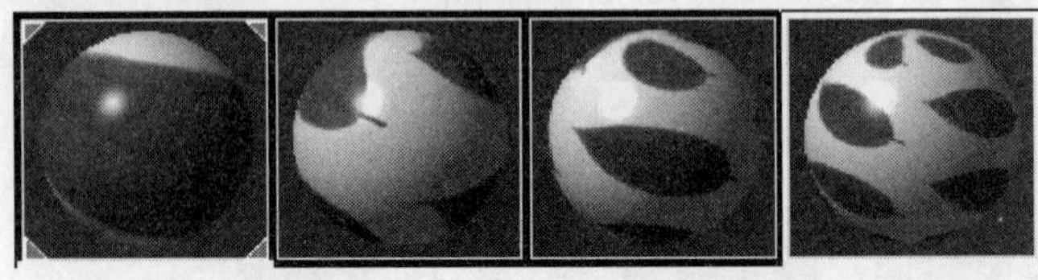

图 7-11

⊙ （视频颜色检查）：视频颜色检查用于检查示例对象上的材质颜色是否超过安全 NTSC 或 PAL 阈值。图 7-11 所示左图为颜色过分饱和的材质，右图为（视频颜色检查）超过视频阈值的黑色区域。

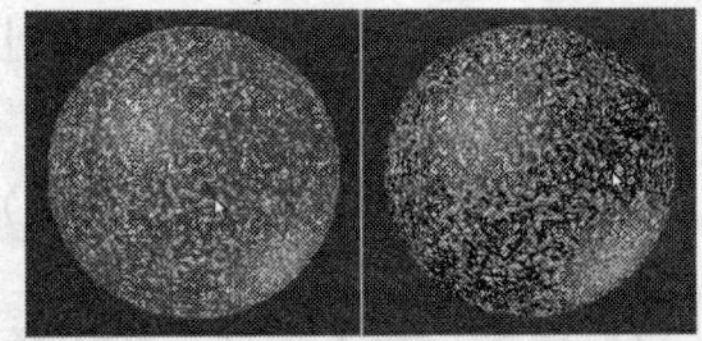

图 7-12

⊙ （生成预览）、（播放预览）、（保存预览）：生成预览显示、创建材质预览对话框，创建动画材质的 AVI 文件，如图 7-13 所示；播放预览使用 Windows Media Player 播放.avi 预览文件；保存预览将.avi 预览以另一名称的 AVI 文件形式保存。

⊙ （选项）：此按钮显示“材质编辑器选项”对话框，可以帮助您控制如何在示例中显示材质和贴图，如图 7-14 所示。

⊙ （按材质选择）：单击该按钮，会弹出“选择对象”对话框，蓝色部分是被赋予当前材质的物体，如图 7-15 所示，单击“选择”按钮，即可选择这些物体。

⊙ （材质/贴图导航器）：从中可以选择场景中应用的材质及贴图，如图 7-16 所示。

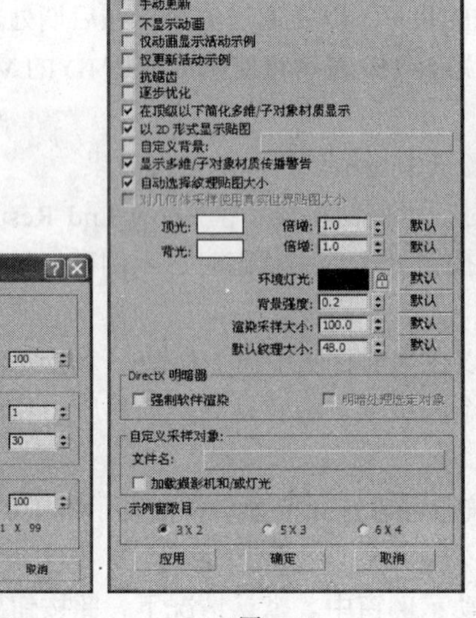

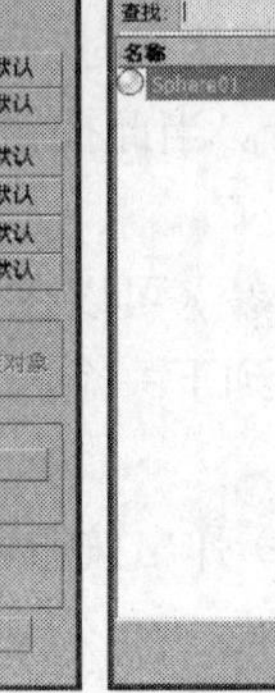

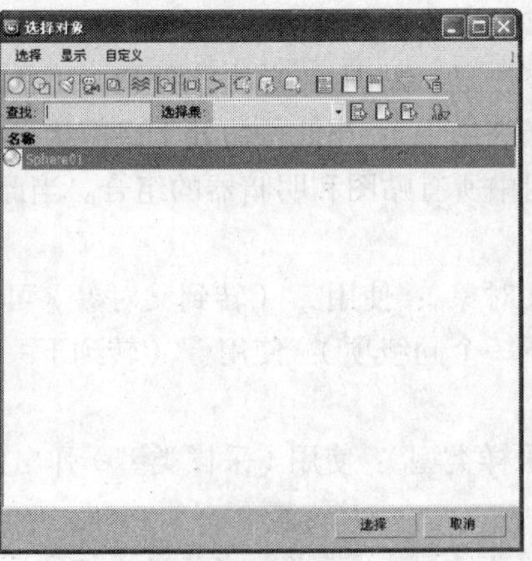

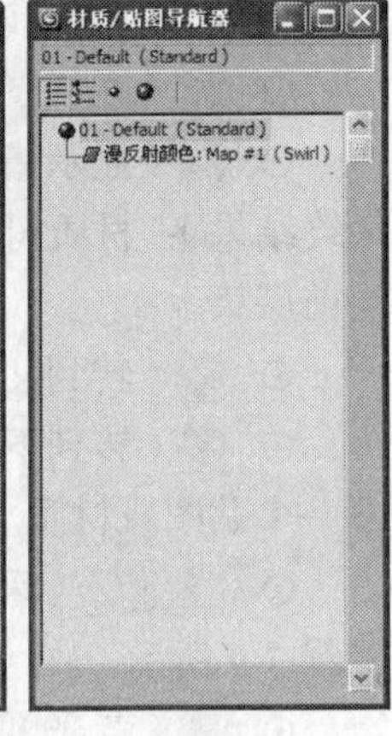

图 7-13　　图 7-14　　图 7-15　　图 7-16

⊙ （从对象拾取材质）：单击该按钮后，鼠标光标变为形状，将光标移到具有材质的物体上，光标变为形状，单击鼠标左键，该物体的材质会被选择到当前的材质球中，可对该材质进行修改编辑。

⊙ Standard：单击该按钮，会弹出“材质/贴图浏览器”窗口，从中可选择各种材质和贴图类型。

7.2 材质类型

在 3ds Max 中材质的制作占有很重要的位置，它是真实表现三维场景的关键。3ds Max 中的材质用于设置场景中物体的反射或光线传输的属性，可以赋予不同的物体，使用不同类型的材质或贴图。3ds Max 中包括标准材质、光线追踪材质、建筑材质、虫漆材质、顶/底材质、合成材质、混合材质等 19 种可供选择的材质类型。

7.2.1 课堂案例——制作热带鱼

案例学习目标：使用材质的编辑来完成热带鱼的制作。

案例知识要点：通过漫反射颜色、不透明度等贴图通道的配合使用来完成效果的制作，如图 7-17 所示。

效果所在位置：光盘/cha07/效果/热带鱼.max。

图 7-17

Step 01 单击“（创建）>（几何体）> 平面”按钮，在“前”视图中创建平面，如图 7-18 所示。

Step 02 在工具栏中单击（材质编辑器）按钮，打开材质编辑器，在“明暗器基本参数”卷展栏中勾选“双面”选项。

在“Blinn 基本参数”卷展栏中设置“自发光”为 30；在“反射高光”组中设置“高光级别”和“光泽度”分别为 79、34，如图 7-19 所示。

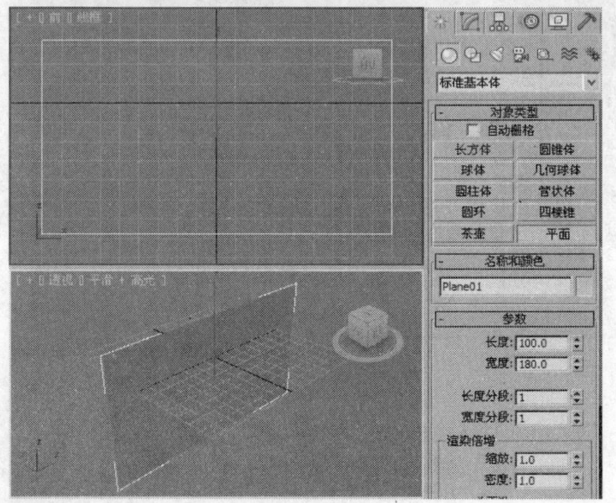

图 7-18

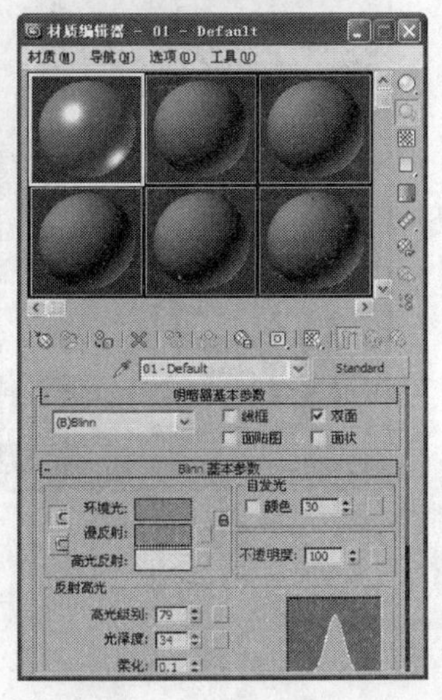

图 7-19

Step 03 打开“贴图”卷展栏，单击“漫反射颜色”后的灰色按钮，在弹出的对话框中选择“位图”贴图，单击“确定”按钮，如图 7-20 所示。

Step 04 在弹出的对话框中选择随书附带光盘“Cha07/素材/热带鱼/yu.jpg”文件，如图 7-21 所示。

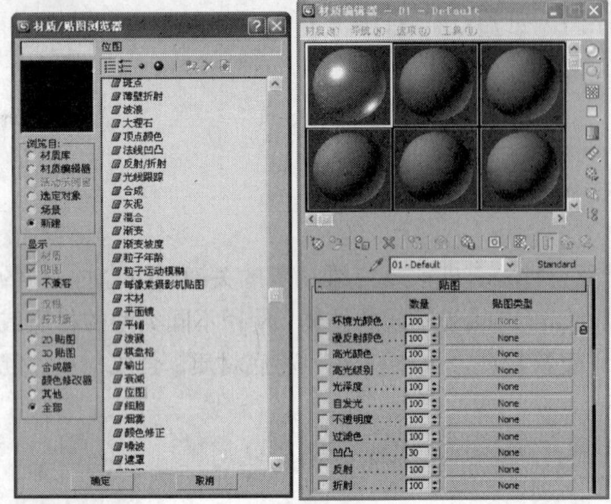

图 7-20

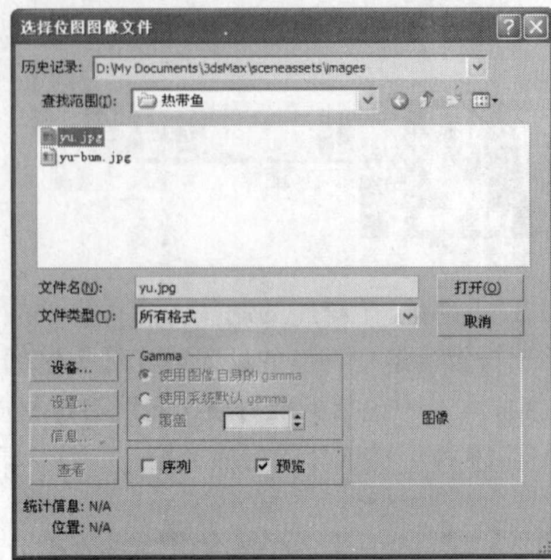

图 7-21

Step 05 进入位图贴图，如图 7-22 所示使用默认的参数。

Step 06 单击（转到父对象）按钮，回到主材质面板，单击“不透明度”后的灰色按钮，在弹出的“材质/贴图浏览器”对话框，选择“位图”贴图，如图 7-23 所示。

Step 07 在弹出的对话框中选择随书附带光盘“Cha07/素材/热带鱼/yu-bum.jpg”文件，如图 7-24 所示。

Step 08 单击（将材质指定给选定对象）按钮，将材质指定给场景中的选择对象。单击（在视图中显示贴图）按钮，在“透视”图中显示贴图。为模型施加“UVW 贴图”修改器，设置 UVW 贴图的参数，将选择集定义为“Gizmo”，在场景中调整 Gizmo，如图 7-25 所示。

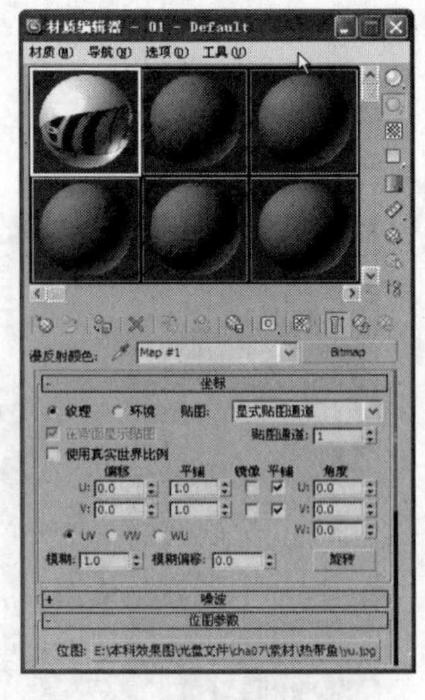

图 7-22

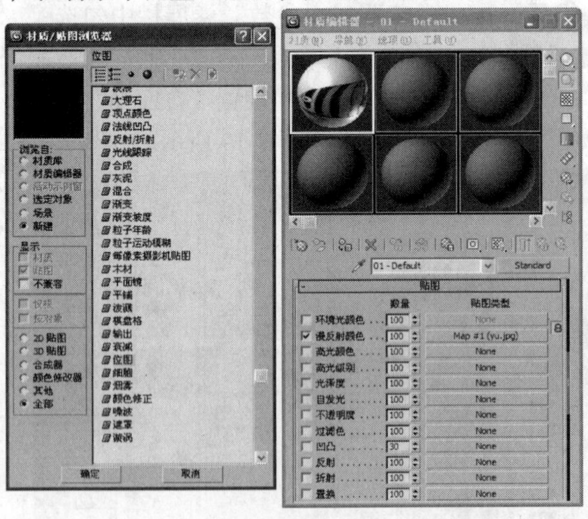

图 7-23

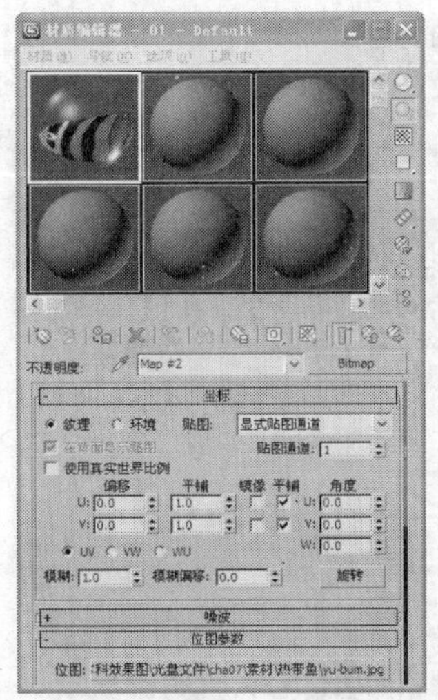

图 7-24

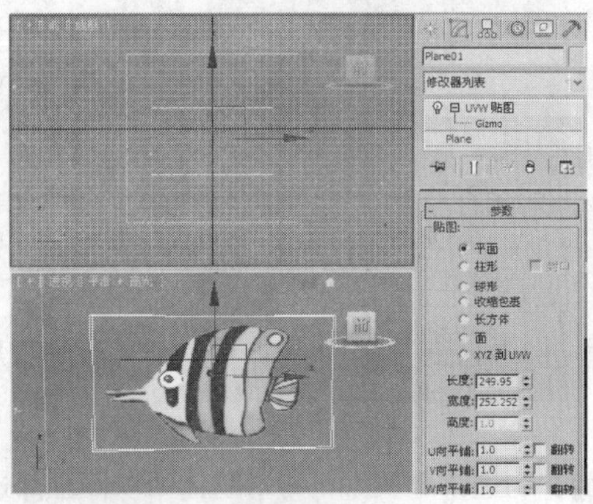

图 7-25

Step 09 单击（渲染）按钮，快速渲染场景，效果如图 7-26 所示。

图 7-26

7.2.2　明暗方式

材质编辑器的下方是材质的参数控制区，标准材质类型的参数非常多，下面介绍几个在编辑材质时常用的参数面板。

“明暗器基本参数”卷展栏中的参数用于设置材质的明暗效果以及渲染形态，如图 7-27 所示。

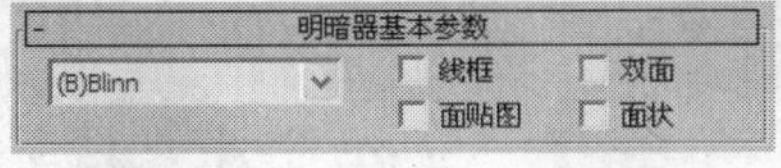

图 7-27

⊙ 线框：勾选该选项后，将以网格线框的方式对物体进行渲染，如图 7-28 所示。

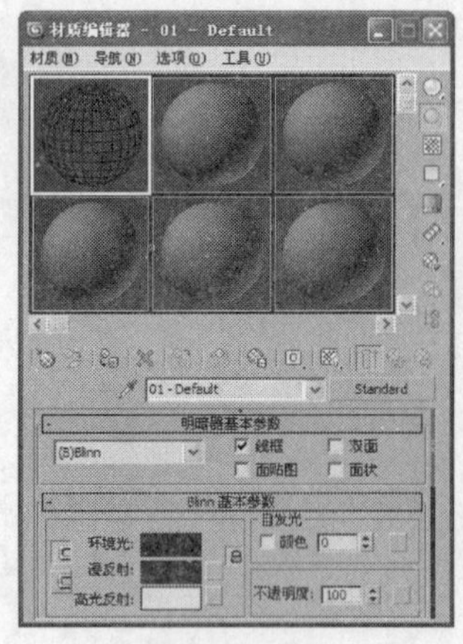

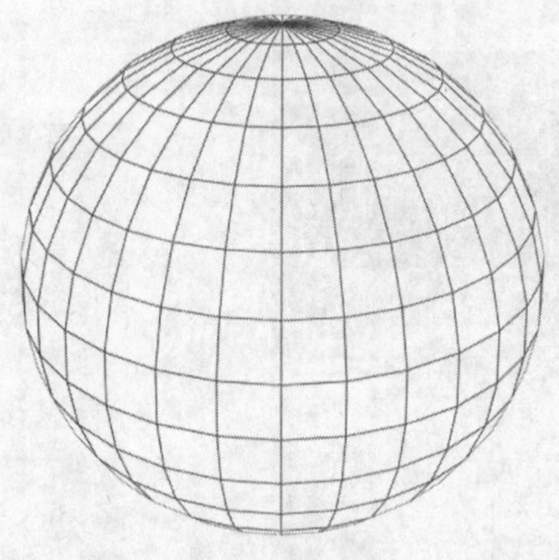

图 7-28

⊙ 双面：勾选该选项后，将对物体的双面全部进行渲染，如图 7-29 所示。

图 7-29

⊙ 面贴图：勾选该选项后，可将材质赋予物体的所有面，如图 7-30 所示。

图 7-30

⊙ 面状：勾选该选项后，物体将以面方式被渲染，如图 7-31 所示。

图 7-31

⊙ 明暗方式下拉列表框：用于选择材质的渲染属性。3ds Max 2010 提供了 8 种渲染属性，如图 7-32 所示。其中“Blinn”、“金属”、“各向异性”、“Phong”是比较常用的材质渲染属性。

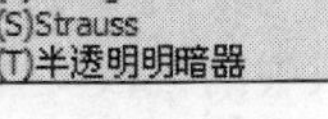

图 7-32

Blinn：以光滑方式进行表面渲染，易表现冷色坚硬的材质，是 3ds Max 2010 默认的渲染属性。

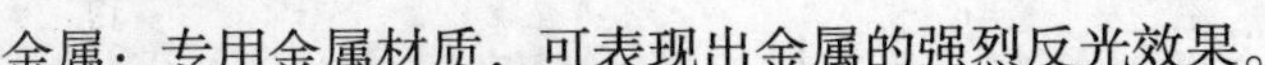

金属：专用金属材质，可表现出金属的强烈反光效果。

各向异性：多用于椭圆表面的物体，能很好的表现出毛发、玻璃、陶瓷和粗糙金属的效果。

Phong：以光滑方式进行表面渲染，易表现暖色柔和的材质。

多层：具有两组高光控制选项，能产生更复杂、有趣的高光效果，适合做抛光的表面、特殊效果等，如缎纹、丝绸、光芒四射的油漆等效果。

Oren-Nayer-Blinn：是“Blinn”渲染属性的变种，但它看起来更柔和，适合表面较为粗糙的物体，如织物、地毯等效果。

Strauss：属性与“金属”相似，多用于表现金属，如光泽的油漆、光亮的金属等效果。

半透明明暗器：专用于设置半透明材质，多用于表现光线穿过半透明物体，如窗帘、投影屏幕或者蚀刻了图案的玻璃的效果。

7.2.3 基本参数面板

基本参数面板中的参数不是一直不变的，而是随着渲染属性的改变而改变的，但大部分参数都是相同的。这里以常用的“Blinn”和“各向异性”为例来介绍参数面板中的参数。

“Blinn 基本参数”面板中显示的是 3ds Max 2010 默认的基本参数，如图 7-33 所示。

⊙ 环境光：用于设置物体表面阴影区域的颜色。

⊙ 漫反射：用于设置物体表面漫反射区域的颜色。

⊙ 高光反射：用于设置物体表面高光区域的颜色。

⊙ 单击这 3 个参数右侧的颜色框，弹出“颜色选择器”对话框，如图 7-34 所示，设置好合适的颜色后单击“关闭”按钮即可。若单击“重置”按钮，设置的颜色设置将回到初始位置。对话框右侧用于设置颜色的 RGB 值，可以通过数值来设置颜色。

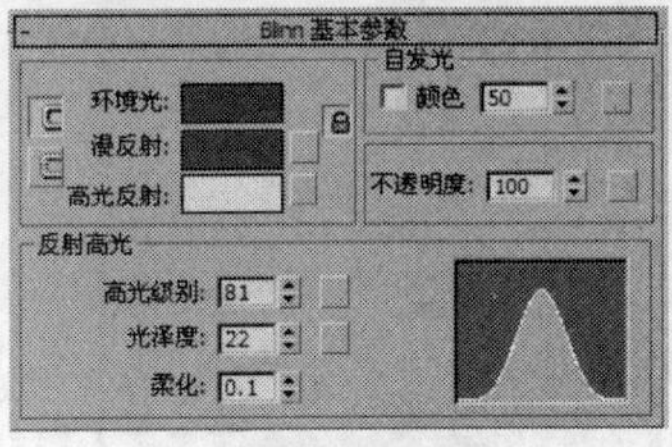

图 7-33

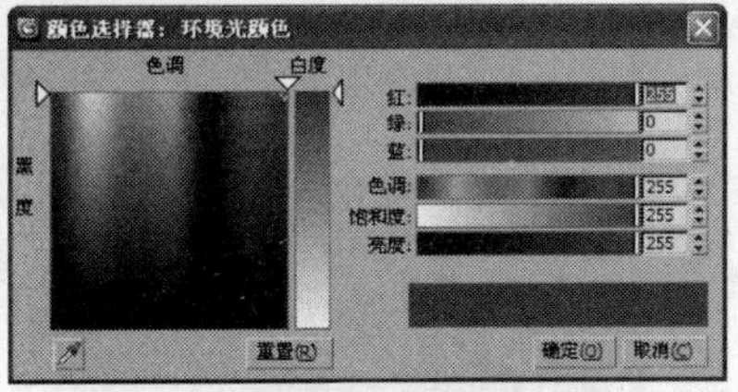

图 7-34

⊙ 自发光：使材质具有自身发光的效果，可以用于制作灯、电视机屏幕的光源物体。该参数可以在数值框中输入数值，此时“漫反射”将作为自发光色，如图 7-35 所示，也可以选择左侧的复选框后数值框变为颜色框，单击颜色框可以选择自发光的颜色，如图 7-36 所示。

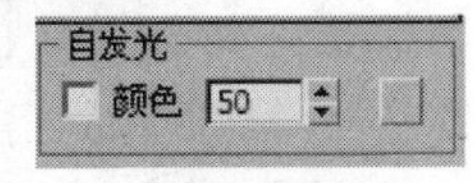

图 7-35

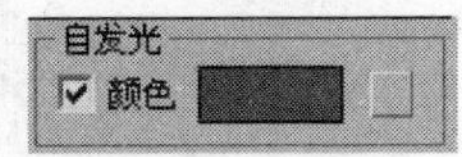

图 7-36

⊙ 不透明度：用于设置材质的不透明百分比值，默认值为“100”，表示完全不透明，值为“0”时，表示完全透明。

⊙ 反射高光组用于设置材质的反光强度和反光度。

⊙ 高光级别：用于设置高光亮度，值越大，高光亮度就越大。

⊙ 光泽度：用于设置高光区域的大小，值越大，高光区域越小。

⊙ 柔化：具有柔化高光的效果，取值在 0~1.0 之间。

在明暗方式下拉列表框中选择“各向异性”方式，基本参数面板中的参数发生变化，如图 7-37 所示。

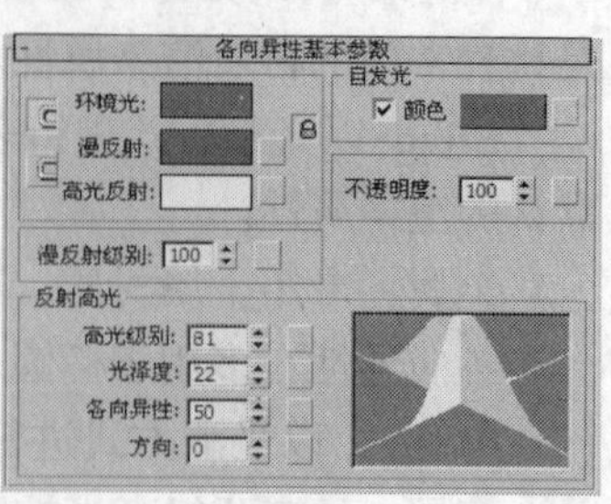

图 7-37

⊙ 漫反射级别：用于控制材质的“环境光”颜色的亮度，改变参数值不会影响高光。取值范围从 0 ~ 400，默认值为 100。

⊙ 各向异性：控制高光的形状。

⊙ 方向：设置高光的方向。

7.2.4 “贴图”卷展栏

贴图是制作材质的关键环节，3ds Max 2010 在标准材质的贴图设置面板中提供了多种贴图通道，如图 7-38 所示。每一种贴图通道都有其独特之处，通过贴图通道进行材质的赋予和编辑，能使模型具有真实的效果。

在“贴图”卷展栏中有部分贴图通道是与前面基本参数面板中的参数对应的，在“基本参数”面板中可以看到有些参数的右侧都有一个 按钮，这和贴图通道中的 None 按钮的作用是相同的，单击后都会弹出“材质/贴图浏览器”窗口，如图 7-39 所示，在“材质/贴图浏览器”窗口中可以选择贴图类型。下面先对贴图通道进行介绍。

⊙ 环境光颜色：将贴图应用于材质的阴影区。在默认状态下该通道是被禁用的。

⊙ 漫反射颜色：用于表现材质的纹理效果，是最常用的一种贴图，如图 7-40 所示。

⊙ 高光颜色：将材质应用于材质的高光区。

⊙ 高光级别：与高光区贴图相似，但强度取决于高光强度的设置。

⊙ 光泽度，贴图应用于物体的高光区域，控制物体高光区域贴图的光泽度，如图 7-41 所示。

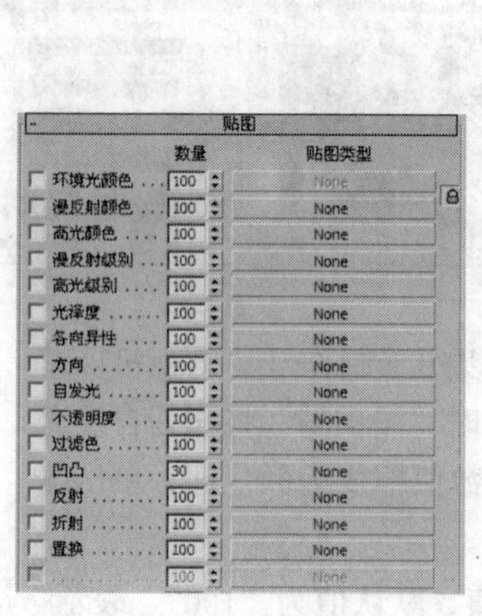

图 7-38

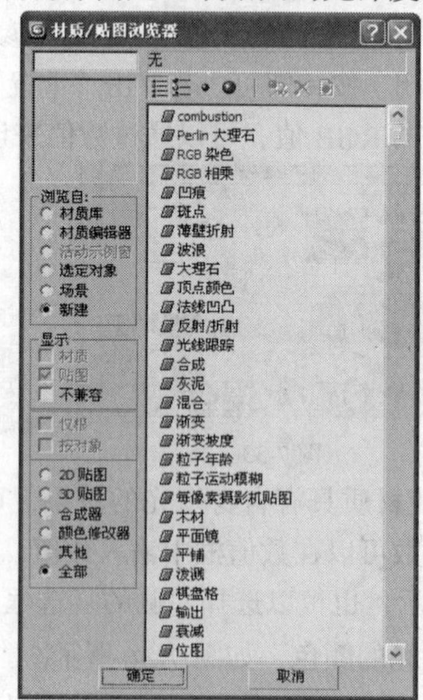

图 7-39

图 7-40　　图 7-41

⊙ 自发光：将贴图以一种自发光的形式应用于物体表面，颜色浅的部分会产生发光效果。

⊙ 不透明度：根据贴图的明暗部分在物体表面上产生透明的效果，颜色深的地方透明，颜色浅的地方不透明，如图 7-42 所示。

⊙ 过滤色：根据贴图图像像素的深浅程度产生透明的颜色效果。

⊙ 凹凸：根据贴图的颜色产生凹凸的效果，颜色深的区域产生凹下效果，颜色浅的区域产生凸起效果，如图 7-43 所示。

图 7-42　　图 7-43

⊙ 反射：用于表现材质的反射效果，是一个在建模中重要的材质编辑参数，如图 7-44 所示可以用来制作金属材质。

⊙ 折射：用于表现材质的折射效果，常用于表现水、玻璃的折射效果，如图 7-45 所示。

图 7-44　　图 7-45

7.2.5 “扩展参数”卷展栏

“扩展参数”卷展栏如图 7-46 所示，其各选项的功能介绍如下。

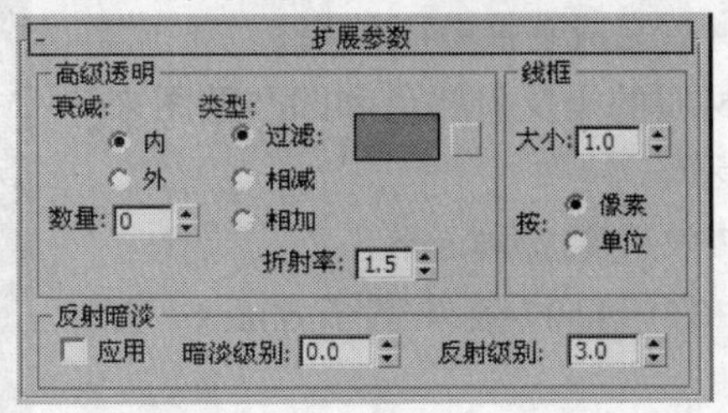

图 7-46

⊙ “高级透明”组：这些控件影响透明材质的不透明度衰减。

⊙ 衰减：选择在内部还是在外部进行衰减，以及衰减的程度。

⊙ 内：向着对象的内部增加不透明度，就像在玻璃瓶中一样。

⊙ 外：向着对象的外部增加不透明度，就像在烟雾云中一样。

⊙ 数量：设置内外衰减的数量，值越高材质越透明。

⊙ 类型：这些控件选择如何应用不透明度。

⊙ 过滤：过滤器计算与透明曲面后面的颜色相乘的过滤色。单击色样可更改过滤颜色。

⊙ 相减：相减从透明曲面后面的颜色中减除。

⊙ 相加：相加增加到透明曲面后面的颜色中。

⊙ 折射率：设置折射贴图和光线跟踪所使用的折射率(IOR)。IOR 用来控制材质对透射灯光的折射程度。1.0 是空气的折射率，这表示透明对象后的对象不会产生扭曲。折射率为 1.5，后面的对象就会发生严重扭曲，就像玻璃球一样。对于略低于 1.0 的 IOR，对象沿其边缘反射，如从水面下看到的气泡。默认设置为 1.5。

⊙ “反射暗淡”组：这些控件使阴影中的反射贴图显得暗淡。

⊙ 应用：启用以使用反射暗淡。禁用该选项后，反射贴图材质就不会因为直接灯光的存在或不存在而受到影响。默认设置为禁用状态。

⊙ 暗淡级别：阴影中的暗淡量。该值为 0.0 时，反射贴图在阴影中为全黑。该值为 0.5 时，反射贴图为半暗淡。该值为 1.0 时，反射贴图没有经过暗淡处理，材质看起来好像禁用“应用”一样。默认设置为 0.0。

⊙ 反射级别：影响不在阴影中的反射的强度。“反射级别”值与反射明亮区域的照明级别相乘，用以补偿暗淡。在大多数情况下，默认设置为 3.0 会使明亮区域的反射保持在与禁用反射暗淡时相同的级别上。

⊙ “线框”组：用于设置线框的属性。

7.3 常用材质简介

下面以精简材质编辑器为大家介绍材质类型，在材质面板中单击 Standard 按钮，在弹出的“材质/贴图浏览器”面板中列出标准材质类型。下面将介绍常用的几种材质。

7.3.1 课堂案例——骰子

案例学习目标：使用标准材质完成装饰壁画效果。

案例知识要点：通过标准材质的漫反射颜色和凹凸贴图来完成效果的制作，如图 7-47 所示。

图 7-47

效果所在位置：光盘/cha07/效果/装饰画.max。

Step 01 打开随书附带光盘中的“cha07/效果/骰子 o.max”文件，如图 7-48 所示。

Step 02 在场景中选择“ChamferBox01”，在堆栈中选择“编辑多边形”修改器，将选择集定义为“多边形”。在场景中选择如图 7-49 所示的多边形，在“多边形：材质 ID”卷展栏中设置“设置 ID”为 1。

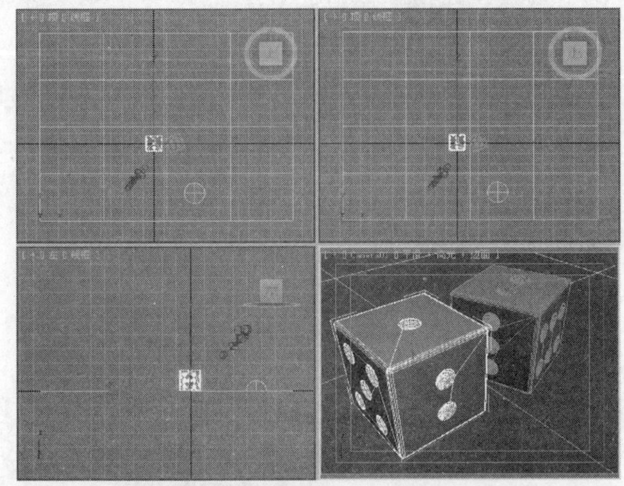

图 7-48

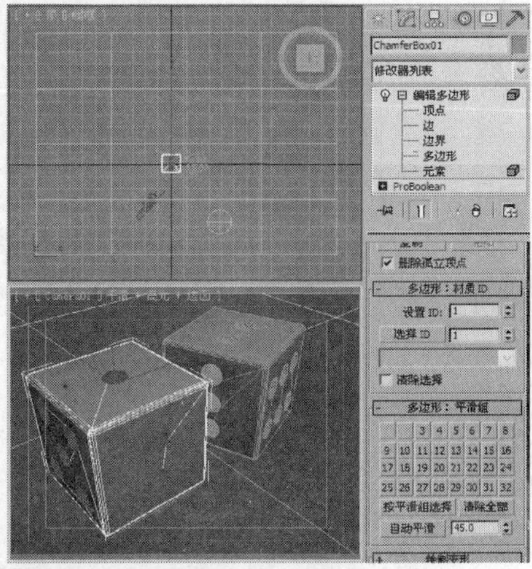

图 7-49

Step 03 按 Ctrl+I 组合键，反选多边形，设置“设置 ID”为 2，如图 7-50 所示。

Step 04 在工具栏中单击（材质编辑器）按钮，打开材质编辑器，选择一个新的材质样本球，单击 Standard 按钮，在弹出的对话框中选择“多维/子对象”材质，单击“确定”按钮，如图 7-51 所示。

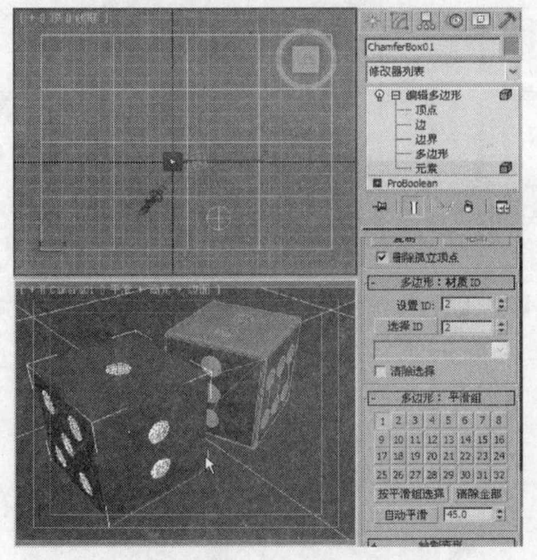

图 7-50

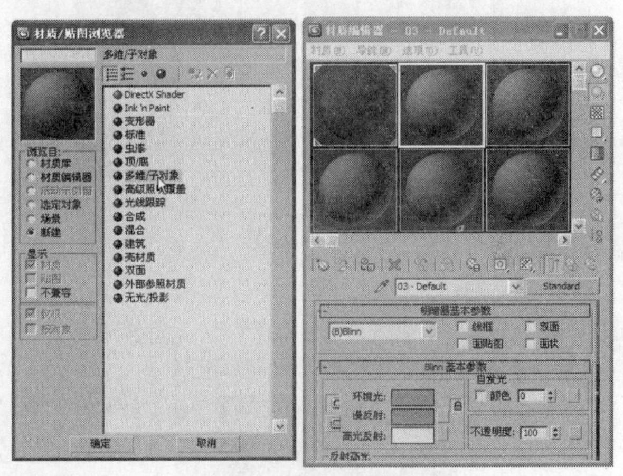

图 7-51

Step 05 在弹出的对话框中选择“丢弃旧材质”选项，单击“确定”按钮，如图 7-52 所示。

Step 06 在“多维/子对象基本参数”卷展栏中设置“材质数量”为 2，单击“确定”按钮，如图 7-53 所示。

Step 07 单击（1）号材质后的灰色按钮，进入（1）号材质的设置面板，在“Blinn 基本参数”卷展栏中设置“环境光”和“漫反射”的 RGB 为 255、255、255；设置“自发光”为 50，如图 7-54 所示。

Step 08 转到（2）号材质设置面板，在“明暗器基本参数”卷展栏中设置明暗器为“各向异性”。在“各向异性基本参数”卷展栏中设置“环境光”和“漫反射”的 RGB 为 196、0、0，在“反射高光”组中设置“高光级别”为 100、“光泽度”为 85、“各向异性”为 50，如图 7-55 所示。

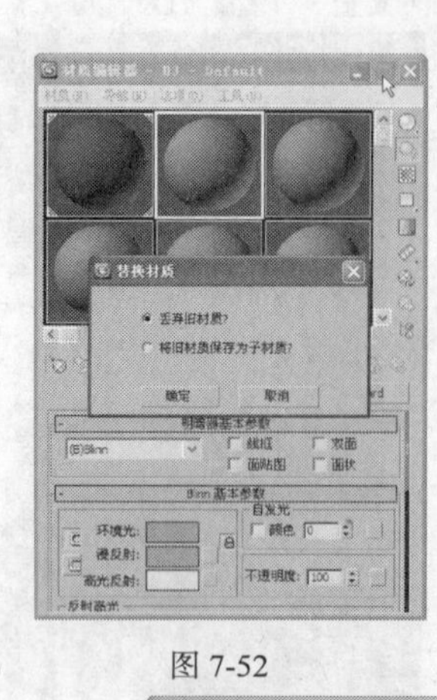

图 7-52

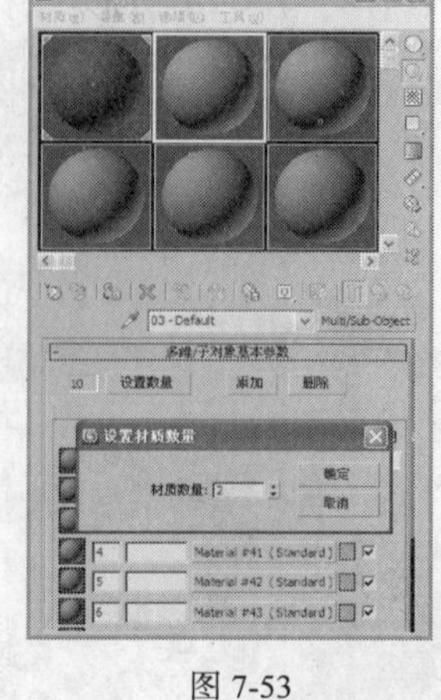

图 7-53

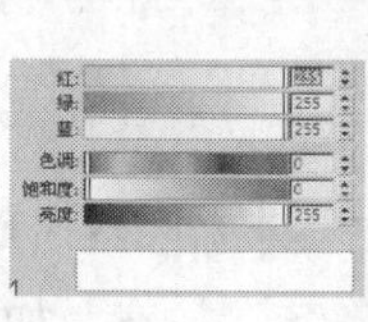

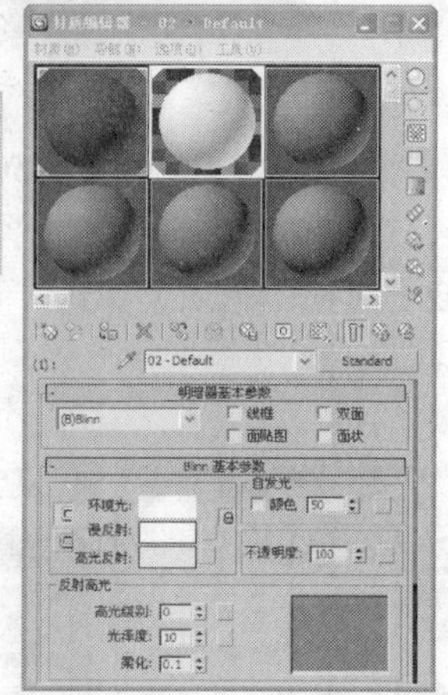

图 7-54

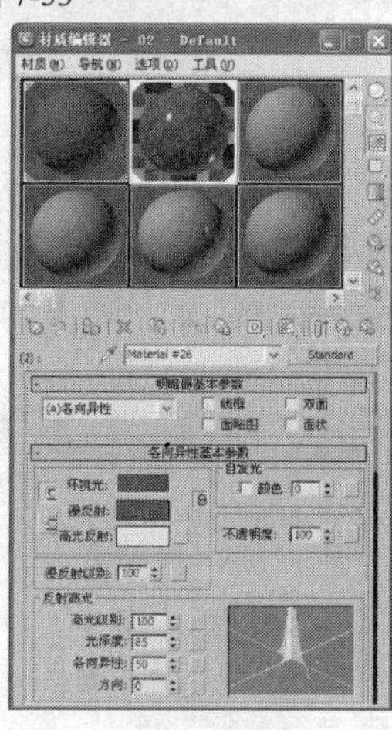

图 7-55

Step 09 在“贴图”卷展栏中为“反射”指定“光线跟踪”贴图，设置反射的数量为 15，为“折射”指定“反射/折射”贴图，并设置数量为 10，如图 7-56 所示。

Step 10 渲染场景得到如图 7-57 所示的效果。

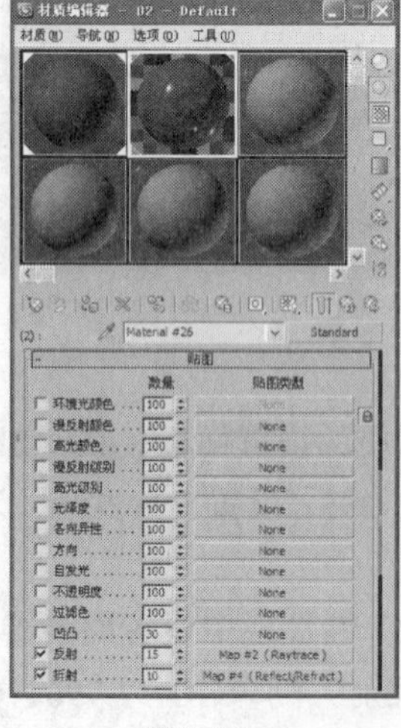

图 7-56

图 7-57

7.3.2 多维/子对象材质

"多维/子对象"材质在 3ds Max 中应用广泛，主要应用是为几何体的子对象级别分配不同的材质。

将材质转换为多维/子对象时弹出询问对话框：

⊙ 丢弃旧材质？：将原有的材质丢弃掉，直接换为标准材质。

⊙ 将旧材质保存为子材质？：将设置的材质转换为多维/子对象的子材质。

使用"多维/子对象"材质可以采用几何体的子对象级别分配不同的材质。创建多维材质，将其指定给对象并使用网格选择修改器选中面，然后选择多维材质中的子材质指定给选中的面，或者为选定的面指定不同的材质 ID 号，并设置对应 ID 号的材质。图 7-58 所示为"多维/子对象基本参数"卷展栏。

图 7-58

⊙ 设置数量：设置拥有子级材质的数目，注意如果减少数目，会将已经设置的材质丢失。

⊙ 添加：添加一个新的子材质。新材质默认的 ID 号为当前最大的 ID 号加 1。

⊙ 删除：删除当前选择的子材质。

⊙ ID 排序：单击后子材质 ID 号按升序排列。

⊙ 名称排序：单击后按名称栏中指定的名称进行排序。

⊙ 子材质排序：按子材质的名称进行排序。

7.3.3 混合材质

将两种不同的材质融合在表面的同一面上。通过不同的融合度，控制两种材质表现出的强度，并且可以制作成材质变形动画，将材质转换为"混合"材质后显示如图 7-59 所示的"混合基本参数"卷展栏。

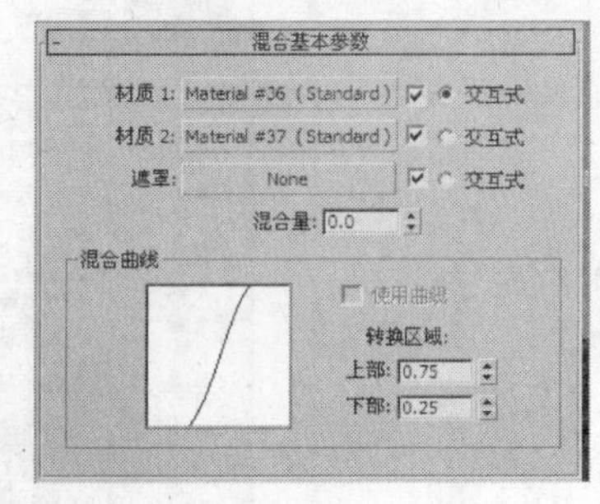

图 7-59

⊙ 材质 1、材质 2：通过单击右侧的空白按钮选择相应的材质。

⊙ 遮罩：选择一张图案或程序贴图来作为蒙版，利用蒙版图案的明暗度来决定两个材质的融合情况。

⊙ 交互式：在视图中以平滑+高光方式交互渲染时，选择哪一个材质显示在对象表面。

⊙ 混合量：确定融合的百分比例，对无蒙版贴图的两个材质进行融合时，依据它来调节混合程度。值为 0 时，材质 1 完全可见，材质 2 不可见；值为 1 时，材质 2 不可见，材质 1 可见。

⊙ 混合曲线：控制蒙版贴图中黑白过渡区造成的材质融合的尖锐或柔和程度，专用于使用了 Mask 蒙版贴图的融合材质。

⊙ 使用曲线：确定是否使用混合曲线来影响融合效果。

⊙ 转换区域：分别调节上部和下部数值来控制混合和曲线，两值相近时，会产生清晰尖锐的融合边缘；两值差距很大时，会产生柔和模糊的融合边缘。

7.3.4 光线跟踪材质

光线跟踪材质是一种比 Standard 材质更高级的材质类型，它不仅包括了标准材质具备的全部特性，还可以创建真实的反射和折射效果，并且还支持雾、颜色浓度、半透明、荧光灯等其他特殊效果。图 7-60 所示为玻璃效果。

光线跟踪材质是一种高级的材质类型，当光线在场景中移动时，通过跟踪对象来计算材质颜色，这些光线可以穿过透明对象，在光亮的材质上反射，得到逼真的效果。

光线跟踪材质产生的反射和折射的效果要比光线追踪贴图更逼真，但渲染速度会变得更慢。

图 7-60

1．选择光线跟踪材质

在工具栏中单击（材质编辑器）按钮，打开材质编辑器，单击“Standard”按钮，弹出“材质/贴图浏览器”窗口，如图 7-61 所示，双击“光线追踪”选项，材质编辑器中会显示光线追踪材质的参数，如图 7-62 所示。

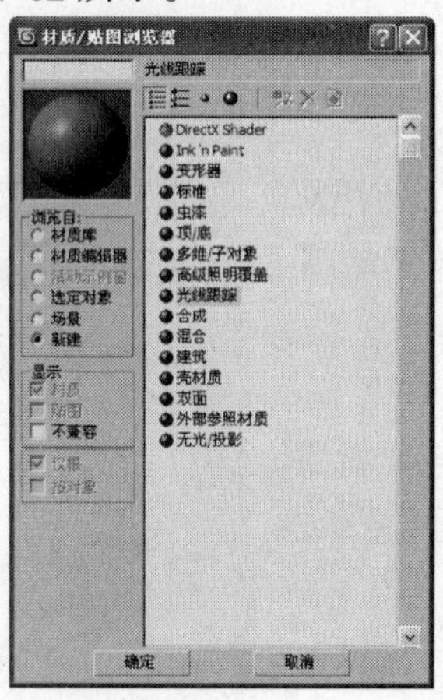

图 7-61

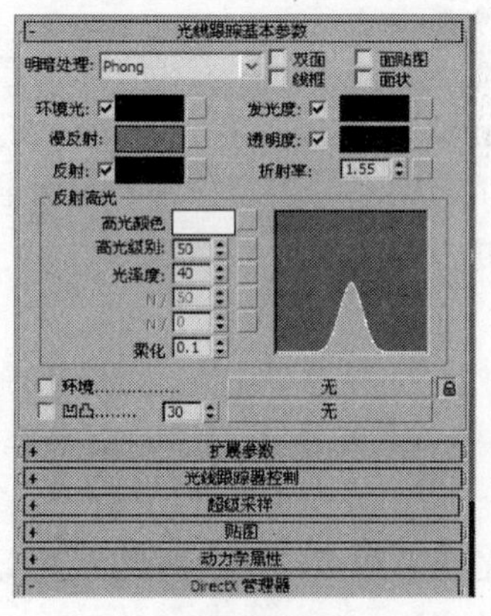

图 7-62

2．光线追踪材质的基本参数

单击明暗方式下拉列表框，会发现光线追踪材质只有 5 种明暗方式，分别是“Phong”、“Blinn”、“金属”、“Oren-Nayar-Blinn”和“各向异性”，如图 7-63 所示，这 5 种方式的属性和用法与标准材质中的是相同的。

图 7-63

⊙ 环境光：与标准材质不同，此处的阴影色将决定光线追踪材质吸收环境光的多少。

⊙ 漫反射：决定物体高光反射的颜色。

⊙ 发光度：依据自身颜色来规定发光的颜色，同标准材质中的自发光相似。

⊙ 透明度：光线追踪材质通过颜色过滤表现出的颜色。黑色为完全不透明，白色为完全透明。

⊙ 折射率：决定材质折射率的强度。准确调节该数值能真实反映物体对光线折射的不同折射率。值为 1 时，表示空气的折射率；值为 1.5 时，是玻璃的折射率；值小于 1 时，对象沿着它的边界进行折射。

⊙ 反射高光组用于设置物体反射区的颜色和范围。

⊙ 高光颜色：用于设置高光反射的颜色。

⊙ 高光级别：用于设置反射光区域的范围。

⊙ 光泽度：用于决定发光强度，数值为 0~200。

⊙ 柔化：用于对反光区域进行柔化处理。

⊙ 环境：选中时，将使用场景中设置的环境贴图；未选中时，将为场景中的物体指定一个虚拟的环境贴图，这会忽略掉在 Environment 对话框中设置的环境贴图。

⊙ 凹凸：设置材质的凹凸贴图，与标准类型材质中"贴图"卷展栏中的"凹凸"贴图相同。

3．光线追踪材质的扩展参数

"扩展参数"卷展栏中的参数用于对光线追踪材质类型的特殊效果进行设置，参数如图 7-64 所示。

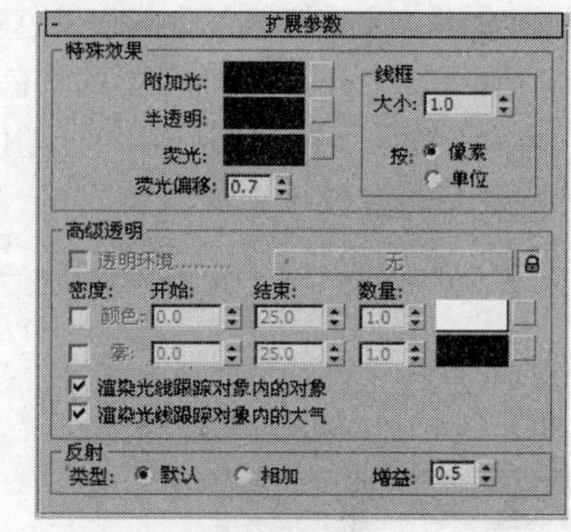

图 7-64

特殊效果选项组。

⊙ 附加光：这项功能像环境光一样，能用于模拟从一个对象放射到另一个对象上的光。

⊙ 半透明：可用于制作薄对象的表面效果，有阴影投在薄对象的表面。当用在厚对象上时，可以用于制作类似于蜡烛或有雾的玻璃效果。

⊙ 荧光和荧光偏移："荧光"使材质发出类似黑色灯光下的荧光颜色，它将引起材质被照亮，就像被白光照亮，而不管场景中光的颜色。而"荧光偏移"决定亮度的程度，1.0 表示最亮，0 表示不起作用。

高级透明选项组。

⊙ 密度和颜色：可以使用颜色密度创建彩色玻璃效果，其颜色的程度取决于对象的厚度和"数量"参数设置，"开始"参数设置颜色开始的位置，"结束"设置颜色达到最大值的距离。"雾"与"颜色"相似，都是基于对象厚度，可用于创建烟状效果。

反射选项组

⊙ 默认：选择"默认"选项时，反射被分层，把反射放在当前漫反射颜色的顶端。

⊙ 相加：选择"相加"选项时，给漫反射颜色添加反射颜色。

⊙ 增益：用于控制反射的亮度，取值范围为 0~1。

7.3.5 无光/投影材质

"无光/投影"能够使对象成为一种不可见对象，而显露出当前的环境贴图，不可见对象在渲染时无法看到，也不会对环境背景进行遮挡，但对于其后的场景对象却可以起到遮挡作用，并且还可以仅表现出投影或接受投影的效果，此外，"无光/投影"材质还可以接受反射。"无光/投影基本参数"卷展栏如图 7-65 所示。

⊙ 不透明 Alpha：确定是否将不可见对象渲染到 Alpha 通道中。如果只需要它的阴影，并且将来要利用阴影的 Alpha 通道进行合成，需要将此项目关闭。

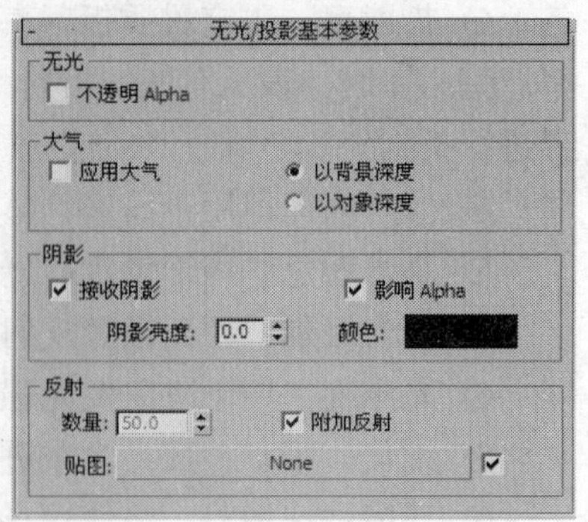

图 7-65

⊙ 应用大气：确定不可见对象是否受到场景中大气设置的影响。

⊙ 以背景深度：这是一种二维模式，如果场景中有雾，则渲染不可见对象的投影。扫描线渲染方式先渲染场景中的雾，再渲染阴影，这时阴影将不能被雾照亮，因此需要提高“阴影亮度”值。

⊙ 以对象深度：这是一种三维模式，先渲染阴影，再渲染雾，雾效将覆盖在三维不可见对象的表面，所产生的 Alpha 通道不能完美地与背景图像融合。

⊙ 接收阴影：打开此项目，不可见对象表面将会渲染出来自其他对象的投影。

⊙ 影响 Alpha：将不可见对象接受的阴影渲染到 Alpha 通道中，产生一种半透明的阴影通道图像，以便于将它进行其他合成操作，这时应将“不透明 Alpha”项目关闭。

⊙ 阴影亮度：确定阴影在背景图像上的亮度，值为 1.0 时，阴影最亮，亮到消失；值为 0.0 时，阴影最黑，几乎掩盖了全部背景色。

⊙ 颜色：设置产生阴影的颜色，以便与背景图像中的阴影颜色相匹配。

⊙ 数量：用于控制使用的反射效果数量。该选项是百分比参数，取值范围为 0 ~ 100，只有指定贴图后该参数才有效。

⊙ 附加反射：确定无光曲面是否具有反射。

⊙ 贴图：单击右侧长按钮，打开“材质/贴图浏览器”对话框，为反射指定贴图。除非选择了“反射/折射”贴图或“镜面反射”贴图类型，否则反射效果独立于环境。

7.3.6 双面材质

在对象内外表面分别指定两种不同的材质，并且可以控制它们的透明程度。

“双面基本参数”卷展栏如图 7-66 所示。

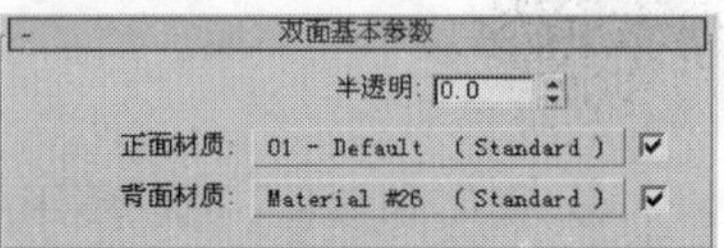

图 7-66

⊙ 半透明：设置一个材质在另一个材质上显示出的百分比效果。

⊙ 正面材质：设置对象外面的材质。

⊙ 背面材质：设置对象内表面的材质。

图 7-66 所示为已经设置了正面材质和背面材质的效果。

7.4 常用贴图

二维贴图是使用二维的图像贴在物体表面或使用环境贴图为场景创建背景图像，其他二维贴图都属于程序贴图。程序贴图是由计算机生成的贴图图像效果。贴图能够在不增加物体几何结构复杂程度的基础上增加物体的细节程度，它可以最大地提高材质的真实程度。此外，贴图还可以用于创建环境或灯光投影效果。下面对材质编辑器中的贴图进行介绍。

7.4.1　课堂案例——装饰画的制作

案例学习目标：使用标准材质来完成装饰壁画效果。

案例知识要点：通过标准材质的漫反射颜色和凹凸贴图来完成装饰画的制作，如图 7-67 所示。

效果所在位置：光盘/cha07/效果/装饰画.max。

图 7-67

Step 01 打开随书附带光盘中的“cha07/效果/装饰画 o.max”文件，如图 7-68 所示。

Step 02 在场景中选择“Box01”，如图 7-69 所示，为其设置材质。

Step 03 在工具栏中单击（材质编辑器）按钮，打开材质编辑器，单击“漫反射”后的灰色按钮，在弹出的对话框中选择“位图”贴图，如图 7-70 所示。

Step 04 在弹出的对话框中选择随书附带光盘“cha07/素材/装饰画/布料.jpg”文件，如图 7-71 所示进入贴图层级。

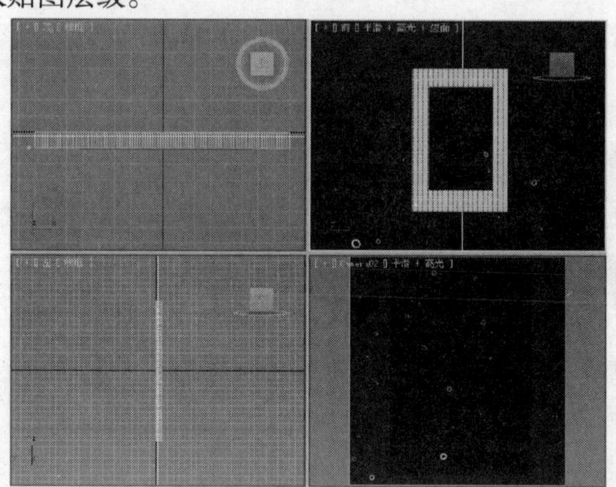

图 7-68　　图 7-69

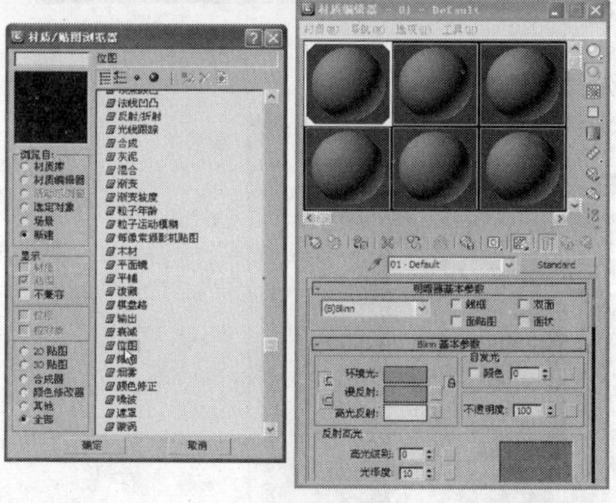

图 7-70

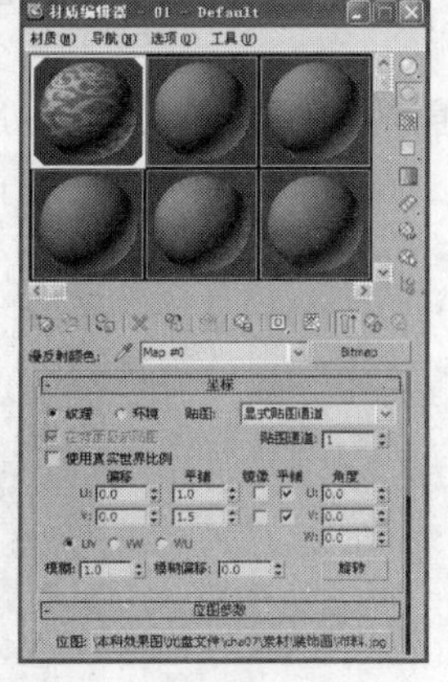

图 7-71

Step 05 单击（转到父对象）按钮，回到主材质面板，在“贴图”卷展栏中拖曳“漫反射颜色”

后的贴图按钮到“凹凸”后的灰色按钮上，在弹出的对话框中选择“复制”选项，单击“确定”按钮，如图 7-72 所示。

Step 06 在场景中选择“Box02”对象，如图 7-73 所示。

Step 07 在材质编辑器中选择一个新的材质样本球，在“Blinn 基本参数”卷展栏中单击“漫反射”后的灰色按钮，在弹出的对话框中选择“位图”贴图，如图 7-74 所示。

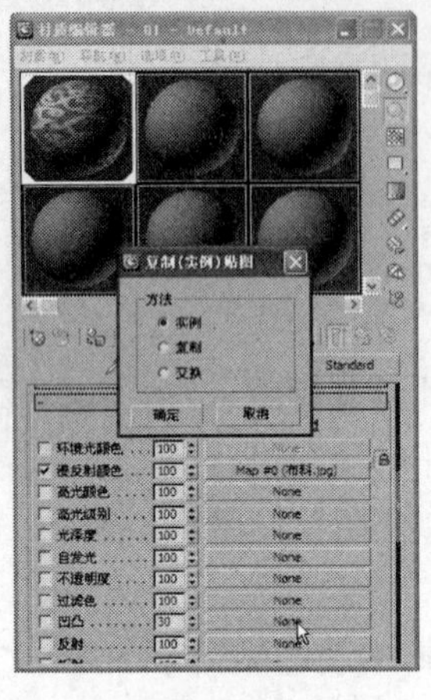

图 7-72

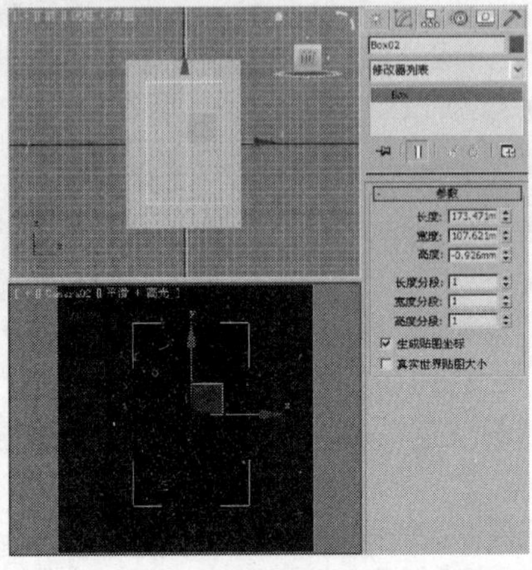

图 7-73

Step 08 在弹出的对话框中选择随书附带光盘“cha07/素材/装饰画/pic.jpg”文件，如图 7-75 所示。

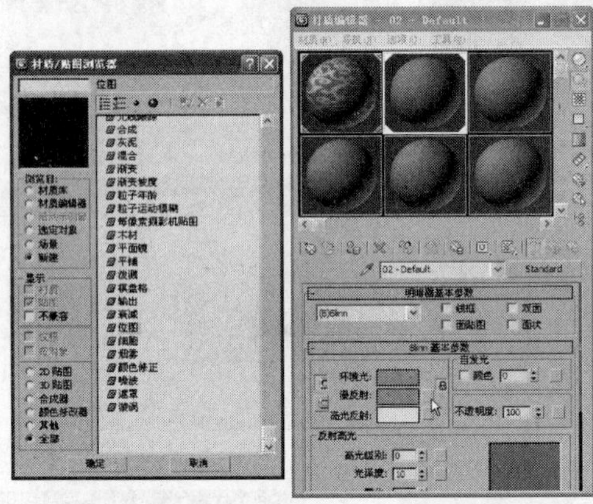

图 7-74

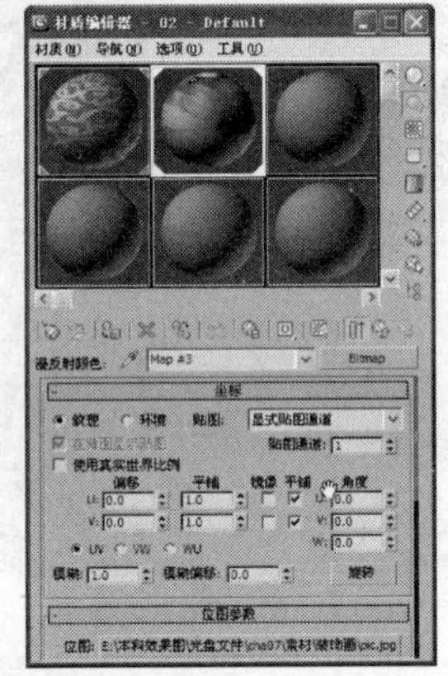

图 7-75

Step 09 渲染场景得到如图 7-76 所示的效果。

图 7-76

7.4.2　位图贴图

贴图在空间上是有方向的，当为对象指定一个二维贴图材质时，对象必须使用贴图坐标。贴图坐标指明了贴图投射到材质上的方向，以及是否被重复平铺或镜像等，它使用 UVW 坐标轴的方式来指明对象的方向。

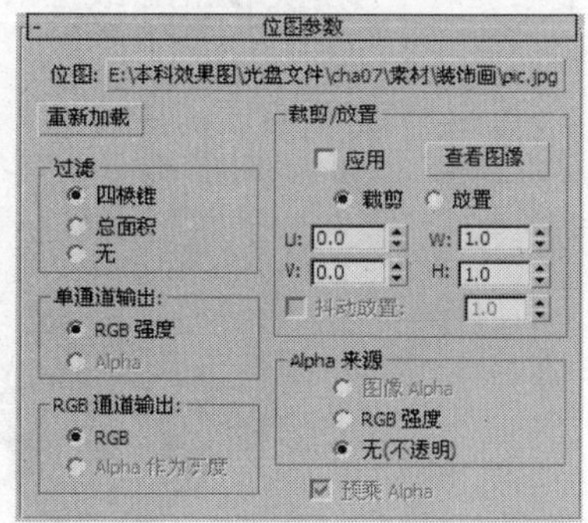

图 7-77

位图贴图是最简单也是最常用的二维贴图，它是在物体表面形成一个平面的图案。位图支持包括 JPG、TIF、TGA、BMP 的静帧图像以及 AVI、FLC、FLI 等动画文件。

单击（材质编辑器）按钮，打开材质编辑器，在“贴图”卷展栏中单击“漫反射”右侧的 None 按钮，在弹出的“材质/贴图浏览器”窗口中双击“位图”选项，从中查找贴图，打开后进入“位图”的参数控制面板，如图 7-77 所示。

⊙“位图”按钮：用于设定一个位图，选择的位图文件名称将出现在按钮上面，需要改变位图文件也可单击该按钮重新选择。

⊙ 重新加载：单击此按钮将重新载入所选的位图文件。

⊙ 过滤组用于选择对位图应用反走样的计算方法，有四棱锥、总面积和无 3 个选项。“总面积”选项要求更多的内存，但是会产生更好的效果。

单通道输出选项组使位图贴图的 RGB 通道是彩色的，Alpha 作为灰度选项基于 Alpha 通道显示灰度级色调。

⊙ Alpha 来源组用于控制在输出 Alpha 通道组中的 Alpha 通道的来源。

⊙ 图像 Alpha：以位图自带的 Alpha 通道作为来源。

⊙ RGB 强度：将位图中的颜色转换为灰度色调值并将它们用于透明度。黑色为透明，白色为不透明。

⊙ 无（不透明）：不适用不透明度。

⊙ 裁剪/放置组用于裁剪或放置图像的尺寸。裁剪也就是选择图像的一部分区域，它不会改变图像的缩放。放置是在保持图像完整的同时进行缩放。裁剪和放置只对贴图有效，并不会影响图像本身。

⊙ 应用：启用/禁用裁剪或放置设置。

⊙ 查看图像：单击此按钮，将打开一个虚拟缓冲器，用于显示和编辑要裁剪或放置的图像，如图 7-78 所示。

图 7-78

⊙ 裁剪：选中时，表示对图像进行裁剪操作。

⊙ 放置：选中时，表示对图像进行放置操作。

⊙ U/V：调节图像的坐标位置。

⊙ W/H：调节图像或裁剪区的宽度和高度。

⊙ 抖动放置：当选中放置时，它使用一个随机值来设定放置图像的位置，在虚拟缓冲器窗口中设置的值将被忽略。

7.4.3　合成贴图

合成材质可以复合 10 种材质。复合方式有 Additive Opacity（增加不透明度）、Subractive Opacity

（相减不透明度）和基于数量混合 3 种方式，分别用“A”、“S”、“M”表示。对于“合成”贴图，应使用含有 Alpha 透明通道的图像。如果在视图中显示合成贴图中的多个贴图，如图 7-79 所示。显示驱动必须是 OpenGL 或 Direct3D 方式，软件显驱动方式不支持多贴图显示，它的参数设置面板如图 7-80 所示。

图 7-79

图 7-80

⊙ 基础材质：指定基础材质，默认为标准材质。

⊙ 材质 1~材质 9：在此选择要进行复合的材质，前面的复选框控制是否使用该材质，默认为选中。

⊙ A（增加不透明度）：各个材质的颜色依据其不透明度进行相加，总计作为最终的材质颜色。

⊙ S（相减不透明度）：各个材质的颜色依据其不透明度进行相减，总计作为最终的材质颜色。

⊙ M（基于数量混合）：各个材质依据其数量进行混合复合。颜色与不透明度的复合方式与不使用蒙版下的融合方式相同。

⊙ 数量：控制混合的数量。

7.4.4 渐变贴图

在“渐变”贴图中 3 个色彩可以随意调节，相互区域比例的大小也可调，通过贴图可以产生无限级别的渐变和图像嵌套效果，如图 7-81 所示，香蕉的材质就是通过渐变产生的。另外，它自身还包括噪波参数可调，用于控制相互区域之间的杂乱效果，其参数设置面板如图 7-82 所示。

图 7-81

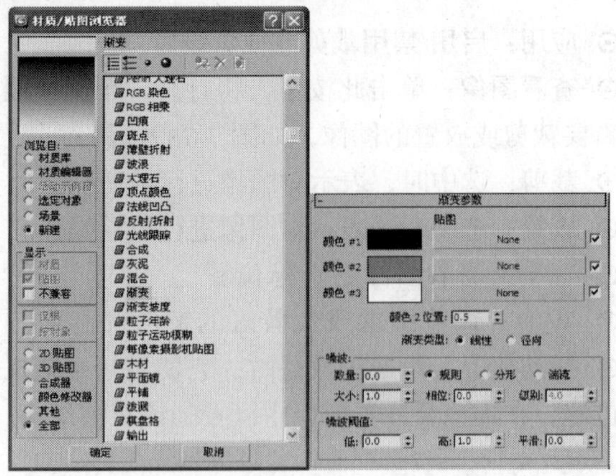

图 7-82

⊙ 颜色#1~3：设置渐变所需的 3 种颜色，也可以为它们指定一个贴图。颜色#2 用于设置两种颜色之间的过渡色。

⊙ 颜色 2 位置：设定颜色 2（中间颜色）的位置，取值范围为 0 ~ 1.0。当值为 0 时，颜色 2 取代颜色 3；当值为 1 时，颜色 2 取代颜色 1。

⊙ 渐变类型：设定渐变是线性方式还是从中心向外的放射方式。

⊙ 噪波选项组用于应用噪波效果。

⊙ 数量：当值大于 0 时，给渐变添加一个噪波效果。有规则、分形和湍流 3 种类型可以选择。

⊙ 大小：用于缩放噪波的效果，Phase 控制设置动画时噪波变化的速度，Levels 设定噪波函数应用的次数。

⊙ 噪波阈值选项组用于在高与低中设置噪波函数值的界限，平滑参数使噪波变化更光滑，值为“0”表示没有使用光滑。

7.4.5　噪波贴图

图 7-83 所示的水面效果就是通过噪波贴图产生的，噪波贴图是使用比较频繁的一种贴图，常用于无序贴图效果的制作，“噪波参数”卷展栏如图 7-84 所示。

图 7-83

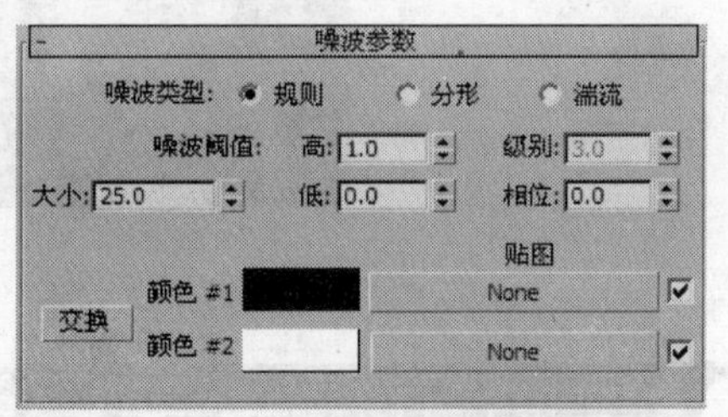

图 7-84

⊙ 噪波类型：选择噪波类型，图 7-85 所示为规则、分形和湍流 3 种噪波类型效果。

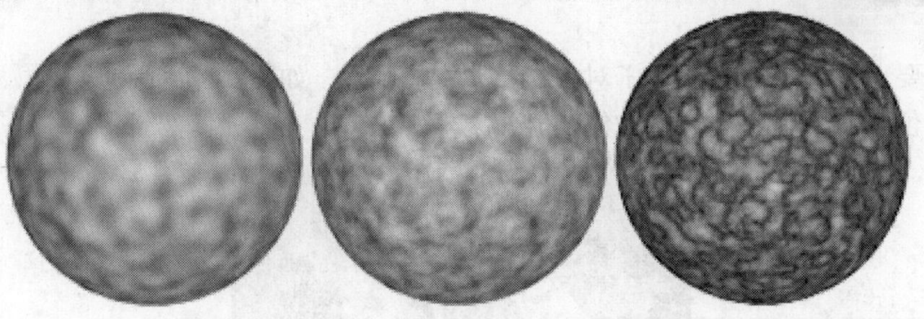

图 7-85

⊙ 规则：这是系统默认设置，生成普通噪波。基本上类似于“级别”设置为 1 的“分形”噪波。当噪波类型设为“规则”时，“级别”微调器处于非活动状态（因为“规则”不是分形功能）。

⊙ 分形：使用分形算法生成噪波。

⊙ 湍流：生成应用绝对值函数来制作故障线条的分形噪波。

⊙ 澡波阈值：如果噪波值高于低阈值而低于高阈值，动态范围会拉伸到填满 0 到 1。

⊙ 级别：决定有多少分形能量用于分形和湍流噪波函数。可以根据需要设置确切数量的湍流，也可以设置分形层级数量的动画。默认设置为 3.0。

⊙ 相位：控制噪波函数的动画速度。使用此选项可以设置噪波函数的动画。默认设置为 0.0。

⊙ 交换：切换两个颜色或贴图的位置。

⊙ 颜色#1、颜色#2：可以从两个主要噪波颜色中进行选择。将通过所选的两种颜色生成中间颜色值。

⊙ 贴图：选择以一种或其他噪波颜色显示的位图或程序贴图。

7.5 课堂练习——设置冰块材质

案例知识要点：如何使用反射和折射贴图表现冰块质感，其效果如图 7-86 所示。

效果所在位置：光盘/cha07/效果/冰块.max。

图 7-86

7.6 课后习题——包装盒材质

习题知识要点：如何使用多维/子对象材质制作包装盒，如图 7-87 所示。

效果所在位置：光盘/cha07/效果/包装盒.max。

图 7-87

第8章 灯光与摄影机

灯光的主要目的是对场景产生照明、烘托场景气氛和产生视觉冲击，产生照明是由灯光的亮度决定的，烘托气氛是由灯光的颜色、衰减和阴影决定的，产生视觉冲击是结合前面建模和材质并配合灯光摄影机的运用来实现的。

一幅好的效果图需要好的观察角度，让人一幕了然，因此调节摄影机是进行工作的基础。

【教学目标】

- 灯光的使用和特效。
- 光度学灯光。
- 摄影机的使用及特效。

8.1 灯光的使用和特效

灯光的重要作用是为了配合场景营造气氛，所以应该和所照射的物体一起渲染来体现效果，如果将暖色的光照射在冷色调的场景中，就会让人感到不舒服。

8.1.1 课堂案例——室内场景布光

案例学习目标：创建目标聚光灯和创建泛光灯。

案例知识要点：通过创建目标聚光灯作为场景中筒灯的模拟，创建泛光灯照亮场景，如图 8-1 所示。

效果所在位置：光盘/cha08/效果/室内场景灯光的创建.max。

Step 01 首先打开场景文件（光盘中的“cha08 > 效果 > 室内灯光的创建 o.max”），如图 8-2 所示。

图 8-1

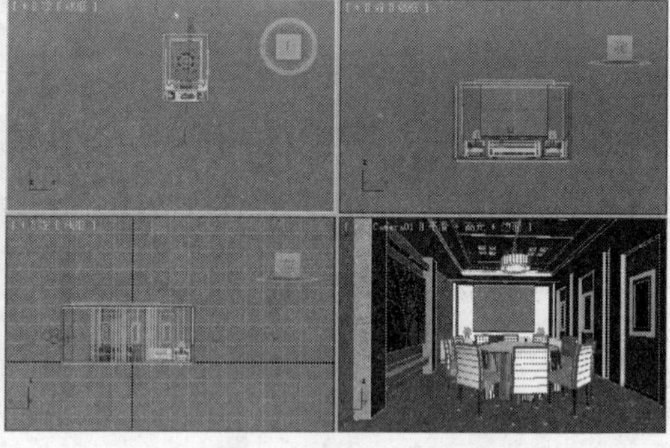

图 8-2

Step 02 单击“（创建）>（灯光）>标准灯光>目标聚光灯”按钮。在场景中创建“目标聚光灯”，在场景中调整灯光的照射角度。在“常规参数”卷展栏中勾选“启用”选项，使用默认的阴影类型。在“聚光灯参数”卷展栏中设置“聚光区/光束”和“衰减区/区域”的参数分别为 40 和 80。在“强度/颜色/衰减”卷展栏中勾选“远距衰减”组中的“使用”和“显示”选项，设置“开始”为 1500、“结束”为 22500，如图 8-3 所示。

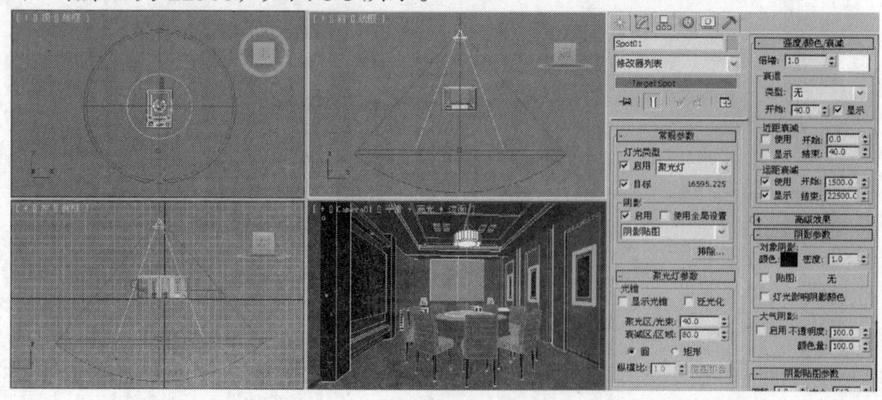

图 8-3

Step 03 渲染当前场景得到的效果如图 8-4 所示。

图 8-4

Step 04 复制并调整灯光的照射角度，调整灯光的颜色 RGB 为 80、80、80，如图 8-5 所示。

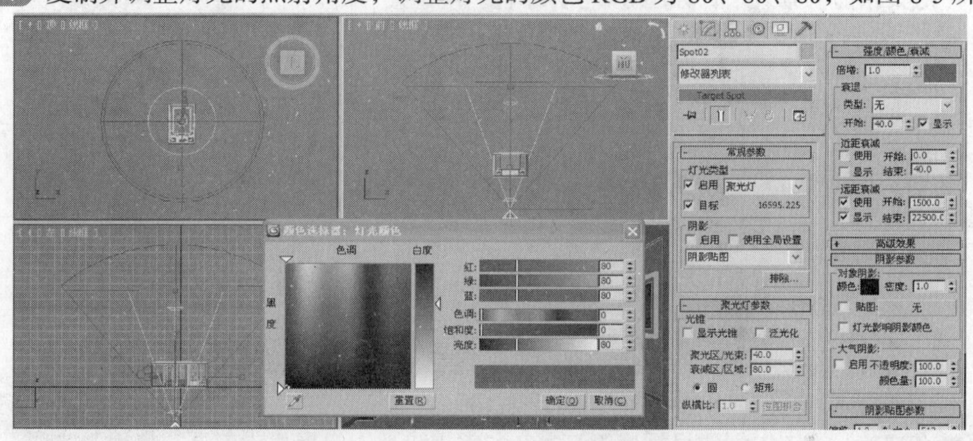

图 8-5

Step 05 渲染当前场景效果，如图 8-6 所示。

图 8-6

Step 06 在“前”视图中创建目标聚光灯，调整灯光的照射角度，以“实例”的方式复制灯光。在“常规参数”卷展栏中勾选“阴影”组中的“启用”选项，使用默认的阴影类型。在“聚光灯参数”卷展栏中设置“聚光区/光束”为 55、“衰减区/区域”为 70。在“强度/颜色/衰减”卷展栏中勾选“远距衰减”组中的“使用”和“显示”选项，设置“开始”为 300、“结束”为 2500，设置灯光的颜色为白色，如图 8-7 所示。

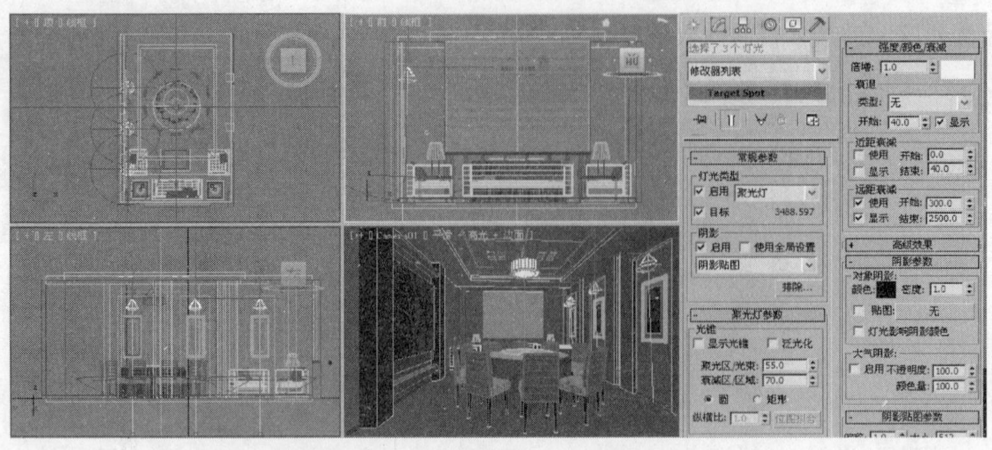

图 8-7

Step 07 渲染当前场景效果，如图 8-8 所示。

图 8-8

Step 08 在“前”视图中创建目标聚光灯，在“常规参数”卷展栏中勾选“启用”选项，使用默认的阴影类型，如图 8-9 所示。

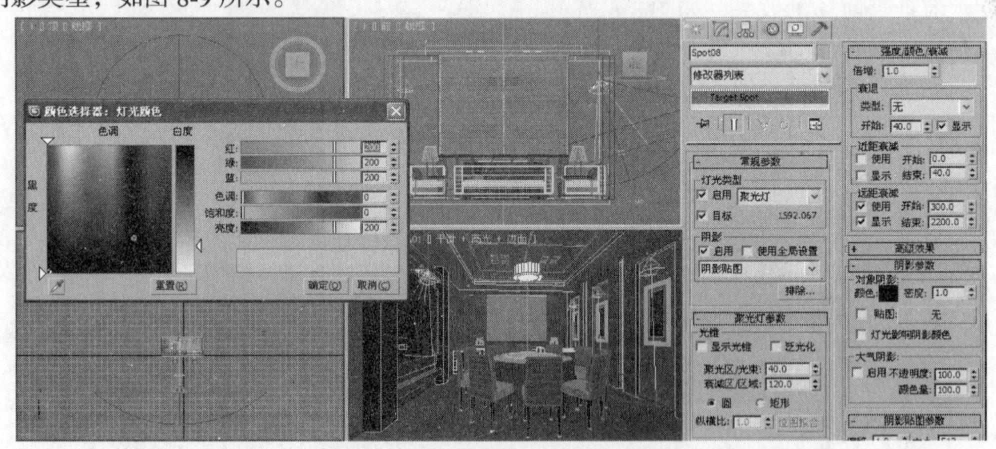

图 8-9

在“聚光灯参数”卷展栏中，设置“聚光区/光束”为 40、“衰减区/区域”为 120。

在“强度/衰减/衰减”卷展栏中勾选“远距衰减”组的“使用”和“显示”选项，设置“开始”和“结束”分别为 300 和 2200，设置灯光的 RGB 为 200、200、200。

Step 09 渲染当前效果，如图 8-10 所示。

图 8-10

Step 10 在“左”视图中创建目标聚光灯，在“常规参数”卷展栏中勾选“启用”选项。在“聚光灯参数”卷展栏中设置“聚光区/光束”为 40、“衰减区/区域”为 120。在“强度/颜色/衰减”卷展栏中设置灯光颜色的 RGB 为 180、180、180，勾选“远距衰减”组中的“使用”和“显示”选项，设置“开始”为 300、“结束”为 2200，如图 8-11 所示。

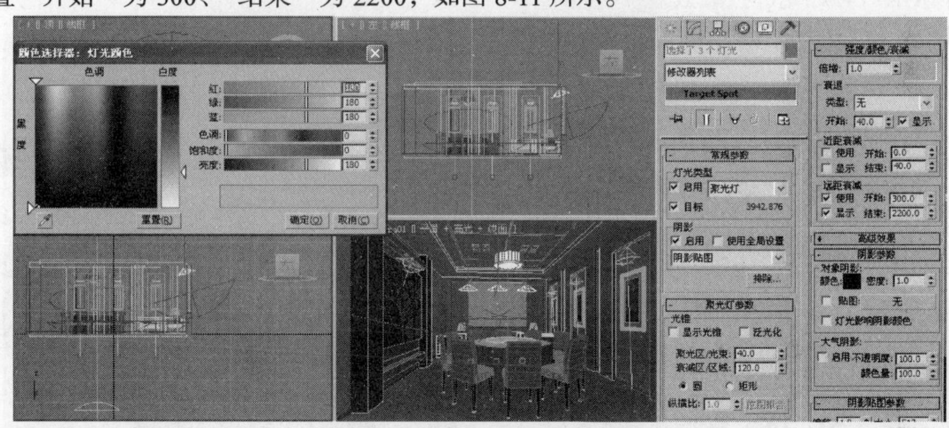

图 8-11

Step 11 渲染场景效果，如图 8-12 所示。

图 8-12

Step 12 在场景中台灯的位置创建两盏参数相同的泛光灯，在“常规参数”卷展栏中勾选“启用”选项。在“强度/颜色/衰减”卷展栏中设置灯光的 RGB 为 90、90、90，在“远距衰减”组中勾选“使用”和“显示”，并设置“开始”为 300、“结束”为 2200，如图 8-13 所示。

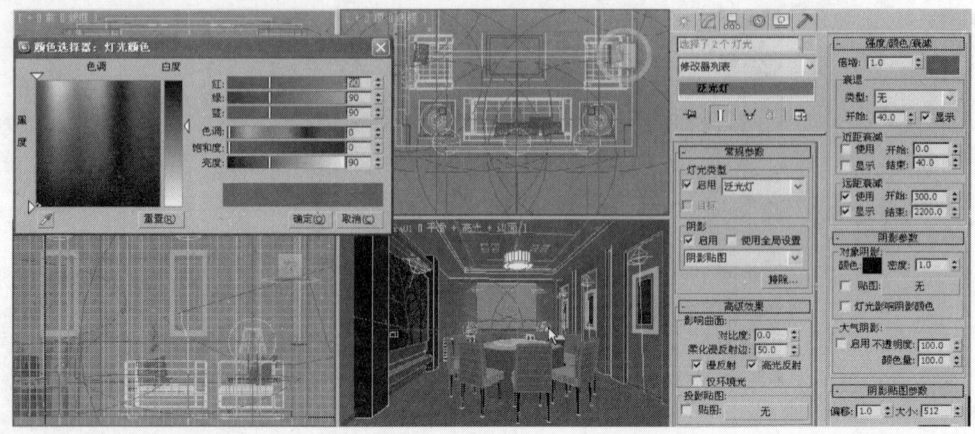

图 8-13

Step 13 在场景中创建泛光灯，在“强度/颜色/衰减”卷展栏中设置灯光的 RGB 为 100、100、100，在“远距衰减”组中勾选“使用”和“显示”选项，设置“开始”为 1500、“结束”为 6500，如图 8-14 所示，对灯光进行缩放。

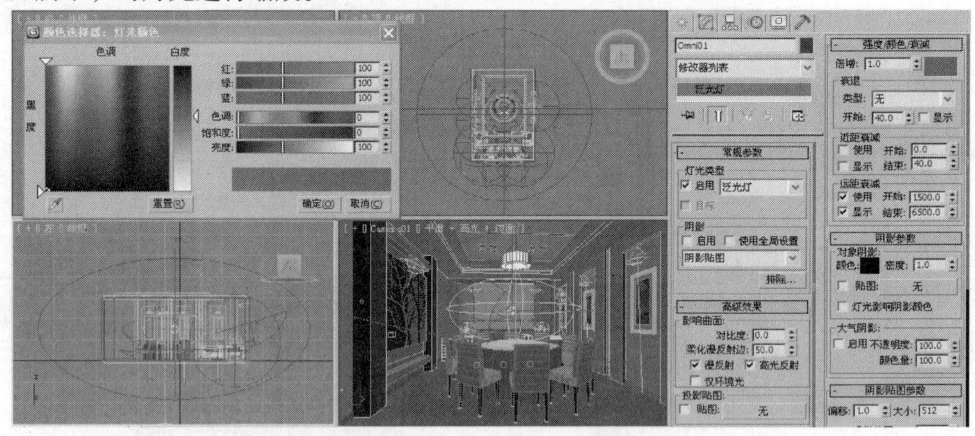

图 8-14

Step 14 渲染场景效果，如图 8-15 所示。

图 8-15

Step 15 在场景中复制并调整灯光。调整灯光的位置，并修改灯光的参数，在“强度/颜色/衰减”卷展栏中勾选“远距衰减”组中的“使用”和“显示”选项，设置“开始”为 1500、“结束”为 12500，如图 8-16 所示。

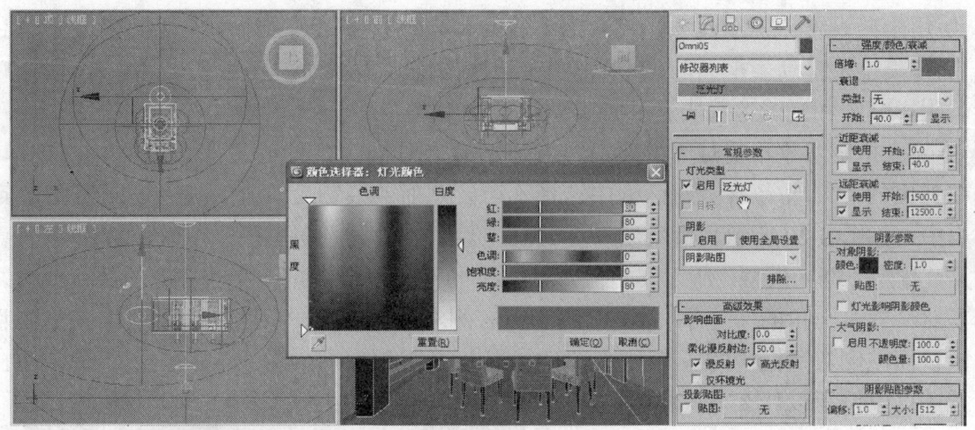

图 8-16

Step 16 完成灯光创建后，渲染得到的效果如图 8-17 所示。

图 8-17

8.1.2 标准灯光的参数

下面介绍标准灯光的一些公用参数。

1. 常规参数

“常规参数”卷展栏可控制灯光的开启与关闭，排除或包含场景中的对象，选择阴影方式。在修改命令面板的“常规参数”卷展栏中还有控制灯光目标对象，改变灯光类型等。图 8-18 所示为“常规参数”卷展栏。

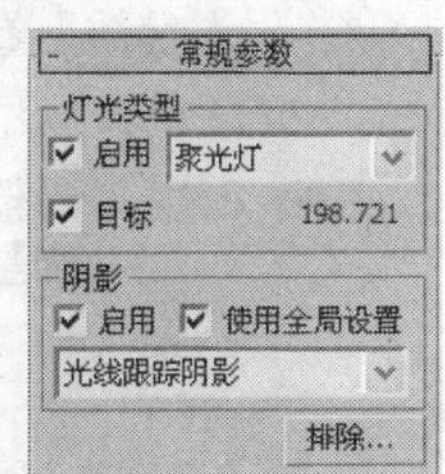

图 8-18

⊙ 灯光类型：用于改变当前灯光类型。可以在列表中选择灯光的类型。

⊙ 启用：设置灯光的开关。如果暂时不需要此灯光的照射，可以先关闭该灯光。

⊙ 目标：勾选时，灯光作为目标等，投射点与目标点之间的距离显示在右侧的复选框中。对于自由灯光，通过设置该参数来限定照射范围；对于目标灯，可以在视图通过调节透射点或目标点来改变照射范围，或先取消该选项的勾选，然后通过右侧的数值来改变照射范围。

⊙ 阴影：从中设置阴影属性。

⊙ 启用：勾选该选项可以启用阴影。

⊙ 使用全局设置：勾选此项，将会把下面的阴影参数应用到场景中全部投影灯上。

⊙ 阴影类型下拉列表框：在 3ds Max 中产生的阴影有高级光线追踪、mental ray 阴影贴图、区域阴影、阴影贴图和光线追踪阴影 5 种类型。

⊙ 排除：指定对象不受灯光的照射影响。例如，图 8-19 所示为正常场景照射，单击“排除”按钮，在弹出的“排除/包含”对话框中选择不需要照射的模型后单击>>按钮，将其指定到右侧的排除列表中，如图 8-20 所示，渲染场景看到被排除照射的灯光变黑了，如图 8-21 所示。系统默认使用的是“排除”灯光模型，所以在右侧对话框中的对象都会被排除当前灯光的照明或投影；但如果选择了对话框右上角的“包含”模式，所有在右侧对话框中的对象将成为受此灯光单独照明或投影的对象，而左侧对话框中的所有对象都不会受此灯光的任何影响，如图 8-22 所示。在右侧对象栏的上方还可以设置以什么方式排除、包含。

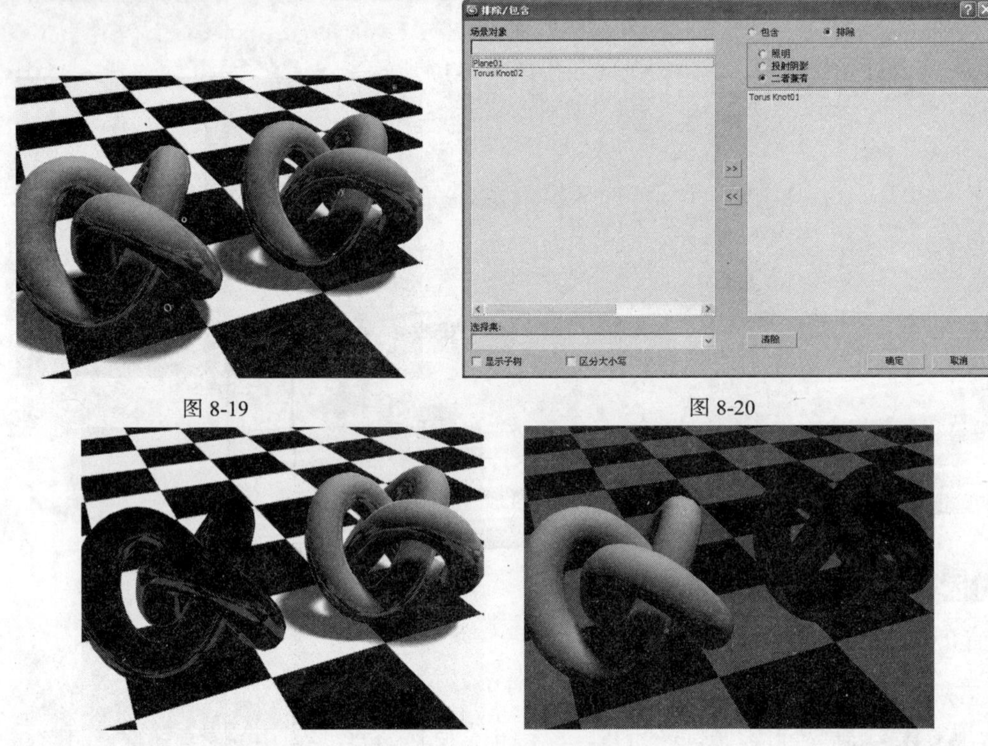

图 8-19　　图 8-20

图 8-21　　图 8-22

2. 阴影参数

“阴影参数”卷展栏如图 8-23 所示。

⊙ 颜色：显示颜色选择器以便选择此灯光投影的阴影的颜色。默认颜色为黑色。

⊙ 密度：调整阴影的密度。如图 8-24 所示，从左到右的阴影密度依次为 2、1、0.5。

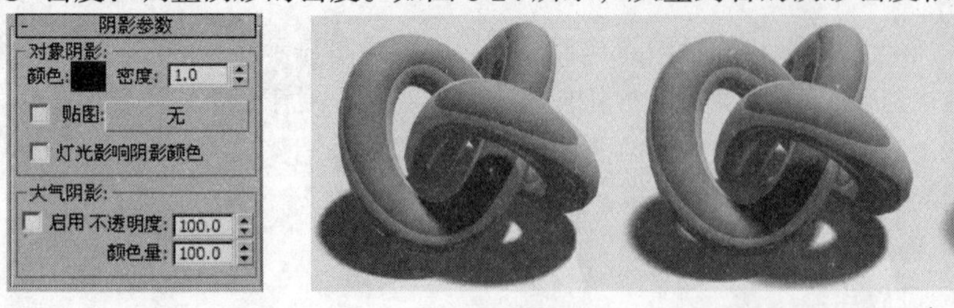

图 8-23　　图 8-24

⊙ 贴图：启用该选项可以使用贴图按钮指定的贴图。将贴图指定给阴影，则贴图颜色与阴影颜色混合起来。

⊙ 灯光影响阴影颜色：启用此选项后，将灯光颜色与阴影颜色（如果阴影已设置贴图）混合起来。

⊙ 大气阴影：使用这些控制，诸如体积雾这样的大气效果也投影阴影。

⊙ 启用不透明度：启用此选项后，大气效果如灯光穿过它们一样投影阴影。调整阴影的不透明度，此值为百分比。

⊙ 颜色量：调整大气颜色与阴影颜色混合的量。

3. 聚光灯参数

当用户创建了目标聚光灯、自由聚光灯或是以聚光灯方式分布的光学灯光对象后，就会出现“聚光灯参数”卷展栏，用于控制灯光的聚光区和衰减区，如图 8-25 所示。

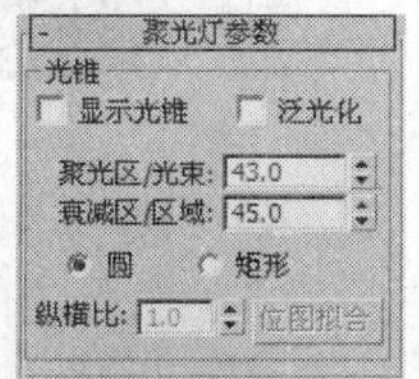

图 8-25

⊙ 光锥：这些参数控制聚光灯的聚光区/衰减区。

⊙ 显示光锥：启用或禁用圆锥体的显示。

⊙ 泛光灯：启用泛光化后，在所有方向上投影灯光，但投影和阴影只发生在其衰减圆锥体内。

⊙ 聚光区/光束：调整灯光衰减区的角度。衰减区值以度为单位进行测量。

⊙ 衰减区/区域：调整灯光衰减区的角度。衰减区值以度为单位进行测量。

⊙ 圆、矩形：确定聚光区和衰减区的形状。如果想要一个标准圆形的灯光，应设置为 Circle（圆）。如果想要一个矩形的光束（如灯光通过窗户或门口投影），应设置为 Rectangle（矩形）。

⊙ 纵横比：设置矩形光束的纵横比。使用“位图适配”按钮可以使纵横比匹配特定的位图。

⊙ 位图拟合：如果灯光的投影纵横比为矩形，应设置纵横比以匹配特定的位图。当灯光用做投影灯时，该选项非常有用。

4. 高级效果

“高级效果”卷展栏如图 8-26 所示，它提供了影响曲面方式的控件，也包括很多微调和投影灯的设置。

⊙ 对比度：调节对象高光区与漫反射区之间表面的对比度，值为 0 时是正常效果。对有些特殊效果，如外层空间中刺目的反光，需要增大对比度值。图 8-27 所示为调整该参数的前后对比。

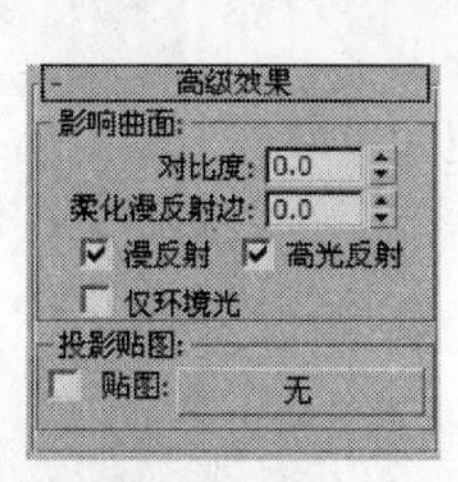

图 8-26

图 8-27

⊙ 柔化漫反射边：增加柔化漫反射边的值可以柔化曲面的漫反射部分与环境光部分之间的边缘。

⊙ 漫反射：启用此选项后，灯光将影响对象曲面的漫反射属性。禁用此选项后，灯光在漫反射曲面上没有效果。

⊙ 高光反射：启用此选项后，灯光将影响对象曲面的高光属性。禁用此选项后，灯光在高光属性上没有效果。

⊙ 仅环境光：启用此选项后，灯光仅影响照明的环境光组件。

图 8-28 所示为从左到右依次为只启用了“漫反射”、“高光反射”和“仅环境光”选项后的效果。

图 8-28

⊙ 投影贴图：这些控件使光度学灯光进行投影。“贴图”选项用于投影的贴图。如图 8-29 所示，左侧为指定的贴图，右侧为渲染的效果。

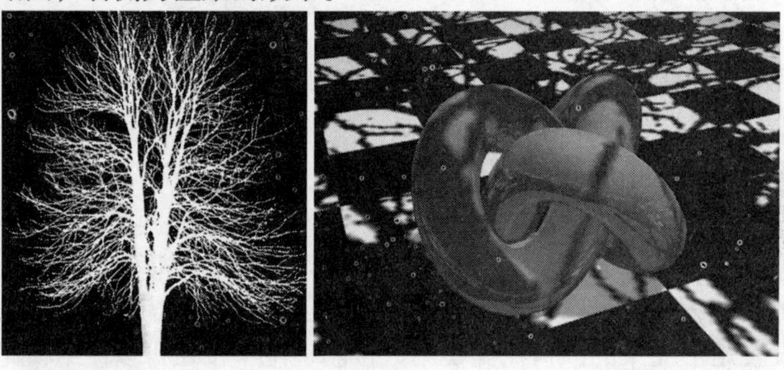

图 8-29

5. mental ray 间接照明

“mental ray 间接照明”卷展栏如图 8-30 所示，在该卷展栏下的参数用于 mental ray 渲染器对简介照明（即全局照明和焦散）进行控制。通过设置光子的数量、能量等参数就可以调节全局光照明及焦散的精度和强度。该卷展栏的参数应用 3ds Max 扫描下的渲染器以及光跟踪器或光能传递进行渲染不起作用，且该卷展栏只显示在修改命令面板，在创建面板中是不可见的。

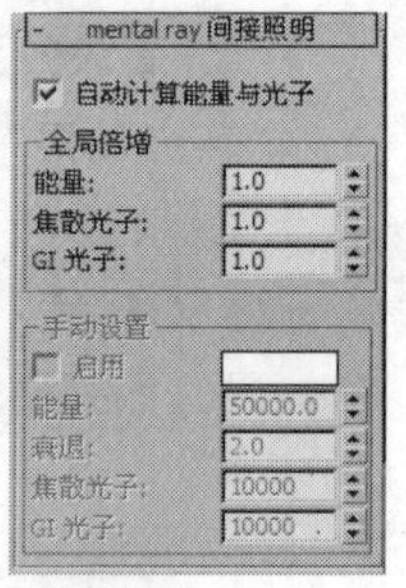

图 8-30

⊙ 自动计算能量与光子：勾选此项，mental Ray 使用全局简介照明设置进行渲染。

⊙ 全局倍增：只有“自动计算能量与光子”选项勾选时，该参数组才有效。

⊙ 能量：光子能量倍增系数，默认为 1。

⊙ 焦散光子：产生焦散的光子数量倍增系数。

⊙ GI 光子：产生全局照明的光子数量倍增系数。

⊙ 手动设置：只有在“自动计算能量与光子”选项不勾选时，该参数才有效。

⊙ 启用：勾选此项，灯光可以产生间接照明。

⊙ 能量：定义简介照明中的光能强度。该参数与直接照明强度是相互独立的，它只影响全局照明和焦散的强度。

⊙ 衰退：距离光源越远，光子的能量越小，该参数定义光子能量衰退的速度，值越大，能量衰退越快。

⊙ 焦散光子：灯光发射出的用于产生焦散的光子能量。值越高则产生越精细的焦散效果，但是会增加内存占用和渲染时间。

⊙ GI 光子：灯光发射出的用于产生全局照明的光子数量，值越高则产生越精细的全局照明效果，但是会增加内存占用和渲染时间。

6. mental ray 灯光明暗器

只有在“首选项设置”对话框的 mental ray 选项卡下勾选“启用 mental ray 扩展”选项时（见图 8-31），才会出现此卷展栏，并且此卷展栏不会在创建面板中出现，只出现在修改命面板中，如图 8-32 所示。在这里可以将 mental ray 明暗器指定给灯光，但 mental ray 灯光明暗器只适用于 mental ray 渲染器。

当启用 mental ray 灯光明暗器，使用 mental ray 渲染器进行渲染时，灯光的照明效果包括亮度、颜色、阴影等，将由灯光明暗器控制，如果要调节灯管的效果，可以将灯光明暗器调入到材质编辑面板中进行编辑。

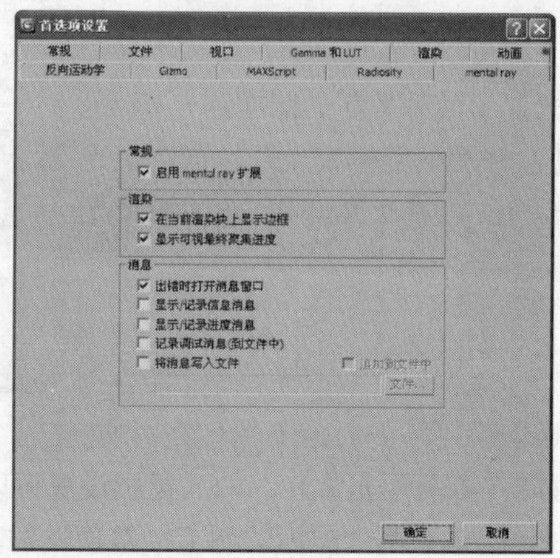

图 8-31

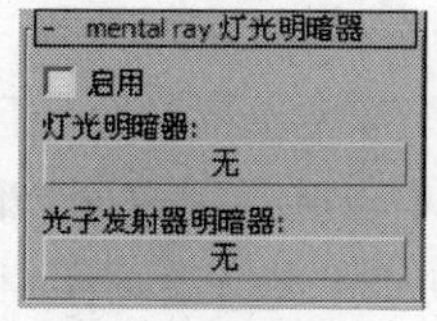

图 8-32

7. 强度/颜色/衰减

使用“强度/颜色/衰减”卷展栏可以设置灯光的颜色和强度，也可以定义灯光的衰减，如图 8-33 所示。

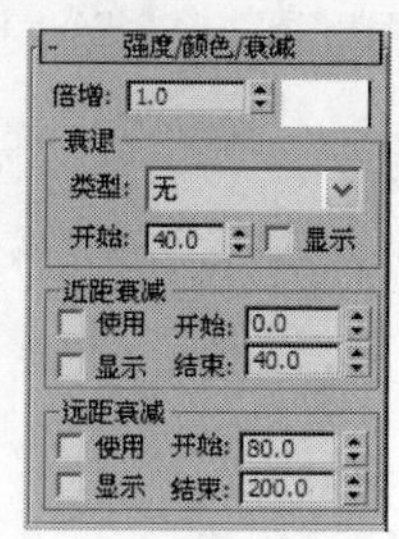

图 8-33

⊙ 倍增：将灯光的功率放大一个正或负的量。如果将“倍增”设置为 2，灯光的亮度将增加两倍。负值可以减去灯光，这对于在场景中有选择地放置黑暗区域非常有用。

⊙ 色块：显示灯光的颜色。单击色样将显示颜色选择器，用于选择灯光的颜色。

⊙ 衰退：衰退是使远处灯光强度减小的另一种方法。

⊙ 类型：选择要使用的衰退类型。无：不应用衰退，从其源到无穷大灯光仍然保持全部强度，除非启用远距衰减；“反向”：应用反向衰退；“平方反比”：应用平方反比衰退。

⊙ 开始：衰退开始的点取决于是否使用衰减。

⊙ 显示：在视口中显示远距衰减范围设置。

⊙ 近距衰减：用于设置和显示近衰减区范围。

⊙ 使用：启用灯光的近距衰减。

⊙ 开始：设置灯光开始淡入的距离。

⊙ 显示：在视口中显示近距衰减范围设置。对于聚光灯，衰减范围看起来好像圆锥体的镜头形状部分。对于平行光，范围看起来好像圆锥体的圆形部分。

⊙ 结束：设置灯光达到其全值的距离。

⊙ 远距衰减：设置远距衰减范围可有助于大大缩短渲染时间。

8. 大气和效果

“大气和效果”卷展栏中的选项功能如图 8-34 所示。

⊙ 添加：显示添加大气或效果对话框，使用该对话框可以将大气或渲染效果添加到灯光中。

⊙ 删除：删除在列表中选定的大气或效果。

⊙ 设置：使用此选项可以设置在列表中选定的大气或渲染效果。

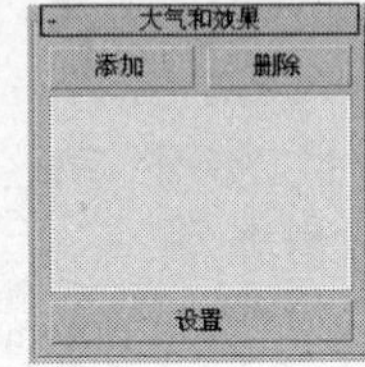

图 8-34

8.1.3 标准灯光

3ds Max 2010 中的灯光可以分为标准和光度学两种类型。标准灯光是 3ds Max 的传统灯光，系统提供了 8 种标准灯光，分别是目标聚光灯、自由聚光灯、目标平行光、自由平行光、泛光灯、天光、mr 区域泛光灯和 mr 区域聚光灯，如图 8-35 所示。

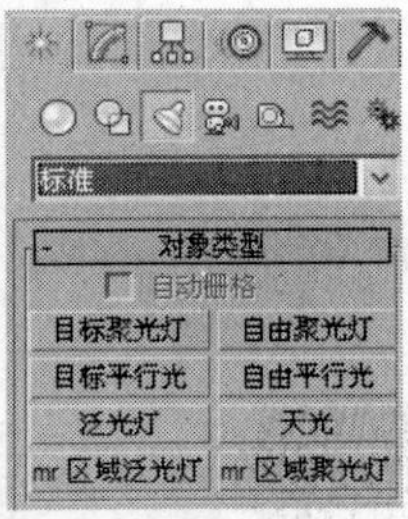

图 8-35

下面分别对标准灯光进行简单介绍。

1. 目标聚光灯

“目标聚光灯”产生锥形的照明区域，在照射区以外的对象不受灯光影响。“目标聚光灯”投射点和目标点两个图标均可调，方向性非常好，加入投影设置可以产生优秀的静态仿真效果，缺点是在进行动画照射时不易控制方向，两个图标的调节经常使发射范围改变，也不易进行跟踪早射。“目标聚光灯”在静态场景中主要作为主光源进行设置。

创建目标聚光灯的步骤如下。

Step 01 选择“目标聚光灯”工具，在场景中拖动，拖动的初始点是聚光灯的位置，释放鼠标的点就是目标位置，如图 8-36 所示。

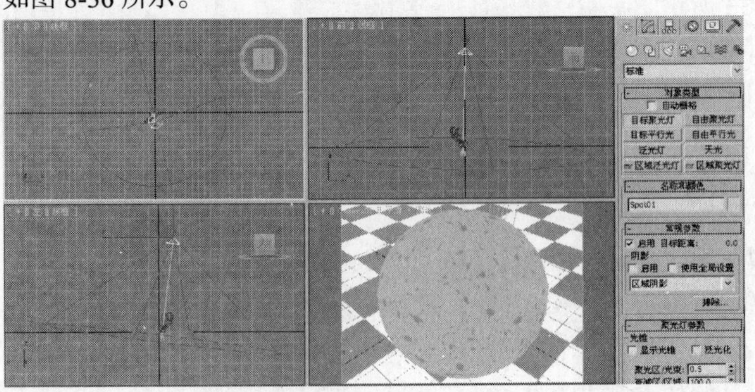

图 8-36

Step 02 在“参数”卷展栏中设置聚光灯的参数。

Step 03 使用“（选择并移动）”工具，在场景中调整目标聚光等的位置和角度。

2. 自由聚光灯

“自由聚光灯”产生锥形的照明区域，它其实是一种受限制的目标聚光灯，如图 8-37 所示。因为只能控制它的整个图标，而无法在视图中对发射点和目标点分别调节，它的优点是不会在视图中改变投射范围，适合一些动画的灯光，如摇晃的船桅灯、晃动的手电筒、舞台上的投射灯等。

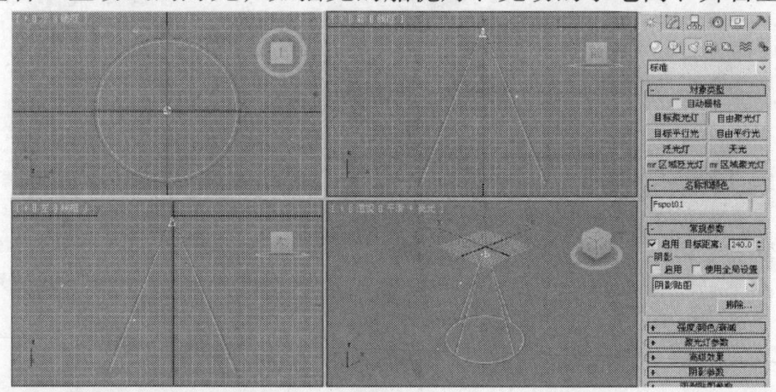

图 8-37

3. 目标平行光

“目标平行光”产生单方向的平行照射区域，它与目标聚光灯的区别是照射区域呈圆柱形或矩形，而不是锥形。平行光的主要用途是模拟阳光照射，对于户外场景尤为适用，如果制作体积光源，它可以产生一个光柱，常用来模拟探照灯、激光光束等特殊效果。与目标聚光灯一样，它也被系统自动指定一个目标点，可以在运动面板中改变注视目标。图 8-38 所示为场景中只有一盏目标聚光灯。

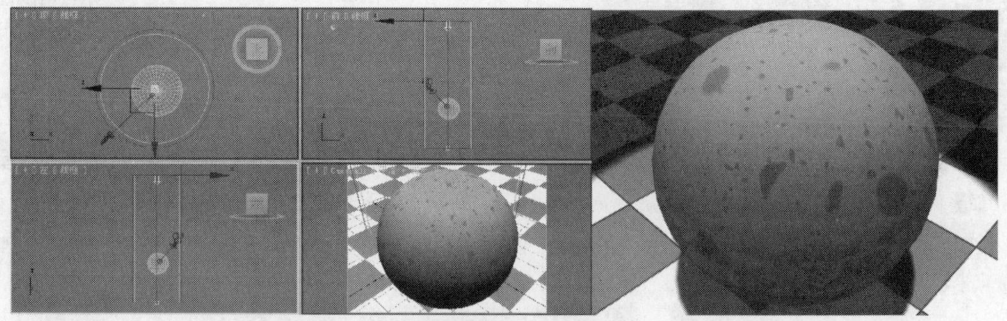

图 8-38

4. 自由平行光

“自由平行光”产生平行的照射区域。它其实是一种受限制的目标平行光，在视图中，它的投射点和目标点不可分别调节，只能进行整体移动或旋转，这样可以保证照射范围不发生改变。如果对灯光的范围有固定要求，尤其是在灯光的动画中，这是一个非常优秀的选择。

5. 泛光灯

“泛光灯”为正八面体图标，向四周发散光线。标准的泛光灯用来照亮场景，它的有点是易于建立和调节，不用考虑是否有对象在范围外部被照射，缺点是不能创建太多，否则效果显得平淡而无层次。泛光灯的参数与聚光灯参数大致相同，也可以投影。它与聚光灯的差别在于照射范围，一盏投影泛光灯相当于 6 盏聚光灯所产生的效果。另外，泛光灯还常用来模拟灯泡、台灯等光源对象。

6. 天光

“天光”可以模拟日照效果，如图 8-39 所示。在 3ds Max 中，有多种模拟日照效果的方法，如果配合“光跟踪器”渲染方式，“天光”对象往往能产生最生动的效果，如图 8-40 所示。

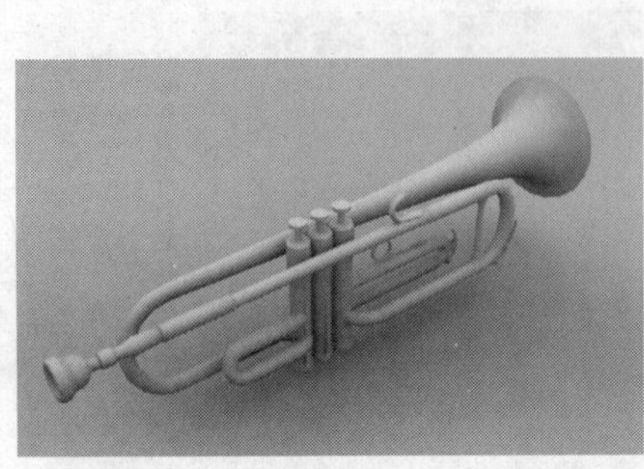

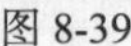

图 8-39

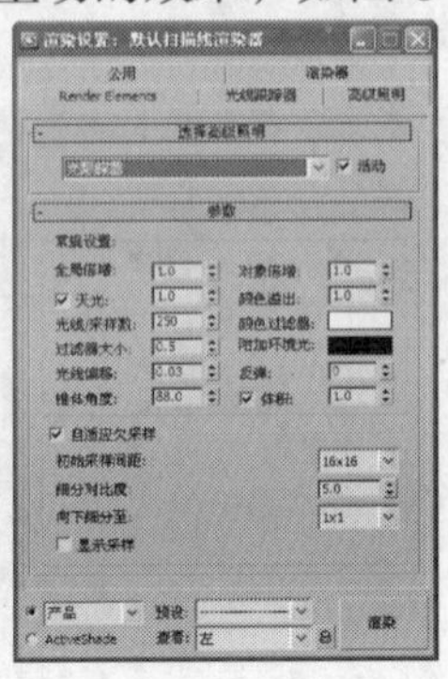

图 8-40

7. mr 区域泛光灯和 mr 区域聚光灯

“mr 区域泛光灯”在使用 mental ray 渲染器时可以模拟球形或圆柱形灯光的照射效果，产生照明和阴影效果。当使用 3ds Max 的默认扫描线渲染时，虽然也可以产生照明效果，但它的更能等同于标准泛光灯，只能得到点光源的照明效果。

“mr 区域聚光灯”在使用 mental ray 渲染器进行渲染时，可以从矩形或圆形区域发射光线，产生柔和的照明和阴影。而在使用 3ds Max 默认扫描线渲染时，其效果等同于标准的聚光灯。

8.2 光度学灯光

光度学灯光通过设置灯光的光度学值来显示场景中的场景灯光效果。用户可以为灯光指定各种各样的缝补方式、颜色特征，还可以导入从照明厂商那里获得的特定光学度文件。单击“（创建）>（灯光）> 光度学”任意灯光按钮，如图 8-41 所示，弹出“创建光度学”对话框，如图 8-42 所示。

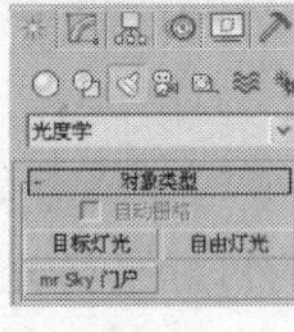

图 8-41

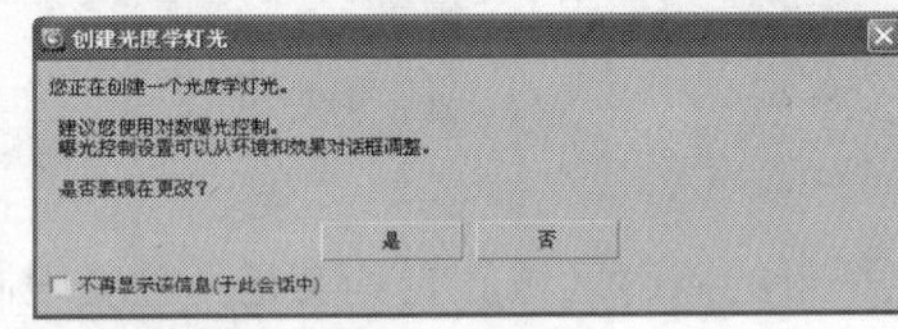

图 8-42

8.2.1 课堂案例——Web 灯光的应用

案例学习目标：创建光度学目标灯光，并将灯光指定 Web 灯光。

案例知识要点：学习如何创建光度学目标灯光，如图 8-43 所示。

效果所在位置：光盘/cha08/效果/壁灯.max。

Step 01 首先打开场景文件（光盘中的“cha08 > 效果 > 壁灯 o.max”），如图 8-44 所示。

Step 02 单击“（创建）>（灯光）> 光度学 > 目标灯光”按钮，在“前”视图中创建目标灯光，如图 8-45 所示。在“常规参数”卷展栏中选择“灯光分布（类型）”为“光度学 Web”。在“分布（光度学 Web）”卷展栏中单击“选择光度学文件”按钮，在弹出的对话框中选择（光盘中的“cha08 > 素材 > 壁灯 > 强射灯目标专用.ies”）光度学文件，单击“打开”按钮，这时“选择光度学文件”按钮转换为 Web 灯光文件名称按钮。

图 8-43

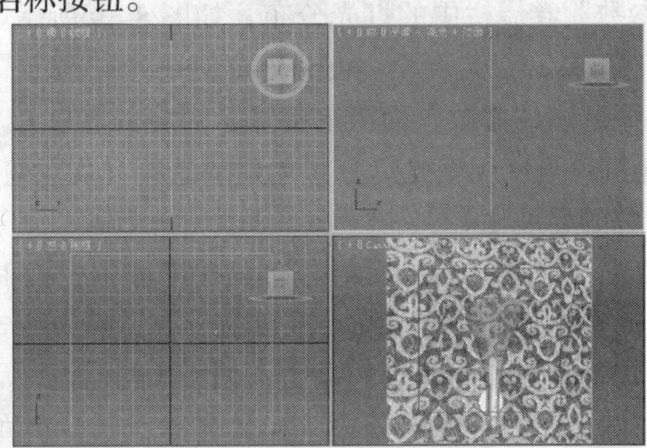

图 8-44

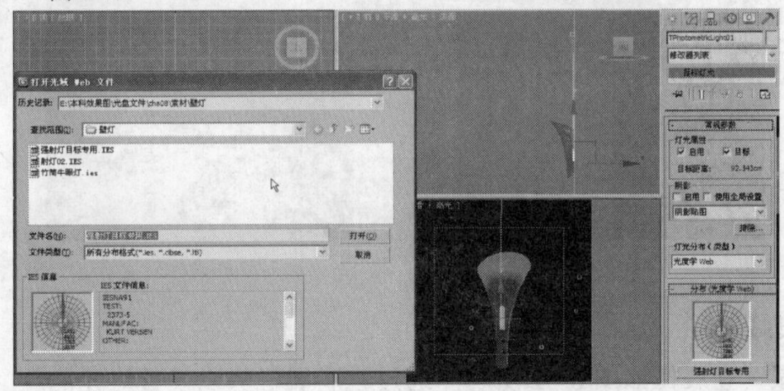

图 8-45

8.2.2　目标灯光

目标灯光具有可以用于指向灯光的目标子对象。图 8-46 所示为采用球形分布、聚光灯分布以及 Web 分布的目标灯光的视口示意图。

1. 模板

“模板”卷展栏如图 8-47 所示，可以在其下拉列表中提供的各种预设的灯光类型中进行选择，如图 8-48 所示。

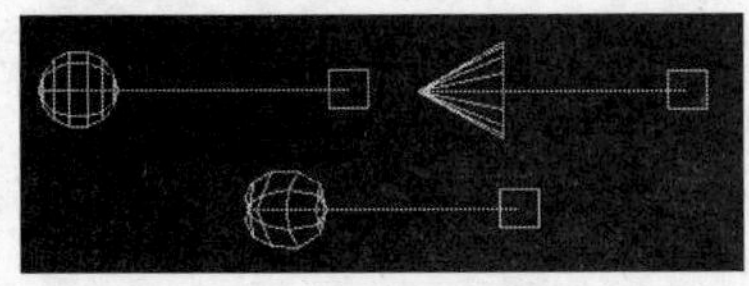

图 8-46

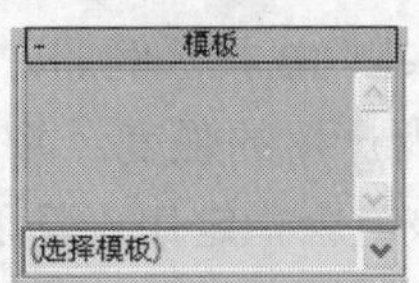

图 8-47

图 8-48

当选择模板时，将更新灯光参数以使用该灯光的值，并且列表之上的文本区域会显示灯光的说明。如果标题选择的是类别而非灯光类型，则文本区域会提示用户选择实际的灯光。

2. 常规参数

“常规参数”卷展栏中的灯光分布，如图 8-49 所示。

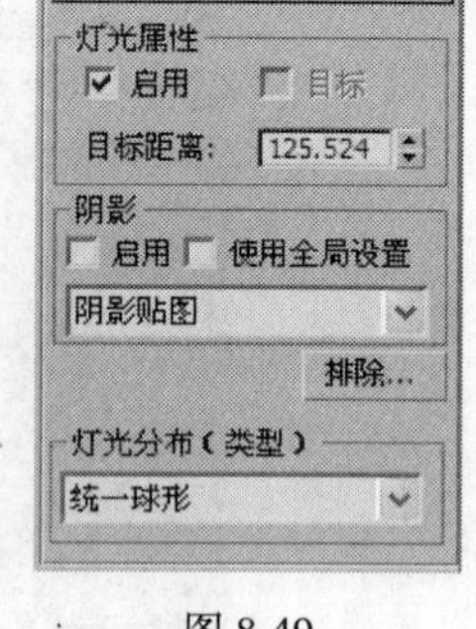

图 8-49

⊙ 光度学 Web：光度学 Web 分布使用光域网定义分布灯光。如果选择该灯光类型，在“修改”面板上将显示对应的卷展栏。

⊙ 聚光灯：当使用聚光灯分布创建或选择光度学灯光时，“修改”面板上将显示对应的卷展栏。

⊙ 统一漫反射：统一漫反射分布仅在半球体中投射漫反射灯光，就如同从某个表面发射灯光一样。统一漫反射分布遵循余弦定理：从各个角度观看灯光时，它都具有相同明显的强度，如图 8-50 所示。

⊙ 统一球形：统一球形分布，如其名称所示，可在各个方向上均匀投射灯光，如图 8-51 所示。

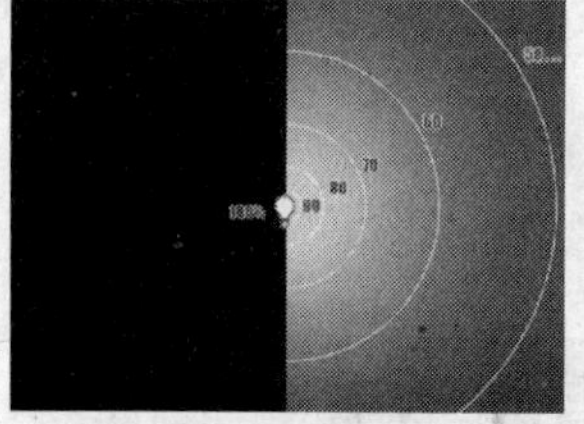

图 8-50

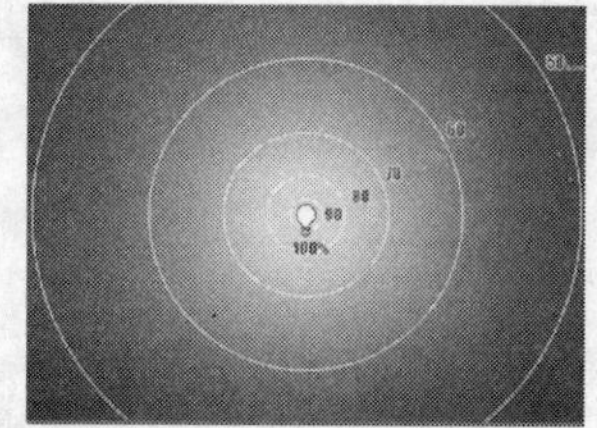

图 8-51

3. 强度/颜色/衰减

“强度/颜色/衰减”卷展栏如图 8-52 所示。通过该卷展栏可以设置灯光的颜色和强度。此外，还可以选择设置衰减极限。

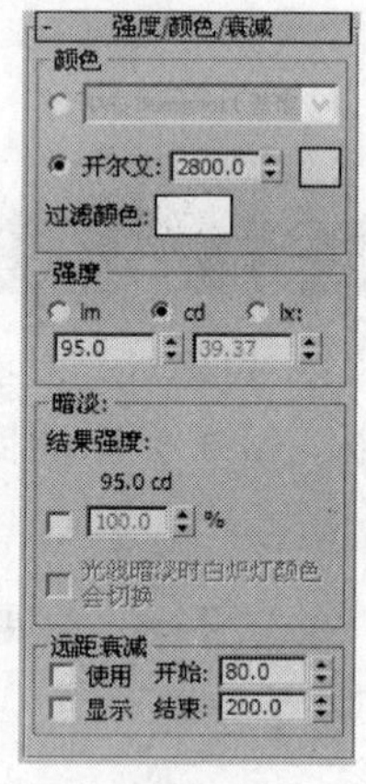

图 8-52

⊙ 灯光：选择公用灯光，近似灯光的光谱特征。“开尔文”参数旁边的颜色，反映了用户选择的灯光。在下拉列表中选择灯光颜色。

⊙ 开尔文：通过调整色温微调器设置灯光的颜色。色温以开尔文度数显示。相应的颜色在温度微调器旁边的色样中可见。

⊙ 过滤颜色：使用颜色过滤器模拟置于光源上的过滤色的效果。

⊙ 强度：这些控件在物理数量的基础上指定光度学灯光的强度或亮度。

⊙ lm（流明）：测量整个灯光（光通量）的输出功率。100W 的通用灯炮约有 1750 lm 的光通量。

⊙ cd（坎德拉）：用于测量灯光的最大发光强度，通常沿着瞄准发射。100W 通用灯炮的发光强度约为 139 cd。

⊙ lx（lux）：测量由灯光引起的照度，该灯光以一定距离照射在曲面上，并面向光源的方向。勒克斯是国际场景单位，等于 1 流明/平方米。照度的美国标准单位是尺烛光（fc），等于 1 流明/平方英尺。要从 fc 转换为 lx，请乘以 10.76。例如，要指定 35fc 的照度，可将照度设置为 376.6lx。

⊙ 结果强度：用于显示暗淡所产生的强度，并使用与“强度”组相同的单位。

⊙ 暗淡%：勾选该选项后，该值会指定用于降低灯光强度的倍增。如果值为 100%，则灯光具有最大强度。百分比较低时，灯光较暗。

⊙ 光线暗淡对白炽灯颜色会切换：勾选此选项之后，灯光可在暗淡时通过产生更多黄色来模拟白炽灯。

4. 图形/区域阴影

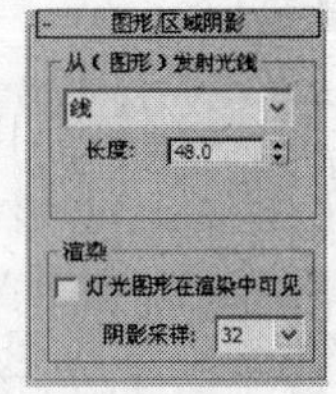

图 8-53

通过“图形/区域阴影”卷展栏，可以选择用于生成阴影的灯光图形，如图 8-53 所示。

“图形/区域阴影”卷展栏中的选项功能介绍如下。

图形组：

⊙ 下拉列表：使用该下拉列表，可选择阴影生成的图形，如图 8-54 所示。

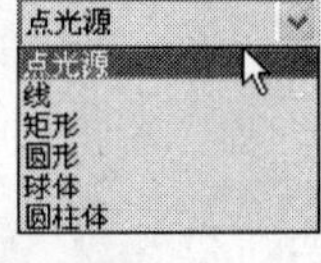

图 8-54

⊙ 点光源：计算阴影时，如同点在发射灯光一样。点图形未提供其他控件。

⊙ 线：计算阴影时，如同线在发射灯光一样。线性图形提供了长度控件。

⊙ 矩形：计算阴影时，如同矩形区域在发射灯光一样。区域图形提供了长度和宽度控件。

⊙ 圆形：计算阴影时，如同圆形在发射灯光一样。圆图形提供了半径控件。

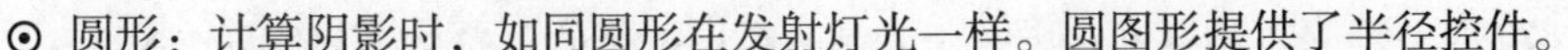

⊙ 球形：计算阴影时，如同球体在发射灯光一样。球体图形提供了半径控件。

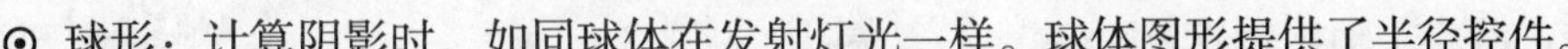

⊙ 圆柱体：计算阴影时，如同圆柱体在发射灯光一样。圆柱体图形提供了长度和半径控件。

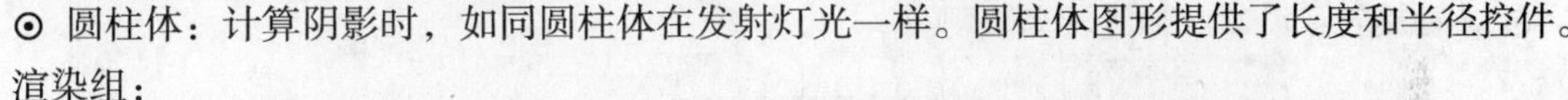

渲染组：

⊙ 灯光图形在渲染中可见：勾选此选项后，如果灯光对象位于视野内，灯光图形在渲染中会显示为自供照明（发光）的图形。关闭此选项后，将无法渲染灯光图形，而只能渲染它投影的灯光。默认设置为禁用状态。

5. 阴影贴图参数

当已选择阴影贴图作为灯光的阴影生成技术时，显示“阴影贴图参数”卷展栏，如图 8-55 所示。

⊙ 偏移：阴影偏移是将阴影移向或移离投射阴影的对象，如图 8-56 所示。

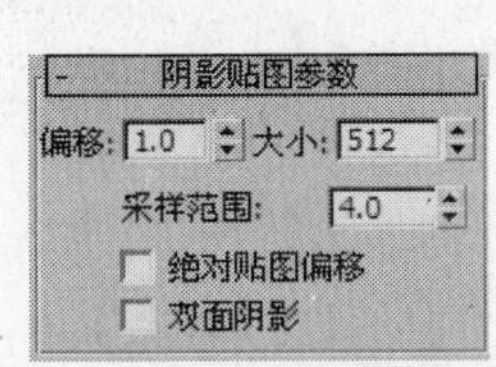

图 8-55

图 8-56

⊙ 大小：设置用于计算灯光的阴影贴图的大小（以像素平方为单位）。如图 8-57 所示，左图的大小参数为 32，右图的大小参数为 256。阴影贴图尺寸为贴图指定细分量，值越大，对贴图的描述就越细致。

图 8-57

⊙ 采样范围：采样范围决定阴影内平均有多少区域，这将影响柔和阴影边缘的程度，其范围为 0.01~50.0。

⊙ 绝对贴图偏移：勾选此选项后，阴影贴图的偏移未标准化，但是该偏移在固定比例的基础上以 3ds Max 的默认单位表示。在设置动画时，无法更改该值。在场景范围的大小基础上，必须选择该值。

⊙ 双面阴影：勾选此选项后，计算阴影时背面将不被忽略。从内部看到的对象不由外部的灯光照亮。禁用此选项后，忽略背面，这样可使外部灯光照明室内对象。

6. 分布（光度学 Web）

在“灯光分布（类型）”中选择“光度学 Web”的灯光类型时出现如图 8-58 所示“分布（光度学 Web）”卷展栏。

Web 图：在选择光度学文件之后，该缩略图将显示灯光分布图案的示意图，如图 8-59 所示。

⊙ 选择光度学文件：单击此按钮，可选择用做光度学 Web 的文件。该文件可采用 IES、LTLI 或 CIBSE 格式。

⊙ X 轴旋转：沿着 *X* 轴旋转光域网。旋转中心是光域网的中心。范围为–180° ~180° 。

⊙ Y 轴旋转：沿着 *Y* 轴旋转光域网。

⊙ Z 轴旋转：沿着 *Z* 轴旋转光域网。

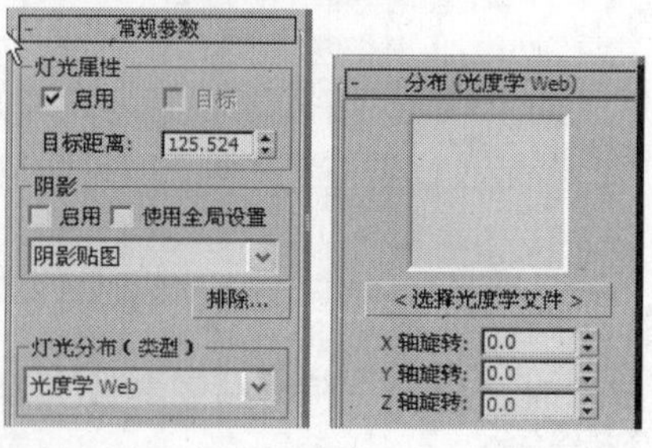

图 8-58

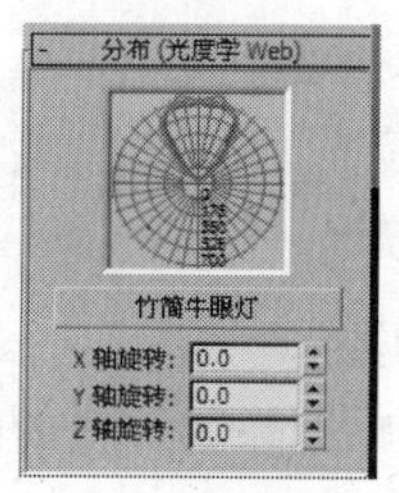

图 8-59

7. 分布（聚光灯）

在“灯光分布（类型）”中选择“聚光灯”的灯光类型时出现如图 8-60 所示“分布（聚光灯）”卷展栏。

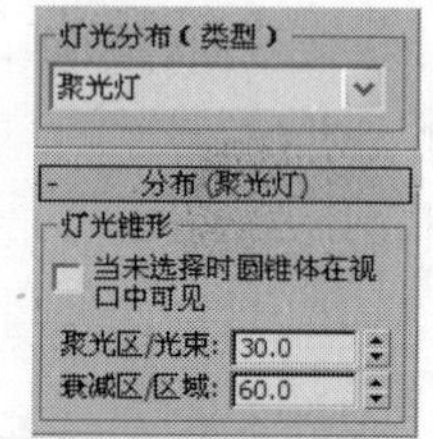

图 8-60

⊙ 当未选择时圆锥体在视口中可见：启用或禁用圆锥体的显示。

⊙ 聚光区/光束：调整灯光圆锥体的角度。光束值以度为单位进行测量。对于光度学灯光，光束角度为灯光强度减为全部强度的 50%时的角度。

⊙ 衰减区/区域：调整灯光区域的角度。区域值以度为单位进行测量。

8.2.3 自由灯光

自由灯光不具备目标子对象，但可以通过使用变换瞄准它。图 8-61 所示为采用球形分布、聚光灯分布以及 Web 分布的自由灯光的视口示意图。

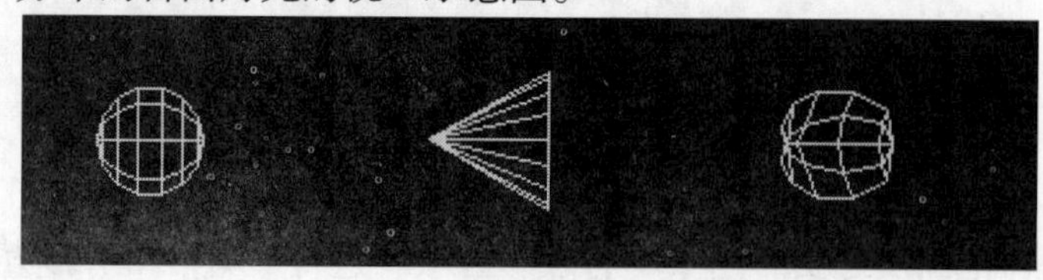

图 8-61

提示： 自由灯光的具体参数可以参考目标灯光。

8.2.4　mr Sky 门户

“mr Sky 门户”是专为 mental ray 渲染器的灯光，对象提供了一种聚集内部场景中的现有天空照明的有效方法，无须高度最终聚集或全局照明设置（这会使渲染时间过长）。实际上，门户就是一个区域灯光，从环境中导出其亮度和颜色。

使 mr Sky 门户正确工作，场景必须包含天光组件。此组件可以是太阳光、日光，也可以是天光。使用 mr Sky 门户制作的效果，由于改灯光不常用所以这里就不介绍了。

8.3 摄影机的使用及特效

8.3.1　课堂案例——创建摄影机动画

案例学习目标：创建摄影机。

案例知识要点：学习如何创建摄影机并制作摄影机的动画，如图 8-62 所示。

效果所在位置：光盘/cha08/效果/创建摄影机动画.max。

图 8-62

Step 01　在场景中创建文本，如图 8-63 所示。

Step 02　切换到（修改）命令面板，在“修改器列表”中选择“编辑样条线”，将选择集定义为“顶点”，在场景中简化文本的顶点，如图 8-64 所示。

图 8-63

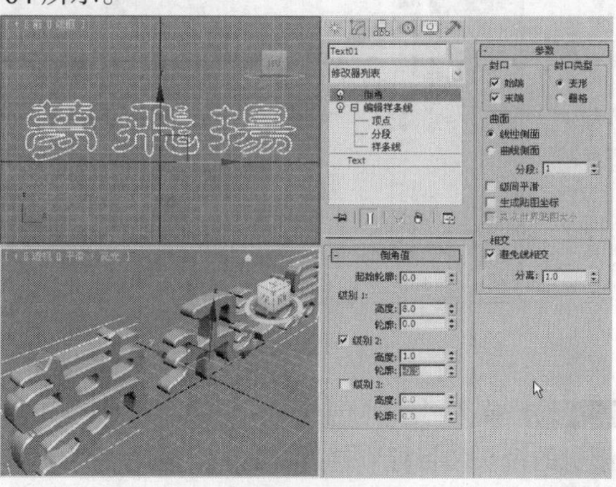

图 8-64

Step 03　关闭选择集，在“修改器列表”中选择“倒角”修改器，在“倒角值”卷展栏中设置“级别 1”的“高度”为 8；勾选“级别 2”选项，设置“高度”为 1、“轮廓”为-0.5；在“参数”卷展栏中勾选“避免线相交”选项，如图 8-65 所示。

Step 04 在工具栏中单击 （材质编辑器）按钮，打开材质编辑器，从中选择一个新的材质样本球，在“明暗器基本参数”卷展栏中选择明暗器类型为“金属”。

在“金属基本参数”卷展栏中设置“环境光”的 RGB 为 0、0、0，设置“漫反射”的 RGB 为 255、185、0；在“反射高光”组中设置“高光级别”为 100、“光泽度”为 85，如图 8-66 所示。

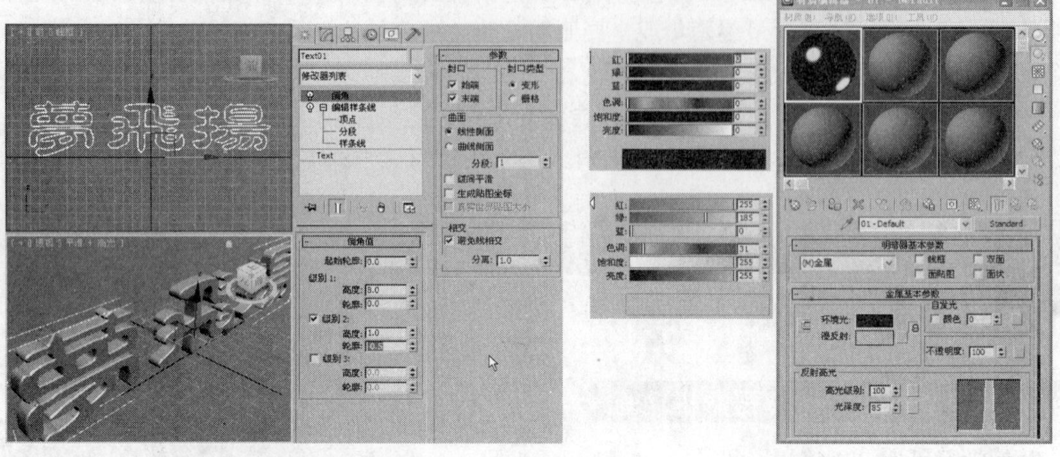

图 8-65　　　　图 8-66

Step 05 在“贴图”卷展栏中单击“反射”后的灰色按钮，在弹出的对话框中选择“位图”，单击“确定”按钮，如图 8-67 所示。

Step 06 再在弹出的对话框中选择随书附带光盘“cha08/素材/创建摄影机动画/B747REM.jpg”文件，如图 8-68 所示。

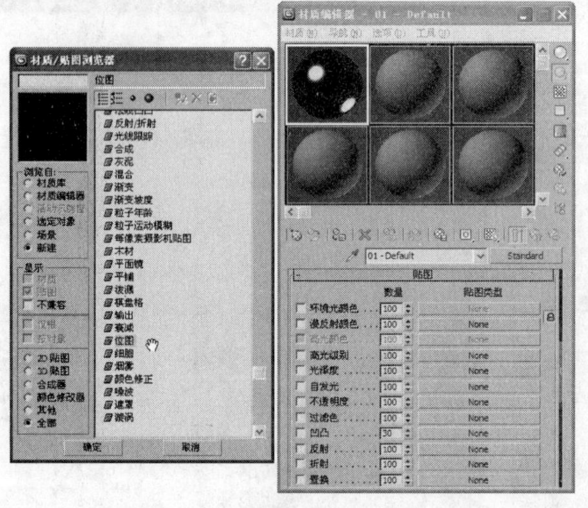

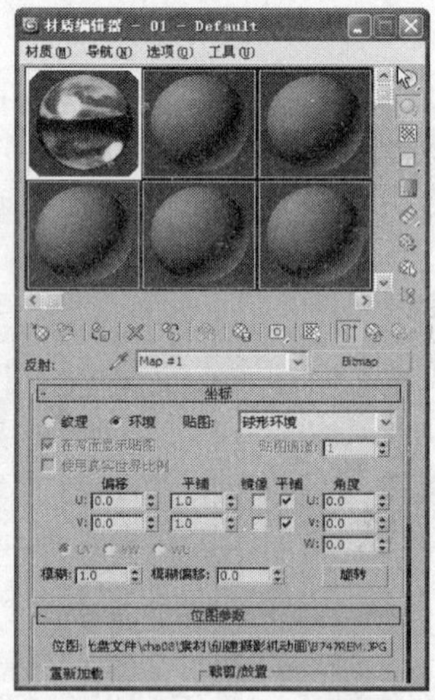

图 8-67　　　　图 8-68

Step 07 单击“ （创建）> （摄影机）>目标”摄影机按钮，在场景中创建摄影机，并调整摄影机的镜头和目标。选择“透视”图，按 C 键将其转换为摄影机视图，如图 8-69 所示。

Step 08 单击“自动关键点”按钮，拖动时间滑块到 10 帧的位置，在场景中移动摄影机创建摄影机移动的关键点，如图 8-70 所示。

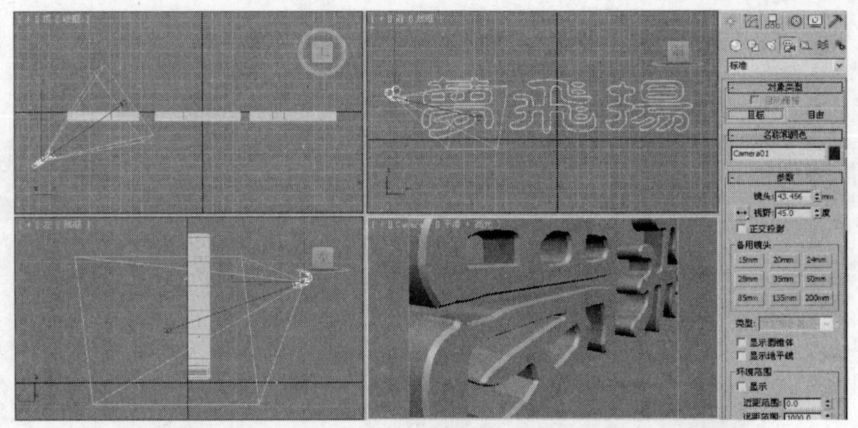

图 8-69

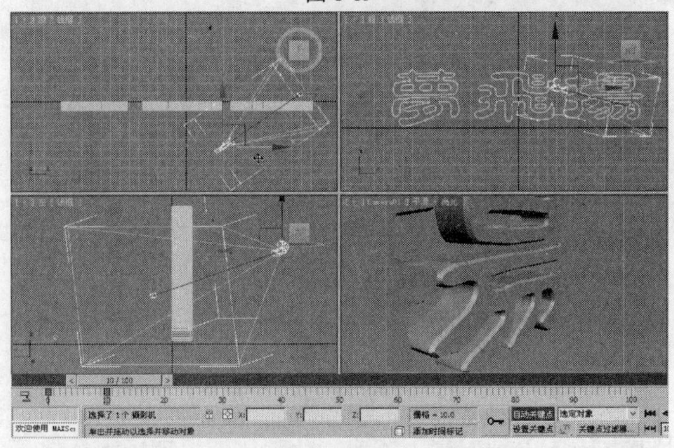

图 8-70

Step 09 拖动施加滑块到 11 帧，在场景中移动摄影机，如图 8-71 所示。

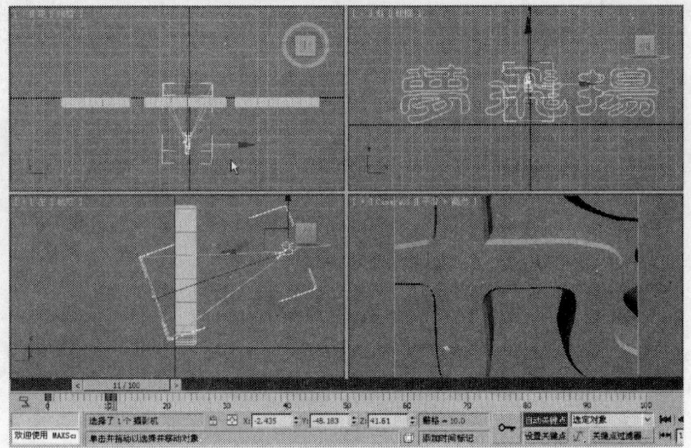

图 8-71

Step 10 拖动施加滑块到 30 帧的位置，在场景中调整摄影机，如图 8-72 所示。

Step 11 拖动时间滑块到 40 帧的位置，在场景中调整摄影机视图，如图 8-73 所示，完成场景动画的制作。

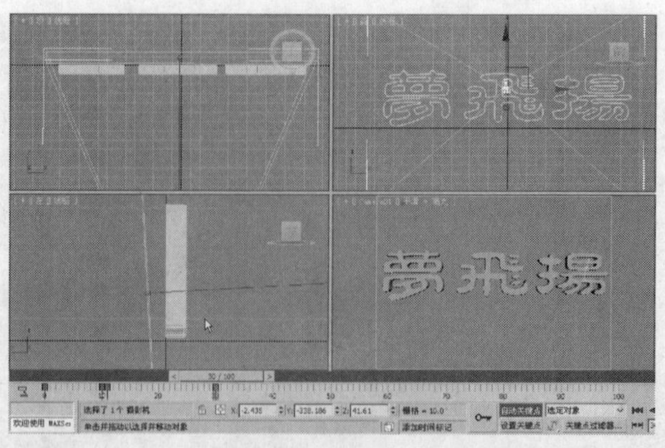

图 8-72

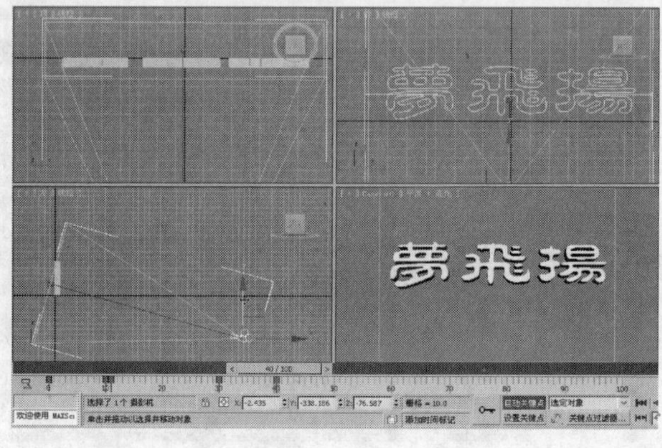

图 8-73

Step 12 在工具栏中单击（渲染设置）按钮，在弹出的对话框中选择“活动时间段：0 到 100 帧”，在“输出大小”组中设置“宽度”为 600、“高度”为 300，如图 8-74 所示。

Step 13 在“渲染输出”组中单击“文件”按钮，在弹出的对话框中选择一个存储路径，为文件命名，选择存储文件类型为“AVI”，单击“保存”按钮，将场景动画进行存储，如图 8-75 所示。

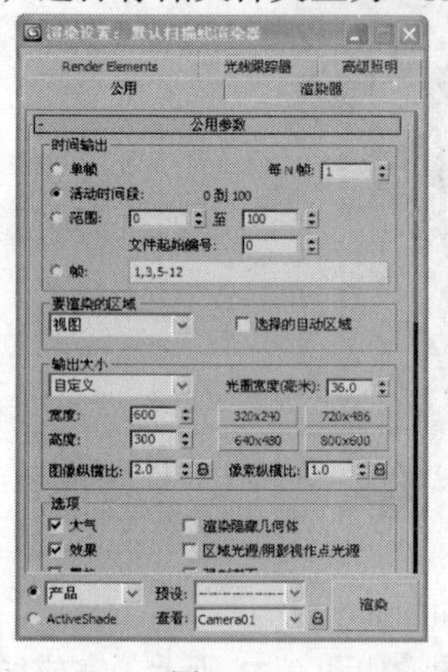

图 8-74

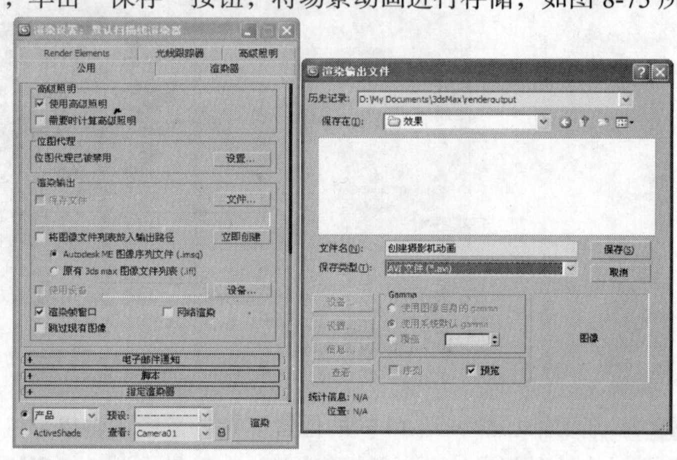

图 8-75

Step 14 存储动画，弹出如图 8-76 所示的对话框，设置 AVI 压缩设置。

Step 15 单击“渲染”按钮，渲染场景动画，如图 8-77 所示。

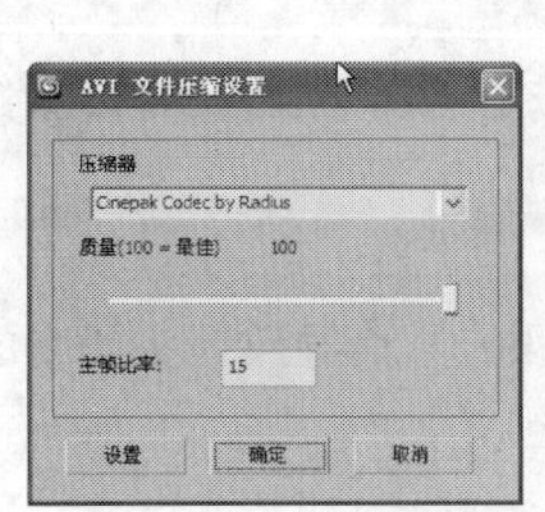

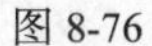
图 8-76

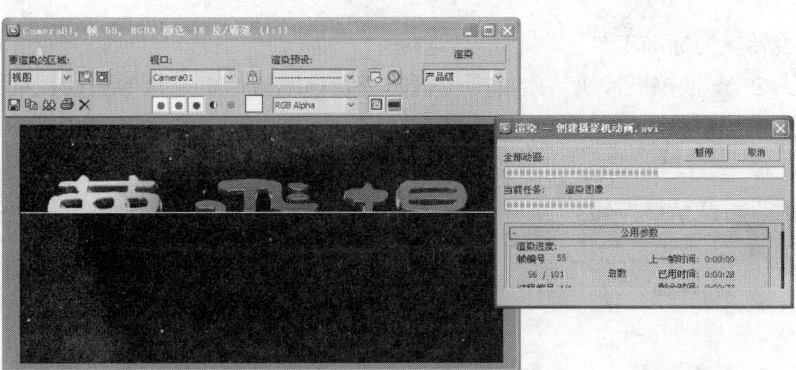

图 8-77

8.3.2　摄影机创建

3ds Max 2010 中提供了 2 种摄像机，包括目标摄像机和自由摄像机，与前面章节中介绍的灯光有相似的地方，下面对这 2 种摄像机进行介绍。

1. 目标摄像机

目标摄像机可以将目标点链接到运动的物体上，用于表现目光跟随的效果。目标摄像机适用于拍摄下面几种画面：静止画面、漫游画面、追踪跟随画面或从空中拍摄的画面。

目标摄像机的创建方法与目标聚光灯相同，单击“（创建）>（摄影机）>目标”摄影机按钮，在视图中按住鼠标左键不放并拖曳光标，在合适的位置松开鼠标左键即完成创建，如图 8-78 所示。

2. 自由摄像机

自由摄像机可以绑定在运动目标上，随目标在运动轨迹上一起运动，还可以进行跟随和倾斜。自由摄像机适合处理游走拍摄、基于路径的动画。

自由摄像机的创建方法与自由聚光灯相同，单击“（创建）>（摄影机）> 自由”摄影机按钮，直接在视图中单击鼠标左键即可完成创建，如图 8-79 所示，在创建时应该选择合适的视图。

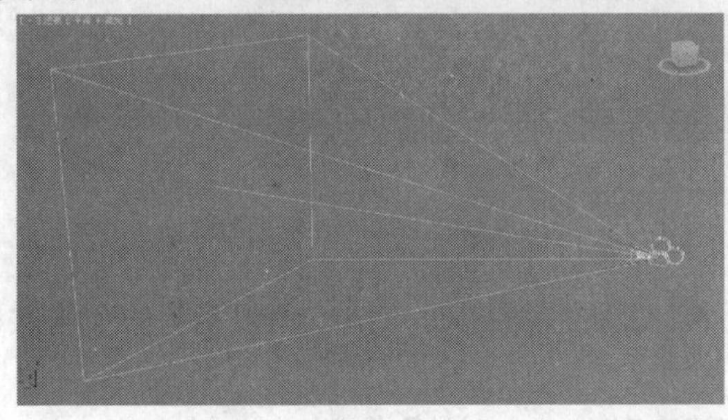

图 8-78

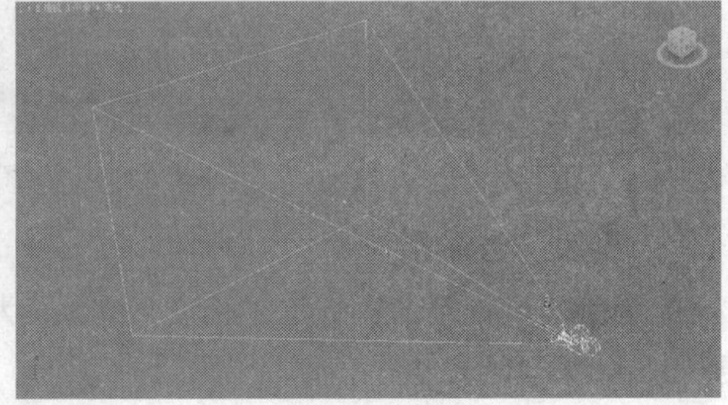

图 8-79

3. 视图控制工具

创建摄像机后，在任意一个视图中按 C 键，即可将该视图转换为摄像机视图，此时视图控制区的视图控制工具也会转换为摄像机视图控制工具，如图 8-80 所示。这些视图控制工具是专用于摄像机视图的，如果激活其他视图，控制工

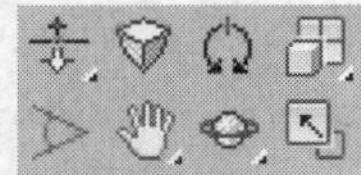

图 8-80

具会转换为标准工具。

⊙ 推拉摄像机：沿着摄像机的视线移动摄像机。摄像机的视线是摄像机和它的目标点之间的连线。在移动摄像机的时候，它的镜头长度保持不变。

⊙ 推拉目标：沿着视线移动摄像机的目标点，镜头参数和场景构成不变，当使用目标摄像机时，可激活该按钮。

⊙ 推拉摄像机+目标点：沿着视线移动摄像机和目标点。

⊙ 透视：移动摄像机使其靠近目标点，同时改变摄像机的透视效果，从而导致镜头长度的变化。

⊙ 侧滚摄像机按钮：使摄像机绕着它的视线旋转。

⊙ 视野：拉近或推远摄像机视图，摄像机的位置不发生改变。

⊙ 环游摄像机：绕摄像机的目标点旋转摄像机。

⊙ 摇移摄像机：使摄像机的目标点绕摄像机旋转。

8.3.3 摄影机的参数

目标摄像机和自由摄像机的参数是相同的，摄像机创建后就被指定了默认的参数，但是在实际工作中经常需要改变这些参数。摄像机的参数面板如图 8-81 所示。

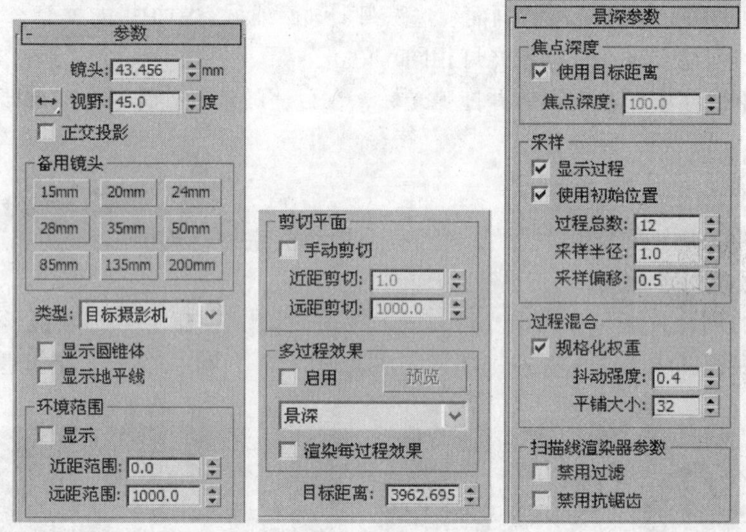

图 8-81

1. “参数”卷展栏

⊙ 镜头：设置摄像机的焦距长度，48mm 为标准人眼的焦距，近焦造成鱼眼镜头的夸张效果，长焦用于观测较远的景色，保证物体不变形。

⊙ 和视野：设定摄像机的视野角度。系统默认值为 45°，是摄像机视锥的水平角，接近人眼的聚焦角度。按钮中还有另外的隐藏按钮：垂直和对角，用于控制视野角度值的显示方式。

⊙ 正交投影：勾选此选项后，摄像机会以正面投影的角度面对物体进行拍摄。

“备用镜头”组提供了 9 种常用镜头供快速选择，只要单击它们就可以选择要使用的镜头。

⊙ 类型：可以自由转换摄像机的类型，可以将目标摄像机转换成自由摄像机，也可以将自由摄像机转换成目标摄像机。

⊙ 显示圆锥体：勾选此选项，即使取消了这个摄像机的选定，在视图中也能够显示摄像机视野的锥形区域。

⊙ 显示地平线：勾选此选项，在摄像机视图显示一条黑色的线来表示地平线，它只在摄像机视图中显示。

“剪切平面”组。剪切平面是平行于摄像机镜头的矩形平面，以红色带交叉的矩形表示。它用于设置 3ds Max 中渲染对象的范围，在范围外的对象不会被渲染。

⊙ 手动剪切：勾选此选项，将使用下面的数值控制水平面的剪切。未选中此选项，距离摄像机 3 个单位内的对象将不被渲染和显示。

⊙ 近/远距剪切：分别用于设置近距离剪切平面和远距离剪切平面到摄像机的距离。

“多过程效果”组参数可以对同一帧进行多次渲染，这样可以准确渲染景深和运动模糊效果。

⊙ 启用：勾选此选项，将激活多过程渲染效果和 预览 按钮。

⊙ 预览 按钮：单击此选项，将在摄像机视图中预览多过程效果。

⊙ 景深效果下拉列表框：有景深 mental ray、景深和运动模糊 3 种选择，默认使用景深效果。

⊙ 渲染每过程效果：如果勾选此选项，则每边都渲染如辉光等特殊效果。该选项可以适用于景深和运动模糊效果。

⊙ 目标距离：指定摄像机到目标点的距离。可以通过改变这个距离使目标点靠近或者远离摄像机。

2．“景深参数”卷展栏

“景深”卷展栏如图 8-81 所示，该卷展栏中的参数用于调整摄像机镜头的景深效果，景深是摄像机中一个非常有用的工具，可以在渲染时突出某个物体，如图 8-82 所示。

图 8-82

“采样”组用于设置图像的最后质量。

⊙ 显示过程：勾选此选项，当渲染时在渲染帧窗口中将显示景深的每一次渲染，这样就能够动态地观察景深的渲染情况。

⊙ 使用原始位置：勾选此选项，多次渲染中的第一次渲染将从摄像机的当前位置开始。

⊙ 过程总数：设置多次渲染的总次数。数值越大，渲染次数越多，渲染时间就越长，最后得到的图像质量就越高，默认值为 12。

⊙ 采样半径：设置摄像机从原始半径移动的距离。在每次渲染的时候稍微移动一点摄像机就可以获得景深的效果。数值越大，摄像机移动越多，创建的景深就越明显。

⊙ 采样偏离：决定如何在每次渲染中移动摄像机。该数值越小，摄像机偏离原始点就越少；该数值越大，摄像机偏离原始点就越多。默认值为 0.5。

“过程混合”组。当渲染多次摄像机效果时，渲染器将轻微抖动每次的渲染结果，以便混合每次的渲染。

⊙ 规格化权重：勾选此选项，每次混合都使用规格化的权重，景深效果比较平滑。

⊙ 抖动强度：抖动是通过混合不同颜色和像素来模拟颜色或者混合图像的方法。

⊙ 平铺大小：设置在每次渲染中抖动图案的大小，它是一个百分比值，默认值为 32。

“扫描线渲染器参数”组的参数可以取消多次渲染的过滤和反走样，从而加快渲染的时间。

⊙ 禁止过滤：勾选此选项，将取消多次渲染时的过滤。

⊙ 禁用抗锯齿：勾选此选项，将取消多次渲染时的反走样。

8.4 课堂练习——天光的创建

案例知识要点：创建摄影机和天光并结合使用“光跟踪器”渲染器，效果如图 8-83 所示。

效果所在位置：光盘/cha08/效果/创建天光.max。

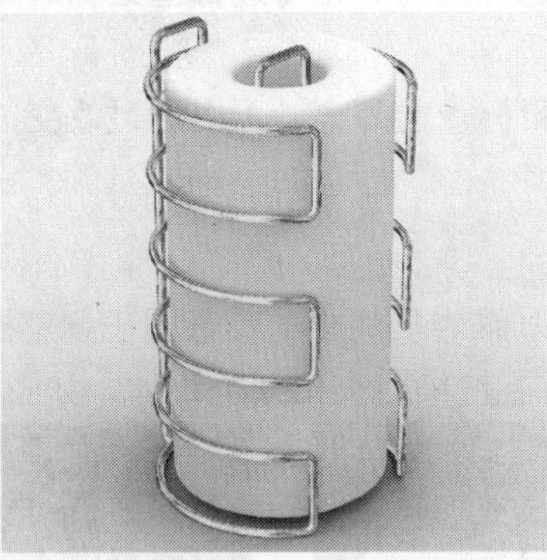

图 8-83

8.5 课后习题——创建静物灯光

习题知识要点：为场景创建摄影机及灯光，完成效果如图 8-84 所示。

效果所在位置：光盘/cha08/效果/创建静物灯光.max。

图 8-84

第9章 粒子系统与空间扭曲

使用 3ds Max 可以制作各种类型的场景特效，如下雨、下雪、礼花等。要实现这些特殊效果，粒子系统与空间扭曲的应用是必不可少的。本章将对各种类型的粒子系统及空间扭曲进行详细讲解，读者可以通过实际的操作来加深对 3ds Max 特殊效果的认识和了解。

【教学目标】

- 粒子系统。
- 常用的空间扭曲。

9.1 粒子系统

粒子系统是一个相对独立的造型系统，用来创建雨、雪、灰尘、泡沫、火花、气流等。它还可以将任何造型作为粒子，如用来表现成群的蚂蚁、热带鱼、吹散的蒲公英等动画效果。粒子系统主要用于表现动态的效果，与时间、速度的关系非常紧密，一般用于动画制作。

9.1.1 课堂案例——下雨

案例学习目标：使用粒子系统制作下雨效果。

案例知识要点：通过“喷射”粒子系统，制作下雨效果，如图 9-1 所示。

图 9-1

效果所在位置：光盘/cha09/效果/下雨.max。

Step 01 选择“文件 > 重置”命令，对场景进行重新设置。

Step 02 在菜单栏中选择“渲染 > 环境”命令，打开“环境和效果”对话框，在“公用参数”卷展栏中，单击“环境贴图”下的“无”按钮，在打开的“材质/贴图浏览器”中选择“位图”贴图，单击“确定”按钮。再在打开的对话框中选择光盘中“cha09 > 素材 > 下雨 > DSC01245.jpg”文件，单击“添加”按钮，如图 9-2、图 9-3 所示，关闭“环境和效果”对话框。

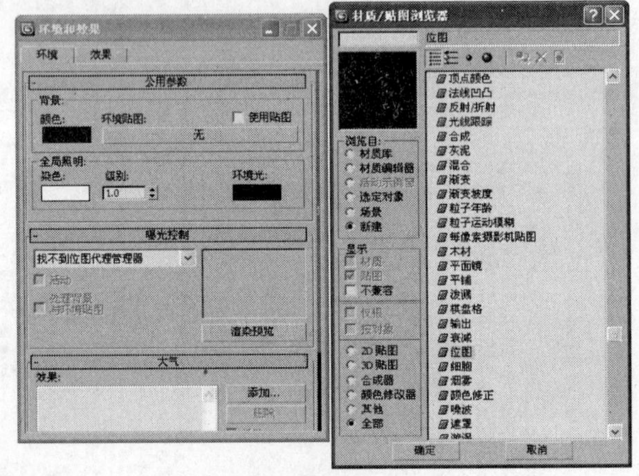

图 9-2

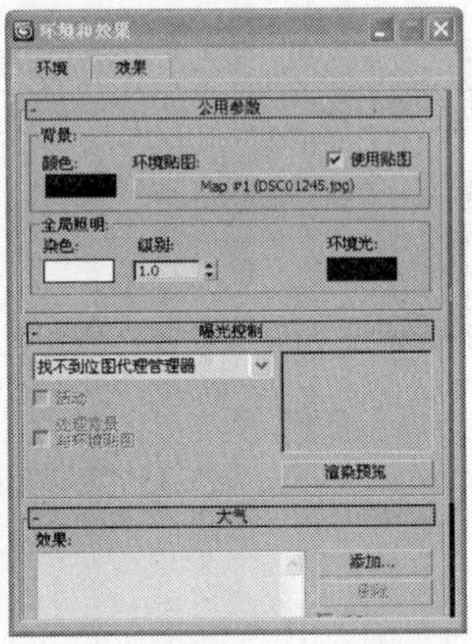

图 9-3

Step 03 选择“透视”图，按 Alt+B 组合键，在弹出的对话框中选择“使用环境背景”和“显示背景”选项，如图 9-4 所示。

Step 04 在“透视”图中显示的背景图像，如图 9-5 所示，按 Shift+F 组合键，显示安全框。

Step 05 选择“（创建）>（几何体）> 粒子系统 > 喷射”按钮，在“顶”视图中创建一个喷射粒子发射器。

Step 06 在“参数”卷展栏中，将“粒子”组中的“视口计数”和“渲染计数”值都设置为 4000，将“水滴大小”、“速度”分别设置为 3、30；在“计时”组中将“开始”、“寿命”分别设置为-50、40，如图 9-6 所示；将“发射器”组中的“宽度”、“长度”分别设置为 800、500。

Step 07 调整“透视”图的角度，并按 Ctrl+C 组合键，在视图中创建摄影机，如图 9-7 所示。

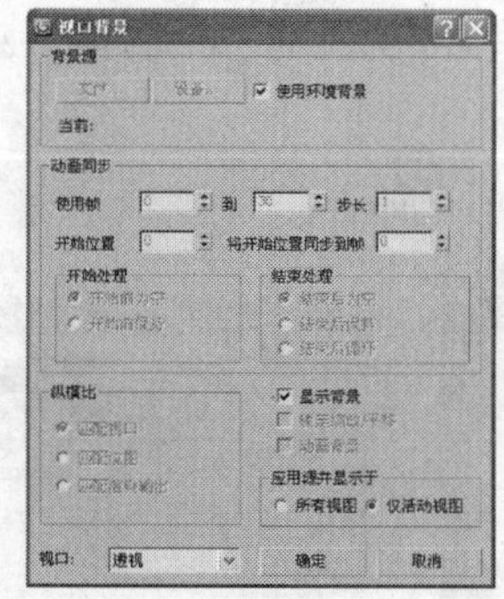

图 9-4

图 9-5

图 9-6

图 9-7

Step 08 在视图中粒子系统上单击鼠标右键，在弹出的快捷菜单中选择“对象属性”命令，打开“对象属性”对话框，在“运动模糊”组中选择“图像”运动模糊方式，设置“倍增”值为 1.8，单击“确定”按钮，为粒子添加图像运动模糊效果，如图 9-8 所示。

Step 09 打开材质编辑器，选择一个新的材质样本球，在“Blinn 基本参数”卷展栏中设置“环境光”和“漫反射”的颜色为白色，在“自发光”组中设置参数为 40。在“扩展参数”卷展栏中选择“衰减”为“外”，设置“数量”为 100，如图 9-9 所示。

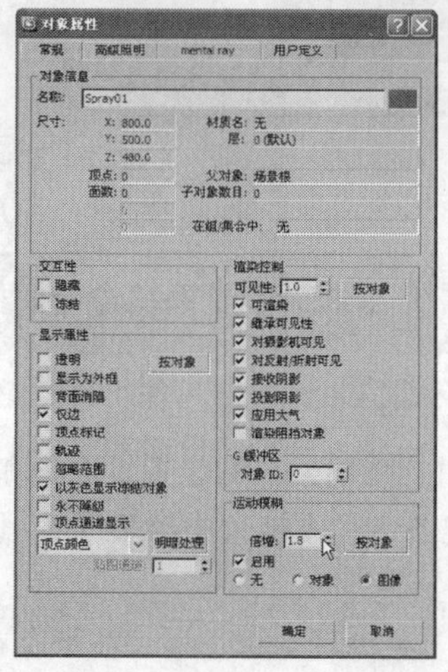

图 9-8

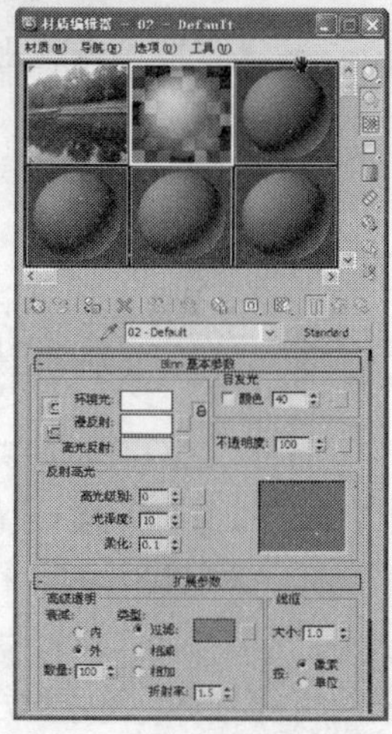

图 9-9

Step 10 在工具栏中单击（渲染设置）按钮，在“渲染输出”组中单击“文件”按钮，在弹出的对话框中选择存储路径，并选择“保存类型”为 AVI。单击“保存”按钮，在弹出的对话框中使用默认的参数即可，如图 9-10 所示。

Step 11 选择“活动时间段”选项，渲染场景动画，如图 9-11 所示。

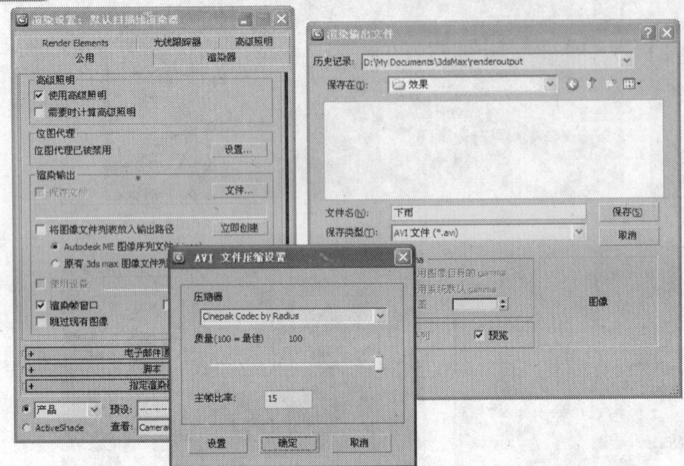

图 9-10

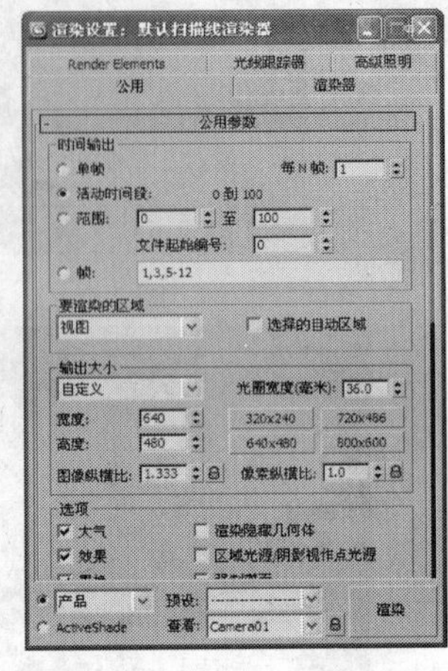

图 9-11

Step 12 渲染中的场景动画，如图 9-12 所示。

图 9-12

9.1.2 基本粒子系统

下面介绍常用的粒子系统。

选择“（创建）>（几何体）> 粒子系统”，打开粒子系统命令面板，如图 9-13 所示。在该面板中包括了多种粒子类型。

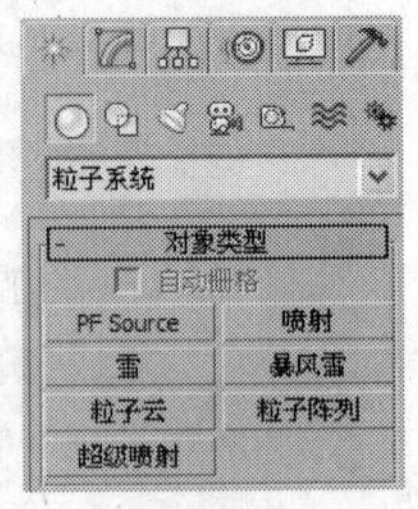

图 9-13

粒子系统除了自身特性外，它们有一些共同的属性。

⊙ 发射器：用于发射粒子，所有的粒子都由它喷出，它的位置、面积和方向决定了粒子发射时的位置、面积和方向。在视图中它不被选中时显示为橘红色，并且不可以被渲染。

⊙ 计时：控制粒子的时间参数，包括粒子产生和消失的时间、粒子存在的时间、粒子的流动速度以及加速度。

⊙ 粒子参数：控制粒子的大小、速度，不同类型的粒子系统设置也不同。

⊙ 渲染特性：用来控制粒子在视图中和渲染时表现出的形态。由于粒子显示各异，所以通常以简单的点、线或交叉来显示，而且数目也只用于操作观察之用，不用设置过多；对于渲染效果，它会按真实指定的粒子类型和数目进行着色计算。

1．喷射

发射垂直的粒子流，粒子可以是四面体尖锥，也可以是四方形面片，用来表示下雨效果。

这种粒子系统参数较少，易于控制。使用起来很方便，所有数值均可制作动画效果。

选择“（创建）>（几何体）> 粒子系统 > 喷射”按钮，然后在“顶”视图中创建喷射粒子系统，如图 9-14 所示。

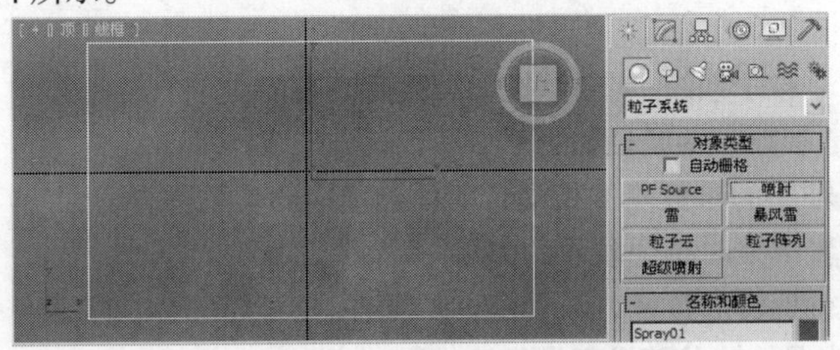

图 9-14

“喷射”的“参数”面板如图 9-15 所示。

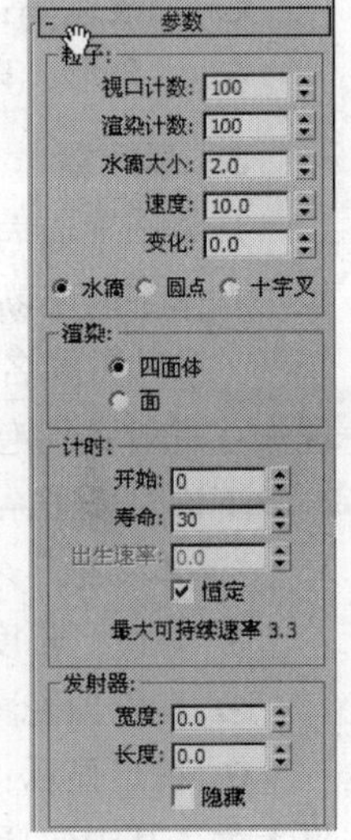

图 9-15

⊙ 视口计数：设置在视图上显示出的粒子数量，一般在 100 个左右，太少不易观察效果，太多会降低显示速度。

⊙ 渲染计数：设置最后渲染时可以同时出现在一帧中的粒子的最大数量，它与“计时”组中的参数组合使用。

⊙ 水滴大小：设置渲染时每个颗粒的大小。

⊙ 速度：设置微粒从发射器流出时的初速度，它将保持匀速不变。只有增加了微粒空间扭曲，它才会发生变化。

⊙ 变化：影响微粒的初速度和方向，值越大，粒子喷射得越猛烈，喷洒的范围也越大。

⊙ 水滴、圆点、十字叉：设置粒子在视图中的显示状态。水滴是一些类似雨滴的条纹，圆点是一些点，十字叉是一些小的加号。

⊙ 四面体：以四面体（尖三棱锥）作为微粒的外形进行渲染，常用于表现水滴。

⊙ 面：以正方形面片作为微粒外形进行渲染，常用于有贴图设置的微粒。

⊙ 开始：设置粒子从发射器喷出的帧号。可以是负值，表示在 0 帧以前已开始。

⊙ 寿命：设置每颗粒子从出现到消失所存在的帧数。

⊙ 出生速率：设置每一帧新粒子产生的数目。

⊙ 恒定：打开它则“出生速率”不可用，所用的出生速率等于最大可持续速率。禁用该选项后，“出生速率”可用。默认设置为选中。

禁用“恒定”并不意味着出生速率自动改变，除非为“出生速率”参数设置了动画，否则出生速率将保持恒定。

⊙ 宽度和长度：分别设置发射器的宽度和长度，在粒子数目确定的情况下，面积越大，粒子越稀疏。

⊙ 隐藏：勾选该选项可以在视口中隐藏发射器。禁用“隐藏”后，在视口中显示发射器。发射器不会被渲染。默认设置为禁用状态。

2．雪

“雪”与“喷射”几乎没有什么差别，只是粒子的形态可以是六角形面片，以模拟雪花，而且增加了翻滚参数，控制每颗雪片在落下的同时进行翻滚运动。“雪”系统不仅可以用来模拟下雪，还可以将多维材质指定给它，产生五彩缤纷的碎片下落效果，常用来增加添加节日气氛；如果将雪花向上发射，可以表现从火中升起的火星效果。

选择“ > > 粒子系统 > 雪”按钮，然后在视图中创建喷射粒子系统，其“参数”卷展栏如图 9-16 所示。

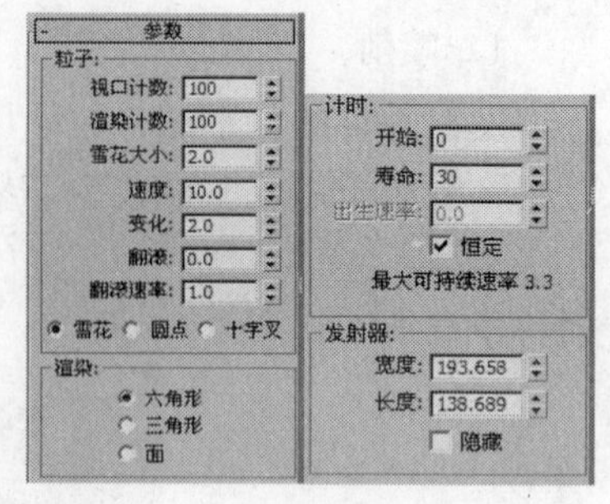

图 9-16

“雪”与“喷射”粒子的参数基本相同，下面对不同的参数进行介绍。

⊙ 雪花大小：设置渲染时每个颗粒的大小。

⊙ 翻滚：雪花随机旋转的数量，数量范围从 0~1，值为 0 时雪花不旋转；当值为 1 时，旋转最大，每个雪花旋转依据的轴向随机产生翻滚。

⊙ 翻滚速率：雪花旋转的速度，值越大，翻滚得越快。

⊙ 六角形：以六角形面进行渲染，常用于表现雪花。

3．暴风雪

从一个平面向外发射粒子流，与“雪”粒子系统相似，但功能更为复杂。从发射平面上产生的粒子在落下时不断旋转、翻滚，它们可以是标准基本体、变形球粒子或实例几何体，甚至不断发生变形。暴风雪的名称并非强调它的猛烈，而是指它的功能最大，不仅用于普通雪的制作，还可以表现火花迸射、气泡上升、开水沸腾、满天飞花、烟雾升腾等特殊效果。

下面对粒子系统的参数选项进行介绍。

“基本参数”卷展栏如图 9-17 所示。

⊙ 宽度、长度：设置发射器平面的长宽值，即确定粒子发射器覆盖的面积。

⊙ 发射器隐藏：是否将发射器图标隐藏。

⊙ 视口显示：设置在视图中粒子以哪种方式进行显示，这和最后的渲染效果无关，其中包括“圆点”、“十字叉”、“网格”和“边界框”。

“粒子生成”卷展栏如图 9-18 所示。

⊙ 使用速率：该选项下的参数值决定了每一帧粒子产生的数目。

⊙ 使用总数：该选项下的参数值决定在整个生命系统中产生粒子的总数目。

⊙ 速度：设置在粒子生命周期内粒子每一帧的运行距离。

⊙ 变化：为每一个粒子发射的速度指定一个百分比变化量。

⊙ 翻滚：设置粒子随机旋转的数量。

⊙ 翻滚速率：设置粒子旋转的速度。

⊙ 发射开始：设置粒子从哪一帧开始出现在场景中。

⊙ 发射停止：设置粒子最后被发射的帧数。

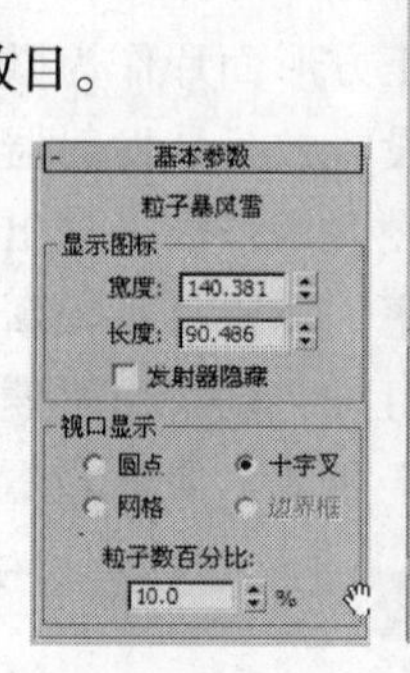

图 9-17

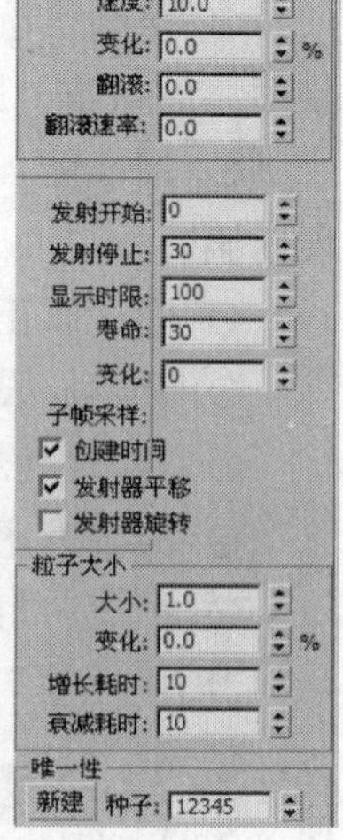

图 9-18

⊙ 显示时限：设置到多少帧时，粒子将不显示在视图中，这不影响粒子的实际效果。

⊙ 寿命：设置每个粒子诞生后的生存时间。

⊙ 变化：设置每个粒子寿命的变化百分比值。

⊙ 子帧采样：提供了“创建时间”、“发射器平移”、“发射器旋转”3 种选项，用于避免粒子在普通帧计数下产生肿块，而不能完全打散，先进的子帧采样功能提供更高的分辨率。

⊙ 大小：设置粒子的尺寸大小。

⊙ 变化：设置每个可进行尺寸变化的粒子尺寸变化百分比。

⊙ 增长耗时：设置粒子从尺寸极小到尺寸正常所经历的时间。

⊙ 衰减耗时：设置粒子从正常尺寸萎缩到消失的时间。

⊙ 新建：随机指定一个新的种子。

⊙ 种子：使用数值框指定种子。

“粒子类型”卷展栏如图 9-19 所示。

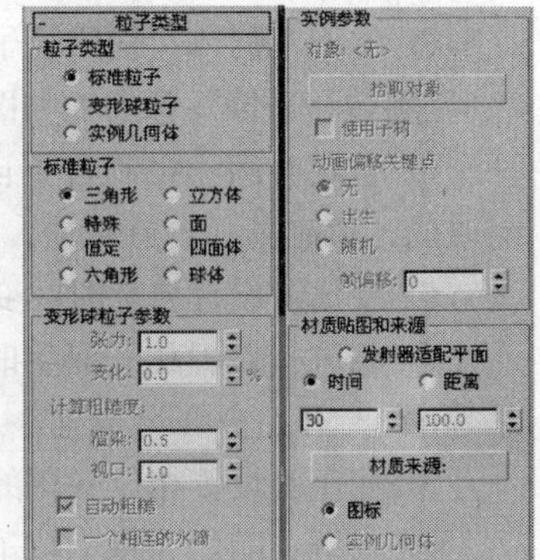

图 9-19

⊙ 标准粒子：提供了 8 种特殊基本几何体作为粒子，它们分别为“三角形”、“立方体”、“特殊”、“面”、“恒定”、“四面体”、“六角形”和“球体”。

⊙ 变形球粒子：选择该选项后，“变形球粒子参数”中的参数会激活。

⊙ 实例几何体：生成粒子，这些粒子可以是对象、对象链接层次或组的实例。

⊙ 张力：控制粒子球的紧密程度，值越高，粒子越小，也就越不易融合；值越低，粒子越大，也就越粘滞，不易分离。

⊙ 变化：影响张力的变化值。

⊙ 计算粗糙度：粗糙度是控制每个粒子的细腻程度，系统默认为“自动粗糙”处理，以加快显示速度，如果将“自动粗糙”关闭，则“渲染”、“视口”两个手控选项可以使用。

⊙ 渲染：设定最后渲染时的粗糙度，值越低，粒子球越平滑。

⊙ 视口：设置显示时看到的粗糙程度，这里一般设得较高，以保证屏幕的正常显示速度。

⊙ 自动粗糙：根据粒子的尺寸，在 1/4 到 1/2 尺寸之间自动设置粒子的粗糙程度，视口粗糙度会设置为渲染粗糙度的 2 倍。

⊙ 一个相连的水滴：勾选该选项后，使用一种只对相互融合的粒子进行计算和显示的简便算法。这种方式可以加速粒子的计算，但使用时应注意所有的变形球粒子应融合在一起，如一滩水，否则只能显示和渲染最主要的一部分。

⊙ 拾取对象：单击该按钮，在视图中选择一个对象，可以将它作为一个粒子的源对象。

⊙ 使用子树：如果点取的对象有连接的子对象，选择该选项，可以将子对象一齐作为粒子的源对象。

⊙ 动画偏移关键点：其下几项设置是针对带有动画设置的源对象的。如果源对象原来或后来指定了动画，将会同时影响所有的粒子。

⊙ 无：不产生动画偏移，即每一帧，场景中产生的所有粒子在这一帧都相同于源对象在这一帧时的动画效果，如一个球体粒子替身，自身从 0~30 帧产生一个压扁动画，那么在 20 帧，所有这时可看到的粒子都与此时的源对象具有相同的压扁效果，选中每一个新出生的粒子都继承这一帧时源对象的动作，作为初始动作。

⊙ 出生：每个粒子从自身诞生的帧数开始，发生与源对象相同的动作。

⊙ 随机：根据“帧偏移”，设置起始动画帧的偏移数，当值为 0 时，与“无”的结果相同；否则，粒子的运动将根据“帧偏移”的参数值产生随机偏移。

⊙ 发射器适配平面：选择该选项，将对发射平面进行贴图坐标的指定，贴图方向是垂直于发射方向。

⊙ 时间：通过其下的数值指定自从粒子诞生后多少帧将一个完整贴图贴在粒子表面。

⊙ 距离：通过数值指定粒子诞生后间隔多少帧将完成一次完整的贴图。

⊙ 材质来源：单击该按钮，更新粒子的材质。

⊙ 图标：使用当前系统指定给粒子的图标颜色。

⊙ 实例几何体：使用粒子的源对象材质。

“旋转和碰撞”卷展栏如图 9-20 所示。

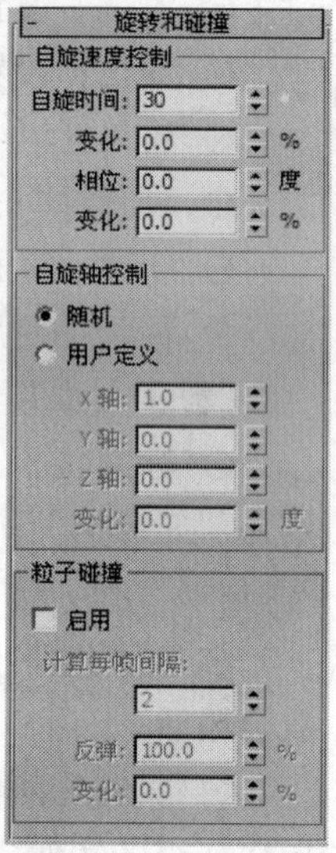

⊙ 自旋时间：控制粒子自身旋转的节拍，即一个粒子进行一次自旋需要的时间，值越高，自旋越慢，当值为 0 时，不发生自旋。

⊙ 变化：设置自旋时间变化的百分比值。

⊙ 相位：设置粒子诞生时的旋转角度。它对碎片类型无意义，因为它们总是由 0° 开始分裂。

图 9-20

⊙ 变化：设置相位变化的百分比值。

⊙ 随机：随机为每个粒子指定自旋轴向。

⊙ 用户定义：通过 3 个轴向数值框，自行设置粒子沿各轴向进行自旋的角度。

⊙ 变化：设置 3 个轴向自旋设定的变化百分比值。

⊙ 启用：勾选该选项后，才会进行粒子之间如何碰撞的计算。这个选项要进行大量的计算，对机器的配置有一定的要求。

⊙ 计算每帧间隔：设置在粒子碰撞过程中每次渲染间隔的数量。数值越高，模仿越准确，速度越慢。

⊙ 反弹：设置碰撞后恢复速率的程度。

⊙ 变化：设置粒子碰撞变化的百分比值。

“对象运动继承”卷展栏如图 9-21 所示。

⊙ 影响：当发射器有移动动画时，此影响值决定粒子的运动情况。值为 100 时，粒子会在发射后，仍保持与发射器相同的速度，在自身发散的同时，跟随发射器进行运动，形成动态发散效果；当值为 0 时，粒子发散后会马上与目标对象脱离关系，自身进行发散，直到消失，产生边移动边脱落粒子的效果。

⊙ 倍增：用来加大移动目标对象对粒子造成的影响。

⊙ 变化：设置倍增参数的变化百分比值。

“粒子繁殖”卷展栏如图 9-22 所示。

⊙ 无：该选项控制整个繁殖系统的开闭。

⊙ 碰撞后消亡：粒子在碰撞到绑定的空间

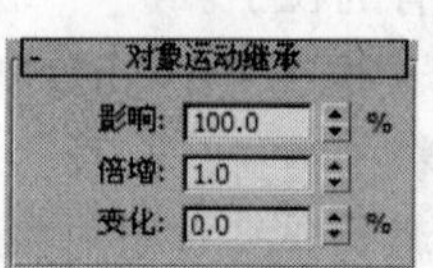

图 9-21

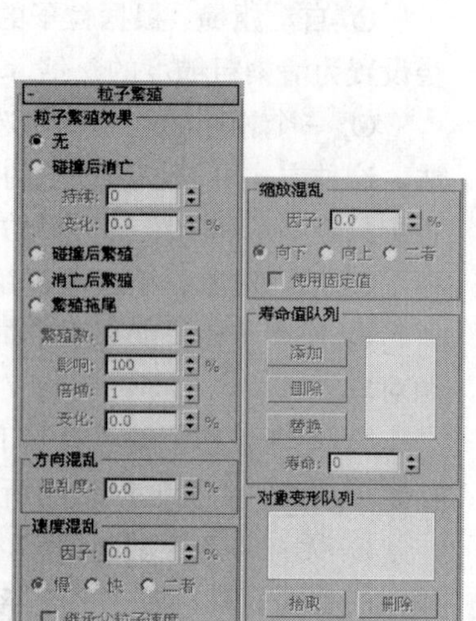

图 9-22

扭曲对象后消亡。

⊙ 持续：设置粒子在碰撞后持续的时间。默认为 0，即碰撞后立即消失。

⊙ 变化：设置每个粒子持续变化的百分比值。

⊙ 碰撞后繁殖：粒子在碰撞到绑定的空间扭曲对象后，按“繁殖数”进行繁殖。

⊙ 消亡后繁殖：粒子在生命结束后按“繁殖数”进行繁殖。

⊙ 繁殖拖尾：粒子在经过每一帧后，都会产生一个新个体，沿其运动轨迹继续运动。

⊙ 繁殖数：设置一次繁殖产生的新个体数目。

⊙ 影响：设置在所有粒子中，有多少百分比的粒子发生繁殖作用，此值为 100 时，表示所有的粒子都会进行繁殖作用。

⊙ 倍增：按数目设置进行繁殖数的成倍增长，要注意当此值增大时，成倍增长的新个体会相互重叠，只有进行了方向与速率等参数的设置，才能将它们分离开。

⊙ 变化：指定倍增器值在每一帧发生变化的百分值。

“方向混乱”组：设置新个体在其父粒子方向上的变化值，当值为 0 时，不发生方向变化；当值为 100 时，它们会任意随机方向运动；当值为 50 时，它们的运动方向与父粒子的路径最多呈 90° 的角度。

⊙ 因子：设置新个体相对于父粒子的百分比变化范围，值为 0 时，不发生速度改变，否则会依据其下的 3 种方式进行程度的改变。

⊙ 慢、快、二者：随机减慢或加快新个体的速度，或是一部分减慢，一部分加快速度。

⊙ 继承父粒子速度：新个体在继承父粒子速度的基础上进行速率变化，形成拖尾效果。

⊙ 使用固定值：勾选该选项，“因子”设置的范围将变为一个恒定值影响新个体，产生规则的效果。

⊙ 因子：设置新个体相对于父粒子尺寸的百分比缩放范围，依据其下的 3 种方向进行改变。

⊙ 向下、向上、二者：随机缩小或放大新个体的尺寸，或者是一部分放大，一部分缩小。

⊙ 使用固定值：勾选该选项时，设置的范围将变为一个恒定值来影响新个体，产生规则的缩放效果。

“寿命值队列”组：用来为产生的新个体指定一个新的寿命值，而不是继承其父粒子的寿命值。先在“寿命”数值框中输入新的寿命值，单击“添加”按钮，即可将它指定给新个体，其值也出现在右侧列表框中；“删除”按钮可以将在列表框中选择的寿命值删除；“替换”按钮可以将列表框中选择的寿命值替换为寿命数值框中的值。

⊙ 寿命：使用此选项可以设置一个值，然后单击“添加”按钮将该值加入列表窗口。

“对象变形队列”组：用于制作粒子父粒子造型与新指定的繁殖新个体造型之间的变形。其下的列表框中陈列着新个体替身对象名称。

⊙ 拾取：在视图中选择要作为新个体替身对象的几何体。

⊙ 删除：该按钮用于将列表框中选择的替身对象删除。

⊙ 替换：该按钮可以将列表框中的替身对象与在视图中点取的对象进行替换。

“加载/保存预设”卷展栏如图 9-23 所示。

⊙ 预设名：输入名称。

⊙ 保存预设：这里提供了几种预置参数，其中包括“blizzard（暴风雪）”、

图 9-23

“rain（雨）”、“mist（薄雾）”和“snowfall（降雪）”。

⊙ 加载：单击该按钮，可以将列表框中选择的设置调出。

⊙ 保存：可以将当前设置保存，其名称会出现在设置列表中。

⊙ 删除：可以将当前列表中选中的设置删除。

9.1.3 课堂案例——火焰拖尾

案例学习目标：使用“超级喷射”粒子系统。

案例知识要点：利用粒子系统的制作拖尾，通过“路径约束”控制器为粒子系统设置飞行路径，并通过 Video Post 视频合成器的特效事件为粒子制作光效，其制作效果如图 9-24 所示。

图 9-24

效果所在位置：光盘/cha09/效果/火焰拖尾.max。

Step 01 选择“文件 > 重置”命令，对场景进行重新设置。

Step 02 选择“（创建）>（几何体）> 粒子系统 > 超级喷射”按钮，在“顶”视图中创建一个超级喷射粒子系统，如图 9-25 所示。

Step 03 进入（修改）面板，在“基本参数”卷展栏中，将“粒子分布”中“轴偏离”、“平面偏离”下的“扩散”值分别设置为 8、90，将“显示图标”下的“图标大小”设置为 10.537，将“视口显示”下的“粒子数百分比”值设置为 20%，如图 9-26 所示。

Step 04 在“粒子生成”卷展栏中，选择“粒子数量”组中的“使用总数”选项，将其下的值设置为 4000；将“粒子运动”组中的“速度”值设置为 8.0；将“粒子计时”组中的“发射开始”、“发射停止”、“显示时限”、“寿命”、“变化”值分别设置为-152、226、226、39、23；将“粒子大小”组中的“大小”、“变化”、“增长耗时”、“衰减耗时”值分别设置为 2.5、30.0、8、17，如图 9-27 所示。

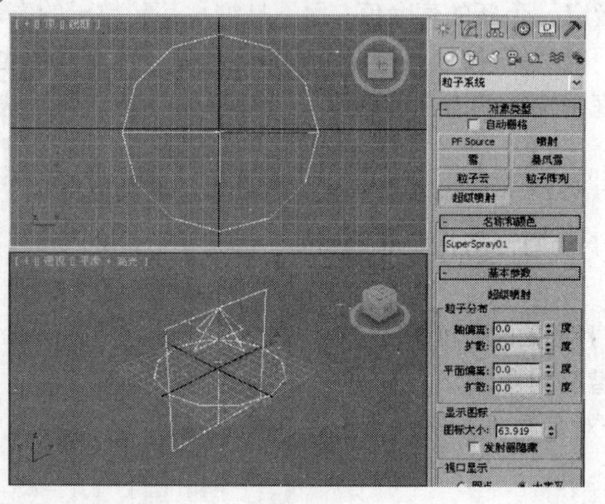

图 9-25

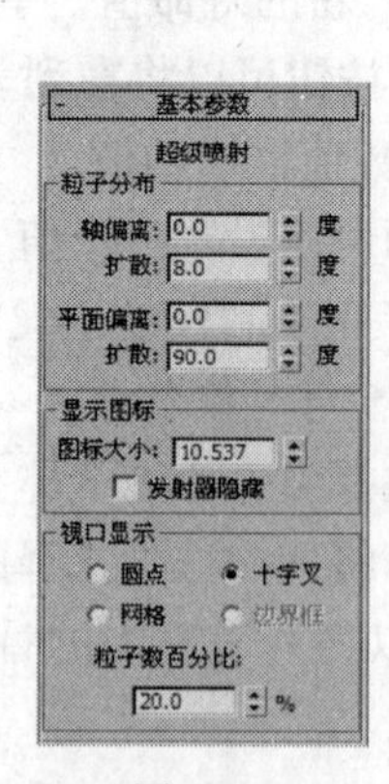

图 9-26

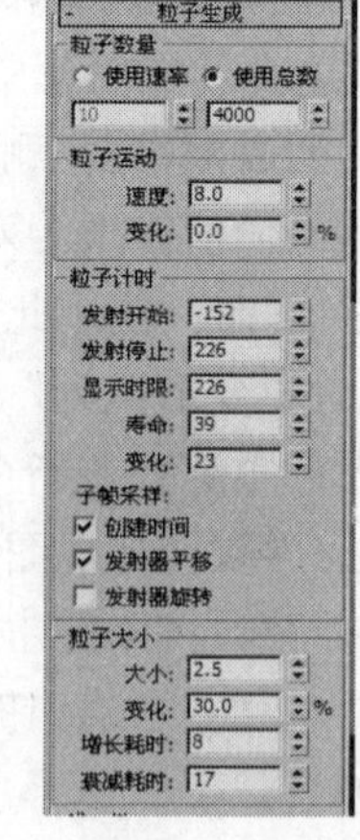

图 9-27

Step 05 在“粒子类型”卷展栏中，选择“标准粒子”组中的“六角形”选项，将“材质贴图和来源”组中的“时间”设置为 45，如图 9-28 所示。

Step 06 在“旋转和碰撞”卷展栏中，将“自旋速度控制”组中的“自旋时间”设置为 45，如图

9-29 所示。

Step 07 将“气泡运动”卷展栏中的“周期”值设置为 150533，如图 9-30 所示。

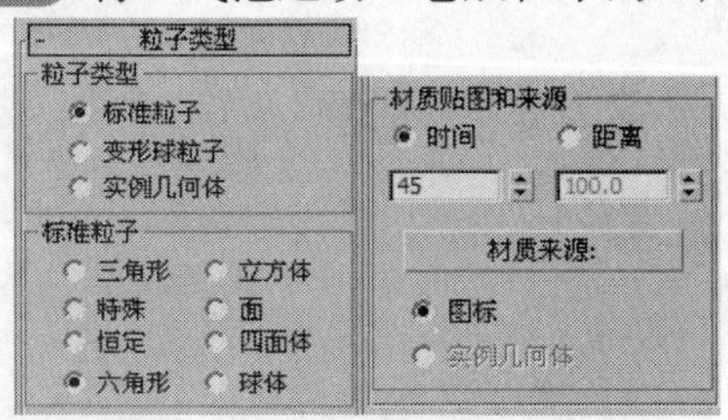

图 9-28

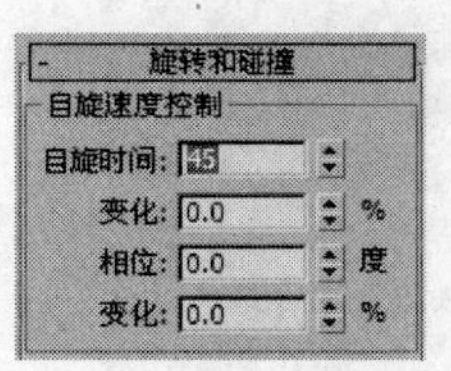

图 9-29

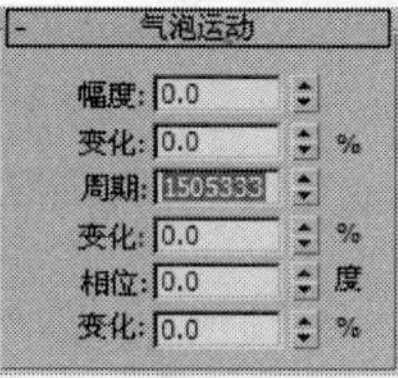

图 9-30

Step 08 激活“顶”视图，使用（选择并移动）工具，按住 Shift 键，沿 X 轴对粒子系统进行拖曳复制，释放鼠标左键，在弹出的对话框中单击“确定”按钮，如图 9-31 所示。

Step 09 在视图中同时选中两个粒子系统，并单击鼠标右键，在弹出的快捷菜单中选择“对象属性”命令，在打开的对话框中，将“对象 ID”值设置为 1，并勾选“运动模糊”组中的“启用”选项，选择“图像”选项，为粒子系统设置图像运动模糊，如图 9-32 所示，单击“确定”按钮。

图 9-31

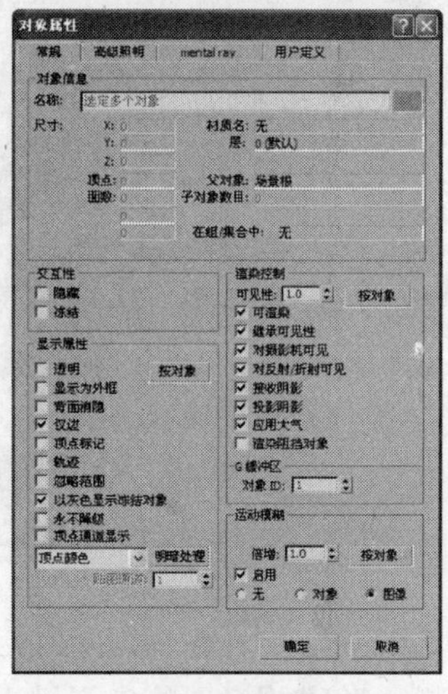

图 9-32

提示：多数情况下，希望将不同的高光设置应用于不同的几何体或 ID，因此需要设置“对象 ID”值，以便后面设置镜头效果和光晕事件。

Step 10 单击“（创建）>（图形）> 线”按钮，在“顶”视图中绘制一条如图 9-33 所示的线条，作为粒子系统飞行的路径，并在其他视图中对其进行调整，调整图形后对图形进行复制。

Step 11 选择第 1 个粒子系统，在（运动）面板中，选择“指定控制器”卷展栏中“变换”下的“位置”选项，然后单击按钮，在打开的对话框中选择“路径约束”控制器，单击“确定”按钮，如图 9-34 所示。

Step 12 在“路径参数”卷展栏中，单击“添加路径”按钮，在视图中选择 Line01，在“路径选项”组中，勾选“跟随”选项，再在“轴”组中选择“Z”选项，并勾选“翻转”选项，再次单击“添加路径”按钮将其关闭，如图 9-35 所示。

Step 13 使用同样的方法将另一个粒子绑定到 Line02 上，如图 9-36 所示。

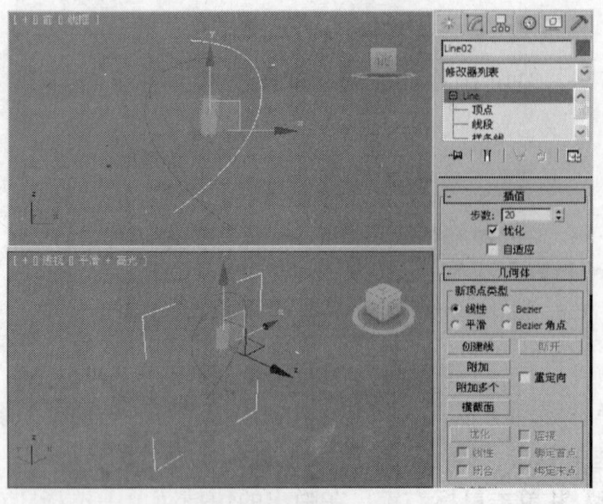

图 9-33

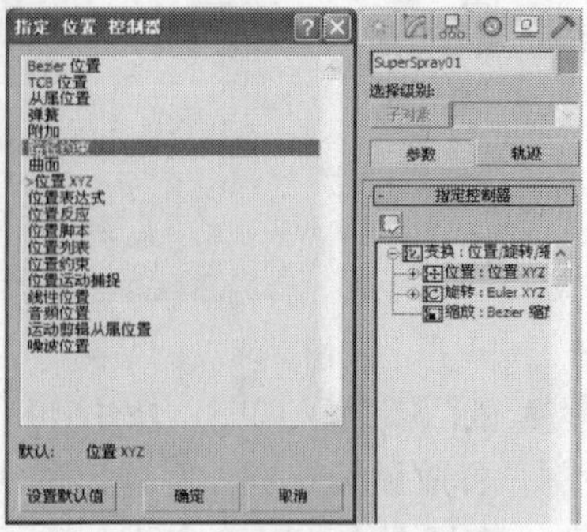

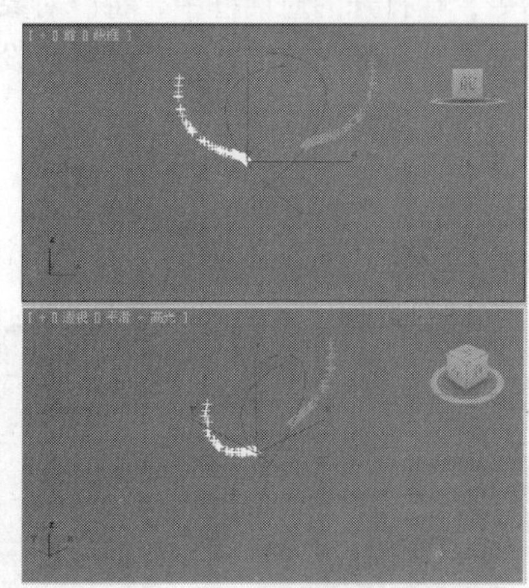

图 9-34

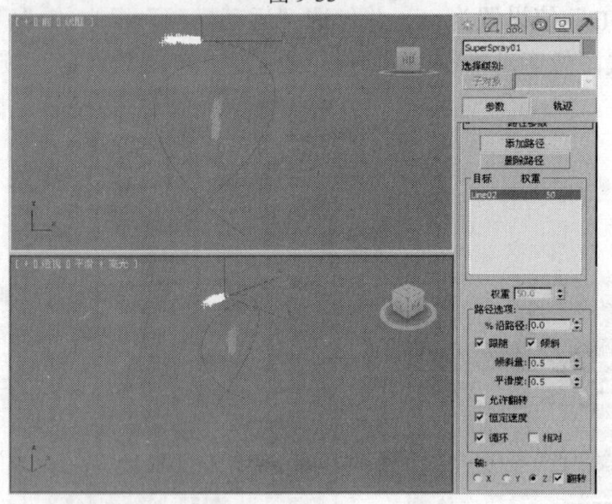

图 9-35

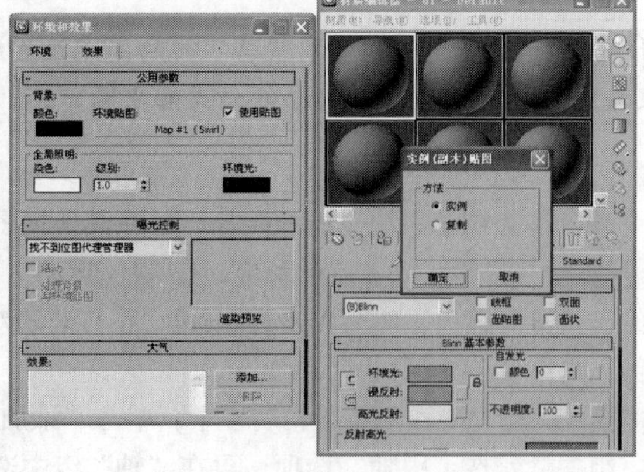

图 9-36

Step 14 按 8 键，在弹出的对话框中为背景指定“漩涡”贴图，如图 9-37 所示。

Step 15 将漩涡贴图拖曳到材质编辑器中的新的材质样本球上，如图 9-38 所示。

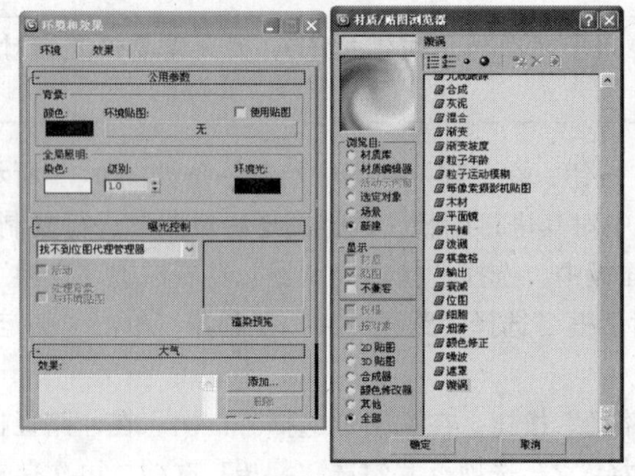

图 9-37

图 9-38

Step 16 在“漩涡参数”卷展栏中设置“基本”的颜色 RGB 为 49、59、255，设置“漩涡”的颜色为黑色，如图 9-39 所示。

Step 17 在场景中调整“透视”图，按 Ctrl+C 组合键，在视图中创建摄影机，如图 9-40 所示。

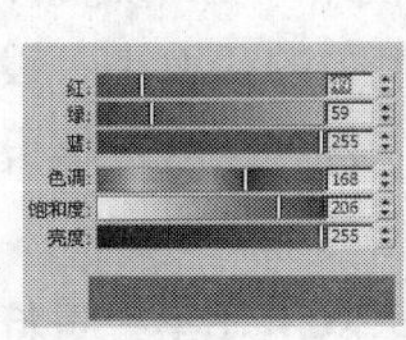
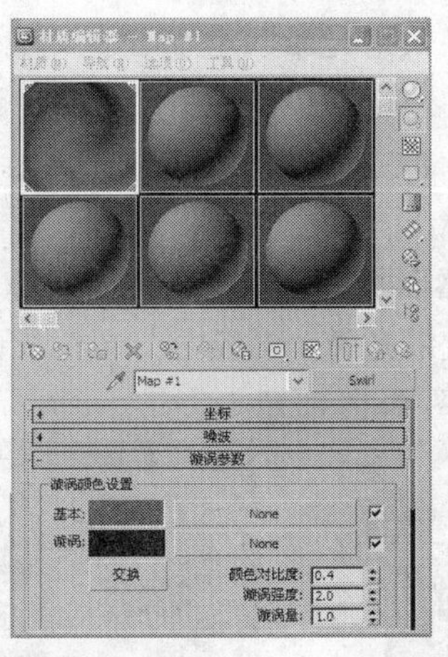

图 9-39

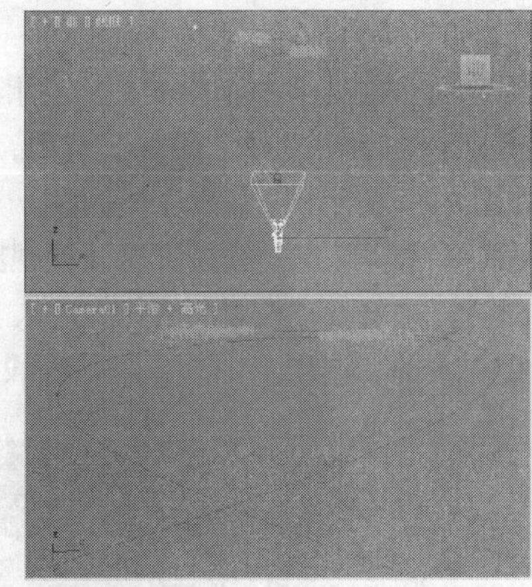

图 9-40

Step 18 在场景中按 Alt+B 组合键，在弹出的对话框中勾选“使用环境背景”和“显示背景”选项，如图 9-41 所示。

Step 19 选择“渲染 > Video Post”命令，打开视频合成器，单击（添加场景事件）按钮，添加一个摄影机场景事件。单击（添加图像过滤事件）按钮，添加两个“镜头效果光晕”事件和一个“镜头效果光斑”事件，如图 9-42 所示。

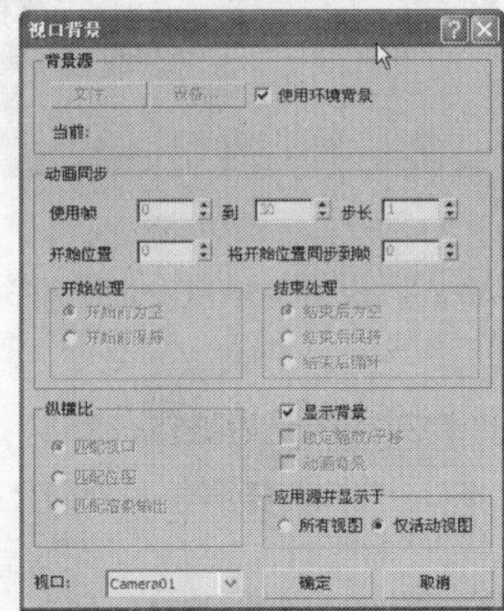

图 9-41

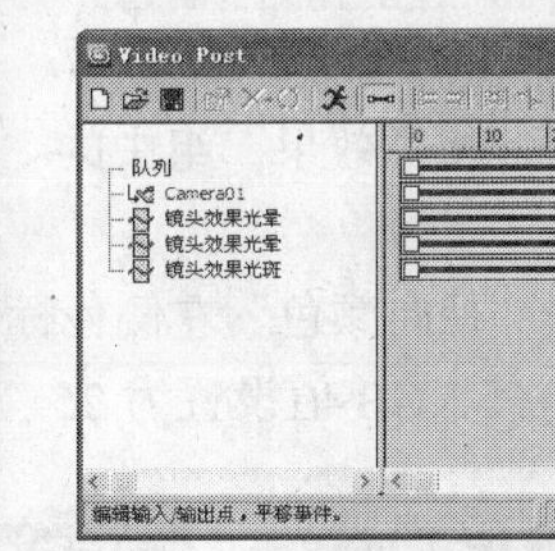

图 9-42

Step20 单击（添加图像输出事件）按钮，在打开的对话框中单击“文件”按钮，再在打开的对话框中选择输出路径并设置文件名、保存类型，单击“保存”按钮。在打开的“AVI 文件压缩设置”对话框中，将“主帧比率”设置为 0，单击两次“确定”按钮，如图 9-43 所示。

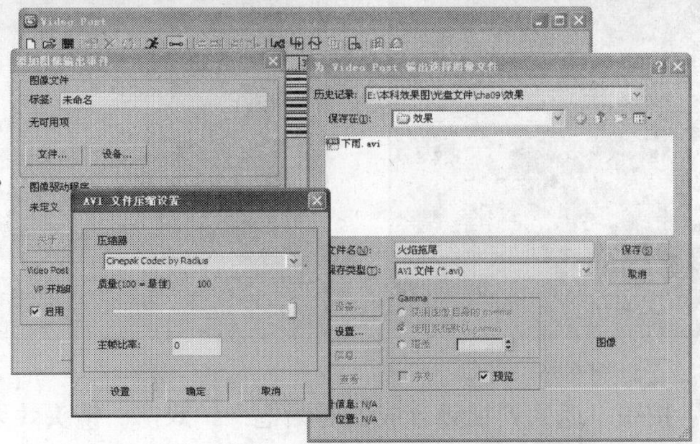

图 9-43

Step21 在左侧的事件列表中双击第一个“镜头效果光晕”，在弹出的对话框中单击“设置按钮”，进入“首选项”选项卡中，单击“VP 列队”和“预览”按钮，将“效果”组中的“大小”设置为 1.2，在“颜色”组中选择“用户”选项，将色块 RGB 设置为 255、79、0，将“强度”值设置为 32.0，如图 9-44 所示。

Step22 单击“确定”按钮，返回到视频合成器面板中，双击第 2 个“镜头效果光晕”事件，在打开的对话框中选择“设置”按钮，进入“镜头效果光晕”面板中，单击“预览”按钮、“VP 队列”按钮，在“属性”选项卡中选择默认的设置，如图 9-45 所示。

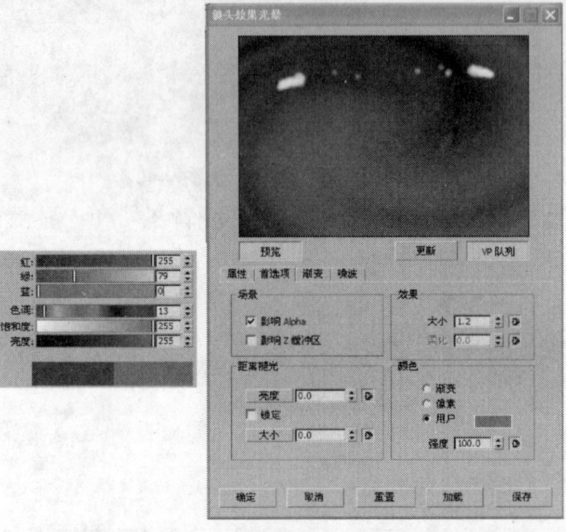

图 9-44

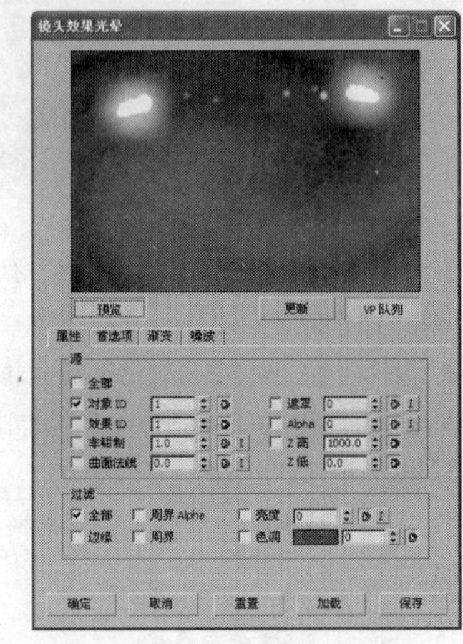

图 9-45

Step23 进入“首选项”选项卡中，将“效果”组中的“大小”设置为 3.0，在“颜色”组中，选择“渐变”选项，如图 9-46 所示。

Step24 选择“渐变”选项卡，将“径向颜色”左侧色标的 RGB 设置为 255、255、0，在 33 位置处单击鼠标左键添加一个色标，将其 RGB 值设置为 255、47、0，将右侧色标的 RGB 值设置为 255、40、0，如图 9-47 所示。

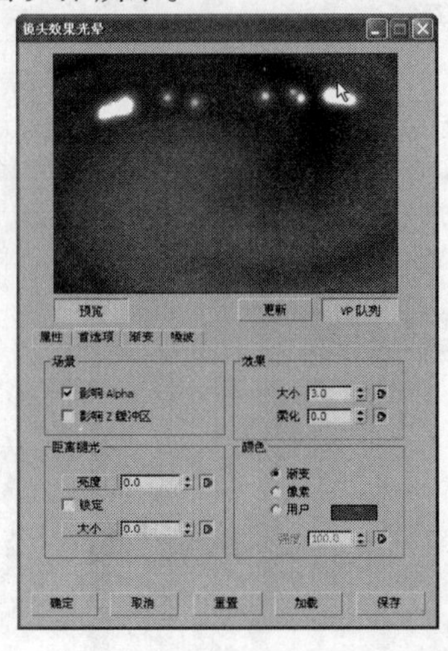

图 9-46

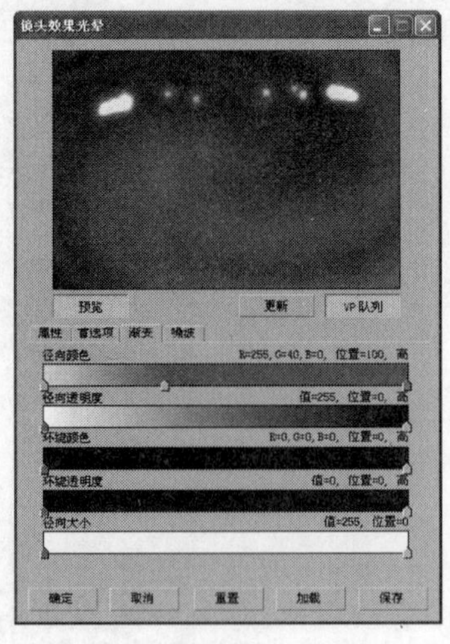

图 9-47

Step25 单击“确定”按钮，返回到视频合成器对话框中，双击“镜头效果光斑”事件，在打开的对话框中，单击“设置”按钮，进入“镜头效果光斑”面板中，单击“预览”按钮、“VP 队列”

按钮，然后在“镜头光斑属性”组中，将“大小”的值设置为 30.0，将“角度”设置为 90，将“强度”设置为 89，单击“节点源”按钮，在打开的对话框中选择两个粒子系统，单击“确定”按钮，如图 9-48 所示，单击“更新”按钮，更新预览窗口。

Step26 在“首选项”选项卡中保留“光晕”、“射线”、“星形”后面的两个复选框的选择，将其他选项取消勾选，如图 9-49 所示。

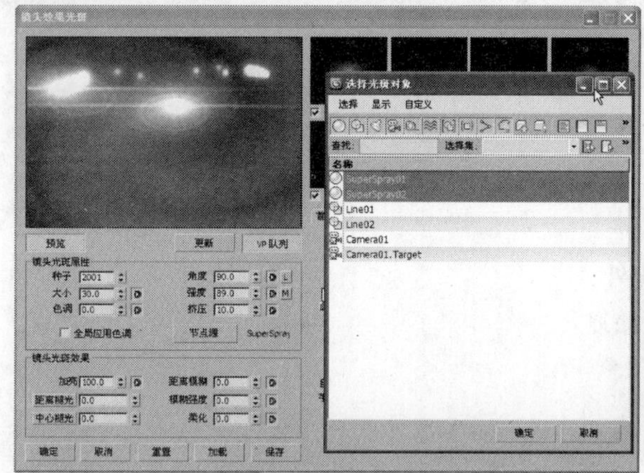

图 9-48

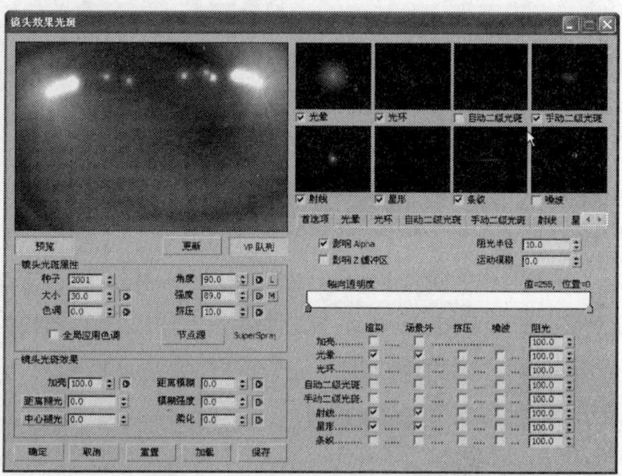

图 9-49

Step27 切换到“光晕”选项卡中，将“大小”的值设置为 100，在“径向颜色”将左侧色标设置为白色，将轴位置=93 处的色标移至位置=30 处，并将其 RGB 值设置为 255、242、207，将右侧色标的 RGB 值设置为 255、115、0；再在“径向透明度”轴上位置=20 处添加色标，将其 RGB 值设置为 232、232、232，如图 9-50 所示。

Step28 切换到“星形”选项卡，将“大小”、“数量”、“宽度”、“锐化”的值分别设置为 80、8、9、9，将“锥化”设置为 1，将“径向颜色”右侧色标 RGB 值设置为 255、216、0；在“径向透明度”轴中将左侧的色标设置为白色，将轴上的两个色标删除；将“截面颜色”轴上位置=32、位置=68 处分别添加色标，并分别将 RGB 值设置为 255、60、0，将位置=50 处的色标设置为白色，如图 9-51 所示。

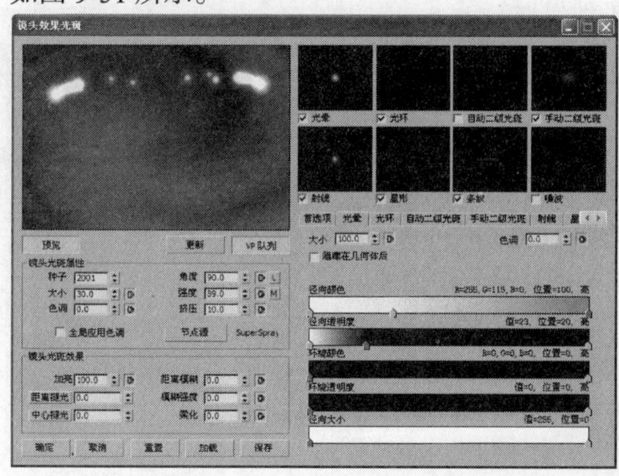

图 9-50

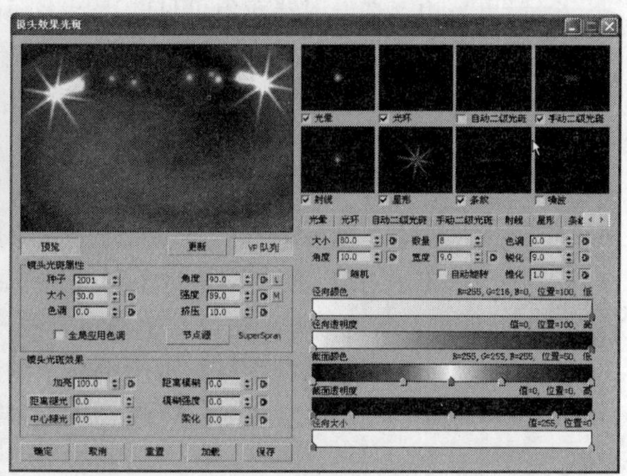

图 9-51

Step29 单击“确定”按钮，返回到视频合成器对话框中，选择图像输出事件，单击按钮，打开“执行 Video Post”对话框，将“输出大小”设置为 320×240，单击“渲染”按钮，如图 9-52 所示。

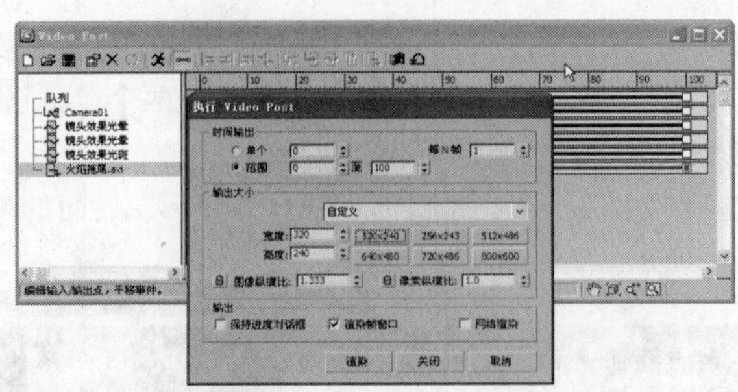

图 9-52

9.1.4 高级粒子系统

在粒子系统中除了上面常用到的基本粒子系统外，还有一些复杂的粒子系统，使用它们可以制作出更加复杂的效果，如利用“粒子云”粒子系统可以制作出太空爆炸效果，如图 9-53 所示。

1．粒子阵列

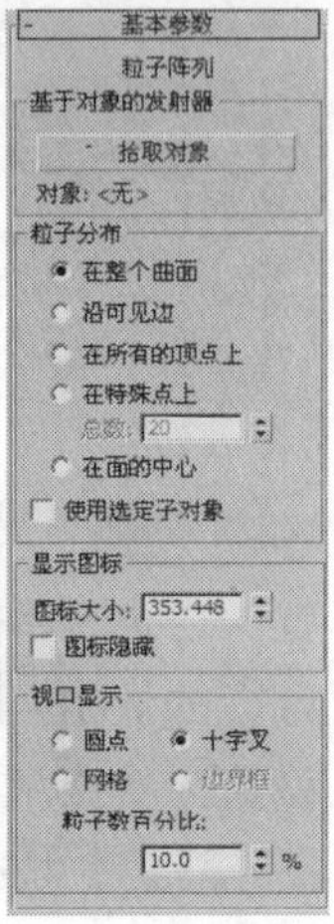

以一个三维对象作为分布对象，从它的表面向外发散出粒子阵列。分布对象对整个粒子宏观的形态起决定作用，粒子可以是标准基本体，也可以是其他替代对象，还可以是分布对象的外表面。

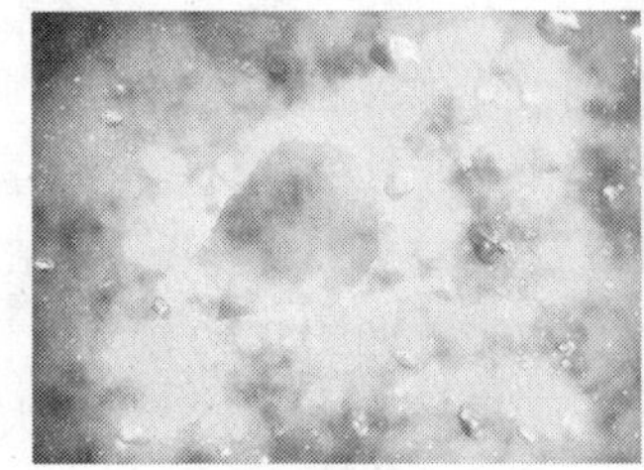

图 9-53

图 9-54

“基本参数”卷展栏如图 9-54 所示。

⊙ 拾取对象：单击该按钮，可以在视图中选择要作为分布对象的对象。

⊙ 对象：当在视图中选择了对象后，在这里会显示出对象的名称。

⊙ 在整个曲面：在整个发射器对象表面随机地发射粒子。

⊙ 沿可见边：在发射器对象可见的边界上随机地发射粒子。

⊙ 在所有的顶点上：从发射器对象每个顶点上发射粒子。

⊙ 在特殊点上：指定从发射器对象所有顶点中随机选择的若干个顶点上发射粒子，顶点的数目由“总数”框决定。

⊙ 总数：在选择“在特殊点上”后，指定使用的发射器点数。

⊙ 在面的中心：从发射器对象每一个面的中心发射粒子。

⊙ 使用选定子对象：使用网格对象和一定范围的面片对象作为发射器，可以通过“编辑网格”等修改器的帮助，选择自身的子对象来发射粒子。

⊙ 图标大小：设置系统图标在视图中显示的尺寸大小。

⊙ 图标隐藏：是否将系统图标隐藏。如果使用了分布对象，最好将系统图标隐藏。

“视口显示”组：设置在视图中粒子显示的方式，与最终渲染的效果无关。

⊙ 粒子数百分比：设置有多少百分比例的粒子在视图中显示，因为全部显示可能会降低显示速度，所以将此值设低，近似看到大致效果即可。

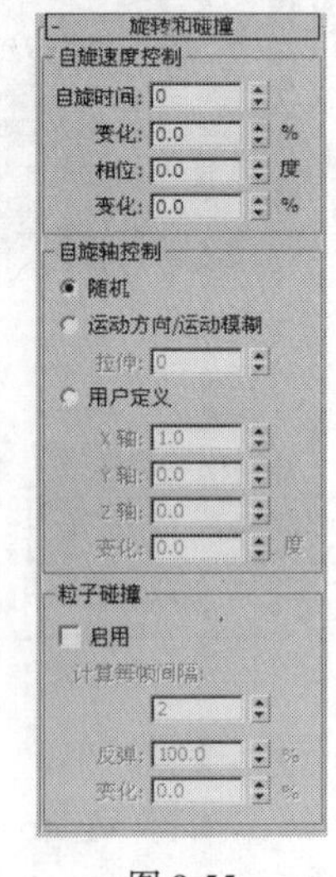

图 9-55

“旋转和碰撞”卷展栏如图 9-55 所示。

⊙ 运动方向/运动模糊：以粒子发射的方向作为其自身的旋转轴向，这种方式会产生放射状粒子流。

⊙ 拉伸：沿粒子发射方向拉伸粒子的外形，此拉伸强度会依据粒子速度的不同而变化。

“气泡运动”卷展栏如图 9-56 所示。

气泡运动产生一种粒子晃动的影响，如同水下上升的气泡。气泡运动好像为粒子指定了一个波形轨迹，这里的项目参数用来控制波形幅度、周期和相位。对粒子绑定的空间扭曲不会影响它的冒泡运动，因此制作沿着空间扭曲限制的方向进行流动的粒子，仍可以保持自身的气泡。

图 9-56

⊙ 幅度：设置粒子因晃动而偏出其速度轨迹线的距离。

⊙ 变化：设置每个粒子幅度变化的百分比值。

⊙ 周期：设置一个粒子沿着波浪曲线完成一次晃动所需的时间，推荐值在 20~30 之间。

⊙ 变化：设置每个粒子周期变化的百分比值。

⊙ 相位：设置粒子在波浪曲线上最初的位置。

⊙ 变化：设置每个粒子相位变化的百分比值。

“加载/保存预设”卷展栏如图 9-57 所示。

下面是系统提供的几种预置参数。

图 9-57

“Bubbles（泡沫）”、“Comet（彗星）”、“Fill（填充）”、“Geyser(间歇喷泉)”、“Shell Trail（热水锅炉）”、“Shimmer Trail（弹片拖尾）”、“Blast（爆炸）”、“Disintigrate（裂解）”、“Pottery（陶器）”、“Stable（稳定的）”、“Default（默认）”。

以上没有介绍到的参数选项设置，请参见“暴风雪”相应的部分。

2．粒子云

在一个受限制的空间中产生粒子效果，通常空间可以是球形、柱体或长方体，也可以是任意指定的分布对象，空间内的粒子可以是标准基本体、变形球粒子或替身几何体。粒子云常用来制作堆积的不规则群体，如成群的鸟儿、蚂蚁、蜜蜂、人群、士兵、飞机，或星空中的星星、陨石，棋盒中的棋子等。

“基本参数”卷展栏如图 9-58 所示。

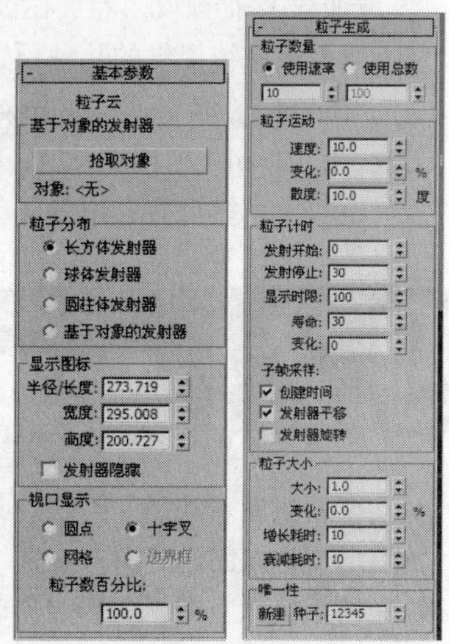

图 9-58　　图 9-59

⊙ 基于对象的发射器：粒子云可以指定任意一个三维空间的对象作为它的发射器。

⊙ 拾取对象：单击该按钮，可以在视图中选择分布对象，并将其作为发射器。

⊙“粒子分布”组：提供了 4 种可选方式，作为发射器的外形。

⊙ 半径/长度：当使用长方体发射器时，它可以设定长度；当使用球体发射器和圆柱体发射器时，它可以设定半径。

⊙ 宽度：设置长方体的底面宽度。

⊙ 高度：设置长方体和圆柱体的高度。

⊙ 发射器隐藏：是否将发射器隐藏起来。

“粒子生成”卷展栏如图 9-59 所示。

⊙ 速度：设置在生命周期内粒子每帧移动的距离，如果想要保持粒子在指定的发射器体积内，此值应设为 0。

⊙ 变化：设置每个粒子发射速度的百分比变化值。

“加载/保存预设”卷展栏如图 9-60 所示。

图 9-60

下面是系统提供的两种预设参数。

“Cloud/Smoke（云/烟雾）”、“Default（默认）”。

以上没有介绍到的参数选项可以参见前面的粒子参数。

3．超级喷射

从一个点向外发射粒子流，它的功能比较复杂，它只能由一个出发点发射，产生线型或锥形的粒子群形态。在其他参数的控制上，与“粒子阵列”几乎相同，既可以发射标准基本体，还可以发射其替代对象。通过参数控制，可以实现喷射、拖尾、拉长、气泡晃动、自旋等多种特殊效果，用来制作飞机喷火、潜艇喷水、机枪扫射、水管喷水、喷泉、瀑布等特效。

“基本参数”卷展栏如图 9-61 所示。

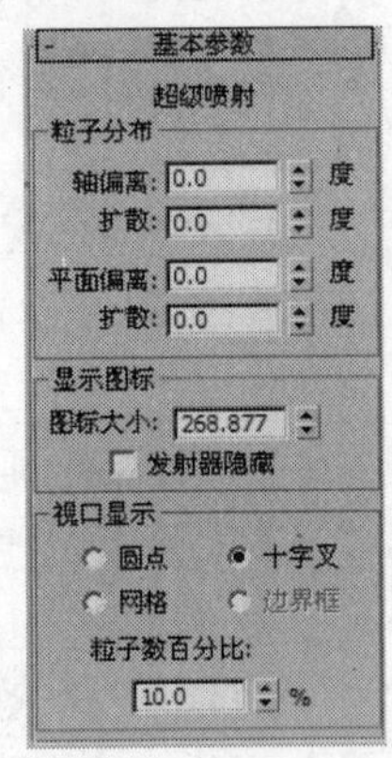

图 9-61

⊙ 轴偏离：设置粒子与发射器中心 Z 轴的偏离角度，产生斜向的喷射效果。

⊙ 扩散：设置在 Z 轴方向上，粒子发射后散开的角度。

⊙ 平面偏离：设置粒子在发射器平面上的偏离角度。

⊙ 扩散：设置在发射器平面上，粒子发射后散开的角度，产生空间的喷射。

⊙ “显示图标”组：设置发射器图标的显示情况。

⊙ 图标大小：设置发射器图标的大小尺寸，它对发射效果没有影响。

⊙ 发射器隐藏：是否将发射器图标隐藏，发射器图标即使在屏幕上，它也不会被渲染出来。

⊙ “视口显示”组：设置在视图中粒子以何种方式进行显示，这和最后的渲染效果无关。

⊙ 粒子数百分比：设置有多少百分比例的粒子在视图中显示，因为全部显示可能会降低显示速度，所以将此值设低，近似看到大致效果即可。

“加载/保存预设”卷展栏如图 9-62 所示。

图 9-62

下面是系统提供的几种预置参数。

“Bubbles（泡沫）”、“Fireworks（礼花）”、“Hose（水龙）”、“Shockwave（冲击波）”、“Trail（拖尾）”、“Welding Sparks（电焊火花）”、“Default（默认）”。

本粒子系统没有介绍到的参数设置，可以参见“暴风雪”、“粒子阵列”。

9.2 常用的空间扭曲

空间扭曲对象是一类在场景中影响其他对象的不可渲染的对象，它们能够创建力场使其他对象发生形变，如创建涟漪、波浪、强风等效果。空间扭曲的功能与修改器有些类似，只不过空间扭曲改变的是场景空间，而修改器改变的是对象空间。

9.2.1　课堂案例——礼花

案例学习目标：如何使用“重力”空间扭曲。

案例知识要点：将“超级喷射”粒子系统绑定到“重力”空间扭曲上表现礼花的效果，如图 9-63 所示。

效果所在位置：光盘/cha09/效果/礼花.max。

图 9-63

Step 01 进入 3ds Max 2010，选择“文件 > 重置”命令，对场景进行重新设置。

Step 02 选择“渲染 > 环境”命令，打开“环境和效果”对话框，单击“背景”组中“环境贴图”下的“无”按钮，在打开的“材质/贴图浏览器”对话框中双击“位图”贴图，如图 9-64 所示。在打开的对话框中选择光盘中“cha09 > 素材 > 礼花 > background.jpg”文件，单击“打开”按钮，如图 9-65 所示，关闭“环境和效果”对话框。

Step 03 激活“透视”图，按 Alt+B 组合键，在弹出的对话框中勾选“使用环境背景”和“显示背景”选项，如图 9-66 所示。

Step 04 显示背景，如图 9-67 所示。

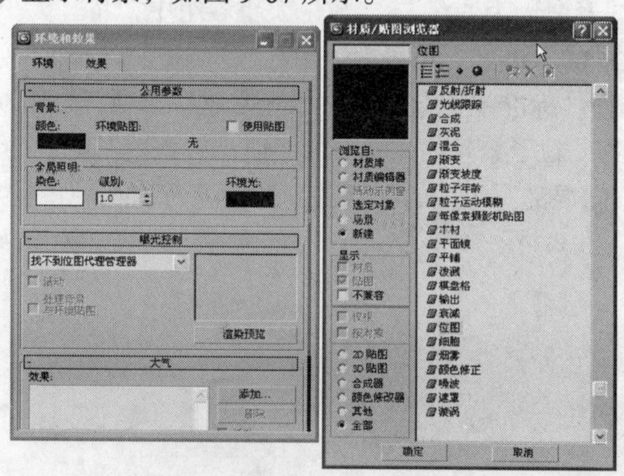

图 9-64

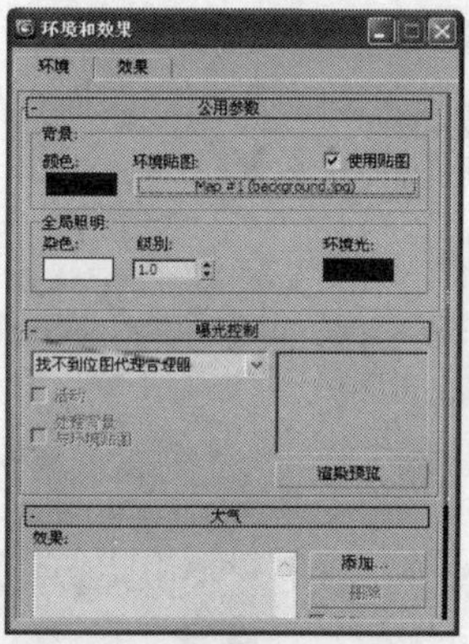

图 9-65

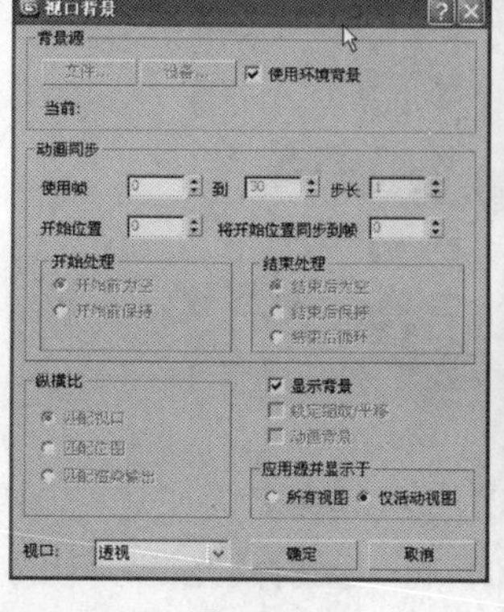

图 9-66

图 9-67

Step 05 单击“ （创建）> （几何体）> 粒子系统 > 超级喷射”按钮，在“顶”视图中创建粒子系统，并将其命名为“礼花 01”，如图 9-68 所示。

Step 06 进入修改命令面板，在“基本参数”卷展栏中，设置“粒子分布”组中“轴偏离”下的“扩散”为 30，设置“平面偏离”下的“扩散”为 90；设置“显示图标”组中的“图标大小”为 28；选择“视口显示”组中的“网格”选项，设置“粒子数百分比”为 100%，如图 9-69 所示。

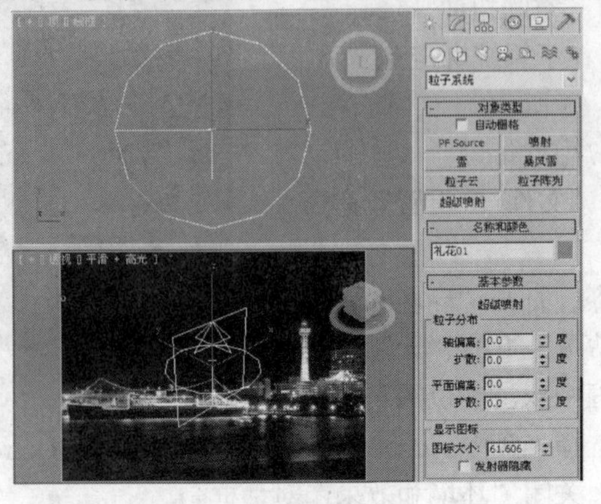

图 9-68

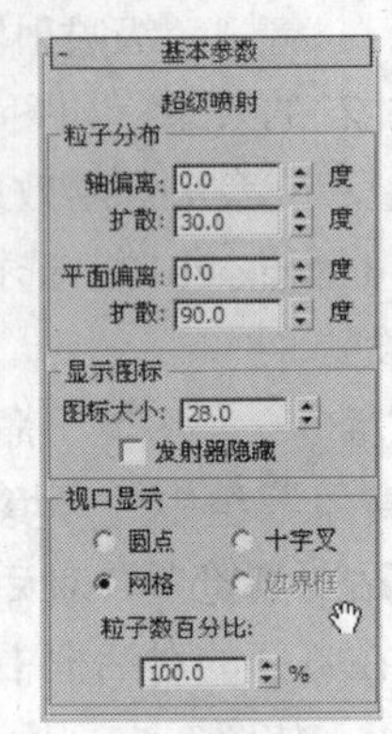

图 9-69

Step 07 在“粒子生成”卷展栏中，选择“粒子数量”组中的“使用总数”选项，将其下的参数设置为 20；设置“粒子运动”组中的“速度”为 2.6，“变化”为 26.1；设置“粒子计时”组中的“发射开始”为-60，“发射停止”为 40，“寿命”为 60；在“粒子大小”组中，将“大小”设置为 0.4；设置“唯一性”组中的“种子”为 2556，如图 9-70 所示。

Step 08 在“粒子类型”卷展栏中，选择“标准粒子”组中的“立方体”选项，如图 9-71 所示。

Step 09 在“粒子繁殖”卷展栏中，选择“粒子繁殖效果”下的“消亡后繁殖”选项，将“倍增”设置为 200，“变化”设置为 100；将“方向混乱”组中的“混乱度”设置为 100，如图 9-72 所示。

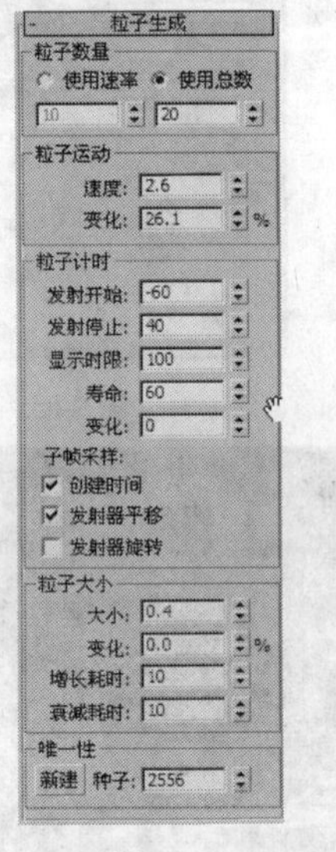

图 9-70

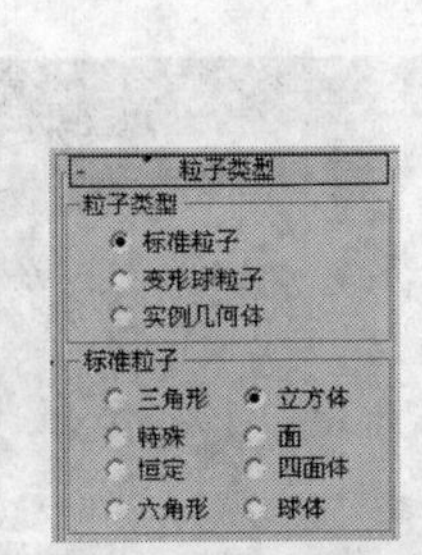

图 9-71

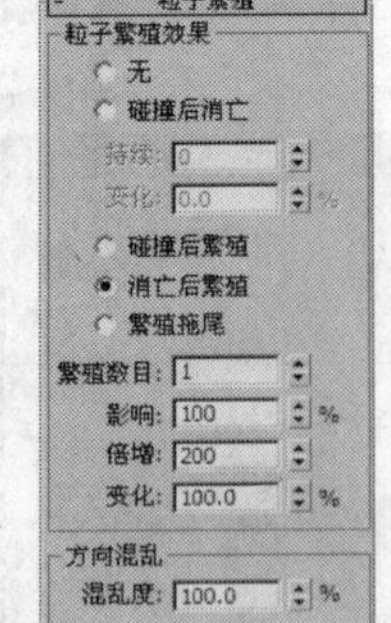

图 9-72

Step 10 按下 M 键，在打开的材质编辑器中选择一个样本球，并将其命名为“礼花 01”。在“Blinn 基本参数”卷展栏中，将“自发光”的值设置为 100；将“反射高光”组中的“高光级别”、“光泽度”的值分别设置为 25、5，如图 9-73 所示。

在“贴图”卷展栏中，单击“漫反射颜色”通道右侧的“None”贴图按钮，在打开的对话框中双击“粒了年龄”贴图，进入漫反射通道中，将“粒子年龄参数”卷展栏中的“颜色#1”RGB

值设置为 255、100、228；将“颜色#2”的 RGB 设置为 255、200、0；将“颜色#3”的 RGB 设置为 255、0、0。单击（转到父对象）按钮，返回到父级材质面板中，单击（将材质指定给选定对象）按钮，将其赋予视图中的“礼花 01”，关闭材质编辑器，如图 9-74 所示。

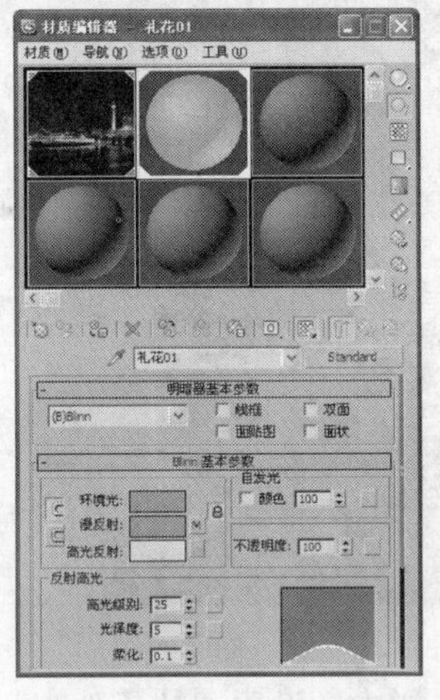

图 9-73

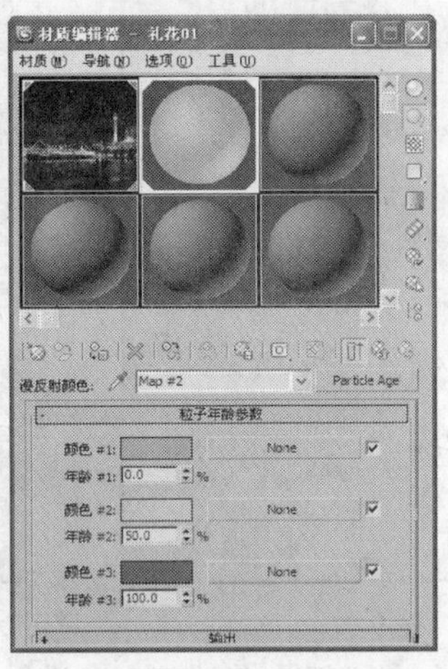

图 9-74

Step 11 选择“（创建）>（空间扭曲）> 重力”按钮，在“顶”视图中创建一个重力空间扭曲。在“参数”卷展栏中，将“力”组中“强度”的值设置为 0.02；将“显示”组中的“图标大小”设置为 11，如图 9-75 所示。

Step 12 在工具栏中单击（绑定到空间扭曲）按钮，选择视图中的“礼花 01”，然后将它绑定到重力系统上，如图 9-76 所示。

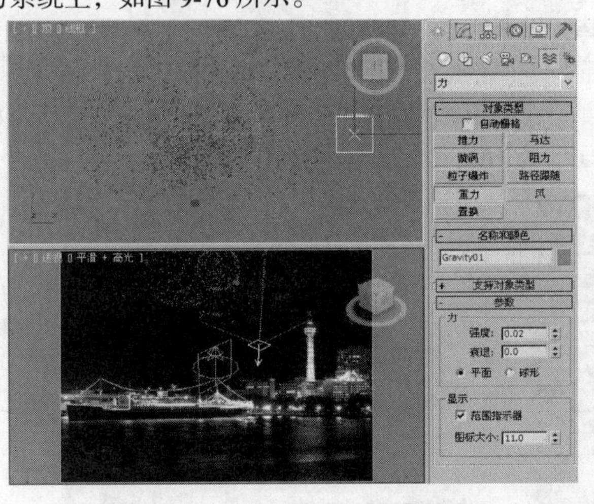

图 9-75

图 9-76

Step 13 在粒子系统上单击鼠标右键，在弹出的快捷菜单中选择“对象属性”命令，打开如图 9-77 所示的对话框。将“G-缓冲区”中的“对象 ID”设置为 1；选择“运动模糊”组中的“图像”选项，将“倍增”值设置为 0.8，单击“确定”按钮，如图 9-77 所示。

Step 14 单击“（创建）>（几何体）> 粒子系统 > 超级喷射”按钮，在“顶”视图中创建粒子系统，并将其命名为“礼花 02”，使用（选择并移动）工具，在“前”视图中将“礼花 02”的位置拖至相应的位置，如图 9-78 所示。

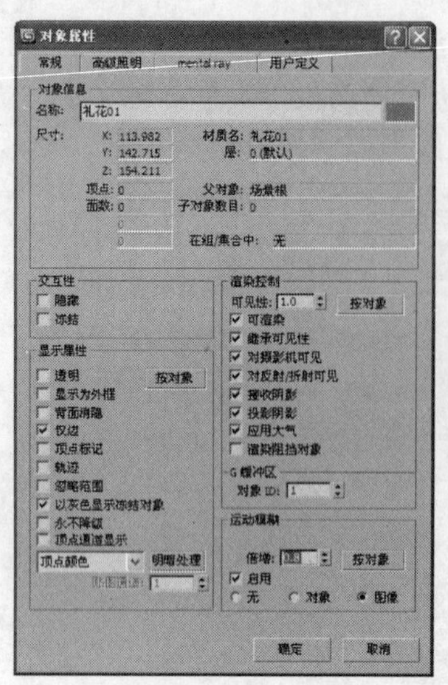

图 9-77

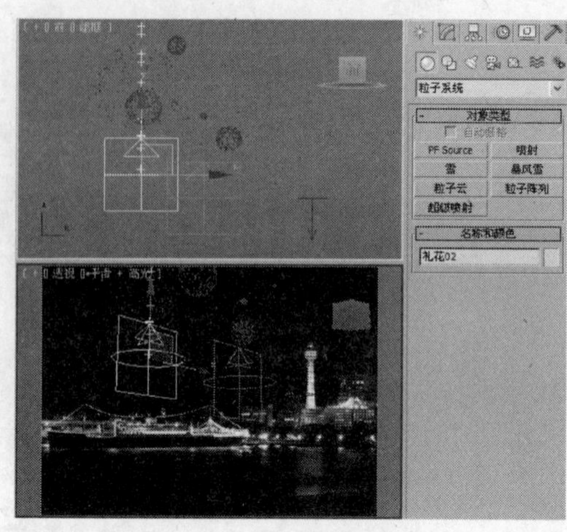

图 9-78

Step 15 进入修改命令面板，在“基本参数”卷展栏中，设置“粒子分布”组中“轴偏离”下的“扩散”为 180，“平面偏离”下的“扩散”为 90；将“显示图标”组中的“图标大小”设置为 17；选择“视口显示”组中的“网格”选项，将“粒子数百分比”设置为 100%，如图 9-79 所示。

Step 16 在“粒子生成”卷展栏中，选择“粒子数量”组中的“使用总数”选项，将其下的参数设置为 20；设置“粒子运动”组中的“速度”为 0.6；将“粒子计时”组中的“发射开始”设置为 30，“寿命”设置为 40；在“粒子大小”组中，将“大小”的值设置为 0.6，如图 9-80 所示。

Step 17 在“粒子类型”卷展栏中，选择“标准粒子”组中的“立方体”选项，如图 9-81 所示。

Step 18 在“粒子繁殖”卷展栏中，选择“粒子繁殖效果”组中的“繁殖拖尾”选项，将“倍增”设置为 3；将“方向混乱”组中的“混乱度”设置为 3；勾选“速度混乱”组中的“继承父粒子速度”选项；设置“缩放混乱”组中的“因子”为 100，如图 9-82 所示。

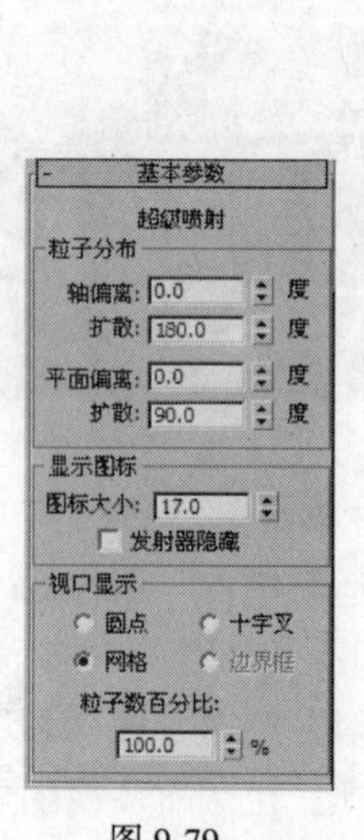

图 9-79

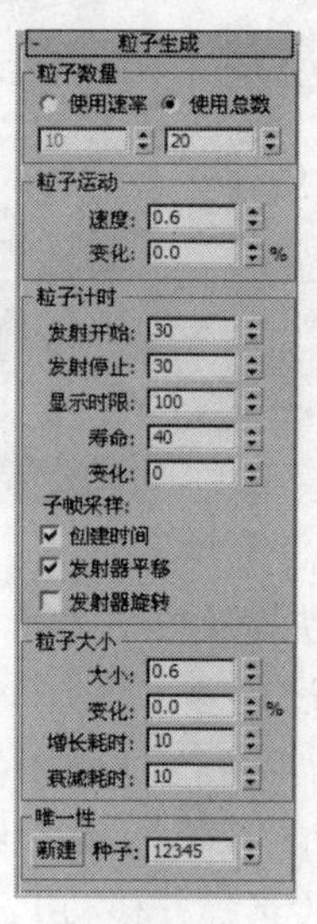

图 9-80

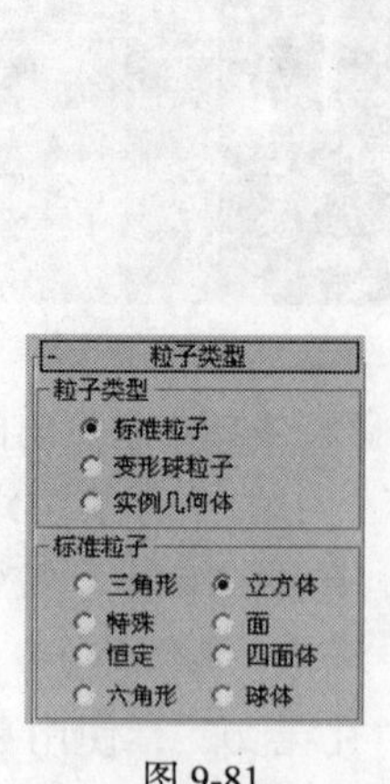

图 9-81

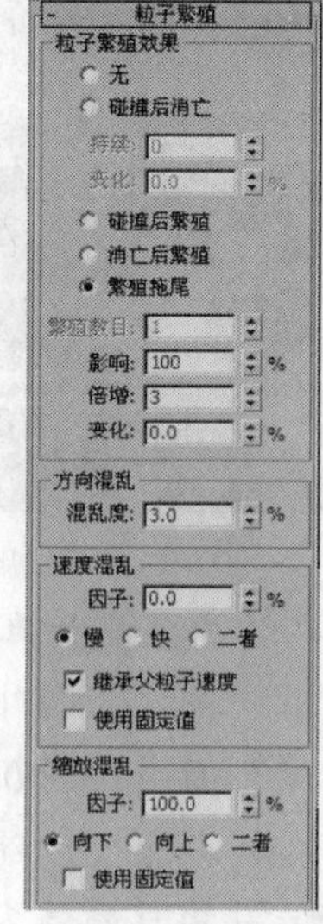

图 9-82

Step 19 选择“（创建）>（空间扭曲）> 重力”按钮，在“顶”视图中创建一个重力空间扭曲，在“参数”卷展栏中，将“力”组中“强度”的值设置为 0.02；将“显示”组中的“图标大小”设置为 8.9，如图 9-83 所示。

Step20 在工具栏中单击（绑定到空间扭曲）按钮，选择视图中的“礼花 02”，然后将它绑定到第 2 个重力系统上，如图 9-84 所示。

图 9-83

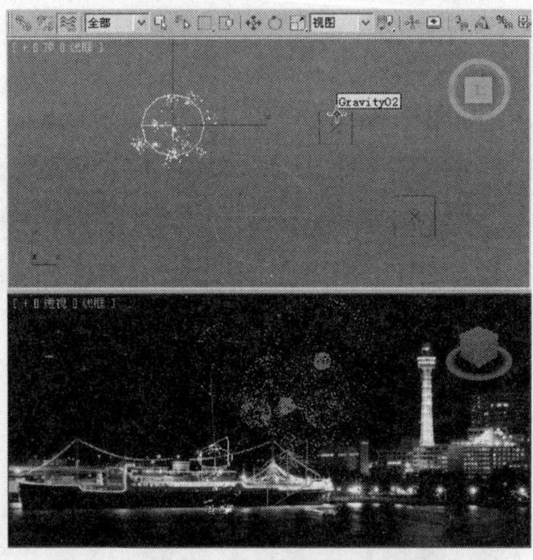

图 9-84

Step21 在视图中的“礼花 02”粒子系统上单击鼠标右键，在弹出的快捷菜单中选择“对象属性”命令，打开如图 9-85 所示的对话框，将“G-缓冲区”组中的“对象 ID”设置为 2；选择“运动模糊”组中的“图像”选项，将“倍增”值设置为 0.8，单击“确定”按钮。

Step22 按下 M 键，在打开的材质编辑器中，选择一个新的样本球，并将其命名为“礼花 02”。在“Blinn 基本参数”卷展栏中，将“自发光”的值设置为 100；将“反射高光”组中的“高光级别”、“光泽度”分别设置为 25、5，如图 9-86 所示。

在“贴图”卷展栏中，单击“漫反射颜色”通道右侧的“None”贴图按钮，在打开的对话框中双击“粒子年龄”贴图，进入漫反射通道中。将“粒子年龄参数”卷展栏中的“颜色#1”RGB 值设置为 255、200、0；将“颜色#2”的 RGB 设置为 255、120、0；将“颜色#3”的 RGB 设置为 255、102、0。单击（转到父对象）按钮，返回到父级材质面板中，单击（将材质指定给选定对象）按钮，将其赋予视图中的“礼花 02”，关闭材质编辑器，如图 9-87 所示。

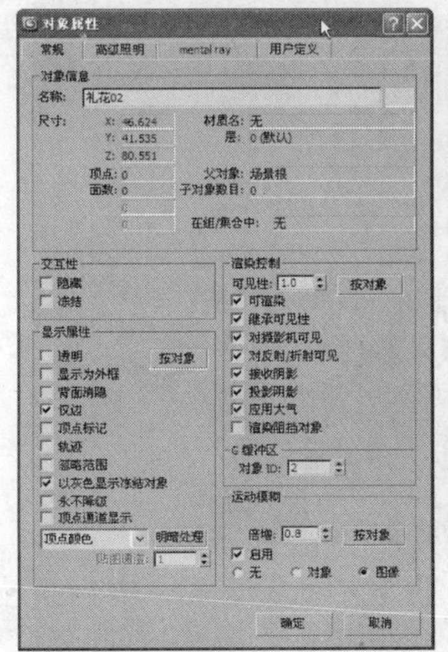

图 9-85

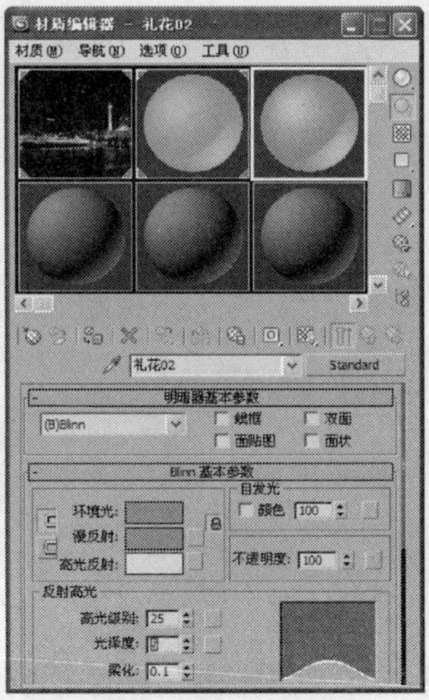

图 9-86

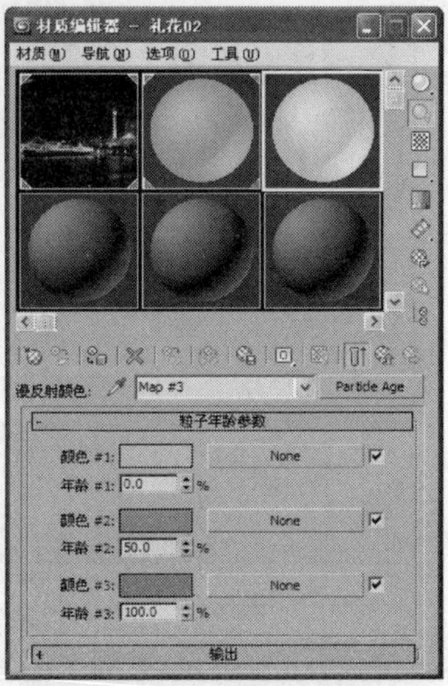

图 9-87

Step23 在场景中选择“礼花 02”对象，复制粒子，并调整粒子的发射开始和寿命参数，将其命名为“礼花 03”，将其绑定到第 2 个重心系统上，如图 9-88 所示。

Step24 在视图中的“礼花 03”粒子系统上单击鼠标右键，在弹出的快捷菜单中选择“对象属性”命令，打开如图 9-89 所示的对话框，将“G-缓冲区”组中的“对象 ID”设置为 2；选择“运动模糊”组中的“图像”选项，将“倍增”设置为 0.8，单击“确定”按钮，如图 9-89 所示。

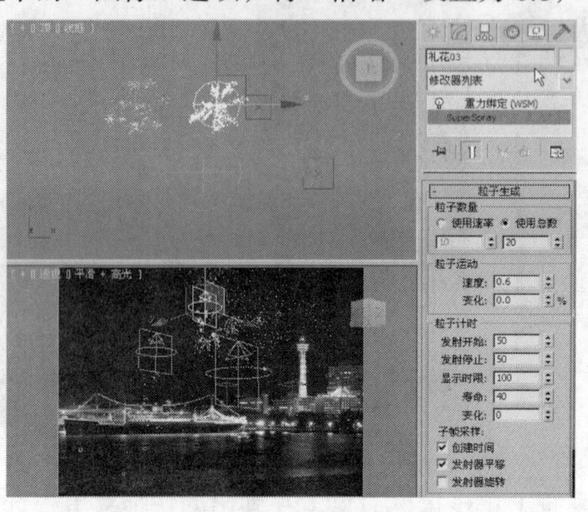

图 9-88

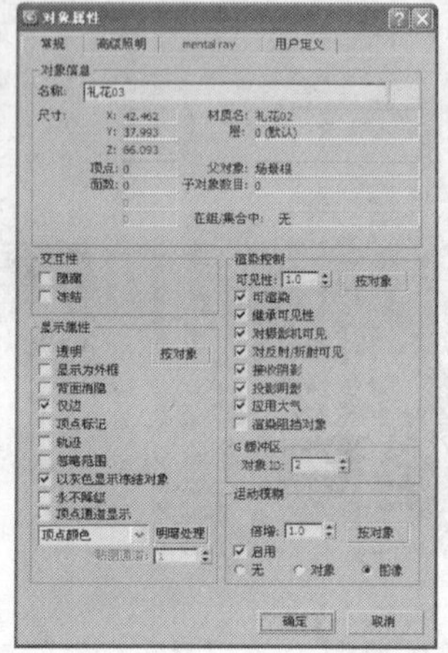

图 9-89

Step25 按下 M 键，在打开的材质编辑器中，选择一个样本球，并将其命名为“礼花 03”。在“Blinn 基本参数”卷展栏中，将“自发光”设置为 100。

在“贴图”卷展栏中，单击“漫反射颜色”通道右侧的“None”贴图按钮，在打开的对话框中双击“粒了年龄”贴图，进入漫反射通道中。将“粒子年龄参数”卷展栏中的“颜色#1”设置为白色；将“颜色#2”的 RGB 设置为 142、0、168；将“颜色#3”的 RGB 设置为 255、106、106。单击（转到父对象）按钮，返回到父级材质面板中，单击（将材质指定给选定对象）按钮，将其赋予视图中的“礼花 03”，关闭材质编辑器，如图 9-90 所示。

Step26 选中“礼花 03”，复制出“礼花 04”。将“礼花 02”的材质指定给“礼花 04”，并在场景中调整粒子的位置，调整“透视”图，按 Ctrl+C 组合键在场景中创建摄影机，如图 9-91 所示。

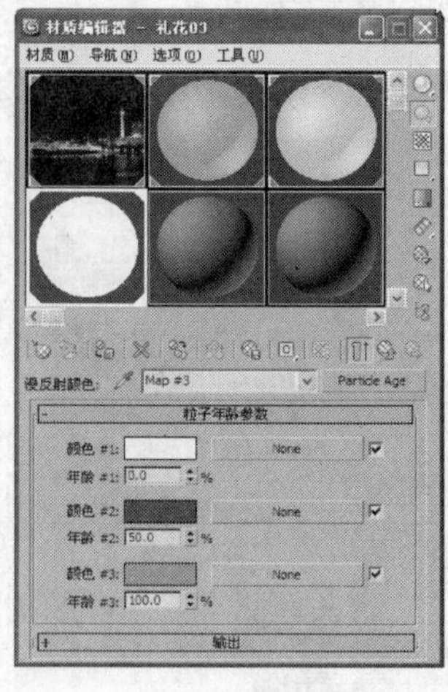

图 9-90

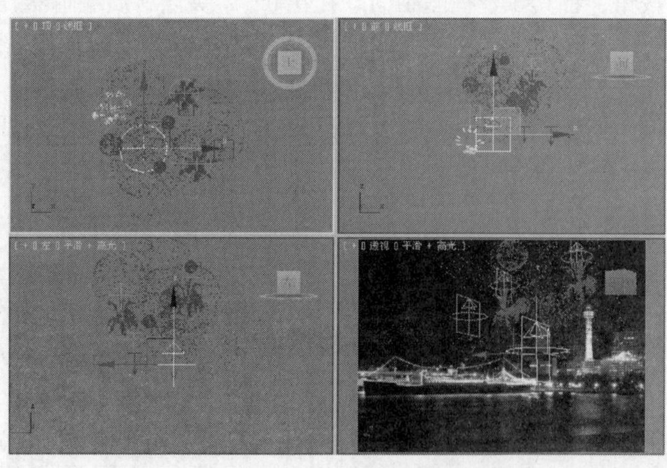

图 9-91

Step27 选择“渲染 > Video Post”命令，打开“Video Post”对话框，单击（添加场景事件）按钮，添加场景事件。单击（添加图像过滤事件）按钮，在打开的对话框中选择“镜头效果光晕”选项，单击“确定”按钮，然后再添加 3 个“镜头效果光晕”事件，如图 9-92 所示。

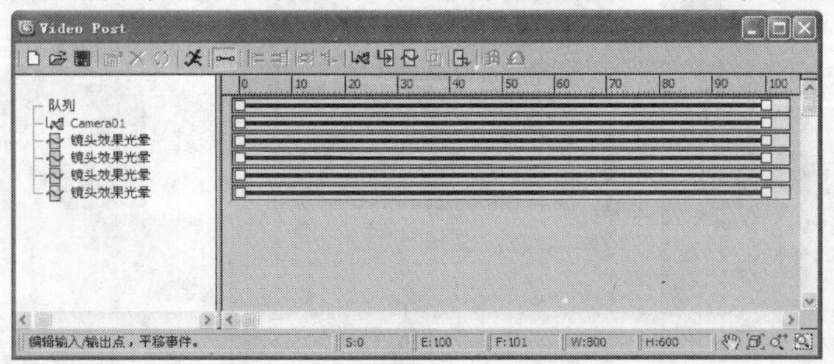

图 9-92

Step28 双击队列中的第 1 个“镜头效果光晕”，在打开的对话框中单击“设置”按钮，进入“镜头效果光晕”面板，单击“预览”按钮、“VP 队列”按钮。在“属性”选项卡中，确定“对象 ID”的值为 1，如图 9-93 所示。

Step29 进入“首选项”选项卡，将“效果”组中的“大小”设置为 20；设置“颜色”组中的“强度”为 80，如图 9-94 所示。

Step30 在“噪波”选项卡中，设置“设置”组中的“运动”为 2，分别勾选“红”、“绿”、“蓝”选项，如图 9-95 所示。单击“确定”按钮，返回到“Video Post”对话框中。

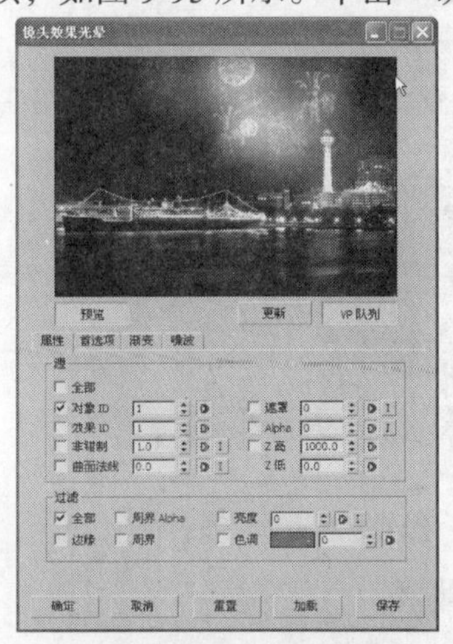

图 9-93

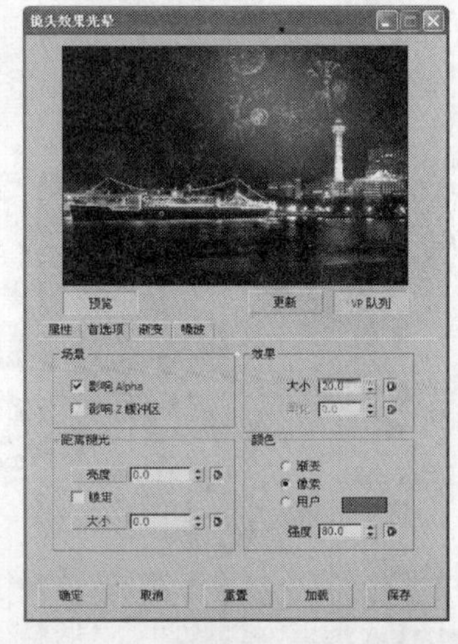

图 9-94

图 9-95

Step31 双击队列中的第 2 个“镜头效果光晕”，在打开的对话框中单击“设置”按钮，进入“镜头效果光晕”面板，单击“预览”按钮、“VP 队列”按钮，在“属性”选项卡中，确定“对象 ID”的值为 2。

Step32 进入“首选项”选项卡，将“效果”组中的“大小”设置为 30；设置“颜色”组中的“强度”为 75，如图 9-97 所示。单击“确定”按钮，返回到“Video Post”对话框中。

Step33 双击队列中的第 3 个“镜头效果光晕”，在打开的对话框中单击“设置”按钮，进入“镜头效果光晕”面板，单击“预览”按钮、“VP 队列”按钮，在“属性”选项卡中，确定“对象 ID”的值为 1，如图 9-98 所示。

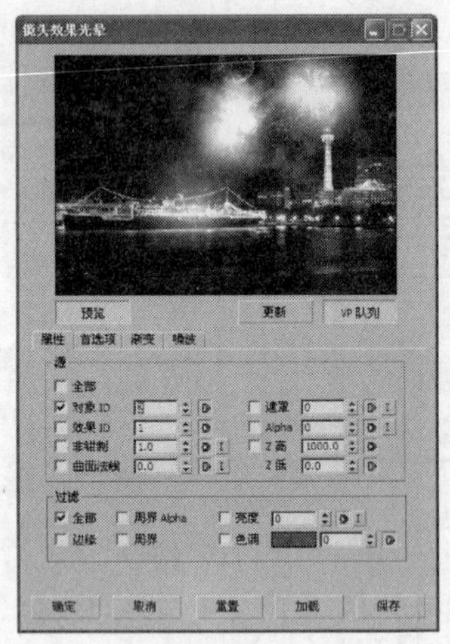
图 9-96

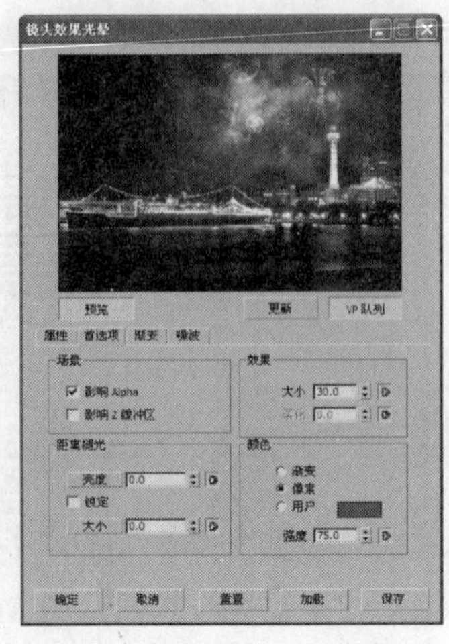
图 9-97

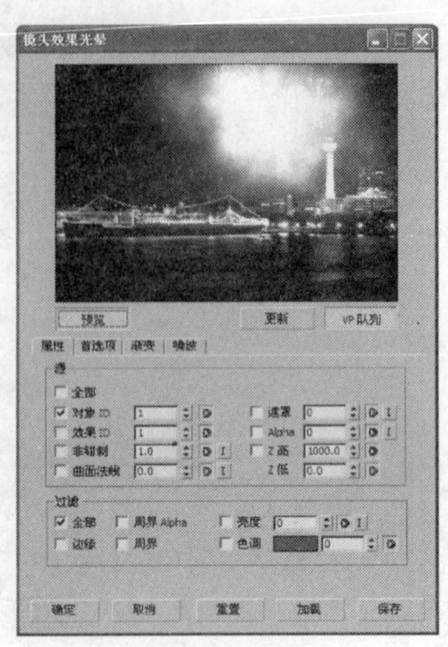
图 9-98

Step34 进入“首选项”选项卡，将“效果”组中的“大小”设置为 7；设置“颜色”组中的“强度”为 30，如图 9-99 所示。单击“确定”按钮，返回到“Video Post”对话框中。

Step35 双击队列中的第 4 个“镜头效果光晕”，在打开的对话框中单击“设置”按钮，进入“镜头效果光晕”面板，单击“预览”按钮、“VP 队列”按钮，在“属性”选项卡中，设置“对象 ID”的值为 2。如图 9-100 所示。

Step36 进入“首选项”选项卡，将“效果”组中的“大小”设置为 1.5；选择“颜色”组中的“渐变”选项，如图 9-101 所示。

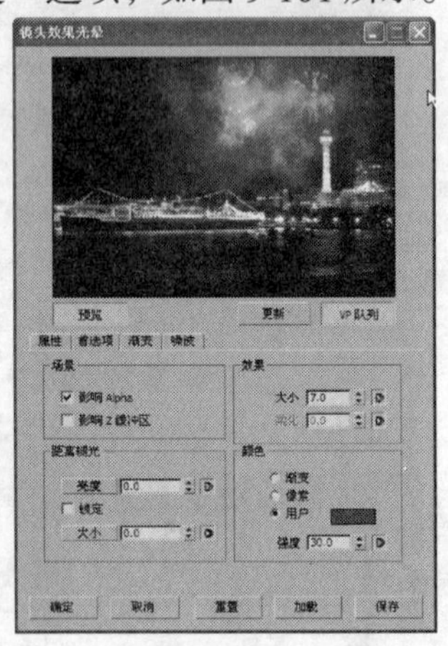
图 9-99

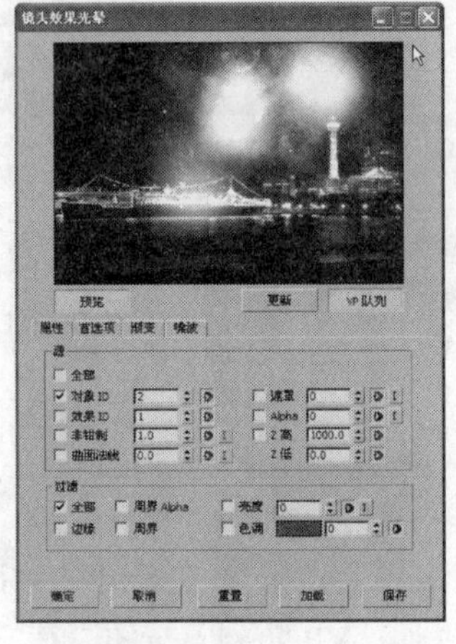
图 9-100

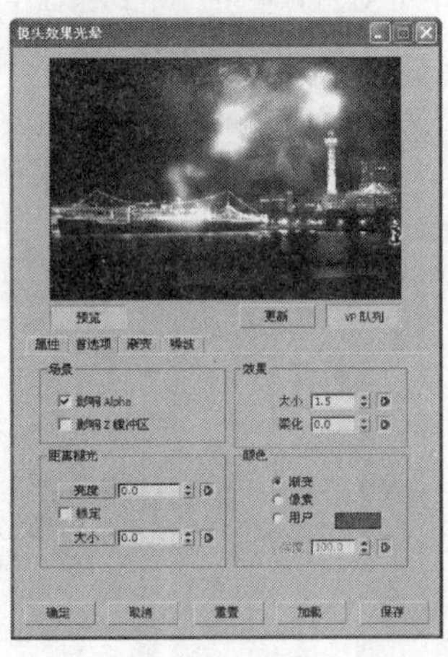
图 9-101

Step37 进入“渐变”选项卡，将“径向颜色”轴右侧的色标的 RGB 值设置 55、0、124，将左侧的色标设置为白色，在位置 13 处添加色标，并将 RGB 值设置为 1、0、3。单击“确定”按钮，如图 9-102 所示，返回到“Video Post”对话框中，在队列中取消所有事件的选择。

Step38 单击 （添加图像输出事件）按钮，在打开的对话框中单击“文件”按钮，在打开的对话框中选择输出路径，设置文件名、保存类型，单击“保存”按钮，在打开的“AVI 文件压缩设置”对话框中，将“主帧比率”设置为 0，单击两次“确定”按钮，如图 9-103 所示。

Step39 返回到视频合成器对话框中，选择图像输出事件，单击 按钮，打开“执行 Video Post”对话框，将“输出大小”设置为 320×240，单击“渲染”按钮，如图 9-104 所示。

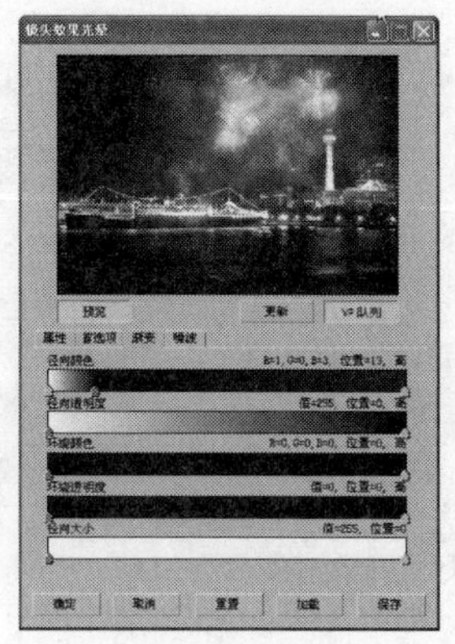

图 9-102

图 9-103

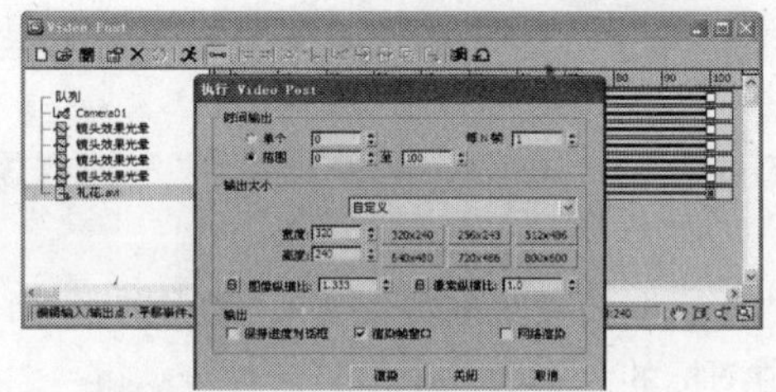

图 9-104

9.2.2　波浪空间扭曲

建立线性波浪空间扭曲，它对几何体的影响要比“波浪”修改器优秀，最大的区别在于对象与波浪空间扭曲间的相对方向和位置会影响最终的扭曲效果。通常用它来影响大面积的对象，产生波浪或蠕动的特殊效果。

选择“（创建）>（空间扭曲）> 几何/可变形 > 波浪”按钮，在视图中创建波浪空间扭曲。波浪的“参数”卷展栏的设置，如图 9-105 所示。

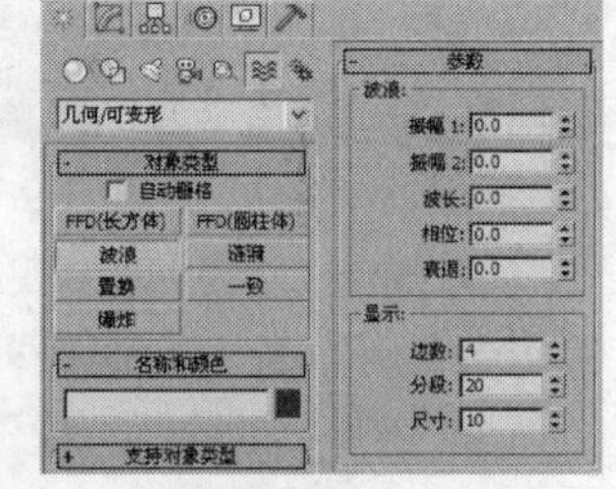

图 9-105

⊙ 振幅 1：沿着扭曲对象自身 *X* 轴的振动幅度。

⊙ 振幅 2：沿着扭曲对象自身 *Y* 轴的振动幅度。

⊙ 波长：设置沿波浪自身 *Y* 轴每个波动的长度，波长越小，扭曲就越多。

⊙ 相位：设置波浪距离中心的偏移相位。此值的变化可记录为动画，产生连续波动的波浪。

⊙ 衰退：设置从波浪中心向外衰减振动影响，靠近中心的地区振动强，远离中心的区域振动弱。如果设置为 0 时则波浪在整个作用空间中的强度是一致的。

⊙ 边数：设置波浪自身 *X* 轴上的片段划分数。

⊙ 分段：设置波浪自身 *Y* 轴上的片段划分数。

⊙ 尺寸：设置波浪图标的显示尺寸，不会对实际效果产生影响。

9.2.3　风空间扭曲

沿着指定的方向吹动粒子或对象，产生动态的风力和气流影响，常用于表现斜风细雨、雪花纷飞或树叶在风中飞舞。

选择“（创建）>（空间扭曲）> 力 > 风”按钮，然后在视图中创建风。

“参数”卷展栏如图 9-106 所示。

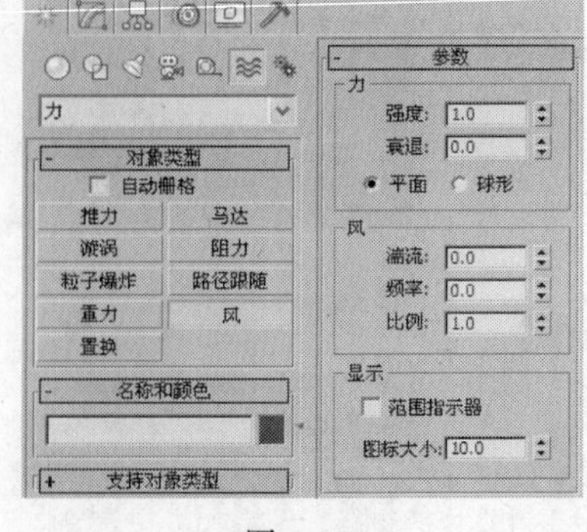

图 9-106

⊙ 强度：设置风力的强度大小。

⊙ 衰退：设置粒子距离的远近，越远其受风力的影响也就越低。

⊙ 平面：设置空间扭曲对象为平面方式，箭头方向为风吹的方向。

⊙ 球形：设置空间扭曲对象为球体方式，球体中心为风源。

⊙ 湍流：随机改变粒子在风中的行进路线。

⊙ 频率：在时间上对湍流的频率进行变化，通常产生的影响很细微，除非对大量粒子使用风力。

⊙ 比例：放大或缩小湍流的影响，当值较小时，湍流平滑而有规则；当值较大时，湍流杂乱而无规则。

⊙ 范围指示器：勾选该选项，如果衰减参数大于 0，视图中图标会显示出风力最大值的范围。

⊙ 图标大小：设置视图中图标的大小尺寸。

9.2.4 重力空间扭曲

模拟自然界地心引力的影响，对对象或粒子系统产生重力作用，粒子会沿着其箭头指向移动，随强度值的不同和箭头方向不同，还可以产生排斥的影响作用，当空间扭曲对象为球形时，粒子会被吸向球心。

选择“（创建）>（空间扭曲）> 力 > 重力”按钮，然后在视图中创建重力。

“参数”卷展栏如图 9-107 所示。

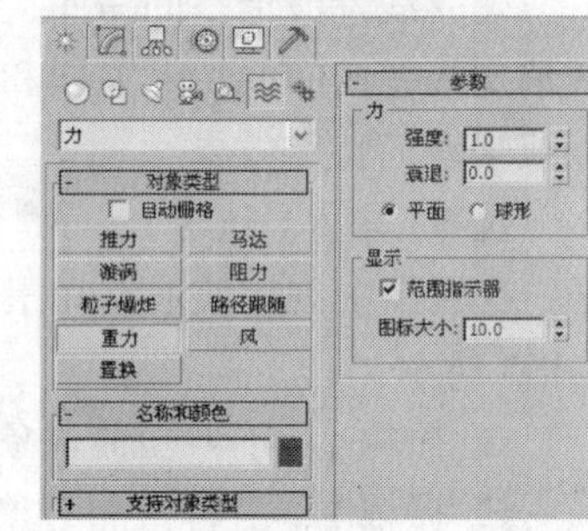

图 9-107

⊙ 强度：设置重力的大小。值为 0 时无引力影响；值为正值时，粒子会沿着箭头方向偏移；值为负值时，粒子会指向箭头方向。

⊙ 衰退：设置后，粒子随着距离的增大而减少受引力的影响。

⊙ 平面：设置空间扭曲对象为平面方式，有一个垂直箭头，指示引力的方向。

⊙ 球形：设置空间扭曲对象为球体方式，粒子将被球心吸引。

⊙ 范围指示器：勾选时，如果衰减参数大于 0，视图中图标会显示出重力最大值的范围。

⊙ 图标大小：设置视图中图标的大小尺寸。

9.2.5 爆炸空间扭曲

“爆炸”空间扭曲将绑定对象的表面炸成碎片，常用于表现爆炸动画。爆炸可以按面的大小随机分解，碎片可以翻滚，炸裂的碎片受到重力影响会向下摔落。这种爆炸效果易于控制，但只能炸成薄片，碎片没有厚度，如果想表现更逼真的爆炸效果，应使用粒子阵列。

“爆炸参数”卷展栏如图 9-108 所示。

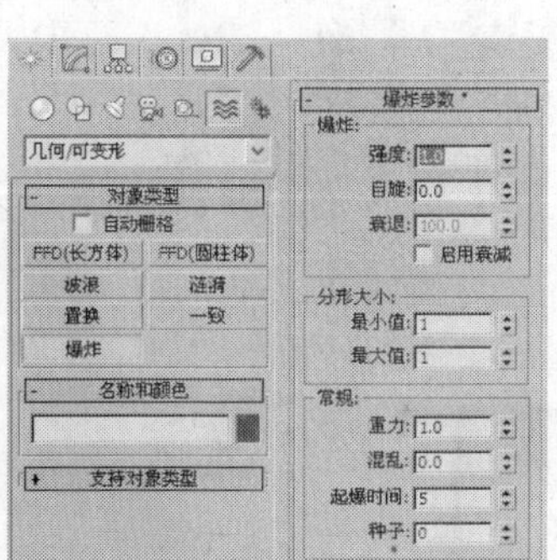

图 9-108

⊙ 强度：设置爆炸的力度。值越大，碎片飞行得越快，越靠近爆炸中心的碎片受到影响也越强烈。

⊙ 自旋：设置碎片自身旋转的速度。它同时也受到“混乱”参数的影响，使每个碎片自旋的速度不同。

⊙ 衰退：设置爆炸在空间中影响的范围，碎片超越此范围后不再受到“强度”、“自旋”的影响，但还会影响到重力的影响。

⊙ 启用衰减：启动衰减控制。

⊙ 最小值：设置最小的碎片包含的三角面数。

⊙ 最大值：设置最大的碎片包含的三角面数。

⊙ 重力：设置碎片受的地心引力大小，标准值为 1，如果大于 1，碎片会加速下落，如果为负值，碎片会向上飞起。

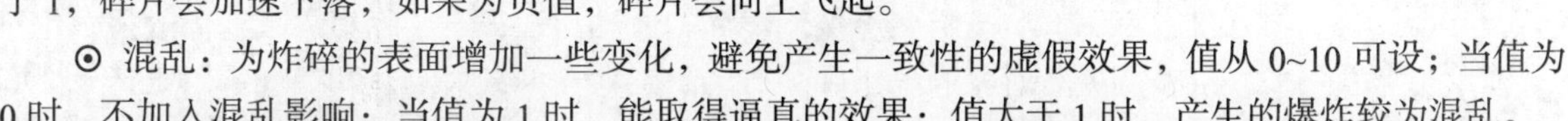

⊙ 混乱：为炸碎的表面增加一些变化，避免产生一致性的虚假效果，值从 0~10 可设；当值为 0 时，不加入混乱影响；当值为 1 时，能取得逼真的效果；值大于 1 时，产生的爆炸较为混乱。

⊙ 起爆时间：设置绑定对象从哪一帧开始引爆，在这一帧之前，它将不发生变化。值为负时，会在第 0 帧就表现出炸开的效果。

⊙ 种子：设置爆炸随机数，使得相同设置下产生不相同的爆炸效果。

9.3 课堂练习——书写花瓣文字

案例知识要点：创建粒子云，为其指定花瓣材质，并将其指定路径约束，制作的效果如图 9-109 所示。

效果所在位置：光盘/cha09/效果/书写花瓣文字.max。

图 9-109

9.4 课堂练习——制作下雪效果

案例知识要点：创建雪粒子，为其指定材质，完成的下雪效果如图 9-110 所示。

效果所在位置：光盘/cha09/效果/下雪.max。

图 9-110

第10章 动力学系统

动力学和 reactor 能够帮助用户控制并模拟 3ds Max 中复杂的物理场景。reactor 支持整合的刚体和软体动力学、布料模拟以及流体模拟，也可以模拟关节对象的约束和关节活动，并支持风力、马达驱动等对象行为。同时，“柔体”修改器在制作动画时也是非常重要的工具。本章将对 3ds Max 2010 的动力学系统进行详细的讲解。

【教学目标】

- 动力学程序。
- 柔体变形修改器。
- reactor 系统。

10.1 动力学程序

动力学的基本原理与现实生活相符，使用时要与建立命令中支持动力学系统的空间扭曲对象结合使用，它们包括引力、粒子爆炸、风力、推力、马达等。

动力学系统中，引入的对象具备了密度参数，这是一个非常重要的特性，通过对象的密度和体积，可以计算出它的质量，依据密度特性可以设置对象的物理属性，如木头、石块、金属等。另外，还有弹性参数、滑动摩擦力和静摩擦力系数的辅助设置。它的特点是可以自动计算动力学表现，如受到引力、风力、推力等驱动力下，它们会表现出自由落体、滚动、倾斜等动作，并且在与其他对象接触时，会自动计算出碰撞的效果，无须进行其他操作就可以得到与真实相符的优秀动画。

10.1.1　课堂案例——撞击的球体

案例学习目标：使用动力学制作撞击的球体。

案例知识要点：通过创建重力、编辑动力学对象制作撞击球体效果，如图 10-1 所示。

效果所在位置：光盘/cha10/效果/撞击的球体.max。

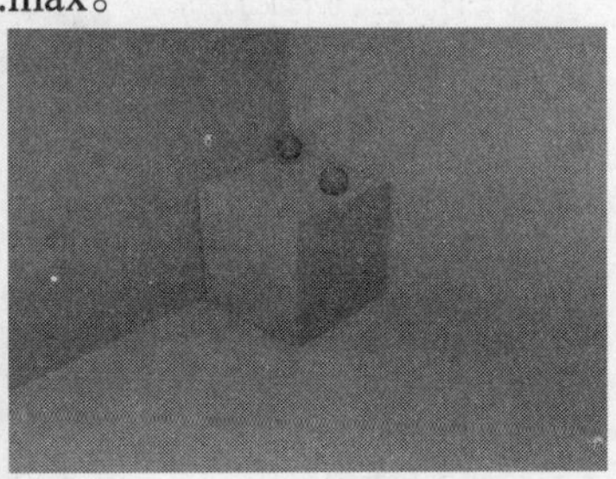

图 10-1

Step 01 选择光盘中的“cha10 > 效果 > 撞击的球体 o.max”文件，打开场景文件，如图 10-2 所示。

Step 02 选择“（创建）>（空间扭曲）> 重力”按钮，在“顶”视图中创建重力，设置其“强度”为 0.3，如图 10-3 所示。

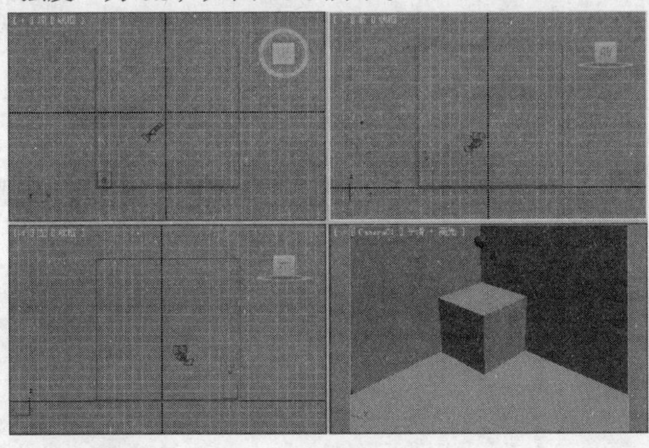

图 10-2

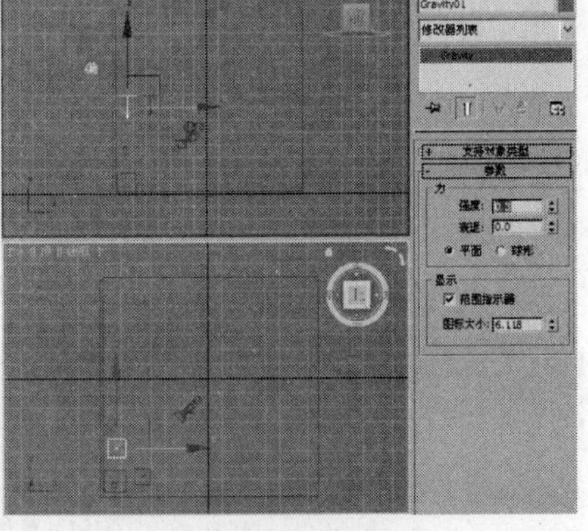

图 10-3

Step 03 复制一个重力，设置其“强度”为 0.1，如图 10-4 所示。

Step 04 切换到 （工具）命令面板，在“工具”卷展栏中单击“更多”按钮，在弹出的对话框中选择“动力学”，单击“确定”按钮，如图 10-5 所示。

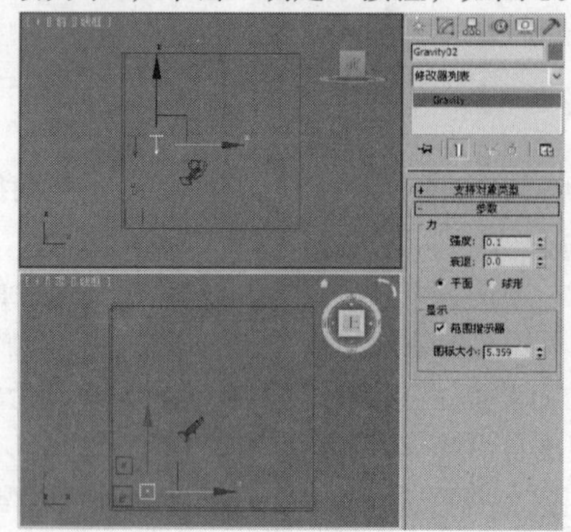

图 10-4

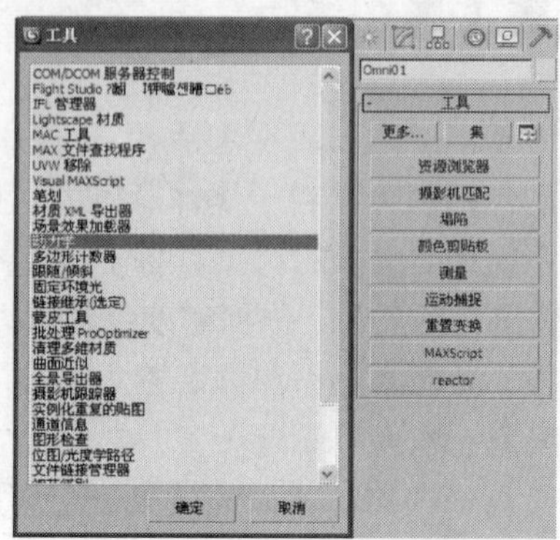

图 10-5

Step 05 在“动力学”卷展栏中单击“新建”按钮，新建动力学，如图 10-6 所示。

Step 06 单击“编辑对象列表”按钮，在弹出的对话框中选择所有对象，并单击 > 按钮，将其指定到右侧的列表中，如图 10-7 所示。

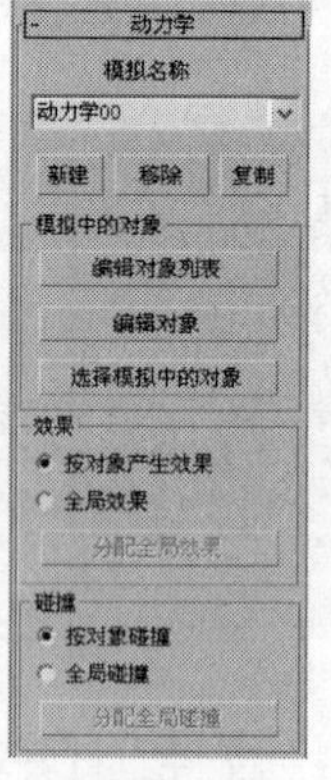

图 10-6

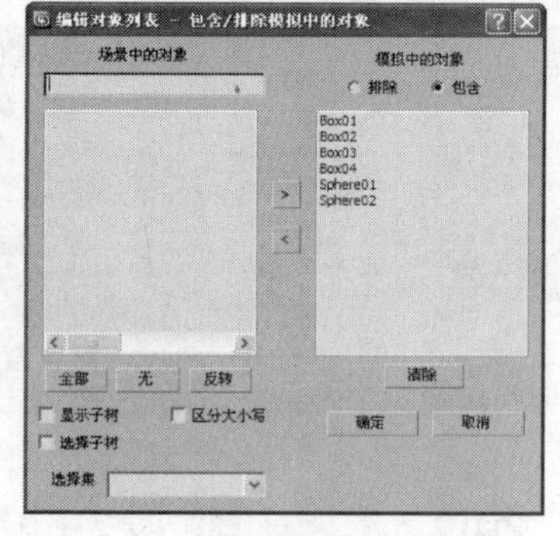

图 10-7

Step 07 在“动力学”卷展栏中单击“编辑对象”按钮，在弹出的对话框中选择“对象”为 Box01，在“动态控制”组中勾选“该对象不能弯曲”选项，单击“分配对象碰撞”按钮，在弹出的对话框中将两个球体指定到右侧的列表中，如图 10-8 所示。

Step 08 使用同样的方法设置其他的 Box 的编辑对象参数，如图 10-9、图 10-10、图 10-11 所示。

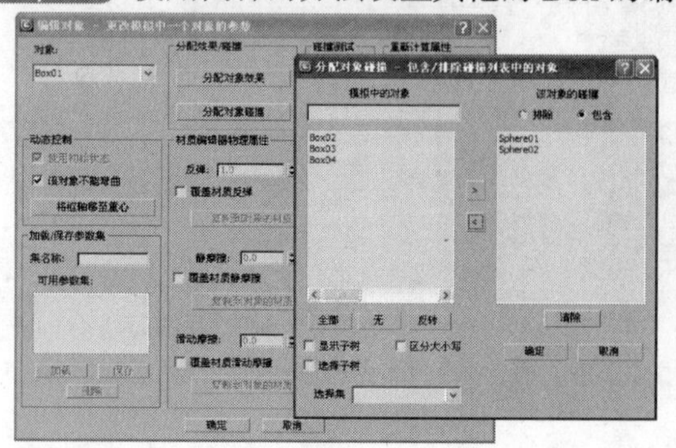

图 10-8

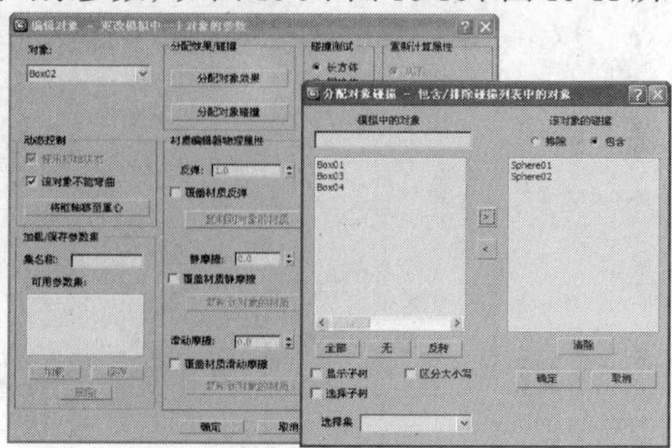

图 10-9

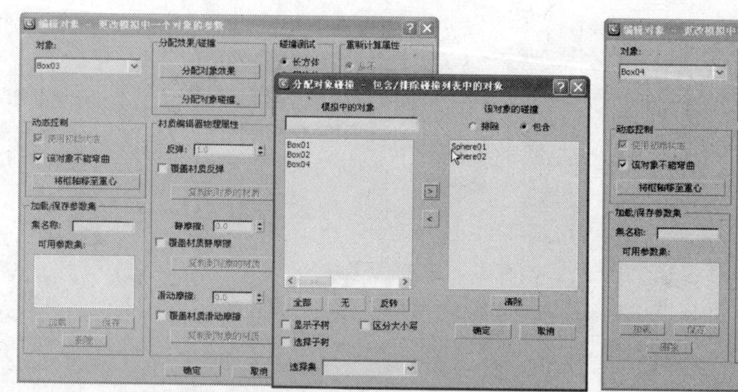

图 10-10

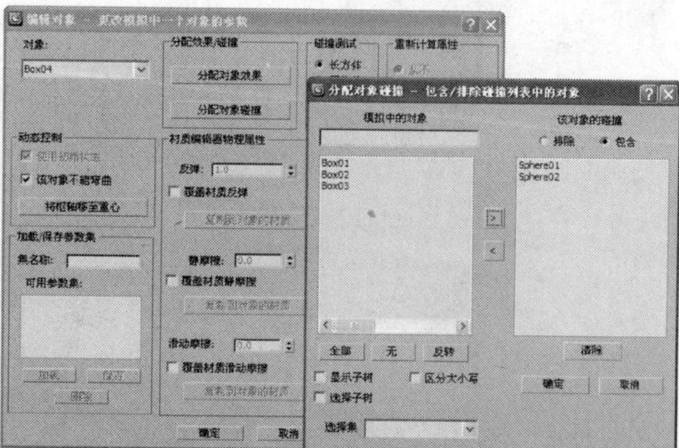

图 10-11

Step 09 选择对象“Sphere01”，在“碰撞测试”组中选择“球体”选项，在“物理属性”组中选择“边界球体”选项，单击“分配对象效果”按钮，在弹出的对话框中将“Gravity 01”指定到右侧的列表中，如图 10-12 所示。

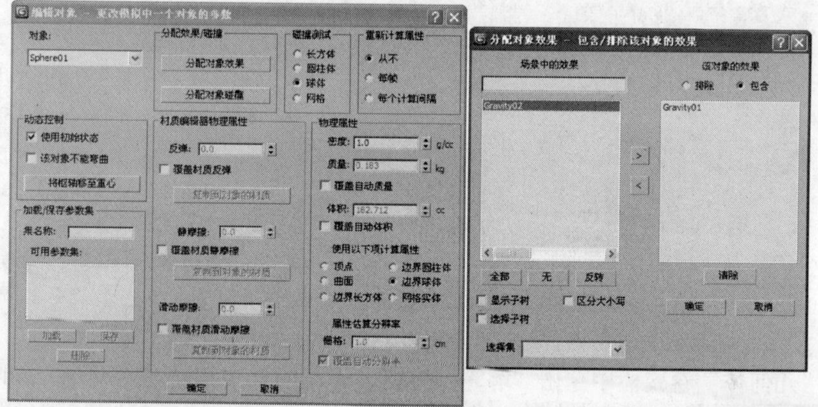

图 10-12

Step 10 单击“分配对象碰撞”按钮，在弹出的对话框中将左侧列表中的物体指定到右侧的列表中，如图 10-13 所示。

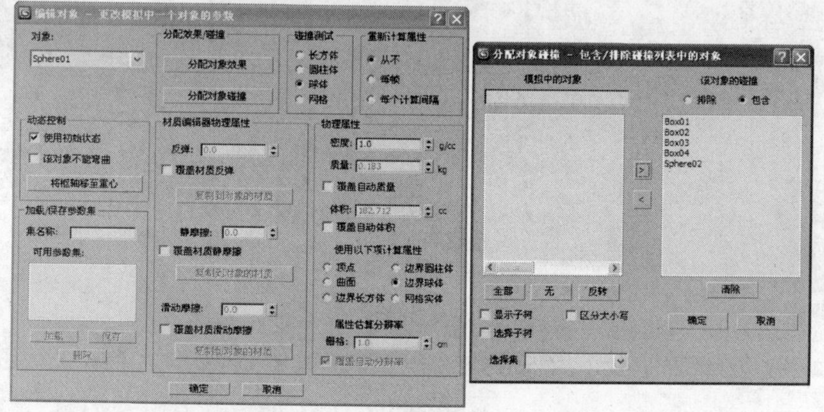

图 10-13

Step 11 使用同样的方法设置另一个球体的编辑对象参数，如图 10-14、图 10-15 所示。

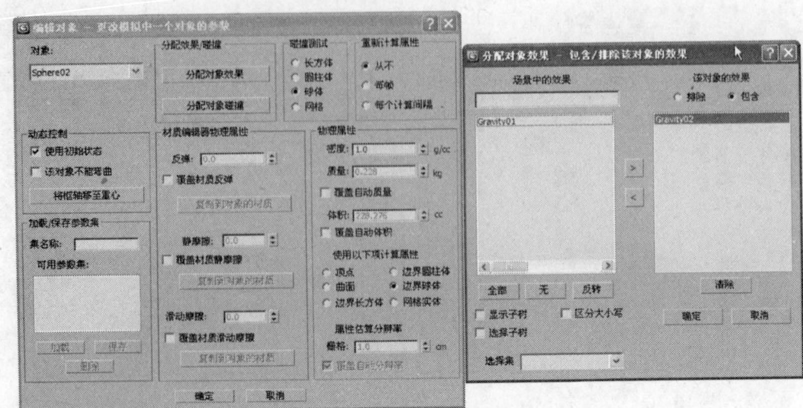

图 10-14

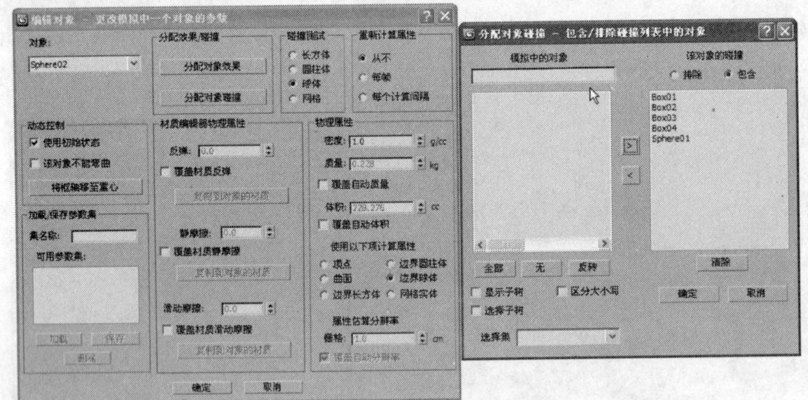

图 10-15

Step 12 在“几何体”卷展栏中单击“解算”按钮，解算场景中的动力学动画，如图 10-16 所示。

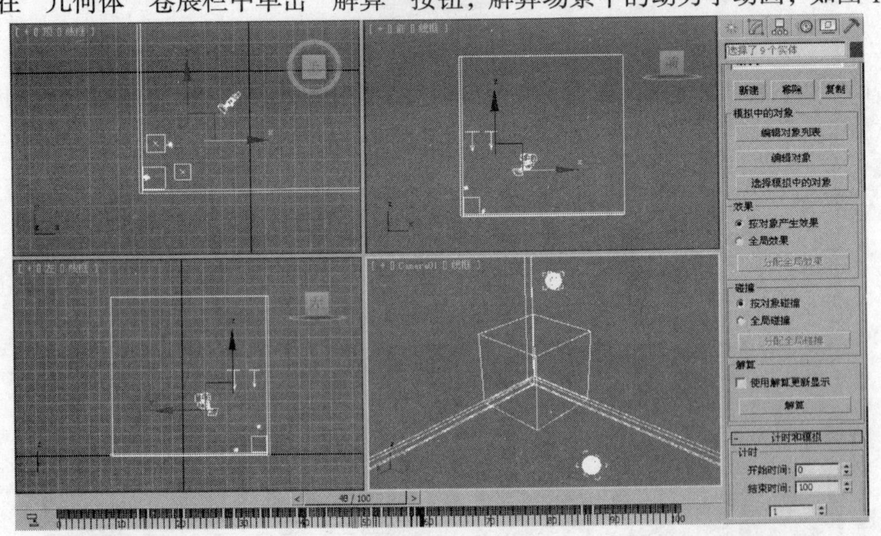

图 10-16

Step 13 在场景中创建“天光”，并指定“光跟踪器”渲染器，如图 10-17 所示。

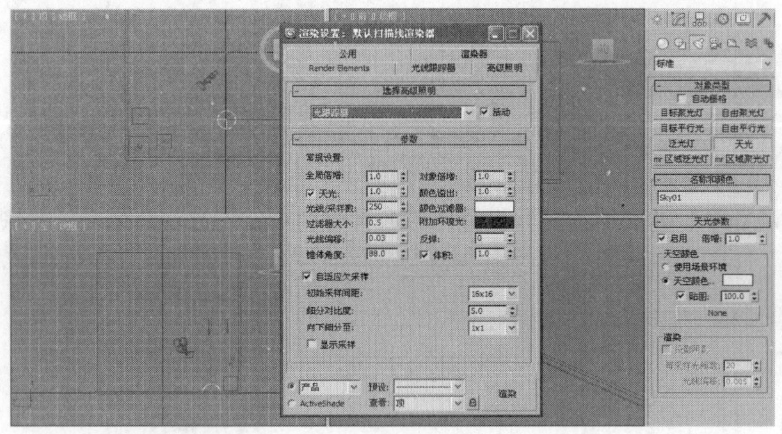

图 10-17

Step 14 在场景中创建“泛光灯”，设置“倍增”为 0.3，并在场景中调整灯光的参数，如图 10-18 所示。

Step 15 渲染当前场景的单帧效果，如图 10-19 所示。

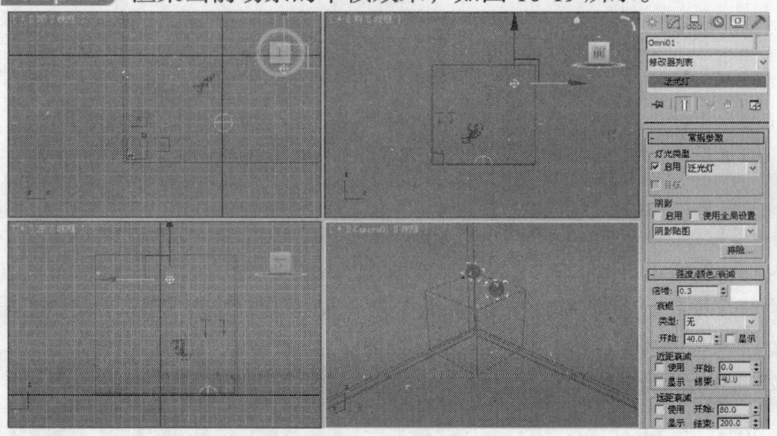

图 10-18

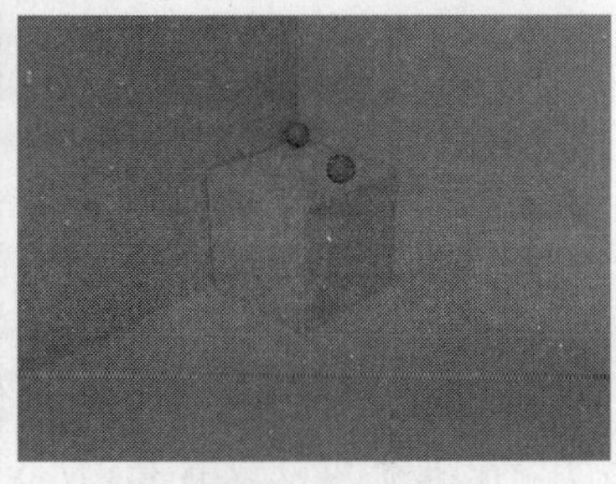

图 10-19

Step 16 在“渲染设置”面板中单击“渲染输出”组中的“文件”按钮，在弹出的对话框中选择文件的存储路径，为文件命名，设置文件的存储类型为 AVI，如图 10-20 所示。

Step 17 在“时间输出”组中选择“活动时间段：0 到 100”选项，如图 10-21 所示。

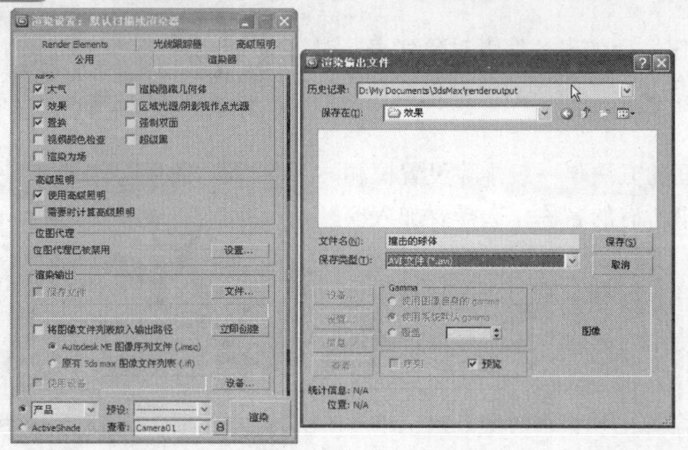

图 10-20

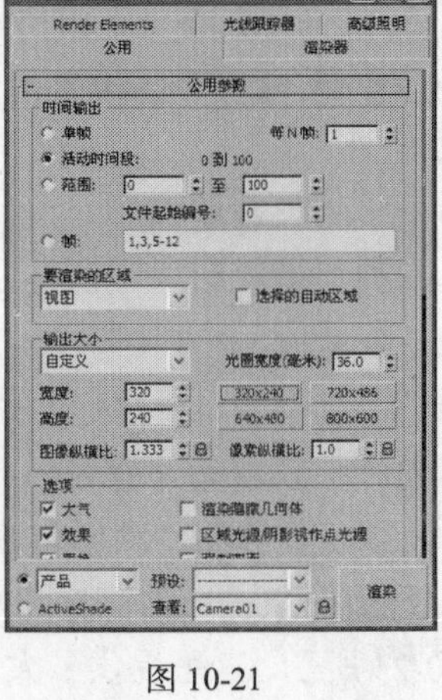

图 10-21

10.1.2 动力学程序设置

单击“（工具）> 工具 > 更多”按钮，在打开的对话框中选择“动力学”选项，单击“确定”按钮，如图 10-22 所示。

在打开的“动力学”卷展栏中进行设置，下面将分别对它们进行介绍。

1. 动力学

“动力学”卷展栏，如图 10-23 所示。

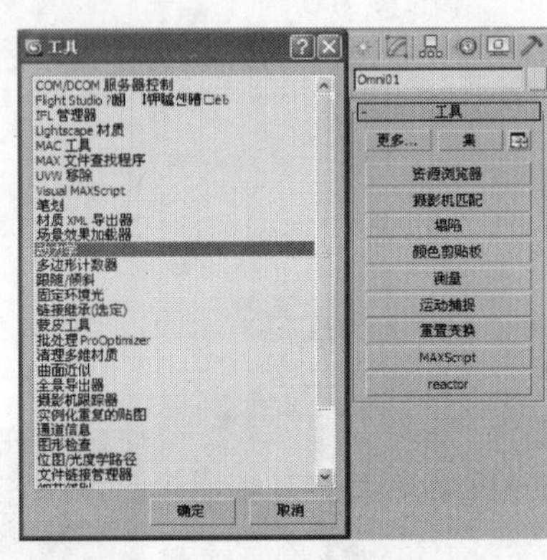

图 10-22

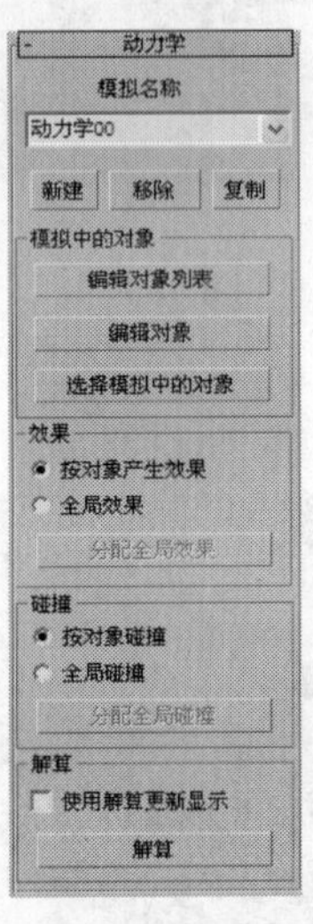

图 10-23

⊙ 模拟名称：这里可以设置当前模拟器的名称，它允许建立多个模拟器，并将它们与 3ds Max 2010 场景文件一同进行保存。模糊器就是对一群对象的动力学设置。

⊙ 移除：将当前模拟器删除，系统会弹出一个确认框。删除无用的模拟器可以减小 3ds Max 2010 文件的尺寸，当模拟器被删除后，所有的动力学设置信息将丢失，但会保留已记录的关键帧。

⊙ 复制：复制当前模拟器的设置信息量，在当前模拟器名称后加“01”命名并创建为新的模拟器。

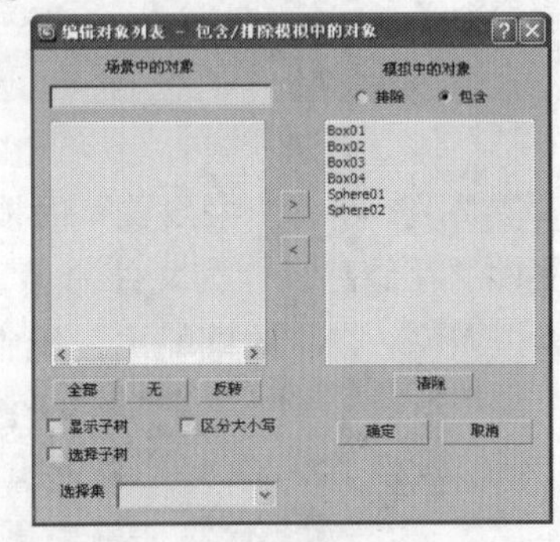

图 10-24

“模拟中的对象”组：

⊙ 编辑对象列表：单击该按钮，会弹出“编辑对象列表”对话框，如图 10-24 所示，用于指定场景中的哪些对象被包括在当前模拟器中。

使用“编辑对象列表”对话框的方法与一般排除设置框相似，左侧列表中列出了当前场景中所有的名称，选择要加入模拟器的对象名称，单击 > 按钮，将对象加入到右侧的列表框中，右侧为模拟器中的对象名称。单击 < 按钮，可以将模拟器中指定的对象放回到左侧的列表中，使用“清除”按钮可以将模拟器中的全部对象放回左侧列表中。

⊙ 编辑对象：单击该按钮，会弹出“编辑对象”对话框，如图 10-25 所示，这里提供了大量的参数，用于对模拟器中的对

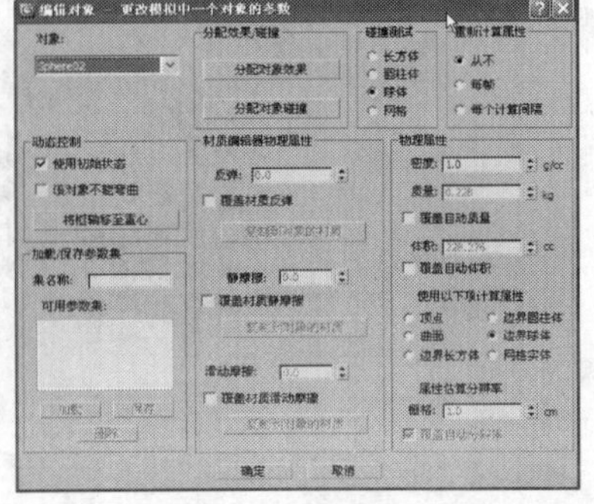

图 10-25

象进行控制。

其中在“编辑对象”对话框中包括以下选项设置。

⊙ 对象：从中选择模拟器中的一个对象进行参数设置，这个面板上的所有参数都是针对当前对象的。

“动态控制”组：

⊙ 使用初始状态：勾选该选项，此面板中的所有设置才有效，当前对象会根据动力学参数计算它的运动。

⊙ 该对象不能弯曲：勾选该选项，面板中几乎所有的动力学参数对当前对象都失去作用，当前对象在与其他对象的碰撞过程中，不会因为碰撞产生相对运动，但这个对象可以由关键点控制运动。

提示：对于自行或作为关键帧层次的一部分启用此选项的对象，可以对其设置动画。对于碰撞，启用“使用初始状态”的对象不能与启用“该对象不能弯曲”的对象一起移动。

⊙ 将枢轴移至重心：单击该按钮，然后单击“确定”按钮退出“编辑对象”对话框，这时对象的轴心点将自动对齐到它的重心上。这样可以加快结果的计算速度，而且使动作更加接近自然，但对于相互链接的对象，最好不要使用它，因为轴心点的改变会影响整个链接设置。

“加载/保存参数集”组：

⊙ 集名称：为当前参数设置指定一个名称，单击下面的“保存”按钮，可以将它保存。

⊙ 可用参数集：列出所有已经保存的参数设置名称，选择后，单击“加载”按钮，可以将其调出。

⊙ 加载/保存：用于载入或保存动力学参数设置。

⊙ 删除：将选择的参数设置删除。

“分配效果/碰撞”组：

⊙ 分配对象效果：设置当前对象的受力效果，单击该按钮会弹出“分配对象效果”对话框，如图 10-26 所示。它与“编辑对象列表”对话框相似，左侧列表中显示当前场景中可以使用的空间扭曲对象，将它们加入到右侧的列表框中，表示当前对象受空间扭曲对象的影响。

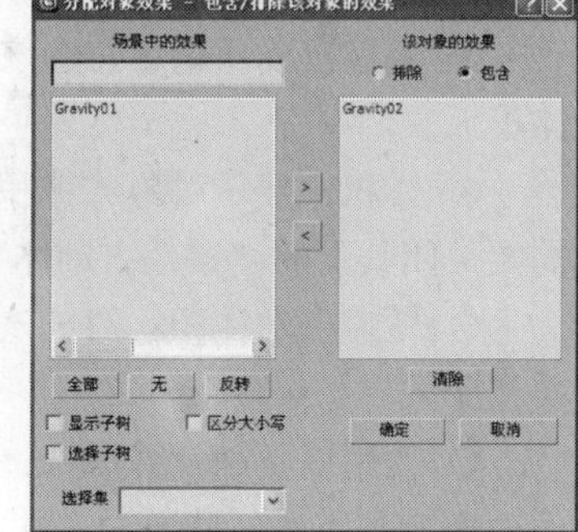

图 10-26

⊙ 分配对象碰撞：它用于设置当前对象的碰撞特性，单击该按钮，会弹出类似图 10-26 所示的对话框，在左侧列表框中显示当前模拟中的对象名称，将它们加入到右侧列表框中，表示当前对象接触到该对象时会产生碰撞效果。

⊙ “碰撞测试”组：设置对象在进行碰撞测试时使用哪种方式来代表它的外形，其中包括长方体、圆柱体、球体和网格。

“重新计算属性”组用于指定何时重新计算动画过程中发生变化的对象的属性。

⊙ 从不：选择该选项，不使用重新计算功能。

⊙ 每帧：选择该选项，对动画的每一帧都进行重新计算。

⊙ 每个计算间隔：选择该复选框，它会依据在“计时和模拟”卷展栏中“计算每帧间帧”的设置，每隔指定数量的间隔帧进行一次重新计算。

“材质编辑器物理属性”组：

⊙ 反弹：设置对象在碰撞后产生的弹力大小，它来自当前对象材质编辑器中的材质动力学属性设置。最大值为 1，表现为没有能量衰减的碰撞反弹，这在现实中是不可能的；减低弹力值，会使对象在每次碰撞后都减低反弹速度，直至停止。

⊙ 覆盖材质反弹：勾选该选项，将不理会材质编辑器中对反弹的设置，而使用其上的反弹设置。

⊙ 复制到对象的材质：将上面的滑动摩擦设置值复制到材质编辑器中。

⊙ 静摩擦：静摩擦是将一个对象由静止变为运动所需的最大的力。默认值为 0，即该对象一碰就动，值越大，要推动该对象就越难。例如，当一个 2~3kg 重的对象放在冰上时，推动它很容易，这时静摩擦力接近 0，当它放在砂纸上时，推动它就会很困难，这时静摩擦力接近 0.5~0.8。

⊙ 覆盖材质静摩擦：勾选该选项，将不理会材质编辑器中对静摩擦的设置，而使用上面的静摩擦设置。

⊙ 复制到对象的材质：单击该按钮，将其上的静摩擦设置值复制到材质编辑器中。

⊙ 滑动摩擦：设置对象在其分表面滑动时产生的摩擦力大小，它阻碍对象的继续滑行。默认时为 0，即该对象一旦运动就无法再停下来；当值增大时，对象从滑动到停止的速度也加快了。

⊙ 覆盖材质滑动摩擦：勾选该选项，将不理会材质编辑器中对滑动摩擦的设置，而使用上面的滑动摩擦设置。

⊙ 复制到对象的材质：将其上的滑动摩擦设置值复制到材质编辑器中。

“物理属性”组：用数值控制当前对象的物理属性。

⊙ 密度：设置对象的密度，单位为 g/cc，默认值为 1，是水的密度，也可以用来设置木头、塑料或有机物，值越大，对象运动的加速度也越小。由于密度的计算方法是质量/体积，而对象体积已经由场景中的形态决定，所以质量就可以根据公式自动算出，在其右侧有质量的对应值。

⊙ 质量：设置对象的质量，单位为 kg，这是对象的重要物理属性，质量越大，对象具有的惯性也越大，根据密度值的设置，这里会自动显示出质量值。

⊙ 覆盖自动质量：勾选该选项，上面的“质量”设置可以进行数值输入，这时质量值与密度、体积无关。

⊙ 体积：显示对象的体积数值，单位为 cc，它由场景自动测试获得，如果要进行手工设置，需要关闭其下的“覆盖自动体积”复选框。

⊙ 覆盖自动体积：勾选该选项，上面的“体积”设置可以进行数值输入，这时体积值与密度、质量无关。

⊙ 使用以下项计算属性：控制在对对象质量、体积两项属性计算时的依据，它主要影响体积，近而影响到质量，并通过多种方式计算对象的体积，其中包括“顶点”、“曲面”、“边界长方体”、“边界圆柱体”、“边界球体”和“网格实体”。

⊙ 属性估算分辨率：当选择“网格实体”方式时，它成为活动设置，主要影响质量计算的精度，它确定在对象受到扭转力而旋转时的精度。

⊙ 栅格：用于计算质量的样本栅格，当“覆盖自动分辨率”关闭时，这里允许进行设置。对于质量的计算，它使用栅格来完成，栅格设置得越密，则结果越精确。

⊙ 覆盖自动分辨率：取消该选项的勾选，动力学系统依据对象的表现复杂和体积，自动进行栅格分辨率设置，其值显示在“栅格”数值框中，虽然是灰色，但可以看到。

⊙ 选择模拟中的对象：单击该按钮可以将模拟器中的对象全部选择，有时这种方法非常快捷。

“效果”组：

⊙ 按对象产生效果：选择该选项时，对象的受力效果将根据“编辑对象”对话框中的“分配对象效果”对话框设置进行分别计算，这有利于不同受力影响的指定。

⊙ 分配全局效果：只有选择了“全局效果”选项该按钮才有效。单击该按钮，可以打开“分配全局效果”对话框，它与“编辑对象列表”对话框相类似，为模拟中的所有对象指定相同的受力影响。

“碰撞”组：

⊙ 按对象碰撞：选择该选项，对象的碰撞设置将根据“编辑对象”对话框中的“分配对象碰撞”对话框设置进行分别计算，这有利于不同碰撞设置的指定。

⊙ 全局碰撞：选择该选项可以为模拟中的所有对象指定相同的碰撞设置。此时其下方的“分配全局碰撞”按钮才可用。

“解算”组：

⊙ 使用解算更新显示：勾选该选项，在动力学计算时将会边解算边显示效果，这样可以在解算时看到效果，有利于中途退出。

⊙ 解算：单击该按钮，将对指定区段内的对象进行动力学计算，产生最后的动画效果。

2．计时和模拟

“计时和模拟”卷展栏如图 10-27 所示。

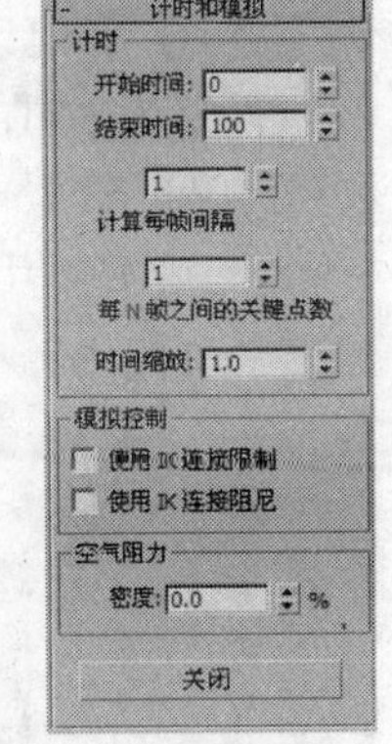

图 10-27

“计时”组：

⊙ 开始时间/结束时间：分别设置动力学的计算时间区段。

⊙ 计算每帧间隔：特殊指定对模拟中的对象每一帧重复多少次计算，计算次数越高，精度越高，默认值为 1，这对于运动缓慢的对象比较适合，如果对象运动过快，可以提高这个值来改进计算结果。

⊙ 在 N 帧之间的关键点数：设置动力学计算后产生的关键点间隔数目。值为 1 时，每一帧都会产生一个关键点，若值为 2 时，则每隔 1 帧产生一个关键点，低的值产生更精确的计算结果。

⊙ 时间缩放：用于对整个模拟进行加速或减速处理，它为每个对象的受力影响强度指定一个线性缩放比。

“模拟控制”组：

⊙ 使用 IK 连接限制：强制在模拟中使用反向运动的连接限制。

⊙ 使用 IK 连接阻尼：强制在模拟中使用当前反向运动的连接阻尼。

“空气阻力”组：

⊙ 密度：设置模拟器中的空气密度。

10.2 柔体变形修改器

“柔体”修改器是模型的顶点之间加入虚拟的弹力线来模拟柔体动力学的，由于顶点之间建立了虚拟的弹力线，所以可以通过设置弹力线的柔韧程度来调节顶点彼此之间距离的远近。还可以控制晃动，或者弹力线角度变化的大小。

10.2.1 课堂案例——飘扬的红旗

案例学习目标：通过对平面使用“柔体”修改器产生红旗飘扬的效果。

案例知识要点：通过对“柔体”修改器分别添加“重力”、“风”和“导向球”，使平面产生飘扬的效果，如图 10-28 所示。

效果所在位置：光盘/cha10/效果/飘扬的红旗.max。

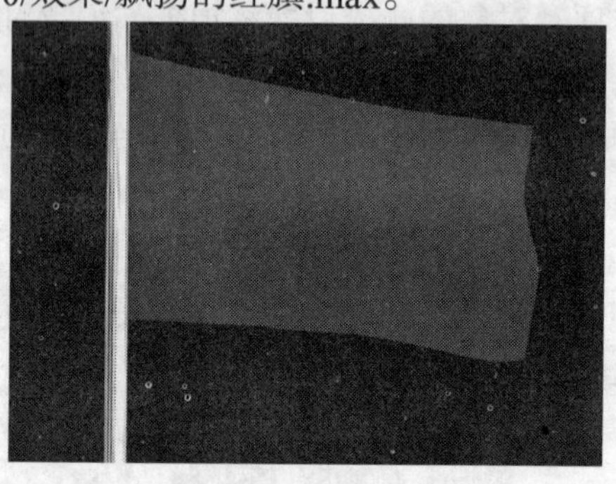

图 10-28

Step 01 在窗口的右下角单击（时间配置）按钮，在打开的对话框中，将“动画”组中的“长度”设置为 500，如图 10-29 所示，单击“确定”按钮。

Step 02 单击“（创建）>（几何体）> 平面”按钮，在“前”视图中创建一个平面，在“参数”卷展栏中，将“长度”、“宽度”分别设置为 170、270，将“长度分段”、“宽度分段”分别设置为 40、50，并将其命名为“红旗”，如图 10-30 所示。

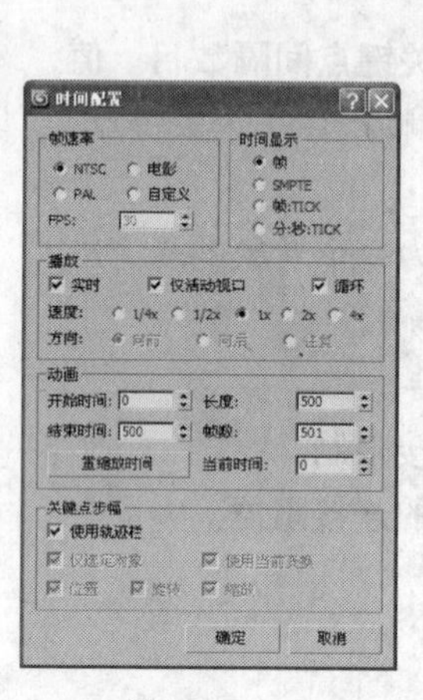

图 10-29

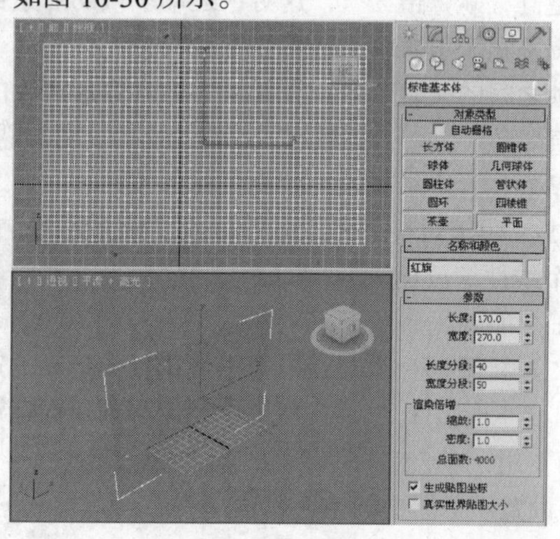

图 10-30

Step 03 单击“（创建）>（几何体）> 圆柱体”按钮，在“顶”视图中创建一个“半径”、“高度”分别为 7、600 的圆柱体，如图 10-31 所示，并将其命名为“旗杆”，在场景中调整模型的位置。

Step 04 单击“（创建）>（空间扭曲）> 重力”按钮，在“顶”视图中创建一个重力，将其“图标大小”设置为 40，如图 10-32 所示。

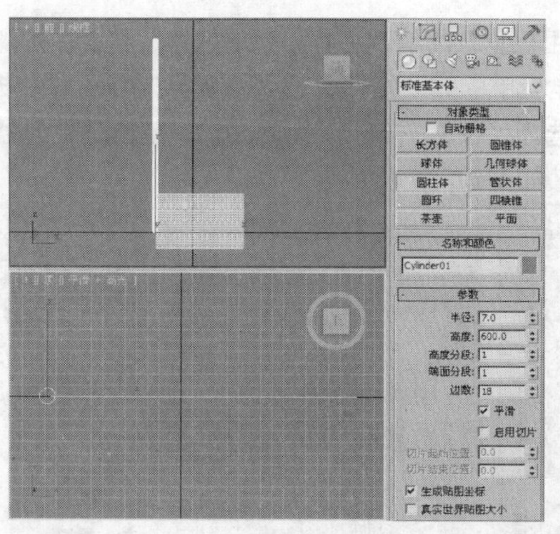

图 10-31

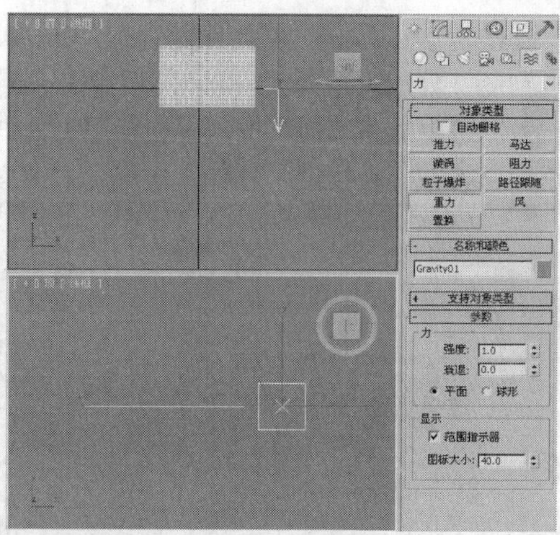

图 10-32

Step 05 激活“左”视图，将其转换为“右”视图，选择“（创建）>（空间扭曲）> 风”按钮，在“右”视图中创建风，将其“图标大小”设置为 50，如图 10-33 所示。

Step 06 将时间滑块移至 250 帧处，单击“自动关键点”按钮，打开动画关键帧的记录，使用（选择并旋转）工具，对风的图标进行旋转，其角度如图 10-34 所示，这里读者可以根据需要调整角度。

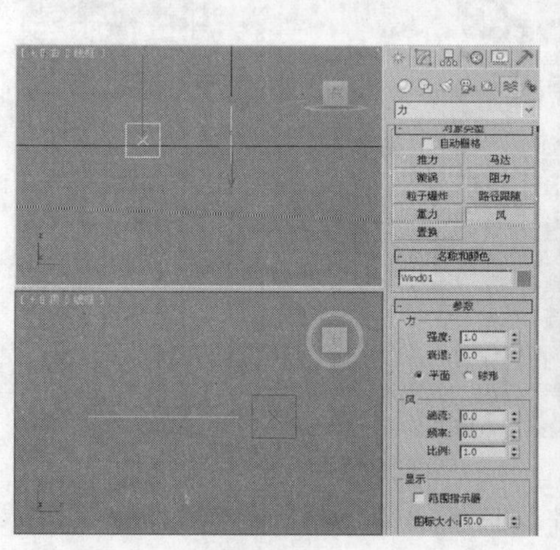

图 10-33

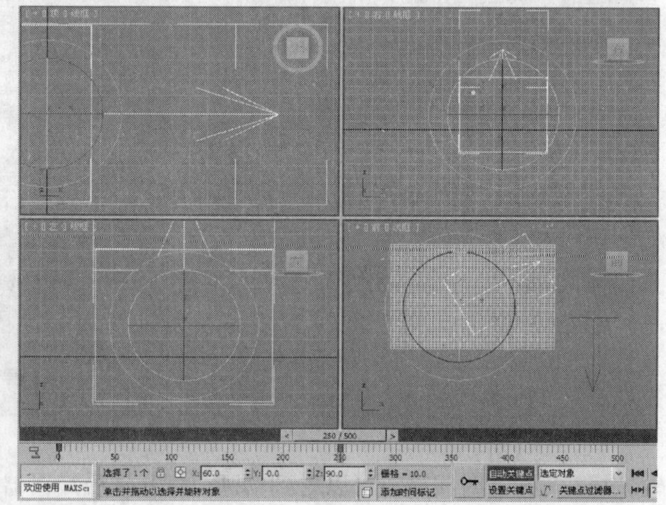

图 10-34

Step 07 将时间滑块移至 427 帧处，单击“自动关键点”按钮，打开动画关键帧的记录，使用（选择并旋转）工具，对风的图标进行旋转，其角度如图 10-35 所示，单击关闭“自动关键点”按钮。

Step 08 单击“（创建）>（空间扭曲）> 导向器 > 导向球”按钮，在“顶”视图中创建一个“图标大小”为 160 的导向器，并调整它的位置，如图 10-36 所示。

Step 09 在“前”视图中选择“红旗”对象，进入修改命令面板，选择“修改器列表 > 网格选择”修改器，将当前选择集定义为“顶点”按钮，在“前”视图中选择除“旗杆”处顶点外的所有顶点，如图 10-37 所示。

Step 10 在修改命令面板中，选择“修改器列表 > 柔体”修改器，将“参数”卷展栏中的“柔软度”设置为 0.2，取消“使用跟随弹力”和“使用权重”的勾选；将“简单软体”卷展栏中的“拉伸”、“刚度”分别设置为 0、50，然后单击“创建简单软体”按钮；在“力和导向器”卷展栏中，单击“力”组中的“添加”按钮，在视图中分别选择“Gravity01”、“Wind01”，单击“导向器”下的“添加”按钮，在视图中选择“SDeflector01”，如图 10-38 所示。

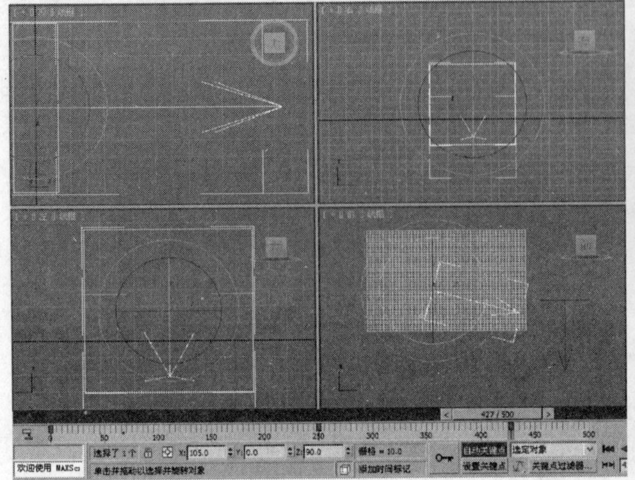

图 10-35

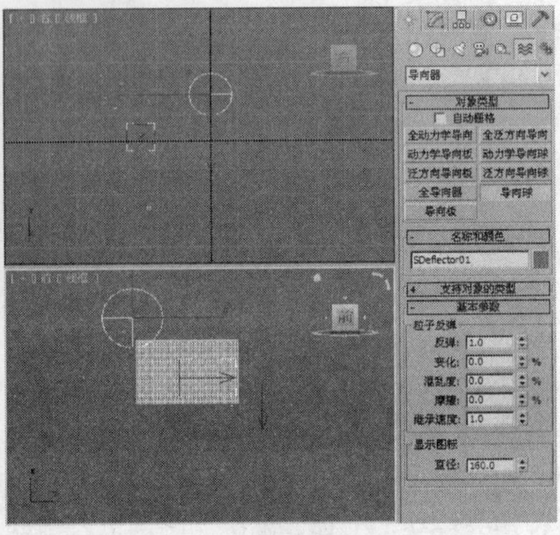

图 10-36

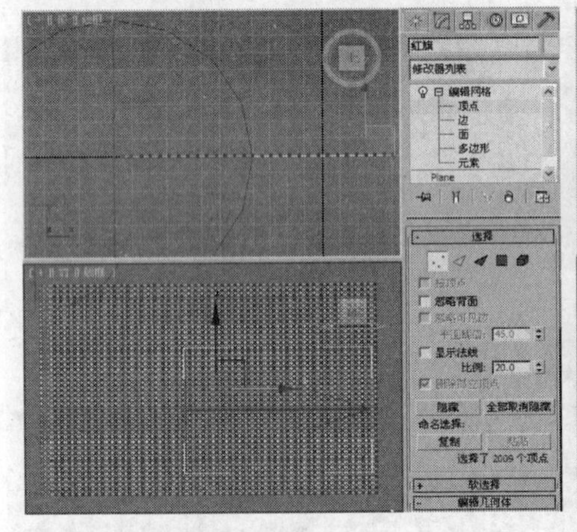

图 10-37

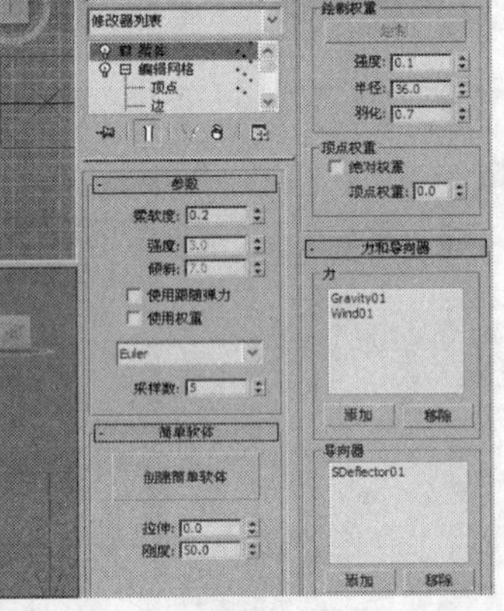

图 10-38

Step 11 拖动时间滑块可以看到动画，打开材质编辑器，选择一个新的材质样本球，在“明暗器基本参数”卷展栏中选择明暗器类型为“金属”，在“金属基本参数”卷展栏中设置“环境光”的 RGB 为 0、0、0，设置“漫反射”的 RGB 为 255、255、255，在“反射高光”组中设置“高光级别”为 100、“光泽度”为 80，如图 10-39 所示。

Step 12 在“贴图”卷展栏中单击“反射”后的灰色按钮，在弹出的对话框中选择“位图”贴图，再在弹出的对话框中选择随书附带光盘中的“cha10/素材/飘扬的红旗/CHORMIC.jpg”文件，如图 10-40 所示，将材质指定给场景中的圆柱体。

Step 13 选择一个新的材质样本球，在“Blinn 基本参数”卷展栏中设置“环境光”和“漫反射”的 RGB 为 245、0、0，在“反射高光”组中设置“高光级别”为 45、“光泽度”为 53，将材质指定给场景中的平面，如图 10-41 所示。

Step 14 在“透视”图中调整角度，按 Ctrl+C 组合键创建摄影机，如图 10-42 所示。

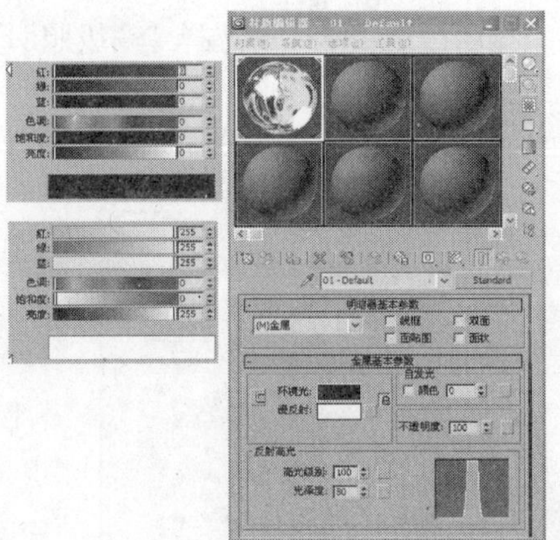

图 10-39

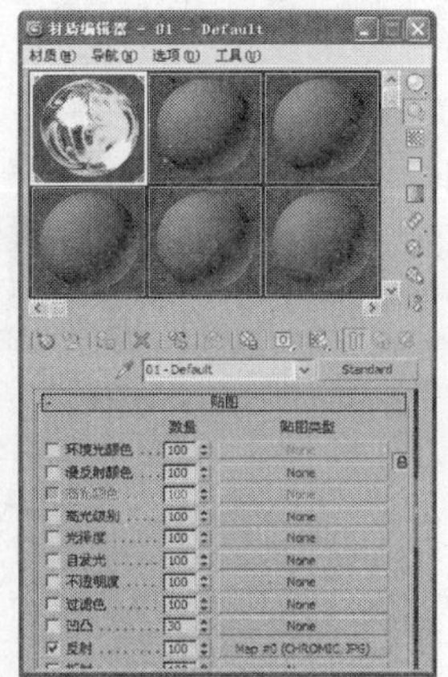

图 10-40

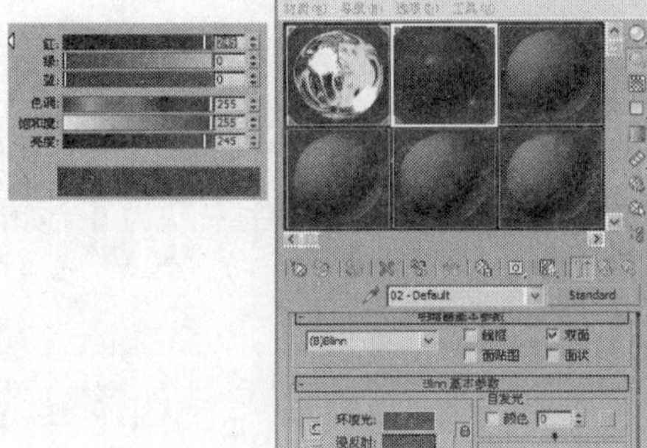

图 10-41

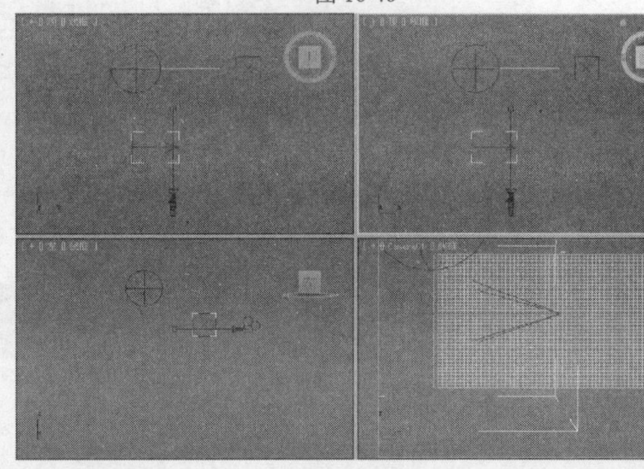

图 10-42

Step 15 单击"（创建）>（灯光）> 标准灯光 > 天光"按钮，在场景中创建天光，在"天光参数"卷展栏中设置"倍增"为 0.5，如图 10-43 所示。

Step 16 在场景中创建泛光灯，并调整灯光的位置。在"常规参数"卷展栏中勾选"阴影"组中的"启用"选项，使用默认的阴影类型。在"强度/颜色/衰减"卷展栏中设置"倍增"为 0.4，如图 10-44 所示。

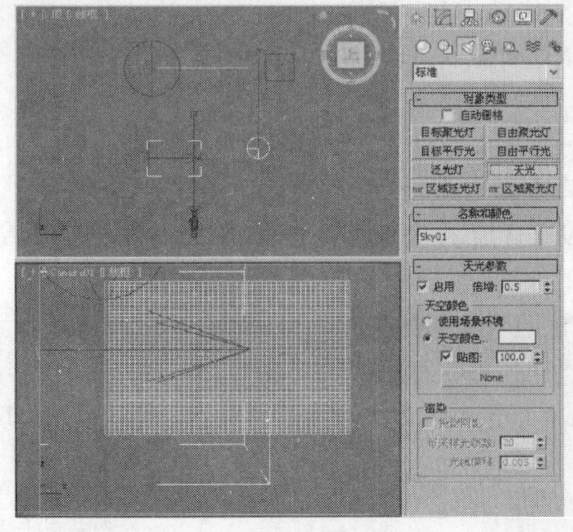

图 10-43

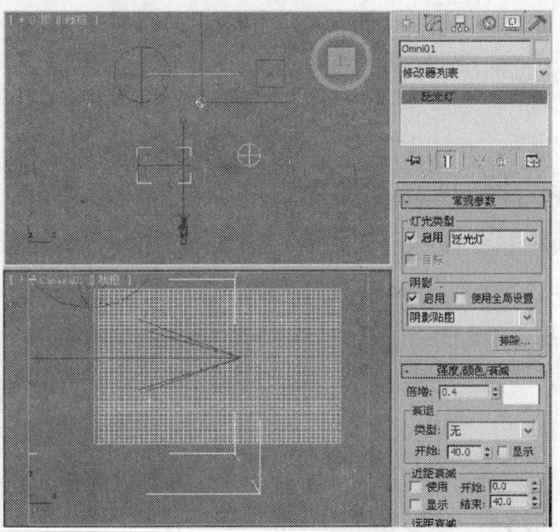

图 10-44

Step 17 打开“渲染设置”面板，选择“高级照明”选项卡，并选择“高级照明”类型为“光跟踪器”，如图 10-45 所示。

Step 18 选择“公用”选项卡，选择“活动时间段：0~500”选项，如图 10-46 所示。

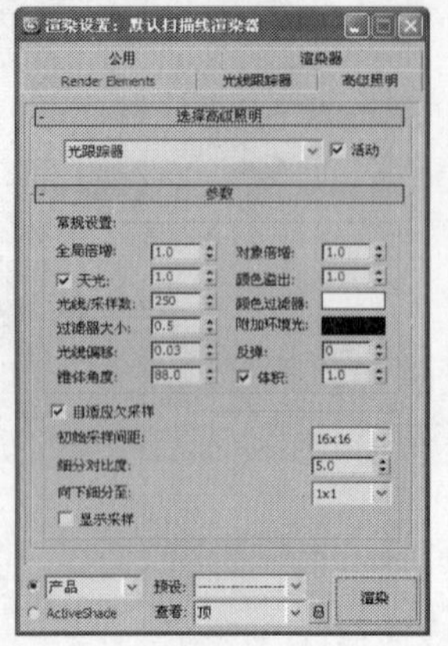

图 10-45

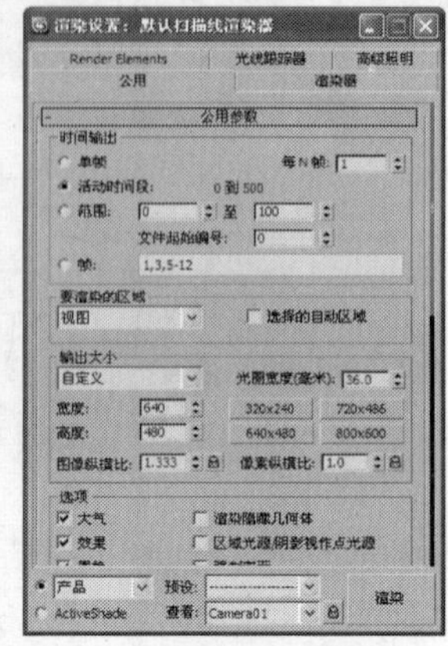

图 10-46

Step 19 在“渲染输出”组中单击“文件”按钮，在弹出的对话框中选择一个存储路径，为文件命名，选择存储类型为 AVI，单击“保存”按钮，在弹出的对话框中设置“主帧比率”为 0，如图 10-47 所示。

图 10-47

10.2.2 柔体修改器

“柔体”修改器对不同类型模型的表面影响不同。

⊙ 网格对象：“柔体”修改器影响对象表面的所有顶点。

⊙ 面片对象：“柔体”修改器影响对象表面的所有控制点和控制手柄，切线控制手柄不会被锁定，可以受柔体影响自由移动。

⊙ NURBS 对象：“柔体”修改器影响 CV 控制点和 Point 点。

⊙ 二维图形：“柔体”修改器影响所有的顶点和切线手柄。

⊙ FFD 空间扭曲：“柔体”修改器影响 FFD 晶格的所有控制点。

下面将分别介绍“柔体”修改器的参数面板。

“参数”卷展栏如图 10-48 所示。

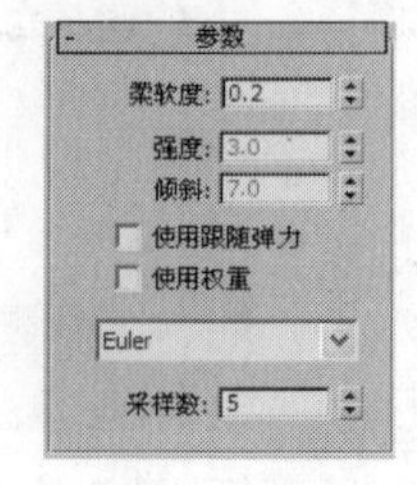

图 10-48

⊙ 强度：设置对象受反向弹力的强度大小。默认值为 3，范围 0~100，当值为 100 时表现为完全刚性。

⊙ 倾斜：设置对象摆动回到静止位置时间。值越低对象返回静止位置需要的时间越长，表现出的效果是摆动比较缓慢。

⊙ 使用跟随弹力：开启时反向弹力有效。

⊙ 使用权重：选择该复选框，柔体将使用指定给对象顶点的不同权重进行计算，从而产生不同的弯曲效果。

⊙ 下拉列表：从下拉列表中选择一种模拟求解过程中出现异常情况，可以换成另外两种更精确的计算方式，这两种高级求解方式往往还需要设定更高的“强度”和“刚度”。

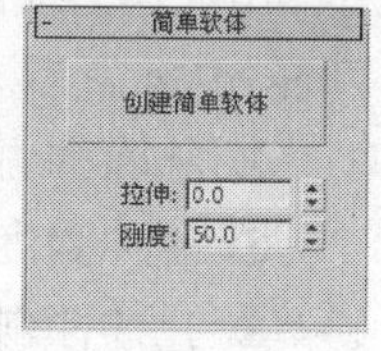

图 10-49

⊙ 采样数：控制模拟的精度，采样值越高，模拟越精确和稳定，相应所耗费的计算时间也越多。

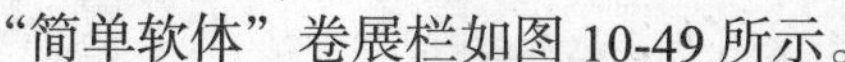

“简单软体”卷展栏如图 10-49 所示。

⊙ 创建简单软体：根据“拉伸”、“刚度”为对象产生弹力设置。在使用这个命令后，调节“拉伸”、“刚度”的值时可以不必再按下这个按钮。

“权重和绘制”卷展栏如图 10-50 所示。

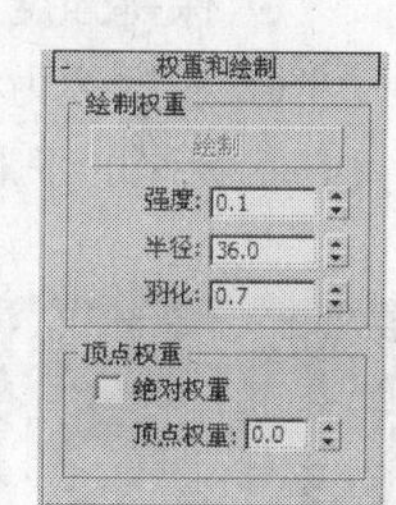

图 10-50

⊙ 绘制：使用一个球形的画笔在对象顶点上绘制设置点的权重。

⊙ 强度：设置绘制每次点击改变的权重大小。值越大，权重改变得越快，值为 0 时不改变权重，值为负时减小权重。

⊙ 半径：设置笔刷的大小，即影响范围，在视图上可以看到球形的笔刷标记。

⊙ 羽化：设置笔刷从中心到边界的强度衰减。

⊙ 绝对权重：勾选此选项时，为绝对权重，直接在下面的输入框中输入数据设置权重值。

⊙ 顶点权重：设置选择点的权重大小。

“力和导向器”卷展栏如图 10-51 所示。

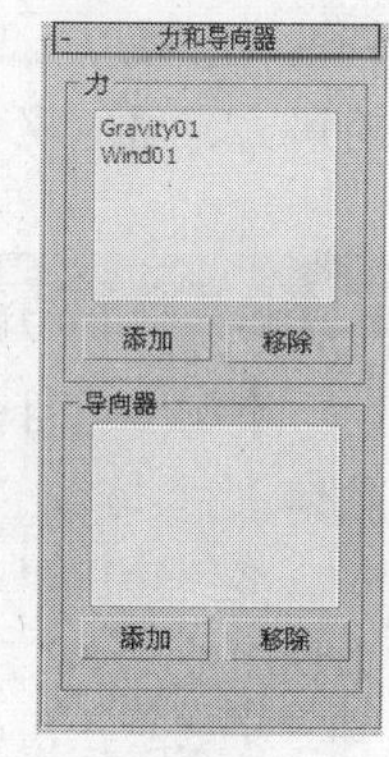

图 10-51

⊙ 力：为当前的“柔体”修改器增加空间扭曲，支持的空间扭曲包括贴图置换、拉力、重力、马达、粒子爆炸、推力、漩涡和风。

⊙ 添加：单击该按钮后，在视图中可以单击空间扭曲对象，将它引入到当前的“柔体”修改器中。

⊙ 移除：从列表中删除当前选择的空间扭曲对象，解除它对柔体对象的影响。

⊙ 导向器：通过导向板阻挡和改变柔体运动的方向，限制对象在一定空间进行运动。

“高级参数”卷展栏如图 10-52 所示。

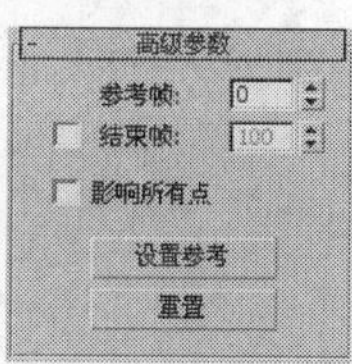

图 10-52

⊙ 参考帧：设置柔体开始进行模拟的起始帧。

⊙ 结束帧：勾选该选项，设置柔体模拟的结束帧，对象会在此帧返回初始形态。

⊙ 影响所有点：强制柔体忽略修改规模中的任何子对象选择，指定给整个对象。

⊙ 设置参考：更新视图。

⊙ 重置：恢复顶点的权重值为默认值。

“高级弹力线”卷展栏如图 10-53 所示。

⊙ 启用高级弹力线：勾选该选项，下面的数值设置才有效。

⊙ 添加弹力线：在“权重和弹力线”子对象中，在当前选择的顶点上增加更多的弹力线。

⊙ 选项：设置将要添加的弹力线类型。单击该按钮后，出现弹力线的选择框，这里提供了 5 种弹力线类型，如图 10-54 所示。

图 10-53

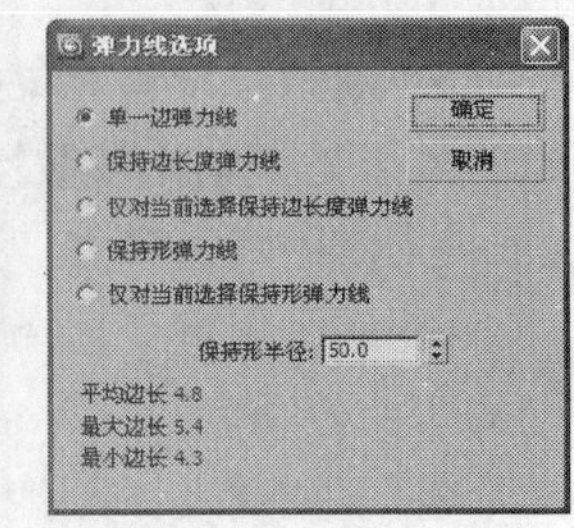

图 10-54

⊙ 移除弹力线：在“权重和弹力线”子对象级别中删除选择点的全部弹力线。

⊙ 拉伸强度：设置边界弹力线的强度。值越高，产生变化的距离越小。

⊙ 拉伸倾斜：设置边界弹力线的摆度。值越高，产生变化的角度越小。

⊙ 图形强度：设置形态弹力线的强度。值越高，产生变化的距离越小。

⊙ 图形倾斜：设置形态弹力线的摆度。值越高，产生变化的角度越小。

⊙ 保持强度：在指定的百分比内保持边界弹力线的长度。

⊙ 显示弹力线：在视图上以蓝色的线显示出边界弹力线，以红色的线显示出弹力线，此选项只有在柔体的子对象级模式下才能在视图上显示效果。

10.3 reactort 系统

reactor 是 3ds Max 2010 中功能最强大的动力学插件，它支持刚体和软体力学，能够使用 OpenGL 特性，它可以实时进行刚体、软体的碰撞计算，还可以模拟绳索、布料、液体等动画效果，它还支持风力、马达驱动等物理行为。

10.3.1 课堂案例——荷叶上的水滴

案例学习目标：使用“放样”制作荷叶模型，创建球体，并为球体施加 ReactorSoftBody（Reactor 软体）、柔体和 FFD4 × 4 × 4，制作掉落下来的水滴效果。

案例知识要点：学习使用 ReactorSoftBody（Reactor 软体）、柔体和 FFD4 × 4 × 4 制作水滴，效果如图 10-55 所示。

效果所在位置：光盘/cha10/效果/荷叶上的水滴.max。

图 10-55

Step 01 单击“（创建）>（图形）>星形”按钮，在“顶”视图中创建星形，在“参数”卷展栏中设置“半径 1”为 110、“半径 2”为 115、“点”为 18、“圆角半径 1”为 5、“圆角半径 2”为 5，如图 10-56 所示。

Step 02 切换到（修改）命令面板，在修改器列表中选择“编辑样条线”修改器，在“几何体”卷展栏中单击“轮廓”按钮，在场景中设置场景的轮廓，如图 10-57 所示。

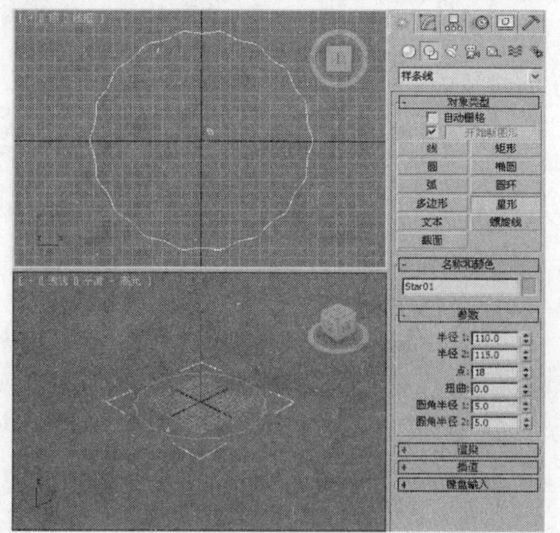

图 10-56

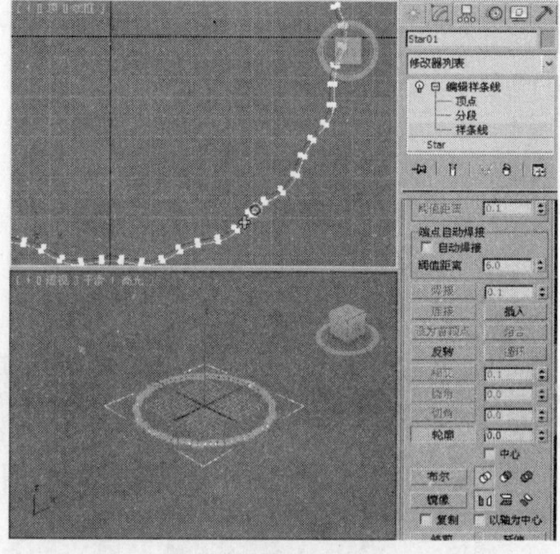

图 10-57

Step 03 选择“（创建）>（图形）>线”工具，在“前”视图中创建直线，作为放样路径，如图 10-58 所示。

Step 04 在场景中选择放样路径，选择“（创建）>（几何体）> 复合对象 > 放样”工具，在“创建方法”卷展栏中单击“获取图形”按钮，在场景中拾取图形，如图 10-59 所示。

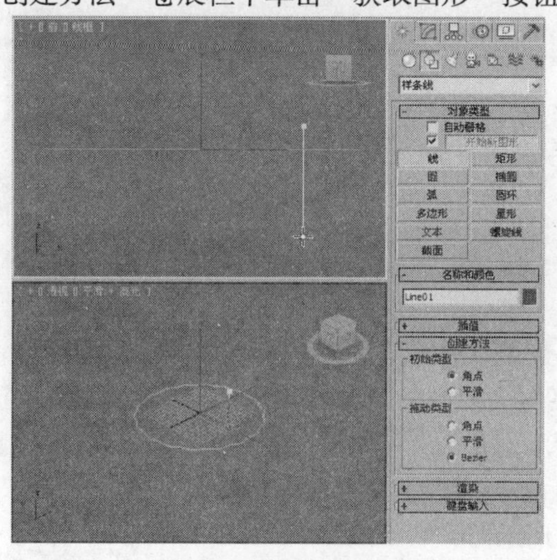

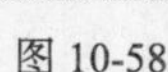

图 10-58

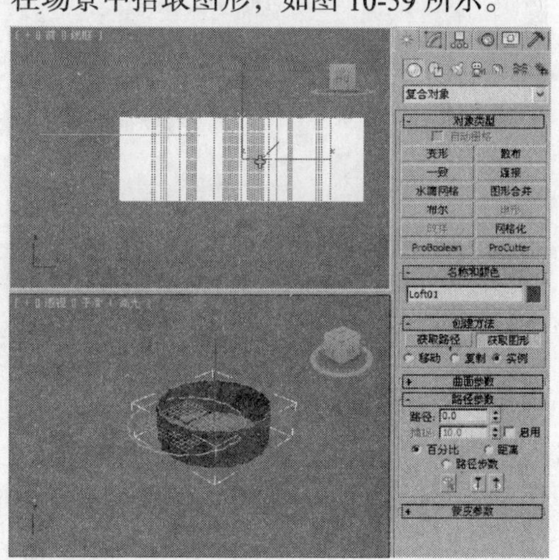

图 10-59

Step 05 切换到（修改）面板，在“变形”卷展栏中单击“缩放”按钮，在弹出的对话框中调整图形的形状，调整样条线的高度，如图 10-60 所示。

Step 06 在修改器列表中选择“FFD（圆柱体）”修改器，将选择集定义为“晶格”，在场景中调整晶格，在“FFD 参数”卷展栏中单击“设置点数”按钮，在弹出的对话框中设置“设置点数”参数“侧面”为 26、“径向”为 3、“高度”为 3，如图 10-61 所示。

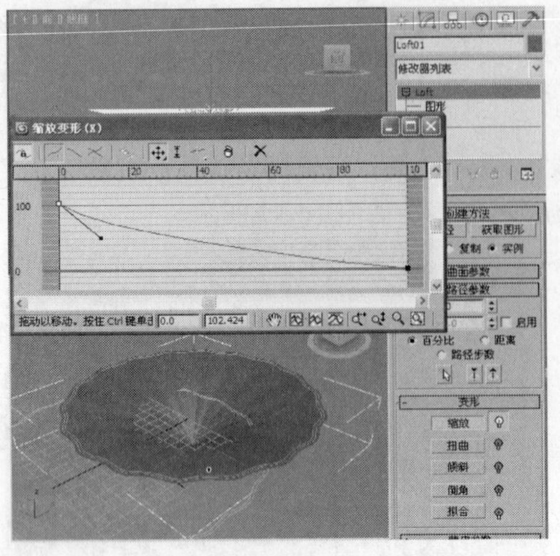

图 10-60

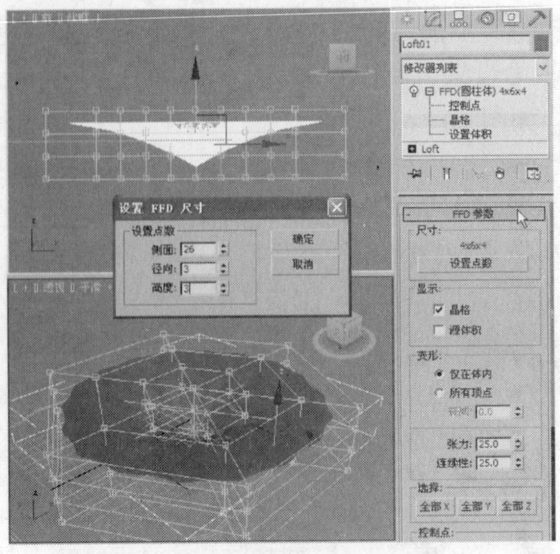

图 10-61

Step 07 将选择集定义为“控制点”，并在场景中调整控制点，如图 10-62 所示。

Step 08 为荷叶模型施加“UVW 贴图”修改器，在“参数”卷展栏中选择“平面”，在“对齐”组中选择“Y”轴，单击“适配”按钮适配贴图，如图 10-63 所示。

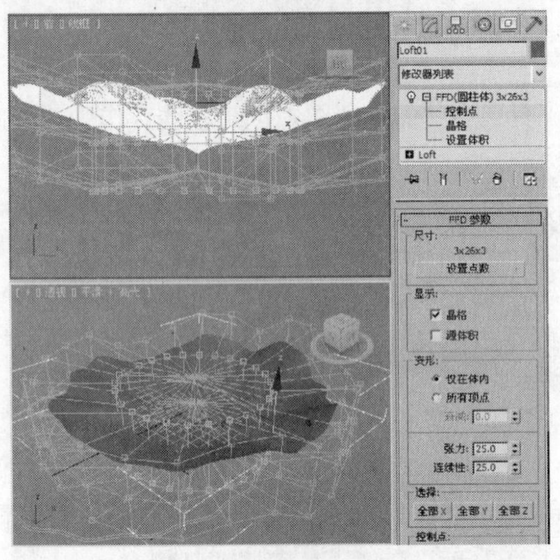

图 10-62

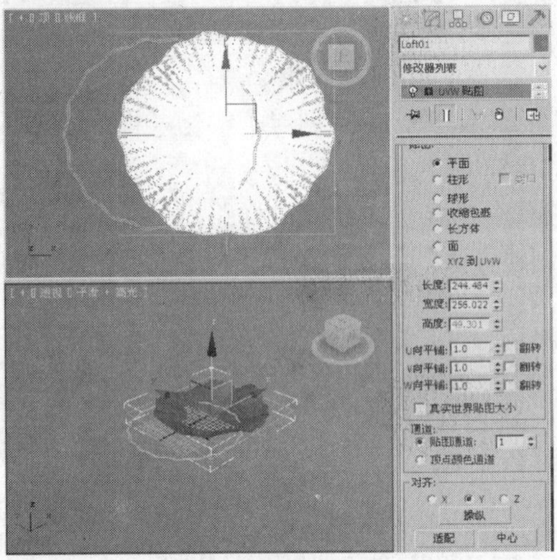

图 10-63

Step 09 在工具栏中单击（材质编辑器），打开菜单编辑器，从中选择一个新的材质样本球，在“贴图”卷展栏中选择“漫反射颜色”为“位图”贴图，贴图为随书附带光盘中的“cha10/素材/荷叶上的水滴/荷叶 001.jpg”文件，如图 10-64 所示，并为“不透明度”指定位图，贴图为随书附带光盘中的“cha10/素材/荷叶上的水滴/荷叶 001b.jpg”文件，如图 10-64 所示。

Step 10 场景中指定贴图后的效果，如图 10-65 所示。

Step 11 在“透视”图中调整视图角度，按 Ctrl+C 组合键创建摄影机，如图 10-66 所示。

Step 12 按 8 键，在弹出的“环境和效果”中为“背景”指定“位图”贴图，贴图为随书附带光盘中的“cha10/素材/荷叶上的水滴/荷叶 0.jpg”文件，如图 10-67 所示。

Step 13 渲染当前场景，如图 10-68 所示。

Step 14 在场景中创建球体作为水滴，如图 10-69 所示。

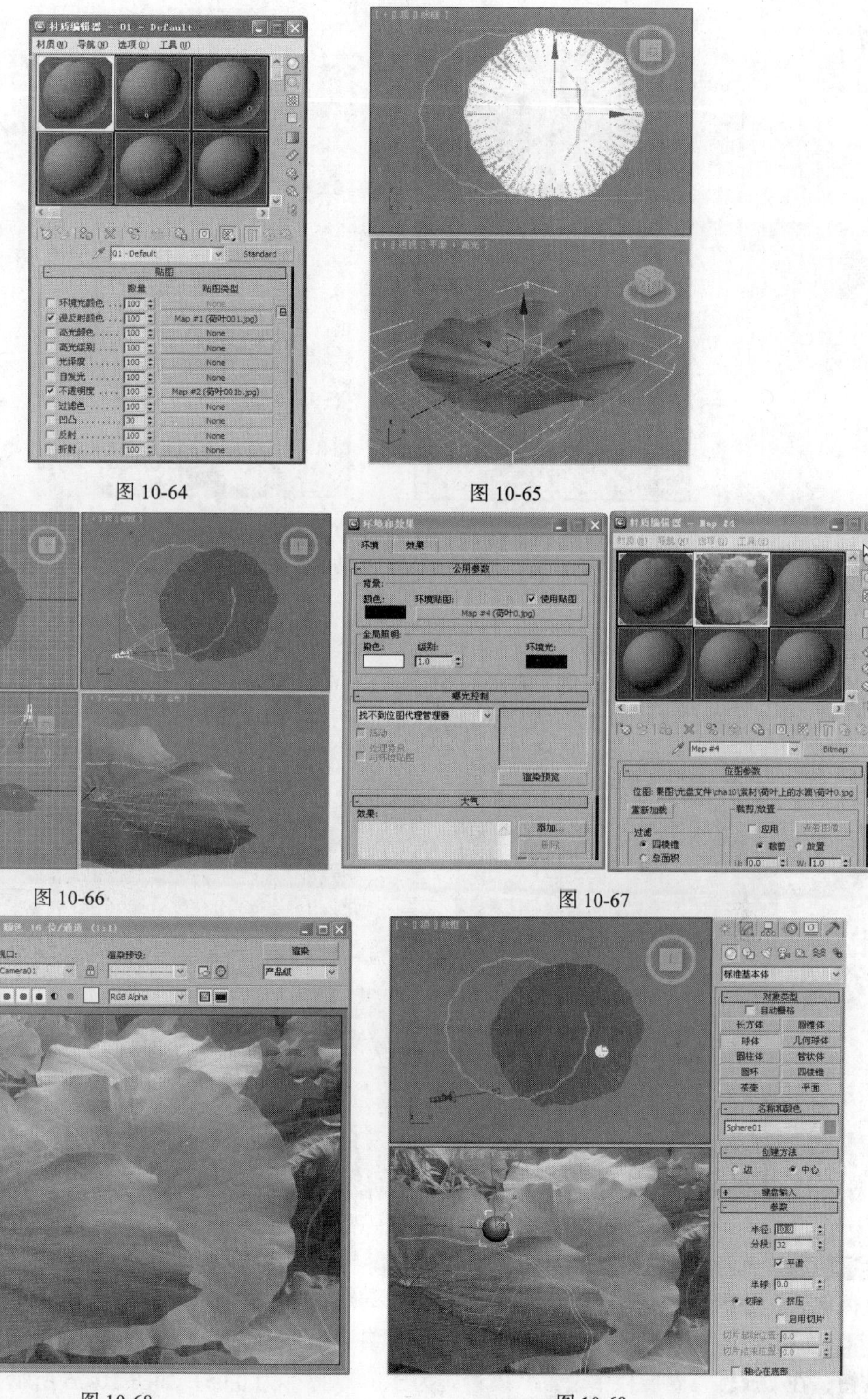

图 10-64　　图 10-65

图 10-66　　图 10-67

图 10-68　　图 10-69

Step 15 在工具栏中单击（材质编辑器）按钮，打开菜单编辑器，从中选择一个新的材质样本球，在"贴图"卷展栏中设置"反射"的数量为 20，并为其指定"光线跟踪"修改器；设置"折射"的参数为 90，为其指定"反射/折射"修改器，如图 10-70 所示。指定贴图后的效果如图 10-71

所示。

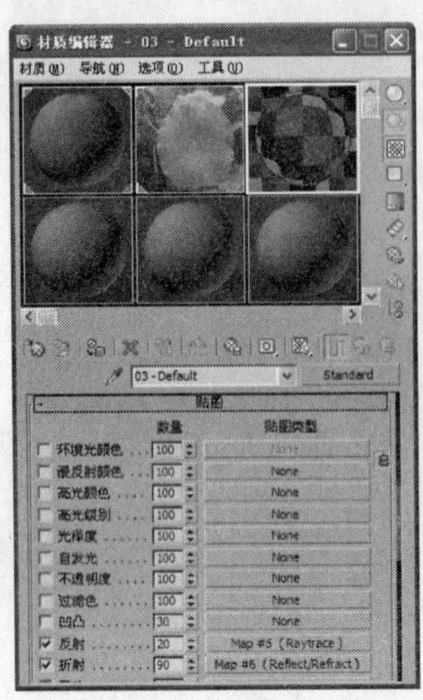

图 10-70

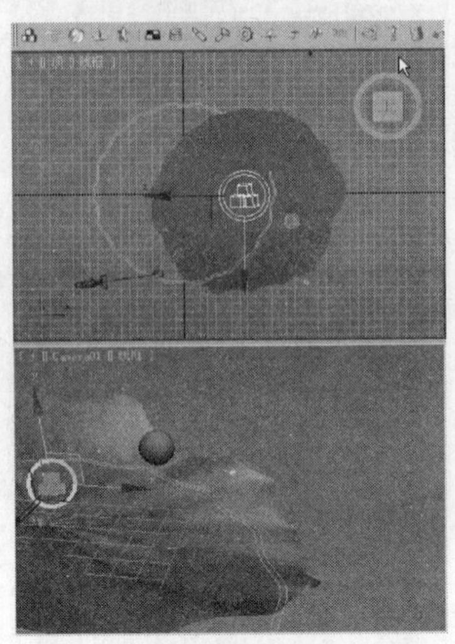

图 10-71

Step 16 在场景中选择荷叶模型，在 Reactor 工具栏中单击（创建刚体集合）按钮，将荷叶作为刚体，如图 10-72 所示。

Step 17 在场景中选择球体，在修改器列表中选择“FFD4×4×4”和“Reactor 软体”修改器，在 Reactor 软体修改器的“属性”卷展栏中设置“质量”为 5、“刚度”为 0.01、“阻尼”为 0.1、“摩擦”为 0.1，选择“基于 FFD”选项，如图 10-73 所示。

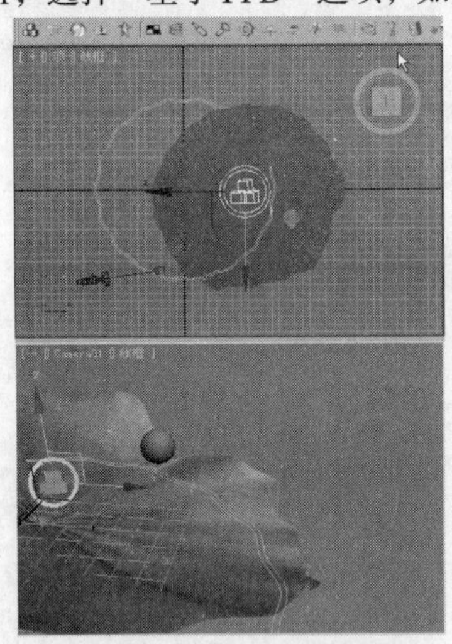

图 10-72

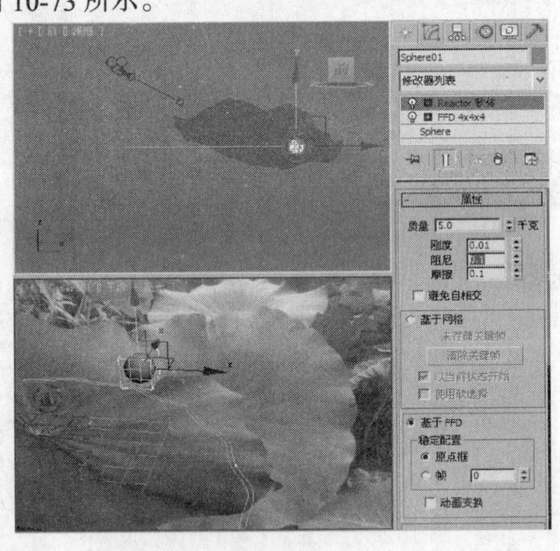

图 10-73

Step 18 在场景中选择球体，在 Reactor 工具栏中单击（创建软体集合）按钮，将球体创建为软体集合，如图 10-74 所示。

Step 19 在场景中选择球体，切换到（工具）命令面板，在“工具”卷展栏中单击“reactor”按钮，在“属性”卷展栏中设置“质量”为 5、“摩擦”为 0.05，如图 10-75 所示。

Step 20 在“Hacok 1 世界”卷展栏中设置“碰撞容差”为 0.5，如图 10-76 所示。

Step 21 在场景中选择荷叶，切换到（工具）命令面板，在“工具”卷展栏中单击“reactor”按钮，在“属性”卷展栏中设置“摩擦”为 0.1，在“模拟几何体”组中选择“凹面网格”选项，如图 10-77 所示。

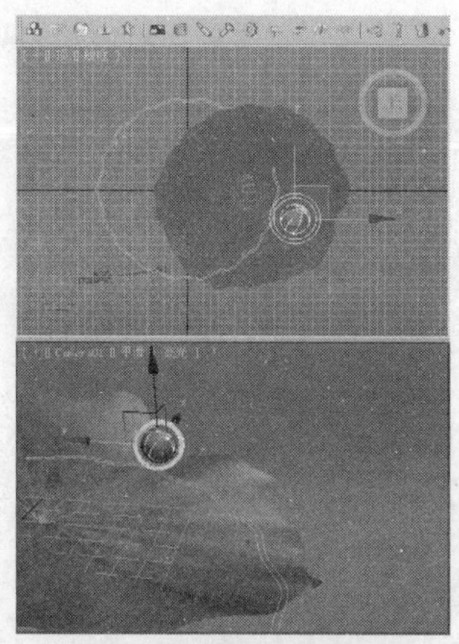

图 10-74

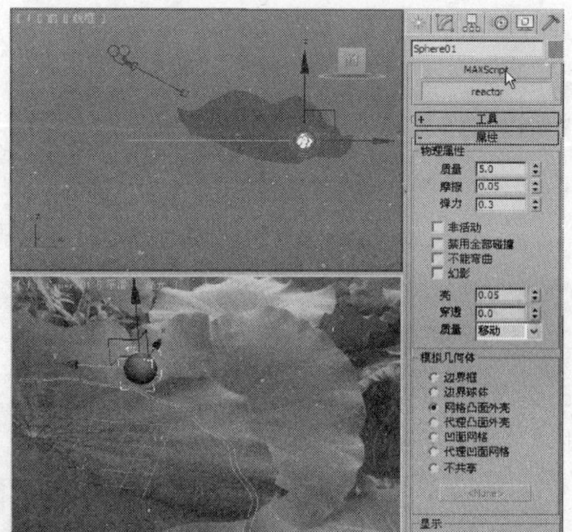

图 10-75

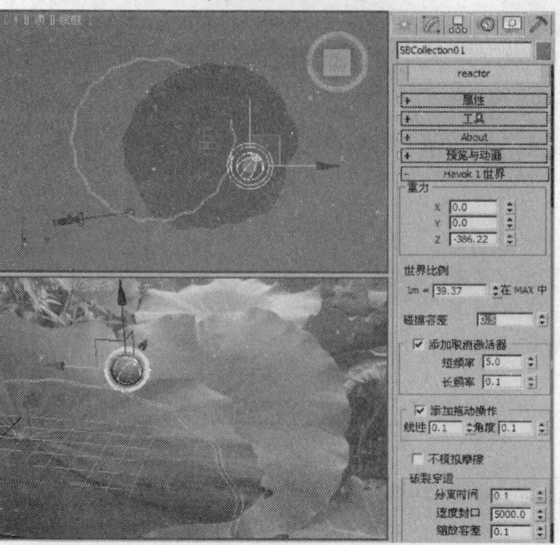

图 10-76

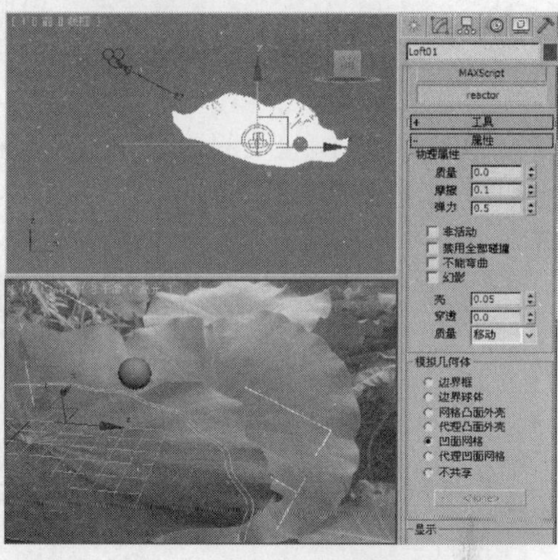

图 10-77

Step 22　在 Reactor 工具栏中单击（预览动画）按钮，在弹出的对话框中按 P 键，可以预览动画，效果如图 10-78 所示。

Step 23　在场景中调整球体大小到合适的效果，并调整场景中荷叶的角度，如图 10-79 所示。

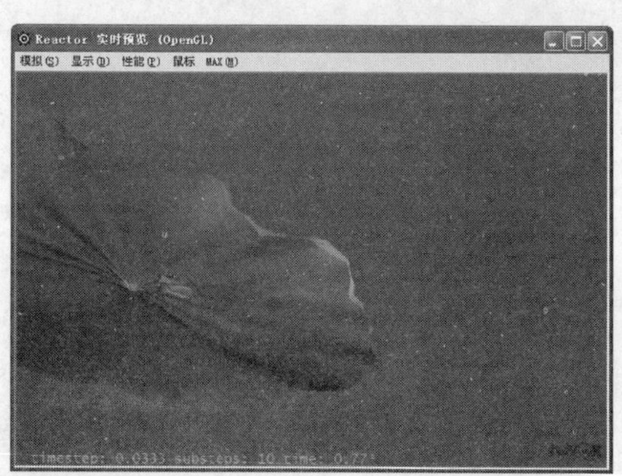

图 10-78

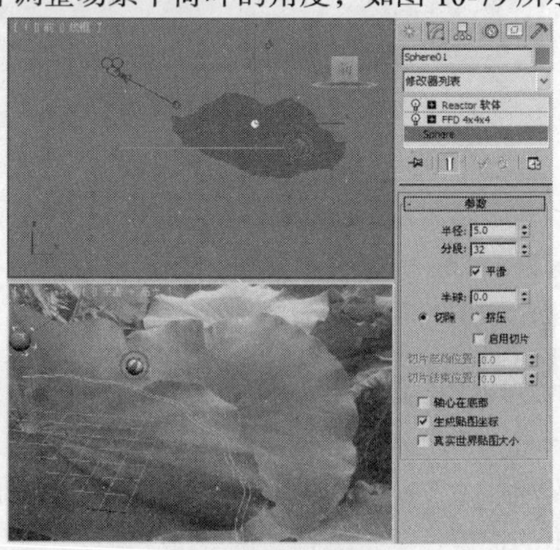

图 10-79

Step24 在 Reactor 工具栏中单击（预览动画）按钮，在弹出的对话框中按 P 键预览动画，如图 10-80 所示。

Step25 切换到（工具）命令面板，在“预览与动画”卷展栏中单击“创建动画”按钮，创建动力学动画，如图 10-81 所示。

图 10-80

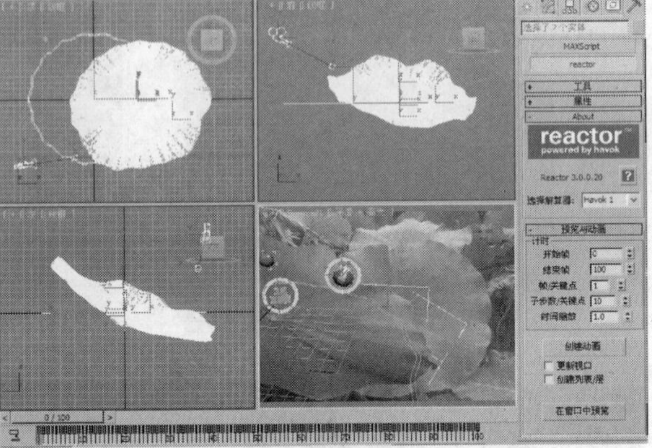

图 10-81

Step26 在场景中创建“天光”，并创建一盏泛光灯，调整灯光的位置，并设置灯光的“倍增”为 0.3，如图 10-82 所示。

Step27 选择渲染类型为“光跟踪器”，如图 10-83 所示。

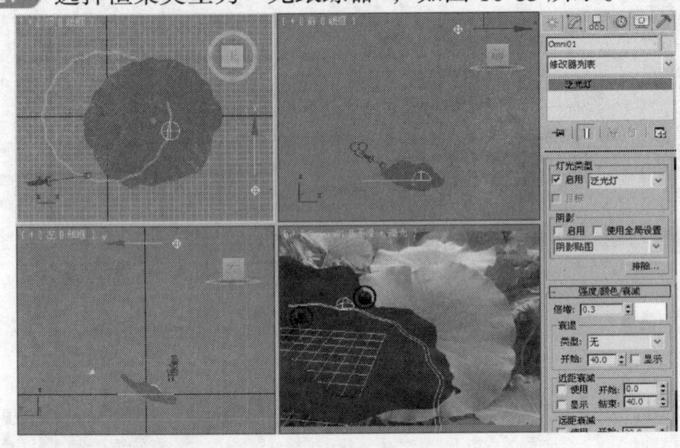

图 10-82

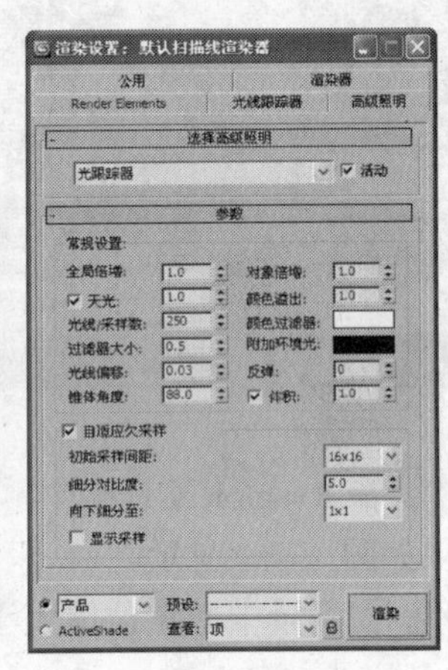

图 10-83

Step28 渲染场景动画，这里我们就不介绍了。

10.3.2 reactor 系统参数设置

通过上面制作荷叶上的水滴，可以简单地认识了 reactor 面板及制作流程，下面对 reactor 系统进行详细介绍。

1．reactor 工具的分布

reactor 将所有的工具放置在一个工具栏中，如图 10-84 所示。这个工具栏默认是放置在 3ds Max 2010 界面的左侧。如果界面中没有显示 reactor 工具栏，可以在主工具栏的空白处单击鼠标右键，在弹出的快捷菜单中选择“reactor”命令，如图 10-85 所示。

图 10-84

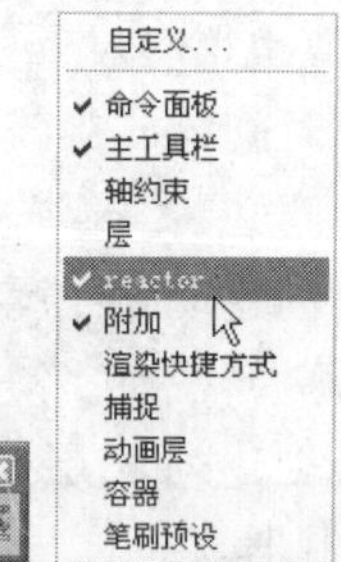

图 10-85

由于 reactor 是后来加入到 3ds Max 2010 中的，它的模块被分为几个部分，并分别放置在不同的地方。

⊙ 选择“（工具）> 工具 > reactor”按钮，可以打开 reactor 的控制面板，如图 10-86 所示。

⊙ 选择“（创建）>（辅助对象）> reactor”按钮，几乎所有的 reactor 控件都在这个命令面板中，如图 10-87 所示，可以看到有 20 种控件，它们与工具栏中的按钮是相对应的。

⊙ 有个最独特的类型水，放置在“（创建）>（空间扭曲）> reactor”面板中，如图 10-88 所示。

⊙ 有些类型的物体需要先指定特殊的 reactor 修改，如图 10-89 所示，如软体物体、布料，因为程序面板的总控制中心只提供了刚体的设置参数，所以如果不是刚体类型，就需要在自己的修改器中进行设置。

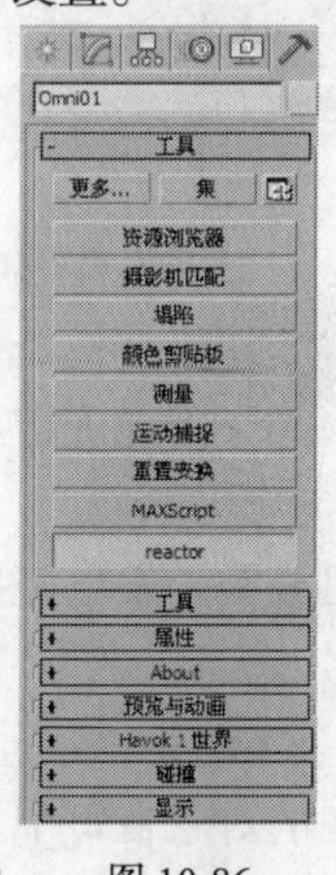

图 10-86

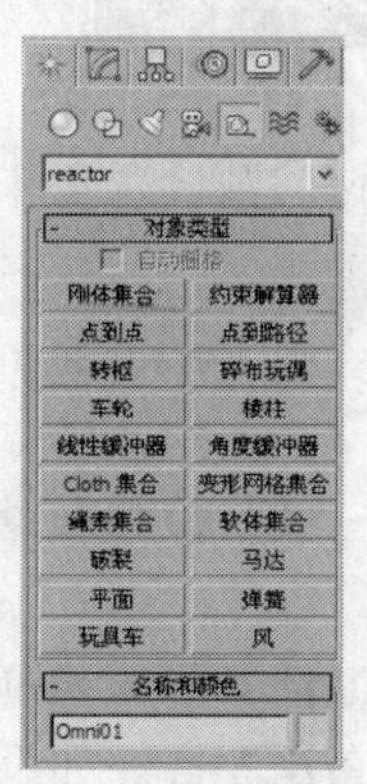

图 10-87

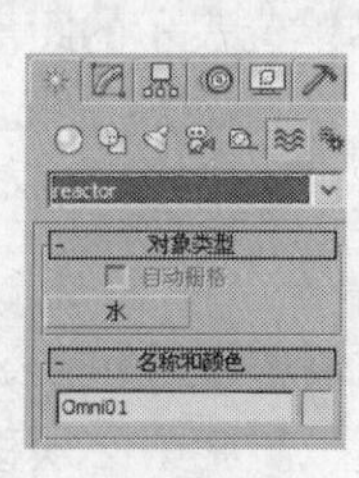

图 10-88

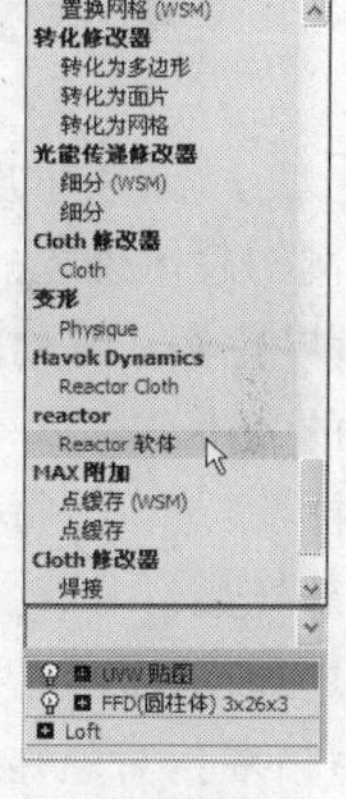

图 10-89

2．reactor 基本参数设置

下面介绍（工具）面板中 reactor 各个卷展栏的参数设置。

“预览与动画”卷展栏如图 10-90 所示。

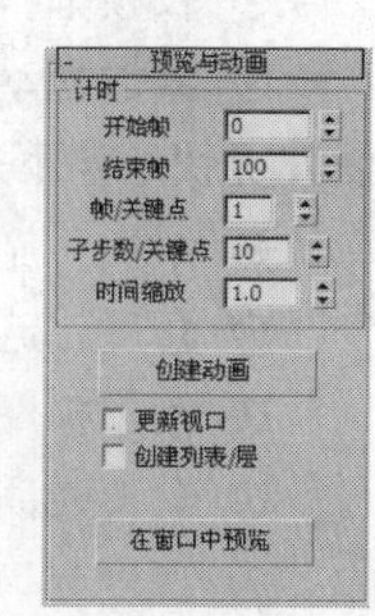

图 10-90

⊙ 开始帧：在创建要模拟或预览的世界时，reactor 需要在固定时间访问场景中的对象，它定义动画的第一帧。

⊙ 结束帧：模拟动画的最后一帧，当 reactor 创建动画时，它会生成从开始帧时间到当前帧的关键帧。

⊙ 帧/关键点：reactor 创建的每个关键帧的帧数。例如，将其设置为 3，将会以每 3 帧创建一个关键帧，如果设置的数值大，它会降低模拟的精度。

⊙ 子步数/关键点：每个关键帧的 reactor 模拟子步长数。此值越大，模拟越精确，不过模拟所

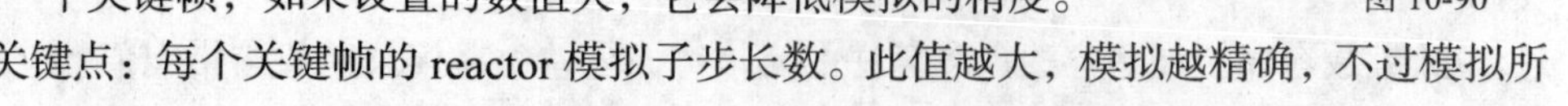

需的计算也增多。

⊙ 时间缩放：该参数将模拟中的时间与场景中的时间相对应。更改其值会减缓或加快动画的速度。

⊙ 创建动画：运行模拟并创建关键帧，从开始帧到结束帧。

⊙ 更新视口：勾选该选项，在创建动画时更新视口中的场景。

⊙ 创建列表/层：勾选该选项，使用位置/旋转/缩放变换控制器为刚体的位置和旋转轨迹创建列表控制器。

⊙ 在窗口中预览：在预览窗口中预览模拟的场景，如图 10-91 所示。

“Havok 1 世界”卷展栏如图 10-92 所示。

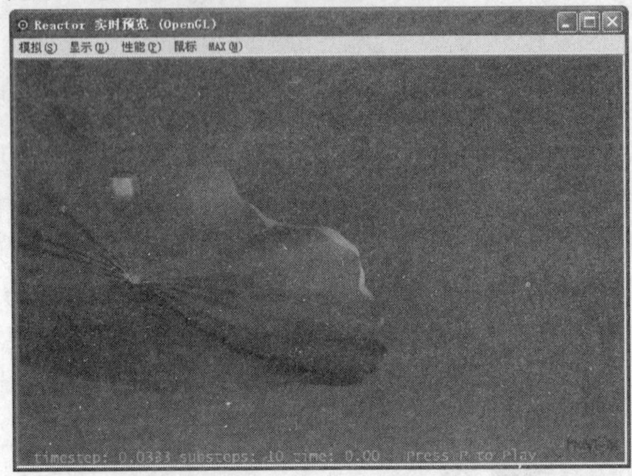

图 10-91

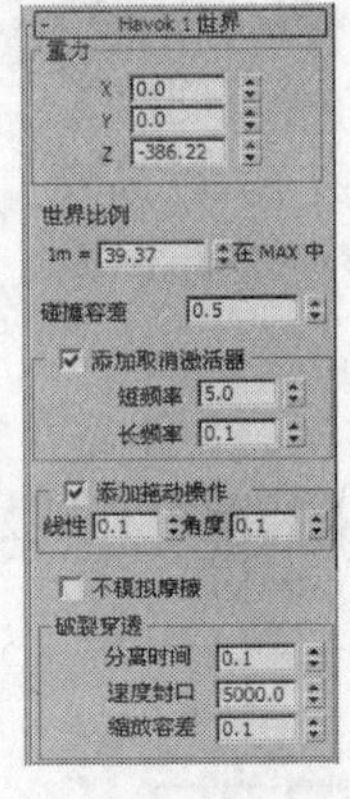

图 10-92

⊙ 重力：场景中的对象因重力产生的加速度。该参数设置是非常重要的，因为会影响动力学模拟中比例的总体感觉。

⊙ 世界比例：用 Max 世界单位表示的距离，它表示 reactor 世界中的一米，因此确定了模拟中每个对象的大小。

⊙ 碰撞容差：在每个模拟步骤中执行的任务之一就是检测场景中的对象是否发生碰撞，然后相应地更新场景。

⊙ 添加取消激活器：勾选该选项后，reactor 将激活器添加到模拟中。

⊙ 短频率：对象在每帧模拟步骤中必须移动的最小距离。如果模拟中的对象在每个步长中没有指定移动的距离，则 reactor 将取消激活该对象。

⊙ 长频率：设置距离，通常是大于“短频率”。

⊙ 添加拖动操作：勾选该选项，确保刚体受持续阻力的影响。这样将降低线速度和角速度，使其更快地停下来。

⊙ 线性：施加的线性阻尼。

⊙ 角度：施加的角度阻尼。

⊙ 不模拟摩擦：勾选该选项，reactor 在模拟期间将忽略所有摩擦值，但是降低了精度。

⊙ 分离时间：将对穿透实体应用足够的力，以使其在指定的时间内分离。

⊙ 速度封口：当穿透恢复力导致两个穿透实体间的相对速度超过指定的值时，reactor 将不会应用穿透恢复力。

⊙ 缩放容差：使用穿透深度算法的实体碰撞公差由碰撞公差值与指定值的乘积决定。

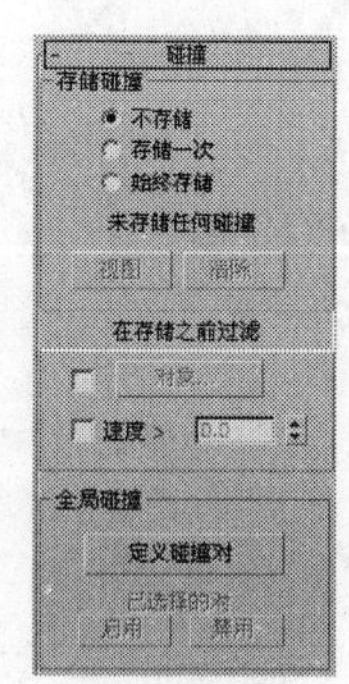

图 10-93

"碰撞"卷展栏可以设置保存于场景中的碰撞详细信息，并且可以启用和禁用对指定对象对的碰撞检测，如图 10-93 所示。

⊙ 存储碰撞：创建动画时，可使用这些选项保存碰撞信息。对于在模拟过程中发生的每次碰撞，reactor 可以记录碰撞发生的模拟时间、涉及的对象、碰撞点和碰撞期间的相对速度。

⊙ 视图：单击该按钮可以打开一个对话框，其中显示了当前保存的所有碰撞信息。

⊙ 清除：删除保存的所有碰撞信息。

⊙ 对象：勾选其右侧的复选框，然后单击该按钮，可以打开"定义碰撞"对话框，如图 10-94 所示。

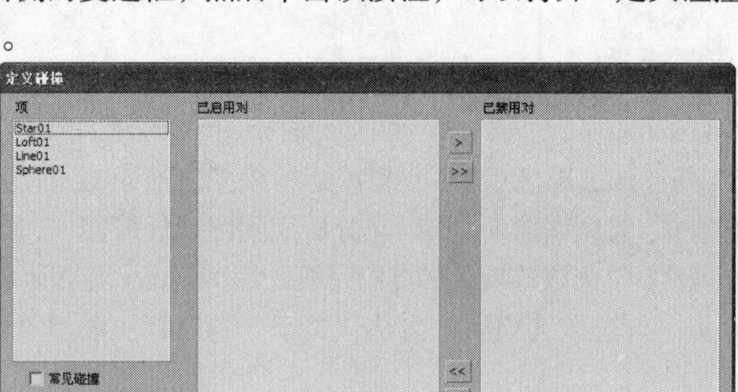

图 10-94

"显示"卷展栏如图 10-95 所示。

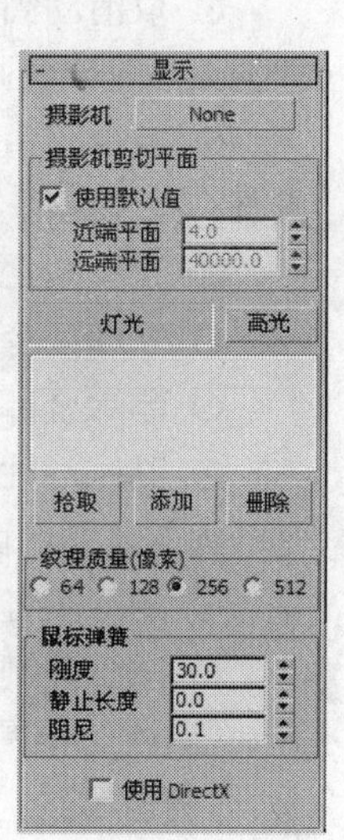

图 10-95

⊙ 使用默认值：指定摄影机的剪切平面，其无法显示场景中的所有内容。

⊙ 近端平面：禁用"使用默认值"时要使用的近平面。

⊙ 远端平面：禁用"使用默认值"时要使用的远平面。

⊙ 灯光：通过"拾取"或"添加"按钮，将场景中的灯光加入到预览窗口的显示中，用指定的灯光进行实时预览。

⊙ "纹理质量（像素）"组：设置预览窗口中纹理贴图的显示品质，它提供了 4 种选择，代表贴图使用的像素值，值越大，贴图的精度越高，显示效果越好，但耗费的资源也越大。一般情况下使用 128 或者 256 就可以。

⊙ 刚度：设置光标拖动对象的强度，值越大，拖动对象所需的力越小，如果在预览窗口中使用光标拖动对象很费劲，那么就增大这个数值。

⊙ 静止长度：光标弹簧的静止长度。

⊙ 阻尼：光标弹簧的阻尼值。

⊙ 使用 DirectX：如果显卡不支持 OpenGL，可以勾选该选项，使用 DirectX 方式进行预览。

"工具"卷展栏如图 10-96 所示。

⊙ 分析世界：单击该按钮，弹出对话框如图 10-97 所示，它从创建模拟开始。如果在建立模拟时发生任何错误，都会在这个对话框中输出报告。

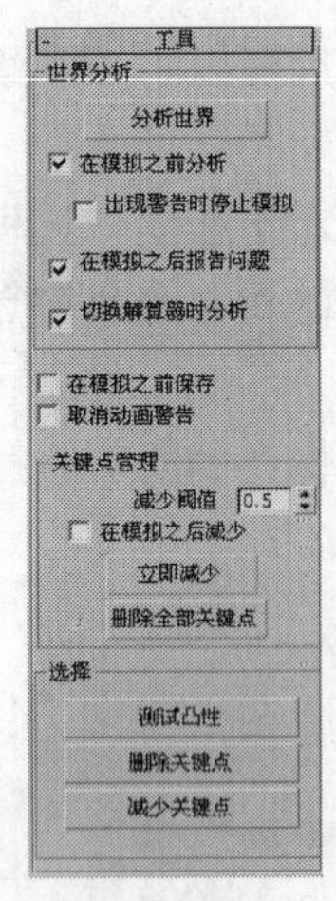

图 10-96

图 10-97

⊙ 在模拟之前分析：勾选该选项之后，在预览或运行模拟之前，reactor 总是会调用“分析世界”。

⊙ 出现警告时停止模拟：勾选该选项，如果在分析期间出现任何警告，则阻止 reactor 创建动画。

⊙ 在模拟之后报告问题：勾选该选项，在模拟完成之后，reactor 将报告模拟期间检测到的问题。

⊙ 切换解算器时分析：勾选该选项后，当从“关于”卷展栏更改解算器时，reactor 会自动调用“分析世界”。

⊙ 在模拟之前保存：勾选该选项后，reactor 会在模拟之前保存场景。

⊙ 取消动画警告：在没有勾选该选项的情况下，单击“创建动画”按钮，reactor 会打开警报，警告无法完成动画的创建，并会询问是否进行确认。

⊙ 减少阈值：指定减少关键点的程度，增大此值会导致删除更多的关键点，但是动画可能会失真；减少此值会保留更多的关键点，且精确度更高，但会以占用内存为代价。

⊙ 在模拟之后减少：勾选该选项，每次模拟时，reactor 会自动应用关键帧减少。

⊙ 立即减少：减少模拟中所有刚体的关键帧。

⊙ 删除全部关键点：删除模拟中所有刚体的所有关键帧。

⊙ 测试凸性：在选择模拟几何体之前，对视口中当前选定对象报告凸面性测试，以检查对角是凸面的还是凹面的。

⊙ 删除关键点：减少视口中当前选择对象的所有关键帧。

⊙ 减少关键点：减少视口中当前选择对象的关键帧。

“属性”卷展栏如图 10-98 所示。

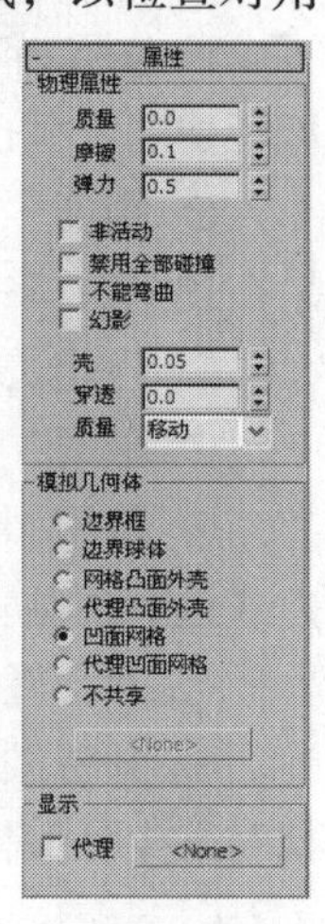

图 10-98

“物理属性”组：

⊙ 摩擦：控制对象表面的摩擦值。该值会影响刚体与对象接触表面的移动平滑程度。

⊙ 弹力：控制弹性。

⊙ 非活动：勾选该选项，刚体会在一个非活动状态下开始进行模拟。

⊙ 禁用全部碰撞：勾选该选项，对象不会和场景中的其他对象发生碰撞，而仅仅穿过它们。

⊙ 不能弯曲：勾选该选项，刚体的运动源来自已经存在于场景中的动画，而非物理模拟。

⊙ 幻影：勾选该选项，对象在模拟中没有物理作用。

⊙ 壳：围绕凸体图形的外围范围。

⊙ 穿透：设置 reactor 允许穿透的数量。

⊙ 质量：能够就基本所需级别的交互为每一个对象设置单独参数。

“模拟几何体”组：

⊙ 边界框：将对象模拟为长方体，其范围由对象的尺寸决定。

⊙ 边界球体：将对象作为隐含的球体进行模拟。该球体以对象的轴点为中心，并用最小的体积围住对象的几何体。

⊙ 网格凸面外壳：对象的几何体会使用一种算法，该算法会使用几何体的顶点创建一个凸面几何体，并完全围住原几何体的顶点。

⊙ 代理凸面外壳：使用另一个对象的凸面外壳作为对象在模拟中的物理表示。例如，可以使用低多边形茶壶的凸面外壳对高多边形茶壶进行模拟。代理对象的轴点和刚体的轴点是对齐的。

⊙ 凹面网格：使用对象的实际网格进行模拟。虽然对象的凸面外壳和对象的实际网格可能是完全相同的，但使用凸面外壳可以使模拟的运行速度更快，因为 reactor 可以对凸面对象做出某些假设。

⊙ 代理凹面网格：使用另一个对象的凹面网格作为对象的物理表示。

⊙ 不共享：该选项仅在选择了具有不同模拟几何体设置的多个对象时才处于活动状态，且不能由用户选择。

⊙ 显示：勾选该选项并通过“代理”按钮指定代理对象时，reactor 会在对象的位置上显示预览窗口中指定的代理。

3．使用 reactor 集合

下面将简单介绍常用 reactor 工具的使用及相应的基本参数设置。

（1）刚体

reactor 使用集合方式来控制对象属性，一个刚体只有被添加到刚体集合之中，才能具备刚体属性参与动力学运算。一个刚体具有许多的物理属性，如质量、表面摩擦系数、弹性等，这些物理属性决定着这个对象在场景中的运动行为。

下面介绍刚体的使用。

Step 01 在场景中创建一个长方体和一个球体，并将长方体旋转为斜面，如图 10-99 所示。

Step 02 单击 reactor 工具栏中的（创建刚体集合）按钮，在视图中创建一个刚体，在修改命令面板中，单击卷展栏中的“添加”按钮，在打开的对话框中选择要加入到刚体集合的对象，如图 10-100 所示。

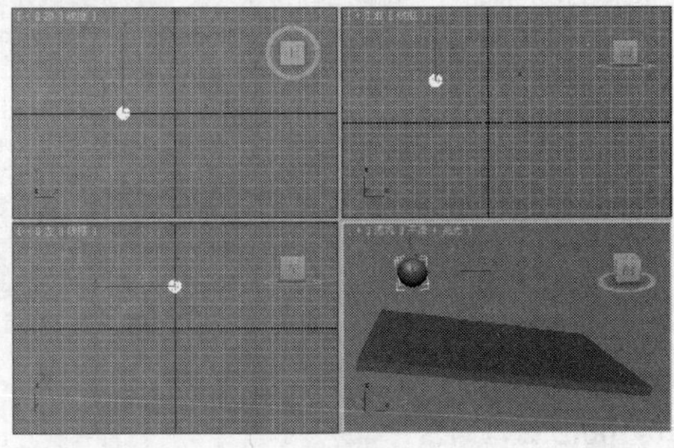

图 10-99

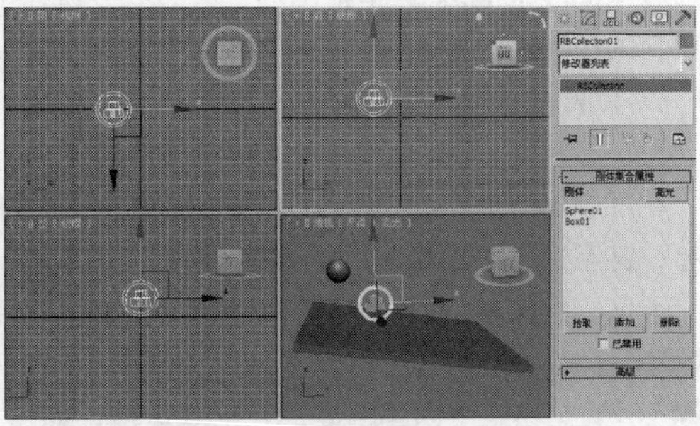

图 10-100

Step 03 在场景中选择球体。选择“ （工具）> 工具 > reactor”按钮，在“属性”卷展栏中，将“质量”设置为 3，为了需要也可以设置“摩擦”、“弹力”选项，然后单击“预览与动画”卷栅栏中的“预览”按钮，打开模拟预览窗口，可以拖曳鼠标调整视图角度，按 P 键查看效果，如图 10-101 所示。

Step 04 如果效果满意，关闭模拟窗口，在“预览与动画”卷展栏中单击“创建动画”按钮，创建动画关键帧，如图 10-102 所示。

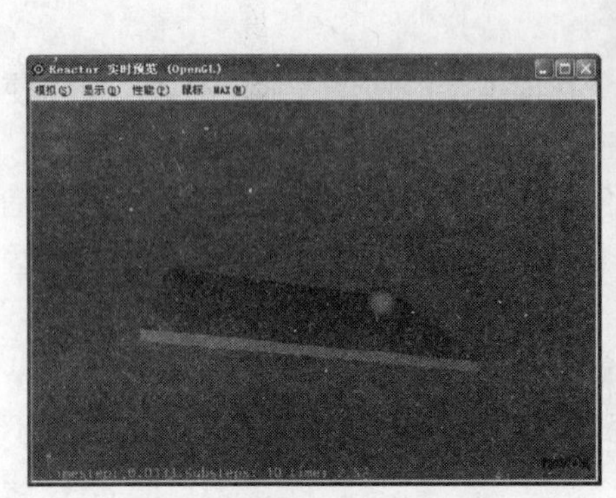

图 10-101

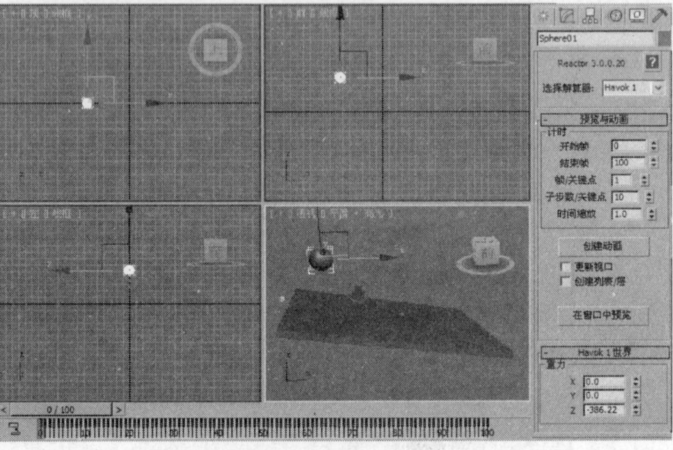

图 10-102

下面介绍刚体集合的属性。

“刚体集合属性”卷展栏如图 10-103 所示。

⊙ 刚体：在下面的列表框中列出了该刚体集合中包含的刚体对象。

⊙ 高光：单击该按钮，列表中的对象在视口中立即显示，如同被选定一样。

⊙ 拾取：单击该按钮可以在视图中选择要加入到刚体集合中的对象。

⊙ 添加：单击该按钮，在打开的“Select rigid bodies”对话框中，选择添加到刚体集合的对象。

⊙ 删除：单击该按钮，将列表中选中的对象删除。

⊙ 已禁用：勾选该选项，这个刚体集合中的对象不再参与 reactor 的模拟计算，默认为不勾选。

“高级”卷展栏如图 10-104 所示。

⊙ Euler：它是最简单快速的计算方式，但不适合计算复杂的场景。

⊙ Runge-Kutta：它是精确的计算方式，适合于复杂的场景，而且它的交互性较好。

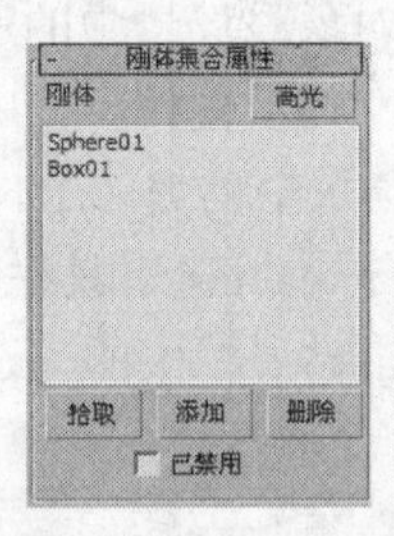

图 10-103

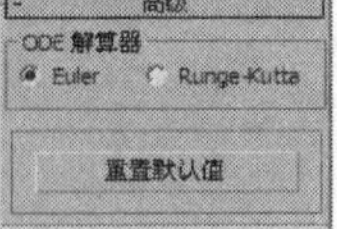

图 10-104

⊙ 重置默认值：将集合的设置恢复为默认值。

（2）布料

在反应器中的织物对象是一种具有两个维度的可变形对象，可以用于模拟旗帜、窗帘、衣服、桌布，甚至还可以模拟一些纸张或金属片。

下面介绍布料的使用。

Step 01 在场景中创建球体和平面，如图 10-105 所示。

Step 02 在场景中创建刚体，并拾取球体，如图 10-106 所示。

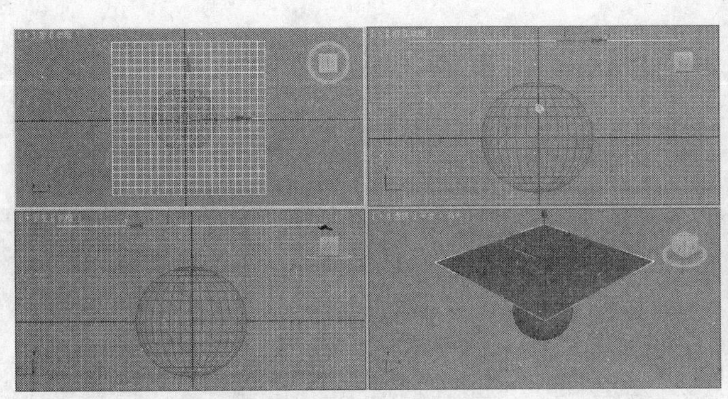

图 10-105

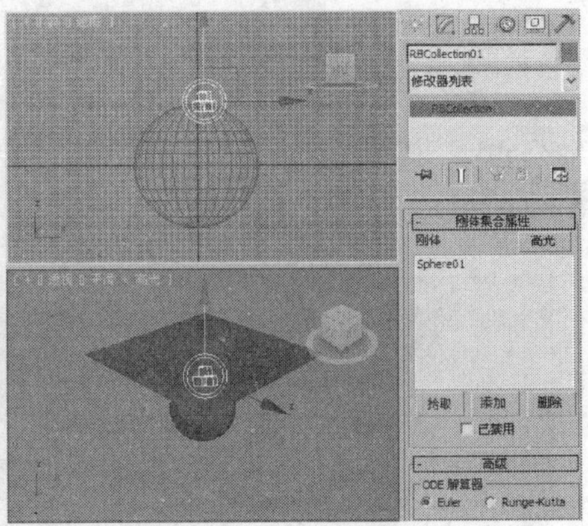

图 10-106

Step 03 在场景中为平面施加“Reactor Cloth”修改器，如图 10-107 所示。

Step 04 在场景中创建布料集合，拾取平面，如图 10-108 所示。

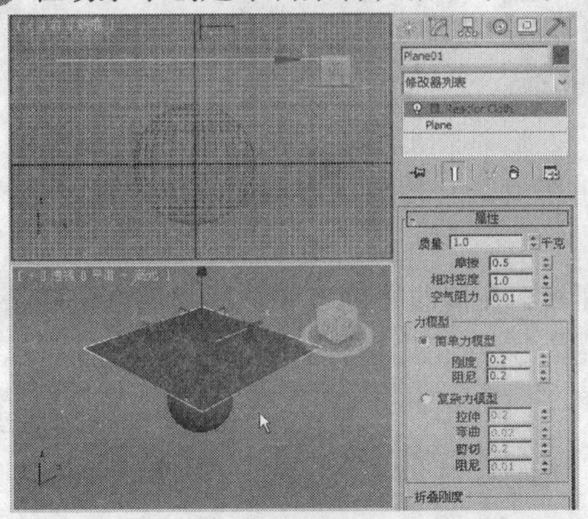

图 10-107

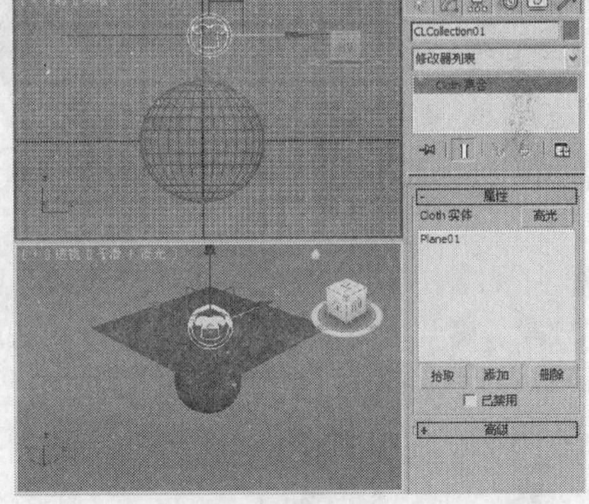

图 10-108

Step 05 预览场景动画，如图 10-109 所示。

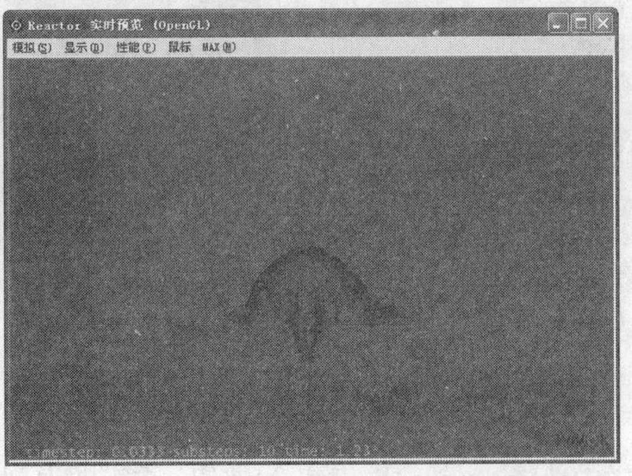

图 10-109

提示： 如果不是设置布料动画可以使用“Cloth”修改器。

（3）软体

软体是指基于物理属性的能够产生几何变形的一类对象，如气球、果冻、软糖、橡胶、赘肉等，这类对象可以弯曲、伸展、折叠，或者产生其他类似运动，它的应用十分广泛。但是，这类对象会大大降低动力学模拟计算的速度，具体操作可以参考前面“荷叶上的水滴”实例的制作。

（4）绳索

下面介绍绳索集合的使用。

Step 01 在场景中创建一个球体和螺旋线，如图 10-110 所示。

Step 02 在视图中选择球体，选择“（工具）> 工具 > reactor”按钮，选择“属性”卷展栏中“模拟几何体”组中的“边界球体”选项，如图 10-111 所示。

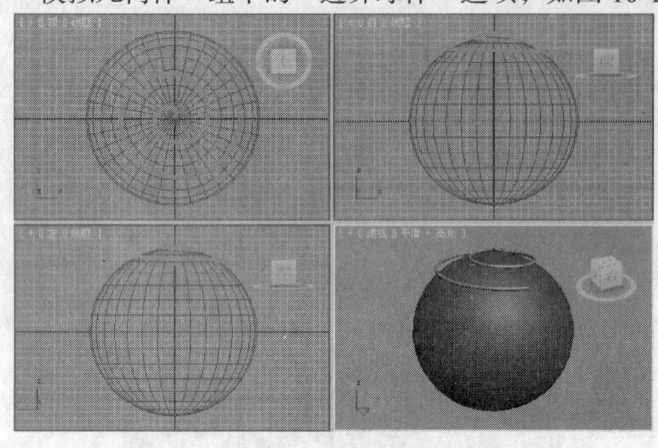

图 10-110

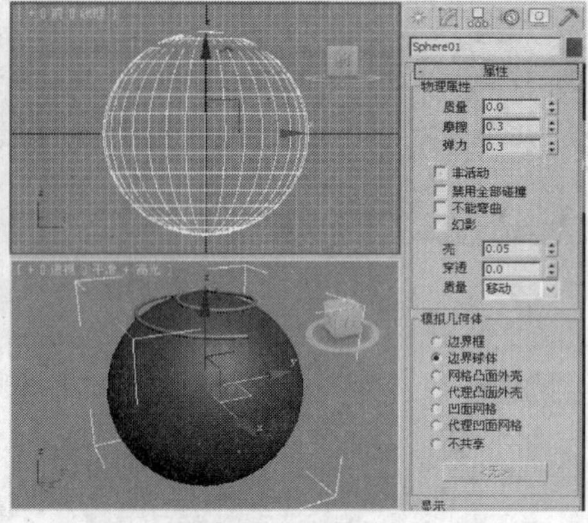

图 10-111

Step 03 单击 reactor 工具栏中的（创建刚体集合）按钮，将球体添加到刚体集合中，如图 10-112 所示。

Step 04 在视图中选择螺旋线，进入修改命令面板，在修改器列表中选择“规格化样条线”修改器，将“分段长度”设置为 5，即每个片段的长度为 5，如图 10-113 所示。

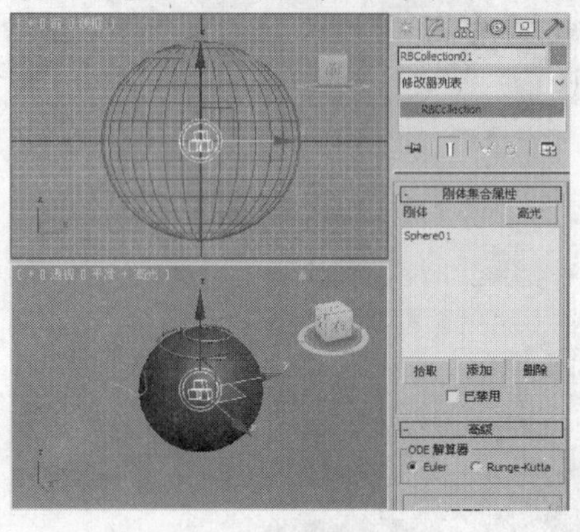

图 10-112

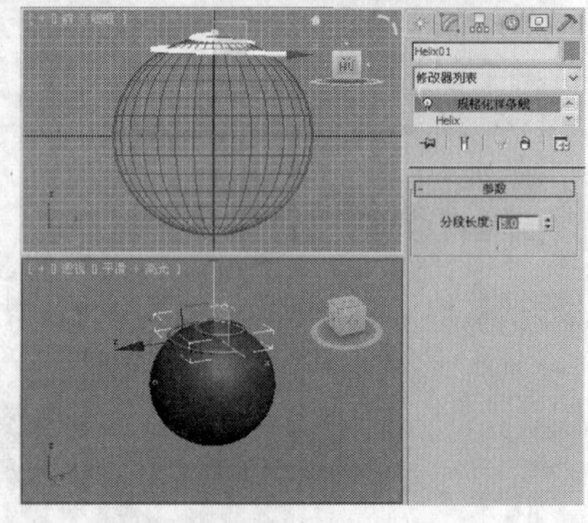

图 10-113

Step 05 再在修改器列表中为其施加“reactor 绳索”修改器，将当前选择集定义为“顶点”，在视图中选择要固定的一个顶点，然后单击“约束”卷展栏中的“固定顶点”按钮，如图 10-114 所示。

Step 06 在 reactor 工具栏中选择（创建绳索集合）按钮，在视图中创建一个绳索集合，将螺旋线加入到绳索集合中，如图 10-115 所示。

Step 07 预览动画，如图 10-116 所示。

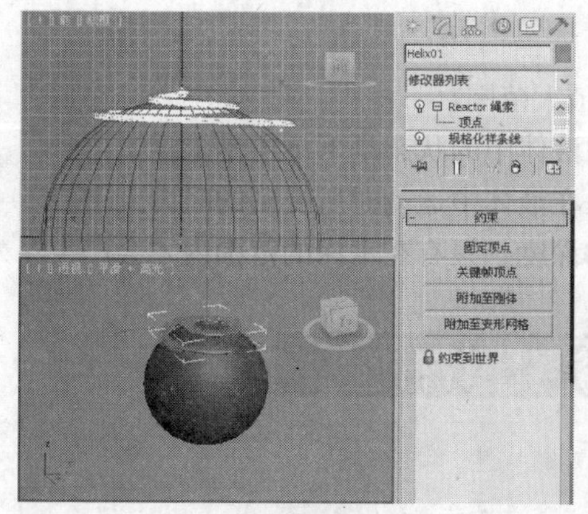

图 10-114

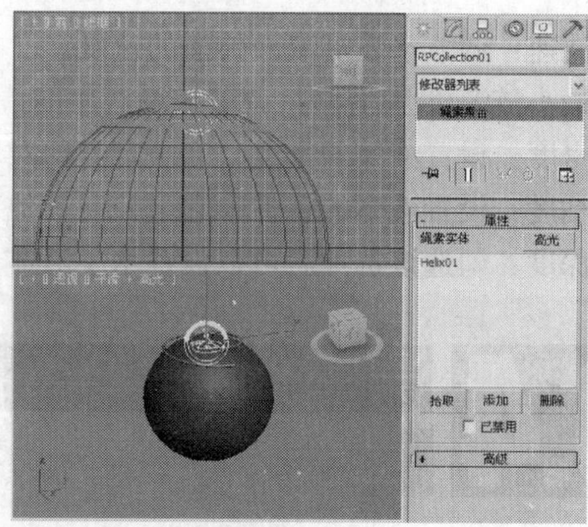

图 10-115

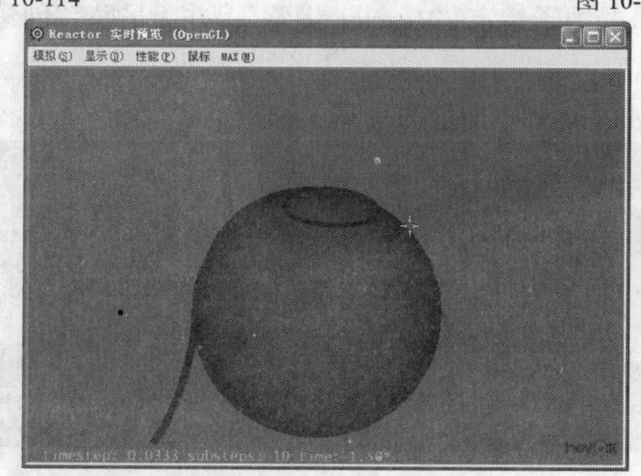

图 10-116

下面介绍绳索“属性”参数，如图 10-117 所示。

⊙ 质量：用来调整绳索的质量。

⊙ 厚度：线条对象没有厚度，只有在此处设置绳子的厚度，绳子才具有体积，才能受到风力、浮力的影响。

⊙ 摩擦：用来调节绳子表面系数，相当于刚体的摩擦系数。

⊙ 空气阻力：调节绳子的阻尼数。

⊙ “绳索类型”组：可以指定“弹簧”、“约束”两种类型，指定为“约束”类型可以减小绳索的伸展性，占用的系统资源也较少。

（5）水

在“（创建）>（空间扭曲）> reactor”中，水对象可以设置的参数较少，如图 10-118 所示。

⊙ X/Y 大小：水对象的长宽尺寸。

⊙ X/Y 细分：设置水对象的网格细划分数，细划分数越大，模拟计算的精度越高，系统计算的速度越慢。

⊙ 横向：勾选此选项后，可以单击其右侧的 None 按钮，选择液体中的一个刚体，这样当水波运动到这个对象侧面的时候会反射回来。

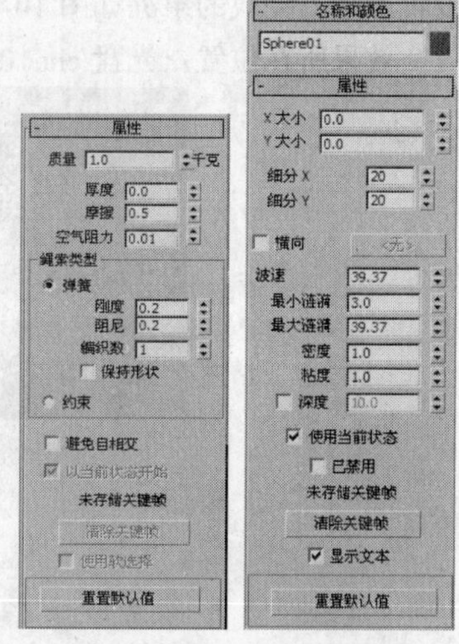

图 10-117　　图 10-118

⊙ 波速：调节水波沿液面传播的速度。

⊙ 最小涟漪/最大涟漪：调节涟漪产生的最小/最大范围。

⊙ 密度：设置液体的密度，它决定其他对象在液体中的状态是下沉还是上浮。

⊙ 粘度：设置液体的粘性，它可控制其他对象在液体中运动时所受到的阻力大小。

⊙ 深度：勾选该选项后可以设置水（液体）的深度，只有在水深的范围内才会产生浮力。

10.4 课堂练习——掉落的吊坠

案例知识要点：为吊坠的绳子指定“Reactor 绳索”，并为吊坠“创建刚体集合”，完成掉落的吊坠效果如图 10-119 所示。

效果所在位置：光盘/cha10/效果/掉落的吊坠.max。

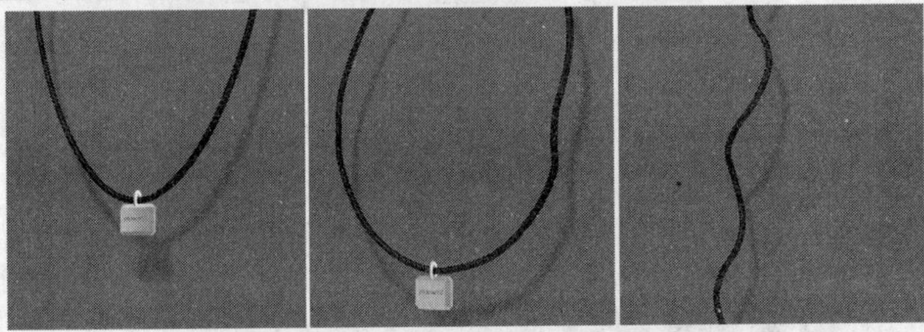

图 10-119

10.5 课后习题——果冻效果

习题知识要点：为果冻施加“Reactor 软体”，为作为地面的平面指定为“创建刚体集合”对象，设置参数，完成的果冻如图 10-120 所示。

效果所在位置：光盘/cha10/效果/果冻.max。

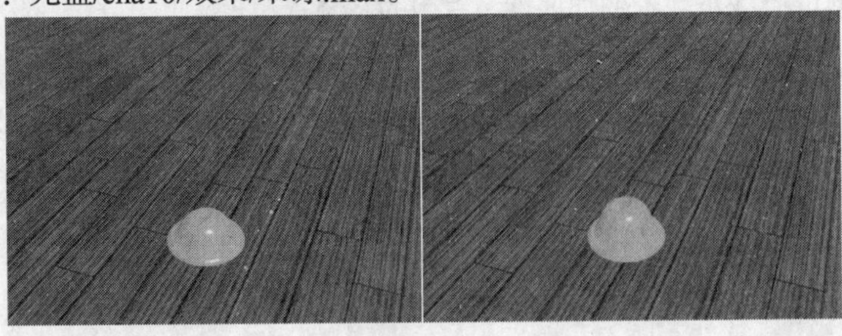

图 10-120

第11章 环境特效动画

本章将详细讲解 3ds Max 中常用的“环境和效果”编辑器和 Video Post 后期合成。“环境和效果”编辑器不但可以设置背景和背景贴图，还可以模拟现实生活中对象被特定环境围绕的现象，如雾、火苗。Video Post 后期合成是一个强大的编辑、合成与特效处理工具，它可以将目前场景图像和滤镜在内的各个要素结合起来。读者通过本章的学习，可以掌握 3ds Max 环境特效动画的制作方法和应用技巧。

【教学目标】

- 环境编辑器。
- 大气效果。
- 效果。
- Video Post 后期合成。

11.1 环境编辑器简介

在菜单栏中选择“渲染 > 环境”命令，即可打开“环境和效果”对话框，如图 11-1 所示。

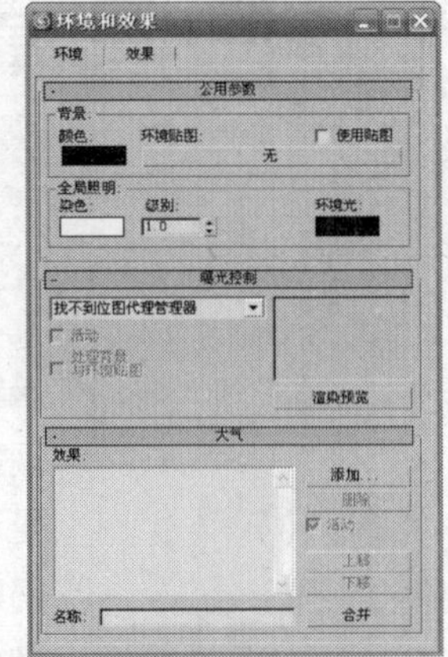

图 11-1

使用环境功能可以执行以下操作。

⊙ 设置背景颜色和背景颜色动画。

⊙ 在渲染场景（屏幕环境）的背景中使用图像，或者使用纹理贴图作为球形环境、柱形环境或收缩包裹环境。

⊙ 设置环境光和环境光动画。

⊙ 在场景中使用大气插件（如体积光）。

⊙ 将曝光控制应用于渲染。

11.1.1 “公用参数”卷展栏

“公用参数”卷展栏主要用于设置场景的背景颜色及环境贴图，其详细的参数设置如下。

⊙ 颜色：设置场景背景的颜色。单击其下方的色块，然后在“颜色选择器”中选择所需的颜色，如图 11-2 所示。

⊙ 环境贴图：环境贴图的按钮会显示贴图的名称，如果尚未指定名称，则显示“无”。贴图必须使用环境贴图坐标（球形、柱形、收缩包裹和屏幕）。

要指定环境贴图，单击“无”按钮，使用“材质/贴图浏览器”选择贴图，如果想进一步设置背景贴图可以将已经设置贴图的“环境贴图”按钮拖至“材质编辑器”中的样本球上。此时会弹出对话框，询问用户复制贴图的方法，这里给出了两种方法：一种是“实例”，另一种是“复制”，如图 11-3 所示。

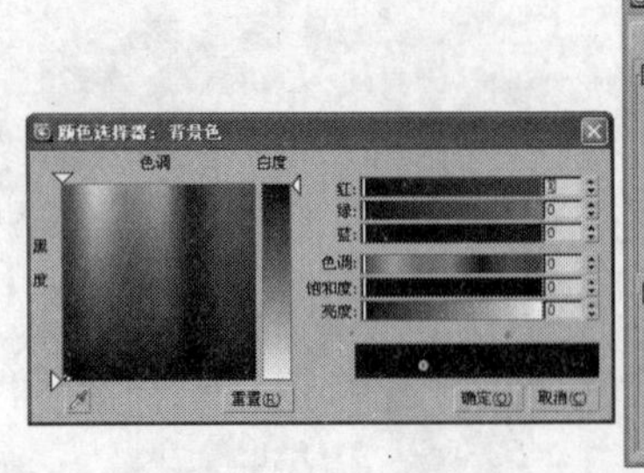

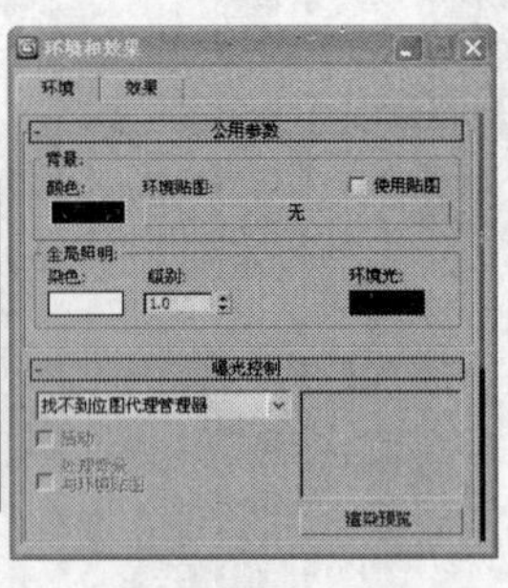

图 11-2

图 11-3

⊙ 使用贴图：勾选该选项，当前环境贴图才生效。

⊙ 染色：如果此颜色不是白色，则为场景中的所有灯光（环境光除外）染色。单击色块，显示“颜色选择器”对话框，用于选择色彩颜色。

⊙ 级别：增强场景中的所有灯光。如果级别为 1.0，则保留各个灯光的原始设置。增大级别将增强总体场景的照明强度，减小级别将减弱总体照明强度。此参数可设置动画，默认设置为 1.0。

⊙ 环境光：设置环境光的颜色。单击色块，然后在“颜色选择器”中选择所需的颜色。

提示：单击并打开“自动关键点”按钮，可以对“全局照明”组中颜色和数值的变化进行动画记录。

11.1.2　“曝光控制”卷展栏

“曝光控制”卷展栏用于调整渲染的输出级别和颜色范围，类似于电影的曝光处理，它尤其用于 Radiosity 光能传递。

曝光控制可以补偿显示器有限的动态范围。显示器的动态范围大约有两个数量级。显示器上显示的最亮颜色要比最暗颜色亮大约 100 倍。比较而言，眼睛可以感知大约 16 个数量级的动态范围。可以感知最亮的颜色比最暗的颜色亮大约 10^{16} 倍。曝光控制调整颜色，使颜色可以更好地模拟眼睛的大体动态范围，同时仍适合可以渲染的颜色范围。

“曝光控制”卷展栏中有如下选项，如图 11-4 所示。

⊙ 下拉列表：选择要使用的曝光控制，如图 11-5 所示。

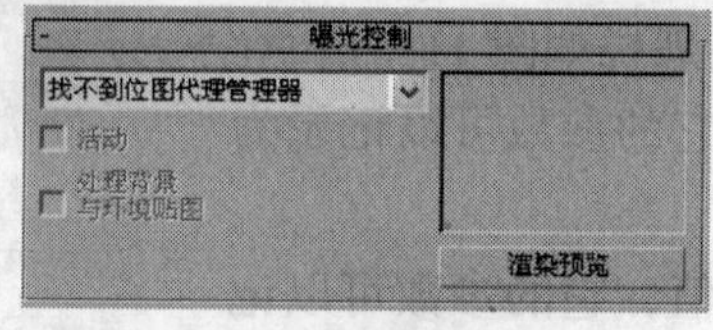

图 11-4

图 11-5

⊙ 活动：勾选该选项时，在渲染中使用当前曝光控制；取消勾选时，不使用当前曝光控制。

⊙ 处理背景与环境贴图：勾选该选项时，场景中的背景贴图会受曝光控制的影响；取消勾选时，则不受曝光控制的影响。

⊙ 渲染预览：单击该按钮，在预览窗口中会显示出受曝光控制的影响效果。渲染前先执行这个命令，可以对曝光设置进行预览，如果不满意，可以随时对当前曝光控制的类型或一些曝光参数进行调节，然后显示在预览窗口中。

1. 自动曝光控制

“自动曝光控制”对当前渲染的图像进行采样，创建一个柱状图统计结果，然后依据采样统计的结果对不同的色彩分别进行曝光控制，它可以相对提高场景中的光效亮度。

在“曝光控制”下拉列表中选择“自动曝光控制”，会出现该选项的参数卷展栏，如图 11-6 所示。

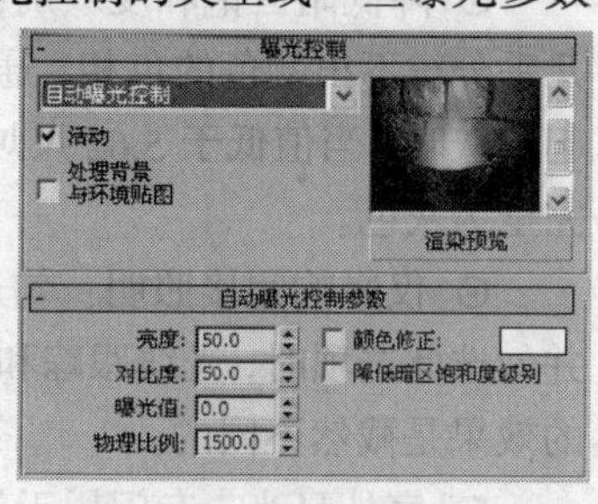

图 11-6

提示：如果场景有动画设置，最好不使用自动曝光控制，因为自动曝光控制会在每帧产生不同的柱状图，会造成渲染的动态图像出现抖动。

⊙ 亮度：用于调整转换的颜色亮度值，它的参数可以记录为动画。

⊙ 对比度：调整转换的颜色对比度，它的参数可以记录为动画。

⊙ 曝光值：调整渲染的总体亮度，它的范围为-5~5，曝光值相当于具有自动曝光功能摄影机中的曝光补偿，它的参数可以记录为动画。

⊙ 物理比例：设置曝光控制的物理比例，用于非物理灯光。结果是调整渲染，使其与眼睛对场景的反应相同。

⊙ 颜色修正：如果勾选该选项，会改变场景中的所有颜色，使色样中的颜色显示为白色。默认设置为禁用状态。

⊙ 降低暗区饱和度级别：在正常情况下，如果环境的光线过暗，眼睛对颜色的感觉会非常迟钝，几乎分辨不出颜色的色相。通过这个选项，可以模拟出这种视觉效果。

提示："降低暗区饱和度级别"会模拟眼睛对暗淡照明的反应。在暗淡的照明下，眼睛不会感知颜色，而是看到灰色色调。

2．线性曝光控制

"线性曝光控制"对渲染图像进行采样，计算出场景的平均亮度值并将其转换成 RGB 值，适合于低动态范围的场景。它的参数类似于"曝光控制"，其参数选项参见"自动曝光控制"。

3．对数的曝光控制

"对数的曝光控制"使亮度、对比度以及场景位于日光中的室外，将物理值映射为 RGB 值，该选项的参数卷展栏如图 11-7 所示。

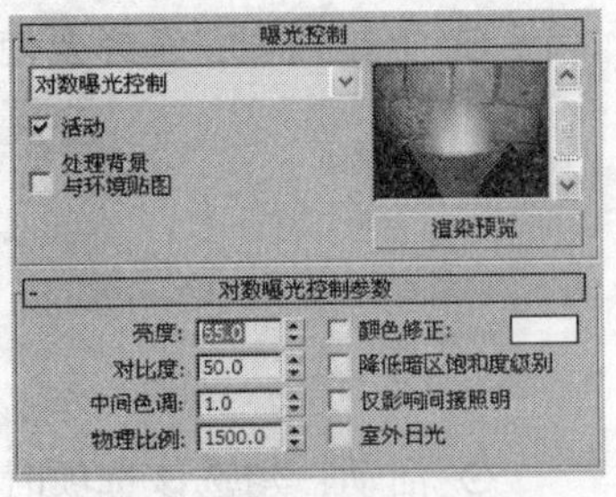

图 11-7

⊙ 亮度：用于调整转换颜色的亮度值，它的参数可以记录为动画。

⊙ 对比度：用于调整转换颜色的对比度值，它的参数可以记录为动画。

⊙ 中间色调：用于调整中间色的色值范围到更高或更低值。

⊙ 物理比例：设置曝光控制的物理比例，用于非物理灯光。结果是调整渲染，使其与眼睛对场景的反应相同。

⊙ 颜色修正：修正由于灯光颜色影响产生的视角色彩偏移。

⊙ 降低暗区饱和度级别：一般情况下，如果环境的光线过暗，眼睛对颜色的感觉会非常迟钝，几乎分辨不出颜色的色相，通过这个选项，可以模拟出这种视觉效果。选择该选项时，渲染图像看起来灰暗，当值低于 5.62 尺烛光时调节效果就不明显了，如果亮度值小于 0.00562 尺烛光时，场景完全为灰色。

⊙ 仅影响间接照明：勾选该选项，曝光控制仅影响间接照明区域。如果使用标准类型的灯光并勾选此选项时，光线跟踪和曝光控制将会模拟默认的扫描线渲染，产生的效果与取消此项勾选时的效果是截然不同的。

⊙ 室外日光：专门用于处理 IES Sun 灯光产生的场景照明，这种灯光会产生曝光过度的效果，必须勾选该选项才能校正。

4．伪彩色曝光控制

"伪彩色曝光控制"具有灯光分析的功能，运行不同的颜色来显示场景中的灯光照明级别，使用颜色标度或灰度来显示场景中表面所受光的强度，红色代表的是照明过度，蓝色代表的是照明不足，而绿色代表的是照明没有欠缺的级别，其参数设置卷展栏如图 11-8 所示。

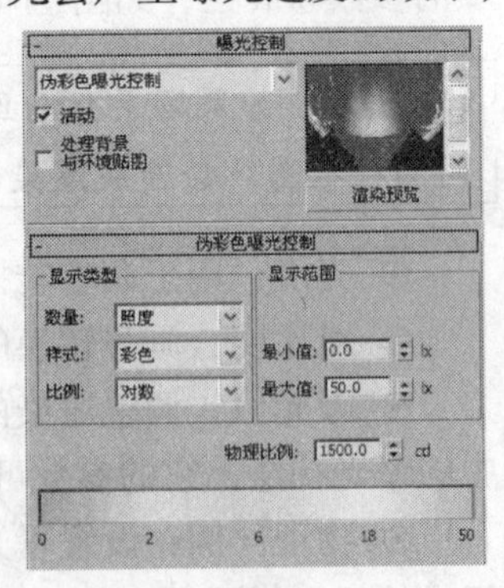

图 11-8

⊙ 数量：选择所测量的值，包括"照度"、"亮度"，其中"照度"显示曲面上入射光的值，"亮度"显示曲面上的反射光的值。

⊙ 样式：选择显示值的方式，包括"彩色"和"灰度"，其中"彩色”表示显示光谱，“灰度”显示从白色到黑色范围的灰色色调。

⊙ 比例：选择用于映射值的方法，包括“对数”和“线性”，其中“对数”是指使用对数比例，“线性”是指使用线性比例。

⊙ 最小值：设置在渲染中要测量和表示的最低值。此数量或低于此数量的值将全部映射为最左端的显示颜色（或灰度级别）。

⊙ 最大值：设置在渲染中要测量和表示的最高值。此数量或高于此数量的值将全部映射为最右端的显示颜色（或灰度值）。

⊙ 物理比例：设置曝光控制的物理比例。结果是调整渲染，使其与眼睛对场景的反应相同。

11.2 大气效果

大气效果包括“火效果”、“雾”、“体积雾”和“体积光”4 种类型，在使用时它们的设置各有要求，本节首先要介绍“大气”卷展栏，如图 11-9 所示。

⊙ 添加：单击该按钮，在弹出的对话框中，列出了 4 种大气效果，选择一种类型，如图 11-10 所示，单击“确定”按钮，在“大气”卷展栏中的“效果”列表中会出现添加的大气效果。

⊙ 删除：将当前“效果”列表中选中的效果删除。

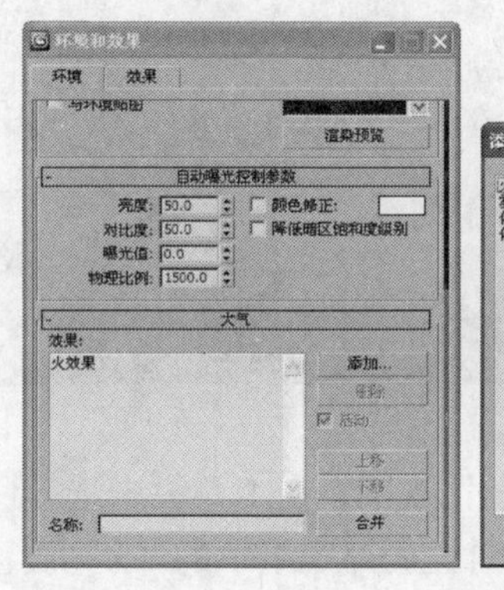

图 11-9

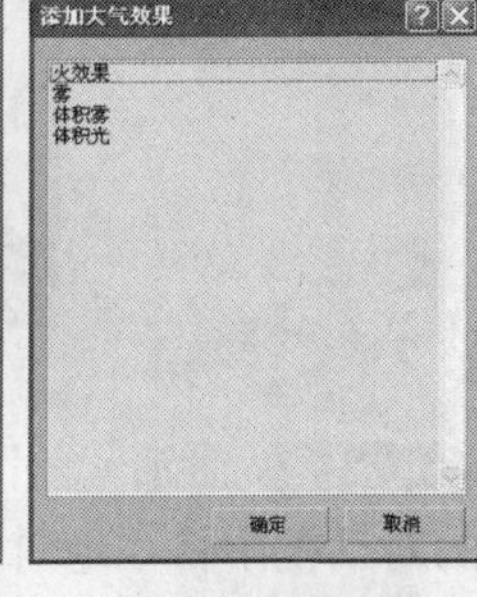

图 11-10

⊙ 活动：勾选该选项时，“效果”列表中的大气效果有效；取消勾选时，则大气效果无效，但是参数仍然保留。

⊙ 上移/下移：对左侧的大气效果的顺序进行上下移动，这样会决定渲染计算的先后顺序，最下部的先进行计算。

⊙ 合并：单击该按钮，弹出文件选择对话框，允许从其他场景中合并大气效果，这样会将所有属性 Gizmo（线框）物体和灯光一同进行合并。

⊙ 名称：显示当前选中大气效果的名称。

下面将对“添加大气效果”对话框中的大气效果进行介绍。

> **提示：** 在所有的大气效果中，除雾是由摄影机直接控制以外，其他 3 种大气效果都需要为其指定一个“载体”用来作为大气效果的依附对象。

11.2.1　课堂案例——燃烧的火苗

案例学习目标：使用火效果。

案例知识要点：如何使火苗效果表现得更加逼真，其效果如图 11-11 所示。

效果所在位置：光盘/cha11/效果/火苗燃烧.max。

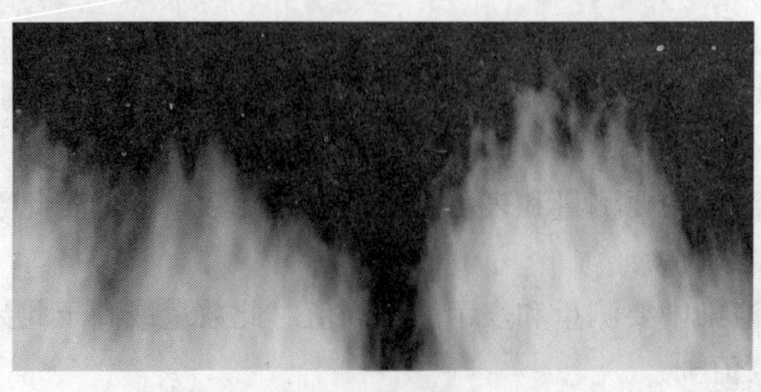

图 11-11

Step 01 选择“文件 > 重置”命令，对场景进行重新设置。单击“（创建）>（辅助对象）> 大气装置 > 球体 Gizmo”按钮，在“顶”视图中创建一个球体线框，并将其命名为“火苗 01”。在“球体 Gizmo 参数”卷展栏中将“半径”设置为 200，勾选“半球”选项，如图 11-12 所示。

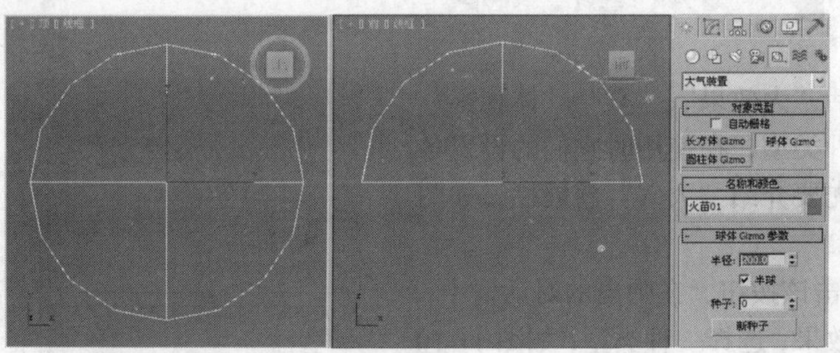

图 11-12

Step 02 激活“前”视图，在工具栏中选择（选择并均匀缩放）工具，单击鼠标右键，在弹出的对话框中将“绝对：局部”组中的“Z”设置为 260，按回车键，显示如图 11-13 所示的物体对象，然后关闭对话框。

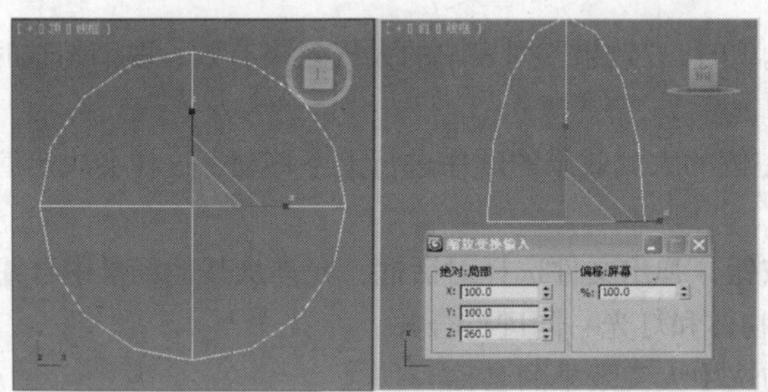

图 11-13

Step 03 确定前面所创建的“火苗线框”对象处于选中状态，选择（选择并移动）工具，并按下 Shift 键，依照图 11-14 所示进行复制，同时调整它们的大小及位置。

Step 04 在场景中调整“透视”图，按 Ctrl+C 组合键，在视图中创建摄影机，如图 11-15 所示。

Step 05 按 8 键，打开“环境和效果”对话框，在该对话框中选择“大气”卷展栏，单击“添加”按钮，在弹出的“添加大气效果”对话框中选择“火效果”命令，单击“确定”按钮，添加一个火效果，如图 11-16 所示。

Step 06 选择新添加的火效果，在“火效果参数”卷展栏中单击“拾取 Gizmo”按钮，并在视图中依次选择“火苗”对象；在“颜色”组中将“内部颜色”的 RGB 值设置为 255、60、0；将“外部颜色”的 RGB 值设置为 255、50、0。在“图形”组中选择“火舌”选项；在“特性”组中将“火焰大小”、“密度”和“采样数”分别设置为 50、10 和 10；将“动态”组中的“相位”设置为 268，将“漂移”设置为 90，如图 11-17 所示，然后关闭“环境和效果”对话框。

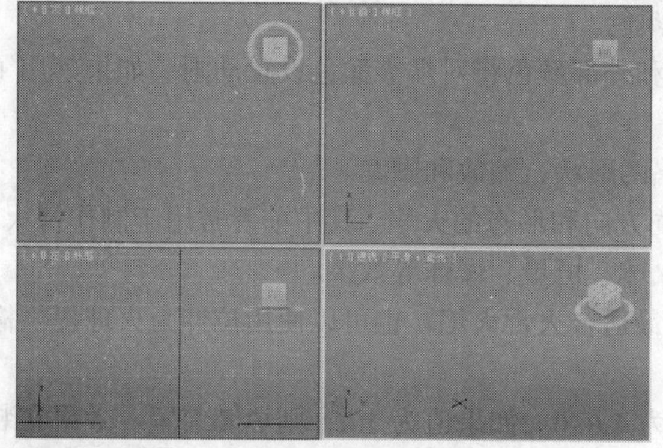

图 11-14

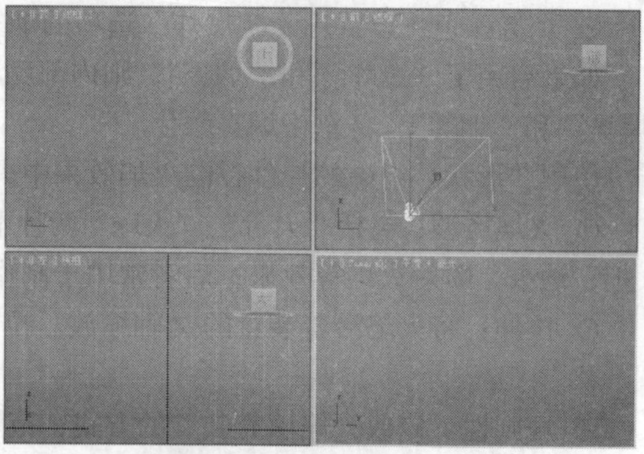

图 11-15

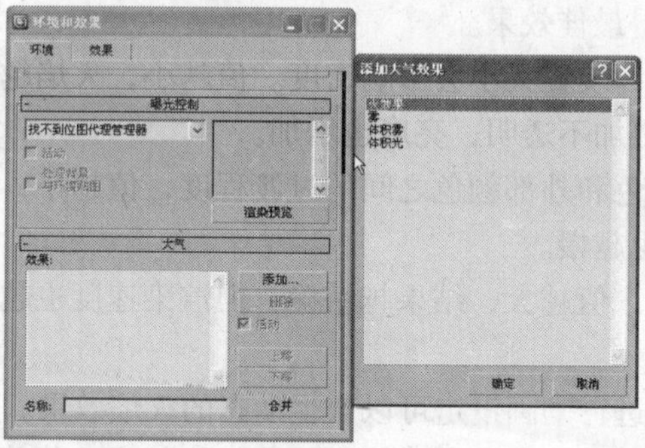

图 11-16

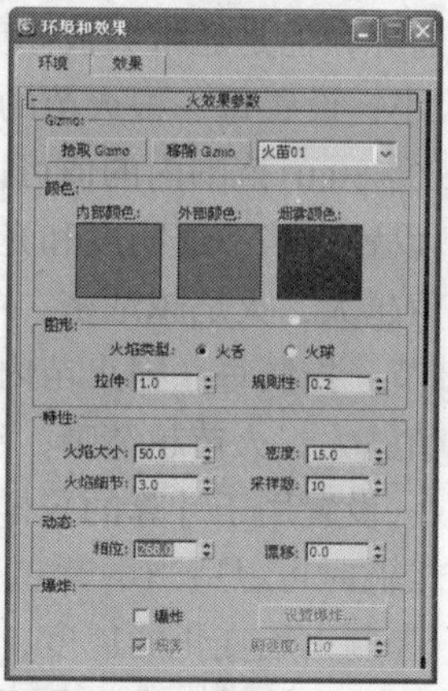

图 11-17

Step 07 这样火效果就制作出来了，渲染场景即可。

11.2.2 火效果参数设置

“火效果”可以产生火焰、烟雾、爆炸、水雾等特殊效果，如上面所介绍的火苗燃烧效果，它需要通过 Gizmo（线框）对象确定形态。

“火效果”可以向场景中添加任意数目的火效果。效果的顺序很重要，先创建的总是排列在下方，但最先进行渲染计算。

每个效果都有自己的参数，在“效果”列表中选择火效果时，其参数将显示在“环境和效果”对话框中。

添加完火效果后，选择“火效果”，在“环境和效果”对话框中会自动添加一个“火效果参数”卷展栏，如图 11-18 所示。

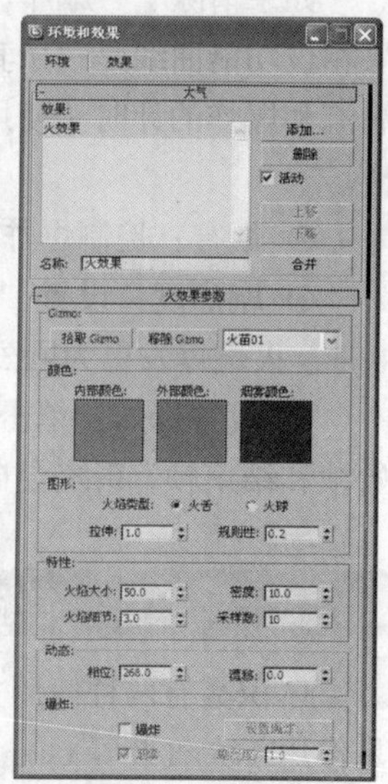

图 11-18

⊙ 拾取 Gizmo：单击此按钮，可以在视图中点取已建立的大气装置 Gizmo 物体，它的名称将出现在右侧选框中，所有选入的大气装置 Gizmo 物体将使用当前设置。单击其右侧的“移除 Gizmo”按钮，可以将当前的 Gizmo 物体删除。

⊙ Gizmo 列表：列出为火焰效果指定的装置对象。

⊙ 内部颜色：设置中心密集区域的颜色，对于典型的火焰，此颜色代表火焰中最热的部分。

⊙ 外部颜色：设置边缘稀薄区域的颜色，对于典型的火焰，此颜色代表火焰中较冷的散热边缘。

⊙ 烟雾颜色：设置用于“爆炸”选项的烟雾颜色。

如果启用了“爆炸”和“烟雾”，则内部颜色和外部颜色将对烟雾颜色设置动画。如果禁用了“爆炸”和“烟雾”，将忽略烟雾颜色。

使用“形状”组中的控件控制火焰效果中火焰的形状、缩放和图案。

⊙ 火焰类型：包括“火舌”、“火球”两种不同方向和形态的火焰。其中前者常用于制作篝火、火把、烛火、喷射火焰等效果；后者常用于制作火球、恒星、爆炸等效果。

⊙ 拉伸：将火焰沿着装置的 Z 轴缩放。拉伸最适合火舌火焰，也可以使用拉伸为火球提供椭圆形状。

⊙ 规则性：修改火焰填充装置的方式，范围为 1.0~0。如果值为 1.0，则填满装置。效果在装置边缘附近衰减，但是总体形状仍然非常明显；如果值为 0.0，则生成很不规则的效果，有时可能会到达装置的边界，但是通常会被修剪，会小一些。

⊙ 火焰大小：设置每一根火苗的大小，装置大小会影响火焰大小。装置越大，需要的火焰也越大。使用 15.0 ~30.0 范围内的值可以获得最佳效果。

⊙ 密度：设置火焰不透明度和光亮度，装置大小会影响密度。值越小，火焰越稀薄、透明，亮度也越低；值越大，火焰越浓密，中央更加不透明，亮度也增加。

⊙ 火焰细节：控制每一根火苗内部颜色和外部颜色之间的过渡程度，值越小，火苗越模糊，渲染也越快：值越大，火苗越清晰，渲染也越慢。

⊙ 采样数：设置用于计算的采样速率，值越大，结果越精确，但渲染速度也越慢，当火焰尺寸较小或细节较低时可以适当增大它的值。

⊙ 相位：控制火焰变化的速度，对它进行动画设定可以产生动态的火焰效果。

⊙ 漂移：设置火焰沿自身 Z 轴升腾的快慢，值偏低时，表现出文火效果；值偏高时，表现出烈火效果，一般将它的值设置为 Gizmo 物体高度的若干倍，可以产生最佳的火焰效果。

⊙ 爆炸：勾选该选项，会根据“相位”值的变化自动产生爆炸动画。

根据“爆炸”复选框的状态，相位值可能有多种含义。

如果清除了“爆炸”复选框，相位将控制火焰的涡流。值更改得越快，火焰燃烧得越猛烈。如果相位功能曲线是一条直线，可以获得燃烧稳定的火焰；如果启用了“爆炸”，相位将控制火焰的涡流和爆炸的计时（使用 0.0~300.0 的值）。典型爆炸的相位功能曲线开始急剧上升，然后逐渐平滑。

⊙ 烟雾：控制爆炸是否产生烟雾。

⊙ 剧烈度：设置“相位”变化的剧烈程度。值小于 1 时，可以创建缓慢燃烧的效果；值大于 1 时，火焰爆发更为剧烈。

⊙ 设置爆炸：单击该按钮，会弹出“设置爆炸相位曲线”对话框。在其中确定爆炸动画的起始帧和结束帧，系统会自动生成一个爆炸设置，也就是将“相位”值在此区间内作 0 ~ 300 的变化。

11.2.3 体积雾参数设置

体积雾有两种使用方法，一种是直接作用于整个场景，但要求场景内必须有对象存在；另一种是作用于大气装置 Gizmo 物体，在 Gizmo 物体限制的区域内产生云团，这是一种更易控制的方法。

图 11-19 所示为体积雾效果。

在“环境和效果”对话框中，激活“大气”卷展栏，单击“添加”按钮，在弹出的“添加大气效果”对话框中选择“体积雾”选项，然后单击“确定”按钮，如图 11-20 所示。

添加完体积雾效果后，选择新添加的“体积雾”，在“环境和效果”卷展栏中会自动添加一个“体积雾参数”卷展栏，如图 11-21 所示。

图 11-19

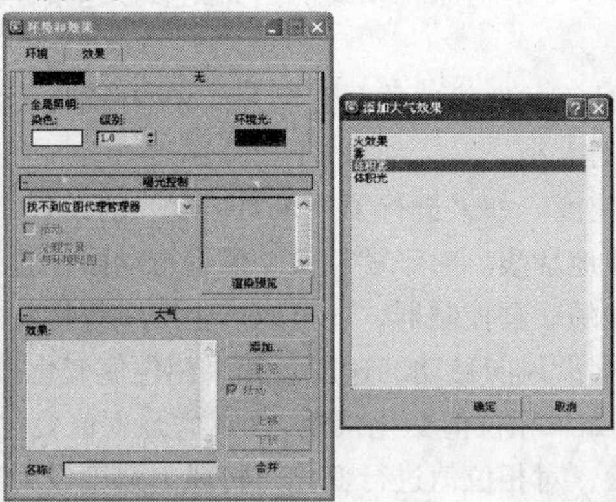

图 11-20

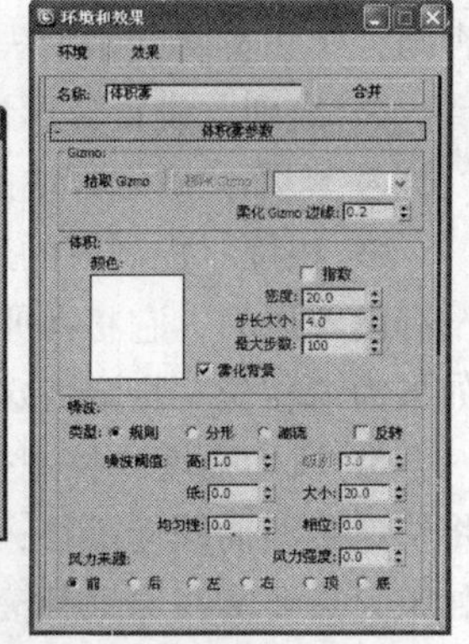

图 11-21

默认情况下，体积雾填满整个场景。不过，可以选择 Gizmo（大气装置）包含雾。Gizmo 可以是球体、长方体、圆柱体或是一些几何体的特定组合。

⊙ 拾取 Gizmo：单击该按钮进入拾取模式，然后单击场景中的某个大气装置。在渲染时，装置会包含体积雾。装置的名称将添加到装置列表中。

⊙ 移除 Gizmo：单击该按钮，可以将右侧当前的 Gizmo 物体从当前的体积雾中去除。

⊙ 柔化 Gizmo 边缘：对体积雾的边缘进行羽化处理，值越大，边缘越柔化，范围从 0 ~1.0。

提示：不要将此值设置为 0。如果设置为 0，“柔化 Gizmo 边缘”可能会造成边缘上出现锯齿。

⊙ 颜色：通过在启用“自动关键点”按钮的情况下更改非零帧的雾颜色，可以设置颜色效果动画。

⊙ 指数：随距离按指数增大密度。禁用时，密度随距离线性增大。只有希望渲染体积雾中的透明对象时，才应激活此复选框。

⊙ 密度：控制雾的密度。值越大，雾的透明度越低，范围为 0~20（超过该值可能会看不到场景）。

⊙ 步长大小：确定雾采样的粒度，值越低，颗粒越细，雾效越优质；值越高，颗粒越粗，雾效越差。

⊙ 最大步数：限制采样量，以便雾的计算不会无限进行下去。如果雾的密度较小，此选项尤其有用。

⊙ 雾化背景：开启它，雾效将会作用于背景图像。

⊙ 类型：从 3 种噪波类型中选择要应用的一种类型。

⊙ 规则：标准的噪波图案。

⊙ 分形：迭代分形噪波图案。

⊙ 湍流：迭代湍流图案。

⊙ 反转：将噪波效果反向，厚的地方变薄，薄的地方变厚。

⊙ 噪波阈值：限制噪波效果，范围从 0~1.0。如果噪波值高于“低”阈值而低于“高”阈值，动态范围会拉伸到填满 0~1。这样，在阈值转换时会补偿较小的不连续（第一级而不是 0 级），因此，会减少可能产生的锯齿。

⊙ 均匀性：范围从-1 ~ 1，作用与高通过滤器类似。值越小，体积越透明，包含分散的烟雾泡。如果值为-0.3 左右，图像开始看起来像灰斑。因为此参数越小，雾越薄，所以可能需要增大密度，否则，体积雾将开始消失。

⊙ 级别：设置分形计算的迭代次数，值越大，雾越精细，运算也越慢。

⊙ 大小：确定雾块的大小。

⊙ 相位：控制风的速度。如果进行了“风力强度”的设置，雾将按指定风向进行运动，如果没有设置风力，它将在原地翻滚。对于“相位”值进行动画设置，可以产生风中云雾飘动的效果，如果为“相位”指定特殊的动画控制器，还可以产生阵风等特殊效果。

⊙ 风力强度：控制雾沿风向移动的速度。如果相位值变化很快，而风力强度值变化较慢，雾将快速翻滚而缓慢漂移；如果相位值变化很慢，而风力强度值变化较快，雾将快速漂移而缓慢翻滚；如果只需要雾在原地翻滚，对相位值进行变化，将风力强度设为 0。

⊙ 风力来源：确定风吹来的方向，有 6 个正方向可选。

11.2.4 体积光参数设置

制作带有体积的光线，如图 11-22 所示的体积光效果，可以指定给任何类型的灯光（环境光除外），这种体积光可以被物体阻挡，从而形成光芒透过缝隙的效果。带有体积光属性的灯光仍可以进行照明、投影以及投影图像，从而产生真实的光线效果。例如，对“泛光灯”加以体积光设定，可以制作出光晕效果，模拟发光的灯泡或太阳；对定向光加以体积光设定，可以制作出光束效果，模拟透过彩色窗玻璃、投影彩色的图像光线，还可以制作激光光束效果。注意体积光渲染时速度会很慢，所以应尽量少使用它。

图 11-22

在“环境和效果”对话框中，激活“大气”卷展栏，单击“添加”按钮，在弹出的“添加大气效果”对话框中选择“体积光”选项，然后单击“确定”按钮。

添加完体积光效果后，选择新添加的“体积光”，在“环境和效果”卷展栏中会自动添加一个“体积光参数”卷展栏，如图 11-23 所示。

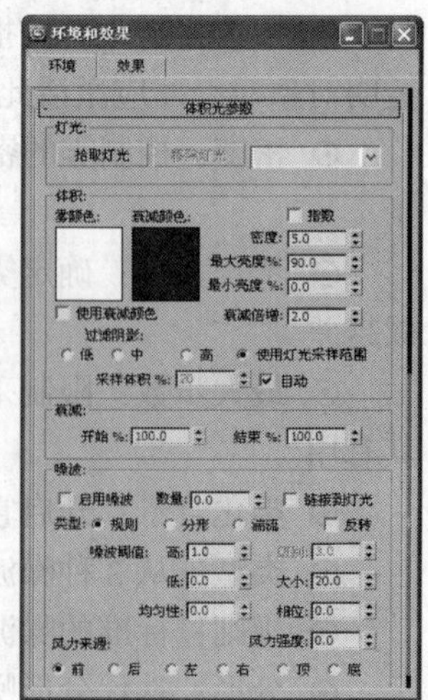

图 11-23

⊙ 拾取灯光：在任意视口中单击要为体积光启用的灯光，可以拾取多个灯光。单击“拾取灯光”按钮，然后按 H 键，此时将显示“拾取对象”对话框，用于从列表中选择多个灯光。

⊙ 移除灯光：从右侧列表中去除当前选择的灯光（只是使它脱离当前的体积光系统）。

⊙ 雾颜色：设置形成灯光体积雾的颜色。对于体积光，它的最终颜色由灯光颜色与雾颜色共同决定，因此为了更好地进行调节，应将雾颜色设为白色，而仅通过对灯光颜色的调节来制作不同色彩的体积光效果。打开“自动关键帧”按钮，对雾颜色的变化可以记录动画。

⊙ 衰减颜色：灯光随距离的变化会产生衰减，这个距离值在灯光命令面板中设置，由“近距衰减”和“远距衰减”下的参数值确定。

衰减颜色就是指衰减区内雾的颜色，它和“雾颜色”相互作用，决定最后的光芒颜色，例如雾颜色为红色，衰减颜色为绿色，最后的光芒则显示暗紫色。通常，将它设置为较深的黑色，使之不影响光芒的色彩。

⊙ 使用衰减颜色：勾选此选项，衰减颜色将发挥作用，默认为关闭状态。

⊙ 指数：跟踪距离以指数计算光线密度的增量，否则将以线性进行计算。如果需要在体积雾中渲染透明对象时将它勾选。

⊙ 密度：设置雾的浓度。值越大，体积感越强，内部不透明度越高，光线也越亮。通常设置为 2%~6%可以制作出最真实的体积雾效。

⊙ 最大亮度%：表示可以达到的最大光晕效果（默认设置为 90%）。如果减小此值，可以限制光晕的亮度，以便使光晕不会随距离灯光越来越远而越来越浓，而出现一片全白。

⊙ 最小亮度%：设置能够达到的最小发光环境，与“环境光”设置类似。如果“最小亮度%”大于 0，体积光外面的区域也会发光。

如果雾后面没有对象，且“最小亮度%”大于 0（无论实际值是多少），场景将总是像雾颜色一样明亮。这是因为雾进入无穷远，利用无穷远进行计算。如果要使用的“最小亮度%”的值大于 0，则应确保通过几何体封闭场景。

⊙ 衰减倍增：设置“衰减颜色”的影响程度。

⊙ 过滤阴影：允许通过增加采样级别来获得更优秀的体积光渲染效果，同时也会增加渲染时间。

⊙ 低：图像缓冲区将不进行过滤，而直接以采样代替，适合于 8 位图像格式，如 GIF 和 AVI 动画格式的渲染。

⊙ 中：邻近像素进行采样均衡，如果发现有带状渲染效果，使用它可以非常有效地进行改进，但它比“低”渲染更慢。

⊙ 高：邻近和对角像素都进行采样均衡，每个都给以不同的影响，这种渲染效果比“中”更好，但速度很慢。

⊙ 使用灯光采样范围：基于灯光本身“采样范围”值的设定对体积光中的投影进行模糊处理，灯光本身“采样范围”值是针对“使用阴影贴图”方式作用的，它的增大可以模糊阴影边缘的区域，这里在体积光中使用它，可以与投影更好地进行匹配，以快捷的渲染速度获得优质的渲染结果。

⊙ 采样体积%：控制体积被采样的等级，值由 1~1000 可调，1 为最低品质，1000 为最高品质。

⊙ 自动：自动进行采样体积的设置。一般无须将此值设置高于 100，除非有极高品质的要求。

⊙ 开始%：设置灯光效果开始进行衰减，与灯光自身参数中的衰减设置相对。默认值为 100%，意味着将由灯光“开始范围”处开始衰减，如果减小它的值，它将在灯光“开始范围”内相应百分比处提前开始衰减。

⊙ 结束%：设置灯光效果结束衰减的位置，与灯光自身参数中的衰减设置相对。如果将它设置小于 100%，光晕将减小，但亮度增大，得到更亮的发光效果。

⊙ 启用噪波：控制噪波影响的开关，当它打开时，这里的设置才有意义。

⊙ 数量：设置指定给雾效的噪波强度。值为 0 时，无噪波效果；值为 1 时，表现为完全的噪波效果。

⊙ 链接到灯光：将噪波设置与灯光的自身坐标相链接，这样灯光在进行移动时，噪波也会随灯光一同移动。通常在制作云雾或大气中的尘埃等效果时，不将噪波与灯光链接，这样噪波将永远固定在世界坐标上，灯光在移动时就好像在云雾（或灰尘）间穿行。

⊙ 类型：选择噪波的类型。

⊙ 规则：标准的噪波效果。

⊙ 分形：使用分形计算得到的不规则的噪波效果。

⊙ 湍流：极不规则的噪波效果。

⊙ 反转：将噪波效果反向，使雾的浓厚处与稀薄处交换。

⊙ 噪波阈值：用来限制噪波的影响，通过“高”、“低”值进行设置，都可以在 0~1 之间调节，当噪波值高于低值而低于高值时，动态范围值被拉伸填充在 0~1 之间，从而产生小的雾块，这样可以起到轻微抗锯齿效果。

⊙ 高/低：设置最高和最低的阈值。

⊙ 均匀性：如同一个高级过滤系统，其值越低，体积越透明，包含分散的烟雾泡。如果值在 -0.3 左右，图像开始看起来像灰斑。因为此参数越小，雾越薄，所以可能需要增大密度，否则，体积雾将开始消失。范围为-1~1。

⊙ 级别：设置分形计算的迭代次数，值越大，雾效越精细，运算也越慢。

⊙ 大小：确定烟卷或雾卷的大小。值越小，卷越小。

⊙ 相位：控制风的速度。如果进行了“风力强度”的设置，雾将按指定风向进行运动；如果没有设置风力，它将在原地翻滚。对于“相位”值进行动画设置，可以产生风中云雾飘动的效果，如果为“相位”指定特殊的动画控制器，还可以产生阵风等特殊效果。

提示： 如果“相位”没有动画设置，也不会产生风力效果。

⊙ 风力来源：确定风吹来的方向，有 6 个方向可选。

⊙ 风力强度：控制雾沿风向移动的速度，相对于相位值。如果相位值变化很快，而风力强度值变化较慢，雾将快速翻滚而缓慢漂移：如果相位值变化很慢，而风力强度值变化较快，雾将快速漂移而缓慢翻滚；如果只需要雾在原地翻滚，对相位值进行变化，将风力强度设为 0。

11.3 效果

效果编辑器用于制作背景和大气效果，选择“渲染 > 效果”命令，可以打开“环境和效果”对话框，如图 10-24 所示。

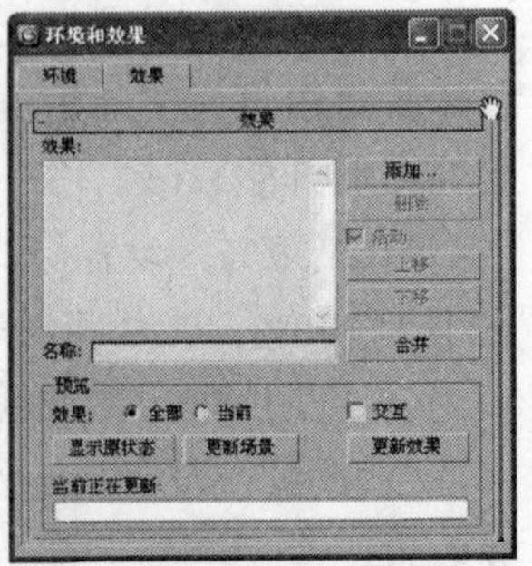

图 11-24

⊙ 添加：用于添加新的特效场景。单击该按钮后，可以选择需要的特效。

⊙ 删除：删除列表中当前选中的特效名称。

⊙ 活动：在勾选该选项的情况下，当前特效发生作用。

⊙ 上移：将当前选中的特效向上移动，新建的特效总是放在最下方，渲染时是按照从上至下的顺序进行计算处理的。

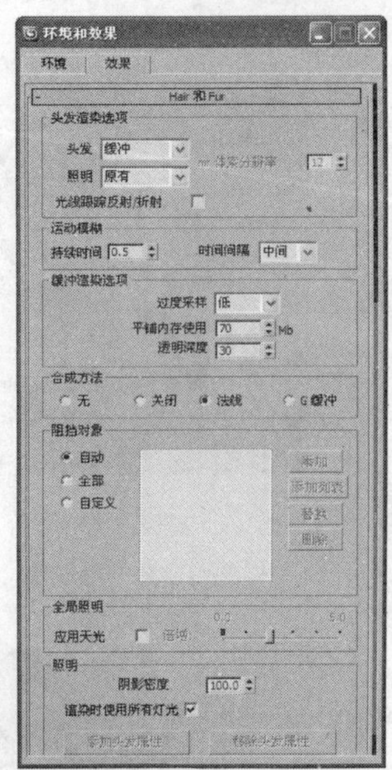
图 11-25

⊙ 下移：将当前选中的特效向下移动。

⊙ 合并：单击该按钮，弹出打开对话框，可以将其他场景文件合并大气效果设置，但同时会将所属 Gizmo（线框）物体和灯光一同进行合并。

⊙ 名称：显示当前列表中选中的特效名称，这个名称可以自己指定，用于区别相同类型的不同特效。

“镜头效果”效果同 Video Post 对话框中的镜头过滤器事件大体相同，只是参数的形式不同，这里就不再介绍，下面将对其他效果进行简单的介绍。

1．Hair 和 Fur

在完成毛发的创建和调整之后，为了渲染输出时得到更好的效果，可以通过“Hair 和 Fur”卷展栏对毛发的渲染输出参数进行设置，如图 11-25 所示。该面板提供了毛发的渲染选项、运动模糊、阴影、封闭等参数的设置项，为最终的渲染结果提供了许多的修饰效果。

提示：指定 Hair 和 Fur 渲染之前，首先确定场景有使用“Hair 和 Fur”修改器的模型。图 11-26 所示为指定“Hair 和 Fur”修改器的模型效果。

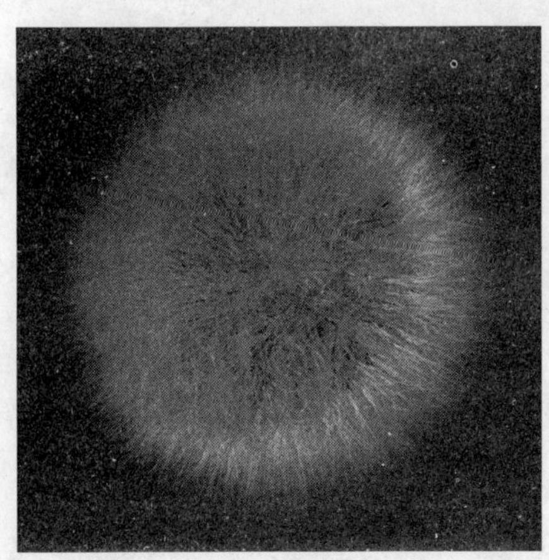
图 11-26

2．模糊

通过提供 3 种不同的方法对图像进行模糊处理，如图 11-27 所示。可以针对整个场景、去除背景的场景或场景元素进行模糊，常用于创建梦幻或摄影机移动拍摄的效果。

“模糊参数”卷展栏中，如图 11-28 所示，其中包括“模糊类型”、“像素选择”两个选项卡，其中“模糊类型”选项卡主要包括“均匀性”、“方向型”、“径向型”3 种模糊方式，它们分别都有相应的参数设置；而“像素选择”选项卡主要设置需要进行模糊的像素位置。

3．亮度和对比度

调整图像的亮度和对比度，可以用来将渲染的场景物体匹配背景图像或动画，如图 11-29 所示。

“亮度和对比度参数”卷展栏如图 11-30 所示，通过“亮度”、“对比度”对场景中的图像进行调整，如果不希望调整的参数影响背景，可以勾选“忽略背景”选项。

4．色彩平衡

通过在相邻像素之间填补过滤色，消除色彩之间强烈的反差，可以使对象更好地匹配到背景图像或背景动画上。

“色彩平衡参数”卷展栏如图 11-31 所示，可以通过“青/红”、“洋红/绿”、“黄/蓝”3 个色值通道进行调整，如果不想影响颜色的亮度值，可以勾选“保持发光度”选项。

图 11-27

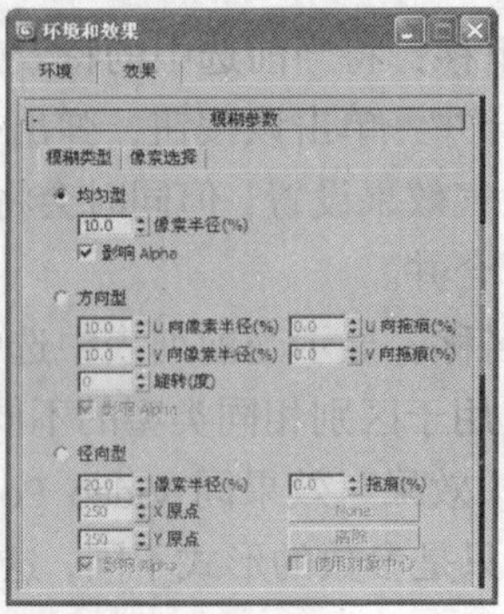

环境和效果
环境 效果
模糊参数
模糊类型 像素选择
均匀型
10.0 像素半径(%)
影响 Alpha
方向型
10.0 U 向像素半径(%) 0.0 U 向拖痕(%)
10.0 V 向像素半径(%) 0.0 V 向拖痕(%)
0 旋转(度)
影响 Alpha
径向型
20.0 像素半径(%) 0.0 拖痕(%)
250 X 原点 None
250 Y 原点 清除
影响 Alpha 使用对象中心

图 11-28

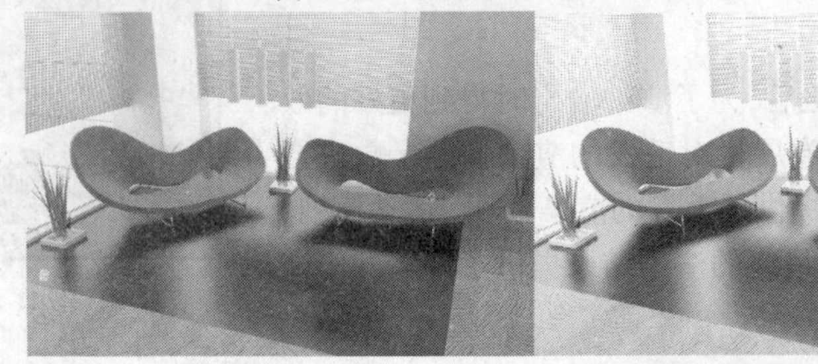

图 11-29

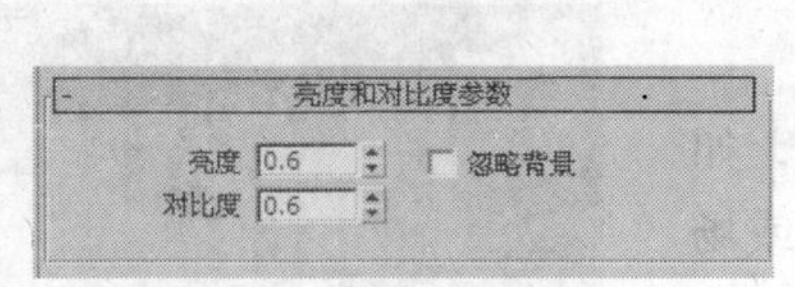

图 11-30

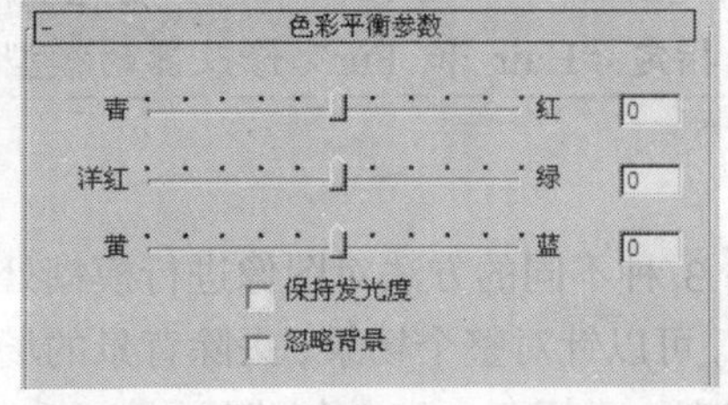

图 11-31

5. 景深

景深是指通过摄影机镜头观看时，前景和背景场景元素出现的自然模糊效果。它的原理是根据离摄影机的远近距离分层进行不同的模糊处理，最后再合成一张图片。它限定了对象的聚焦点平面上的对象会很清晰，远离摄影机焦点平面的对象会变得模糊不清，如图 11-32 所示，其参数面板如图 11-33 所示。

图 11-32

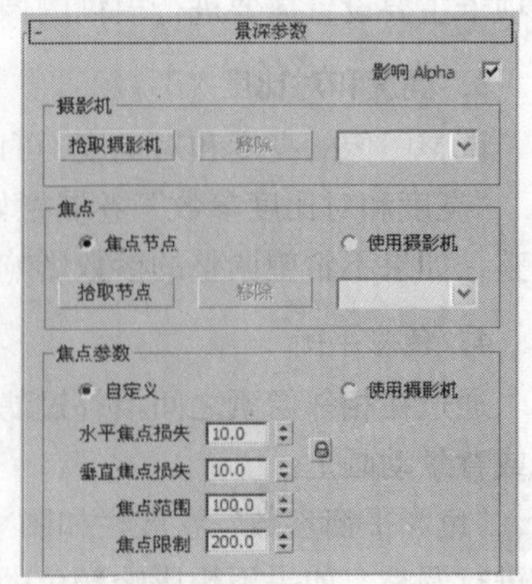

图 11-33

⊙ 影响 Alpha：勾选该选项后，Alpha 通道也受景深效果影响。

⊙ 拾取摄影机：单击该按钮后，可直接在视图中拾取应用景深效果的摄影机。

⊙ 移除：从列表中删除选择的摄影机。

⊙ 焦点节点：指定场景中的一个对象作为焦点所在位置，由此依据与摄影机之间的距离计算周围场景的焦散程度。

⊙ 拾取节点：单击该按钮后在场景中拾取对象，将对象作为焦点节点。

⊙ 移除：去除列表框中选择的作为焦点节点的对象。

⊙ 使用摄影机：使用当前在摄影机列表中选择的摄影机的焦距来定义焦点参照。

⊙ 自定义：通过自定义焦点参数来决定景深影响。

⊙ 使用摄影机：使用选择的摄影机来决定焦点范围、限制和模糊。

⊙ 水平焦点损失：控制水平轴向模糊的数量。

⊙ 垂直焦点损失：控制垂直轴向模糊的数量。

⊙ 焦点范围：设置 Z 轴上的单位距离，在这个距离之外的对象都将被模糊处理。

⊙ 焦点限制：设置 Z 轴上的单位距离，设置模糊影响的最大距离范围。

提示：这里的景深与摄影机参数里的景深设置不同，这里完全依靠 Z 通道的数据对最终的渲染图像进行景深处理，所以速度很快。而摄影机中的景深完全依靠实物进行景深计算，计算时间会增加数倍。

6. 文件输出

通过它可以输出各种格式的图像项目。在应用其他效果前将当前中间时段的渲染效果以指定的文件进行输出，这个功能和直接渲染输出的文件输出功能是相同的，支持相同类型的格式，如图 11-34 所示。

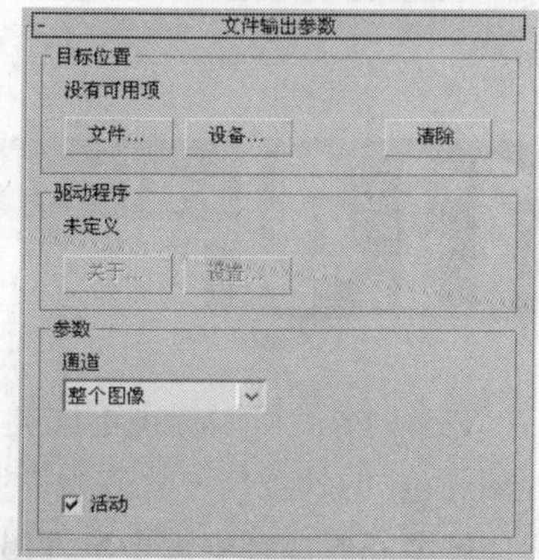

图 11-34

7. 胶片颗粒

为渲染图像加入很多杂色的噪波点，模拟胶片颗粒的效果，如图 11-35 所示，也可以防止色彩输出监视器上产生的带状条纹。

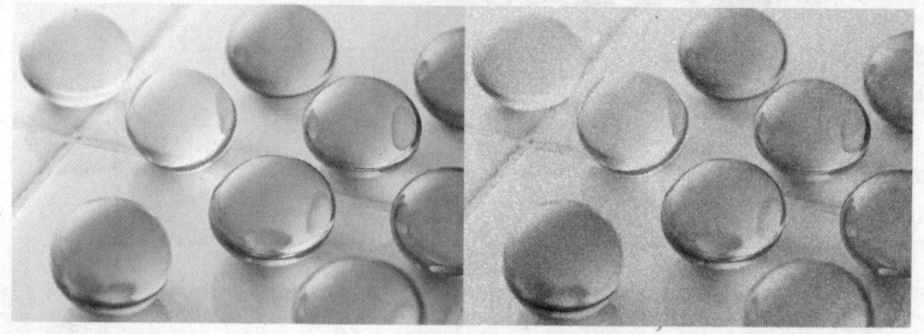

图 11-35

“胶片颗粒参数”卷展栏如图 11-36 所示，通过“颗粒”设置图像添加颗粒的数量，如果在添加颗粒时不想影响其背景图像，可以勾选“忽略背景”选项。

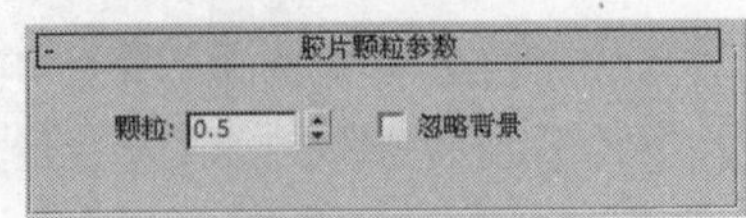

图 11-36

8．运动模糊

这里的模糊主要针对于场景中图像的运动模糊进行处理，效果如图 11-37 所示，它增强渲染效果的真实感，模拟照相机快门打开过程中，拍摄对象出现的相对运动而产生的模糊效果，多用于表现速度感，同时如果灯光发生运动，则会导致投影也发生模糊效果，只是这一点不易观察。

“运动模糊参数”卷展栏如图 11-38 所示，通过“持续时间”控制快门速度延长的时间，值为 1 时快门在一帧和下一帧之间的时间内完全打开；值越大，运动模糊程度也越大。其中勾选“处理透明”选项时，对象被透明对象遮挡仍进行运动模糊处理；取消勾选时，被透明对象遮挡的对象不应用模糊处理。取消勾选，可以提高模糊渲染速度。

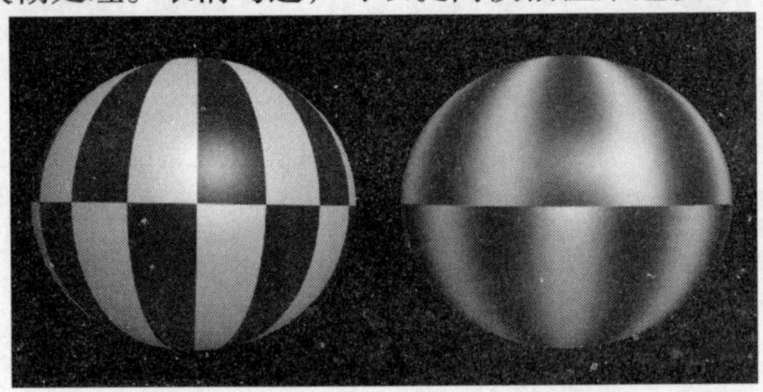

图 11-37

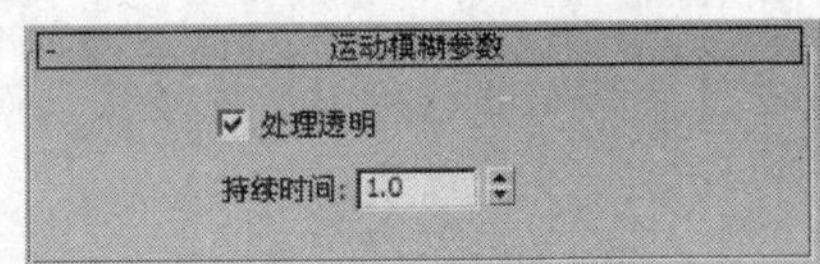

图 11-38

11.4 Video Post 后期合成

Video Post 可以提供不同类型事件的合成渲染输出，包括当前场景、位图图像、图像处理等。Video Post 的外观与“轨迹视图”相似，是一个独立的、无模式的对话框，该对话框的编辑窗口会完全显示完成视频中每个事件出现的时间范围。每个事件都与具有范围栏的轨迹相关联。

Video Post 对话框包括以下对话框组件，如图 11-39 所示。

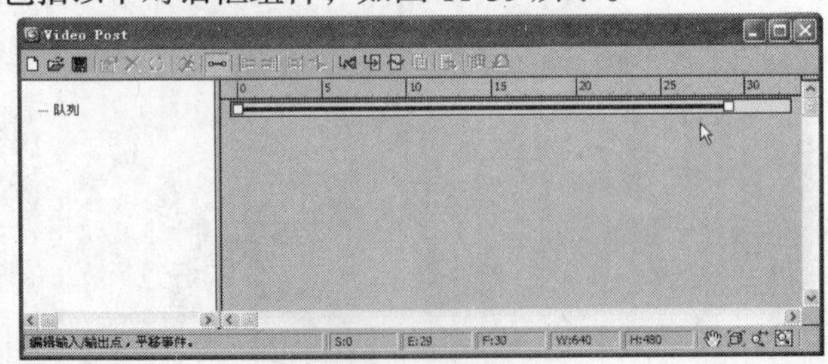

图 11-39

⊙ Video Post 队列：在对话框的左侧，以一个分支的形状将各个项目连接在一起，项目的种类可以任意指定，它们之间也可以分层，这与轨迹分层的概念相同。可以重新排列从上至下的事件顺序，越往上，层级越低，下面的层级会覆盖在上面的层级上，所以对于背景图像，应将其放置在最上层。

⊙ Video Post 状态栏/视图控制：在该区域左侧为提示，显示下一步进行如何的操作，主要针对当前选择的工具。右侧显示一些时间信息、视图中的一些工具。

⊙ S：显示当前选择事件的起始帧。

⊙ E：显示当前选择事件的结束帧。

⊙ F：显示当前选择事件的总帧数。

⊙ W/H：显示当前队列最后输入图像的尺寸，单位为 Pixel（像素）。

⊙ （平移）：左右移动编辑窗口。

⊙ （最大化显示）：将编辑窗口中全部内容最大化显示，使它们都出现在屏幕上，只针对左右宽度。

⊙ （缩放时间）：缩放时间标尺。

⊙ （缩放区域）：框选编辑窗口中的一个区域，将它放大到满屏窗口显示。

工具栏中各工具按钮的功能介绍如下。

⊙ （新建序列）：单击该按钮，会弹出一个提示框，如图 11-40 所示。新建一个队列的同时会将当前所有队列设置删除，它其实相当于一个清除全部队列的命令。

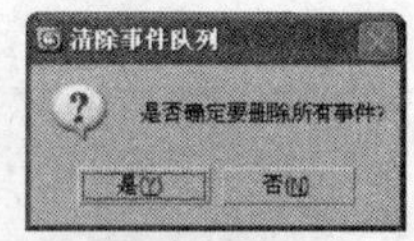

图 11-40

⊙ （打开序列）：开启一个文件选择框，可以将已保存的.vpx 格式文件调入，.vpx 是 Video Post 保存的标准格式，这有利于队列设置的重复利用。

⊙ （保存序列）：单击该按钮，将当前 Video Post 中的队列设置保存为标准的 vpx 文件，以便用于其他场景。一般情况下不必单独保存当前 Video Post 文件设置，因为所有的设置会连同 max 文件一同保存，如果当前队列事件中有动画设置，将会弹出一个警告框，告知不能将此动画设置保存在 vpx 文件中，如图 11-41 所示。如果需要完整保存，应当以 max 文件保存。

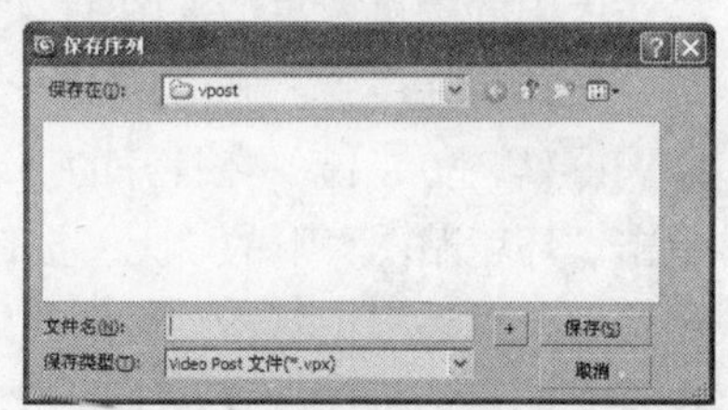

图 11-41

⊙ （编辑当前事件）：在队列中选择一个事件后，该按钮会被激活。单击该按钮，可以打开当前选择事件的参数设置面板，一般不使用这个按钮，如果想对当前事件进行编辑，只需双击队列中事件的名称，这样更加快捷。

⊙ （删除当前事件）：单击该按钮，可以将当前选择的事件删除。

⊙ （交换事件）：当两个相邻的事件同时被选中时，该按钮会被激活，单击该按钮可以将当前选中的两个事件顺序颠倒，用于项目之间相互次序的调整。

⊙ （执行序列）：单击该按钮，会弹出“执行 Video Post”面板，在该面板中设置与渲染输出相关的参数，与渲染设置面板的参数相同。

⊙ （编辑范围栏）：单击该按钮，显示基本编辑工具，对队列、编辑窗口都有效。

⊙ （将选定顶靠左对齐）：单击该按钮，可以将编辑窗口中当前选择事件的范围条左对齐。

⊙ （将选定顶靠右对齐）：单击该按钮，可以将编辑窗口中当前选择事件的范围条右对齐。

⊙ （使选定项大小相同）：单击该按钮，将多个选择的事件范围条的长度与最后一个选择的范围条的长度对齐。

⊙ （关于选定项）：单击该按钮，将当前选择事件的范围条从上至下以首尾对齐的方式依次排列，这样可以快速地将几段及影片连接起来。

- （添加场景事件）：单击该按钮，用于输入当前场景，只涉及渲染的设置问题。
- （添加场景输入事件）、（添加场景输出事件）：用于图像动画的输入和输出，只涉及文件格式问题，比较简单。
- （添加图像过滤事件）：用于对图像进行特技的处理。
- （添加图像层事件）：用于处理时间轴上图像层与层之间的关系。
- （添加外部事件）：以引入其他外部处理程序，这只是一个接口。
- （添加循环事件）：只是一种循环设置，针对其他序列项目，自身没有参数设置问题。

“编辑窗口”的内容很简单，以条柱表示当前项目作用的时间段，上面有一个可以滑动的时间标尺，由此确定时间段坐标，时间条柱可以移动或放缩，多个条柱选择后可以进行各种对齐操作，双击项目条柱也可以直接打开它的参数控制面板，进行参数设置。

下面将介绍常用的镜头效果事件。

11.4.1 课堂案例——路灯耀斑

案例学习目标：使用“镜头效果光斑”事件制作路灯耀斑。

案例知识要点：通过为泛光灯设置镜头效果光斑事件，模仿太阳的耀斑效果，如图 11-42 所示。

效果所在位置：光盘/cha11/效果/路灯耀斑.max。

图 11-42

Step 01 按 8 键，在打开的“环境和效果”对话框中，单击“环境贴图”下的“无”按钮，在打开的“材质/贴图浏览器”对话框中双击“位图”贴图，如图 11-43 所示。在打开的对话框中选择随书附带光盘中的“cha11/素材/路灯耀斑/路灯.jpg”文件，单击“打开”按钮，如图 11-44 所示，然后关闭“环境和效果”对话框。

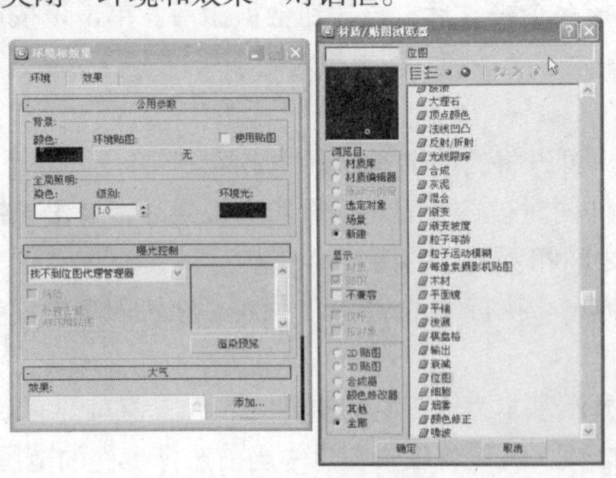

图 11-43

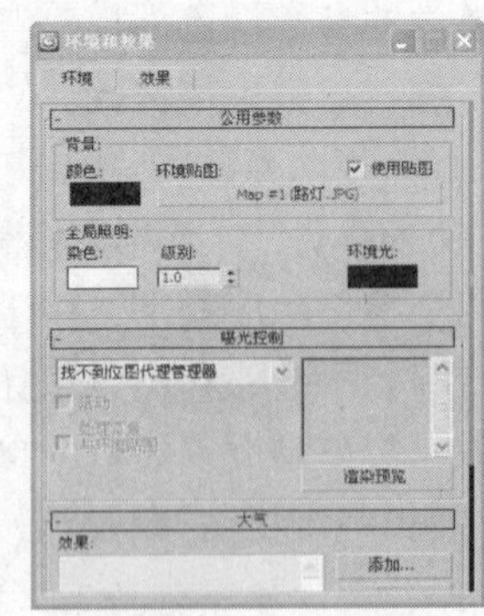

图 11-44

Step 02 激活“透视”图，选择“视图 > 视口背景”命令，在打开的对话框中，勾选“使用环境背景”和“显示背景”选项，单击“确定”按钮，如图 11-45 所示。

Step 03 在“透视”图中按 Ctrl+C 组合键创建摄影机，按 Shift+F 组合键，显示安全框，如图 11-46 所示。

Step 04 单击“（创建）>（灯光）> 标准灯光 > 泛光灯”按钮，在“透视”图中创建泛光灯，并调整灯光到路灯的位置，如图 11-47 所示。

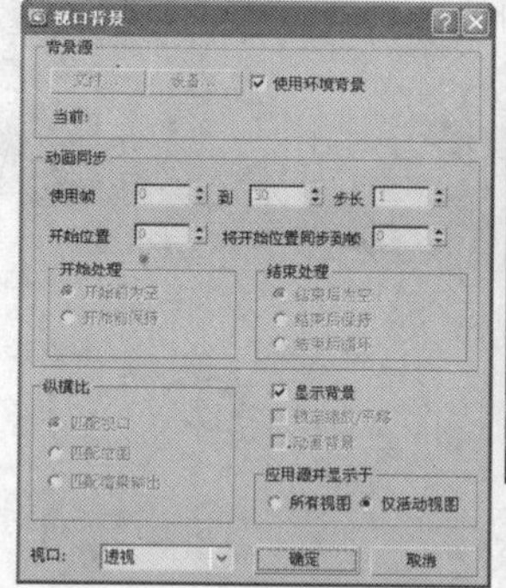

图 11-45

图 11-46

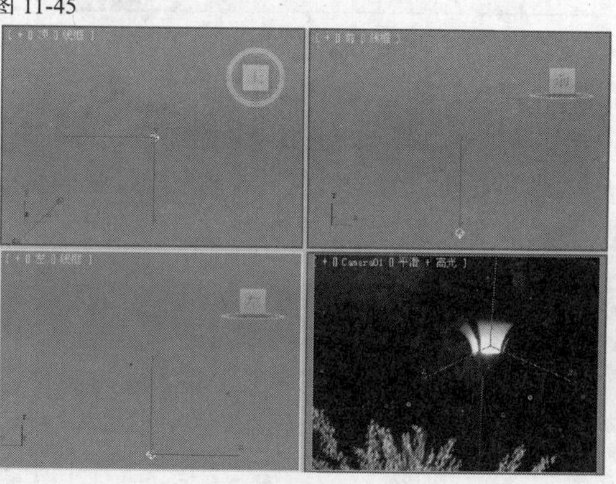

图 11-47

Step 05 选择“渲染 > Video Post”命令，在打开的对话框中，单击（添加场景事件）按钮，添加一个场景事件，单击（添加图像过滤事件）按钮，添加一个“镜头效果光斑”事件，如图 11-48 所示。

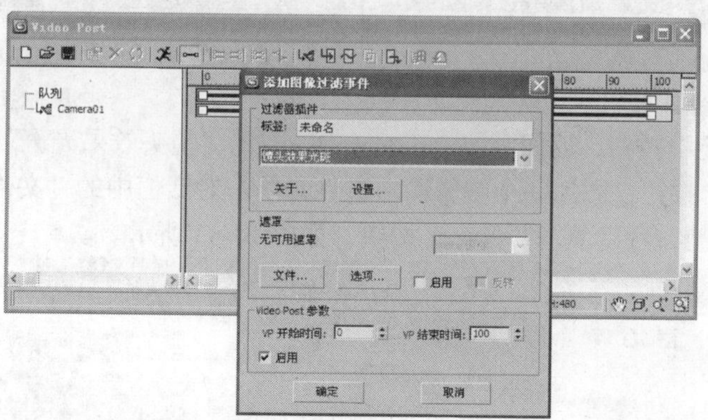

图 11-48

Step 06 双击“镜头效果光斑”事件，在打开的对话框中单击“设置”按钮，进入“镜头效果光斑”窗口中，单击“预览”按钮、“VP 队列”按钮。

Step 07 将“镜头光斑属性”下的“大小”设置为 40，“强度”设置为 60，“挤压”设置为 0，单击“节点源”按钮，在打开的对话框中选择泛光灯，然后单击“更新”按钮。

Step 08 在“首选项”选项卡中勾选如图 11-49 所示的效果选项。

Step 09 进入“光晕”选项卡中，将“大小”设置为 60，如图 11-50 所示。

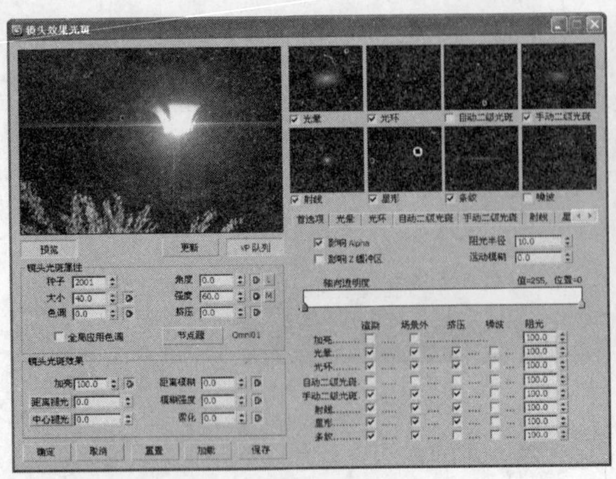

图 11-49

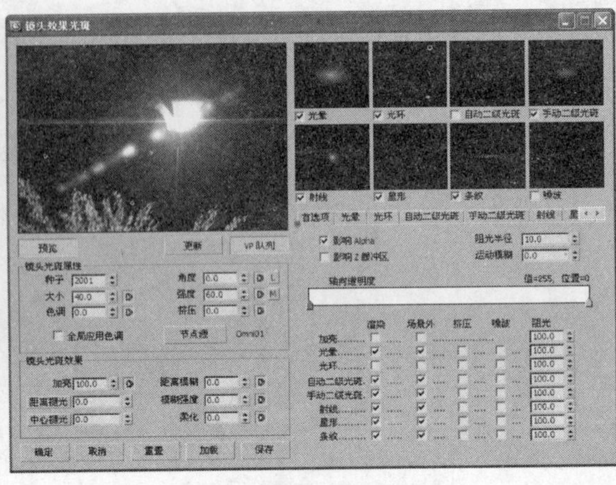

图 11-50

Step 10 进入“自动二级光斑”选项卡，将“最小”、“最大”、“数量”分别设置为 3、40、15，将“径向颜色”轴中，左侧的色标设置为白色，将右侧色标 RGB 值设置为 255、199、0；将“径向透明度”轴左侧的色标设置为白色，右侧色标设置为黑色，并将轴上的色标删除，如图 11-51 所示。

Step 11 设置左侧参数栏中的“强度”为 20，完成镜头效果光斑，如图 11-52 所示。

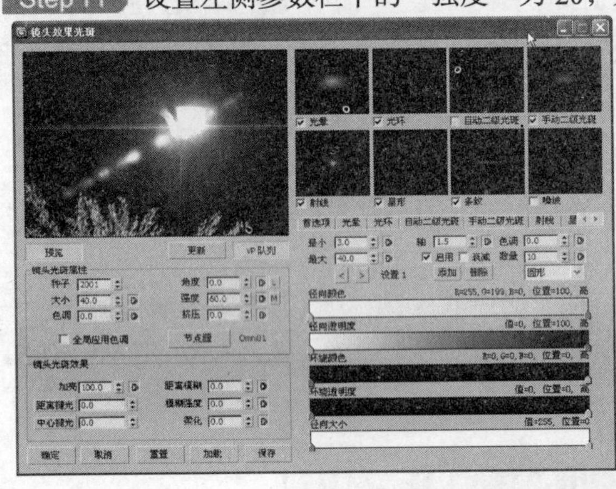

图 11-51

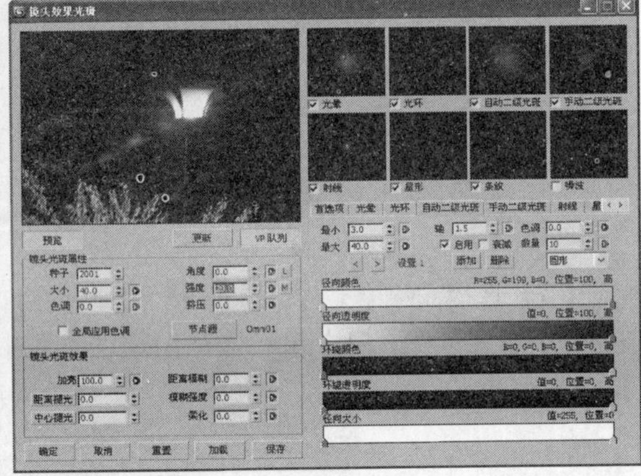

图 11-52

Step 12 单击“确定”按钮，返回到 Video Post 中，取消“镜头效果光斑”事件的选择。单击（添加场景输出事件）按钮，添加一个图像输出事件，单击对话框中的“文件”按钮，选择保存路径、文件名、保存类型，然后单击“保存”按钮，如图 11-53 所示。

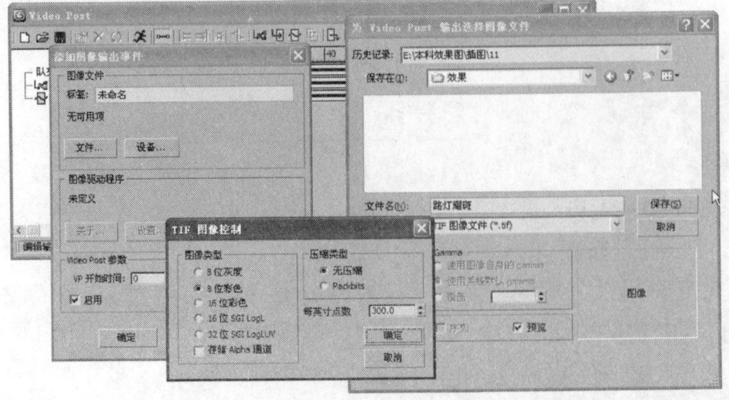

图 11-53

Step 13 单击 （执行序列）按钮，选择“时间输出”组中的“单个”选项，将“输出大小”定义为 800 × 600，单击“渲染”按钮，如图 11-54 所示。

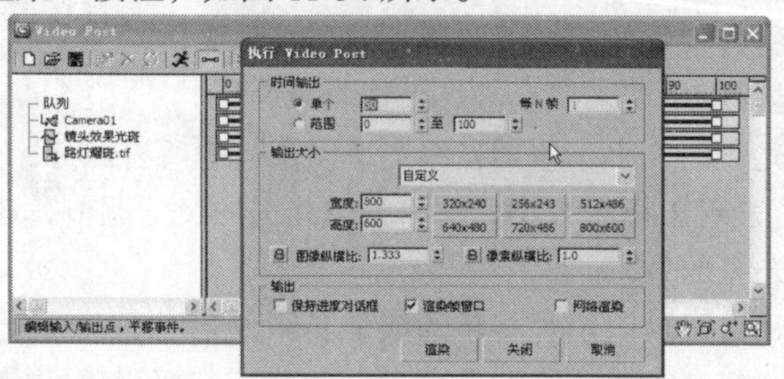

图 11-54

11.4.2 镜头效果光斑

这是最复杂的一个过滤器，面板也相当大，首先要理清头绪：左半部分属正规的设置区，和其他 3 种过滤器近似，上面有一个大的预视窗口，预视最后的光斑效果；右侧是一个细部设置区，根据光斑的组成分为 9 个部分，上面 8 个小预视窗口可以单独观看各自的设置效果，下面分为 9 个设置区，后 8 个单独控制光斑的 8 个部分，第一个设置区（也就是当前可视的）用来设置这 8 个部分的组合情况。

在制作镜头光斑效果时，首先要通过“节点源”按钮选择光斑依附的对象；然后在右侧“首选项”选项卡上决定使用哪几个部分组合成光斑；再分别进入各部分的参数选项卡进行调节，主要调节它们的颜色分布、大小、角度、数量等；最后在左侧主面板上控制光斑的整体参数，如大小、角度、模糊度等。

在 Video Post 对话框中单击 （添加图像过滤事件）按钮，弹出“添加图像过滤事件”对话框，在“过滤器插件”列表中选择“镜头效果光斑”过滤器，然后单击“设置”按钮，即可打开“镜头效果光斑”对话框，如图 11-55 所示。

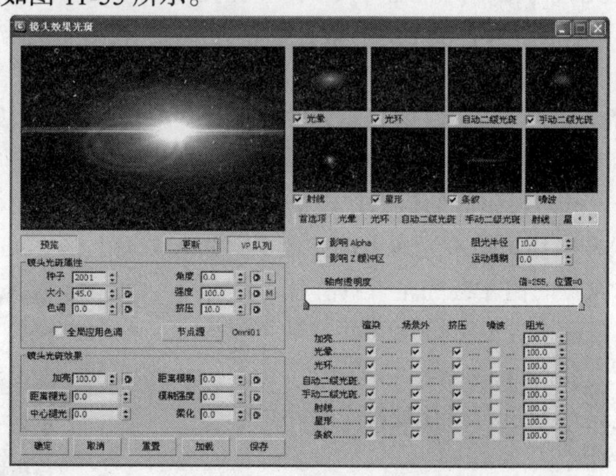

图 11-55

⊙ 预览：可以显示当前 Video Post 中的实际处理效果。

⊙ 更新：单击此按钮会对整个场景的设置和效果进行更新计算，如在场景中更改了对象的“G 缓冲”通道号码，单击它可以进行效果更新计算。

⊙ VP 队列：不选择时，预视效果将以一个内定的场景进行；单击该按钮后，会对整个序列发生作用，当前的过滤器会作用于它上层的所有事件结果。

镜头光斑属性组：指定光斑的全局设置，如光斑源、大小和种子数、旋转等。

⊙ 种子：在不改变所有参数的情况下对最后效果稍加变化，使具有相同参数的对象产生不同的光斑效果，这些变化是很细微的，不会破坏整体效果。

⊙ 大小：设置整个光斑的大小，包括二级光斑以及其他所有部分，虽然每个部分都有自己的大小设置，但那只是为了表现出相对大小，作为整体光斑的尺寸调节，还是要靠此项参数来完成。

⊙ 色调：调节整体光斑的色调。

⊙ 角度：影响光斑从自身默认位置旋转的数量。作为光斑改变的位置，是相对于摄影机而言的。这个参数可以制作动画，右侧的“锁定”按钮用来锁定二级光斑的旋转，不打开此按钮，二级光斑将不旋转。

⊙ 强度：控制整个光斑的明亮度和不透明度，值越大，光斑越亮，也越不透明。默认值为 100，即全部效果，减低它的值会使光斑亮度减弱。

⊙ 挤压：在水平方向或垂直方向挤压镜头光斑的大小，用于补偿不同的帧纵横比。“挤压”范围为 100~-100。正值会水平拉伸光斑，而负值会垂直拉伸光斑。此值是光斑的大小百分比。此参数可设置动画。

⊙ 节点源：可以为镜头光斑效果选择源对象。镜头光斑源可以是场景中的任何对象，但通常为灯光，如目标聚光灯或泛光灯。单击此按钮会显示“选择光斑对象”对话框，必须选择光斑的源才可以退出对话框。

镜头光斑效果组：控制特定的光斑效果，如淡入淡出、亮度、柔化等。

⊙ 加亮：设置影响整个图像的总体亮度。亮度效果（如镜头光斑）出现在图像中时，则整个图像应该显得更亮。只有在“首选项”选项卡中“渲染”下面勾选了“加亮”选项时，此效果才可用。可以对此参数设置动画。为“加亮”微调器设置动画是创建光斑的简便方式，在光斑出现时会使场景“闪烁”。

⊙ 距离褪光：依据光斑与摄影机的距离大小产生褪光效果。要求作用于摄影机视图，采用 3ds Max 2010 的标准世界单位；当它按下时有效，如值为 100，表示光斑与摄影机距离 100 个单位处时衰减到无。

⊙ 中心褪光：沿着光斑的主轴，以主光斑为中心，对二级光斑作褪光处理。当它打开时有效，采有 3ds Max 2010 的标准世界单位，常用于真实镜头光斑效果的模拟。

⊙ 距离模糊：依据光斑与摄影机的距离作模糊处理，采用 3ds Max 2010 的世界标准单位计量。

⊙ 模糊强度：将模糊应用到镜头光斑上时控制其强度。只有光斑达到场景中的“距离模糊”距离时，在此微调器中设置的值才会完全发挥作用。靠近摄影机平面的光斑获取强度设置的百分比。此参数可设置动画。

⊙ 柔化：对整个光斑效果进行柔化处理，较小的值可以消除尖锐芒刺产生的锯齿。

1. 首选项

“首选项”选项卡：此页面可以控制激活的镜头光斑部分，以及它们影响整个图像的方式，如图 11-56 所示。

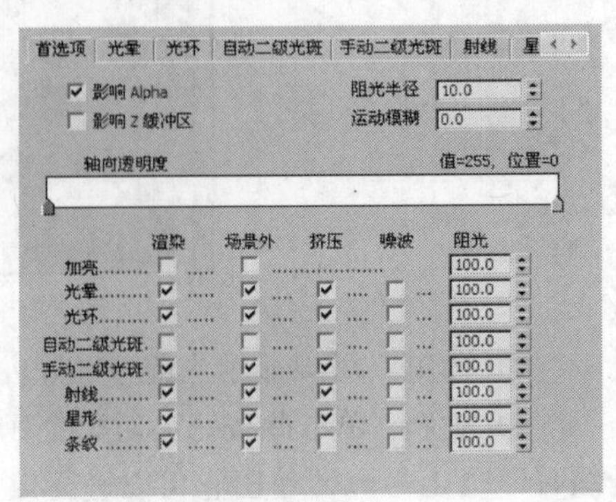

图 11-56

⊙ 影响 Alpha：勾选此选项后，如果渲染为 32bit 的真彩色文件（如 tga、tif），将会在 Alpha 通道图像中也进行镜头光斑处理，以便于将光斑图像合成在其他图像的上层。

⊙ 影响 Z 缓冲区：在 Z 缓冲区中保存了一个对象和摄影机的距离信息，这个距离信息在一些视觉效果上是非常有用的，如雾效。勾选此选项后，将会记录镜头光斑的线性距离，用于一些需要 Z 缓冲区的特殊效果。

⊙ 阻光半径：当光斑被对象遮挡后，它的光芒也将被阻挡，这个值用于控制光斑中心点周围的一个半径，测试光斑在距离遮挡它的对象多远时开始衰减光芒，以便产生一个柔和的遮挡光芒效果，它的单位是“像素”。如果没有此值的设置，光斑会在被遮挡时突然消失。在遮挡对象移去时，光芒的出现也同样受此值的影响。

⊙ 运动模糊：设置光斑在运动时产生模糊效果，这是通过渲染多个错位光斑完成的，在镜头飞速旋转时，光斑的运动模糊可以产生真实平滑的效果，但也会增加渲染时间。

⊙ 轴向透明度：标准的圆形透明度渐变，会沿其轴并相对于其源影响镜头光斑二级元素的透明度。这使得二级元素的一侧要比另外一侧亮，同时使光斑效果更加具有真实感。

⊙ 渲染：确定是否对该部分进行渲染，也就是各部分是否有效的开关控制。

⊙ 场景外：指定在场景外的镜头光斑是否影响图像。

⊙ 挤压：指定挤压设置是否影响镜头光斑的特定部分。此设置取决于镜头光斑属性中的“挤压”设置。

⊙ 噪波：定义是否为镜头光斑的此部分启用噪波设置。

⊙ 阻光：定义光斑部分被其他对象阻挡时其出现的百分比。值 100 指示整个对象都消失。较低的设置会导致镜头光斑包裹在阻挡对象的周围，使其衰减，但并不整个消失。例如，如果圆柱体后面有亮光照射，则在最亮的区域，光使圆柱体显得较细。

2. 光晕

“光晕”选项卡用于控制光晕的每一方面，如图 11-57 所示。

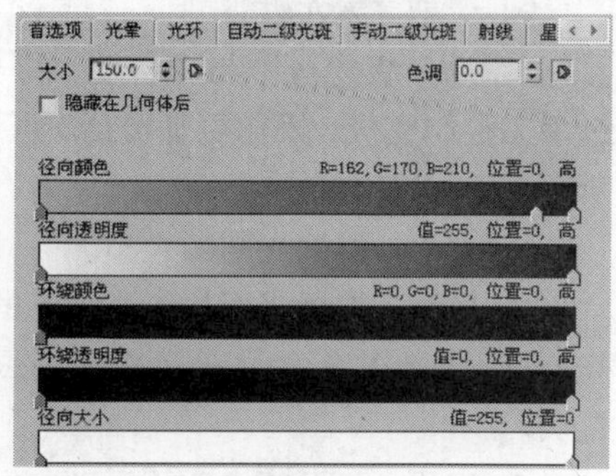

图 11-57

⊙ 大小：设置光晕的半径尺寸，调节光晕的大小。

⊙ 色调：调节光晕的色彩饱和度。值越大，光晕越不饱和，也越不鲜艳。单击绿色箭头按钮可对此控件设置动画。

⊙ 隐藏在几何体后：勾选该选项，光晕被几何体遮挡后，如果阻光度降低使其显现，只在几何体外缘产生光晕效果，不影响几何体本身，否则将会穿透几何体发光。

⊙ 渐变：使用径向、环绕、透明度和大小渐变。光晕渐变要比光斑渐变精细，因为其光晕的区域要比像素大。

3. 光环

“光环”选项卡是环绕源对象中心的环形彩色条带，如图 11-58 所示。

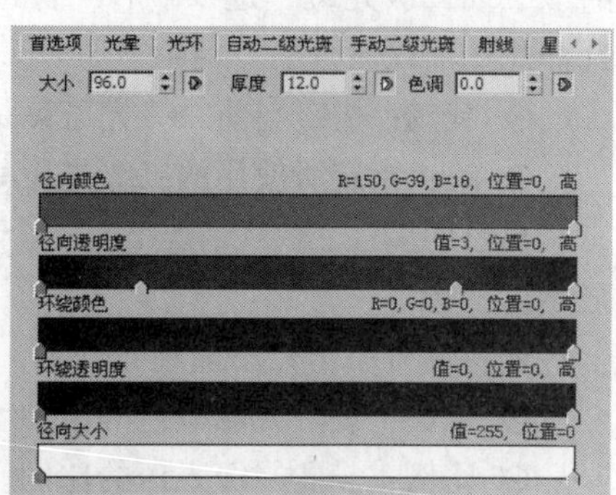

图 11-58

⊙ 大小：设置光环的半径，调节光环的大小。

⊙ 厚度：指定光环的粗细。

⊙ 色调：设置光环的色彩饱和度。

⊙ 渐变：使用径向、环绕、透明度和大小渐变。

4．自动二级光斑

“自动二级光斑”选项卡是一串小的光圈，串在光斑与摄影机相对的轴线上，随光斑与摄影机距离的变化而发生改变。它是根据参数面板中的设置自动生成的，其面板如图 11-59 所示。

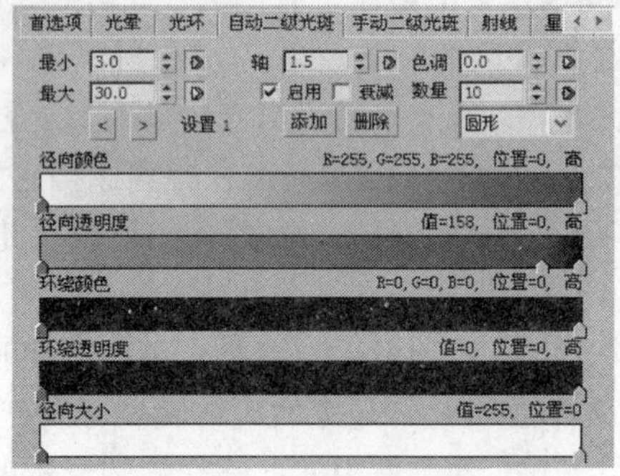

图 11-59

⊙ 最小：设置二级光斑中最小的光圈尺寸。

⊙ 最大：设置二级光斑中最大的光圈尺寸。

⊙ 集：指定所使用的二级光斑集。可以设置自己所需数量的自动二级光斑元素集，每个集都有其自己的属性。默认情况下有 7 个集可用。通过单击集名称旁边的向前和向后箭头图标，可滚动显示这些集。

要将另外一个集添加到光斑中，请单击“添加”按钮。单击“删除”按钮可删除集。

⊙ 轴：定义主轴相对于摄影机视图的角度，二级光斑将沿此主轴分布。

⊙ 启用：定义是否激活一个二级光斑组或集。

⊙ 衰减：确定是否为当前二级光斑集激活轴向褪光。

⊙ 色调：定义二级光斑的色彩饱和度。

⊙ 数量：控制二级光斑的衍生光斑数目。

⊙ 光斑形态：在光斑形态下拉菜单中可以定义二级光斑的形态，默认为“圆形”，还可以设置为 3 ~ 8 边形。

5．手动二级光斑

“手动二级光斑”与“自动二级光斑”的目的相同，都是制作一串耀斑效果，只是它完全通过手工控制完成，操作更加灵活，可调性更强，如图 11-60 所示。

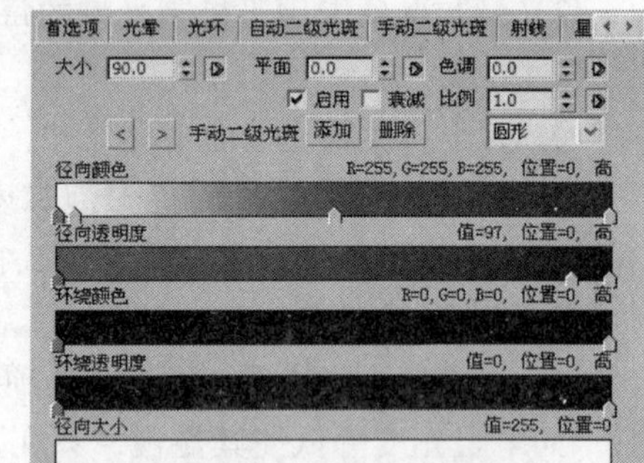

图 11-60

⊙ 大小：设置光圈的大小。

⊙ 平面：设置光圈位于主轴上的位置，值为 0 时位于光心处，值为负时沿主轴远离镜头，值为正时沿主轴靠近镜头。

⊙ 启用：打开或者关闭手动二级光斑。手动二级光斑的“手动二级光斑”选项卡和“首选项”选项卡中，都要选择此选项以便渲染。

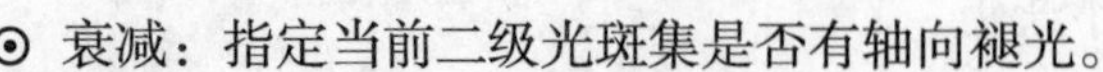

⊙ 衰减：指定当前二级光斑集是否有轴向褪光。

⊙ 集：指定所使用的二级光斑集。可以设置自己所需数量的手动二级光斑元素集，每个集都有其自己的属性。默认情况下有 7 个集可用，通过单击集名称旁边的向前和向后箭头按钮，可滚动显示这些集。

要将另外一个集添加到光斑中，请单击“添加”按钮。单击“删除”按钮可删除集。

⊙ 色调：设置光圈颜色的饱和度。

⊙ 比例：设置二级光斑的比例。

⊙ 形状：此菜单控制二级光斑的总体形状。

⊙ 渐变：为二级光斑定义渐变。

6．射线

“射线”选项卡是从源对象中心发出的明亮的单像素直线，为对象提供亮度很高的效果。使用射线可以模拟摄影机镜头元件的划痕，其面板如图 11-61 所示。

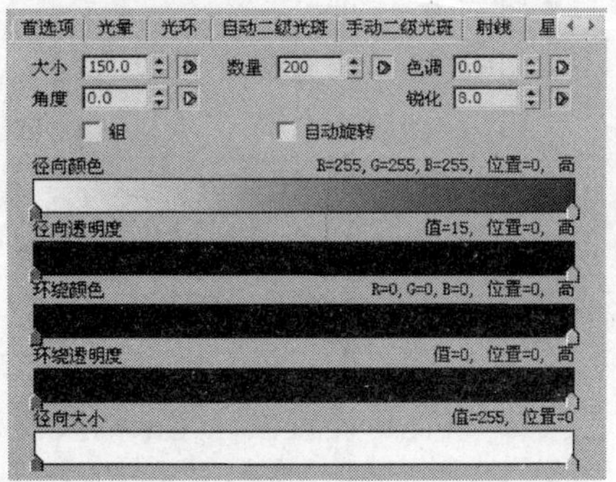

图 11-61

⊙ 大小：设置射线的长度。

⊙ 角度：设置射线的旋转角度。

⊙ 组：强制将射线分成相同大小的 8 个等距离组，作为组的组成部分的射线均匀分布在组内。增加射线的数量会使各个组更加稠密，因此更明亮。

⊙ 数量：设置射线的数量，即多少条射线。

⊙ 自动旋转：围绕光斑旋转射线效果。

⊙ 色调：设置射线颜色的饱和度。

⊙ 锐化：指定射线的总体锐度。数字越大，生成的射线越鲜明、清洁和清晰；数字越小，产生的二级光晕越多。值范围为 0~10。

⊙ 渐变：为射线定义渐变。

7．星形

“星形”选项卡要比射线效果强烈，它由 6 条或更多条辐射线组成，而不像射线由上百条辐射线组成。“星形”比较粗并且要比射线从源对象的中心向外延伸得更远，其面板如图 11-62 所示。

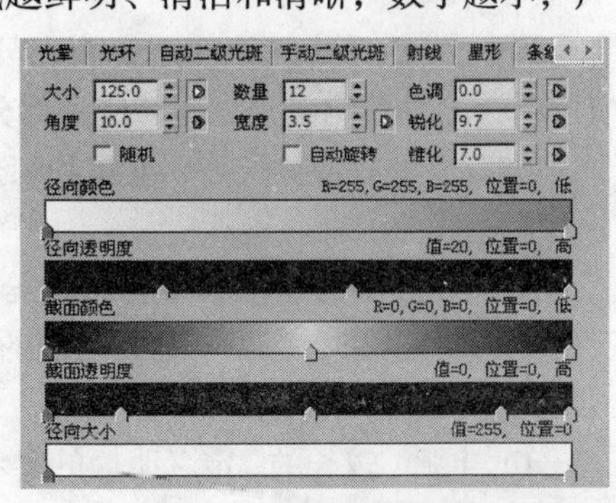

图 11-62

⊙ 大小：设置星状光芒的长度。

⊙ 角度：设置星状光芒的角度。

⊙ 随机：启用星形辐射线围绕光斑中心向外辐射的随机间距。

⊙ 数量：设置星状光芒的数目。

⊙ 宽度：设置星状光芒每根光芒的粗细。

⊙ 自动旋转：将“射线”选项卡上的“角度”微调器中指定的角度加到“镜头光斑属性”下面的“角度”微调器中设置的角度中。“自动旋转”也确保了在设置光斑动画时，能够保持星形相对于光斑的位置。

⊙ 色调：设置星状光芒颜色的饱和度。

⊙ 锐化：设置星状光芒的光锐程度，值越低，光芒越模糊。

⊙ 锥化：控制星形的各辐射线的锥化。锥化使各星形点的末端变宽或变窄。数字较小，末端较尖，而数字较大，则末端较平。此参数可设置动画。默认值为 0。

⊙ 渐变：渐变对星形产生的效果与其他种类的一样，除了截面颜色和截面透明度两种渐变。

8．条纹

“条纹”选项卡是穿过源对象中心的水平条带。在实际使用摄影机时，使用失真镜头拍摄场景时会产生条纹，其面板如图 11-63 所示。

⊙ 大小：设置极光光束的长度。

⊙ 角度：设置极光光束的旋转角度。

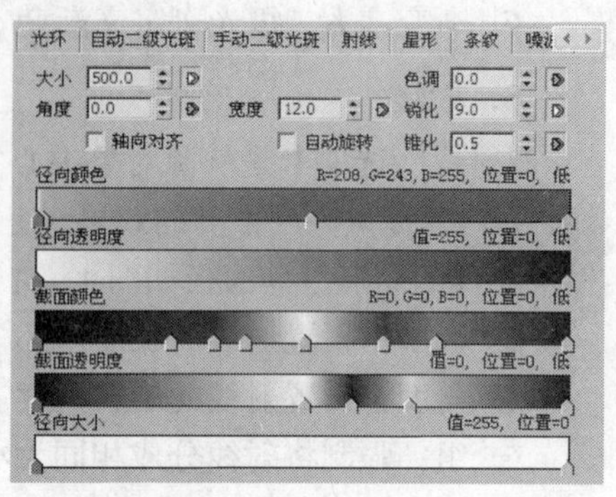

图 11-63

⊙ 轴向对齐：强制条纹自身与二级光斑轴和镜头光斑自身轴对齐。

⊙ 宽度：设置极光光束的宽度，即它的粗细。

⊙ 自动旋转：将“条纹”面板上的“角度”微调器中指定的角度加到“镜头光斑属性”下面的“角度”微调器中设置的角度中。“自动旋转”也确保了在设置光斑动画时，能够保持星形相对于光斑的位置。

⊙ 色调：设置极光光束颜色的饱和度。

⊙ 锐化：设置极光光束的尖锐程度，值越低，光束越模糊。

⊙ 锥化：设置极光光束向外发散，产生导边形变。

⊙ 渐变：渐变对条纹产生的效果与其他种类的一样，除了截面颜色和截面透明度两种渐变。

9．噪波

“噪波”选项卡可以使用镜头光斑来创建爆炸、火焰和烟雾效果，并且为镜头光斑的任意部分添加一些分形噪波。此噪波有 3 种类型：气态、电弧和炽热，如图 11-64 所示。

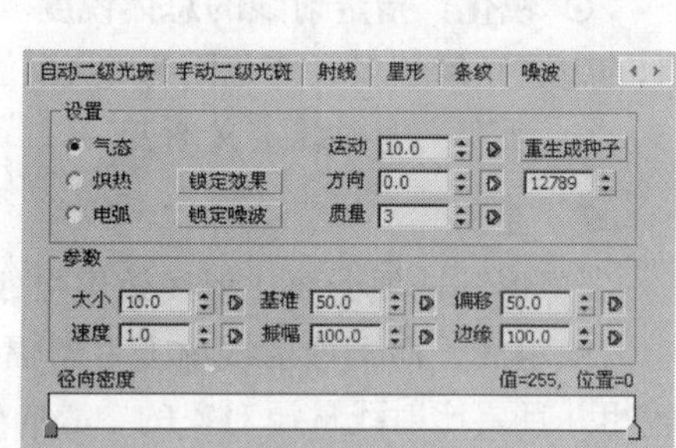

图 11-64

“设置”组。

⊙ 气态：一种松散和柔和的图案，通常用于云和烟雾。

⊙ 炽热：带有亮度、定义明确的区域的分形图案，通常用于火焰。

⊙ 电弧：较长的、定义明确的卷状图案，设置动画时，可用于生成电弧。通过将图案质量调整到 0，可以创建水波反射效果。

⊙ 锁定效果：将噪波效果锁定至镜头光斑。镜头光斑穿过屏幕移动时，噪波效果也会随之移动。想让噪波图案与光斑一起移动产生类似火炬的效果时，可使用此选项。

⊙ 锁定噪波：将噪波图案锁定到光斑上，当光斑移动时，噪波图案也会随之移动。

⊙ 运动：当“锁定效果”按钮未打开时有效，它对噪波效果产生动态影响，数值大小用来调节速度，噪波效果指整个噪波图像。

⊙ 方向：指定噪波效果运动的方向，单位为度。默认值为 0 时，噪波效果垂直向上运动；值为 45 时，向右上角运动。

⊙ 质量：设置噪波计算的迭代次数，值越高，产生的图像越精细，分支也越多，丝状感越强。

⊙ 重生成种子：其下的数值可以产生不同的噪波效果，单击此按钮可以自动抽取一个随机数。

“参数”组。

⊙ 大小：设置噪波图案的尺寸。较低的数值会生成较小的粒状分形。较高的数值会生成较大的图案。

⊙ 速度：设置动画时噪波自身变化的速度。较高的数值会在图案中生成更快的湍流。

⊙ 基准：指定噪波效果中整体颜色的明亮度，值越高，整体效果越亮，值越低，效果越暗，也越模糊。

⊙ 振幅：和“基准”值一同控制每个噪波效果图案的最大亮度，值越大，图案颜色越亮。

⊙ 偏移：朝向颜色范围的末端颜色，移动效果颜色。值为 50 时无任何影响，高于 50 时颜色会更亮，低于 50 时颜色会更暗。

⊙ 边缘：控制噪波图案亮度区和阴暗区的对比度，值越大，对比度越强，数字分形效果越明显。

⊙ 径向密度：从效果中心到边缘以径向方式控制噪波效果的密度。

11.4.3　镜头效果光晕

这是最有用的一个镜头特效事件，它可以对对象表面进行灼烧处理，产生一层炽热的光晕，从而使对象更鲜艳。对于火球、热浪、金属字都可以加入发光处理。还可以对粒子系统加入发光处理，产生飞舞的光团或爆裂时迸出的火星。

在“Video Post”对话框中单击按钮，弹出“添加图像过滤事件”对话框，在“过滤器插件”列表中选择“镜头效果光晕”过滤器，然后单击“设置”按钮，即可打开“镜头效果光晕”对话框，如图 11-65 所示。

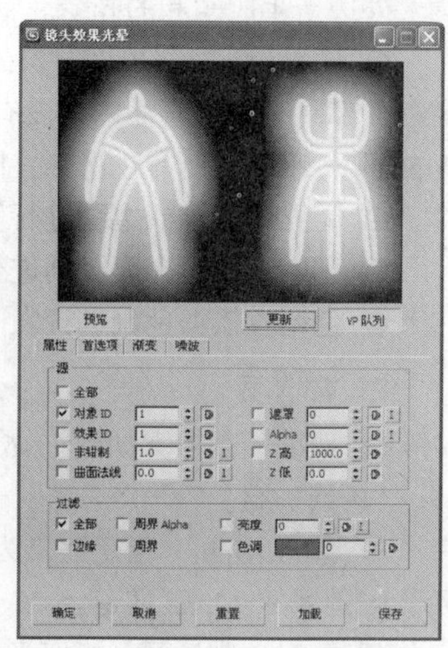

图 11-65

对话框中的“预览”、“更新”、“VP 队列”的含义与“镜头效果光斑”中的含义相同，这里不作重复介绍。

1．属性

“源”组。

⊙ 全部：可以将高光应用于整个场景，而不仅仅应用于几何体的特定部分。

⊙ 对象 ID：通过“对象 ID”进行指定。对象的 ID 号在“对象属性”对话框中进行设置，在选择的对象上单击鼠标右键，选择“对象属性”命令进入属性设置框，将“G 缓冲区”组中的“对象 ID”值设为大于 0 的数字。如果发光设置框中的对象 ID 号与对象通道值相同，则该对象接受发光处理，如图 11-66 所示，为对象的通道设置方法。

⊙ 效果 ID：可用于将高光应用于指定了特定的“效果 ID”的对象或其中一部分。通过为材质指定 8 个可用材质效果通道之一，可在材质编辑器中应用效果 ID。

⊙ 非钳制：超亮度颜色是一种比纯白色还要亮的颜色，有可能发生在强光或爆炸中。这里调节将作发光处理的最低像素值，纯白色的像素值为 1，当值设为 1 时，任何值大于 1 的像素都将进行发光处理。右侧的小钮可以将此值反转。

⊙ 曲面法线：基于对象表面法线的角度，对对象局部表面进行发光处理，值为 0 时，是共面的法线，或与屏幕平行的法线；值为 1 时，是正常的法线或与屏幕垂直的法线；如果将值设为 20 时，只有法线正常角度超过 20° 的表面才能进行发光处理。右侧小按钮可以将此值反转。

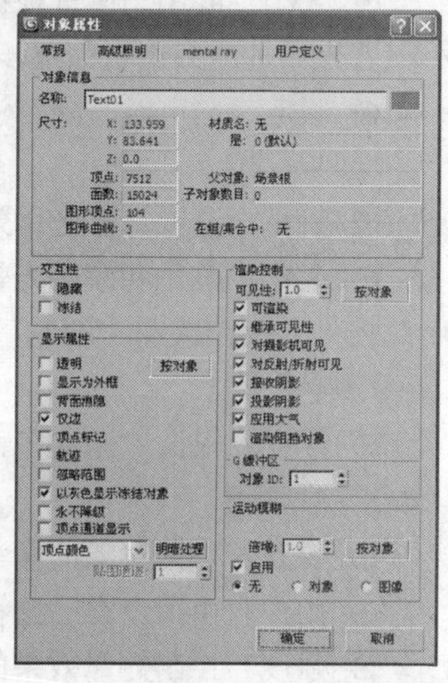

图 11-66

⊙ 遮罩：对一个图像的罩框通道进行发光处理。值由 0~255 可调，代表罩框的 256 级灰度。如果进行了设置，罩框图像大于该值的任何部分都会在最终图像上

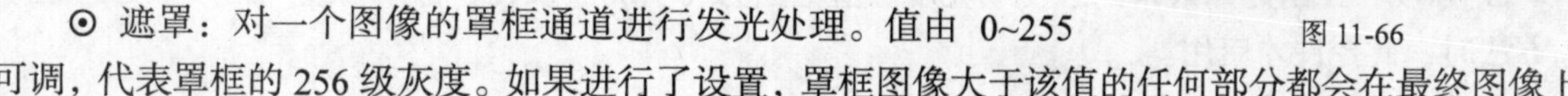

进行发光处理。右侧小按钮可以将此值反转。

⊙ Alpha：对一个图像的 Alpha 通道进行发光处理。

⊙ “Z 高”和“Z 低”：根据对象离摄影机的距离进行发光处理，此距离值保存在 Z 缓冲区中。高代表最大距离，低代表最小距离，任何在此距离内的对象都将进行发光处理。

“过滤”组。

⊙ 全部：选择场景中的所有源像素，并将高光应用于这些像素上。

⊙ 边缘：选择所有沿边界的源像素，并对这些像素应用高光。沿对象边缘应用高光会在对象内、外边上生成柔和的光晕。

⊙ 周界 Alpha：根据对象的 Alpha 通道，将高光仅应用于此对象的周界。勾选此选项仅使对象的外部高亮显示，而内部没有任何变化；然而，按“边”高亮显示会在对象上生成斑点，“周界 Alpha”可以保证所有边清洁，因为“周界 Alpha”利用场景的 Alpha 通道实现其效果。

⊙ 周界：对对象边缘进行发光处理，它比 Alpha 通道方式更精确，但会出现不混合的接缝。

⊙ 亮度：依据亮度级别进行发光处理，凡是高于此亮度值的区域都将进行发光处理。

⊙ 色调：依据色调进行发光处理，凡是高于此色调值的区域都进行发光处理。

2．首选项

“首选项”选项卡如图 11-67 所示。

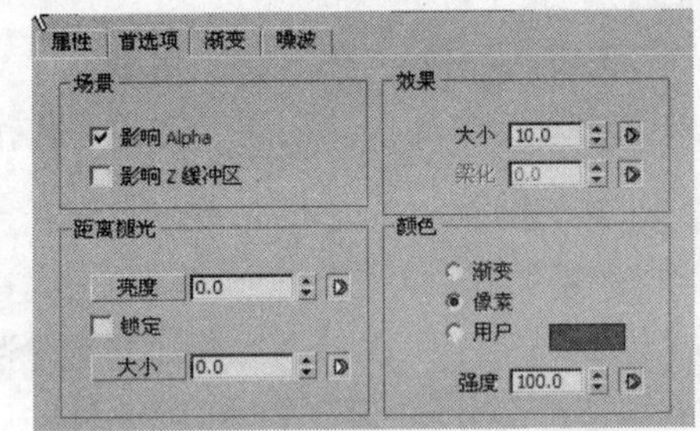

图 11-67

“场景”组。

⊙ 影响 Alpha：指定渲染为 32 位文件格式时，光晕是否影响图像的 Alpha 通道。

⊙ 影响 Z 缓冲区：指定光晕是否影响图像的“Z 缓冲区”。勾选此选项时，将记录光晕的线性距离，并可以在利用“Z 缓冲区”的特殊效果中使用。

“距离褪光”组。

⊙ 亮度：可用于根据到摄影机的距离来衰减光晕效果的亮度。此选项更适用于水下灯光以及任何希望光晕随距离逐渐消失的效果。

⊙ 大小：可用于设置根据到摄影机的距离来衰减光晕效果的大小。多数情况下，光晕总体大小随着光晕远离摄影机而逐步变小。

⊙ 锁定：选定时，同时锁定“亮度”和“大小”值，因此大小和亮度同步衰减。

“效果”组。

⊙ 大小：设置总体光晕效果的大小。

⊙ 柔化：柔化和模糊光晕效果。值范围为 0~100。仅在将“渐变”作为颜色方法使用时才启用此控件。仅在选定“颜色”区域中的“渐变”选项时，“柔化”才可用。

“颜色”组。

⊙ 渐变：根据“渐变”面板中的设置创建光晕。使用此方法时，可以使用“效果”区域中的“柔化”微调器。

⊙ 像素：根据对象的像素颜色创建光晕。这是默认方法，其速度很快。

⊙ 用户：由用户自己选择光晕效果的颜色。单击色样以显示颜色选择器，然后选择颜色。

⊙ 强度：控制光晕效果的强度或亮度。值范围为 0~100。仅在“像素”或“用户”为选定颜色方法时，此控件才启用。

3．渐变

“渐变”选项卡如图 11-68 所示。

⊙ 径向颜色：从左至右，对应从中心至四周颜色的变化。

⊙ 径向透明度：从左至右，对应从中心至四周透明度的变化。

⊙ 环绕颜色：从左至右，对应从 12 点位置开始以顺时针方向旋转所扫过区域的颜色变化。

⊙ 环绕透明度：从左至右，对应从 12 点位置开始以顺时针方向旋转所扫过区域的透明度变化。

⊙ 径向尺寸：从左至右，对应从 12 点位置开始以顺时针方向旋转所扫过的区域的半径变化，纯白色为原长，纯黑色为 0，即无放射现象。

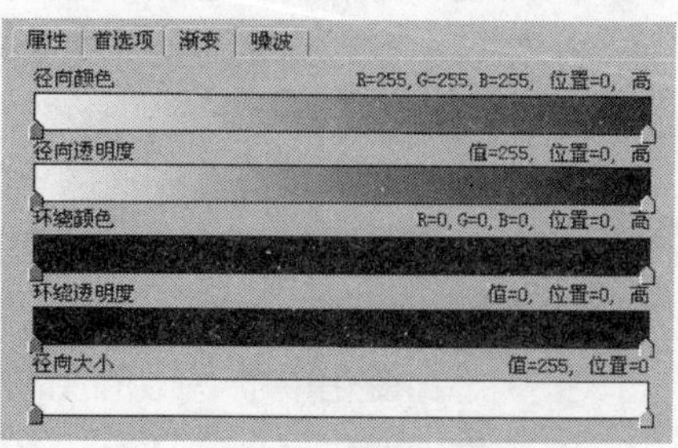

图 11-68

4．噪波

“噪波”选项卡如图 11-69 所示。

该选项卡与“镜头效果光斑”对话框中“噪波”组的内容基本相同，在前面已经介绍过，这里不再赘述。

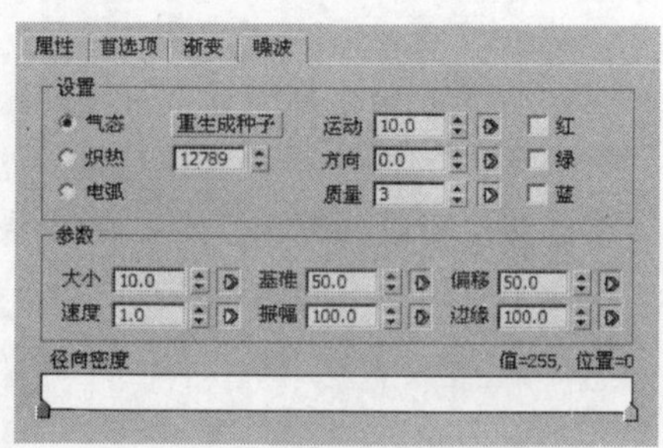

图 11-69

11.4.4　镜头效果高光

使用“镜头效果高光”对话框可以指定明亮的、星形的高光，可将其应用在具有发光材质的对象上。

在“Video Post”对话框中单击（添加图像过滤事件）按钮，弹出“添加图像过滤事件”对话框，在“过滤器插件”列表中选择“镜头效果高光”事件，然后单击“设置”按钮，即可打开“镜头效果高光”对话框，如图 11-70 所示。

“几何体”选项卡用于设置高光初始旋转以及如何随时间影响元素，它包括 3 个区域：“效果”、“变化”和“旋转”，其面板如图 11-71 所示。

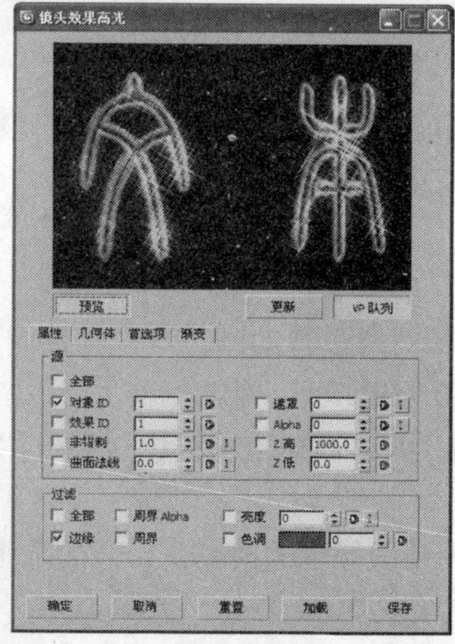

图 11-70

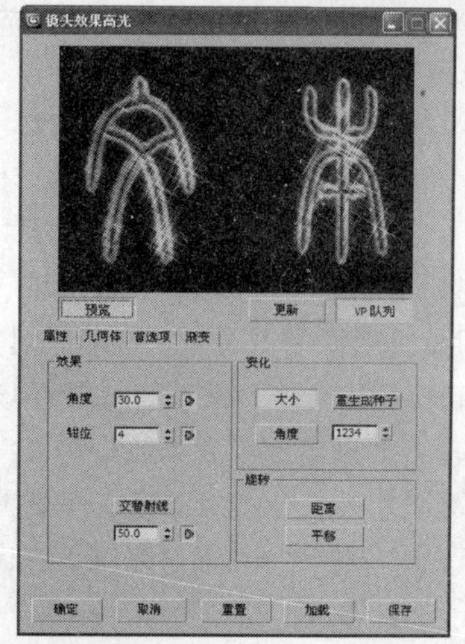

图 11-71

“效果”组。

⊙ 角度：控制动画过程中高光点的角度，可以对此参数设置动画。

⊙ 钳位：确定像素进行光芒处理的数目。当使用了高光效果时，可能会产生密集的光芒，通过增大它的值可以减少光芒的数量。

⊙ 交替射线：替换高光周围点的长度。此操作每隔一个射线点进行一次，根据其下面的百分比微调器缩短射线的全长。此参数可设置动画。

“变化”组。

⊙ 大小：变化单个“高光”的总体大小。

⊙ 角度：变化单个“高光”的初始方向。

⊙ 重生成种子：强制“高光”使用不同随机数来生成其效果的各部分。

“旋转”组。

⊙ 距离：单个高光元素逐渐随距离模糊时自动旋转。元素模糊得越快，其旋转的速度就越快。

⊙ 平移：单个高光元素横向穿过屏幕时自动旋转。如果场景中的对象经过摄影机，这些对象会根据其位置自动旋转。元素穿过屏幕的移动速度越快，其旋转的速度就越快。

由于对话框中的内容基本相似，本节中只介绍了其不同的参数，没有介绍的内容请参考前面的小节。

11.4.5 镜头效果焦点

模拟镜头焦点以外发生散焦模糊的视觉效果，通过对象与摄影机之间的距离进行模糊计算。在自然景观和室外建筑的场景中，常用它来模糊远景，以此突出图面主题，增加真实感。其面板如图 11-72 所示。

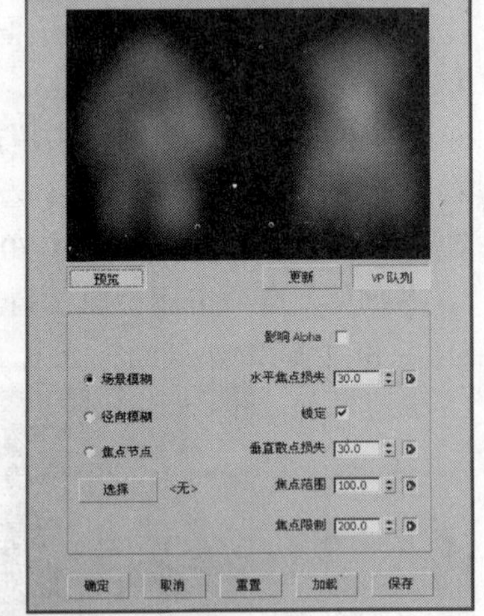

图 11-72

⊙ 场景模糊：对整个场景进行模糊处理，是一种平面处理方式。

⊙ 径向模糊：从帧的中心开始，将模糊效果以径向方式应用到整个场景。此方法适用于突出超广角镜头效果，以及帧边模糊效果。这种类型的“焦点”取决于“焦点范围”和“限制”设置。

⊙ 焦点节点：用于选择场景中的特定对象，将其作为模糊的焦点。选定的对象保留在焦点中，而模糊“焦点限制”设置外的对象。

⊙ 选择：显示“选择焦点对象”对话框，从而选择单一 3ds Max 2010 对象以用作焦点对象。可随时对选定的对象设置动画，这样导致动画跟焦效果。还可以选择摄影机目标用作焦点对象，这样其在场景中的深度可以确定焦点。

⊙ 影响 Alpha：如选定此项，当渲染为 32 位格式时，同时也将模糊效果应用到图像的 Alpha 通道。选择此项可以在另一个图像上合成模糊图像。

⊙ 水平焦点损失：指定以水平（X 轴）方向应用到图像中的模糊量，值的范围为 0%~100%焦点损失。

⊙ 锁定：同时锁定水平和垂直方向的损失设置。选定此项时，垂直焦点损失会自动更新，使更改与水平损失相匹配。

⊙ 垂直焦点损失：指定以垂直（*Y* 轴）方向应用到图像中的模糊量，值的范围为 0%~100%焦点损失。

⊙ 焦点范围：指定距离图像中心（径向模糊）的距离，或距离模糊效果开始处的摄影机（焦点对象）的距离。增大数值会使效果半径远离摄影机或图像中心。

⊙ 焦点限制：指定距离图像中心（径向模糊）的距离，或距离模糊效果达到最大强度处的摄影机（焦点对象）的距离。使用低“焦点范围”设置高“焦点限制”时，会使得场景中的模糊量渐增，同时关闭“焦点限制”和“焦点范围”会生成短距离的快速模糊效果。

11.5 课堂练习——爆炸效果

案例知识要点：本例介绍创建“球体 Gizmo”，并为其指定“火效果”，并设置或效果为爆炸，设置参数，完成爆炸效果如图 11-73 所示。

效果所在位置：光盘/cha11/效果/爆炸效果.max。

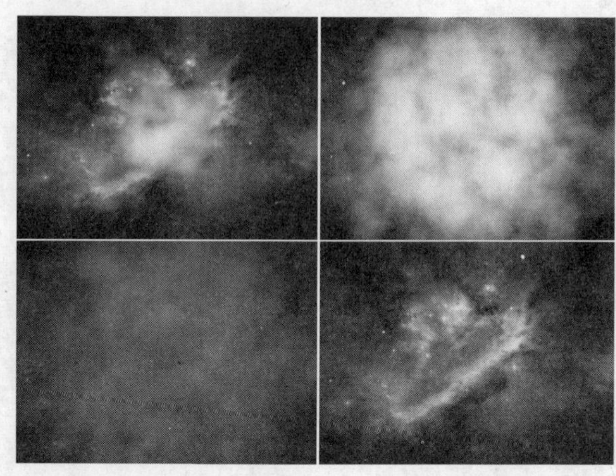

图 11-73

11.6 课后习题——炙热文字

习题知识要点：创建文本，并为其设置一个渐变材质，为其指定 Video Post 如图 11-74 所示。

效果所在位置：光盘/cha11/效果/炙热文字.max。

图 11-74

第12章 高级动画设置

本章将介绍 3ds Max 2010 中高级动画的设置，并对正向运动和反向运动进行详细讲解。读者通过本章的学习，可以掌握 3ds Max 2010 高级动画的制作方法和应用技巧。

【教学目标】

- 正向动力学。
- 反向运动。

12.1 正向动力学

正向动力学是构成结构级别关系的基础，有很多不需要灵活控制的动画效果可以直接用正向动力学来完成。

12.1.1　课堂案例——蝴蝶

案例学习目标：认识图解面板，并在图解面板中链接对象，并在层级面板中设置“链接信息”。

案例知识要点：通过设置正向动力学制作蝴蝶翩翩起舞的动画效果，如图 12-1 所示。

效果所在位置：光盘/cha12/效果/蝴蝶.max。

图 12-1

Step 01 首先打开随书附带光盘中的“cha12/效果/蝴蝶 o.max”场景文件，如图 12-2 所示。

Step 02 在工具栏中单击（图解视图）按钮，在打开的“图解视图”面板中选择使用（选择）工具，在面板中调整各个模型的位置，如图 12-3 所示。

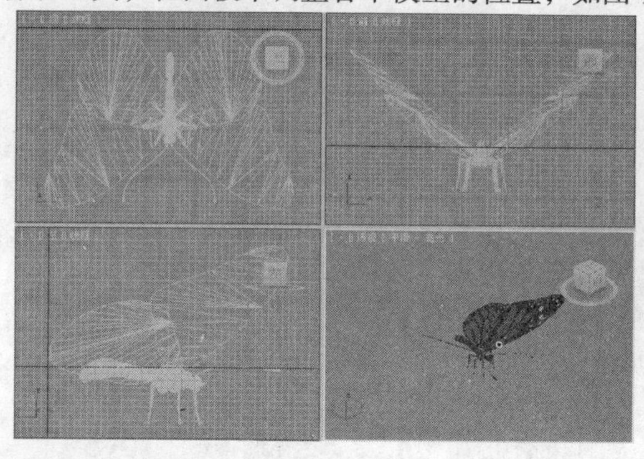

图 12-2

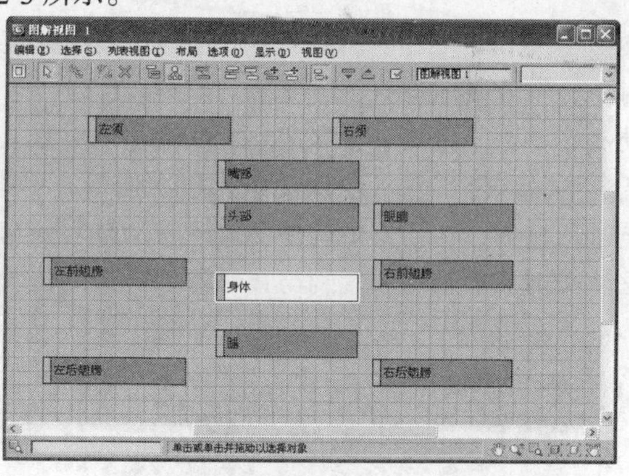

图 12-3

Step 03 在图解视图的面板工具栏中选择（连接）按钮，在视图中将“左须、右须、嘴部、眼睛”连接到头部上，如图 12-4 所示。

Step 04 将“头部”连接到“身体”，如图 12-5 所示。

Step 05 将“腿、左前翅膀、左后翅膀、右前翅膀、右后翅膀”连接到“身体”上，如图 12-6 所示。

Step 06 在场景中蝴蝶的位置创建虚拟对象，如图 12-7 所示。

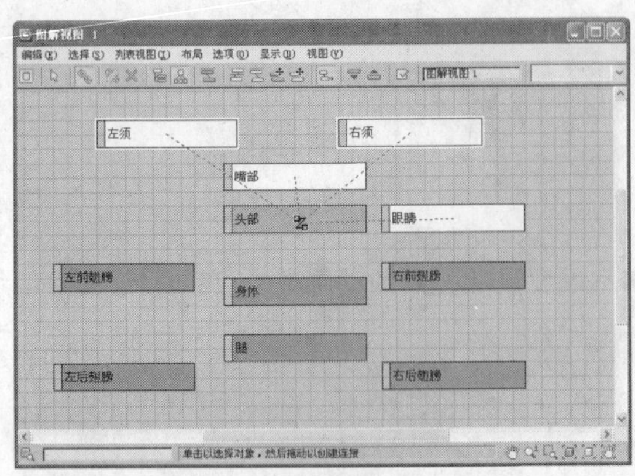

图 12-4

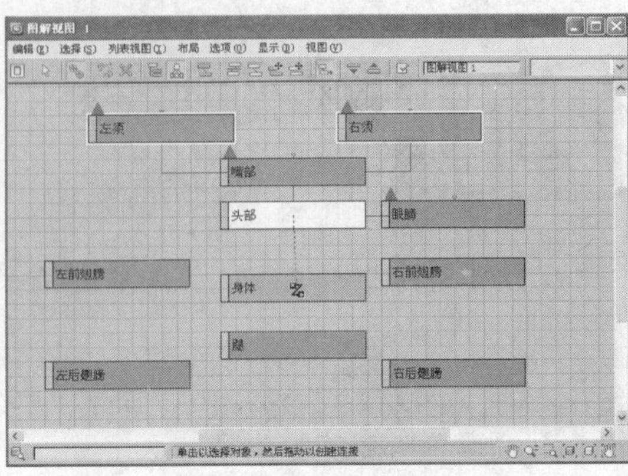

图 12-5

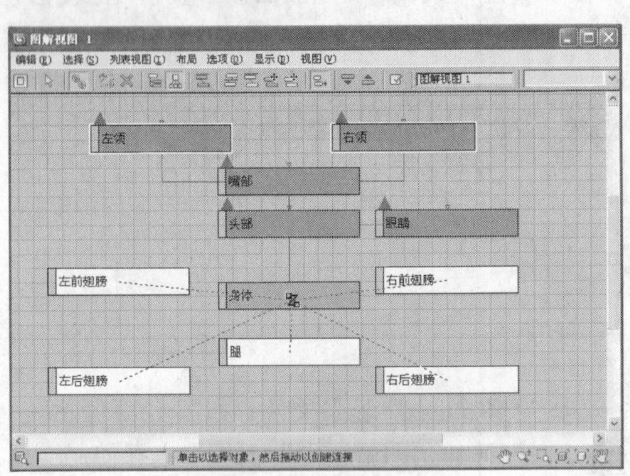

图 12-6

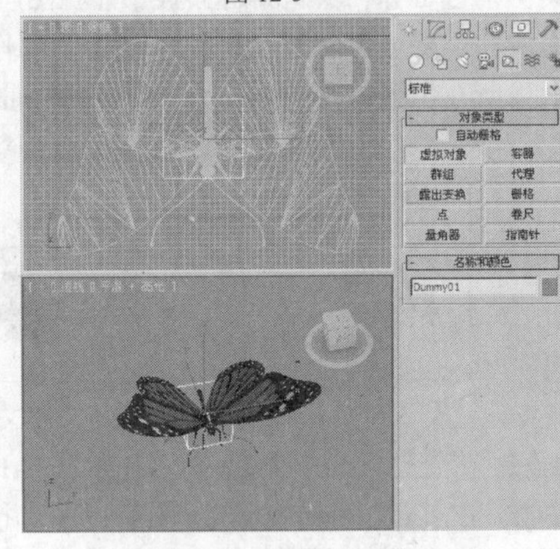
图 12-7

Step 07 在工具栏中选择（选择并连接）工具，在场景中选择“身体”对象，将其拖曳至虚拟对象，释放鼠标左键创建链接，如图 12-8 所示。在整个链接中蝴蝶的身体为父对象，但是为了方便制作动画又将父对象绑定到了一个虚拟对象上。

Step 08 选择（层级）进入层次面板，单击“轴”按钮，在“调整轴”卷展栏中单击“仅影响轴”按钮，在场景中调整蝴蝶翅膀的轴心至与身体链接的位置，如图 12-9 所示。使用同样的方法将子对象的轴均放置到与父对象相链接的位置，设置好后单击“仅影响轴”按钮。

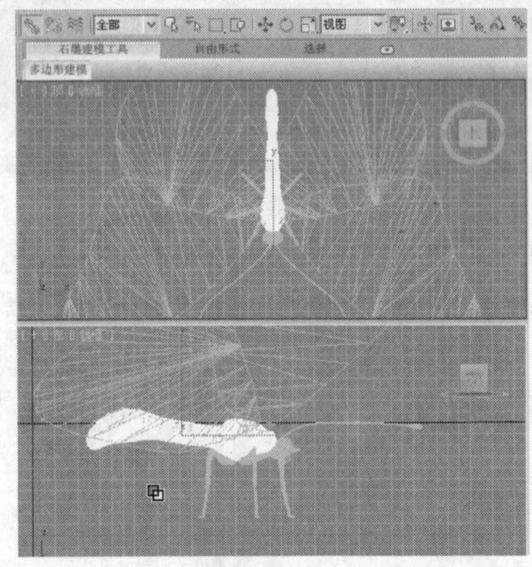
图 12-8

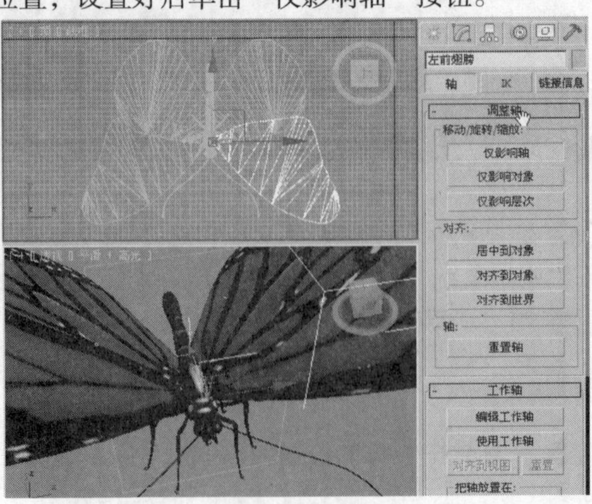

图 12-9

> **提示**：处理层次的默认方法使用一种称之为“正向动力学”的技术。这种技术采用的基本原理如下：① 按照父层次到子层次的链接顺序进行层次链接；② 轴点位置定义了链接对象的链接关节；③ 按照从父层次到子层次的顺序继承位置、旋转和缩放变换。

Step 09 在场景中选择蝴蝶的翅膀，单击（层级）命令面板中的“链接信息”按钮，在“锁定”卷展栏中勾选中“移动”中的“X”、“Y”、“Z”，使翅膀没有任何的移动，接着勾选“旋转”中的“X”、“Z”选项，使翅膀只在“Y”轴上下摆动翅膀，如图 12-10 所示。用同样的方法设置其他翅膀相同的“锁定”项。

Step 10 在场景中旋转翅膀，如图 12-11 所示打开“自动关键点”。

图 12-10

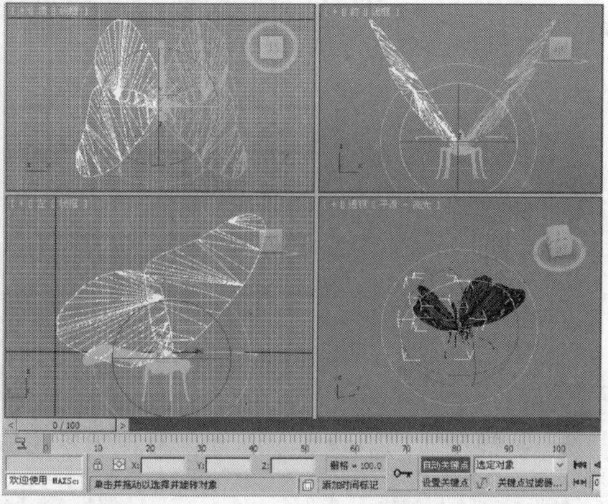

图 12-11

Step 11 拖动到第 5 帧，在场景中旋转翅膀，如图 12-12 所示。

Step 12 在场景中拖动时间滑块，旋转翅膀创建翅膀煽动的动画，如图 12-13 所示。

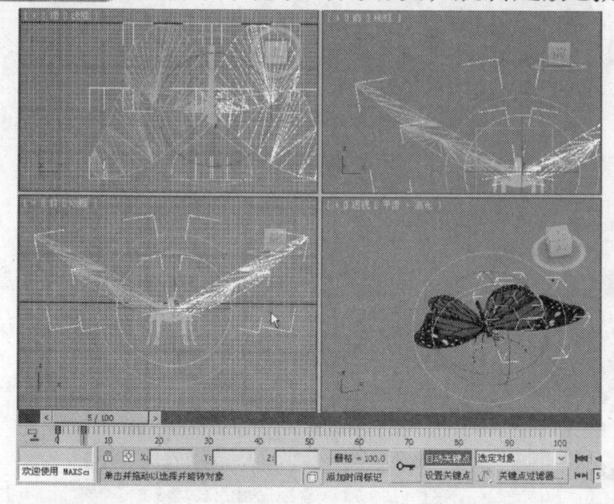

图 12-12

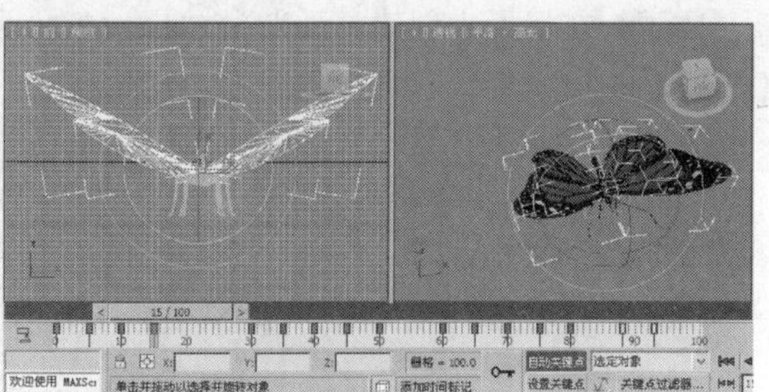

图 12-13

Step 13 为场景制定背景贴图，如图 12-14 所示。.

Step 14 在场景中旋转虚拟对象，拖动时间滑块到第 0 帧，在场景中调整“透视”图，如图 12-15 所示。

Step 15 在“透视”图中按 Ctrl+C 组合键，创建摄影机，拖动时间滑块到第 30 帧，在场景中调整虚拟对象的位置，如图 12-16 所示。

Step 16 拖动时间滑块到第 76 帧，单击 按钮，创建关键点。图 12-17 所示为创建蝴蝶的静止关键点。

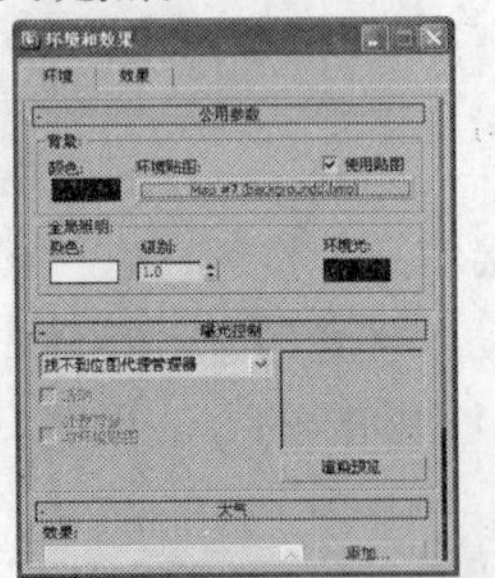

图 12-14

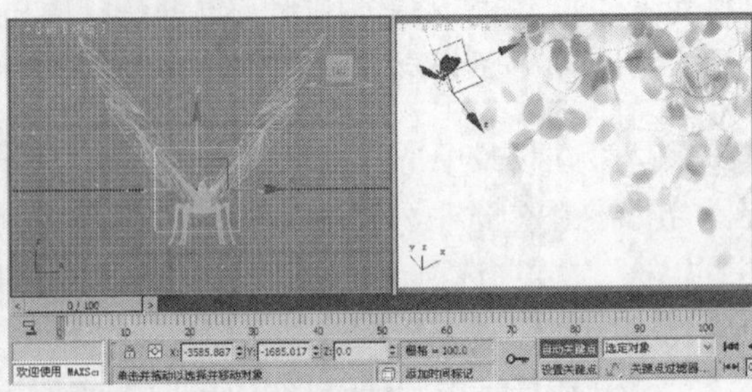

图 12-15

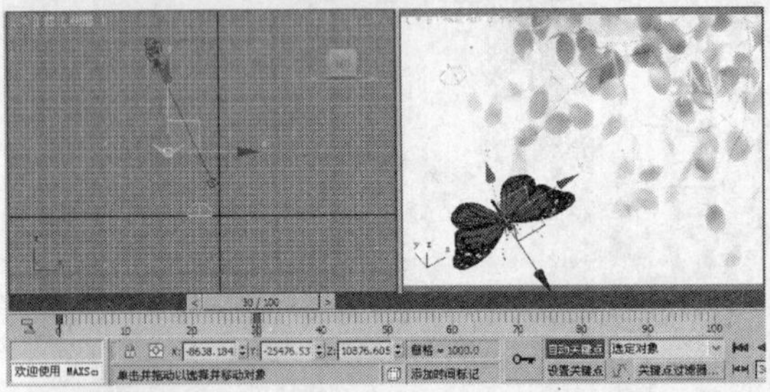

图 12-16

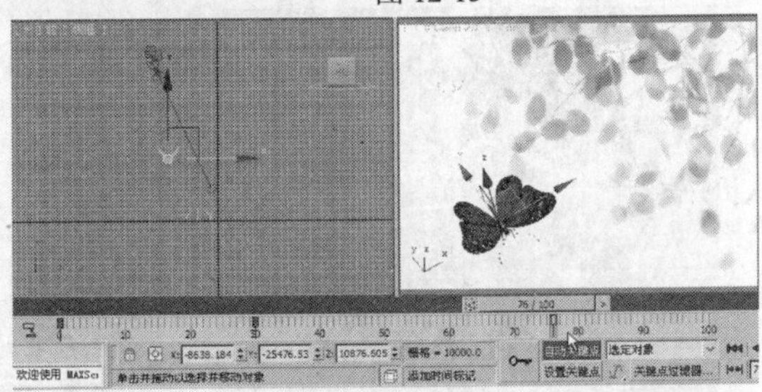

图 12-17

Step 17 拖动时间滑块到 80 帧，并在场景中旋转虚拟体，创建蝴蝶的旋转动画，如图 12-18 所示。

Step 18 拖动时间滑块到 100 帧，并在场景中调整虚拟体，如图 12-19 所示。

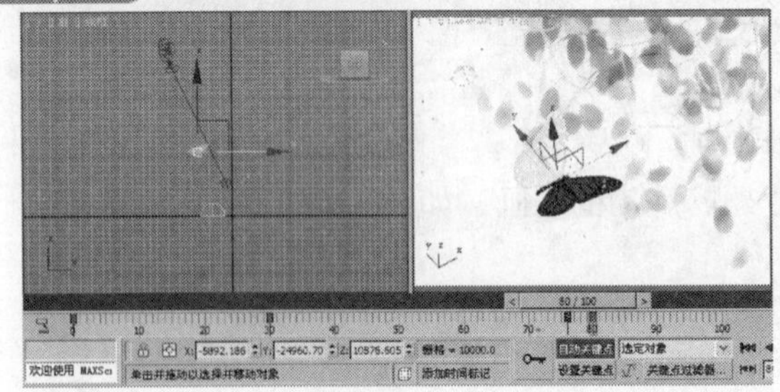

图 12-18

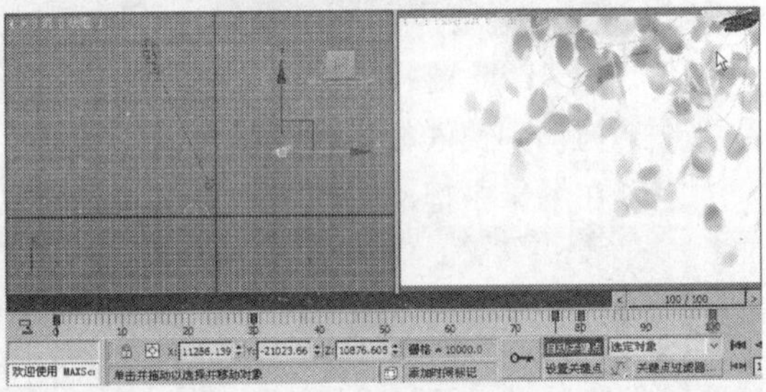

图 12-19

Step 19 在场景中创建“天光”，如图 12-20 所示。

Step 20 渲染场景动画，如图 12-21 所示。

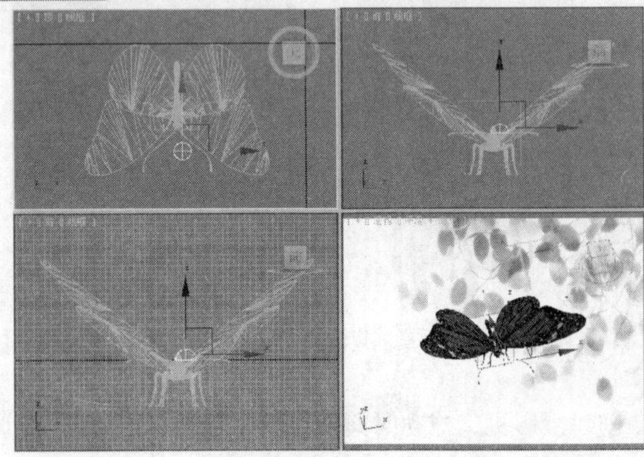

图 12-20

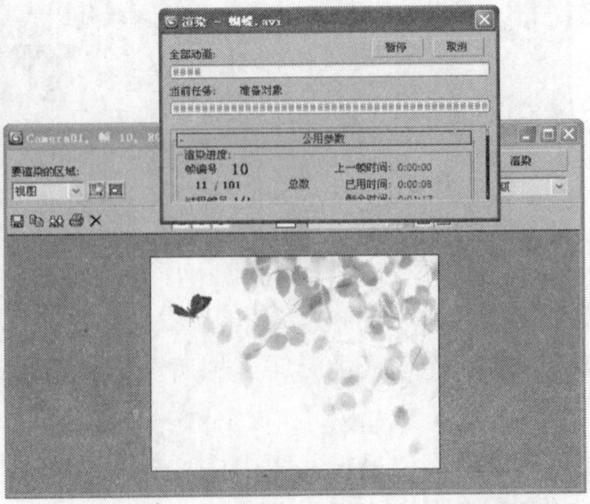

图 12-21

12.1.2 对象的链接

创建对象的链接前首先要明白谁是谁的父级，谁是谁的子级，如车轮是车体的子级，四肢是身体的子级。正向运动学中父级影响子级的运动、旋转及缩放，但子级只能影响它的下一级而不能影响父级。

将两个对象进行父子关系的链接，定义层级关系，以便进行链接运动操作。通常要在几个对象之间创建层级关系，如将手链接到手臂上，再将手臂链接到躯干上，这样它们之间就产生了层级关系，在正向运动或反向运动操作时，层级关系就会带动所有链接的对象，并且可以逐层发生关系。

子级对象会继承施加在父级对象上的变化（如运动、缩放、旋转），但它自身的变化不会影响到父级对象。

可以将对象链接到关闭的组。执行此操作时，对象将成为组父级的子级，而不是该组的任何成员。整个组会闪烁，表示已链接至该组。

1. 链接两个对象

使用（选择并连接）工具可以通过将两个对象链接作为子和父，定义它们之间的层次关系。

Step 01 选择工具栏中的（选择并连接）工具。

Step 02 在场景中选择子对象，选择对象后按住鼠标左键不放并拖曳光标，这时会引出虚线。

Step 03 牵引虚线至父对象上，父对象闪烁以下外框，表示链接成功，打开图解视图看一下是否成功链接。

另一种方法就是在图解视图中选择（选择并连接）工具，然后选择子级并将其拖向父级。

2. 断开当前链接

取消两对象之间的层级链接关系，就是拆散父子链接关系，使子对象恢复独立，不再受父对象的约束。这个工具是针对子对象执行的。

Step 01 在场景中选择创建链接的模型。

Step 02 选择工具栏中的（断开当前选择链接）按钮，它与父对象的层级关系就会被取消。

12.1.3 锁定和继承

“（层级）> 链接信息”：此部分的层次面板包含两个卷展栏，“锁定”卷展栏具有可以限制对象在特定轴中移动的控件，“继承”卷展栏具有可以限制子对象继承其父对象变换的控件。

锁定：用于控制对象的轴向，当对象分别进行移动、旋转或缩放时，它可以在各个轴向上变换，但如果在这里打开了某个轴向的锁定开关，它将不能在此轴向上变换。

继承：设置当前选择对象对其父对象各项变换的继承情况，默认情况为开启，即父对象的任何变换都会影响其子对象。如果关闭了某项，则相应的变换不会向下传递给其子对象。

12.1.4 图解视图

在工具栏中单击（图解视图）按钮或在菜单栏中选择“图表编辑器 > 保存的图解视图”命令，会打开图解视图。

“图解视图”是基于节点的场景图，通过它可以访问对象属性、材质、控制器、修改器、层次和不可见场景关系，如关联参数和实例。

在此处可以查看、创建并编辑对象间的关系。可以创建层次、指定控制器、材质、修改器或约束。图 12-22 所示为图解视图。

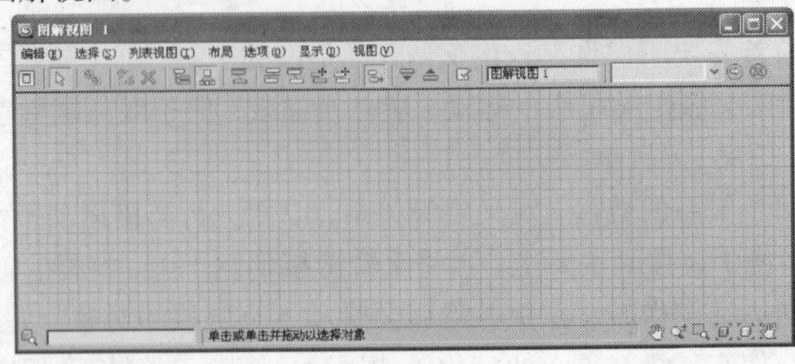

图 12-22

通过图解视图用户可以完成以下操作：

- 对象重命名；
- 快速选取场景对象；
- 快速选取修改器堆栈中的修改器；
- 在对象之间复制、粘贴修改器；
- 重新排列修改堆栈中的修改器顺序；
- 检视和选取场景中所有共享修改器、材质或控制器的对象；
- 快速选择对象的材质和贴图，并且进行各贴图的快速切换；
- 将一个对象的材质复制粘贴给另一个对象，但不支持拖动指定；
- 查看和选择共享一个材质或修改器的所有对象；
- 对复杂的合成对象进行层次导航，如多次布尔运算后的对象；
- 链接对象，定义层次关系；
- 提供大量的 MAXScript 曝光。

对象在图解视图中以长方形的节点方式表示，在图解视图中可以随意安排节点的位置，移动时用鼠标左键单击并拖曳节点即可。

1. 重要工具

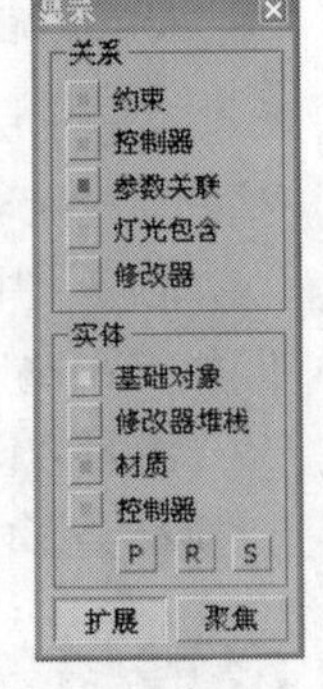

图 12-23

（显示浮动框）：显示或隐藏“显示浮动框”。如图 12-23 所示，在浮动框中可决定在“图解视图”中显示或隐藏对象。

（选择）：使用此选项可以在“图解视图”窗口和视口中选择对象。

（选择并连接）：用于创建层次，同工具栏中的工具相同，在“图解视图”中将子对象拖向父对象，创建层级关系。

（断块选定对象链接）：在“图解视图”中选择需要断开链接的对象，单击此按钮即可将创建的层次解散。

（删除对象）：删除“图解视图”中选定的对象。删除的对象将从视口和“图解视图”中消失。

（层次模式）：用级联方式显示父对象/子对象的关系。父对象位于左上方，而子对象朝右下方缩进显示。

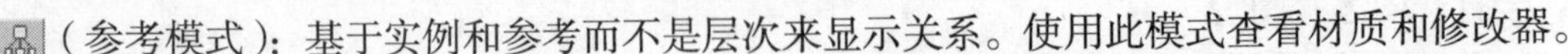
（参考模式）：基于实例和参考而不是层次来显示关系。使用此模式查看材质和修改器。

（始终排列）：根据排列首选项（对齐选项）将“图解视图”设置为总是排列所有实体。执行此操作之前将弹出一个警告信息。启用此选项将激活工具栏按钮。

（排列子对象）：根据设置的排列规则（对齐选项）排列父对象下面的子对象的显示。

（排列选定对象）：根据设置的排列规则（对齐选项）将选定的子对象排列到父对象下的显示。

（释放所有对象）：从排列规则中释放所有实体，在其左端标记一个小洞图标，然后使其留在当前位置。使用此选项可以自由排列所有对象。

（释放选定对象）：从排列规则中释放所有选定的实体，在其左端标记一个小洞图标，然后使其留在当前位置。使用此选项可以自由排列选定对象。

（移动子对象）：设置“图解视图”来移动所有父对象被移动的子对象。启用此模式后，工具栏按钮处于活动状态。

（展开选定项）：展开选定实体所有子实体的显示。

（折叠选定项）：隐藏选定实体的所有子实体，使选定的实体仍然可见。

（首选项）：显示图解视图设置对话框。如图 12-24 所示，根据类别控制显示的内容和隐藏的内容。可以过滤“图解视图”窗口中显示的对象，而只看到需要看到的对象。

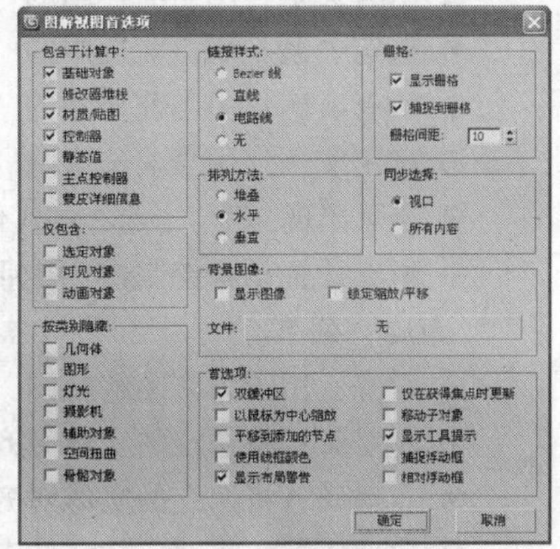

图 12-24

可以为“图解视图”窗口添加网络或背景图像。此处也可以选择排列方式并确定是否为视口选择和“图解视图”窗口选择设置同步，也可以设置节点链接样式。在此对话框中选择相应的过滤设置，可以更好地控制“图解视图”。

2. “图解视图”菜单栏

“编辑”菜单。

⊙ 链接：激活链接工具。

⊙ 断开选定对象链接：断开选定实体的链接。

⊙ 删除：从“图解视图”和场景中移除实体，取消所选关系之间的链接。

⊙ 指定控制器：用于将控制器指定给变换节点。只有当选中控制器实体时，该选项才可用。选择此选项，打开标准指定控制器对话框。

⊙ 关联参数：使用“图解视图”关联参数。只有当实体被选中时，该选项才处于活动状态。选择此选项，启动标准“关联参数”对话框。

⊙ 对象属性：显示选定节点的“对象属性”对话框。如果未选定节点，则不会产生任何影响。

“选择”菜单。

⊙ 选择工具：在“始终排列”模式时激活“选择工具”，不在“始终排列”模式时，激活“选择并移动”工具。

⊙ 全选：选择当前“图解视图”中的所有实体。

⊙ 全部不选：取消当前“图解视图”中选择的所有实体。

⊙ 反选：在当前“图解视图”中取消选择选定的实体，然后选择未选定的实体。

⊙ 选择子对象：选择当前选定实体的所有子对象。

⊙ 取消选择子对象：取消选择所有选中实体的子对象。父对象和子对象必须同时被选中才能取消选择子对象。

⊙ 选择到场景：在“视口”中选择“图解视图”中选定的所有节点。

⊙ 从场景选择：在“图解视图”中选择“视口”中选定的所有节点。

⊙ 同步选择：勾选此选项时，在“图解视图”中选择对象时还会在视口对象中选择它们，反之亦然。

“列表视图”菜单。

⊙ 所有关系：用当前显示的“图解视图”实体的所有关系，打开或重绘“列表视图”。

⊙ 选定关系：用当前选中的“图解视图”实体的所有关系，打开或重绘“列表视图”。

⊙ 所有实例：用当前显示的“图解视图”实体的所有实例，打开或重绘“列表视图”。

⊙ 选定实例：用当前选中的“图解视图”实体的所有实例，打开或重绘“列表视图”。

⊙ 显示出现：用与当前选中实体共享某一属性或关系类型的所有实体，打开或重绘“列表视图”。

⊙ 所有设置动画控制器：用拥有或共享设置动画控制器的所有实体，打开或重绘“列表视图”。

“布局”菜单。

⊙ 对齐：用于为“图解视图”窗口中选择的实体定位下列对齐选项。

⊙ 左对齐：将选定的实体对齐到选择的左边缘，垂直位置保持不变。

⊙ 右对齐：将选定的实体对齐到选择的右边缘，垂直位置保持不变。

⊙ 顶部对齐：将选定的实体对齐到选择的顶部边缘，水平位置保持不变。

⊙ 底部对齐：将选定的实体对齐到选择的底部边缘，水平位置保持不变。

⊙ 水平居中：将选定的实体居中显示，垂直位置保持不变。

⊙ 垂直居中：将选定的实体居中显示，水平位置保持不变。

⊙ 排列子对象：根据设置的排列规则（对齐选项），在选定的父对象下面排列子对象的显示。

⊙ 排列选定对象：根据设置的排列规则（对齐选项），在选定的父对象下面排列子对象的显示。

⊙ 释放选定对象：从排列规则中释放所有选定的实体，在其左端标记一个小洞图标，然后使其留在当前位置。使用此选项可以自由排列选定对象。

⊙ 释放所有对象：从排列规则中释放所有实体，在其左端标记一个小洞图标，然后使其留在当前位置。使用此选项可以自由排列所有对象。

⊙ 收缩选定对象：隐藏所有选中实体的方框，保持排列和关系可见。

⊙ 取消收缩选定项：使所有选定的收缩实体可见。

⊙ 全部取消收缩：使所有收缩实体可见。

⊙ 切换收缩：启用此选项时，会正常收缩实体。禁用此选项时，收缩实体完全可见，但是不取消收缩。默认设置为启用。

“选项”菜单。

⊙ 始终排列：根据选择的排列首选项使“图解视图”总是排列所有实体。执行此操作之前将弹出一个警告信息。选择此选项可激活工具栏（始终排列）按钮。

⊙ 层次模式：设置“图解视图”以显示作为参考图的实体，不显示作为层次的实体。子对象在父对象下方缩进显示，如图 12-25 所示。在“层次”和“参考”模式之间进行切换不会造成损坏。

⊙ 参考模式：设置“图解视图”以显示作为参考图的实体，不显示作为层次的实体，如图 12-26 所示。在“层次”和“参考”模式之间进行切换不会造成损坏。

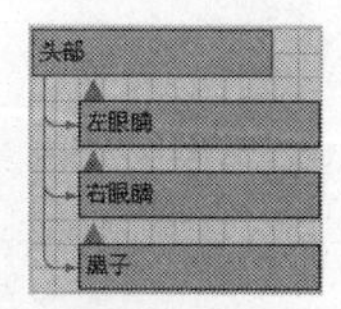

图 12-25

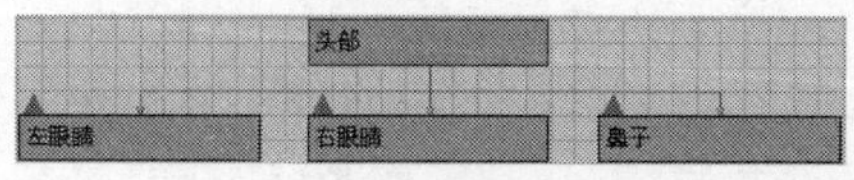

图 12-26

⊙ 移动子对象：设置“图解视图”来移动所有父对象被移动的子对象。启用此模式后，工具栏按钮处于活动状态。

⊙ 首选项：打开“图解视图首选项”对话框。其中，通过过滤类别及设置显示选项，可以控制窗口中的显示内容。

“显示”菜单。

⊙ 显示浮动框：显示或隐藏“显示浮动框”，该框控制“图解视图”窗口中的显示内容。

⊙ 隐藏选定对象：隐藏“图解视图”窗口中选定的所有对象。

⊙ 全部取消隐藏：将隐藏的所有项显示出来。

⊙ 展开选定项：显示选定实体的所有子实体。

⊙ 塌陷选定项：隐藏选定实体的所有子实体，使选定的实体仍然可见。

“视图”菜单。

⊙ 平移：激活“平移”工具，可使用该工具通过拖曳光标在窗口中水平和垂直移动。

⊙ 平移至选定项：使选定实体在窗口中居中。如果未选择实体，将使所有实体在窗口中居中。

⊙ 缩放：激活缩放工具。通过拖曳光标移近或移远“图解”显示。

⊙ 缩放区域：通过拖动窗口中的矩形缩放到特定区域。

⊙ 最大化显示：缩放窗口以便可以看到“图解视图”中的所有节点。

⊙ 最大化显示选定对象：缩放窗口以便可以看到所有选定的节点。

⊙ 显示栅格：在“图解视图”窗口的背景中显示栅格。默认设置为启用。

⊙ 显示背景：在“图解视图”窗口的背景中显示图像。通过首选项设置图像。

⊙ 刷新视图：当更改“图解视图”或场景时，重绘“图解视图”窗口中的内容。

除上述之外，在“图解视图”中右键单击，弹出快捷菜单，其中包含用于选择、显示和操纵节点选择的控件。使用此功能可以快速访问“列表视图”和“显示浮动框”，而且还可以在“参考模式”和“层次模式”间快速切换。

12.2 反向运动

反向动力学简称 IK，全称为 Inverse Kinematics，这里的“反”是对应“正”而言的，主要是指父级与子级的数据传递是双向的。父级的动作可以向子级传递，反之，子级的动作也可以传递给父级，只要运动某一子级，则该子级与父级之间的所有关节都能做相应动作，各关节之间的旋转自动生成，无须逐一调试。

12.2.1 课堂案例——挥舞的链子球

案例学习目标：创建各模型的层次关系并创建 IK 动画。

案例知识要点：本例介绍创建链子球的层级链接，并通过设置 IK 参数，制作 IK 动画——挥舞的链子球，如图 12-27 所示。

效果所在位置：光盘/cha12/效果/挥舞的链子球.max。

图 12-27

Step 01 打开随书附带光盘中的“cha12 > 效果 > 挥舞的链子球 o.max”文件，显示如图 12-28 所示的链子球模型。

Step 02 场景中的模型已经创建了层级连接，如图 12-29 所示。

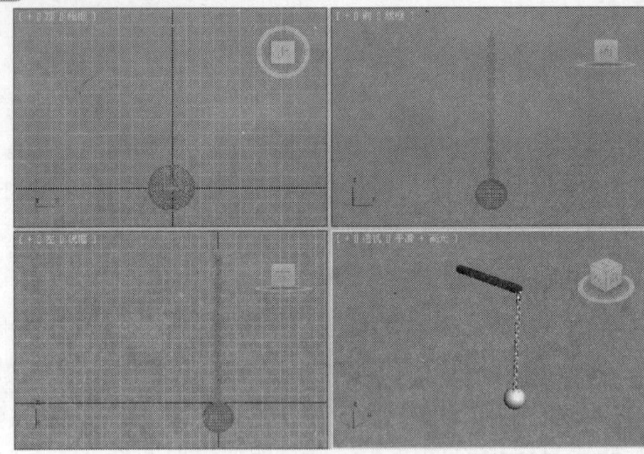

图 12-28

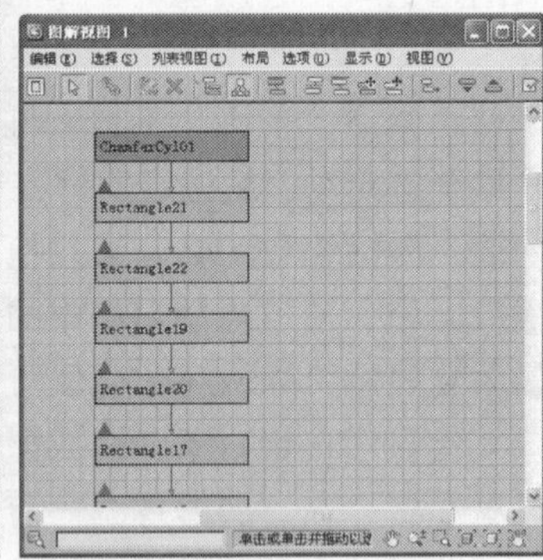

图 12-29

Step 03 在场景中选择“链锤”，切换到（层级）面板，选择 IK 按钮选项卡，在“反向运动学”卷展栏中单击“交互式 IK”按钮，在场景中调整“链锤”可以影响链子锤的效果，如图 12-30 所示。

Step 04 在场景中选择如图 12-31 所示，在“对象参数”卷展栏中勾选“终结点”选项，在场景中调整球体，可以看到只影响到终结点对象，如图 12-32 所示。

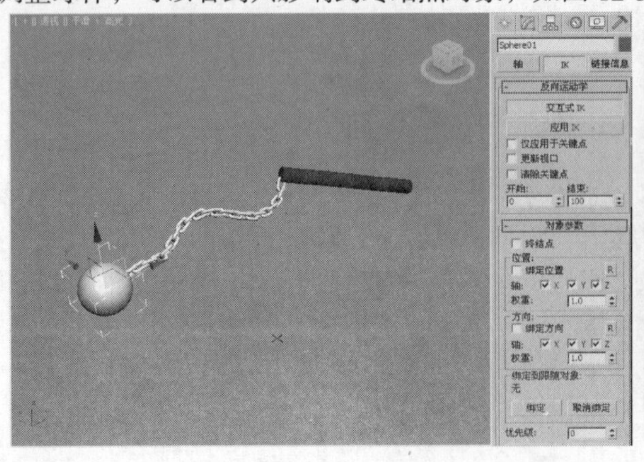

图 12-30

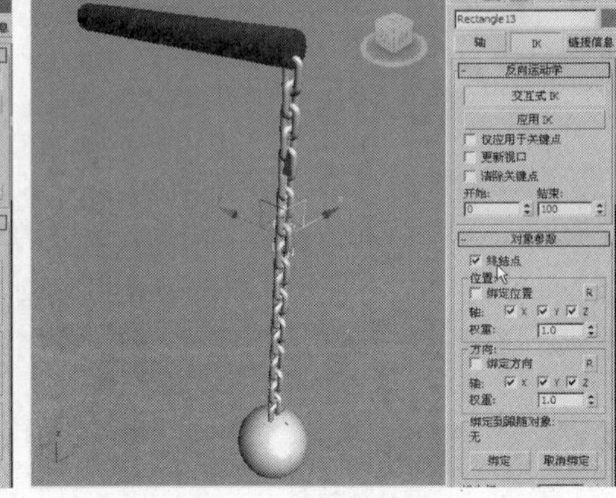

图 12-31

Step 05 取消“终结点”选项的勾选，按 Ctrl+Z 组合键，恢复到原始状态。在“顶”视图中创建圆，并在场景中将圆柱体模型链接到圆上，如图 12-32 所示。

Step 06 在场景中选择圆，切换到（层级）面板，选择 IK 按钮选项卡，在“转动关节”卷展栏中取消对 *X* 轴、*Y* 轴、*Z* 轴中的“活动”选项，如图 12-33 所示。使用同样的方法取消圆柱体的转动关节。

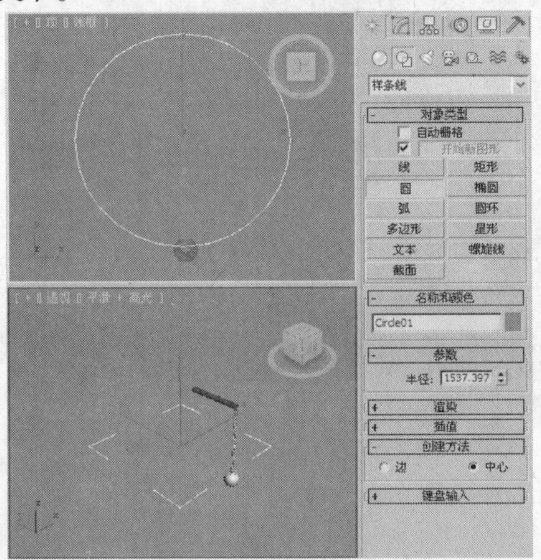

图 12-32

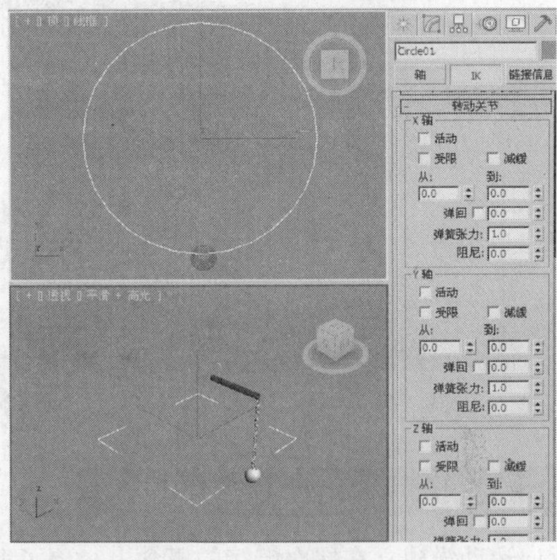

图 12-33

Step 07 在场景中选择圆柱体对象，切换到（运动）面板，在“参数”面板“指定控制器”卷展栏中选择“位置”，单击按钮，在弹出的对话框中选择“路径约束”，单击“确定”按钮，如图 12-34 所示。

Step 08 指定圆为路径，在“路径选项”组中勾选“跟随”选项，如图 12-35 所示。

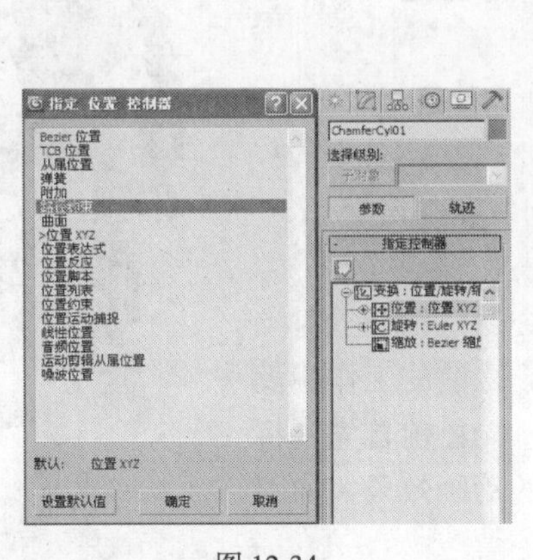

图 12-34

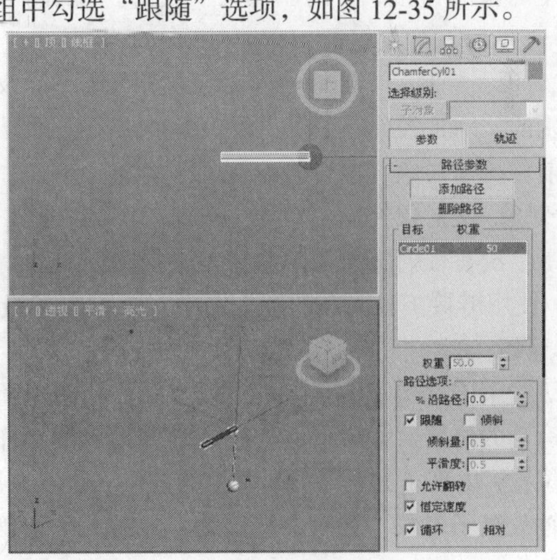

图 12-35

Step 09 切换到（层级）面板，选择 IK 按钮选项卡，在“反向运动学”卷展栏中单击“交互式 IK”按钮，在场景中调整球体可以影响链子锤的效果。单击“自动关键点”按钮，在场景中移动球体模型，常见动画这里就不介绍了，如图 12-36 所示，读者可以根据自己的喜好设置。

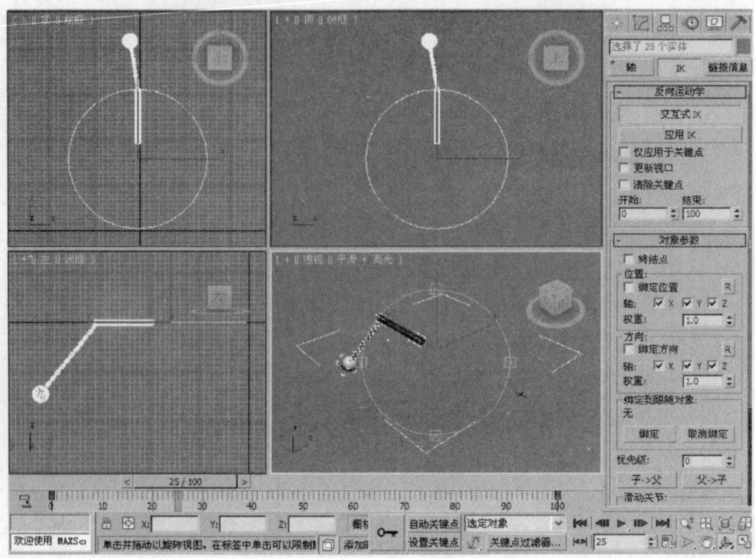

图 12-36

12.2.2 反向运动的层级关系和设置

反向运动学建立在层次链接的概念上。要了解 IK 是如何进行工作的，首先必须了解层次链接和正向运动学的原则。使用反向运动学创建动画的操作步骤如下。

首先确定场景中的层次关系。

生成计算机动画时，最有用的工具之一是将对象链接在一起以形成链的功能。通过将一个对象与另一个对象相链接，可以创建父子关系。应用于父对象的变换同时将传递给子对象。链也称为层次。

⊙ 父对象：控制一个或多个子对象的对象。一个父对象通常也被另一个更高级别的父对象控制。例如，图 12-37 所示机器人的手指是手的子对象，手是前臂的子对象，前臂是上臂的子对象……

⊙ 子对象：父对象控制的对象。子对象也可以是其他子对象的父对象。默认情况下，没有任何父对象的对象是世界的子对象。

图 12-37

Step 01 使用链接工具或在图解视图中对模型有子级向复制的链接。

Step 02 调整轴。

在层级关系中一项重要任务就是调整轴心所在位置，通过轴设置对象依据中心运动的位置，假设要制作一个前臂抬起的动作，之前的工作中没有调整轴位置，出现了如图 12-38 所示的效果，所以在制作 IK 前首先要将子对象的轴放置子对象与父对象链接处，才能产生正确的动画效果，如图 12-39 所示。

> **提示：** 确保避免对要使用 IK 设置动画的层次中的对象使用非均匀缩放。如果进行了操作会看到拉伸和倾斜。为避免此问题，应该对子对象等级进行非均匀缩放。如果有些对象显示了这种行为，那么要使用重置变换。

图 12-38

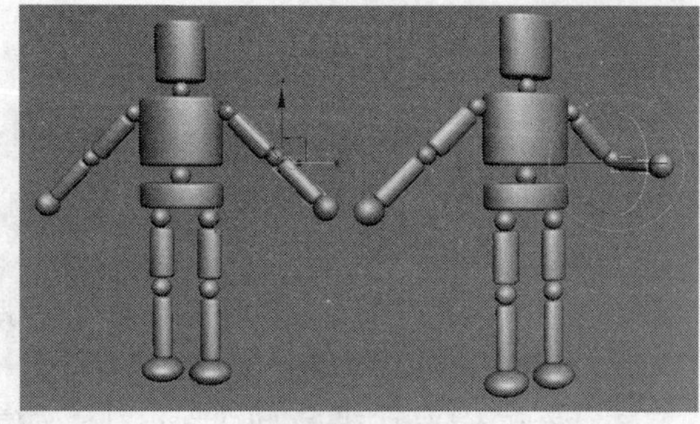
图 12-39

在 IK 面板中设置动画，在 12.2.3 小节中将介绍 IK 面板中的设置。

使用“应用 IK”完成动画。

使用“交互式 IK”制作完成动画后，单击“交互式 IK”并勾选“清除关键点”选项，在关键帧之间创建 IK 动画。

12.2.3　编辑对象的 IK 参数

“反向运动学”卷展栏中提供用于交互式和应用式 IK 的控件，以及用于 HD 解算器（与历史有关）的控件。使用“应用 IK”计算 IK 解决方案，并为 IK 链（IK 链必须包含下列对象）中的所有对象生成变换关键点（移动、旋转）。在默认情况下，在每个帧创建关键点。

1.“反向动力学”卷展栏

“反向动力学”卷展栏如图 12-40 所示。

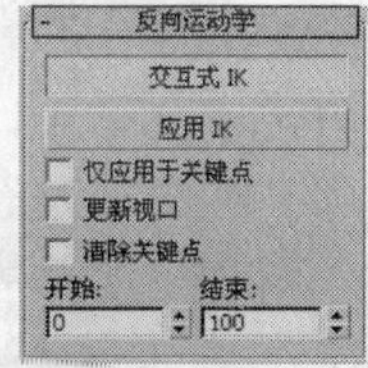

图 12-40

⊙ 交互式 IK：允许对层次进行 IK 操纵，而无须应用 IK 解算器或使用下列对象。

⊙ 应用 IK：为动画的每一帧计算 IK 解决方案，并为 IK 链中的每个对象创建变换关键点。提示行上出现蓝图形，指示计算的进度。

> **提示**：“应用 IK”是该软件从早期版本开始就具有的一项功能。建议先探索“IK 解算器”方法，并且仅当“IK 解算器”不能满足需要时再使用“应用 IK”。

⊙ 仅应用于关键点：为末端效应器的现有关键帧解算 IK 解决方案。

⊙ 更新视口：在视口中按帧查看应用 IK 帧的进度。

⊙ 清除关键点：在应用 IK 之前，从选定 IK 链中删除所有移动和旋转关键点。

⊙ 开始/结束：设置帧的范围以计算应用的 IK 解决方案。“应用 IK”的默认设置计算活动时间段中每个帧的 IK 解决方案。

2.“对象参数”卷展栏

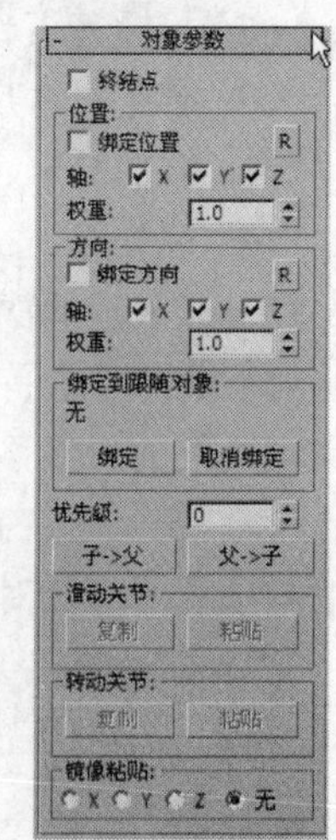

图 12-41

“对象参数”卷展栏，如图 12-41 所示。因为反向运动系统中的子对象会使父对象运动，移动一个子对象会引起祖先（根）对象的不必要的运动。例如，移动一个人的手指实际上会移动他的头部。为了防止这种情况发生，可以选择系统中的一个对象作为终结点。终结点是 IK 系统中最后一个受子对象影响的对象。把大臂作为一个终结点就会使手指的运动不会影响到大臂以上的身体对象（本卷展栏只适用于“交互式 IK”)。

“位置”组。

⊙ 绑定位置：将 IK 链中的选定对象绑定到世界（尝试着保持它的位置），或者绑定到跟随对象。如果已经指定了跟随对象，则跟随对象的变换会影响 IK 解决方案。

“方向”组。

⊙ 绑定方向：将层次中选定的对象绑定到世界（尝试保持它的方向），或者绑定到跟随对象。如果已经指定了跟随对象，则跟随对象的旋转会影响 IK 解决方案。

⊙ R：在跟随对象和末端效应器之间建立相对位置偏移或旋转偏移。

该按钮对“HD IK 解算器位置”末端效应器没有影响。将它们创建在指定关节点顶部，并且使其绝对自动。

提示：如果移动关节远离末端效应器，并要重新设置末端效应器给绝对位置，可以删除并重新创建末端效应器。

⊙ 轴 X/Y/Z：如果其中一个轴处于禁用状态，则该指定轴就不再受跟随对象或“HD IK 解算器位置”末端效应器的影响。

例如，如果关闭“位置”下的 X 轴，跟随对象（或末端效应器）沿 X 轴的移动就对 IK 解决方案没有影响，但是沿 Y 轴或者 Z 轴的移动仍然有影响。

⊙ 权重：在跟随对象（或末端效应器）的指定对象和链接的其他部分上，设置跟随对象（或末端效应器）的影响。设置是 0 会关闭绑定。使用该值可以设置多个跟随对象或末端效应器的相对影响和在解决 IK 解决方案中它们的优先级。相对“权重”值越高，优先级就越高。

“权重”设置是相对的，如果在 IK 层次中仅有一个跟随对象或者末端效应器就没必要使用它们。不过，如果在单个关节上带有“位置”和“旋转”末端效应器的单个 HD IK 链，可以给它们不同的权重将优先级赋予位置或旋转解决方案。

可以调整多个关节的“权重”。在层次中选择两个或者多个对象，权重值代表选择设置的共同状态。

“绑定到跟随对象”选项组。

反向运动学链中将对象绑定到跟随对象和取消绑定的控制。

⊙（标签）：显示选定跟随对象的名称。如果没有设置跟随对象，则显示“无”。

⊙ 绑定：将反向运动学链中的对象绑定到跟随对象。

⊙ 取消绑定：在 HD IK 链中从跟随对象上取消选定对象的绑定。

⊙ 优先级：3ds Max 2010 在计算 IK 求解时，链接处理的次序决定最终的结果。使用优先级值设置链接处理的次序。要设置一个对象的优先级，选择这个对象并在优先级数值框中输入一个值。3ds Max 2010 会首先计算优先值大的对象。IK 系统中所有对象默认优先值都为 0，它假定距离末端受动器近的对象移动距离大，这对大多数 IK 系统的求解是适用的。

⊙ 子 > 父：自动设置选定的 IK 系统对象的优先值。此按钮把 IK 系统根对象的优先值设为 0，根对象下每一级对象的优先值都增加 10。它和使用默认值时的作用相似。

⊙ 父 > 子：自动设置选定的 IK 系统对象的优先值。它把根对象的优先值设为 0，其下每降低一级，对象优先值都递减 10。

"滑动关节/转动关节/镜像粘贴"选项组。

在"滑动关节"和"转动关节"卷展栏中可以为 IK 系统中的对象链接设定约束条件，使用"复制"按钮和"粘贴"按钮能够把设定的约束条件从 IK 系统的一个对象链接上复制到另一个对象链接上。"滑动关节"用来复制链接的滑动约束条件，"转动关节"用来复制链接的旋转约束条件。

镜像粘贴：用来在粘贴的同时进行链接设置的镜像反转。镜像反转的轴向可以随意指定，默认为"无"，即不进行镜像反转，也可以使用主工具栏上的镜像工具来复制和镜像 IK 链，但必须要选中镜像对话框中的"镜像 IK 限制"选项才能保证 IK 链的正确镜像。

3. "转动关节"卷展栏

该卷展栏用于设置子对象与父对象之间相对滑动的距离和摩擦力，分别通过 *X*、*Y*、*Z* 3 个轴向进行控制，效果如图 12-42 所示。

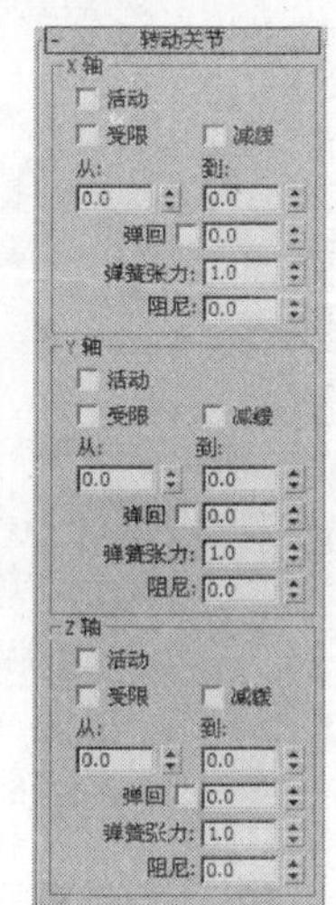

图 12-42

提示： 当对象的位置控制器处于"Bezier 位置"控制属性时，"转动关节"卷展栏才会出现。

⊙ 活动：用于开闭此轴向的滑动和旋转。

⊙ 受限：当它开启时，其下的"从"和"到"有意义，用于设置滑动距离和旋转角度的限制范围，即从哪一处到哪一处之间允许此对象进行滑动或转动。

⊙ 减缓：勾选时，关节运动在指定范围中间部分可以自由进行，但在接近"从"或"到"限定范围时滑动或旋转的速度被减缓。

⊙ 弹回：打开"弹回"设定，设置滑动到端头时进行反弹，右侧数值框用于确定反弹的范围。

⊙ 弹簧张力：设置反弹作用能够等强度，值越高反弹效果越明显；如果设置为 0，没有反弹效果；反弹张力如果设置得过高，可以产生排斥力，关节就不容易达到限定范围终点。

⊙ 阻尼：设置整个滑动过程中收到的阻力，值越大，滑动越艰难，表现出对象巨大、干燥而且笨重。

4. "自动终结"卷展栏

该卷展栏用于暂时指定终结器一个特殊链接号码，使沿该反向运动学链上的指定数量对象作为终结器，它仅工作在互动式 IK 状态下，对指定式 IK 和 IK 控制器不起作用。图 12-43 所示为"自动终结"卷展栏。

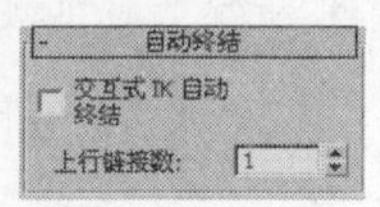

图 12-43

⊙ 交互式 IK 自动终结：自动终结控制的开关项目。

⊙ 上行链接数：指定终结设置向上传递的数目。例如，如果此值设置为 5，当操作一个对象时，沿此层级链向上第 5 个对象将作为一个终结器，阻挡 IK 向上传递。当值为 1 时将锁定此层级链。

12.3 课堂练习——望远镜

案例知识要点：创建圆柱体模型望远镜效果，并设置望远镜的"滑动关节"，望远镜的套筒没有任何的旋转，使用"减缓"效果使望远镜向下移动，如图 12-44 所示。

效果所在位置：光盘/cha12/效果/望远镜.max。

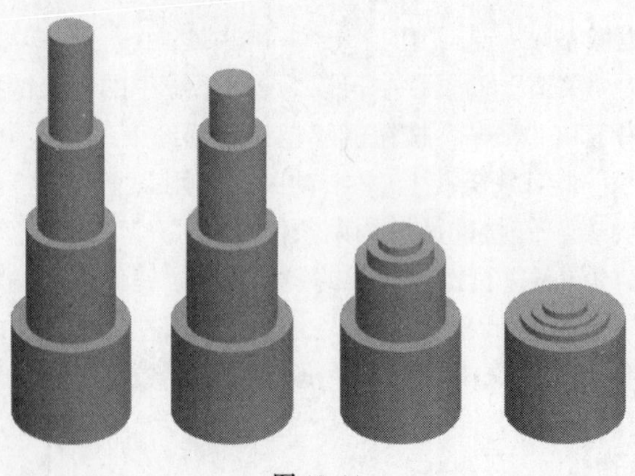

图 12-44

12.4 课后习题——蜻蜓

习题知识要点：本例介绍使用正向动力学创建蜻蜓煽动翅膀的动画，具体可以参照“蝴蝶”动画的设置，如图 12-45 所示。

效果所在位置：光盘/cha12/效果/蜻蜓.max。

图 12-45

第13章 综合实训案例

通过前面对基础知识的学习，相比大家对 3ds Max 已经不再陌生。在本章中将了解如何从建模到创建灯光再到后期效果等的制作流程。

13.1 打造战后城门

图 13-1

案例知识要点：如何使火苗效果表现得更加逼真，其效果如图 11-11 所示。

效果所在位置：光盘/cha11/效果/火苗燃烧.max。

13.1.1 创建城墙

Step 01 单击“（创建）>（几何体）>长方体”按钮，在“前”视图中创建长方体，在“参数”卷展栏中设置“长度”为 260、“宽度”为 100、“高度”为 40，设置“长度分段”为 3、“宽度分段”为 25、“高度”为 1，如图 13-2 所示。

Step 02 切换到（修改）命令面板，在修改器列表中选择“编辑多边形”命令，将当前选择集定义为“多边形”，在“顶”视图中选如图 13-3 所示的多边形，在“编辑多边形”卷展栏中单击“挤出”后的（设置）按钮，设置“挤出高度”为 20，单击“确定”按钮。

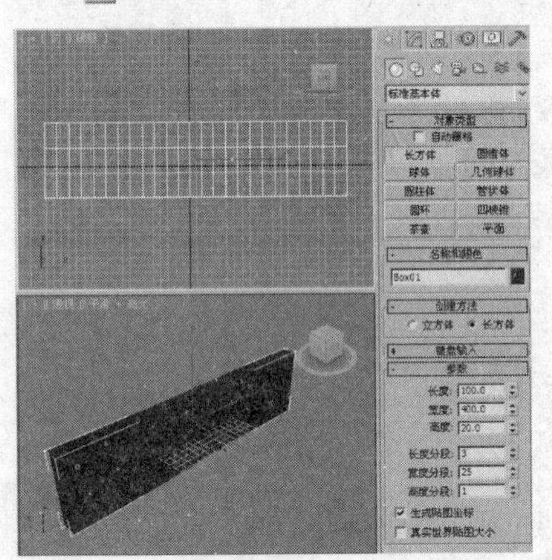
图 13-2

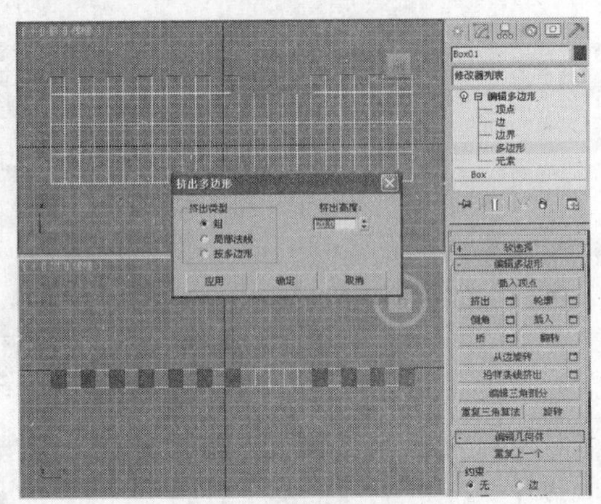
图 13-3

Step 03 在场景中选择如图 13-4 所示的多边形，在“编辑多边形”卷展栏中单击“挤出”后的（设置）按钮，在场景中出现挤出助手，设置挤出参数为 50，单击“确定”按钮，确定操作。

Step 04 在场景中选择 13-5 所示的多边形，在“编辑多边形”卷展栏中单击“挤出”后的（设置）按钮，在场景中出现“挤出多边形”对话框，设置“挤出高度”为 8，单击“确定”按钮。

Step 05 将选择集定义为“顶点”，在场景中调整顶点，如图 13-6 所示。

Step 06 将选择集定义为“多边形”，在“前”视图中选择如图 13-7 所示的多边形。在“编辑多边形”卷展栏中单击“挤出”后的（设置）按钮，设置“挤出高度”为 5，单击“确定”按钮。

Step 07 在场景中框选多边形，如图 13-8 所示，并将其删除。

Step 08 在“编辑几何体”卷展栏中单击“创建”按钮，在场景中创建多边形，如图 13-9 所示。

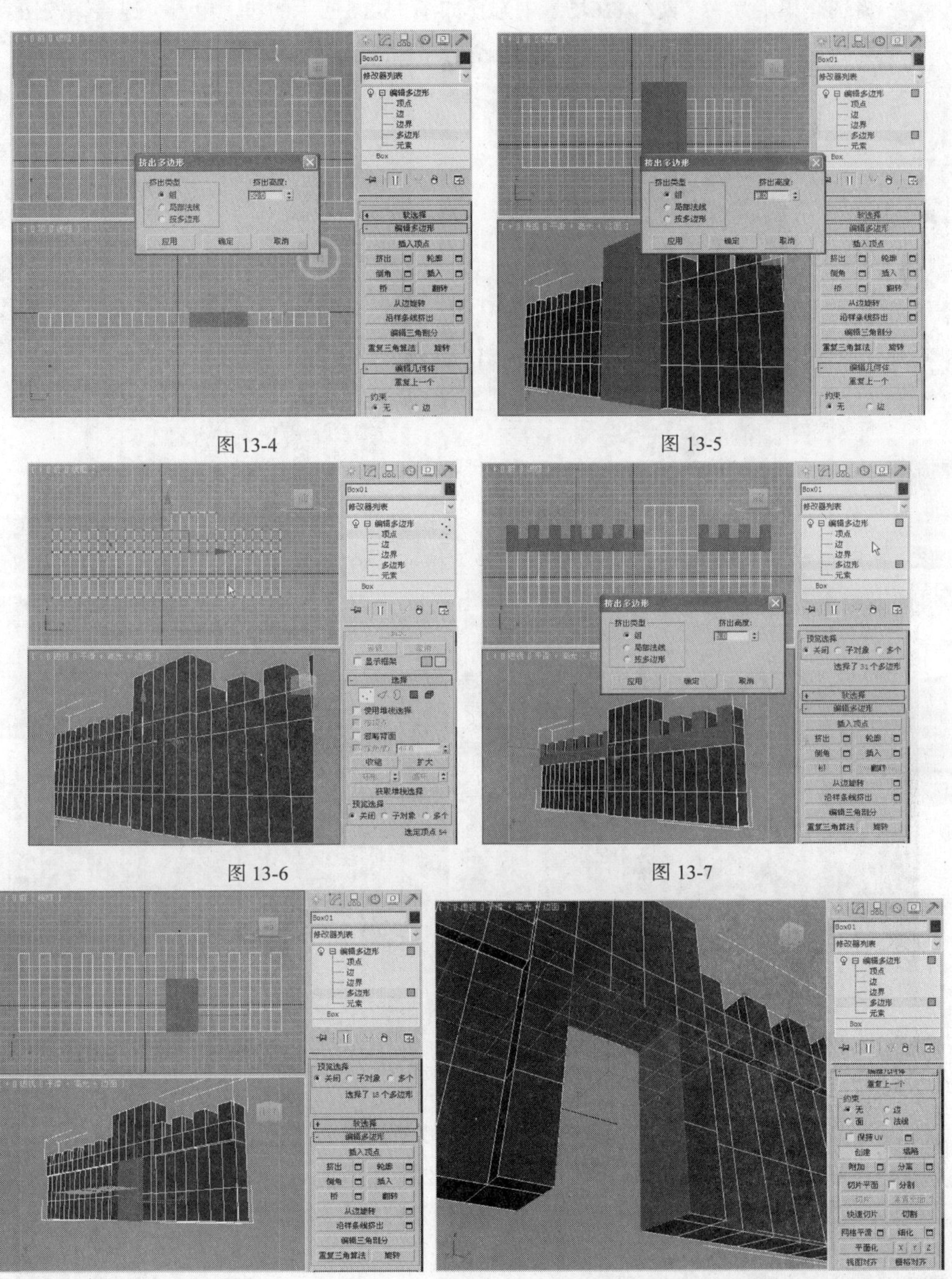

图 13-4

图 13-5

图 13-6

图 13-7

图 13-8

图 13-9

Step 09 关闭“创建”按钮，选择创建的多边形，在“编辑多边形”卷展栏中单击“翻转”按钮，如图 13-10 所示。

提示：如果创建多边形法线出现错误的时候可以执行翻转操作，如果创建的多边形是正确的则无须使用翻转操作。

Step 10 将选择集定义为“边”，在场景中选择如图 13-11 所示的边，单击“连接”按钮。

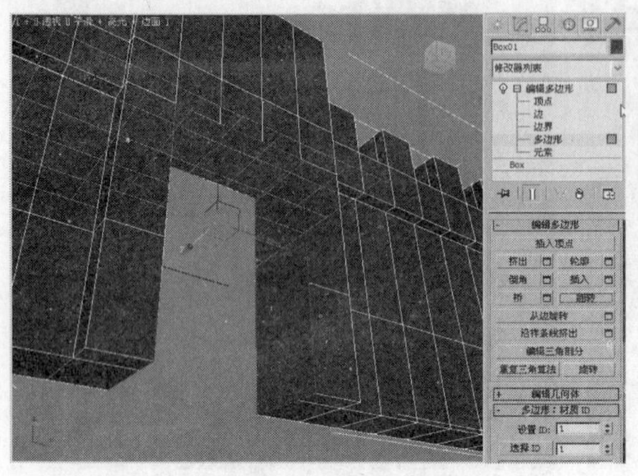

图 13-10

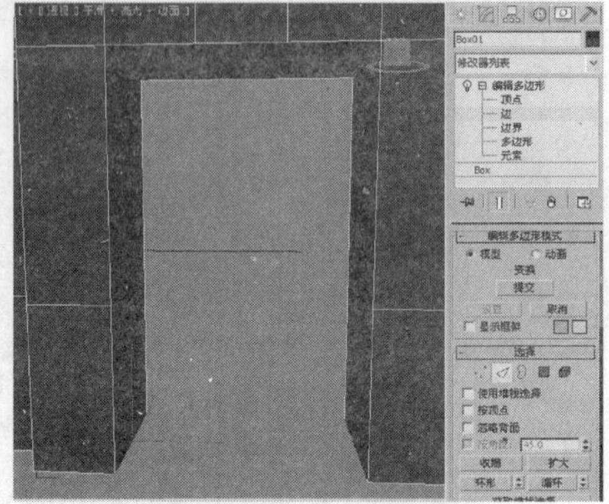

图 13-11

Step 11 连接边后的效果，如图 13-12 所示。

Step 12 定义当前选择集定义为“多边形”，在场景中选择外侧连接后的多边形，在“编辑多边形”卷展栏中单击“挤出”后的□（设置）按钮，在场景中出现“挤出多边形”对话框，设置“挤出类型”为“局部法线”，设置“挤出高度”为 5，单击“确定”按钮，如图 13-13 所示。

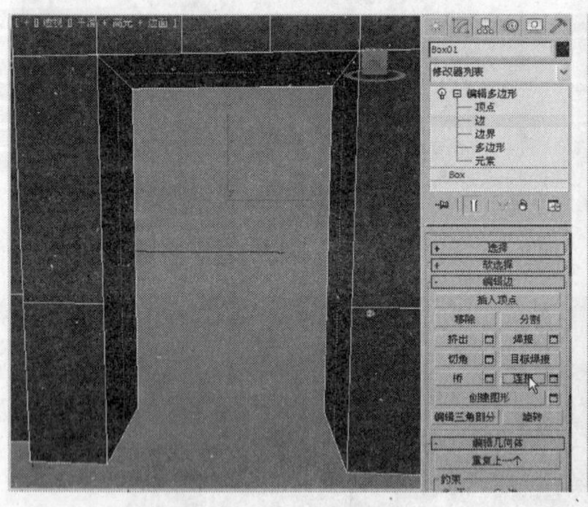

图 13-12

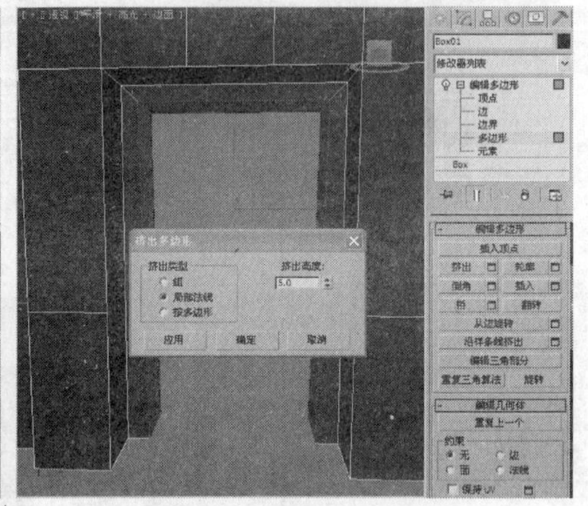

图 13-13

Step 13 将当前选择集定义为“顶点”，在场景中调整门洞的形状，如图 13-14 所示。

Step 14 定义当前选择集为“多边形”，在场景中选择如图 13-15 所示的多边形。

Step 15 按 Ctrl+I 组合键，反选多边形，在“编辑几何体”卷展栏中单击“分离”按钮，将多边形分离出去，如图 13-16 所示。

Step 16 关闭选择集，在“修改器列表”中选择“UVW 贴图”修改器，在“参数”卷展栏中选择“平面”选项，如图 13-17 所示。

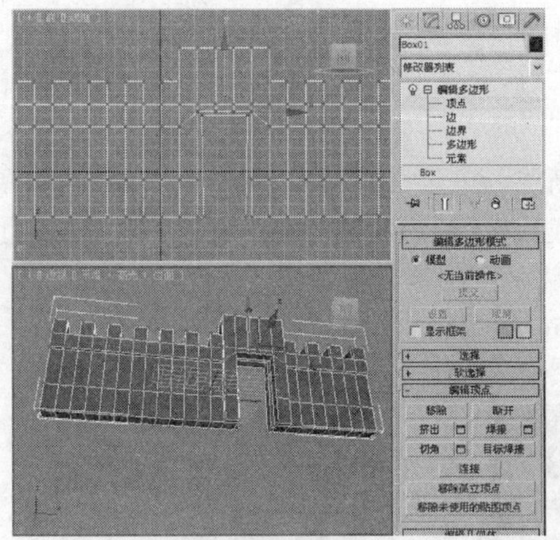

图 13-14

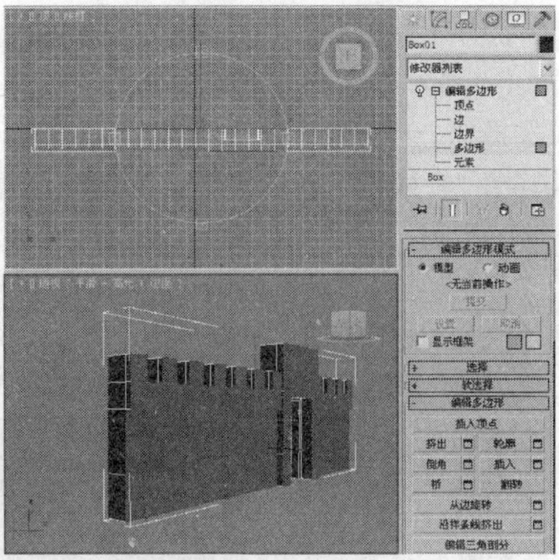

图 13-15

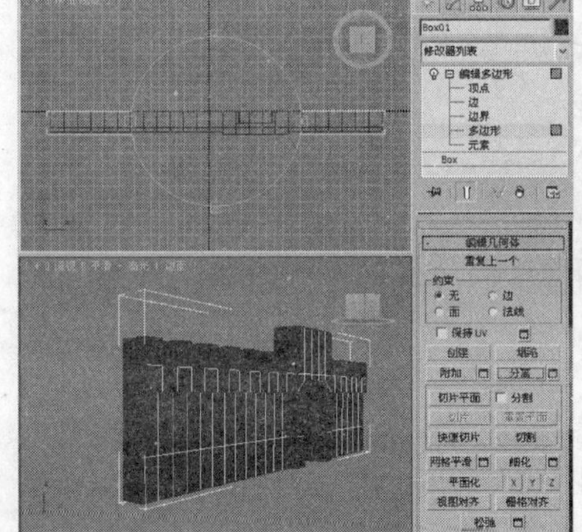

图 13-16

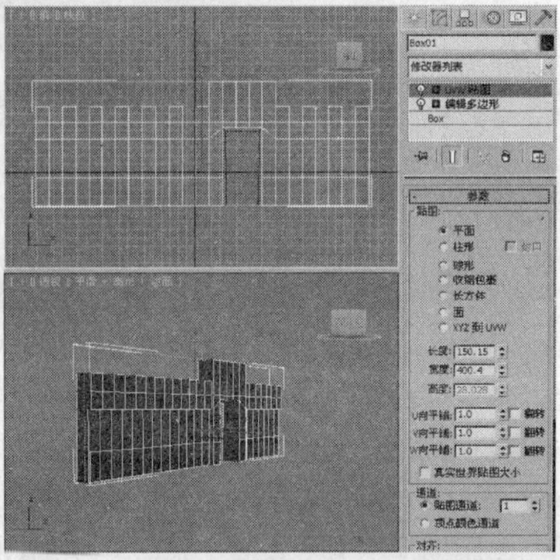

图 13-17

Step 17 在场景中缩放模型，如图 13-18 所示。

Step 18 在场景中选择分离出去的多边形对象，在“修改器列表”中选择“UVW 贴图”修改器，在“参数”卷展栏中选择“长方体”选项，设置“长度”、“宽度”和“高度”的参数为 50，如图 13-19 所示。

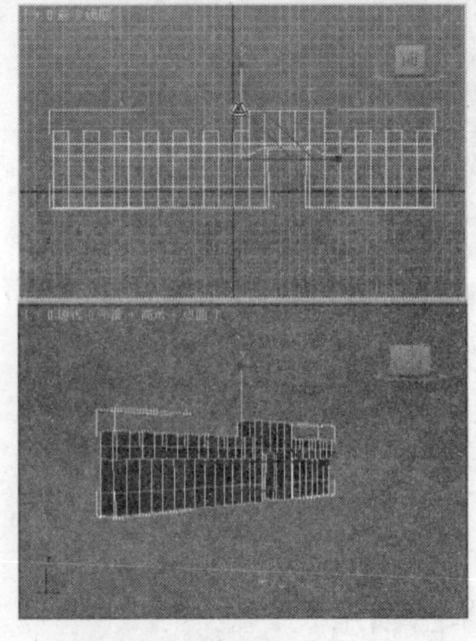

图 13-18

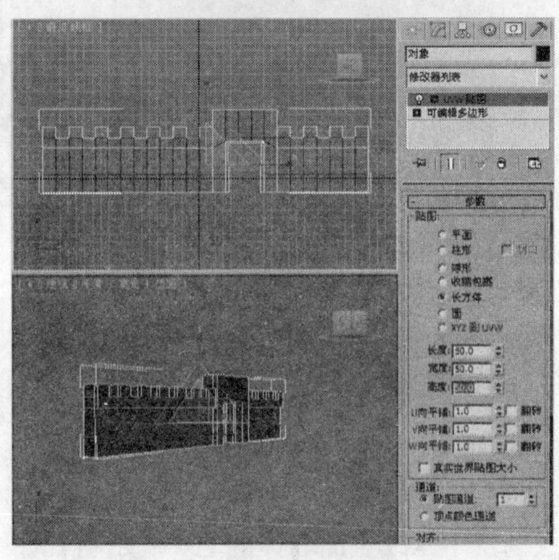

图 13-19

Step19 打开“材质编辑器”面板，选择一个新的材质样本球，将其命名为墙体，如图 13-20 所示。在“Blinn 基本参数”卷展栏中单击“漫反射”后的灰色按钮，在弹出的“材质/贴图浏览器”对话框中选择“合成”贴图。

Step20 在“合成层”卷展栏中单击 （添加新层）按钮，创建两个层。在“层 2”卷展栏中指定贴图，贴图为随书附带光盘中的“Cha13/素材/战后城门/城墙混合.jpg”文件，设置图层混合模式为“叠加“；在”层 1“卷展栏中指定贴图，贴图为随书附带光盘中的“cha13/素材/战后城门/城墙漫射.jpg”文件，如图 13-21 所示。将材质制定给正面的墙体模型。

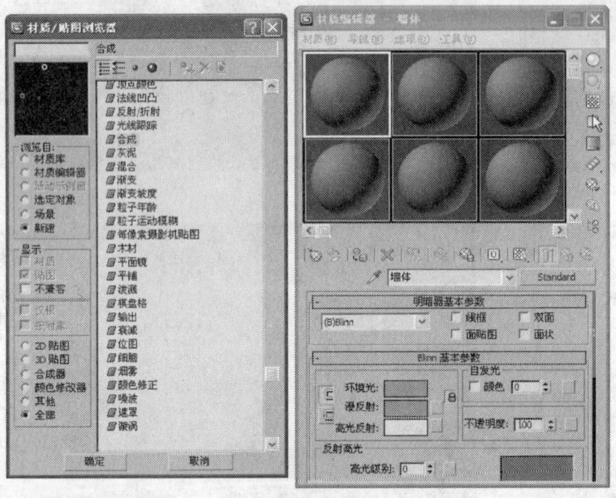

图 13-20

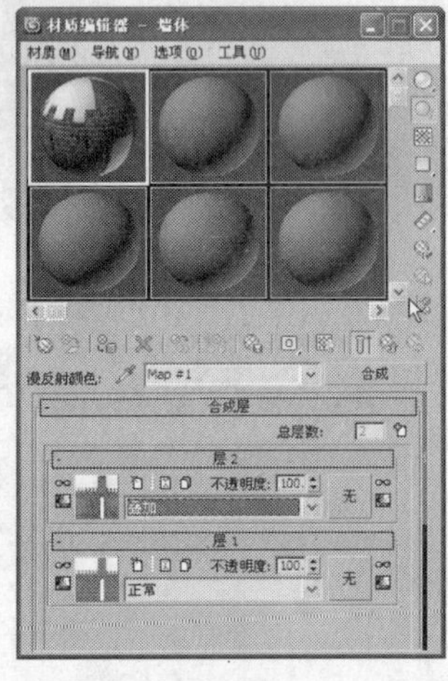

图 13-21

Step21 拖曳“墙体”样本球到新的材质样本球上，修改一下名称，在“合成层”卷展栏中单击“层 1”中的贴图按钮，进入贴图层级，勾选“位图参数”卷展栏中勾选“应用”选项，设置 U 为 0.919、V 为 0.496、W 为 0.081、H 为 0.168，如图 13-22 所示。

Step22 使用同样的方法设置“层 2”中的图像参数，如图 13-23 所示，将材质指定给分离处的模型。

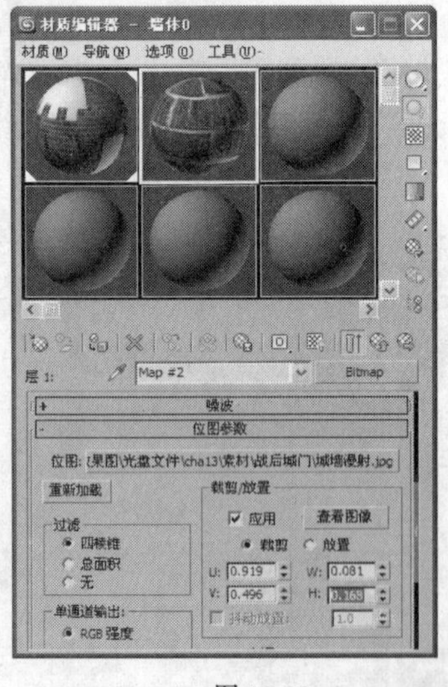

图 13-22

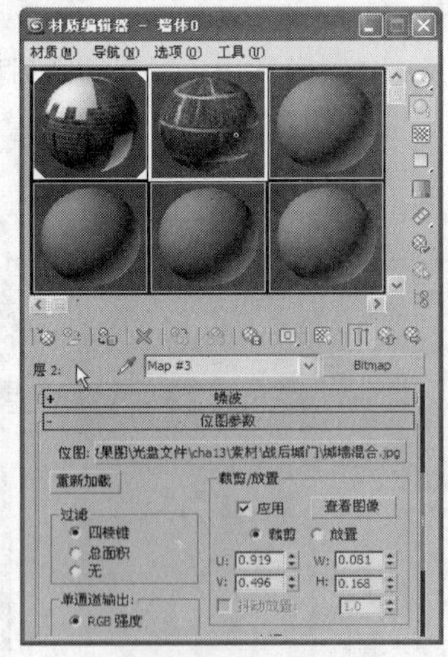

图 13-23

Step23 此时渲染墙体效果，如图 13-24 所示。

Step24 在场景中修改正面墙体的 UVW 贴图，如图 13-25 所示。

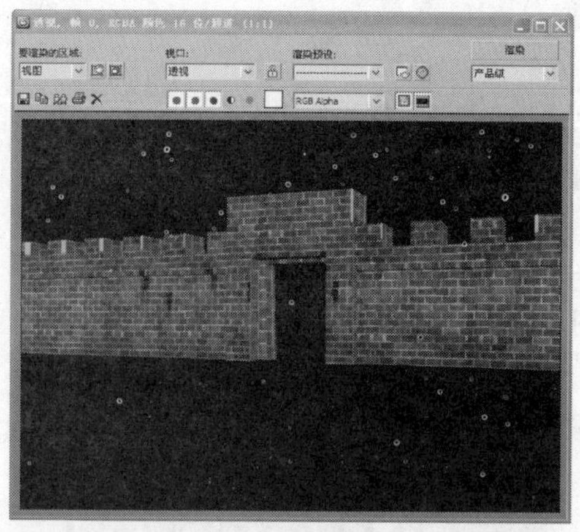
图 13-24

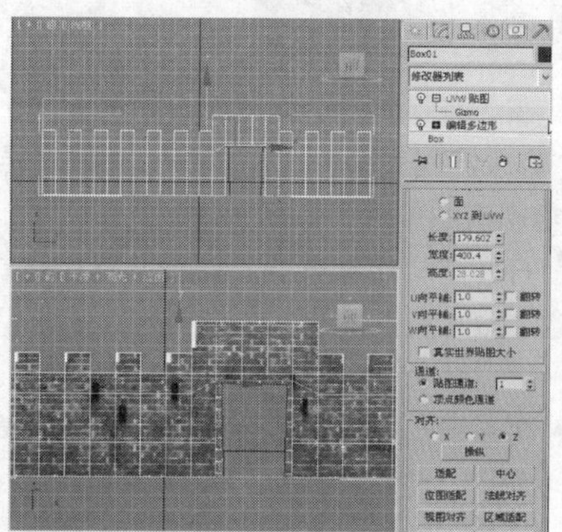
图 13-25

Step25 在场景中为正面模型施加“UVW 展开”修改器，如图 13-26 所示。

Step26 在“参数”卷展栏中单击“编辑”按钮，在弹出的对话框中调整顶点符合贴图，如图 13-27 所示。

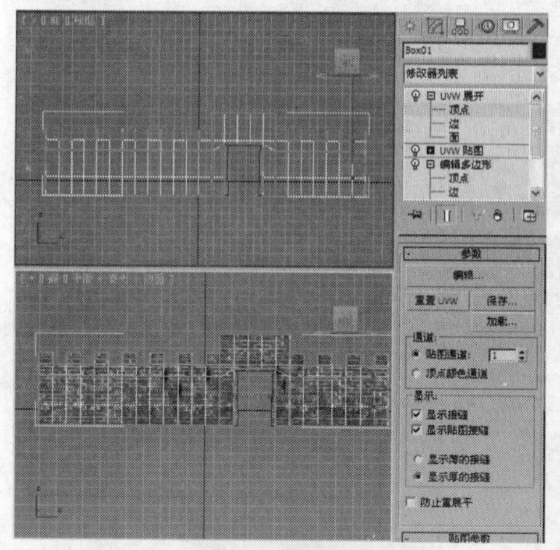
图 13-26

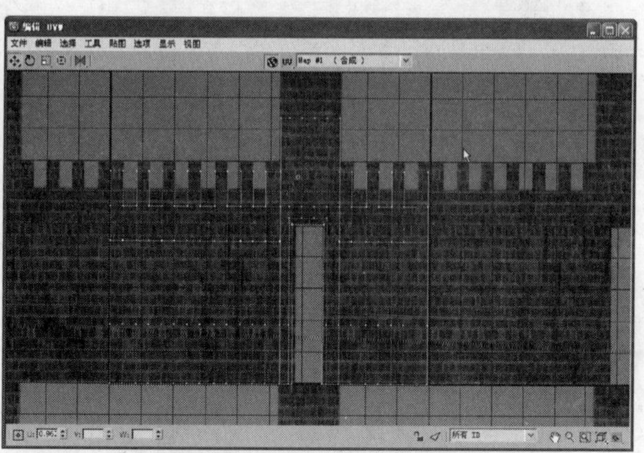
图 13-27

Step27 为分离出的模型施加“UVW 展开”修改器，单击“编辑”按钮，在弹出的对话框中按 Ctrl+A 组合键全选面，并旋转面，如图 13-28 所示。

Step28 旋转贴图的效果，如图 13-29 所示。

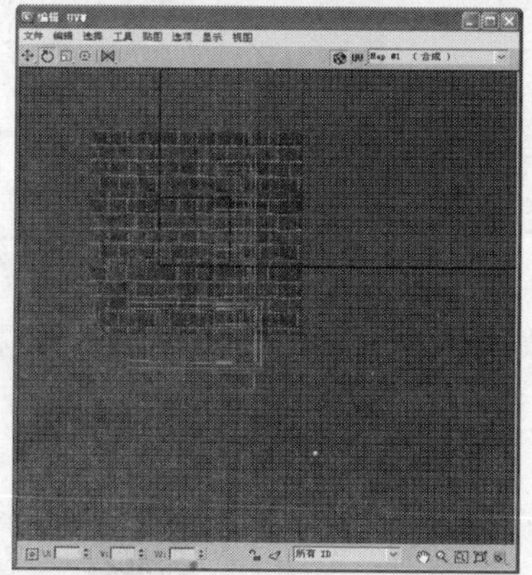
图 13-28

图 13-29

13.1.2 制作破损的城门

Step 01 在“前”视图中创建线，如图 13-30 所示，切换到 （修改）命令面板，为其设置“轮廓”，在“修改器列表”中选择“挤出”修改器，并在“参数”卷展栏中设置“数量”为 10，并在场景中调整模型的位置，如图 13-31 所示。

Step 02 打开“材质编辑器”面板，从中选择一个新的材质样本球，并将其命名为“木门”。单击“漫反射”后的灰色按钮，在弹出的“材质/贴图浏览器”对话框中选择“位图”贴图，如图 13-32 所示。

Step 03 再在弹出的对话框中选择随书附带光盘中的“cha13/素材/战后城门/ Wood sofa.jpg”文件，如图 13-33 所示，将材质指定给场景中的“门框”对象。

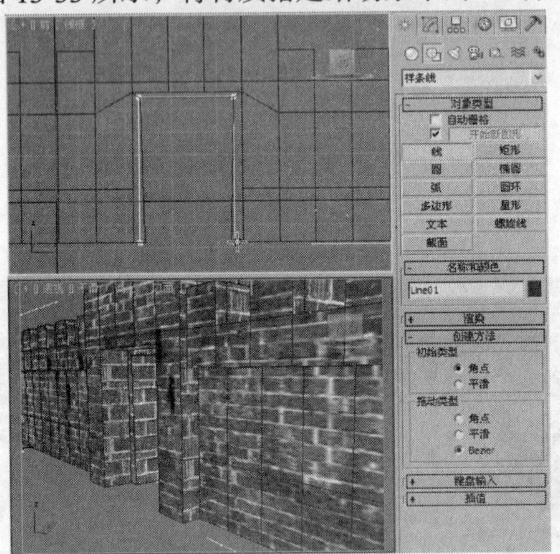

图 13-30

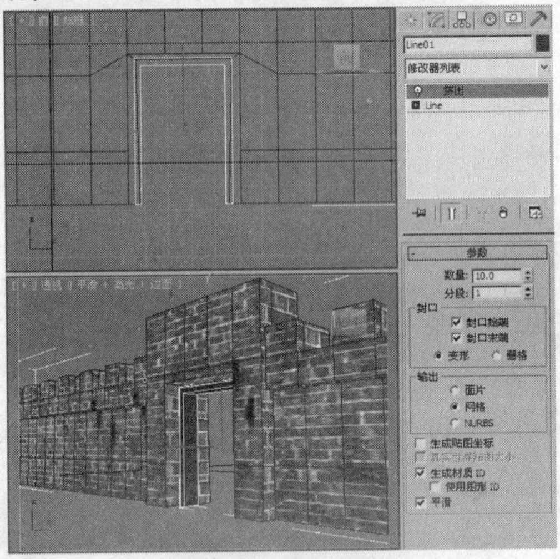

图 13-31

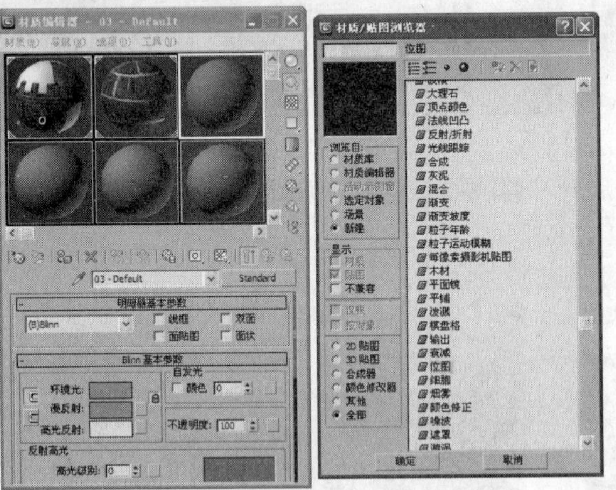

图 13-32

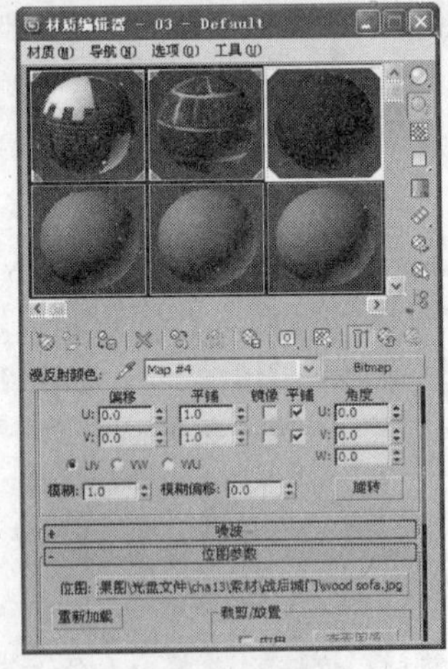

图 13-33

Step 04 在“顶”视图中创建线，切换到 （修改）命令面板，在修改器列表中选择“挤出”修改器，并在“参数”卷展栏中设置“数量”为 15，在场景中调整模型的位置，如图 13-34 所示。

Step 05 在场景中创建切角圆柱体，将其命名为“铁钉 001”，并在“参数”卷展栏中设置“半径”为 0.3、“高度”为 0.8、“切角”为 0.1，在场景中复制调整模型，如图 13-35 所示。

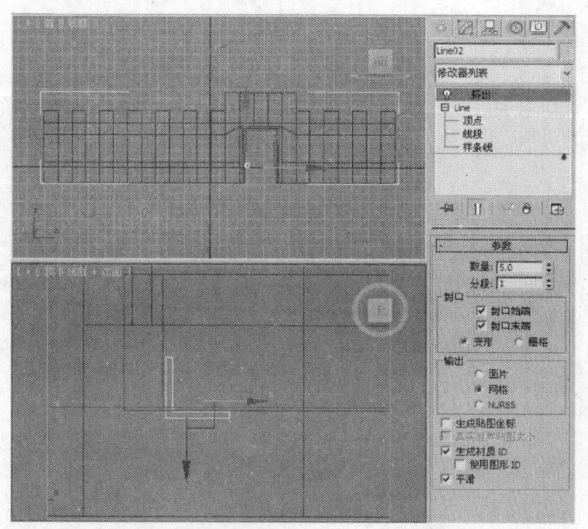

图 13-34

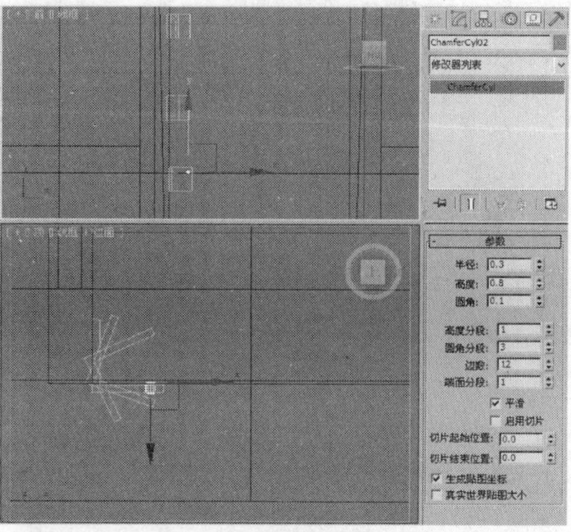

图 13-35

Step 06 打开“材质编辑器”面板，从中选择一个新的材质样本球，并将其命名为“铁锈”。在“Blinn 基本参数”卷展栏中设置“反射高光”组的“高光级别”和“光泽度”分别为 100 和 83。单击“漫反射）后的灰色按钮，在弹出的对话框中选择“位图”贴图，单击“确定”按钮，如图 13-36 所示。

Step 07 再在弹出的对话框中选择随书附带光盘中的“cha13/素材/战后城门/金属凹凸.jpg”文件，进入贴图层级面板，如图 13-37 所示。

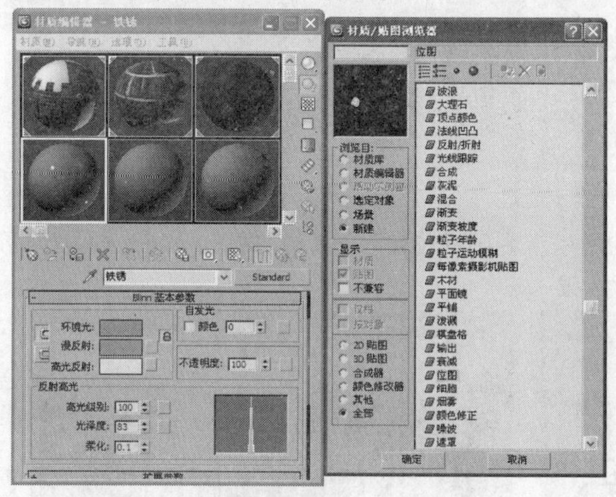

图 13-36

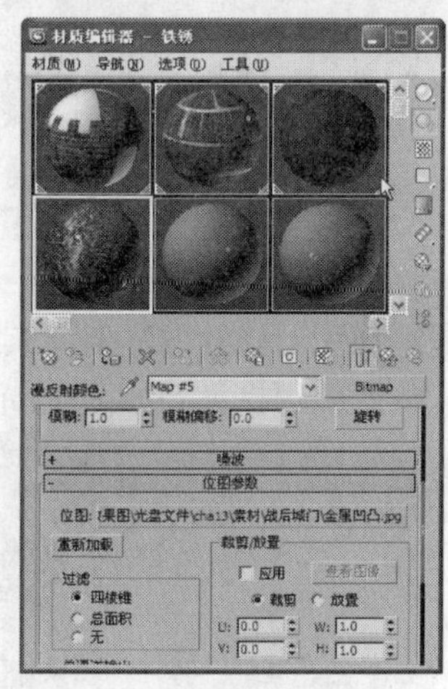

图 13-37

Step 08 在“前”视图中创建长方体，将模型命名为“门板 01”，在“参数”卷展栏中设置“长度”为 55“宽度”为 3、“高度”为 2，如图 13-38 所示。

Step 09 复制模型，并设置模型的分段，为模型施加“编辑网格”修改器，在“左”视图中调整顶点的位置，如图 13-39 所示。

Step 10 在场景中复制模型，并设置其模型的参数，为模型施加“编辑多边形”命令，将选择集定义为“边”修改器，在“编辑几何体”卷展栏中单击“快速切片”按钮，在“前”视图中快速切片，如图 13-40 所示。

Step 11 将选择集定义为“多边形”，在场景中选择多边形并将其分离，调整多边形的位置和角度，如图 13-41 所示。

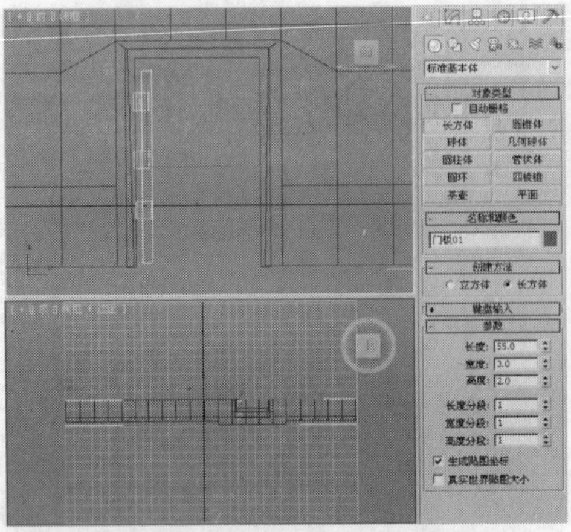

图 13-38

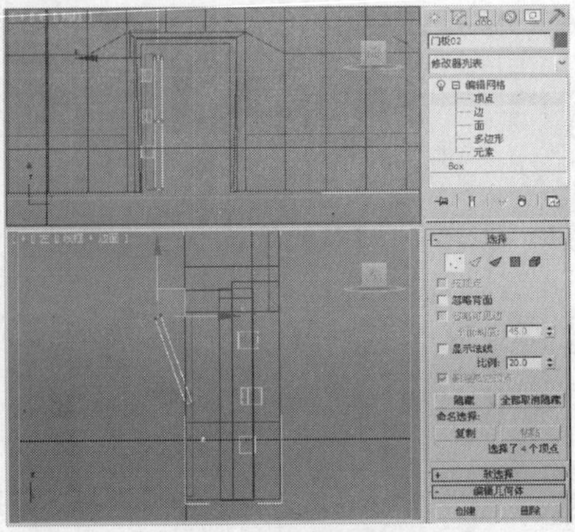

图 13-39

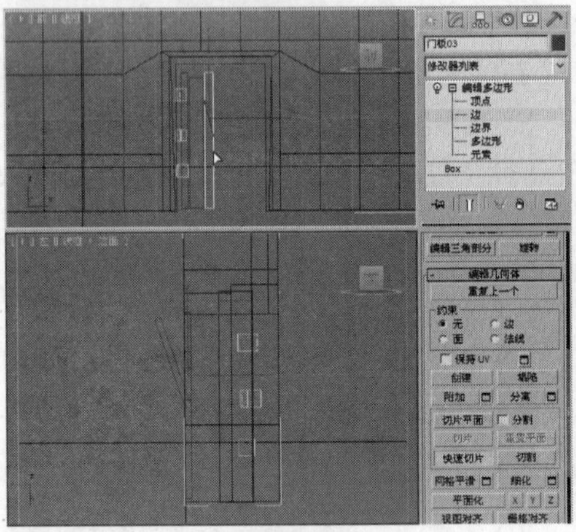

图 13-40

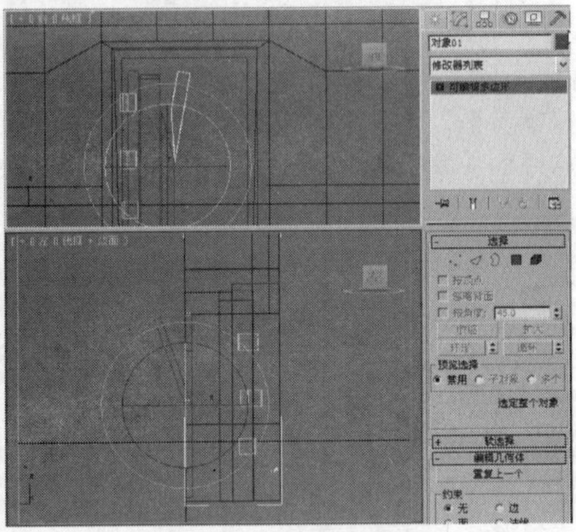

图 13-41

Step 12 使用同样的方法创建其他破裂的门板，为门板指定“木门”材质，如图 13-42 所示。

Step 13 渲染场景得到如图 13-43 所示的效果。

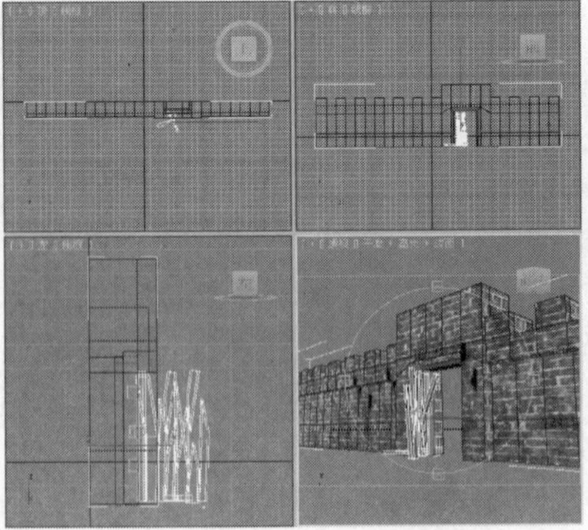

图 13-42

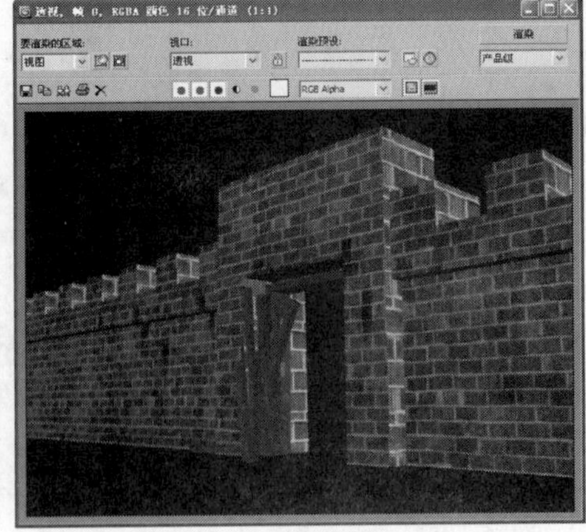

图 13-43

13.1.3 制作装饰模型

Step 01 创建线，将其命名为“梯架”，并在场景中调整图形的形状。在“渲染”卷展栏中勾选

“在渲染中启用”和“在视口中启用”选项，设置“厚度”为 1.5，并在场景中调整并复制样条线，如图 13-44 所示。

Step 02 在“左”视图中创建圆柱体，在“参数”卷展栏中设置“半径”为 0.5、“高度”为 35，如图 13-45 所示。

Step 03 在场景中复制并调整模型，如图 13-46 所示。

Step 04 打开“材质编辑器”面板，从中选择一个新的材质样本球，在“Blinn 基本参数”卷展栏中单击“漫反射”后的灰色按钮，在弹出的对话框中选择“位图”贴图，如图 13-47 所示。

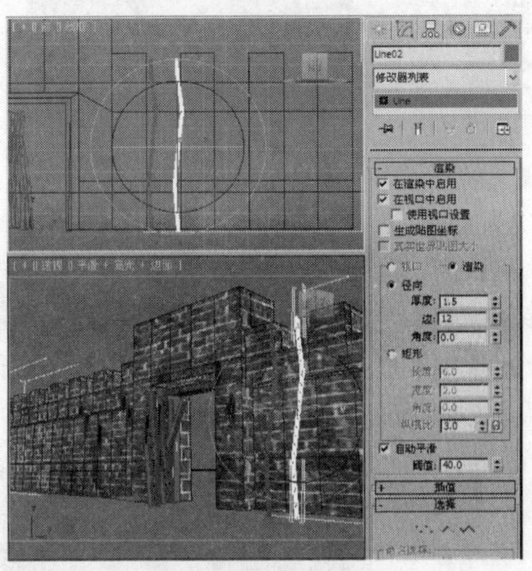

图 13-44

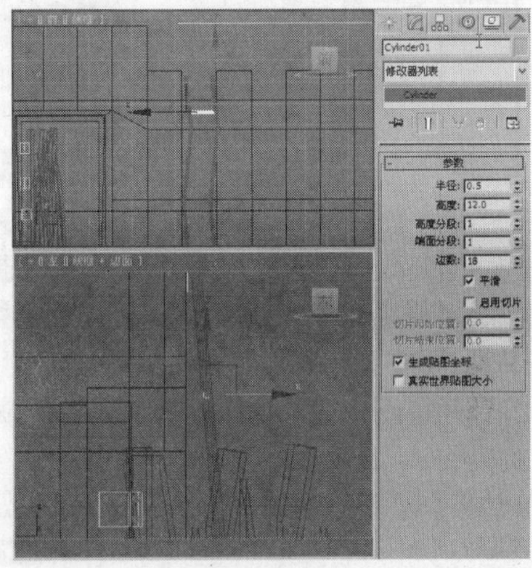

图 13-45

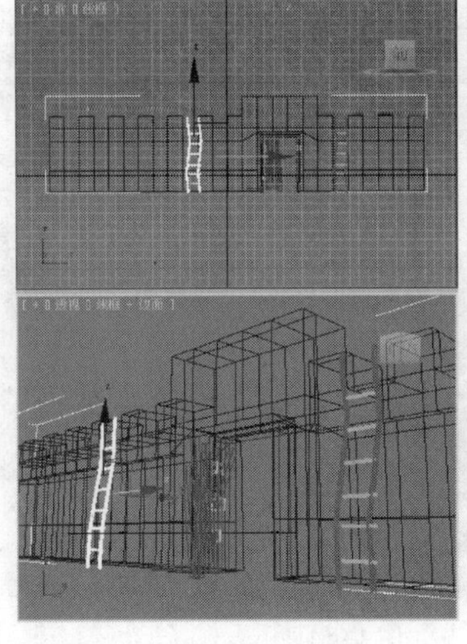

图 13-46

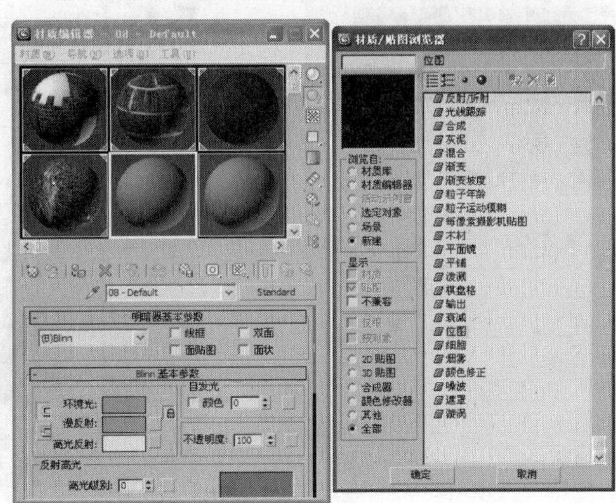

图 13-47

Step 05 再在弹出的对话框中选择随书附带光盘中的“cha13/素材/战后城门/wood-063.jpg”文件，如图 13-48 所示，进入贴图层级后使用默认参数。

Step 06 使用前面介绍的方法创建梯子和散落在地上的木条，创建切角长方体，结合使用噪波修改器制作石头，效果如图 13-49 所示。

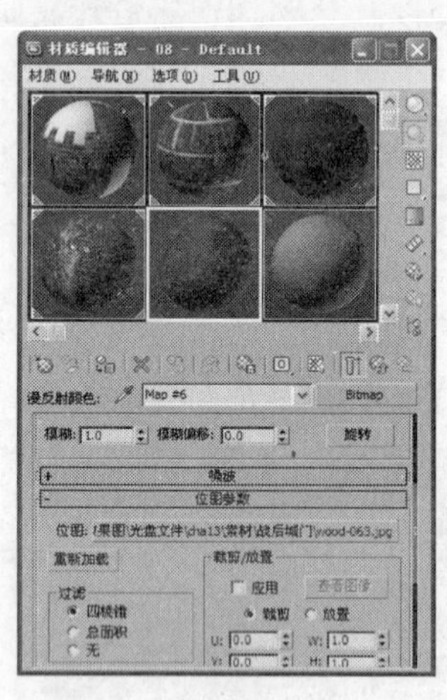

图 13-48

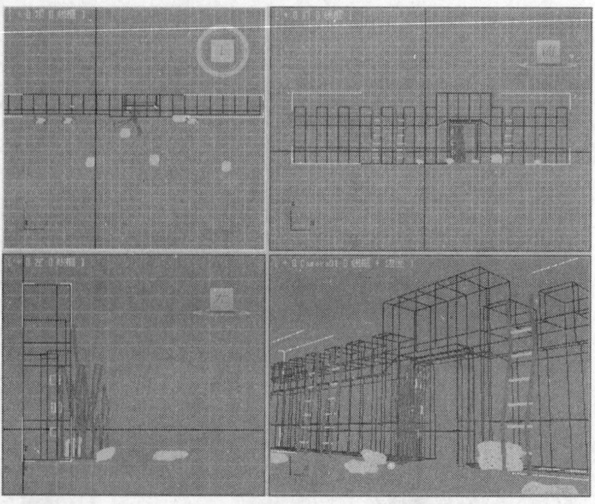

图 13-49

Step 07 为石头设置材质。打开“材质编辑器”面板，选择一个新的材质样本球，在“Blinn 基本参数”卷展栏中单击“漫反射”后的灰色按钮，在弹出的“材质/贴图浏览器”对话框中选择“位图”贴图，再在弹出的对话框中选择随书附带光盘中的“cha13/素材/战后城门/大理石 01.jpg”文件，单击打开按钮，进入贴图层级面板使用默认参数即可，如图 13-50 所示，将材质指定给场景中的石头模型。

Step 08 渲染场景得到如图 13-51 所示的效果。

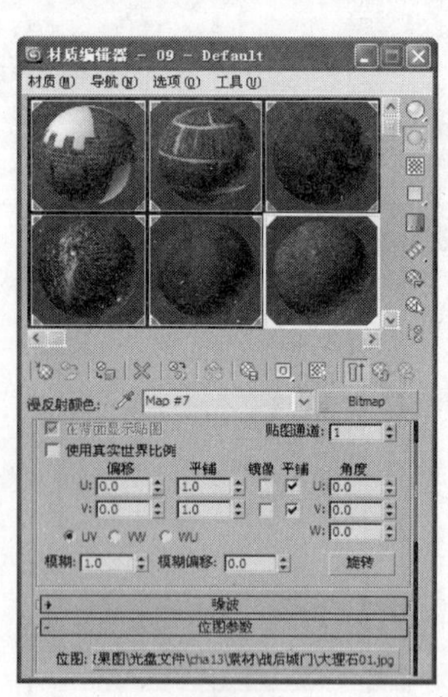

图 13-50

图 13-51

13.1.4 创建地面

Step 01 单击“（创建）>（几何体）>平面”按钮，在“顶”视图中创建平面，在“参数”卷展栏中设置合适的参数，并在场景中调整模型的位置，如图 13-52 所示。

Step 02 拖曳石头材质到新的材质样本球上，修改其名称。单击“Blinn 基本参数”卷展栏中单击“漫反射”后的灰色按钮，进入贴图层级，设置“坐标”卷展栏中设置“平铺”下的 UV 为 5，如图 13-53 所示。

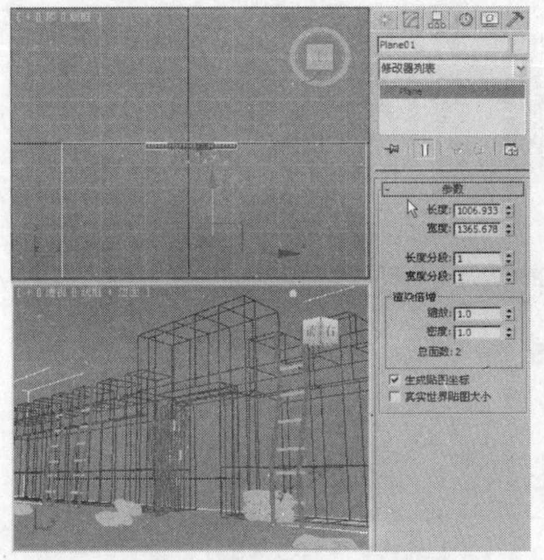

图 13-52

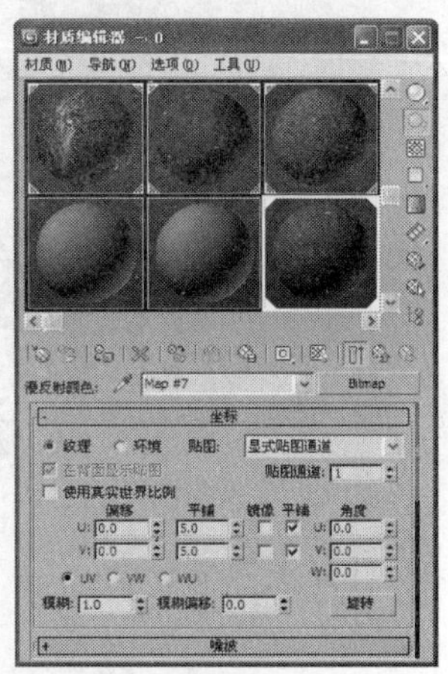

图 13-53

Step 03 制作地面后的场景效果，如图 13-54 所示。

图 13-54

13.1.5 创建灯光

Step 01 单击“（创建）>（灯光）> 标准 > 目标聚光灯”按钮，在“顶”视图中创目标聚光灯，并在场景中调整灯光的照射角度，如图 13-55 所示。在“强度/颜色/衰减”卷展栏中设置“倍增”为 1，设置灯光颜色为 255、102、0。在“常规参数”卷展栏中勾选“阴影”组中的“启用”选项，选择阴影类型为“区域阴影”。

Step 02 按 8 键打开“环境和效果”面板，在“大气”卷展栏中单击“添加”按钮，在弹出的对话框中选择“体积光”，如图 13-56 所示。

Step 03 在“体积光参数”卷展栏中，单击“拾取灯光”，在场景中拾取目标聚光灯，勾选“指数”选项，设置“密度”为 1，如图 13-57 所示。

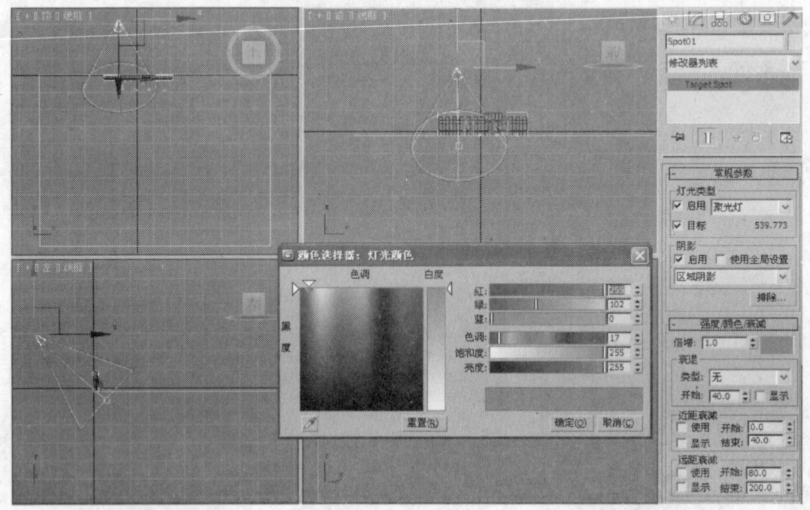

图 13-55

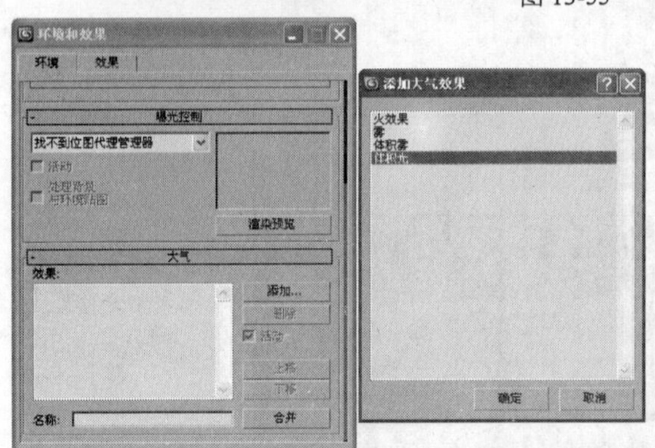

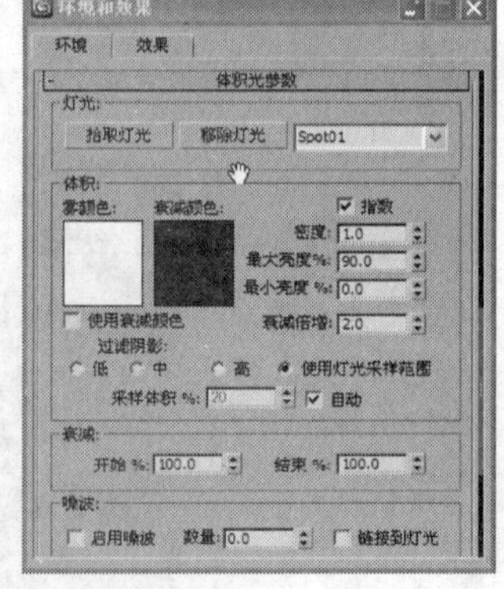

图 13-56 图 13-57

Step 04 在场景中创建泛光灯，并在场景中调整灯光的位置，在“强度/颜色/衰减”卷展栏中设置“倍增”为 0.5，设置灯光颜色为 234、232、230，如图 13-58 所示。

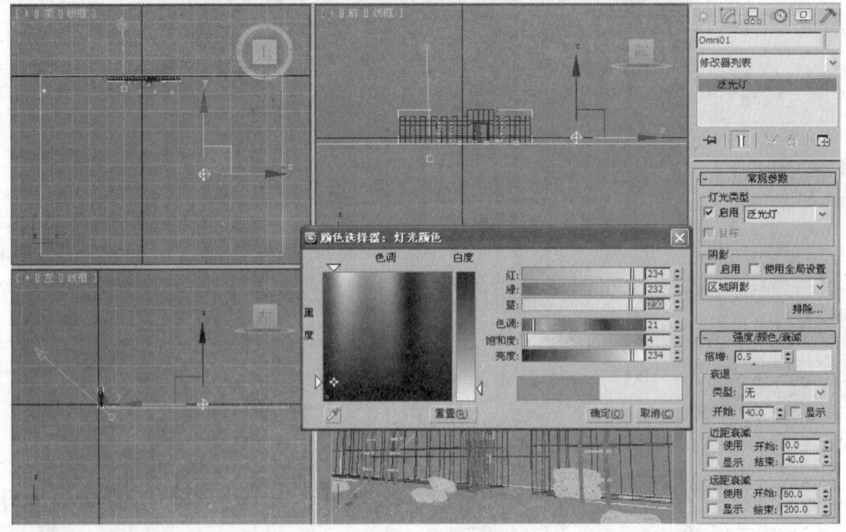

图 13-58

Step 05 继续创建第二盏泛光灯，在场景中调整灯光的位置，在“强度/颜色/衰减”卷展栏中设置“倍增”为 1，设置灯光颜色为 64、43、29，如图 13-59 所示。

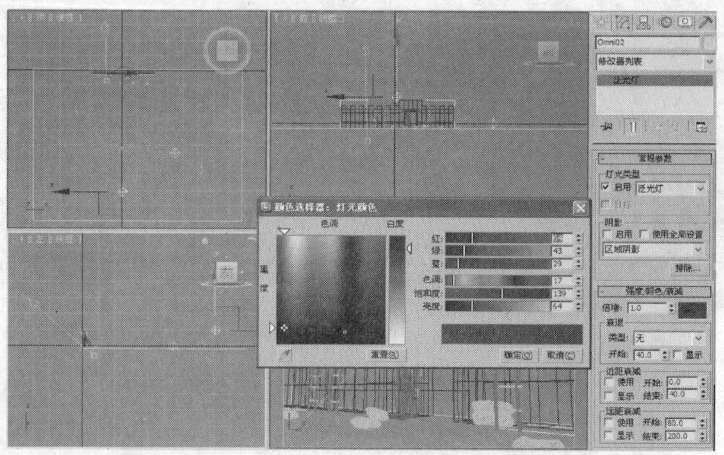

图 13-59

Step 06 创建灯光后的场景效果，如图 13-60 所示。

图 13-60

13.1.6 制作战后氛围

Step 01 单击“ （创建）> （辅助对象）>球体 Gizmo”按钮，在“顶”视图中创建球体 Gizmo，在“球体 Gizmo 参数”卷展栏中设置“半径”为 110，如图 13-61 所示。

Step 02 按 8 键打开“环境和效果”面板，在“大气”卷展栏中单击“添加”按钮，在弹出的对话框中选择“火效果”，单击“确定”按钮，如图 13-62 所示。

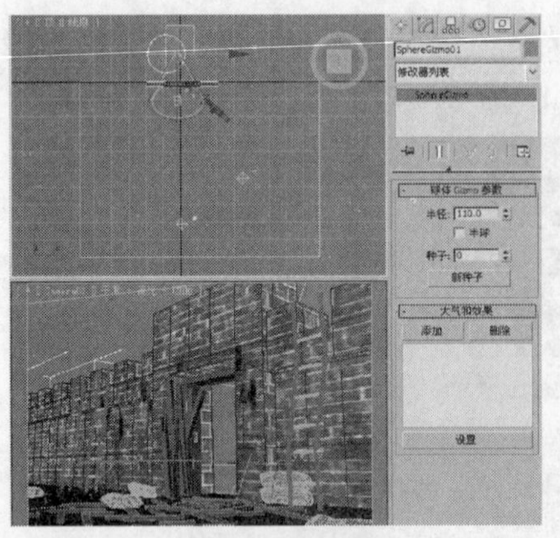

图 13-61

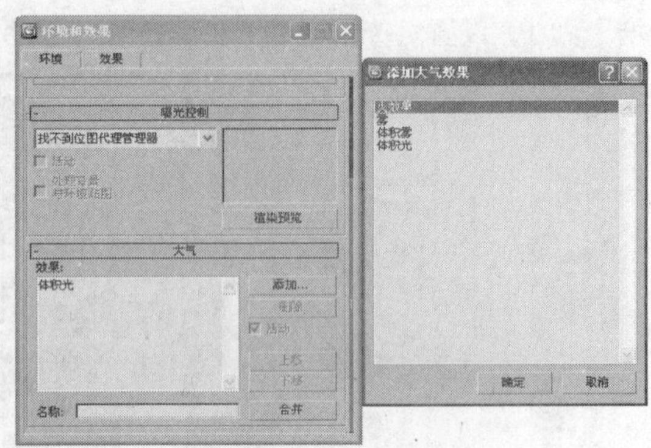

图 13-62

Step 03 在“火效果参数”卷展栏中单击“拾取 Gizmo”按钮，在场景中拾取 Sphere Gizmo001，在“爆炸”组中勾选“爆炸”选项，单击“设置爆炸”按钮，在弹出的对话框中设置“开始时间”为-50、“结束时间”为 150，单击“确定”按钮，如图 13-63 所示。

Step 04 创建两个半球的 Sphere Gizmo，在场景中复制并调整球体 Gizmo，如图 13-64 所示。

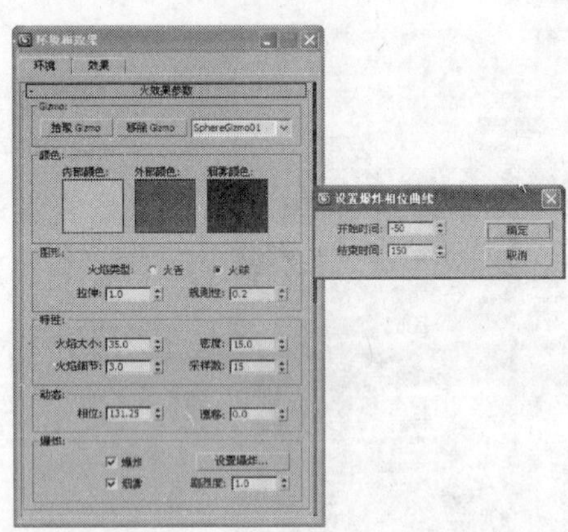

图 13-63

图 13-64

Step 05 按 8 键打开“环境和效果”面板，在“大气”卷展栏中单击“添加”按钮，在弹出的对话框中选择“火效果”，单击“确定”按钮。在“火效果参数”卷展栏中单击“拾取 Gizmo”按钮，在场景中拾取 Sphere Gizmo002 和 Sphere Gizmo003，在“图形”组中选择“火舌”，如图 13-65 所示。

Step 06 完成场景的制作，渲染得到如图 13-66 所示的效果。

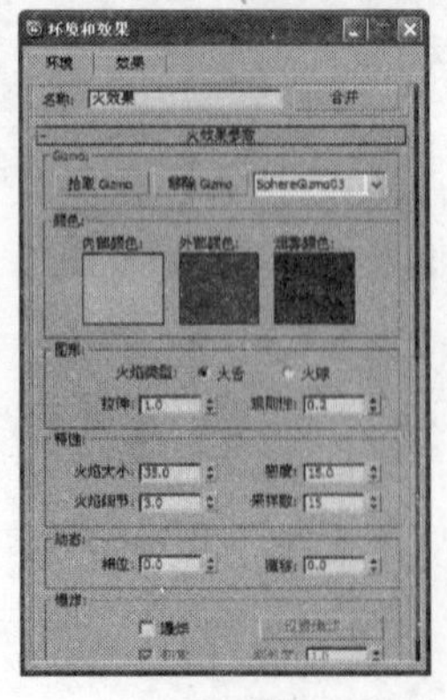

图 13-65

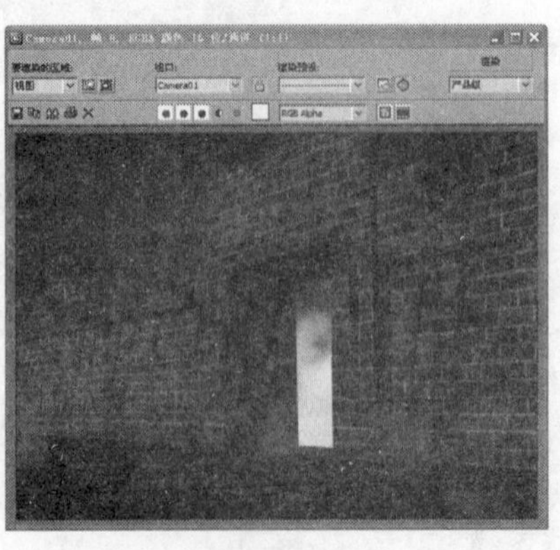

图 13-66

13.2 课后习题——室内效果图

习题知识要点：本例介绍室内效果图的材质灯光的创建，完成的效果如图 13-67 所示。

效果所在位置：光盘/cha13/效果/室内效果图.max。

图 13-67